国家科学技术学术著作出版基金
NFAPST

现代化学专著系列·典藏版　31

实用电子磁共振波谱学

——基本原理和实际应用

徐元植　编著

科学出版社

北　京

内 容 简 介

　　本书主要论述电子磁共振波谱学的基本原理和实际应用。在论述基本原理的同时着重引导读者学会如何"解谱"。除在书中穿插一些应用实例外，还专门用 5 章的篇幅介绍了电子磁共振在相关领域中的应用、过渡金属离子及其配合物的电子磁共振波谱、固体催化剂及其催化体系中的电子磁共振波谱、电子磁共振在医学和生物学中的应用、便携式电子磁共振谱仪及其开发应用等与应用密切相关的内容。

　　本书适合非物理专业出身的电子磁共振波谱领域的科研工作者阅读，也可作为高等院校相关专业的研究生教材。

图书在版编目（CIP）数据

现代化学专著系列：典藏版 / 江明，李静海，沈家骢，等编著. —北京：科学出版社，2017.1

ISBN 978-7-03-051504-9

Ⅰ.①现… Ⅱ.①江… ②李… ③沈… Ⅲ.①化学 Ⅳ.①O6

中国版本图书馆 CIP 数据核字（2017）第 013428 号

责任编辑：周巧龙　吴伶伶　王国华 / 责任校对：张　琪
责任印制：张　伟 / 封面设计：铭轩堂

科学出版社 出版

北京东黄城根北街 16 号
邮政编码：100717
http://www.sciencep.com

北京厚诚则铭印刷科技有限公司印刷

科学出版社发行　各地新华书店经销

*

2017 年 1 月第　一　版　开本：720×1000　B5
2017 年 1 月第一次印刷　印张：34 1/2

字数：633 000

定价：7980.00 元（全 45 册）

（如有印装质量问题，我社负责调换）

作 者 简 介

徐元植　教授，1933 年生于温州市。1951 年
考入北京大学化学工程系，1952 年因院系调整转
入清华大学石油工程系（1953 年独立成为北京石
油学院），1955 年毕业分配到中国科学院大连化
学物理研究所（原中国科学院石油研究所）工
作。1960 年开始从事电子磁共振波谱学研究。
1980 年应卢嘉锡教授之邀调至中国科学院福建物
质结构研究所工作。1984 年调至浙江大学化学系
任副教授、教授、博士生导师。1993 年起任浙江
大学物理化学研究所学术委员会主任。1987 年起
任中国物理学会波谱学专业委员会委员、《波谱
学杂志》编委、浙江省化学会理事。1987 年与日
本北海道大学相马纯吉教授共同发起并在杭州举
办了第一届"中日双边电子磁共振学术研讨会"，担任中方主席。1988 年在杭州
主持召开了第一届全国电子磁共振学术研讨会。1989 年率团赴日本京都参加第
二届"中日双边电子磁共振学术研讨会"。1990～1994 年担任"*Applied Magnetic
Resonance*"杂志的编委；1994 年至今担任该杂志国际学术顾问。被选为"国际
胶体及界面科学中的磁共振学术研讨会"第六、七、九届国际学术顾问委员会委
员。1999 年作为主席在杭州成功地举办了第二届"亚洲及太平洋地区电子磁共
振学术研讨会"。曾多次访问欧洲、美国、日本、韩国、俄罗斯等 20 多个国家以
及中国香港、台湾地区的 50 多所著名大学、研究机构和企业，进行电子磁共振
波谱学的技术合作和学术交流。

裴祖文教授序

这是一本好书。全书包括 18 章和 7 个附录，体现以下四个特点：

第一个特点是：理论完备，封闭自洽。它介绍了所有 EMR 的理论知识，如经典力学和量子力学的描述、偶极相互作用、Fermi 接触互作用、Landé 因子、g 和 A 张量、$S=1$ 的三重态分子和多量子跃迁以及弛豫和线宽理论等。理论是拉动科技进步的火车头。20 世纪物理学为什么会成为领先的学科？是因为出现了相对论和量子力学。它们的出现引发了科技领域的大革命。经过了一系列的精炼过程，所有现代的学科都不可避免地必须用到它，磁共振就是一例。如果不懂量子力学，就不能领悟波谱学的全部内容和真谛。一本好书的作用就在于它能在最短的时间内汲取前人的知识结晶。它起着胸有全貌、事半功倍的作用。有了它打底，就能很快阅读相关的文献（杂志和书籍）。这些文献浩如烟海，但有了一本好书就能使你从中挑选出精品，"多快好省地走捷径"。这就是所谓"师傅领进门，修行靠自身"的含义。所以好书能起着向导作用，然而无论怎么好的书，都不可避免地受到历史的局限。因此，单从某一本书获得知识总是不够的，更多的知识应该是来自博览群书。此书的每一章末都列出参考文献和进一步的读物，而且在全书的最后还有七个附录，分别介绍了数学准备、量子力学的角动量理论、量子力学的定态微扰理论等。这就构成了全书的封闭性和自洽性。读者从该书就可以得到必要的基础知识，这对非物理专业的学者更是必需的。另外，需要对理论大师的作用稍作补充：他们的作用是不可估量的，Dirac 在学会 Einstein 的"狭义相对论"后，结合量子力学创造出"相对论量子力学"。甚至他的一个符号，也成为现代文献的通用符号。1959 年，Feymann 在 CALTEC 做了两个多小时的演讲，题目是"在物质底部还有很多研究空间"，并预言：一个庞大的图书馆可以小如一块方糖。从而开始了"纳米技术的研究"。这两个例子说明大师的内涵是很丰富的。他们对新的理论和实验成果是很敏感的。他们善于从实验中抽象出理论，检验它是否符合客观真实，再做出正确的判断和修改。

裴祖文先生是吉林大学教授，唐敖庆院士的得意门生，我国 EMR 领域中的泰斗，也是我的良师挚友。他于 1980 年编著出版过《电子自旋共振波谱》一书，该书堪称国内 EMR 之精品。1988 年初应美国 Houston 大学 L. Kevan 教授之邀，赴美讲学。不料，脑动脉血管瘤破裂，在美国做了开颅大手术，术后右手右脚致残。2004 年 5 月，心脏又安装了两个支架。但思维仍然十分清晰，生活很有规律，每天用左手练习写字。该序就是他花了 4 个早晨用左手写成的，实在令我感动不已。

——编著者注

　　第二个特点是：紧跟前沿。"工欲善其事，必先利其器"。EMR 的发展比 NMR 慢的原因之一就是它的频率在微波频段，其发射系统的技术要求比较高。现在 EMR 的灵敏度和分辨率已比过去有了大幅度的提高，然而 CW-EMR 仪器本身所能提供的信息仍然很有限，于是近 20 多年来又发展出多种双共振，如 ENDOR、ELDOR、ODMR、FDMR 等。EMR 和 NMR 是一对姊妹花，核磁有什么，不久顺磁就会有什么。如核磁有了成像（NMI），顺磁后来也有了成像（EMI）；核磁有了 CIDNP，顺磁很快就有了 CIDEP；核磁有了 Fourier 变换，顺磁现在也有了 Fourier 变换；核磁有了脉冲的射频场 Pulse-NMR，现在顺磁也有了 Pulse-EMR。这些在本书的第 11～14 章中都作了简要的介绍。该书的第 18 章还专门介绍了便携式的 EMR 谱仪及其应用。这是 20 世纪 80 年代末发展起来的简易专用型谱仪，是 EMR 走出象牙塔，走向工厂、医院、矿山、野外（地质）等具有标志性意义的一步。

　　第三个特点是：深入浅出，明白易懂。徐元植教授从青年时代起，几十年来就一直努力从事 EMR 的科研和教学工作。他本着认真严谨的治学态度和孜孜不倦的钻研精神，把 EMR 的基本理论与他丰富的教学和科研实践经验结合起来，融会贯通。在此基础上编著而成的专著，肯定是 EMR 专著中的精品。该书必将成为后学者必读的主要课本和参考书，甚至还会走向国外（已有多位国际知名的 EMR 专家表示愿为该书写序）。编著者在前言中就声明："本书的读者对象主要是非物理专业出身的、以应用为主的研究生和科研工作者。"因为学习 EMR 的基本原理，对于没有足够的数理底蕴、非物理学专业出身的读者来说，确实有很大困难。而该书的编著者也是非物理学专业出身的，他从对 EMR 完全陌生，变成国内外知名度很高的 EMR 专家，定必有其困苦的经历和成功的喜悦。他深知非物理学专业出身的读者在学习 EMR 时可能遇到的困难，加上他 20 多年的教学经验写成的这本书定有很强的可读性，确实达到了"深入浅出，明白易懂"的境地。我的恩师唐敖庆院士曾教导我们："教育十分重要，要认真备课。教学的目的，就是要使听讲者或学生每堂课都有收获，而教室并不是展示教师博学的场所。"我读过专为电子学和其他专业工程师写的"复变函数"、"运算微积分"、"Fourier 级数"的书。在美国，我还见到过用问答方式写的"物理化学"。这些书都很浅近易懂，又很严谨全面。它们便于自学，因而受到读者们的极大欢迎。该书便是这样的一本好书。

　　第四个特点是：突出应用。应用是理论与实践相结合的具体表现。EMR 比 NMR 发展慢的另一个重要原因就是：EMR 的实际应用在广度和深度上都不如 NMR。该书除了在第 15 章对"固体催化剂及其催化体系中的电子磁共振波谱"、在第 16 章对"电子磁共振在医学和生物学中的应用"等做了专题介绍之外，还在第 17 章对"电子磁共振在相关领域中的应用"做了全面综合的简单介绍。最后，第 18 章对"便携式专用型 EMR 谱仪的开发与应用"做了介绍。目的就在于唤起所有有可能应用 EMR 的相关领域的专家学者，共同促进 EMR 在相关领域中的应用并向纵深发展。而这些相关领域的专家学者多半对 EMR 的理论和技术颇感陌生，应用起来总是感到不能得心应手。该书就为他们提供了极好的帮助。只有熟练掌握 EMR 的基本原理和谱仪技术，再与自己所从事的专业知识结合起来，才能在应用领域中有所突破。一旦在某个领域中的应用取得突破，就会产生巨大的经济效益和（或）社会效益。

　　从以上四个特点，就不难掂量出这本书的份量。它的出版是编著者对我国 EMR 领域的重要贡献。相信它必将推动 EMR 的研究，特别是应用研究的蓬勃发展。

裘祖文

2005 年 12 月于吉林大学

Preface of H. M. Swartz

The field of EMR, established in 1944 by Zavoisky, has continued to develop over the years at a rapid rate. Especially in the last 10 ~ 15 years, the progress in the field has occurred at an increasing rate as new instrumental and conceptual approaches have been realized. The technique now is breaking important new ground in fields ranging from basic physics to clinical medicine. It therefore is very appropriate and desirable to have this new comprehensive book on EMR available for the use of the large and growing excellent body of Chinese scientists. This book covers the field comprehensively across all aspects of theory, instrumentation, and applications. This breadth of coverage should enable a wide range of readers to learn or extend their understanding of this important technique. I congratulate the author, Professor Yuanzhi Xu who has used his extensive experience and knowledge to write this important book. I also am grateful for having an opportunity to contribute to the book with my colleagues from Dartmouth, with a chapter summarizing the applications of EMR to biology and medicine.

Harold M. Swartz

Harold M. Swartz, Ph. D.

The 1st President of the International
EPR/ESR Society (1991 ~ 1994)
Professor of Radiology and Physiology
Director EPR Center for Viable Systems
Dartmouth Medical School

December 2005 in Dartmouth

斯沃茨（H. M. Swartz）教授是国际电子磁共振学会的第一任主席，美国 Dartmouth 医学院活体电子磁共振研究中心主任，放射医学和生理学教授，是美国电子磁共振在医学和生物学应用研究领域的泰斗，他欣然为本书的第 16 章执笔。

——编著者注

Preface of J. R. Pilbrow

I commend this volume to those whose work involves the detection and characterisation of materials using the properties of paramagnetic ions and free radicals. These include physicists, chemists, biologists, medical scientists, materials scientists and technologists.

In the first half of the book, theoretical topics include necessary background theory from quantum mechanics and more specific treatments of the properties of free radicals, especially their signature hyperfine splittings, and transition metal and rare earth ions in the ligand fields of chemical and biological molecules and crystalline solids.

The second half of the book considers double resonance, pulsed EMR, EMR imaging and a broad spectrum of applications, with examples drawn from a wide range of applications including catalysts, problems in medicine and biology and the desirability of portable EMR spectrometers. The final chapter covers applications drawn from seven classes of materials that should provide convenient entry points for many people wishing to enter the field of EMR or those who wish to learn enough to carry out EMR experiments to supplement other techniques.

I am sure this book will find many readers in China who will benefit enormously from its contents and presentation. In particular it should appeal to graduate students embarking on their scientific careers.

John R. Pilbrow

The 4th President of the International
EPR/ESR Society (1999 ~ 2002)
Emeritus Professor of Physics
Monash University
Victoria, Australia 3800

30 December 2005

J. R. Pilbrow 教授是国际电子磁共振学会第四任主席、澳大利亚 Monash 大学材料科学教授。

——编著者注

Preface of Yu. D. Tsvetkov

The discovery of electron magnetic resonance (EMR) by the Russian scientist E. K. Zavoisky in 1944 cardinally extended the area of spectroscopy by providing a powerful method for perceiving the origin and properties of paramagnetic particles. In the literature, this method is often called either electron paramagnetic resonance (EPR) or electron spin resonance (ESR). The abbreviation EMR is, probably, more general like NMR, universally accepted for nuclear magnetic resonance. The two peculiarities, i. e. , comprehensive theoretical development and wide applications in physics, chemistry, and biology, make this method rather popular. At present, the EMR theory using up-to-date computer technologies for analyzing experimental data, allows one to solve structural problems in accuracy and informativity at an X-ray spectroscopy level. It is of importance that this refers not only to single crystals but also to disordered samples such as proteins and other biologically important systems. This method can be successfully used to solve both "static" structural and dynamic problems such as those arising from the studies on the kinetics and mechanisms of chemical reactions involving radicals and ions. In the area of physical kinetics, EMR provides the unique information on the mechanism of intramolecular motions and dynamics of paramagnetic particles collisions in liquids and gases. Thus, this method is widely used to solve various basic and applied scientific problems.

The author of the monograph is Prof. Xu Yuanzhi, the well-known scientist who devoted his life to EMR studies and teaching at the Dalian Institute of Chemical Physics, Chinese Academia of Science and Zhejiang University. He has published more than 200 papers. In addition, he is a member and organizer of many international conferences. He is working in some editorial boards of several journals including the international journal "*Applied Magnetic Resonance*". The publication of the monograph of Prof. Xu Yuanzhi is rather timely. It is worth noting that the last monograph "*Electron Spin Resonance Spectroscopy*" edited by Prof. Qiu Zuwen was published 25 years ago. Of particular importance is the fact that the book of Prof. Xu Yuanzhi corresponds to the

---

茨维特可夫（Yu. D. Tsvetkov）教授是俄罗斯科学院院士、俄科学院新西伯利亚分院院长、国际电子磁共振学会现任主席。

——编著者注

up-to-date state of EMR spectroscopy and is highly helpful for young researchers and scientists engaged in basic and applied problems.

The structure of the monograph corresponds to a classical course of lectures which is adjusted in details and is perfect in the complete presentation of basic knowledge necessary for perceiving EMR physics (Chapters 1 ~ 8). The book presents the peculiarities of EMR spectroscopy for various systems such as paramagnetic particles in gases, inorganic radicals, ions, and complexes (Chapters 9, 10). One of the chapters, devoted to EMR technique (Chapter 11), is followed by the methods for analyzing multi-resonance spectra (Chapter 12), the bases of pulsed EMR spectroscopy (Chapter 13), and EMR tomography (Chapter 14). The problems of applications are presented separately in Chapters 15 ~ 18, where the editor considers some main, well-known EMR applications in catalysis, medicine, biology, etc.

The progress in EMR spectroscopy is at present observed in three directions. First, in the wake of NMR, it is the development of pulsed EMR methods that are gaining increasing acceptance: multi-pulse sequences, wide variations of pulse durations and amplitudes, combinations of MW and magnetic field pulses. This allows one to perform highly selective EMR measurements. The second direction is the measurements in high fields or at high frequencies up to 400 ~ 600 GHz. In this case, exact measurements are possible of the parameters such as g-factor and other spectrum parameters unavailable in usual experiments at frequencies about 10GHz. The sensitivity of the EMR spectrometers at high frequencies is increasing highly. Third direction is the application of multi-resonance EMR-techniques. The double electron-nuclear and electron-electron resonances combined with the measurements at high frequencies and by multi-pulse sequences offer possibilities for new structural measurements, in particular, for biologically important paramagnetic centers. We cannot but mention one of the most fruitful chemical approaches developed specially for EMR, i. e., the introduction of spin labels to the molecules study (spin labeling). This method combined with the aforementioned ones, has offered a stream of new physico-chemical and medico-biological applications of the EMR method.

The popularity of EMR increases with every year. At present, no less than 1000 researchers from 52 countries are working in this area (according to the data of the IES-society). I am sure that due to the progress in industry and science observed in China for the last years, EMR will become one of the most popular and attractive methods for solving a wide range of applied problems and thus, the book proposed for a reader is "doomed" to be popular in the scientific circles of China.

The EMR method and its applications is the rapidly developing scientific area. For the last decade, more than 30 000 of papers on this subject have been published. I am sure that the publication of this monograph will be rather helpful for Chinese scientists and will give impetus to the development of this scientific area in this country.

Acad. , Prof. Yu. D. Tsvetkov

President of the International

EPR/ESR Society (2003 ~ 2006)

Novosibirsk, December 2005

前　言

　　"顺磁共振"（paramagnetic resonance）是最初使用的名词，我国一直沿用到现在。1946 年"核磁共振"问世之后，从原理上说，应该称呼"核顺磁共振"（nuclear paramagnetic resonance）或"核自旋共振"（nuclear spin resonance），但从来没有人这样称呼过，而只是在"顺磁共振"前面添加"电子"字样，变成"电子顺磁共振"（electron paramagnetic resonance，EPR）。到了 20 世纪 50 年代，当时研究的对象主要是自由基，许多同行专家认为：物质的顺磁性主要是电子自旋运动贡献的，改为"电子自旋共振"（electron spin resonance，ESR）更为合理。1958 年，英国 Southampton 大学的 D. J. E. Ingram 在他的专著 *FREE RADICALS as Studied by Electron Spin Resonance* 中全都改用 ESR，并声称："今后必将都采用'ESR'"。事实上 EPR 和 ESR 两名称一直被采用并沿袭至今，似乎后者比前者用得更广泛。后来发现顺磁共振的研究工作并不是用 ESR 所能准确表达的，于是又认为 EPR 更为确切。1989 年成立国际电子顺磁共振学会时，就定名为"International EPR/ESR Society"，意在把二者都能包容进来。近年来，国外的文献中有用 electron magnetic resonance（EMR）的，中文应译成"电子磁共振"。笔者认为这一名称似乎更为确切，并与"核磁共振"（nuclear magnetic resonance，NMR）相互对应。于是本书就起用并且倡导使用"电子磁共振"（EMR）这个名称。然而，由于历史的原因，在本书中引用前人的著作时，为了尊重原文、尊重历史，仍然会保留 EPR 或 ESR 字样，都应视为与 EMR 有同样的含义。

　　1983 年 9 月，我应清华大学化学系之邀，在清华大学举办"电子顺磁共振"讲习班，并担任（唯一的）主讲。1985 年和 1986 年在浙江大学又分别举办了两期"电子顺磁共振"讲习班，把在清华讲习班上用的讲稿印刷成讲义，并定名为"实用电子自旋共振波谱学"。1987 年，"日本电子"公司（JEOL）把该讲义复印了 200 本赠送给他们的用户。自 1986 年以后，在浙江大学每年都要给研究生开"磁共振波谱学"课程。这本讲义每年都补充了一些新的内容，也就成了这门课的基本教材。这些将近 20 年来积累起来的讲稿、讲义，就是本书的雏型。20 世纪 80 年代后期，许多研究型的高等院校，正在或将要为研究生开出"电子磁共振波谱学"课程，于是纷纷要求把这本讲义作为研究生教材出版。当时由于种种原因未能及时出版。

　　电子磁共振是在物理学中诞生的，但在化学、医学、生物学、地学以及工程学中均得到了广泛的应用和发展。与燃烧、爆炸密切相关的自由基链反应动力学

（包括烯烃聚合反应机理）研究，在应对癌症、糖尿病、衰老等病变而发展起来的自由基医学、自由基生物学中，都需要检测、鉴别、监控自由基的类别（结构）、浓度以及它们的变化规律，都需要电子磁共振波谱的理论和技术。因为它是直接检测自由基的独一无二的无可替代的手段和研究工具。

然而，对于熟练掌握电子磁共振波谱理论和技术的物理学专业出身的人来说，并不一定熟悉化学、医学、生物学等，不知如何使用 EMR 来有效地解决这些学科中的关键课题。反之，对于非物理学专业出身的化学、医学、生物学、地学、工程学等科研工作者，要想熟练掌握电子磁共振波谱理论和技术，也并非轻而易举的事，需要有一定的量子力学、电子学和数学的底蕴。因此就非常需要一本适合于"非物理学"专业的研究生或科研工作者学习、阅读，并可作为教材的专著。

EMR 与 NMR 犹如孪生姊妹，然而后者发展速度之快、应用面之广，均远超过前者。从每年国际上发表的论文数来看，后者是前者的 4~5 倍，而国内的差距更大，为 8~9 倍。其原因首先是研究对象的局限性。EMR 的研究对象必须是具有未偶电子的物质，而自然界的物质中绝大部分的电子都是配好对的，具有未配对电子的物质只占很少数，且多半不稳定。而 NMR 的研究对象必须具有磁性核。自然界的物质中磁性核占绝大部分（85% 以上），而且物质中常见的核如 ^{1}H、^{19}F、^{31}P、^{14}N 等的自然丰度都在 98% 以上，甚至 100%。其次是 EMR 的指纹性很差，识谱、解谱的难度又很高。这就要求读者必须熟练掌握 EMR 谱学的基本理论。最后是由于前述的两个原因，EMR 应用的广度和深度都远不及 NMR，必须让读者学会并善于运用谱学的基本原理和技术来解决本学科领域的关键问题。这也就是编著本书的指导思想。

据英国 Bristol 大学图书馆的统计，自电子顺磁共振问世（1944 年）以来，EMR 的专著有 50 多本。当然这个统计数字是不完全的，但几乎包含了国际上全部顶尖的 EMR 专著。其中，最值得称道的有两本：一本是 J. E. Wertz 和 J. R. Bolton 合著的 *Electron Spin Resonance：Elementary Theory & Practical Applications*，McGraw-Hill 出版公司 1972 年出版；另一本是 N. M. Atherton 编著的 *Electron Spin Resonance：Theory and Application*，Ellis Horwood 出版公司 1973 年出版。20 年后，Atherton 于 1993 年再版了这本书，并改名为 *Principles of Electron Spin Resonance*（电子自旋共振原理），获得很高的评价。而前者，也于 1994 年由 Wiley-Interscience 出版公司再版了。作者也调整为 J. A. Weil、J. R. Bolton 和 J. E. Wertz，书名也改为 *Electron Paramagnetic Resonance：Elementary Theory and Practical Applications*（电子顺磁共振：基本理论和实际应用），也得到了很高的评价。20 世纪 70 年代至今，这两本书覆盖了全世界电子磁共振领域。它们的优点在于对基本原理的讲述比较全面、透彻。但它们所谓的"应用"仍然是用来解决物理学和化学中的某些理论问题，并未涉及其他更多领域中的应用。而广大读者则希望把 EMR 的实际应用能够扩大到生物学、医学乃至生产实践中去，这也是编著本书的主要目的。

我国也出版过两本专著：一本是徐广智编著的《电子自旋共振波谱基本原理》（1978 年科学出版社出版）；另一本是裘祖文编著的《电子自旋共振波谱》（1980 年科学出版社出版）。前者由于当时的历史条件，篇幅、内容等方面都受到限制。而后者主要是参考了前面提到过的两本书，即 Wertz 和 Bolton（1972 年版）的书以及 Atherton（1973 年版）的书，并以 Wertz 和 Bolton 的书为主。裘祖文教授在许多章节中都贯穿着他自己对电子磁共振基本原理的心得体会，并用他讲课的语言表达出来，是国内独一无二的、优秀的 EMR 专著。然而，这本书毕竟从出版至今已达 25 年了。在这 25 年中，电子磁共振波谱学又有了很大的发展。尤其是 Atherton（1993 年），Weil、Bolton 和 Wertz（1994 年）先后再版并修订增补了他们的巨著。我国本应该在 2000 年之前出一本 EMR 的专著。但是，由于种种原因，时至今日仍未如愿。本书正是适时地填补了这一空缺。

本书的读者对象主要是非物理专业出身的、以应用为主的研究生和科研工作者。故将本书定名为“实用电子磁共振波谱学——基本原理和实际应用”（*Applied Electron Magnetic Resonance Spectroscopy*：*Elementary Principle & Practical Applications*）。主要内容包括两个方面：一方面是“电子磁共振波谱学”的基本原理和波谱解析方法；另一方面是电子磁共振波谱技术的应用，增补了近 20 多年来发展起来的新的电子磁共振技术。本书把重点放在波谱的解析和应用上。学习波谱的基本原理，目的就是为了解析波谱，更好地应用波谱技术为读者所从事的专业服务。

考虑到读者需要掌握 EMR 谱仪的结构和性能，并学会使用和操作。故本书的第 11 章简要介绍了“谱仪的基本原理和操作技术”。此外，还增加了“双共振波谱”（第 12 章）、“脉冲激发的电子磁共振波谱”（第 13 章）、“电子磁共振成像”（第 14 章）三章，以反映 20 多年来电子磁共振波谱学的实验技术的最新发展。

除了穿插一些应用实例外，本书还专门列出“过渡族元素离子及其配合物的电子磁共振波谱”（第 10 章）、“固体催化剂及其催化体系中的电子磁共振波谱”（第 15 章）、“电子磁共振在医学和生物学中的应用”（第 16 章）、“电子磁共振在相关领域中的应用简介”（第 17 章）以及“便携式专用型 EMR 谱仪的开发与应用”（第 18 章）与应用密切相关的 5 章。笔者特此强调：便携式 EMR 谱仪的开发应用，将会在 EMR 走出实验室，走进医院，走向工厂、农村、野外、矿山的过程中扮演重要的角色。

本书的数学准备（附录 1），量子力学中的角动量理论（附录 2）和量子力学中的定态微扰理论（附录 3）的设置，都是为了能够使非物理专业的读者读懂本书的基本原理。

笔者以深忱的感激之情感谢裘祖文教授，在他右手致残的情况下，用左手花了四个早晨为本书写了热情洋溢、充满感情的序，表现出长者和学者风范，是对笔者的鞭策，也是对后人的鼓励。

国际电子磁共振学会首任主席、美国 Dartmouth 医学院活体 EMR 研究中心主任、放射医学和生理学教授 H. M. Swartz 博士，国际电子磁共振学会前任主席、澳大利亚 Monash 大学 J. R. Pilbrow 教授，国际电子磁共振学会现任主席、俄罗斯科学院院士、俄罗斯科学院新西伯利亚分院院长 Yu. D. Tsvetkov 教授，都为本书写了序。特此向他们致以诚挚的谢意。特别感谢 Swartz 教授欣然为本书的第 16 章执笔。

中国科学院院士、中国科学院武汉分院院长叶朝辉教授，中国科学院院士、中国科学院福建物质结构研究所所长洪茂椿教授，中国科学院福建物质结构研究所刘春万教授，都为本书申请出版基金写了诚恳的推荐意见，在此向他们表示由衷的感谢。

限于笔者的水平和能力，本书存在不足之处在所难免。本书所用的图表和数据绝大多数来自参考文献和参考书，虽然都已在书中分别加注，然而难免仍有遗漏，恳请同行专家和读者，不吝批评指正。

徐元植

2005 年 12 月于浙江大学求是村

主要参考书目（其他参考文献约 600 余篇都分列在各章的后面）

- J. E. Wertz 和 J. R. Bolton 合著的 "Electron Spin Resonance：Elementary Theory & Practical Applications"（电子自旋共振：基本原理和实际应用），McGraw-Hill (1972)。
- J. A. Weil, J. R. Bolton 和 J. E. Wertz 合著的 "Electron Paramagnetic Resonance：Elementary Theory and Practical Applications"（电子顺磁共振：基本原理和实际应用），John Wiley & Sons, Inc. (1994)。
- 裘祖文编著的 "电子自旋共振波谱"，科学出版社 (1980)。
- N. M. Atherton 编著的 "Electron Spin Resonance：Theory and Application"（电子自旋共振：理论和应用），Ellis Horwood（1973 年）。Atherton 于 1993 年再版了这本书，并改名为 "Principles of Electron Spin Resonance"（电子自旋共振原理）。
- F. E. Mabbs & D. Collison 合著的 "Electron Paramagnetic Resonance of d Transition Metal Compounds"（d-过渡金属化合物的电子顺磁共振），Elsevier (1992)。
- J. R. Pilbrow 编著的 "Transition Ion Electron Paramagnetic Resonance"，Oxford (1990)。

目　　录

CONTENTS

第1章 绪　　论

1.1　历史的回眸

早在 1895 年，Zeeman 发现在磁场的作用下，光谱的谱线产生分裂现象，称之为"Zeeman 效应"[1]。Stern 和 Gerlach 的实验[2]证明了：在外磁场的作用下，原子中的电子磁矩的取向是分立的。随后，Uhlenbeck 和 Goudsmit 提出[3]：电子的磁矩主要是由"自旋运动"贡献的。"自旋运动"产生的磁矩才是电子的"固有磁矩"，或称之为"本征磁矩"。Breit 和 Rabi[4]描述了氢原子在外磁场的作用下，电子的磁矩取向分成"平行于"和"反平行于"外磁场方向的两种不同的状态，以及与之相对应的两个不同的能级。两个能级之差为 $\Delta E = h\nu$。这里的 h 是 Planck 常量，ν 是电磁波的频率，而且 ΔE 的大小是正比于外磁场强度 H 的。Rabi 等[5]研究了交变磁场（电磁波）能够诱导能级间的跃迁，并从理论上预言了共振跃迁的条件。

第一个在实验室里成功地观测到"电子顺磁共振"现象的是前苏联物理学家 Е. Завойский（E. Zavoisky）[6]。他当时所用的样品是 $CuCl_2 \cdot 2H_2O$，在 4.76 mT 的外磁场中，用频率为 133 MHz 的交变电磁波照射样品，检测到了电磁波被共振吸收的信号。Frenkel[7]阐明了 Завойский 的实验结果，从此宣告了"电子磁共振"（EMR）的正式诞生。其后的实验，是在更高的射频（微波）频率和更高的外磁场（100～300 mT）条件下进行的，显示出高频、高场更有利于检测到 EMR 信号。1946 年以后，由于第二次世界大战结束，容易获得完整的微波系统，从而大大地加速了 EMR 的发展。如以较低的价格就可以买到 9 GHz 的雷达装置。与此同时，EMR 的研究在美国[8]和英国[9]也蓬勃地开展起来了。许多理论物理学家包括 Abragam、Bleaney、Pryce 和 van Vleck 等对 EMR 波谱的解析做出了不可磨灭的贡献。Ramsey[10]对 EMR 早期的历史曾经做过综述。

1946 年，美国 Harvard 大学的 Purcell 等[11]和 Stanford 大学的 Bloch 等[12]各自独立地在自己的实验室里观测到了"核磁共振"（NMR）现象。

从那以后的五六年间，磁共振仍属于物理学的研究领域。直到 1952 年，才报道出第一个有机自由基的 EMR 波谱[13]。从此，磁共振作为一种崭新的实验技术和研究手段，引起了化学家、生物学家以及医学家的广泛兴趣。

20 世纪 50 年代，在以下两个方面取得了重要成就：一方面是 Abragam、Bleaney、Pryce 和 van Vleck 等以及 Bloch、Purcell、Pound 和 Bloembergen 等奠定

了磁共振的理论基础；另一方面是谱仪的性能和实验技术都得到了很大的提高。Valian 公司在 20 世纪 50 年代初期就在市场上推出了他们商用的磁共振谱仪，为在化学、生物学、医学以及其他领域中的广泛应用提供了良好的条件。

进入 20 世纪 60 年代，磁共振在各个领域中的应用得到大发展。60 年代末，对稳定的有机自由基 EMR 谱研究得差不多了。由于实验技术的进步，如低温技术的应用、原位（*in situ*）检测和"自旋捕捉"（spin trapping）等的应用，开始了对不稳定自由基的研究。利用"自旋标记"（spin labelling），把 EMR 拓展到对逆磁性物质的研究。

通常 EMR 的信号都是吸收谱线，在某些化学反应（尤其是热或光化学反应）中，发现 EMR 的谱线有发射线和增强的吸收线，这就是所谓的"化学诱导动态电子极化"（chemically induced dynamic electron polarization，CIDEP）。1963 年，Fessenden 和 Schuler [14] 在约 100 K 下，用 2.8 MeV 的电子脉冲照射液态甲烷的反应过程中观测到第一个 CIDEP 现象，与之相对应的是"化学诱导动态核极化"（chemically induced dynamic nuclear polarization，CIDNP）。1967 年，Bargon 和 Fischer[15] 以及 Ward 和 Lawer[16] 各自独立地首次观测到 CIDNP 现象。CIDEP 和 CIDNP 的发现，为快速反应动力学，尤其是对光化学和辐射化学反应动力学的研究，提供了强有力的研究工具。

到 20 世纪 60 年代末 70 年代初，计算机技术的发展将磁共振谱仪提高到了一个新的水平。70 年代（尤其是后期）生产的谱仪，多半已带上计算机，使得原本观测不到的微弱信号，通过 Fourier 变换得到增强，从而能够被观测到，使得重叠的、无法分辨的谱线，可以通过计算机模拟得以解析。

20 世纪 70 年代以后，在 EMR 的基础上又拓展出许多相关的技术，如双共振［包括"电子 – 核双共振"（electron-nuclear double resonance，ENDOR）和"电子 – 电子双共振"（electro-electron double resonance，ELDOR）］、电子磁共振成像（electron magnetic resonance imaging，EMI）。从连续波（CW-EMR）发展到脉冲电子磁共振（pulsed-EMR）、电子自旋回波（electron spin echo，ESE），以及电子自旋回波包络调制（electron spin echo envelope modulation，ESEEM）等。迄今为止，脉冲激发序列的 EMR 不仅已经广泛地应用于超高速反应动力学研究，而且已经成为研究生物大分子结构的有力工具。90 年代初，一项重大成就就是观测到了配置在电磁场中单电子捕获（penning）的 EMR 信号[17]。

20 世纪 50 年代末，中国科学院长春应用化学研究所、北京化学研究所和大连化学物理研究所，还有北京大学，几乎同时决定开展 EMR 研究。限于当时的条件，没有谱仪，只能从元器件开始自己研制谱仪。1959 年末，中国科学院批准长春应用化学研究所从苏联进口了一台 1958 年生产的 ЭПР-2 型的谱仪并负责研制谱仪，研制出的第一台谱仪调拨给大连化学物理研究所。从那以后直到 1966

年，在国内的学术刊物上曾发表过一些 EMR 的研究论文。由此在我国掀起了第一个 EMR 研究的高潮。1965～1966 年，还曾从日本、英国、美国等国进口了谱仪，但由于当时的历史条件，未曾利用这些仪器出过多少成果。我国 EMR 的研究工作几乎也都停滞下来了。

直到 1976 年，中国科学院福建物质结构研究所才从德国 Brüker 公司购进一台带计算机的 ER-420 型 EMR 谱仪，这在当时已经是国内最先进的 EMR 谱仪了。20 世纪 80 年代初期，利用世界银行贷款，我国从日本电子（JEOL）公司进口了 50 多台 JES-FE1XG 型谱仪。1987 年，在浙江大学召开了第一届"中日双边 EMR 学术研讨会"；1988 年，在杭州召开了第一届"全国 EMR 学术研讨会"；1989 年，在日本京都召开了第二届"中日双边 EMR 学术研讨会"。这三次研讨会迎来了我国 EMR 研究的第二个高潮。然而，进入 90 年代之后，受到全国大气候的影响，我国的 EMR 研究又陷入低潮。直到 1999 年 11 月，在杭州召开了第二届"亚太地区 EMR 学术研讨会"，但由于种种原因也没有能够在我国掀起第三个高潮。

20 世纪 90 年代以来，国外的 EMR 研究不仅没有陷入低潮，相反，由于脉冲 EMR 谱仪的商品化，在生物学和医学中的应用，以及便携式的 EMR 谱仪在食品安全、质量检测和监控中的应用，EMR 的研究被推上了一个新的台阶。相信这必然会唤起我们奋起直追，迎来 EMR 研究的新高潮。

1.2 EMR 的研究对象

依照经典力学的观念，电子除了围绕原子核做轨道运动外，还在不停地做自旋运动。电子是有质量的带电的微小粒子，它的轨道运动和自旋运动，都会产生角动量和磁矩。事实证明，电子的磁矩主要是由自旋运动贡献的。依照 Pauli 不相容原理：在同一个轨道上，最多只能容纳两个自旋相反的电子。如果在分子中所有的分子轨道都已填满了成对的电子，它们的自旋磁矩都被相互抵消了，这种分子就是逆磁性的。常见的大多数物质就属于这一类。这类物质不能直接给出 EMR 信号，要想对它们进行研究，必须用自旋标记物加以修饰。只有分子中含有未成对电子的物质才可能是 EMR 研究的对象，它们大致可分成以下几种：

1.2.1 自由基

1）有机分子自由基

如二苯基苦基肼基（di-phenyl-picryl-hydrazyl，DPPH），它是一种比较稳定的自由基。

2）芳香离子自由基

芳香分子尤其是多环芳香烃溶于四氢呋喃中，与金属钾或钠在真空中加热，芳香分子能从金属钾或钠原子中夺取一个电子，使自己变成芳香负离子自由基；或与浓硫酸作用，被硫酸夺去一个电子，使自己变成芳香正离子自由基。它们在真空中也是相对稳定的。

3）碎片自由基

如 $\cdot CH_3$、$\cdot CH_2$，它们是在化学反应过程中生成的，寿命很短，故也称不稳定自由基。

自由基的 EMR 谱，其 g 值非常接近电子自由自旋的 g_e 值（$g_e = 2.0023$）。这是因为自由基未偶电子的磁矩主要是由自旋运动贡献的，轨道运动对磁矩的贡献极小（几乎是零）。在溶液中的自由基波谱，线宽很窄，有分辨良好的超精细结构。

1.2.2　三重态分子

这类化合物的分子轨道上有两个未偶电子。两个电子间的距离很近，彼此间有很强的相互作用。

1）有机三重态分子

有机三重态分子有两类：一类分子本身基态并非三重态，而是在热或光以及电磁辐射作用下，从原来逆磁性分子转变成顺磁性的三重态分子，也称激发三重态分子。许多芳烃分子（如萘、蒽等）在紫外光或可见光的照射下，从基态单态转变为激发单态。然后根据 Hund 规则，分占两个不同轨道的未偶电子，处于自旋平行的状态，也是比较稳定的状态（亚稳态）。激发单态可以通过无辐射跃迁，转变成激发三重态。由于激发三重态回到基态是"自旋禁阻"的，因此，这类分子有较长的寿命。另一类分子基态本身就是三重态分子，如二苯次甲基分子。次甲基碳原子上的两个未偶电子，一个在 p_x 轨道上，另一个在 p_y 轨道上，且彼此自旋平行。由于两个电子在同一个碳原子上，彼此间有很强的相互作用。因此，有较大的零场分裂，它们的 EMR 波谱往往有精细结构。

2）无机三重态分子

人们最熟悉的分子氧（O_2）就是无机基态三重态分子，它的电子排布如下：

$$[KK(\sigma 2s)^2(\sigma^* 2s)^2(\sigma 2p)^2(\pi_y 2p)^2(\pi_z 2p)^2(\pi_y^* 2p)^1(\pi_z^* 2p)^1]$$

这里的（$\pi_y^* 2p$）轨道能级和（$\pi_z^* 2p$）轨道能级是相等的。根据 Hund 规则，在（$\pi_y^* 2p$）轨道和（$\pi_z^* 2p$）轨道上只能是各填一个电子，且自旋平行，构成基态三重态分子。

1.2.3　双基或多基

双基或多基与三重态分子的区别在于：三重态的两个自旋平行的未偶电子，

处在分子中的同一个原子的不同原子轨道上；而双基或多基分子中的两个或两个以上的未偶电子，处在同一个分子中相距较远的两个或两个以上的不同原子的分子轨道上。如

未偶电子之间只有很弱的相互作用，它们的 EMR 波谱一般不呈现出精细结构。

1.2.4　过渡族金属离子（包括稀土金属离子）

前面提到的未偶电子都是运动在分子轨道上的，而这里说的过渡族金属离子，其未配对电子是运动在原子轨道上的。如 V^{2+} 的电子组态是 $3d^3$（就是说在 3d 壳层有三个电子）；V^{4+} 的电子组态是 $3d^1$（也就是有一个未偶电子）；V^{5+} 的电子组态是 $3d^0$（在 3d 壳层没有电子），也就没有 EMR 信号。又如 Cu^{2+} 的电子组态是 $3d^9$，也只有一个未偶电子；Fe^{3+} 的电子组态是 $3d^5$，如果是处在高自旋态，在 3d 壳层就有 5 个未配对电子，如果是处在低自旋态，也只有一个未偶电子。铁族（第一过渡族）、钯族（第二过渡族）、铂族（第三过渡族）依次具有 3d、4d、5d 壳层电子未充满。镧系、锕系分别具有 4f、5f 壳层电子未充满。从原则上讲，只要在这些壳层中有一个以上未偶电子，都应该有 EMR 信号。然而，过渡族金属离子的 EMR 谱是比较复杂的。一般线宽都很宽，理论处理也很困难。因为：其一，过渡族离子在液体或固体中通常并非以自由离子存在，其周围有许多带负电荷的配体，使离子处于由配体组成的配位场中。不但离子本身，配位场的大小（强弱）、对称性，都会强烈地影响其 EMR 波谱出现的特征。其二，过渡族金属离子可以有多于一个未偶电子，如 Fe^{3+}，其电子组态为 $3d^5$，在高自旋的情况下，有 5 个未偶电子，由于它们都是处在 d 壳层中，它们的自旋运动和轨道运动之间有很强的"自旋–轨道"耦合作用。通过"自旋–轨道"耦合作用，在基态就有一定的轨道磁矩贡献，从而使理论处理更加复杂。其三，具有偶数个未偶电子的离子，往往检测不到 EMR 信号。其四，有些过渡族金属离子在常温下是检测不到 EMR 信号的，如 Fe^{2+} 只能在 20 K 下才能观测到 EMR 信号。

1.2.5　色心

色心指的是固体中的某些晶格缺陷，主要是点缺陷。造成缺陷的原因可能是：在晶体生长过程中产生的点缺陷，或者是天然的或人为的辐照造成的缺陷。

缺陷就是在晶体中有空位。空位本身并非顺磁性，但由于它的存在，会形成某些顺磁中心。从色心的 EMR 波谱可以鉴定出点缺陷的种类和性质。

1.2.6   其他

有些分子如 NO 和 NO_2 本身就是顺磁性的。这些分子中的电子总数就是奇数的，所以，总有一个未偶电子。

当然，EMR 研究的对象还有半导体、生物组织、地学等。本书主要是向读者介绍 EMR 的基本原理以及它在化学中的应用，并在第 17 章简要地介绍了 EMR 在各个领域中的应用。

1.3   EMR 实际应用的局限性及其弥补办法

（1）相对而言，顺磁性的物质远少于逆磁性物质。从以上 EMR 的研究对象可以看出，它们必须具有未配对电子，但自然界绝大多数的稳定化合物却都是逆磁性的，即不具有未配对电子。为了扩大其研究范围，20 世纪 60 年代就开始采用自旋标记的办法，这在生物学和医学方面已得到广泛的应用。另外，还可以用碱金属还原或电化学还原的办法，或用一定能量的射线进行辐照，使样品带上一个未配对电子。

（2）化学反应产生的自由基，往往是短寿命的，在检测时遇到很大的困难。20 世纪 60 年代采用的"流动截止"（flow stop）的办法和"自旋捕捉"的办法仍在使用。90 年代以来多半已代之以脉冲技术和电脑结合的方法。

（3）指纹性差。EMR 不像 NMR 和 IR 那样，有标准谱图可以查对。如 IR，有什么基团，必有什么样的谱，EMR 则不然。因此，对谱图的解析也比较困难。它常常需要与其他手段（包括量化计算）结合起来，共同指认样品的结构。

（4）信息量不大。只能通过未偶电子与磁性核的相互作用，产生超精细结构来提供信息。而在多数情况下，超精细互作用是很弱的。20 世纪 70 年代发展起来的 ENDOR（电子-核双共振），以及近十几年来的脉冲 ENDOR、ESE、ESEEM等技术，加上 Fourier 变换，来取得更多的信息。

（5）操作技术难。对于不同的样品，应该选取不同的操作条件（如微波功率、调制幅度、扫描速度等），不同样品的状态和处理方法（如溶剂的选择、浓度的控制、固体样品的掺杂等）、样品插入的位置深浅，都会严重影响检测的结果。甚至某些应该出现的谱线反而测不出来，而某些弱的谱线却不适当地被增强了，使信号发生严重的畸变，乃至不应该有的谱线（假信号）反而被测出来了。尽管现在可以有电脑辅助控制，但仍然需要有熟练的操作技术和丰富的经验。因此，对于从事应用 EMR 波谱的研究工作者来说，必须对操作技术和波谱解析的理论素养有比较深厚的基础。

1.4　EMR 的发展趋势

EMR 和 NMR 可以看成是一对孪生姊妹，它们先后于 1945 年和 1946 年问世，然而它们的发展速度和命运却截然不同。正如前面提到过的，EMR 研究的对象必须是顺磁性的物质，而自然界顺磁性物质远少于逆磁性物质，这使得 EMR 的应用范围受到很大限制。好像自然界的规律已经注定 EMR 与 NMR 的分工，凡是（含有磁性核的）逆磁性的物质绝大多数都可以是 NMR 的研究对象，但一般不会是 EMR 的研究对象，除非用自旋标记物使它变为顺磁性。反之，顺磁性物质一般不是 NMR 的研究对象，只有少数可用作位移试剂（那也不是 NMR 的研究对象）。

从以下两个方面来看 EMR 的发展趋势：

1）应用的领域

物理学和化学领域是 EMR 最早的应用领地，迄今能做的也都做得差不多了。当然，深入的工作也还是有的可做的，但不会成为今后 EMR 应用的主流方向。主要会朝着从物理学和化学交叉出来的材料科学中的应用方向发展。另外，EMR 从 20 世纪 50 年代就进入生物学和医学领域，虽然未能取得突破性的进展，但一直在顺利发展。美国的威斯康星医学中心和 Dartmouth 医学院都做出了重大贡献。尤其是近 20 多年来，随着自由基生物学和自由基医学的兴起和发展，愈来愈多的生物学和医学专家对 EMR 已不再陌生了。从发展趋势来看，生物学和医学将会成为 EMR 应用的主要领域。再者，在辐射计量的检测、蔬菜果品的保鲜、啤酒保质期的确定等工商业领域中的应用，虽然只是一些零星的，但却是量大面广的应用领域，因此也不容忽视。

2）谱仪的发展

谱仪是随着应用领域的拓展而发展的。电子与磁性核的相互作用使得 EMR 波谱产生非常漂亮的超精细结构，而且还能提供更加丰富的结构信息。然而，由于信号弱或超精细结构分辨不好，提取不到应有的信息。因此，ENDOR 技术受到更多的重视与发展。EMR 问世（1944 年）迄今已有 60 余年，绝大多数的研究是采用连续波（CW）的谱仪，是属于频率域的，即波谱以频率（磁场）为横坐标。20 世纪 80 年代中期，在少数实验室出现自制的脉冲（pulse-EMR）谱仪，是属于时间域的，经过 Fourier 变换又可得到频率域的波谱，从而可以获得更多在 CW 谱仪上得不到的信息。然而，由于技术上和器件上的原因（当然还有应用开发的原因），直到 90 年代才在市场上出现脉冲 EMR 谱仪商品，这也是应用的需求促进了谱仪的发展。反过来说，脉冲谱仪的商品化大大促进了 EMR 在应用领域中研究的深入，尤其是在生物医学领域中的应用。尽管目前脉冲谱仪比 CW 谱仪的售价要高出一倍多，但今后发展的趋势——脉冲谱仪（pulse-ENDOR 和 pulse-ELDOR）必将在高等院校和科研单位占据主导地位。此外，在工业企业、商品质检、医疗诊断等方面的开发应用，将会促使专用、简易、便携式 EMR 谱仪的研发和生产迅猛发展。

参 考 文 献

［1］ Zeeman P. *Nobel Lectures*（*Physics 1901-1921*）. Amsterdam：Elsevier Publishing Company，1967.

［2］ Gerlach W，Stern O. *Z. Phys.* 1921，**8**：110；*ibid.* 1922，**9**：353.

［3］ Uhlenbeck G E，Goudsmit S. *Naturwissenschaften.* 1925，**13**：953.

［4］ Breit G，Rabi I I. *Phys. Rev.* 1831，**38**：2982.

［5］ Rabi I I，Zacharias J R，Millman S，Kusch P. *Phys. Rev.* 1938，**53**：318.

［6］ Zavoisky E. *J. Phys. USSR.* **9**：211；*ibid.* **10**：170.

［7］ Frenkel J. *J. Phys. USSR.* 1945，**9**：299.

［8］ Cummerow R L，Halliday D. *Phys. Rev.* 1946，**70**：433.

［9］ Bagguley D M S，Griffiths J H E. *Nature*（*London*）. 1947，**160**：532.

［10］ Ramsey N F. *Bull. Magn. Reson.* 1985，**7**：94.

［11］ Purcell E M，et al. *Phys. Rev.* 1946，**69**：37.

［12］ Bloch F，et al. *Phys. Rev.* 1946，**69**：127.

［13］ Hutchison C A，Jr Postor R C，Kowalsky A G. *J. Chem. Phys.* 1952，**28**：534.

［14］ Fessenden R W，Schuler R H. *J. Chem. Phys.* 1963，**39**：2147.

［15］ Bargon J，Fischer H. *Z. Natarforsch.* 1967，**22a**：1551.

［16］ Ward H R，Lawer R. *J. Am. Chem. Soc.* 1967，**89**：5517.

［17］ Dehmelt H. *Am. J. Phys.* 1990，**58**：17.

第 2 章　电子磁共振基本原理

2.1　电子磁共振现象的简单描述

一个自旋量子数 $s = 1/2$ 的粒子放在一个可变的磁场 H 中的最简单的能级图如图 2-1 所示。当外磁场从 0 逐渐加大，粒子的电子自旋能级从简并逐渐分裂成两个能级。将较高的能级记作 α，它的磁量子数 $m_s = +\frac{1}{2}$，其能级的能量值为

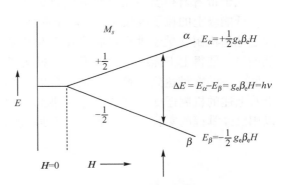

图 2-1　$s = 1/2$ 的自旋体系的
能级随外磁场强度的变化图

$$E_\alpha = +\frac{1}{2} g_e \beta_e H \qquad (2.1)$$

式中：g_e 是电子的 Landé 因子（将在第 5 章中专题讨论）；β_e 是电子的 Bohr 磁子。

而较低的能级记作 β，它的磁量子数 $m_s = -\frac{1}{2}$，其能级的能量值为

$$E_\beta = -\frac{1}{2} g_e \beta_e H \qquad (2.2)$$

两能级之差 ΔE 为

$$\Delta E = E_\alpha - E_\beta = g_e \beta_e H \qquad (2.3)$$

ΔE 随外磁场的逐渐加大而增大。

$$\Delta E = h\nu = g_e \beta_e H \qquad (2.4)$$

当在垂直于外磁场的方向上加一个中心频率为 ν 的射频场 H_1，且满足式（2.4）时，处于 E_β 能级上的粒子就会吸收射频场的能量向 E_α 能级上跃迁，这就是所谓的共振吸收。当外磁场强度 H 大约在 0.3 T 时，产生共振吸收所需射频场的频率 ν 大约为 9 GHz。具体操作时要求外磁场强度的变化必须是线性的。

复杂体系的能级分裂更为复杂。在以后的相关章节中还会详细讨论。

2.2　磁共振现象的持续和体系中能量的迁徙

在外磁场作用下，自旋体系产生能级分裂，当达到平衡时，在上下两能级上

的粒子数的分布，按照 Boltzmann 原理，处于下能级的粒子数略大于处于上能级的粒子数。在室温条件下，上下能级的粒子数之差仅为万分之几。当产生共振吸收时，下能级的粒子向上能级跃迁的速度是光子运动的速度，而且，在极短时间内上下能级的粒子数之差就会趋向于零，跃迁就停止了。在电子磁共振实验首次被观测到之前，人们曾担心能否用我们已经掌握的实验手段，稳定可靠地观测到电子磁共振波谱。这一重要问题被当时的物理学家们从理论上解决了。

光子带着射频场的能量照射到自旋体系（样品）时，在满足磁共振的条件下，低能级上的粒子吸收光子的能量向高能级跃迁。而部分处在高能级的粒子则通过弛豫机制（关于弛豫机制将在第 8 章细述）把能量释放给"晶格"而回到低能级，使得上下能级上的粒子布居数又能满足 Boltzmann 分布。"晶格"则为了使体系的能量达到平衡，又把能量以"热"的形式释放给环境。体系的能量沿着上述的机制迁徙（图 2-2），共振吸收就能持续进行下去。这样，人们就可以用已经掌握的实验手段，稳定可靠地观测到磁共振波谱了。

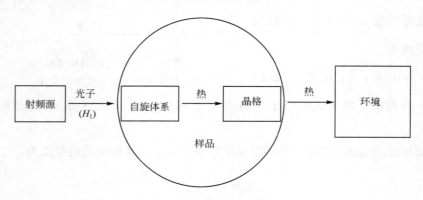

图 2-2　磁共振实验中的能量迁徙示意图

2.3　电子、核的磁矩和角动量矩之间的关系

2.3.1　电子的轨道运动及其磁矩的经典力学描述

一个质量为 m、电荷为 e 的经典质点，在 xy 平面上以周期为 T 沿椭圆轨道做圆周运动（图 2-3）所产生的电流 i 为

$$i = \frac{e}{cT} \tag{2.5}$$

式中：c 是光速。由此产生的磁矩 μ_l 为

$$\mu_l = i \cdot \mathscr{A} = \frac{e}{cT} \cdot \mathscr{A} \tag{2.6}$$

式中：$\mathscr{A}$ 是轨道所包围的面积。图 2-3
中原点 O 至轨道上 A 点的距离为 r，φ
是 r 与 x 轴的夹角。

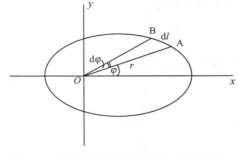

$$\mathscr{A} = \frac{1}{2} \int_0^{2\pi} r^2 \mathrm{d}\varphi \qquad (2.7)$$

$\mathrm{d}\varphi$ 是电子在 $\mathrm{d}t$ 时间内在轨道上的位移
$\mathrm{d}l$（从 A 点到 B 点）所对的夹角。电子
是有质量的，当它在做圆周运动时产生
轨道角动量矩 P_φ 为

图 2-3 电子做轨道运动的经典唯像描述

$$P_\varphi = mv \cdot r \qquad (2.8)$$

式中：v 是电子在做圆周运动时的切线速度

$$v = \frac{\mathrm{d}l}{\mathrm{d}t} \qquad (2.9)$$

当 $\mathrm{d}\varphi \to 0$ 时，则

$$\mathrm{d}l \approx r\mathrm{d}\varphi \qquad (2.10)$$

代入式（2.9）得

$$v = r\frac{\mathrm{d}\varphi}{\mathrm{d}t} \qquad (2.11)$$

将式（2.11）代入式（2.8），则

$$P_\varphi = mr^2 \frac{\mathrm{d}\varphi}{\mathrm{d}t} \qquad (2.12)$$

移项得

$$\frac{P_\varphi}{m}\mathrm{d}t = r^2 \mathrm{d}\varphi \qquad (2.13)$$

两边乘以 $\frac{1}{2}$ 并积分得

$$\frac{1}{2}\int_0^T \frac{P_\varphi}{m}\mathrm{d}t = \frac{1}{2}\int_0^{2\pi} r^2 \mathrm{d}\varphi$$

左边的积分为

$$\frac{P_\varphi}{2m}\int_0^T \mathrm{d}t = \frac{P_\varphi T}{2m} \qquad (2.14)$$

与式（2.7）比较，右边的积分就是面积 $\mathscr{A}$

$$\frac{1}{2}\int_0^{2\pi} r^2 \mathrm{d}\varphi = \mathscr{A} \qquad (2.15)$$

于是得到

$$\mathscr{A} = \frac{P_\varphi T}{2m}$$

代入式（2.6），则

$$\mu_l = i \cdot \mathscr{A} = \frac{e}{cT} \cdot \mathscr{A} = \frac{e}{cT} \cdot \frac{P_\varphi T}{2m} = \frac{e}{2mc} P_\varphi \qquad (2.16)$$

移项得

$$\frac{\mu_l}{P_\varphi} = \frac{e}{2mc} \qquad (2.17)$$

令

$$\gamma = \frac{e}{2mc} \qquad (2.18)$$

式中：γ 是轨道磁矩 μ_l 与轨道角动量 P_φ 之比，称为"旋磁比"（magnetogyric ratio）。至此，完全都是用经典力学的概念导出的结果。

旧量子论认为：电子的轨道运动产生的轨道角动量是量子化的，即

$$P_\varphi = l\hbar \qquad (2.19)$$

式中：$\hbar$ 是度量角动量矩的基本单位（$= h/2\pi$），h 是 Planck 常量；l 是角量子数，$l = 1, 2, 3, \cdots, n$，这里的 n 为主量子数。由此也可以得出：轨道运动产生的磁矩 μ_l 也应该是量子化的。将式（2.19）代入式（2.17），得出

$$\mu_l = \frac{e}{2mc} l\hbar = l \frac{e\hbar}{2mc} \qquad (2.20)$$

令

$$\frac{e\hbar}{2mc} = \beta \qquad (2.21)$$

则式（2.16）和式（2.20）可写成

$$\mu_l = l\beta \qquad (2.22)$$

式中：β 是度量磁矩的基本单位，称为 Bohr 磁子（Bohr magneton）。可见，磁矩也是量子化的。它是 Bohr 磁子的整数倍。至此，旧量子论对电子的轨道角动量和轨道磁矩做出了相当满意的描述。

2.3.2 电子的自旋运动及其本征磁矩的量子力学描述

2.3.2.1 电子的本征运动——自旋运动

19 世纪末人们就已经确认电子的质量和电荷是电子的基本属性。原子光谱的精细结构对电子的基本属性做了很好的解释：认为电子的自旋运动才是它的本征运动，但必须假定：

（1）自旋运动的角动量矢量在外磁场中只可能有两种取向：平行于或反平行于外磁场方向。

（2）自旋运动的角动量矢量在外磁场方向上的投影，必须是大小相等、方

向相反。即

$$s_z = m_s \hbar \tag{2.23}$$

式中：s_z 是自旋运动的角动量矢量 s 在 z 方向（外磁场方向）的投影；这里的 m_s 是磁量子数。对于单个电子：

$$m_s = \pm \frac{1}{2}$$

代入式（2.23），得

$$s_z = \pm \frac{1}{2} \hbar \tag{2.24}$$

就是说电子的自旋角动量矩 s 在外磁场（z）方向上的投影应该是 $\hbar$ 的 m_s 倍，m_s 是半整数。

2.3.2.2　电子的本征磁矩——自旋磁矩

自旋运动是电子的本征运动，电子是带电粒子，在做自旋运动时产生的磁矩——自旋磁矩，就是电子的本征磁矩。从自旋运动的两条基本假设必然得出以下两条基本推论：

（1）电子的自旋磁矩在外磁场中，也只可能有两种取向：平行于或反平行于外磁场方向。

（2）电子的自旋磁矩在外磁场方向上的投影也必须是大小相等、方向相反。

电子本征磁矩的基本单位就是 Bohr 磁子。对于单个电子，本征磁矩在外磁场（z）方向的投影：

$$\mu_{s_z} = \pm \beta = \pm \frac{e\hbar}{2mc} = \pm \frac{e}{mc} \frac{\hbar}{2} \tag{2.25}$$

将式（2.24）代入式（2.25），得

$$\mu_{s_z} = \pm \frac{e}{mc} s_z$$

$$\frac{\mu_{s_z}}{s_z} = \pm \frac{e}{mc} \tag{2.26}$$

$\dfrac{\mu_{s_z}}{s_z}$ 就是电子自旋运动产生的磁矩与其角动量矩之比，也就是旋磁比，用 γ_s 表示，即

$$\gamma_s = \frac{\mu_{s_z}}{s_z} = \pm \frac{e}{mc} \tag{2.27}$$

前面我们在讨论电子的轨道运动时得到的旋磁比［式（2.18）］，现在用 γ_l 表示，即

$$\gamma_l = \frac{e}{2mc} \tag{2.28}$$

比较式（2.27）和式（2.28）发现

$$\gamma_s = 2\gamma_l \tag{2.29}$$

2.3.2.3 电子的本征运动及其磁矩的量子力学描述

前面都还是用旧量子论的观念来描述电子的自旋运动及其所产生的磁矩。旧量子论仍然没有摆脱经典力学观念的束缚，对于电子的这种新的基本属性，用"经典"的解释就会产生以下 3 点不可克服的困难：

（1）按照经典力学的定律计算磁矩，必须对电子的构造（形状、大小、电荷分布等）给以某种假设。

（2）在外磁场中，电子自旋运动的角动量矢量为什么只可能有两种不同的取向？经典力学对此无法解释。

（3）为什么会有 $\gamma_s = 2\gamma_l$ 这种关系的存在？经典力学（包括旧量子论）更是无法解释的。

直到 20 世纪 30 年代初，Dirac 建立起相对论量子力学之后，毋需做任何假设就可以得到上述结论。Dirac 明确指出：把自旋运动当作像小球那样旋转的经典观念解释，从原理上就是不可接受的。

著名的 Stern-Gerlach[1]实验证明了电子的自旋运动及其自旋磁矩的存在。但实验本身不可能把轨道磁矩和自旋磁矩明确地区分开来。

后来 Bohr 又指出："任何企图测定自由电子磁矩的实验都是注定要失败的。"这是由"测不准"原理所决定的。问题恰恰在于：电子的自旋磁矩是带有量子力学运动学属性的。所以，不可能把电子的自旋磁矩与和带电粒子的平移运动有关的磁效应严格地加以区别。任何确定自旋磁矩的尝试都将不可避免地在电子的角动量矩的数值上引入不确定性。

从量子力学的一般定理即可得出：自旋角动量矩在外磁场（z）方向上的投影的绝对值为

$$|s_z| = \sqrt{s(s+1)}\,\hbar \tag{2.30}$$

当 $s = \dfrac{1}{2}$ 时：

$$|s_z| = \frac{\sqrt{3}}{2}\hbar = \sqrt{3}\,\frac{\hbar}{2}$$

而自旋磁矩在 z 轴上的投影的绝对值为

$$|\mu_{s_z}| = \frac{e}{mc}\sqrt{s(s+1)}\,\hbar = \sqrt{s(s+1)}\,\beta \tag{2.31}$$

当 $s = \dfrac{1}{2}$ 时：

$$|\mu_{s_z}| = \frac{\sqrt{3}}{2}\beta \qquad (2.32)$$

再回过头来看轨道角动量 P_φ，在量子力学中

$$P_\varphi \neq l\hbar$$

而是

$$P_\varphi = \sqrt{l(l+1)}\ \hbar \qquad (2.33)$$

这里的 $l = 0$，1，2，$\cdots$，$n-1$。

同样，轨道磁矩也不再是

$$\mu_l = l\beta$$

而是

$$\mu_l = \sqrt{l(l+1)}\ \beta \qquad (2.34)$$

当 $l = 0$ 时，$\mu_l = 0$，但是 $S \neq 0$，所以 $\mu_s \neq 0$。说明 $l = 0$ 这个状态的存在是合理的（即所谓的 S 态）。

为了解决 $\gamma_s = 2\gamma_l$ 的问题，我们仍然定义旋磁比为

$$\gamma = \frac{e}{2mc} \qquad (2.35)$$

再引入一个因子 g，于是

$$\frac{\mu}{P} = g\gamma = g\frac{e}{2mc} \qquad (2.36)$$

当磁矩是由纯轨道运动所贡献时：

$$g = 1; \qquad\qquad \gamma = \gamma_l$$

当磁矩是由纯自旋运动所贡献时：

$$g = 2; \qquad\qquad \gamma = \gamma_s$$

这个 g 因子也叫 Landé 因子，在电子磁共振中很重要。它不仅仅表明轨道运动和自旋运动在整个体系中贡献大小的比例，而且也反映出 EMR 谱线出现的位置。所以，在实际情况下的 g 值并不局限于 $1 \sim 2$（这将在第 5 章讨论）。

2.3.3　原子核的自旋角动量和磁矩的量子力学描述

如果暂不考虑其他基本粒子，我们可以简单地认为原子核是由质子和中子组成的。质子带正电，而中子不带电。如果把中子看成是由一个质子和一个电子所组成，则质子和中子的质量可视为是相等的。

原子核带正电荷，其电荷数等于其质子数，即原子序数，用 Z 来表示；原子核的质量数等于质子数加上中子的数目，我们用 A 来表示；以 X 代表某元素，则可记作 ^{A}X。如 ^{1}H$_1$ 表示原子序数为 1、质量数也是 1 的氢元素；又如 ^{13}C$_6$ 表示原子序数为 6、质量数是 13 的碳元素等。

原子核在做自旋运动时应具有自旋角动量 P_N，它也是量子化的，即

$$P_N = \sqrt{I(I+1)}\,\hbar \tag{2.37}$$

式中：I 是核自旋量子数，它可以是 0、整数或半整数，取决于质量数 A 和原子序数 Z 的搭配。如当质量数 A 为奇数时，原子序数 Z 不论是奇数还是偶数，I 总是半整数。如质量数 A 为奇数，原子序数 Z 也是奇数，如 $^1H_1$ 的 $I = \dfrac{1}{2}$、$^7Li_3$ 的 $I = \dfrac{3}{2}$、$^{55}Mn_{25}$ 的 $I = \dfrac{5}{2}$、$^{51}V_{23}$ 的 $I = \dfrac{7}{2}$；又如质量数 A 为奇数，而原子序数 Z 为偶数，如 $^{13}C_6$ 的 $I = \dfrac{1}{2}$、$^9Be_4$ 的 $I = \dfrac{3}{2}$、$^{17}O_8$ 的 $I = \dfrac{5}{2}$、$^{143}Nd_{60}$ 的 $I = \dfrac{7}{2}$ 等。当质量数 A 为偶数时，原子序数 Z 为奇数，则 I 一定是整数，如 $^{14}N_7$ 的 $I = 1$、$^{10}B_5$ 的 $I = 3$、$^{50}V_{23}$ 的 $I = 6$ 等。当质量数 A 为偶数时，原子序数 Z 也是偶数，则 I 必定是 0，即非磁性核，如 $^{12}C_6$、$^{16}O_8$、$^{32}S_{16}$ 等。

按照量子力学原理，核自旋角动量 P_N 在外磁场 z 方向的分量 P_{N_z} 也应该是量子化的，即

$$P_{N_z} = m_I \hbar \tag{2.38}$$

式中：m_I 是核的磁量子数

$$m_I = I, I-1, I-2, \cdots, -I+2, -I+1, -I$$

可以看出：核自旋角动量 P_N 在外磁场 z 方向的分量 P_{N_z} 的最大值 $(P_{N_z})_{max}$ 为

$$(P_{N_z})_{max} = I\hbar \tag{2.39}$$

当 $I = 0$ 时，$(P_{N_z})_{max} = 0$；当 $I \neq 0$ 的核在做自旋运动时，必产生核磁矩：

$$\mu_N = \gamma_N P_N \tag{2.40}$$

式中：γ_N 为核的旋磁比

$$\gamma_N = \frac{e_N}{2m_N c} \tag{2.41}$$

式中：e_N 是核的动态电荷；m_N 是核的动态质量；c 是光速。最终得出的 γ_N 值可以是正数，也可以是负数。如

$$^1H \text{ 核的 } \gamma_N = 26.7519 \times 10^7 \,\text{rad} \cdot \text{T}^{-1} \cdot \text{s}^{-1}$$
$$^{15}N \text{ 核的 } \gamma_N = -2.712 \times 10^7 \,\text{rad} \cdot \text{T}^{-1} \cdot \text{s}^{-1}$$

核磁矩 $\boldsymbol{\mu}_N$ 在外磁场 z 方向的分量 μ_{N_z} 为

$$\mu_{N_z} = \gamma_N P_N = \gamma_N m_I \hbar = m_I \beta_N \tag{2.42}$$

核磁矩 $\boldsymbol{\mu}_N$ 在外磁场 z 方向投影的最大值 $(\mu_{N_z})_{max}$ 为

$$(\mu_{N_z})_{max} = \gamma_N I\hbar = I\beta_N \tag{2.43}$$

式中：β_N 称为核磁子，是度量核磁矩的最小单位，如下

$$\beta_N = \gamma_N \hbar = \frac{e_N}{2m_N c}\hbar \tag{2.44}$$

核磁矩的绝对值为

$$|\mu_N| = \sqrt{I(I+1)}\beta_N \tag{2.45}$$

当 $I=0$ 时，$|\mu_N|=0$，所以把 $I=0$ 的核也称作非磁性核。

2.3.4　原子核的电四极矩

从实验结果得知：$I=\dfrac{1}{2}$ 的核，其电荷分布是呈球形对称的，这种核的电四极矩 $Q=0$，容易得到高分辨率的 NMR 谱；也能得到分辨良好的超精细结构的 EMR 谱。

凡是 $I>\dfrac{1}{2}$ 的核不仅有磁矩，而且还有电四极矩，即 $Q\ne0$。这种核上的电荷分布是呈椭球对称的。核自旋轴是平行于核磁矩的方向的。令 $\rho(x,y,z)$ 为电荷在核上的分布函数，则核电四极矩 Q 定义为

$$Q=\int\rho(x,y,z)(3z^2-r^2)\mathrm{d}x\mathrm{d}y\mathrm{d}z \tag{2.46}$$

定义核磁矩的方向是平行于外磁场 z 方向，r 为点（x，y，z）到达原点的距离；定义自旋轴的半径为 a，赤道平面的半径为 b，如图 2-4 所示。电四极矩与原子序数 Z 的关系为

$$Q=\frac{2}{5}Z(a^2-b^2) \tag{2.47}$$

当 $a=b$ 时，$Q=0$；当 $a>b$ 时，$Q>0$；当 $a<b$ 时，$Q<0$。由式（2.47）可以看出：核电四极矩 Q 的量纲是长度的二次方。在 CGS 制中 Q 的量纲为 cm^2。且 Q 值随原子序数 Z 的增大而增大。由于原子核的半径约为 10^{-12} cm，所以 Q 值约为 10^{-24} cm^2 数量级。

Q 值与核自旋量子数 I 有如下关系：

$$Q=CI(2I-1) \tag{2.48}$$

式中：C 是常数。当 $I=0$ 时，$Q=0$；当 $I=\dfrac{1}{2}$ 时，$Q=0$；只有当 $I>\dfrac{1}{2}$ 时，$Q\ne0$。核的电四极矩与电场梯度的相互作用，引起了额外的复杂性。在许多情况下，这种相互作用很强，仅次于核磁矩与外磁场的 Zeeman 互作用。由此，我们把原子核分成以下四大类型：

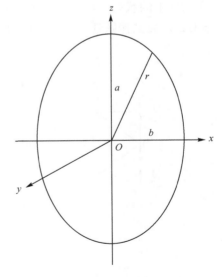

图 2-4　电四极矩电荷分布示意图

$I=0$	$Q=0$	^{16}O ,^{12}C ,^{32}S ,…
$I=\dfrac{1}{2}$	$Q=0$	^{1}H ,^{13}C ,^{15}N ,^{19}F ,^{31}P ,…
$I\geqslant 1$	$Q>0$	^{2}H ,^{10}B ,^{14}N ,…
$I\geqslant 1$	$Q<0$	^{7}Li ,^{17}O ,^{33}S ,^{35}Cl ,…

2.4 角动量矩的量子化

量子力学告诉我们，角动量矢量是量子化的。任何一个角动量算符 $\hat{\boldsymbol{J}}$ 的大小，其容许值都只能是 $[J(J+1)]^{1/2}$，这里的 J 是角动量量子数（$J=0$，$1/2$，1，$3/2$，…）。按照惯例，所有角动量的单位都采用 $\hbar$（这里的 $\hbar=h/2\pi$），矢量 $\hat{\boldsymbol{J}}$ 在任何方向的投影（分量），即量子数 M_J，总共只能有 $2J+1$ 个。它们的数值也只能是 $-J$，$-J+1$，$-J+2$，…，$+J-1$，$+J$。

2.3 节中所讨论的是一个最简单的例子，对于一个单电子来说，自旋量子数的值 $S=s=1/2$。如果具有两个以上未偶电子的自旋体系，则 $S=\sum_i s_i$。图 2-5 描述的就是含有一个、两个和三个未偶电子的体系（$S=1/2$，1，$3/2$）的角动量矢量及其分量的示意图。$S=1/2$ 的状态相当于二重态，因为 $2S+1$ 的值是 2，即它有 2 个能态。这种情况肯定是最令人感兴趣的，因为所有的自由基都是属于这一类。$S=1$ 的状态，也叫三重态。顺磁离子，特别是过渡金属离子，一般它们的 $S>1/2$。磁共振跃迁不改变 S 的值。

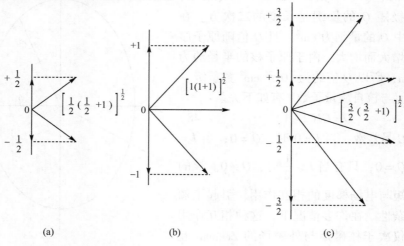

图 2-5 分别表示 $S=1/2$、1、$3/2$ 的角动量矢量及其分量的示意图

(a) $S=1/2$；(b) $S=1$；(c) $S=3/2$

核自旋角动量算符 $\hat{I}$ 在形式上与电子自旋角动量算符 $\hat{S}$ 完全相似。核自旋量子数 I 是一个整数或半整数，没有负数。

我们经常必须考虑到所有与自旋有关的核参数，如核的 Zeeman 因子、超精细耦合因子和四极矩因子等，因为这些都会影响到谱线的位置。

对于含有轻原子的自旋体系（如自由基），轨道角动量几乎是零，所以，可以不考虑自旋–轨道耦合互作用。当时人们把注意力完全集中在电子的自旋角动量上。但在某些体系中电子的轨道角动量还是存在非零值。起初把电子的自旋角动量与轨道角动量分开来考虑，后来才把自旋–轨道耦合互作用作为校正项引入。然而，在研究过渡金属离子体系的电子磁共振波谱时，自旋–轨道耦合互作用对谱线影响之大是绝对不容忽视的。

2.5　磁场的单位

磁场有两种表示方式：磁场强度 H 和磁感应密度 B，两者之间的关系如下：

$$H = B/\mu_{\mathrm{m}} \qquad (2.49)$$

式中：μ_{m} 是在介质中的磁导率，计算公式为

$$\mu_{\mathrm{m}} = \kappa_{\mathrm{m}} \mu_{\mathrm{o}} \qquad (2.50)$$

式中：μ_{o} 是在真空中的磁导率；κ_{m} 是一个量纲一的参数，在真空中，$\kappa_{\mathrm{m}} = 1$；在介质中，$\kappa_{\mathrm{m}} = \mu_{\mathrm{m}}/\mu_{\mathrm{o}}$。在不同介质中，$\kappa_{\mathrm{m}}$ 的值也不同。

这里

$$\mu_{\mathrm{o}} = 4\pi \times 10^{-7} \ \mathrm{J \cdot C^{-2} \cdot s^2 \cdot m^{-1}} (\mathrm{T^2 \cdot J^{-1} \cdot m^3})$$

当然这是一个普遍适用的常数；这里的 J 就是焦［耳］（joule），它的单位是 $\mathrm{kg \cdot m^2 \cdot s^{-2}}$；这里的 C 是电量的单位库仑（coulomb）；电流的单位是每秒库仑（$\mathrm{C \cdot s^{-1}}$）。显然，磁感应密度 B 与磁场强度 H，无论是量纲还是单位都不相同。然而，在磁共振中，我们普遍采用磁场强度 H，它的单位是 T（tesla），它的量纲是 $\mathrm{kg \cdot s^{-1} \cdot C^{-1}}$ 或 $\mathrm{J \cdot C^{-1} \cdot m^{-2} \cdot s}$。

$$1\mathrm{T} = 1 \times 10^4 \ \mathrm{G} \ (\mathrm{gause}) \qquad (2.51)$$

另一个很重要的物理量就是磁偶极矩 μ，它的单位是 $\mathrm{J \cdot T^{-1}}$。在给定体积 V 中有 N 个磁偶极子，则宏观磁矩 M 为

$$M = \frac{1}{V} \sum_{i}^{N} \mu_i \qquad (2.52)$$

M 叫做磁化强度（magnetization），它的单位是 $\mathrm{J \cdot T^{-1} \cdot m^{-3}}$，是单位体积中的纯磁矩。

因为原子核、原子和分子的磁矩是正比于它们的角动量矩的，我们引进一个无因次的 g 因子与有因次的因子的乘积（一个物理常数的集合），叫做"磁子"：

$$\boldsymbol{\mu} = \alpha g \beta \boldsymbol{J} \qquad (2.53)$$

式中：β 与矢量 $\boldsymbol{\mu}$ 有相同的单位；量纲一的 g 的量级与电子的 Zeeman 因子相同。当以 $\hbar$ 为单位时，它的单位是 J·s，并已与 β 合为一体；$\alpha = \pm 1$。

对于自由电子（即处于真空中的单电子），$\alpha_e = -1$；而算符 $\hat{J}$ 应该是电子的自旋角动量算符 $\hat{S}$，这样 β 就变成[2]

$$\beta_e = \frac{e\hbar}{2m_e} = 9.274\ 015\ 4(31) \times 10^{-24} \text{J} \cdot \text{T}^{-1} \qquad (2.54)$$

式中：β_e 就叫做玻尔磁子（Bohr magneton）；e 是电子的电荷；$2\pi\hbar = h$ 是 Planck 常量；m_e 是电子的质量。对于自由电子的 Zeeman 分裂因子：

$$g_e = 2.002\ 319\ 304\ 386(20) \qquad (2.55)$$

这是已知的最精确的物理常数之一。当电子与其他粒子相互作用时，则 $g \neq g_e$。

对于核，$\hat{J}$ 就是核自旋算符 $\hat{I}$，则 $\alpha = +1$，核磁子为

$$\beta_n = \frac{e\hbar}{2m_p} = 5.050\ 786\ 6(17) \times 10^{-27} \text{J} \cdot \text{T}^{-1} \qquad (2.56)$$

式中：m_p 是质子（^{1}H）的质量；核的 g 因子 g_n 的值为 $5.585\ 564 \pm 0.000\ 017$。

2.6　磁偶极矩

现在我们来考虑磁矩 $\boldsymbol{\mu}$ 在磁场 $\boldsymbol{H}$ 中的磁偶极子。这里的 $\boldsymbol{\mu}$ 既能描述一个核的，也能描述一个电子的磁偶极子。它在外磁场 z 方向的分量 μ_z 一般可定义为

$$\mu_z = -\left.\frac{\partial E}{\partial H}\right| \qquad (2.57)$$

式中：$E(H)$ 是磁矩 $\boldsymbol{\mu}$ 在磁场 $\boldsymbol{H}$ 中磁偶极子的能量，它是 $\boldsymbol{H}$ 的函数。磁矩在磁场中与磁场相互作用的能量 E，在大多数的情况下可用点积描述为

$$E = -\boldsymbol{\mu} \cdot \boldsymbol{H} = -|\mu H| \cos(\boldsymbol{\mu}, \boldsymbol{H}) \qquad (2.58)$$

式中：$(\boldsymbol{\mu}, \boldsymbol{H})$ 是矢量 $\boldsymbol{\mu}$ 和矢量 $\boldsymbol{H}$ 的夹角。当 $(\boldsymbol{\mu}, \boldsymbol{H}) = 0$ 时 E 最小，为 $-|\mu H|$；$(\boldsymbol{\mu}, \boldsymbol{H}) = \pi$ 时 E 最大，为 $+|\mu H|$。当矢量 $\boldsymbol{\mu}$ 和矢量 $\boldsymbol{H}$ 的夹角处于 $0 \sim \pi$ 时，能量 E 也处于 $-|\mu H| \sim +|\mu H|$ 两极值之间。

现在我们考虑在磁场 $\boldsymbol{H}$ 中无互作用的经典磁矩 $\boldsymbol{\mu}$ 的总效果。假如互作用能 $\boldsymbol{\mu} \cdot \boldsymbol{H}$ 与热能 kT 相比要大很多，则宏观磁化强度 $\boldsymbol{M}$ 几乎就等于 $N_v \boldsymbol{\mu}$，这里 N_v 就是单位体积中偶极子的数目。然而，几乎是在所有的情况下，磁矩在磁场中的取向是无序的，所以，在多数情况下 $|\mu H/kT| \ll 1$。因此，宏观磁化强度 $\boldsymbol{M}$ 要比 $N_v \boldsymbol{\mu}$ 小几个数量级。

宏观磁化强度 $\boldsymbol{M}$ 可以用一个无量纲的比例因子 χ_m 把它与外磁场 $\boldsymbol{H}$ 关联起来。这个量纲一的比例因子 χ_m 就叫做体积磁化率，它可以通过测量样品在不均

匀的静磁场中所受的力求得[3]。在最简单（各向同性）的情况下，一集彼此无相互作用的磁偶极子对 χ_m 有如下关系：

$$\boldsymbol{M} = -\alpha[g/|g|]\chi_m \boldsymbol{H} \tag{2.59}$$

对于电子 $\alpha = -1$，$g > 0$，则

$$\chi_m = \frac{\boldsymbol{M}}{\boldsymbol{H}} = \frac{\boldsymbol{M}}{B/\kappa_m\mu_0} \tag{2.60}$$

假定在平衡的情况下（按 Boltzmann 分布）[2]，则

$$\chi_m = \frac{N_v\mu^2}{3k_bT}\kappa_m\mu_0 = \frac{C}{T} \geqslant 0 \tag{2.61}$$

其中 $\mu^2 = g^2\beta_e^2 S(S+1)$

C 被称为居里常量。在通常情况下 $\chi_m \approx 10^{-6}$。相对磁导率 $\kappa_m = 1 + \chi_m$（相对于自由空间）。把 $\chi_m > 0$ 的物质定义为顺磁性物质，$\chi_m < 0$ 的物质定义为逆磁性物质。

最简单的顺磁性物质就是只含有一个电子的自由基，它的轨道角动量几乎是零。实验测定 χ_m 得到的是 $N_v\boldsymbol{\mu}$ 的乘积，要想得到 $\boldsymbol{\mu}$ 就必须从其他的数据来确定 N_v，而通过 EMR 测定，则可以分别得到 N_v 和 $\boldsymbol{\mu}$。

2.7 磁能量与状态

磁能量 E 是正比于磁矩 $\boldsymbol{\mu}$ 的 [式（2.57）]。假如定义外磁场方向为 z 方向，且只有自旋的体系，则 $E = -\mu_z H$，以 $\mu_z = g_e\beta_e M_s$ 代入，则

$$E = g_e\beta_e M_s H \tag{2.62}$$

对于只有一个未偶电子的体系，M_s 可能的值只有 $+\frac{1}{2}$ 和 $-\frac{1}{2}$，因此，μ_z 也只有两个可能的值 $\mp\frac{1}{2}g_e\beta_e$，则能量为

$$E = \pm\frac{1}{2}g_e\beta_e H \tag{2.63}$$

$$\Delta E = E_+ - E_-$$
$$\Delta E = g_e\beta_e H = -\gamma_e\hbar H \tag{2.64}$$

相当于 $|\Delta M_s| = 1$，如图 2-1 所示，ΔE 随磁场的增大而线性地增大。

磁体系的状态，正如前面已经提到过的，通常是有限的数。假如这些状态的能级都是相同的，称之为"简并态"（degenerate）。每一个状态都有一个对应的量子数。因此，对于只有一个未偶电子的体系，对应的量子数就是 M_s，正如我们在以后的章节中将会看到的，经常用 Dirac 符号 $|M_s\rangle$ 或 $\langle M_s|$ 来表示状态。对

于单电子，$M_s = +\dfrac{1}{2}$ 或 $-\dfrac{1}{2}$，故 Dirac 符号就写成 $\left|+\dfrac{1}{2}\right\rangle$ 和 $\left|-\dfrac{1}{2}\right\rangle$，也有写成 $|\alpha\rangle$ 和 $|\beta\rangle$。当有几个自旋相关的粒子在一个磁空间时，就需要用各个粒子的量子数来表达体系的自旋状态。在原子和分子体系中，只能有不多于 2 个电子占据同一个给定的空间轨道。根据 Pauli 不相容原理，占据同一个给定的轨道上的 2 个电子的自旋量子数 M_s 的符号必须是相反的。因而，它们由于自旋运动产生的磁矩必然是大小相等、方向相反，即互相抵消，总结果为零。因此，只有在原子或分子的某一个轨道上处于半充满的情况下，才能观测到 EMR 信号。

2.8　磁偶极子与电磁辐射的相互作用

处在电子的两个 Zeeman 能级之间的粒子，可以被相适当的频率为 ν 的电磁场 H_1 诱导而产生跃迁。这个所谓"相适当"的频率 ν 就是两个分裂的 Zeeman 能级之差 $\Delta E = h\nu$。于是

$$\Delta E = h\nu = g_e\beta_e H \tag{2.65}$$

式中：H 就是满足共振条件的外磁场。对于 $S > 1/2$ 的自旋体系，分裂的能级数要大于 2，哪些能级间的跃迁是允许的呢？只有那些满足选择定则 $|\Delta M_s| = 1$ 的能级间的跃迁才是被允许的。

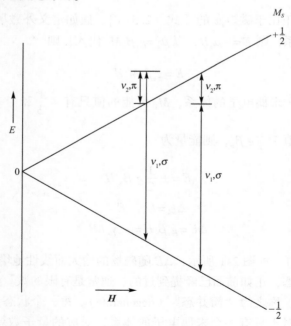

图 2-6　当有两个激发场存在时的光子跃迁示意图

现在让我们简要地考虑被我们的未偶电子体系所吸收和发射的单个光子。光子有它的自旋角动量（$\pm\hbar$），"向着"或"反着"它的运动方向做自旋运动[4]。这相当于向右和向左的两个旋转极化。但是，它是没有磁矩的。对于吸收，取决于相对电子自旋轴的方向，它能够传递能量 $h\nu$ 和角动量（即 σ 型光子）或者只传递能量（即 π 型光子）。为了适合式（2.65）的能量要求，某些光子能够协同作用。但是，为了满足（光子＋电子）总角动量守恒的条件，只有 σ 型光子是适合的。如图 2-6 所示的情况，即双频率 EMR 实验并不常见，但确实被进行过了，并用稳定的有机自由基 DPPH 作为实例证明[5]。在绝大多数的 EMR 实验中，只有（σ 型）单光子在跃迁激发中起作用。现在我们将暂不去考虑这种跃迁。然而，在近年来的 EMR 工作中，多量子现象已经变得愈来愈明显和愈来愈重要了。这些效应（即新 EMR 谱线的发展）表现出对于微波激发场的强度 H_1 的要求增强了。

Zeeman 能级之间的跃迁，要求电子磁矩的取向改变。因为，跃迁只能发生在电磁辐射引起电子磁矩重新取向（取向反转）时。要使跃迁成为可能，电磁辐射必须被极化，交变磁场必须垂直于外磁场。要求适当的交变磁场（即 σ 型光子）且频率正好是落在微波波段。如果我们所用的电磁辐射场 H_1 的取向是平行于外磁场 H，该辐射效应仅引起 Zeeman 能级上频率为 ν 的能量振荡，而不会发生电子磁矩的取向反转，就不可能产生 Zeeman 能级间的粒子跃迁，也就没有共振吸收可言。

从式（2.65）可知，我们可以固定外磁场 H，改变射频频率 ν 来满足式（2.65）；反之，也可以固定射频频率 ν，改变外磁场 H 来满足式（2.65）。由于产生微波频率的振荡管（速调管，或耿氏二极管）的频率可调范围很小，现有的 EMR 谱仪都采用固定射频频率 ν 改变外磁场 H 的方案。

以上所说的电子自旋体系的（光子＋电子）能级间的跃迁规律，都适用于核自旋体系的 Zeeman 能级间的跃迁规律。与式（2.62）相对应的核 Zeeman 能为

$$E = -g_n\beta_n M_I H \tag{2.66}$$

这里的 g_n 就是核的 Zeeman 分裂因子 g；这里的 β_n 称作核磁子；这里的 M_I 就是核自旋角动量矢量在外磁场 z 方向上的分量。与电子自旋体系的情况相类似，只有在 $|\Delta M_I| = 1$ 的情况下，偶极跃迁才是被允许的。因此，对应式（2.65）有

$$\Delta E = h\nu = g_n\beta_n H \tag{2.67}$$

这就是核磁共振（NMR）的最基本公式。

核自旋和核磁矩，在 EMR 研究中非常重要。未偶电子与磁性核的相互作用，使 EMR 波谱产生超精细分裂，为 EMR 研究提供了及其丰富的信息。

2.9 自旋体系的表征

应当指出：自旋空间所感受到的磁场，不仅有外磁场 H_{ext} 从样品的外部作用到自旋体系，而且还有自旋体系本身存在的磁场（局部磁场）H_{local}，自旋空间实际所感受到的磁场应该是 H_{eff}，于是

$$H_{eff} = H + H_{local} \tag{2.68}$$

这里的 H 就是 H_{ext}。这里的 H_{local} 是有两部分组成：一部分是由外磁场 H 诱导出来的，其大小取决于外磁场 H；另一部分是自旋体系所固有的，其大小与外磁场的大小无关，只与外磁场的取向有关。

如果只考虑前一种因素，即诱导对 H_{local} 的贡献，则式（2.32）中的 H 原则上可用 H_{eff} 代替。实际上保留"外磁场" H 更合适。那么 g_e 必须用有效 g 因子代替，于是式（2.68）可写成

$$H_{eff} = (1 - \sigma)H = (g/g_e)H \tag{2.69}$$

这里的 σ 相当于 NMR 中的"化学位移"参数（屏蔽系数）。这里的 g 被 EMR 波谱学家称为有效 Zeeman 因子。许多自由基和一些过渡金属离子的 $g \approx g_e$，然而许多自旋体系（尤其是大部分过渡金属离子）的有效 g 因子是远离 g_e 的，一些稀土离子的有效 g 因子还是负值。

我们从式（2.36）~式（2.55）可以看出：广义的 g 因子的组成中含有磁矩，其实这些局部磁场常常是由未偶电子的轨道运动所贡献的，故 g 因子应该是一个可变的值。如果只有一条 $g = g_e$ 的单线，EMR 谱就没有什么可研究的了。正是 g 值的变化，邻近不同偶极子引起局部磁场的变化而产生出花样繁多的谱线，才使 EMR 波谱为我们提供了极其丰富多彩的微观信息。

参 考 文 献

[1] Gerlach W, Stern O. *Z. Phys.* 1921, **8**: 110; *ibid.* 1922, **9**: 349, 353.

[2] Gerloch M. *Magnetism and Ligand-Field Analysis*. Cambridge: Cambridge University Press, 1983.

[3] Drago R S. *Physical Methods in Chemistry*. Phiadelphia: Saunders, 1977: Chap. 11.

[4] French A P, Taylor E F. *An Introduction to Quantum Physics*. New York: W W Norton, 1978: Sect. 14. 8.

[5] Berget J, Odchnal M, Petricek V, Sacha J, Trlfaj L. *Czech. J. Phys.* 1961, **B11**: 719.

更进一步的参考读物

1. Carrington A, McLachlan A D. *Introduction to Magnetic Resonance*. New York: Harper & Row, 1967.

2. Alger R S. *Electron Paramagnetic Resonance: Techniques and Applications*. New York: Wiley, 1967.

3. Abragam A, Bleaney B. *Electron Paramagnetic Resonance of Transition Ions*. Oxford: Oxford University Press, 1970.

4. Talpe J. *Theory of Experiments in EPR*. Oxford: Pergamon Press, 1971.

5. Pake G E, Estle T L. *The Physical Principles of Electron Paramagnetic Resonance.* 2nd ed. Reading：Benjamin，1973.

6. Weltner Jr. W. *Magnetic Atoms and Molecules.* New York：Van Nostrand Reinhold，1983.

7. Slichter C P. *Principles of Magnetic Resonance.* 3rd ed. New York：Springer，1989.

8. Pople J A, Schneider W G, Bernstein H J. *High-resolution Nuclear Magnetic Resonance.* New York：McGraw-Hill，1959.

9. Van Vleck J H. *The Theory of Electric and Magnetic Susceptibilities.* London：Oxford University Press，1932.

第3章　偶极子间的磁相互作用
与各向同性的超精细分裂

3.1　偶极子间的磁相互作用

这里所谓的偶极子，就是指电子磁偶极子和核的磁偶极子。它们之间的磁相互作用有三种：一种是电子自旋磁偶极子与磁性核的相互作用；另一种则是电子与电子磁偶极子之间的相互作用，后者将在第 7 章中详细讨论。还有一种就是核与核磁偶极子之间的相互作用，是核磁共振中需要讨论的问题，不在本书的讨论范围之内。

所谓磁性核，就是原本就具有自旋角动量的核，它们的核自旋量子数 $I \neq 0$，I 可以是 1/2，1，3/2，2，…，可以有与其相对应 $2I+1$ 个核自旋状态。

电子自旋磁偶极子最简单的就是只有一个未偶电子，即 $S = 1/2$。对于多于一个未偶电子（$S > 1/2$）的体系，情况就会复杂得多。

最简单的情况就是：只有一个未偶电子（$S = 1/2$）与只有一个 $I = 1/2$ 的核相互作用，这就是氢原子。氢原子核的 $I = 1/2$，它的核自旋角动量 M_I 只可能有两个值：$M_I = \pm 1/2$。其核外也只有一个电子，对于这个电子来说，原子核的自旋运动产生的磁矩相当于一个附加的小磁场（局部磁场 H_{local}），于是产生共振的磁场 H_r：

$$H_r = H + H_{local} \qquad (3.1)$$
$$H_{local} = a_0 M_I \qquad (3.2)$$

这里的 a_0 就是超精细分裂常数。当 $a_0 = 0$ 时，$H_{local} = 0$；$H_r = H$，即共振磁场等于外磁场。氢原子的 $a_0 = 50.684$ mT，$M_I = \pm 1/2$；式（3.1）可写成

$$H_r = H - a_0 M_I = H \mp a_0 / 2$$
$$(3.3)$$

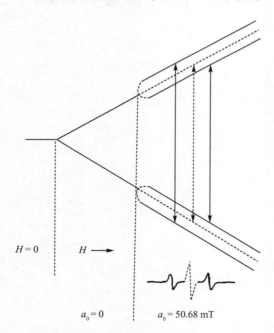

图 3-1　自由氢原子能级超精细分裂示意图

这就说明有两个共振磁场，即两条谱线：$(H_r)_1 = H - a_0/2$ 和 $(H_r)_2 = H + a_0/2$。这两条谱线的距离约等于 a_0。实验结果告诉我们：当射频频率为 9.5 GHz 时，氢原子的超精细裂距为 50.970 mT。一个未偶电子与一个具有 $I = 1/2$ 的磁性核互作用（自由氢原子）的能级分裂，如图 3-1 所示。

3.2　超精细互作用的理论探讨

3.2.1　偶极－偶极互作用

假如电子的偶极子与核的偶极子都沿着外磁场 H（$/\!/z$ 轴）方向排列，它们之间的偶极－偶极互作用能的近似表达式如下：

$$E_{\text{dipolar}} = -\frac{\mu_0}{4\pi}\frac{3\cos^2\theta - 1}{r^3}\mu_{N_z}\mu_{e_z} = -H_{\text{local}}\mu_{e_z} \tag{3.4}$$

式中：μ_{N_z} 和 μ_{e_z} 分别是核偶极矩和电子偶极矩在 z 方向的分量，它们之间的距离为 r，两偶极子之间的连线与外磁场（z 轴）方向的夹角为 θ，如图 3-2 所示。从式（3.4）和图 3-2 可以看出：在电子上由核产生的局部磁场的大小、方向是依赖于 θ 角和矢量 r 的。电子的磁偶极子在空间的各个不同位置上，受到核的磁偶极子产生的局部磁场 H_{local} 作用的大小、方向都不一样。由于电子并非定域在空间的某一固定位置上，则 H_{local} 的有效值必须是对电子在空间所有可能出现的位置求平均值。对于 s 轨道上的未偶电

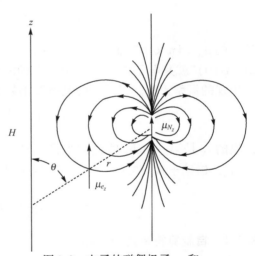

图 3-2　电子的磁偶极子 μ_{e_z} 和
核磁偶极子 μ_{N_z} 在外磁场中的示意图

子（如氢原子），在所有的 θ 角度出现的概率都是均等的。那么 $\cos^2\theta$ 就是对一个球体求平均：

$$\cos^2\theta = \frac{\int_0^{2\pi}\int_0^{\pi}\cos^2\theta\sin\theta\mathrm{d}\theta\mathrm{d}\phi}{\int_0^{2\pi}\int_0^{\pi}\sin\theta\mathrm{d}\theta\mathrm{d}\phi} = \frac{1}{3} \tag{3.5}$$

与式（3.4）比较，$H_{\text{local}} = 0$，$E_{\text{dipolar}} \to 0$。但这与实验结果不符，因为氢原子的 EMR 实验谱的确有 50.97 mT（微波频率为 9.5 GHz 时）的超精细分裂。这就是说：除偶极－偶极互作用外，一定还有别的什么互作用对超精细结构有贡献。反

之，只要未偶电子不在 s 轨道，这项就不是 0。因为在 p，d，f…轨道上的电子，在原子核上出现的概率密度都是 0。对于各向异性的自旋体系，超精细结构主要是来自未偶电子与磁性核之间的偶极 – 偶极互作用。

3.2.2 Fermi 接触互作用

从式（3.4）可以看出：当 $r \to 0$ 时，$E_{dipolar} \to \infty$；对于 s 电子来说，在原子核上出现的概率密度就不是 0。也就是说：$r \to 0$ 的情况是存在的。然而，$E_{dipolar} \to \infty$ 显然是不合理的。当时对这个问题的解释是很棘手的。Skinner 和 Weil[1] 进一步从数学上讨论了这个问题。这里同时也提出另一个问题：除偶极 – 偶极互作用外，一定还有别的什么互作用对超精细结构有贡献。

由于 s 轨道上的电子的空间分布是球形对称的，是各向同性的。Fermi 给出一个电子与核之间各向同性的磁相互作用能（E_{iso}）的近似式[2]：

$$E_{iso} = -\frac{2\mu_0}{3} |\psi(0)|^2 \mu_{N_z} \mu_{e_z} \tag{3.6}$$

这里的 $\mu_0 = 4\pi \times 10^{-7} \, J \cdot C^{-2} \cdot s^2 \cdot m^{-1}$，是真空中的磁导率。当外磁场足够大时，$\psi(0)$ 就是电子在原子核中心上的波函数。$|\psi(0)|^2$ 就是电子在原子核心上出现的概率密度。氢原子的基态波函数为

$$\psi_{1s}(r) = \left(\frac{1}{\pi r_b^3}\right)^{1/2} \exp\left(-\frac{r}{r_b}\right) \tag{3.7}$$

这里的 r_b 是第一 Bohr 轨道的半径（52.9×10^{-9} mm）。用概率密度 $|\psi(0)|^2 = 1/\pi r_b^3$，借助于式（3.6）即可求得各向同性的磁相互作用能 E_{iso}。

3.3 角动量与能量算符

3.3.1 自旋算符及其 Hamilton 量

对于一个可以用明确的量子数描述的能级分立体系，总是能够写出它的本征方程。假定 $\hat{\Lambda}$ 代表某一个能量算符，体系的本征方程是

$$\hat{\Lambda}\psi_k = \lambda_k \psi_k \tag{3.8}$$

式中：λ_k 代表状态 k 的本征函数 ψ_k 的本征值。

在 EMR 中感兴趣的是，自旋角动量是量子化的。对于电子自旋 $S = \frac{1}{2}$ 的体系，有以量子数 $M_s = \pm\frac{1}{2}$ 表征的两个状态。自旋角动量算符 $\hat{S}$ 在外磁场 z 方向的分量 $\hat{S}_z$，它的本征方程为

$$\hat{S}_z \phi_e = M_s \phi_e \tag{3.9}$$

式中：M_s 为角动量算符 $\hat{S}_z$ 作用到电子的本征函数 $\phi_e(M_s)$ 的本征值。

令 $\alpha(e) = \phi_e\left(M_s = +\dfrac{1}{2}\right)$、$\beta(e) = \phi_e\left(M_s = -\dfrac{1}{2}\right)$，就可以得到

$$\hat{S}_z \alpha(e) = +\frac{1}{2}\alpha(e) \tag{3.10a}$$

$$\hat{S}_z \beta(e) = -\frac{1}{2}\beta(e) \tag{3.10b}$$

请注意：角动量的单位是 $\hbar$。

对于核自旋 $I = \dfrac{1}{2}$ 的体系，有以量子数 $M_I = \pm\dfrac{1}{2}$ 表征的两个状态。核自旋角动量算符 $\hat{I}$ 在外磁场 z 方向的分量 $\hat{I}_z$，它的本征方程为

$$\hat{I}_z \alpha(n) = +\frac{1}{2}\alpha(n) \tag{3.11a}$$

$$\hat{I}_z \beta(n) = -\frac{1}{2}\beta(n) \tag{3.11b}$$

用 Dirac 符号 $|k\rangle$ 表示 ψ_k，则式（3.10）和式（3.11）可写成

$$\hat{S}_z \, |\alpha(e)\rangle = +\frac{1}{2} \, |\alpha(e)\rangle \tag{3.12a}$$

$$\hat{S}_z \, |\beta(e)\rangle = -\frac{1}{2} \, |\beta(e)\rangle \tag{3.12b}$$

和

$$\hat{I}_z \, |\alpha(n)\rangle = +\frac{1}{2} \, |\alpha(n)\rangle \tag{3.13a}$$

$$\hat{I}_z \, |\beta(n)\rangle = -\frac{1}{2} \, |\beta(n)\rangle \tag{3.13b}$$

对于体系的电子自旋角动量 M_s 和核的自旋角动量 M_I 的能量 E_k，可从定态的薛定谔（Schrödinger）方程求得

$$\mathscr{H}_e \phi_{ek} = E_{ek} \phi_{ek} \tag{3.14}$$

$$\mathscr{H}_n \phi_{nk} = E_{nk} \phi_{nk} \tag{3.15}$$

这里的 Hamilton 算符 $\mathscr{H}_e$ 和 $\mathscr{H}_n$ 是电子和核的能量算符（可以代之以 $\hat{S}_z$ 或 $\hat{I}_z$），下标 k 是代表体系的任意的本征态。重要的是式（3.12）、式（3.13）中的自旋角动量算符在外磁场 z 方向的分量和式（3.14）、式（3.15）中的能量算符有共同的本征函数 ϕ_k，于是

$$\mathscr{H}_e \, |\alpha(e)\rangle = E_{\alpha(e)} \, |\alpha(e)\rangle \tag{3.16a}$$

$$\mathscr{H}_e \, |\beta(e)\rangle = E_{\beta(e)} \, |\beta(e)\rangle \tag{3.16b}$$

和

$$\mathcal{H}_n \,|\,\alpha(n)\,\rangle = E_{\alpha(n)} \,|\,\alpha(n)\,\rangle \tag{3.17a}$$

$$\mathcal{H}_n \,|\,\beta(n)\,\rangle = E_{\beta(n)} \,|\,\beta(n)\,\rangle \tag{3.17b}$$

通常用简化的形式 $\mathcal{H}$ 表示。体系的 Hamilton 算符一般由全部质点存在的位置（空间部分）和磁矩以及它们的固有的角动量矩（自旋部分）构成。由于 Hamilton 算符含有自旋算符，必然（在量子力学的状态空间）要用矩阵表象。

3.3.2 电子的、核的 Zeeman 互作用

对于 $S = \dfrac{1}{2}$ 以及 $I = \dfrac{1}{2}$ 的体系，电子或核与外磁场相互作用，用自旋算符的方法来处理。选择 z 轴作为外磁场 $\boldsymbol{H}$ 的方向，电子磁矩的算符 $\hat{\mu}_{ez}$ 是正比于电子自旋算符 $\hat{S}_z$ 的。同样，核磁矩算符 $\hat{\mu}_{nz}$ 也是正比于核自旋算符 $\hat{I}_z$，于是参照式（2.48）得出

$$\hat{\mu}_{ez} = \gamma_e \hat{S}_z \hbar = - g_e \beta_e \hat{S}_z \tag{3.18}$$

$$\hat{\mu}_{nz} = \gamma_n \hat{I}_z \hbar = + g_n \beta_n \hat{I}_z \tag{3.19}$$

由式（2.53）、式（3.18）和式（3.19）可以得出电子和核的自旋 Hamilton 算符：

$$\mathcal{H}_e = + g\beta_e \boldsymbol{H}\hat{S}_z \tag{3.20}$$

$$\mathcal{H}_n = - g_n \beta_n \boldsymbol{H}\hat{I}_z \tag{3.21}$$

现在把式（3.20）和式（3.21）的自旋 Hamilton 算符作用到自旋本征函数，得到如下的结果：

$$\mathcal{H}_e \,|\,\alpha(e)\,\rangle = + g\beta_e H \hat{S}_z \,|\,\alpha(e)\,\rangle = + \frac{1}{2} g\beta_e H \,|\,\alpha(e)\,\rangle \tag{3.22a}$$

$$\mathcal{H}_e \,|\,\beta(e)\,\rangle = + g\beta_e H \hat{S}_z \,|\,\beta(e)\,\rangle = - \frac{1}{2} g\beta_e H \,|\,\beta(e)\,\rangle \tag{3.22b}$$

和

$$\mathcal{H}_n \,|\,\alpha(n)\,\rangle = - g_n \beta_n H \hat{I}_z \,|\,\alpha(n)\,\rangle = - \frac{1}{2} g_n \beta_n H \,|\,\alpha(n)\,\rangle \tag{3.23a}$$

$$\mathcal{H}_n \,|\,\beta(n)\,\rangle = - g_n \beta_n H \hat{I}_z \,|\,\beta(n)\,\rangle = + \frac{1}{2} g_n \beta_n H \,|\,\beta(n)\,\rangle \tag{3.23b}$$

可以从式（3.22）、式（3.23）推断出

$$E_{\alpha(e)} = + \frac{1}{2} g\beta_e H \tag{3.24a}$$

$$E_{\beta(e)} = - \frac{1}{2} g\beta_e H \tag{3.24b}$$

和

$$E_{\alpha(n)} = -\frac{1}{2}g_n\beta_n H \tag{3.25a}$$

$$E_{\beta(n)} = +\frac{1}{2}g_n\beta_n H \tag{3.25b}$$

则

$$\Delta E_e = E_{\alpha(e)} - E_{\beta(e)} = g\beta_e H = h\nu_e \tag{3.26}$$

$$\Delta E_n = E_{\beta(n)} - E_{\alpha(n)} = g_n\beta_n H = h\nu_n \tag{3.27}$$

共振方程式（3.26）相当于状态 $|\beta(e)\rangle$ 和状态 $|\alpha(e)\rangle$ 之间的跃迁（EMR 跃迁），而共振方程式（3.27）（当 $g_n > 0$ 时）则相当于状态 $|\alpha(n)\rangle$ 和状态 $|\beta(n)\rangle$ 之间的跃迁（NMR 跃迁）。这里的 $h\nu_e$ 和 $h\nu_n$ 是激发电子和核跃迁的光子能量。

确定能量 E 的步骤如下：在式（3.14）两边都左乘共轭的本征函数 ϕ_k^*，则

$$\phi_k^* \mathcal{H}_e \phi_k = \phi_k^* E_k \phi_k$$

$$\phi_k^* \mathcal{H}_e \phi_k = E_k \phi_k^* \phi_k \tag{3.28}$$

因为这里的 E_k 是一个定数，两边乘以 $\mathrm{d}\tau$ 对 τ 积分（τ 是空间变量）得

$$\int_\tau \phi_k^* \mathcal{H}_e \phi_k \mathrm{d}\tau = E_k \int_\tau \phi_k^* \phi_k \mathrm{d}\tau \tag{3.29}$$

移项，得

$$E_k = \frac{\displaystyle\int_\tau \phi_k^* \mathcal{H}_e \phi_k \mathrm{d}\tau}{\displaystyle\int_\tau \phi_k^* \phi_k \mathrm{d}\tau} \tag{3.30}$$

假如函数 ϕ_k 是归一化的，则

$$\int_\tau \phi_k^* \phi_k \mathrm{d}\tau = 1 \tag{3.31}$$

于是

$$E_k = \int_\tau \phi_k^* \mathcal{H}_e \phi_k \mathrm{d}\tau \tag{3.32}$$

可以说 $\mathcal{H}$ 的期望值就是在第 k 态体系的能量 E_k。

用式（3.16）和式（3.17）中的 Dirac 符号来改写式（3.28）~式（3.32），左乘 ϕ_k^* 改写成 $\langle\phi_k|$，Dirac 把它记作"刁"（bra），它与 Dirac 标记的符号"刃"（ket）$|\phi_k\rangle$ 组成全范围的积分 $\langle\phi_k|\phi_k\rangle$，则式（3.29）可写成

$$\langle\phi_k|\mathcal{H}|\phi_k\rangle = E_k\langle\phi_k|\phi_k\rangle \tag{3.33}$$

归一化函数式（3.31），则为

$$\langle\phi_k|\phi_k\rangle = 1 \tag{3.34}$$

式（3.32）可写成

$$E_k = \langle\phi_k|\mathcal{H}|\phi_k\rangle \tag{3.35}$$

我们可以看出：能量 E_k 是矩阵 $\mathscr{H}$ 的第 k 个对角元。对于电子、核的自旋态可以写成

$$E_{\alpha(e)} = \langle \alpha(e) \,|\, \mathscr{H} \,|\, \alpha(e) \rangle = +\frac{1}{2} g \,\beta_e \, H \tag{3.36a}$$

$$E_{\beta(e)} = \langle \beta(e) \,|\, \mathscr{H} \,|\, \beta(e) \rangle = -\frac{1}{2} g \,\beta_e \, H \tag{3.36b}$$

和

$$E_{\alpha(n)} = \langle \alpha(n) \,|\, \mathscr{H} \,|\, \alpha(n) \rangle = -\frac{1}{2} g_n \,\beta_n \, H \tag{3.37a}$$

$$E_{\beta(n)} = \langle \beta(n) \,|\, \mathscr{H} \,|\, \beta(n) \rangle = +\frac{1}{2} g_n \,\beta_n \, H \tag{3.37b}$$

3.3.3　各向同性超精细互作用的自旋 Hamilton 算符

现在让我们考虑引入各向同性超精细互作用的影响（各向异性的超精细互作用将在第 6 章详细讨论）。从式（3.6）中经典的磁矩代之以相应的算符就可以得到各向同性的自旋 Hamilton 算符：

$$\mathscr{H}_{iso} = \frac{2\mu_0}{3} g\beta_e \, g_n\beta_n \,|\psi(0)|^2 \hat{S}_z \hat{I}_z \tag{3.38}$$

设定一个超精细耦合参数 A_0，令

$$A_0 = \frac{2\mu_0}{3} g \,\beta_e g_n \,\beta_n \,|\psi(0)|^2 \tag{3.39}$$

它可以用来衡量电子与核之间的磁相互作用能（J），则式（3.38）可写成

$$\mathscr{H}_{iso} = A_0 \hat{S}_z \hat{I}_z \tag{3.40}$$

超精细耦合常数可表示成 A_0/h，常用频率单位 MHz。也可用磁场单位表示，称之为超精细分裂常数，$a_0 = A_0/g_e \,\beta_e$。对于氢原子（或其他含有一个电子和一个 $I = \frac{1}{2}$ 核的各向同性体系）的自旋 Hamilton 算符，就是把式（3.20）、式（3.21）和式（3.40）加起来

$$\mathscr{H} = g\beta_e H\hat{S}_z - g_n\beta_n H\hat{I}_z + A_0\hat{S}_z \,\hat{I}_z \tag{3.41}$$

当外磁场 H 足够大时，该式是正确的。假如多于一个磁性核与未偶电子互作用时，则

$$\mathscr{H} = g\beta_e H\hat{S}_z - \sum_i g_{ni} \,\beta_n H\hat{I}_{zi} + \sum_i A_{0i}\hat{S}_z \hat{I}_{zi} \tag{3.42}$$

当超精细互作用项比较大时（氢原子就是如此），式（3.41）、式（3.42）中的第二项核的 Zeeman 能的贡献比较小，甚至可以忽略。但在各向异性体系中却并非如此。

3.4　一个未偶电子与一个磁性核的体系

3.4.1　具有 $S = \frac{1}{2}$ 和 $I = \frac{1}{2}$ 体系的能级

氢原子是表现超精细互作用最简单的模型，因为算符 $\hat{S}_z$ 的本征值 $M_s = \pm \frac{1}{2}$ 以及算符 $\hat{I}_z$ 的本征值 $M_I = \pm \frac{1}{2}$，它们的本征函数有四种可能的组合，用"刃"（ket）矢表示如下：

$$|\alpha(e)\alpha(n)\rangle \quad |\alpha(e)\beta(n)\rangle \quad |\beta(e)\alpha(n)\rangle \quad |\beta(e)\beta(n)\rangle$$

用自旋算符 $\hat{S}_z$ 和 $\hat{I}_z$ 分别作用到这 4 个本征函数上去即可得到

$$\hat{S}_z \,|\, \alpha(e)\alpha(n)\rangle = + \frac{1}{2}\,|\,\alpha(e)\alpha(n)\rangle \qquad (3.43\text{a})$$

$$\hat{I}_z \,|\, \alpha(e)\alpha(n)\rangle = - \frac{1}{2}\,|\,\alpha(e)\alpha(n)\rangle \qquad (3.43\text{b})$$

还有其余的 6 个留给读者作为习题自己把它们写出来。

这些状态的能量仿照式（3.36）和式（3.37）求出，如

$$\begin{aligned} E_{\alpha(e)\alpha(n)} &= \langle \alpha(e)\alpha(n)\,|\, \mathscr{H} |\, \alpha(e)\alpha(n)\rangle \\ &= \langle \alpha(e)\alpha(n)\,|\, g\beta_e H\hat{S}_z - g_n\beta_n H\hat{I}_z + A_0\hat{S}_z\hat{I}_z + \cdots +|\,\alpha(e)\alpha(n)\rangle \\ &= + \frac{1}{2}g\beta_e H - \frac{1}{2}g_n\beta_n H + \frac{1}{4}A_0 + \cdots \end{aligned} \qquad (3.44\text{a})$$

同理，我们可以得到

$$E_{\alpha(e)\beta(n)} = + \frac{1}{2}g\beta_e H + \frac{1}{2}g_n\beta_n H - \frac{1}{4}A_0 + \cdots \qquad (3.44\text{b})$$

$$E_{\beta(e)\alpha(n)} = - \frac{1}{2}g\beta_e H - \frac{1}{2}g_n\beta_n H - \frac{1}{4}A_0 + \cdots \qquad (3.44\text{c})$$

$$E_{\beta(e)\beta(n)} = - \frac{1}{2}g\beta_e H + \frac{1}{2}g_n\beta_n H + \frac{1}{4}A_0 + \cdots \qquad (3.44\text{d})$$

以上用"…"表示的诸项属于高级项（将在后面讨论），忽略这些高级项的能量称为一级能量。对于 $S = I = \frac{1}{2}$ 的体系来说，能量问题在数学上作为磁场 H 的函数已经被 Breit 和 Rabi[3] 精确求解。在式（3.44）中给出的第一项的解被表达为一个无穷级数。图 3-3（a）表示固定在适当高的磁场强度用频率为 ν 的电磁波扫描时可观测到的 EMR 跃迁。

外磁场 H 足够高的情况下，这些能级的定量表达式是正确的。我们注意到：每个核都有等强度的二重分裂谱线。我们还注意到：次能级（M_I）在较低一组

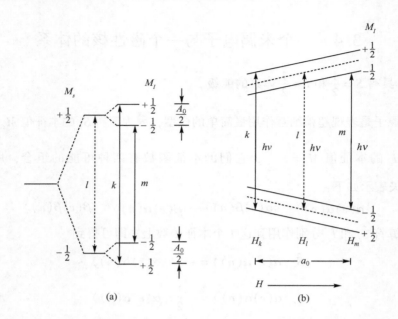

图 3-3　含一个未偶电子和一个 $I = \frac{1}{2}$ 核（即氢原子）体系的能级分裂示意图

（a）虚线表示在足够高的固定磁场 H 中，没有超精细互作用 A_0 存在的情况下，相当于 $h\nu = g\beta_e H$ 的跃迁。注有 k 和 m 的实线表示相当于 $h\nu = g\beta_e H \pm A_0/2$，这里的 A_0 就是各向同性的超精细耦合常数。（b）作为外磁场的函数，虚线 l 表示假想 $A_0 = 0$ 的时的跃迁。实线 k 和 m 表示被相当于 l 跃迁的恒定微波量子 $h\nu$ 诱导的跃迁。这里相当于两个共振磁场的值 $H = h\nu/g\beta_e \mp (g_e/g) a_0$，因此，$(g_e/g) a_0$ 就是超精细分裂常数。几乎是由 $H_m - H_k$ 的值（单位是 mT）决定的

本图是对应于在 g_n 和 A_0 都是正的情况下做出的，如氢原子

能级与较高一组能级是相反的。这是因为在吸收一个光子时，电子的角动量要改变一个单位（$\hbar$），而核的角动量却不改变。我们还注意到：在极限情况下，$H = 0$，由超精细互作用引起的能级分裂仍然保持不变。因此在合适的射频场 H_1 作用下，零磁场的跃迁在特殊频率是可以观测到的。一个明显的例子就是原子氢在外部空间发射 1420 MHz 的谱线。

这两组 EMR 允许跃迁的能级差是

$$\Delta E_1 = E_{\alpha(e)\alpha(n)} - E_{\beta(e)\alpha(n)} = g\beta_e H + \frac{1}{2} A_0 + \cdots \tag{3.45a}$$

$$\Delta E_2 = E_{\alpha(e)\beta(n)} - E_{\beta(e)\beta(n)} = g\beta_e H - \frac{1}{2} A_0 + \cdots \tag{3.45b}$$

注意：这里把核的 Zeeman 项略去了，然后我们在以下两种条件下考量 EMR 跃迁：

（1）保持磁场 H 恒定。当 $A_0 = 0$ 时，扫频到频率 $\nu = g\beta_e H / h$ 有一条单线的跃迁［如图3-3（a）中的虚线 l 跃迁］。对于非零超精细互作用时，应该在 ν_k 和 ν_m 两频率处发生跃迁［见图3-3（a）中的实线 k 和 m 跃迁］：

$$\nu_k = \left(g\beta_e H + \frac{1}{2}A_0 + \cdots \right) / h \qquad \left(M_I = +\frac{1}{2} \right) \qquad (3.46a)$$

$$\nu_m = \left(g\beta_e H - \frac{1}{2}A_0 + \cdots \right) / h \qquad \left(M_I = -\frac{1}{2} \right) \qquad (3.46b)$$

请注意：这两条跃迁，每条跃迁都发生在 M_I 相同值处，就是说，发生 EMR 吸收的选择定则是 $\Delta M_s = \pm 1$，$\Delta M_I = 0$。

（2）保持微波频率 ν 恒定。当 $A_0 = 0$ 时，扫描磁场到共振磁场 $H = h\nu / g\beta_e$ 时发生一条单线跃迁［见图3-3（b）中的虚线］。若 $A_0 \neq 0$，则 EMR 跃迁应该发生在 H_k 和 H_m 两个磁场位置，如图3-3（b）中的实线 k 和 m。

$$H_k = h\nu / g\beta_e - A_0 / 2g\beta_e \cdots \qquad \left(M_I = +\frac{1}{2} \right) \qquad (3.47a)$$

$$H_m = h\nu / g\beta_e + A_0 / 2g\beta_e \cdots \qquad \left(M_I = -\frac{1}{2} \right) \qquad (3.47b)$$

共振方程变成

$$h\nu = g\beta_e H + A_0 M_I + \cdots = g\beta_e [H + (g_e/g)a_0 M_I] + \cdots \qquad (3.48)$$

式中：$a_0 = A_0 / g_e\beta_e$，叫做超精细分裂常数（磁场单位）；g_e/g 代表化学位移校正。一级的超精细分裂参数就是 $(g_e/g) a_0$。绝大多数自由基的 g 都非常接近 g_e，因此在自由基体系中，可以把 (g_e/g) 看成是 1。

在这种类型的化学体系中，还有其他磁共振（即 NMR）跃迁也会发生。在电子自旋取向保持不变，而核自旋取向发生翻转时，就会有两条纯 NMR 跃迁谱线。这对于我们来说是很有意义的，如果同时提供两种专用频率的激发场，就可以实现电子－核双共振（ENDOR）实验。这种技术的最大优点就是使波谱简化，对于所有有核自旋存在的未偶电子体系中，都可以很容易地用这种技术进行分析，并可以测得超精细结构的波谱参数（这将在第 12 章中详述）。

3.4.2　具有 $S = \dfrac{1}{2}$ 和 $I = 1$ 体系的能级

^{2}H（氘）原子是具有 $S = \dfrac{1}{2}$ 和 $I = 1$ 体系的最简单的例子。如 3.3 节所述，能级可用自旋 Hamilton 算符算出。现在有 6 个自旋态，用 $|M_s M_I\rangle$ 表述如下：

$$| + 1/2, -1\rangle \qquad | - 1/2, -1\rangle$$
$$| + 1/2, 0\rangle \qquad | - 1/2, 0\rangle$$
$$| + 1/2, -1\rangle \qquad | - 1/2, +1\rangle$$

用与式（3.44）相似的方法写出它们一级的能量：

$$E_{+1/2,+1} = \frac{1}{2}g\beta_e H - g_n\beta_n \boldsymbol{H} + \frac{1}{2}A_0$$

$$E_{+1/2,0} = \frac{1}{2}g\beta_e H$$

$$E_{+1/2,-1} = \frac{1}{2}g\beta_e H + g_n\beta_n H - \frac{1}{2}A_0$$

$$E_{-1/2,-1} = -\frac{1}{2}g\beta_e H - g_n\beta_n H + \frac{1}{2}A_0$$

$$E_{-1/2,0} = -\frac{1}{2}g\beta_e H$$

$$E_{-1/2,+1} = -\frac{1}{2}g\beta_e H - g_n\beta_n H - \frac{1}{2}A_0$$

$$(3.49)$$

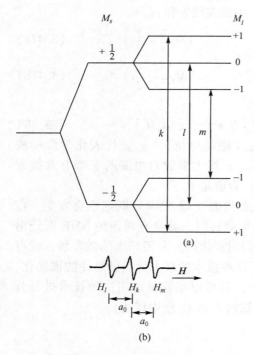

图 3-4　对于 $S = \frac{1}{2}$，$I = 1$ 的原子

（氘）在恒定磁场中能级和 EMR 允许跃迁

（a）和（b）当频率恒定时的波谱

这里的 $A_0 > 0$

根据选择定则 $\Delta M_s = \pm 1$ 和 $\Delta M_I = 0$，正如图 3-4（a）所描述的，有 3 个允许的 EMR 跃迁。随着磁场增长，扫出典型的一级微分波谱，如图 3-4（b）所示。俘获在石英晶体中的氘原子波谱如图 3-5 所示的中间 3 条线[4]。对于 $M_I = +1$，0，-1，在微波频率保持恒定的情况下，一级近似跃迁发生的共振磁场是

$$\left.\begin{array}{l} H_k = (h\nu/g\beta_e) - (g_e/g)a_0 \\ H_l = h\nu/g\beta_e \\ H_m = (h\nu/g\beta_e) + (g_e/g)a_0 \end{array}\right\} \quad (3.50)$$

因为所有的状态都是非简并的，没有重合的状态，这 3 条线是等强度的。

很容易就能把它扩展到 $S = \frac{1}{2}$ 和 $I > 1$ 的体系。对于 $I = \frac{3}{2}$ 的体系，可以观测到 4 条等强度的谱线。通常，对于单个核与一个未偶电子的互作用，就有 $2I + 1$ 条等强度的谱线，且相邻谱线的裂距也都是等于 a_0 的。在这里只表述了一个电子与一个磁性核的互作用，而在大多数自由基中，一个未偶电子通常是与几个磁性核相互作用的。对于一个未偶电子与多于一个磁性核的相互作用的情况，将在 3.5 节中讨论。

3.4.3　各向同性超精细耦合参数的符号

超精细耦合参数的符号决定零场处能级安排的次序。对于 $A_0 > 0$（如原子氢），三重态在单态之上；而对于 $A_0 < 0$ 的体系，正好反过来。在这里 EMR 波谱不受 A_0 符号的影响，然而，在温度和磁场（$H > 0$）足够低的情况下，NMR 的波谱还是展现出 A_0 符号的影响。两条 NMR 谱线中之一的强度较低。

对于单电子原子的简单情况，如式（3.39）的超精细耦合参数 A_0 的符号，是由 g_n 的符号决定的。A_0 符号的物理意义是，电子和核的磁矩的排列是平行的或是反平行的。

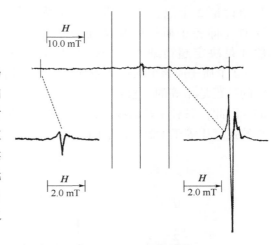

图 3-5　在 95K 下同位素富集的原子氢在 X 射线辐照 α-石英中的 EMR 谱[4]

外侧两条线是 ^{1}H 贡献的，中间 3 条来自 ^{2}H

注意：A_0 是自旋体系的属性，并不依赖于任何外磁场的方向和大小。

对于多电子体系，还要考虑未偶电子与已成对电子间的互作用。也就是说：处于外层的未偶电子，会引起内层的已成对电子表现出不成对性的"自旋极化"，使其平行或反平行于外层的未偶电子。在分子中，可能在局部范围内存在某种极化。围绕任一个核的净电子自旋极化，都会影响 A_0 的符号（这一点将在4.2.2 小节详细讨论）。

3.5　具有各向同性超精细结构的 EMR 波谱

研究 EMR 波谱的超精细结构，关心的是分裂成几条谱线、谱线的强度比、谱线之间的距离（裂距）、谱线的数目（$N = 2I + 1$）等。在谱线互不重叠的情况下，应该是等强度的，且裂距只与超精细耦合参数 A 有关。

3.5.1　质子引起的超精细分裂

3.5.1.1　单组等价质子的超精细分裂

一个未偶电子（$S = \dfrac{1}{2}$）与一个质子（$I = \dfrac{1}{2}$）的相互作用（如氢原子），我们在前面已经讨论过了。能级分裂图如图 3-1 所示，是两根等强度的谱线。这里开始讨论 2 个以上等价质子的体系。等价就是指引起能级分裂的大小是相等的（即各个质子的超精细分裂参数 A 是相等的）。注意：超精细分裂参数 A 是决定超精细能级分裂大小（裂距）的一个很重要的波谱参数。

2 个质子应该分裂成 4 条线，由于它们是等价的，A 是相等的，也就是说它们的裂距是相等的，根据选择定则 $\Delta M_s = \pm 1$，$\Delta M_I = 0$，中间的两条线是重合的。因此，只有 3 条谱线，且中间的谱线强度是两边谱线强度的一倍。即 3 条谱线的强度比等于 1:2:1（图 3-6）。

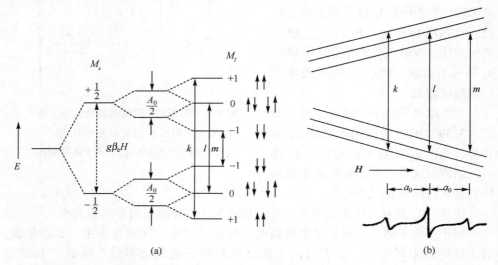

(a)　　　　　　　　　　　　　(b)

图 3-6　2 个等价质子的超精细分裂能级图（a）和频率不变扫场出现的 EPR 谱图（b）

同样的道理，3 个等价质子产生的 EMR 谱线是 4 条裂距相等的超精细结构谱线，强度比是 1:3:3:1。依此类推：4 个等价质子应有 5 条等裂距的超精细谱线，其强度比为 1:4:6:4:1。n 个等价质子应有 $2nI+1$ 条等裂距的超精细谱线，其强度比为 $(a+b)^n$ 二项式展开的系数之比，请看表 3-1。它们的电脑模拟 EMR 谱图如图 3-7 所示。

表 3-1　等价质子数、超精细结构谱线数及其强度比

等价质子数 n	谱线数 $2nI+1$	谱线的强度比
0	1	1
1	2	1　1
2	3	1　2　1
3	4	1　3　3　1
4	5	1　4　6　4　1
5	6	1　5　10　10　5　1
6	7	1　6　15　20　15　6　1
7	8	1　7　21　35　35　21　7　1
8	9	1　8　28　56　70　56　28　8　1
⋮	⋮	⋮

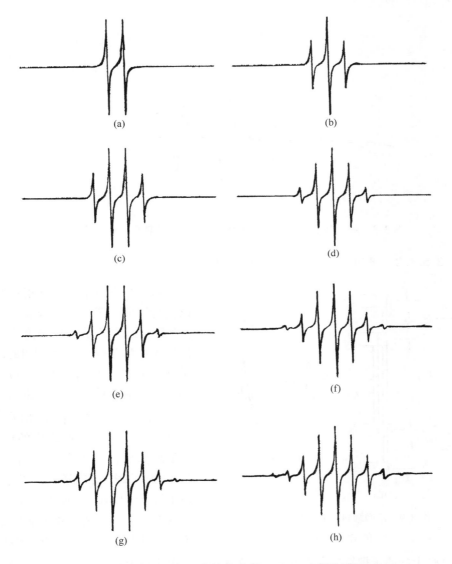

图 3-7　一个未偶电子与 1 个等价质子（a）、2 个等价质子（b）、
3 个等价质子（c）、4 个等价质子（d）、5 个等价质子（e）、6 个等价质子（f）、
7 个等价质子（g）、8 个等价质子（h）产生超精细互作用的 EMR 电脑模拟谱

微波频率 $\upsilon = 9.50\text{GHz}$；共振磁场 $H_r = 339$ mT；$a_0 = 0.5\text{mT}$；Lorentz 线型，$\Delta H_{pp} = 0.05$ mT

　　苯负离子自由基有 6 个等价质子，在四氢呋喃（tetrahydrofuran）与二甲氧基乙烷（dimethoxyethane）的体积比为 2:1 的混合溶剂中，在 173 K 的低温下，X 波段的 EMR 实验谱[5]如图 3-8 所示。谱线周边很弱的谱线是由于未偶电子与 ^{13}C 核的超精细互作用产生的。

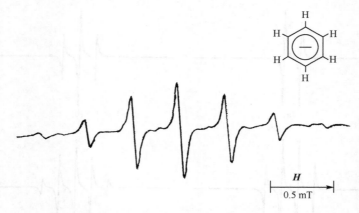

图 3-8　苯负离子自由基在溶剂中，在 173 K 温度下的 EPR 实验谱[5]

3.5.1.2　多组等价质子的超精细分裂

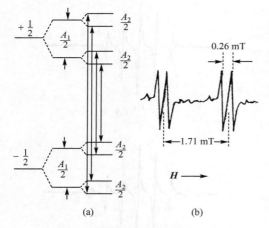

图 3-9　乙醇酸自由基（HOĊHCOOH）
的 EMR 谱图[6]

多组等价质子，就是指有 2 组以上的等价质子与一个未偶电子的互作用。组内的质子是等价的（它们的 A 是相等的），而不同组的质子是不等价的（即 $A_1 \neq A_2 \neq \cdots$）。我们举一个最简单的例子，如乙醇酸（glycolic acid）自由基 HOĊH—COOH 虽然有两组不等价的质子，但每组都只有一个质子。未偶电子是在 CH 的碳原子轨道上，离这个 C 原子最近的只有一个质子，就是 CH 上的 H。是它先把谱线分裂成 2 条等强度的超精细结构谱线，然后再由 HOC 上的质子把每条谱线再分裂成 2 条谱线。由于这个 H 与 C 原子中间隔一个 O 原子，它与未偶电子的超精细互作用能也比 CH 上的质子要小，所以，裂距也就比较小。它的 $g = 2.0038$；$|a_{H(CH)}| = 1.725$ mT；$|a_{H(HOC)}| = 0.225$ mT。它在 pH = 1.3 的水溶液中，在 298K 温度下的 EMR 实验谱如图 3-9 所示[6]。

再来看甲醇自由基·CH$_2$OH（由甲醇的 H$_2$O$_2$ 溶液光解生成）。它也是两组等价质子组成的自由基：一组是 CH$_2$ 上有两个等价质子；另一组就是 OH 上只有一个质子。未偶电子与 CH$_2$ 上的两个等价质子产生超精细互作用分裂成 3 条谱线，其强度比为 1:2:1；再由于 OH 上质子的超精细互作用使每条谱线再分裂成两

条谱线，其强度比为 1:1，如图 3-10 所示[7]。$|a_{H(CH_2)}| = 1.738$ mT；$|a_{H(OH)}| = 0.115$ mT。一般来说，如果在分子中有两组不等价质子，一组有 m 个等价质子，另一组有 n 个等价质子，则超精细谱线的总数的最大值应该是 $(m+1)(n+1)$ 条。对于 N 组不等价质子的体系，超精细谱线的总数的最大值则是 $\prod_j(n_j+1)$ 条；这里的 $j = 1, 2, 3, \cdots, N$。

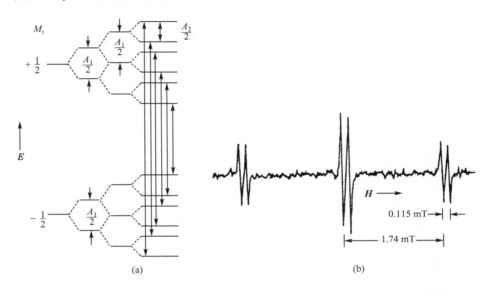

图 3-10　甲醇自由基中两组不等价的质子与未偶电子的超精细互作用 EMR 谱图[7]

下面我们再来看 1，3-丁二烯负离子自由基（$H_2C = CH—CH = CH_2$）$^-$。它是一个具有两组不同的等价质子的自由基，其中一组含有 4 个等价质子；另一组则含有两个等价质子。其超精细谱线总数应该是 $(4+1)(2+1) = 15$ 条；4 个等价质子分裂成 5 条超精细谱线的强度比为 1:4:6:4:1；另一组两个等价质子分裂成 3 条超精细谱线的强度比是 1:2:1。其 EMR 波谱如图 3-11 所示[8]。图 3-11（a）是 1，3-丁二烯在液氨中电解得到的负离子自由基的 X 波段在 195 K 的 EMR 实验谱；图 3-11（b）是它的理论杆谱。$|a_1| = |a_4| = 0.762$ mT；$|a_2| = |a_3| = 0.279$ mT。这里的 $|a_1| = 0.762$ mT $> 2|a_2| = 0.558$ mT。15 条谱线分裂得很好。在多数情况下，谱线是交错甚至是重叠的。

我们再来看萘负离子自由基。它有两组不同的等价质子，每组都有 4 个等价质子。它应该有 25 条超精细谱线。虽然有点交错，但 25 条谱线仍能分辨出来。萘负离子自由基，是在二甲氧基乙烷溶剂中与金属钾作用生成的，在 298 K 下测得的 EMR 波谱[9]如图 3-12 所示。这可是在溶液中第一个被观测到的自由基质子的超精细分裂 EMR 波谱。它的超精细分裂参数的绝对值为[10]：$|a_1| = 0.495$ mT；$|a_2| = 0.187$ mT。

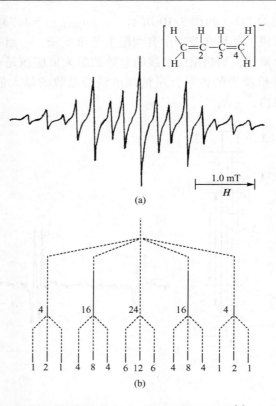

(a)

(b)

图 3-11　1,3-丁二烯负离子自由基在 195 K 的 X 波段 EMR 谱[8]（a）及其理论杆谱（b）

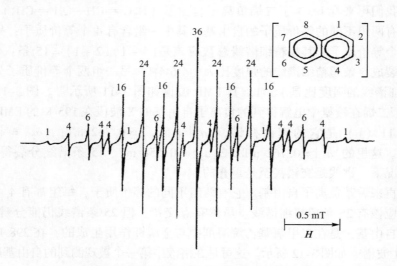

图 3-12　萘负离子自由基在 298 K 的 EMR 波谱

蒽负离子自由基，是在二甲氧基乙烷溶剂中与金属钾作用生成的。它有 3 组不同的等价质子。1，4，5，8 是一组（α 质子）；2，3，6，7 是一组（β 质子）；9，10 是一组（γ 质子）。其超精细谱线的总数应该是（4+1）（4+1）（2+1）＝75 条。这里的 $|a_\alpha|$ = 0.273 mT；$|a_\beta|$ = 0.151 mT；$|a_\gamma|$ = 0.534 mT。它的 EMR 波谱如图 3-13 所示[11]。

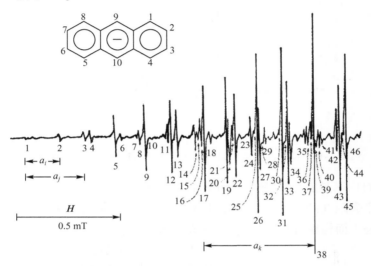

图 3-13　蒽负离子自由基在 295 K 温度下，
在二甲氧基乙烷中的 EMR 波谱的低场部分（半幅图）[11]

3.5.2　$I = \frac{1}{2}$ 的非质子核的超精细分裂

在有机自由基中最普遍遇到的 $I = \frac{1}{2}$ 的核就是 ^{1}H、^{13}C、^{19}F 和 ^{31}P。我们在前面已经对 ^{1}H 核做了详细的讨论。而 ^{19}F 和 ^{31}P 核的超精细分裂通常很难与质子的超精细分裂加以辨别。在这种情况下，仅仅抓住互作用核的自旋量和超精细分裂的谱线数，作为解谱的重要特征是不够的。这就要求用能够用来识别互作用核的其他证据来帮助解析。为此，我们在前面已经说过的关于包括质子分裂在内的波谱分析和重建的方法，也都可以应用到 ^{19}F 和 ^{31}P 核中去。对于 ^{19}F，在某些场合超精细谱线的线宽交叉变化，常常被用来作为一种解析的指标[12]。

^{19}F 和 ^{31}P 核的自然丰度都是 100%。对于多于一种同位素的元素，存在足够大的数量，通常也可以根据它们的核自旋量和丰度，来比较超精细分裂谱线的强度，作为解谱的一项证据。

在许多有机自由基中已经观测到 ^{19}F 核的超精细分裂，如全氟对苯半醌自由基[13]。CF$_3$ 自由基是一个很有趣的例子[14]，因为它的几何构象是平面的还是三角锥形曾经是一个有争议的问题。观测到 ^{13}C 的超精细分裂谱线帮助解决了这个问题，认为三角锥的构象更加合理。CF_3 自由基在 110 K 时在液态 C_2F_6 中的 EMR 波谱如图 3-14 所示，^{19}F 的裂距为 14.45 mT。表现出次级的超精细分裂，中间的两条二重谱线是 FO_2 引起的分裂[14]。

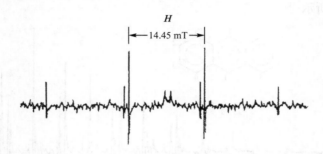

图 3-14　CF_3 自由基在 110 K 下在液态 C_2F_6 中的 EMR 波谱[14]

PO_3^- 自由基是展示 ^{31}P 超精细分裂的一个例子。这个自由基[15]有很大的各向同性超精细裂距（约 60 mT），这表明 PO_3^- 的 P 原子是 sp^3 杂化，具有三角锥结构。如果是平面构象 sp^2 杂化，应该表现出较小的各向同性超精细分裂。

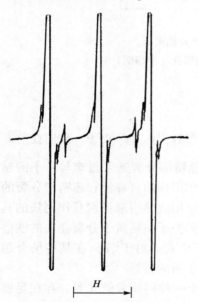

图 3-15　Fremy 盐在 0.005 mol·L^{-1} 的水溶液中的 EMR 室温谱[17]

例如，^{13}C 核的超精细分裂。由于 ^{13}C 在自然界碳元素中的丰度只占 1.11%，而 ^{12}C 核（自然丰度 98.89 %）却是非磁性核（$I = 0$），只能借助于高灵敏度的仪器才能观测到 ^{13}C 的超精细分裂。$^{12}CO_2^-$ 自由基只有一条谱线，$^{13}CO_2^-$ 有两条谱线，强度只有 $^{12}CO_2^-$ 谱线的 $100(1.11/98.89)/2 = 0.561\%$。对于含有 n 个等价碳原子的分子，由 ^{13}C 产生的卫线强度是主线强度的 $0.00561n$ 倍。如苯负离子自由基谱（图 3-8）^{13}C 产生的卫线强度是主线的 3.37%。

3.5.3　$I > \dfrac{1}{2}$ 的磁性核的超精细分裂

^2H 和 ^{14}N 是最常遇到的 $I = 1$ 的磁性核。根据 $N = 2I + 1$，每一个核应该都是分裂成等强度的 3 条线。Fremy 盐 $K_2(SO_3)_2NO$ 就是 $S = \dfrac{1}{2}$、$I = 1$ 的一个例子。固态的 Fremy 盐由于

在晶格中，未偶电子配对了，所以测不出 EMR 信号。溶于水中（浓度约为 $0.005\,mol\cdot L^{-1}$），在室温下即可测得 3 条等强度的 ^{14}N 核的超精细分裂谱线，以及由自然丰度低的同位素 ^{15}N、^{33}S、^{17}O 产生的很弱的卫线，如图 3-15 所示[16]。它可以作为很好的强度标准，用来测定 EMR 谱仪的灵敏度，并可用来作为磁场校准的标尺。它也曾借助 ENDOR 技术用来探测自旋 – 弛豫机理[17]。

对于具有两个 $I=1$ 的等价核，应该有 5 条强度比为 1:2:3:2:1 的超精细结构 EMR 谱线。Nitronylnitroxide 自由基可作为两个等价的 ^{14}N 核超精细分裂的例子。图 3-16 就是 nitronylnitroxide 在苯溶液中 295 K 的 EMR 谱图[18]。

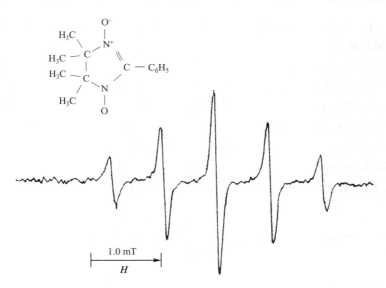

图 3-16　Nitronylnitroxide 自由基苯溶液在室温 295 K 的 EMR 波谱

另一个典型的例子就是 2，2-二苯基-1-苦基肼基（2，2-diphenyl-1-picryl-hydrazyl，DPPH），它是稳定的有机自由基，常用作标定未知样品的 g 值及其自由基浓度的标准样。在肼基上的两个 N 原子可以看成是等价的。因此它在溶液中也展现出 5 条强度比为 1:2:3:2:1 的超精细结构谱图。在很稀的无氧溶液中，还能观测到质子的超精细分裂。

对于两组不同的等价核，而等价核的数目又是相同的，如萘负离子，4 个等价的 α-质子和 4 个等价的 β-质子，在解谱时是不能加以识别的。如果用 ^2H 取代部分 α-位的质子就可以把它们区别开来[19]。

对于具有 n 个 $I=1$ 的等价核，与一个未偶电子产生超精细互作用，其超精细结构的谱线数目及其强度比列于表 3-2。

表 3-2 $I=1$ 的等价核数、超精细结构谱线数以及其强度比

等价核数 n	谱线数 $2nI+1$	谱线的强度比
0	1	1
1	3	1　1　1
2	5	1　2　3　2　1
3	7	1　3　6　7　6　3　1
4	9	1　4　10　16　19　16　10　4　1
5	11	1　5　15　30　45　51　45　30　15　5　1
⋮	⋮	⋮

另外，$I=3/2$ 的核还有很多，如 ^{7}Li、^{11}B、^{23}Na、^{35}Cl、^{37}Cl、^{39}K、^{53}Cr、^{63}Cu、^{65}Cu 等。它们的超精细结构应有 $2I+1=4$ 条等强度谱线。有时候负离子自由基的 EMR 波谱会展现出碱金属正离子的超精细分裂。一个很有趣的例子是：吡嗪（pyrazine）负离子在二甲氧基乙烷溶液中，如果是用金属 Na 还原，它的平衡正离子是 ^{23}Na$^+$，则 EMR 谱图是由许多等强度的四重线组成[20]，如图 3-17（a）所示；如果用金属 K 还原，它的平衡正离子为 ^{39}K$^+$，则两个等价的 ^{14}N 核与四个等价的质子分裂成 25 条超精细结构谱线，就不显示出四重线[21]，如图 3-17（b）所示。这是因为 Py-Na 离子对比 Py-K 离子对更紧密，未偶电子云在 ^{23}Na 核出现的概率比 ^{39}K 核要大很多，而 ^{39}K 核的磁矩比 ^{23}Na 核的磁矩也小很多。

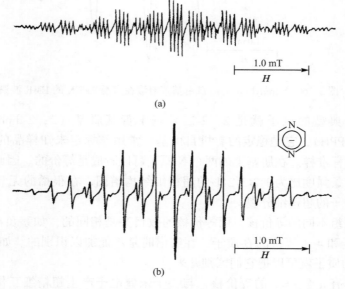

图 3-17　吡嗪（pyrazine）负离子自由基在二甲氧基乙烷中 297K 下的 EMR 波谱

（a）Na$^+$ 为平衡离子[20]；（b）K$^+$ 为平衡离子[21]

3.6　自由基 EMR 波谱遇到的其他问题

在本章中讲到的自由基 EMR 波谱都是液态或溶液中的样品，自由基的取向在做快速翻滚运动时被平均成为各向同性的了。一般来说，大多数自由基分子（碎片）是不对称的，它们的 g 因子和超精细分裂都是各向异性的，应该知道超精细分裂参数 $(g_e/g)a$ 是依赖于温度和溶剂的。

自由基常常被关在坚硬的"笼子"里，如果这个"笼子"是单晶，我们可以从 EMR 波谱中获取最大可能的信息，因为波谱是单晶在磁场中取向的函数。假如自由基是处于无规取向的"笼子"中，犹如溶液被冷冻至低温，也能够从它们的 EMR 波谱中得到足够多的结构信息。这个问题将在第 5、6 章详细讨论。

自由基在高黏度的溶媒中，仍然要经受某种重新取向，或某种程度的重新排列，其整个波谱的线宽会有显著的变化。从这种波谱的解析中可以得到动力学信息。这一点将在第 8 章详细讨论。

参 考 文 献

[1] Skinner R, Weil J A. *Am. J. Phys.* 1989, **57**: 777.

[2] Fermi E. *Z. Phys.* 1930, **60**: 320.

[3] Breit G, Rabi I I. *Phys. Rev.* 1931, **38**: 2082.

[4] Isoya J, Weil J A, Davis P H. *J. Phys. Chem. Solids.* 1983, **44**: 335.

[5] Bolton J R. *Mol. Phys.* 1963, **6**: 219.

[6] Dobbs A J, Gilbert B C, Norman O C. *J. Chem. Soc.* 1972: 2053.

[7] Livingston R, Zeldes H. *J. Chem. Phys.* 1966, **44**: 1245.

[8] Levy D H, Zeldes H. *J. Chem. Phys.* 1964, **41**: 1062.

[9] Lipkin D, Paul D E, Townsend J, Weissman S I. *Science.* 1953, **117**: 534.

[10] Atherton N M, Weissman S I. *J. Am. Chem. Soc.* 1961, **83**: 1330.

[11] Bolton J R, Fraenkel G K. *J. Chem. Phys.* 1964, **40**: 3307.

[12] Kaplan M, Bolton J R, Fraenkel G K. *J. Chem. Phys.* 1965, **42**: 955.

[13] Anderson D H, Frank P J, Gutowsky H S. *J. Chem. Phys.* 1960, **32**: 196.

[14] Fessenden R W, Schuler R H. *J. Chem. Soc.* 1965, **43**: 2704.

[15] Horsfield A, Morton J R, Whiffen D H. *Mol. Phys.* 1961, **4**: 475.

[16] Windle J J, Wiersema A K. *J. Chem. Phys.* 1963, **39**: 1139.

[17] Atherton N M, Brustolon M. *Mol. Phys.* 1976, **32**: 23.

[18] Osicki J H, Ullman E F. *J. Am. Chem. Soc.* 1968, **90**: 1078.

[19] Tuttle T R, Ward R L, Weissman S I. *J. Chem. Phys.* 1956, **25**: 189.

[20] dos Santos-Veiga J, Neiva-Correia A F. *Mol. Phys.* 1965, **9**: 395.

[21] Carrington A, dos Santos-Veiga J. *Mol. Phys.* 1962, **5**: 21.

更进一步的参考读物

1. Rado G T. *Am. J. Phys.* 1962，**30**：716.

2. Griffiths D J.，*Am. J. Phys.* 1982，**50**：698.

3. Poole Jr. C P, Farach H A. *The Theory of Magnetic Resonance.* New York：Wiley-Interscience, 1972.

4. Carrington A，McLachlan A D. *Introduction to Magnetic Resonance.* New York：Harper & Row, 1967.

第4章 超精细耦合常数与未偶电子的概率分布

第3章中我们讨论了未偶电子与磁性核的相互作用使波谱产生超精细分裂。我们可以根据自由基分子的对称性和磁性核的数目，预测 EMR 超精细谱线的数目和相对强度，然后通过与实验谱比较，确定超精细耦合常数 a_i 的值。其实，这只是针对单核或简单体系而言。对于多核复杂体系来说，就不那么简单了。首先遇到的是谱线的归属问题。如萘负离子自由基4个等价的 α-质子和4个等价的 β-质子，我们从谱图上可以测得 $a_1 = 0.490$ mT；$a_2 = 0.183$ mT。究竟是哪一组等价质子对应于 a_1，哪一组等价质子对应于 a_2？不是简单的波谱分析就能确定的。其次就是在复杂体系中的谱线常常有重叠。一有重叠，实测的谱线数目就会少于理论预期的数目，这就不能从实验谱上确定 a_i 的值，需要从理论上提供一种计算 a_i 的方法。

我们把自由基划分为有机自由基、无机自由基，此外还有导体和半导体等。在有机自由基中又分为 π 自由基、σ 自由基、双基以及三重态等。未偶电子处在 π 分子轨道中的自由基，称之为 π 自由基，如芳烃正、负离子自由基等。它们往往具有复杂的超精细结构，因为处在 π 分子轨道中的未偶电子具有很大的离域性，能与分子中许多磁性核发生超精细互作用。未偶电子处在 σ 分子轨道中的自由基，称为 σ 自由基，这个未偶电子往往定域在分子中失去氢原子的 σ 轨道位置上，它只和邻近的磁性核有超精细互作用，所以其 EMR 波谱的超精细结构也就比较简单。

4.1 π 自由基超精细耦合常数的计算

4.1.1 McConnell 的半经验公式

在大量的芳香离子自由基 EMR 超精细结构实验谱的基础上，McConnell 等[1]提出：未偶电子在 π 自由基的第 i 个碳原子上出现的概率密度 ρ_i 与第 i 个碳原子上质子的超精细分裂常数 a_i 有如下的关系：

$$a_i = Q\rho_i \tag{4.1}$$

这里的 Q 在一定的条件下近似于一个常数，如在芳香负离子自由基体系中，有

$$Q = -2.25 \text{ mT}$$

或

$$Q = -63 \text{ MHz}$$

McConnell 的半经验公式有两条基本假设：

（1）在 π 自由基体系中，σ-π 的交换互作用能够近似地用一级微扰处理。

（2）C—H 键的反键三重态的能量远大于 π 电子的二重和四重态的激发能。

从 EMR 实验谱上找出 a_i，可以利用这个公式求出未偶电子在第 i 个碳原子上出现的概率密度 ρ_i。其实，Q 在一定条件下近似于一个常数。但严格说来，它并不是一个常数。在同一个系列中，不同分子间还有一点差异。有时候，也可以用波谱的总线宽作为 Q 值进行计算。关于 Q 值的问题，在 4.1.4 小节和 4.2.4 小节还要详细讨论。

4.1.2　Hückel 分子轨道理论

如果能从理论上把未偶电子出现在第 i 个碳原子上的概率密度 ρ_i 算出来，就可以与 EMR 谱的超精细分裂参数关联起来相互验证。比较各种不同的分子轨道理论，最简单的就是 Hückel 分子轨道（HMO）理论[2]，简称 HMO。

尽管 McConnell 的理论和 HMO 理论都是很粗糙的，然而大量事实证明它们还是能够符合客观现实的。这是因为它们基本上抓住了事物内在的本质的规律。所以，它们在解析 π 自由基波谱方面至今仍然起着十分重要的作用。

HMO 理论只能应用于平面共轭分子，也就是说，它只能用来计算 π 自由基的 ρ_i 值。HMO 理论的要点如下：

（1）每个碳原子的原子轨道 2s、$2p_x$、$2p_y$ 进行 sp^2 杂化，组成三根互为 120°角的 σ 键，构成平面分子的骨架。碳原子上的 $2p_z$ 轨道是垂直于分子平面的，相邻碳原子间的 $2p_z$ 轨道相互重叠组成 π 键。在 π 键上的电子就不再是定域在某个碳原子上，而是按一定的概率分布在整个平面上的各个碳原子上。

（2）π 键与 σ 键无关，π 电子与 σ 电子之间的相互作用可以忽略。

（3）π 电子所在的分子轨道 ψ_i 可以写成 $2p_z$ 原子轨道 ϕ_i 的线性组合：

$$\psi_i = c_{i_1}\phi_1 + c_{i_2}\phi_2 + \cdots + c_{i_n}\phi_n = \sum_{j=1}^{n} c_{ij}\phi_j \tag{4.2}$$

$$\sum_{j=1}^{n} |c_{ij}|^2 = 1 \tag{4.3}$$

$$\rho_i = |c_{ij}|^2 \tag{4.4}$$

（4）ψ_i 是 Hamilton 算符 $\mathscr{H}$ 的本征函数，其相应的本征值为 E_i，这里的 $\mathscr{H}$ 算符只考虑单个 π 电子与由核和 σ 电子建立起来的等效势能场间的作用，不包括 π 电子间的相互作用。其本征方程如下：

$$\hat{\mathscr{H}}\psi_i = E_i\psi_i \tag{4.5}$$

（5）可以用变分法解本征方程，求得体系的能量。利用试探函数

$$\psi = \sum_{j} c_j\phi_j \tag{4.6}$$

计算出体系的能量

$$E = \frac{\langle \psi \,|\, \hat{\mathscr{H}} \,|\, \psi \rangle}{\langle \psi \,|\, \psi \rangle} = \frac{\langle \sum_j c_j \phi_j \,|\, \hat{\mathscr{H}} \,|\, \sum_k c_k \phi_k \rangle}{\langle \sum_j c_j \phi_j \,|\, \sum_k c_k \phi_k \rangle} = \frac{\sum_j c_j^2 \alpha_j + \sum_j \sum_k c_j c_k \beta_{jk}}{\sum_j c_j^2 + \sum_j \sum_k c_j c_k S_{jk}} \tag{4.7}$$

式中：$\alpha_j = \langle \phi_j \,|\, \hat{\mathscr{H}} \,|\, \phi_j \rangle$ 为库仑积分；$\beta_{jk} = \langle \phi_j \,|\, \hat{\mathscr{H}} \,|\, \phi_k \rangle$ 为交换积分；$S_{jk} = \langle \phi_j \,|\, \phi_k \rangle$ 为重叠积分，且 $S_{jk} = S_{kj}$。

如果试探函数 ψ 是 $\hat{\mathscr{H}}$ 的本征函数，则由式（4.7）求得的能量应是最低的。故欲想得到最佳的近似本征函数，其线性组合系数 $\{c_i\}$ 应满足

$$\frac{\partial E}{\partial c_i} = 0 \quad (i = 1, 2, \cdots, n) \tag{4.8}$$

（6）为了使问题进一步简化，Hückel 假设：①所有的库仑积分都相等，即 $\alpha_1 = \alpha_2 = \alpha_3 = \cdots = \alpha_n$；②所有相邻原子间的交换积分都相等，即 $\beta_1 = \beta_2 = \beta_3 = \cdots = \beta_n$；③所有不相邻原子间的交换积分都等于零，所有的重叠积分均为零。

4.1.3　未偶电子概率密度分布的计算

以萘负离子为例，用 HMO 理论计算未偶电子所在的分子轨道 ψ，以及能量 E。令

$$\psi = \sum_{j=1}^{10} c_j \phi_j \tag{4.9}$$

$$E = \frac{\sum_{j=1}^{10} c_j^2 \alpha + 2 \sum_{j<k} \sum_k c_j c_k \beta}{\sum_{j=1}^{10} c_j^2} \tag{4.10}$$

即

$$E(c_1^2 + c_2^2 + \cdots + c_{10}^2) = (c_1^2 + c_2^2 + \cdots + c_{10}^2)\alpha + 2(c_1 c_2 + c_2 c_3 + \cdots + c_{10} c_1)\beta \tag{4.11}$$

为了使试探函数 ψ 最佳逼近真实的本征函数，线性组合系数必须满足式（4.8）。这就可以得到 10 个方程，将式（4.11）两边对 c_1 求偏导，则

$$\frac{\partial E}{\partial c_1}(c_1^2 + c_2^2 + \cdots + c_{10}^2) + 2E c_1 = 2 c_1 \alpha + 2(c_2 + c_{10})\beta \tag{4.12}$$

令 $\dfrac{\partial E}{\partial c_1} = 0$，则得

$$c_{10} \beta + c_1(\alpha - E) + c_2 \beta = 0 \tag{4.13}$$

同理，将式（4.11）两边对 c_2、$c_3 \cdots c_{10}$ 求偏导，并令

$$\frac{\partial E}{\partial c_2} = \frac{\partial E}{\partial c_3} = \cdots = \frac{\partial E}{\partial c_{10}} = 0$$

则得

$$c_1\beta + c_2(\alpha - E) + c_3\beta = 0 \tag{4.14}$$

$$c_2\beta + c_3(\alpha - E) + c_4\beta = 0 \tag{4.15}$$

$$c_3\beta + c_4(\alpha - E) + c_5\beta = 0 \tag{4.16}$$

$$c_4\beta + c_5(\alpha - E) + c_6\beta = 0 \tag{4.17}$$

$$c_5\beta + c_6(\alpha - E) + c_7\beta = 0 \tag{4.18}$$

$$c_6\beta + c_7(\alpha - E) + c_8\beta = 0 \tag{4.19}$$

$$c_7\beta + c_8(\alpha - E) + c_9\beta = 0 \tag{4.20}$$

$$c_8\beta + c_9(\alpha - E) + c_{10}\beta = 0 \tag{4.21}$$

$$c_9\beta + c_{10}(\alpha - E) + c_1\beta = 0 \tag{4.22}$$

式（4.13）～式（4.22）是一组线性齐次方程组，欲使 c_1、c_2、…、c_{10} 不全为零，其必要条件是，由它们的系数组成的行列式等于零。令

$$(\alpha - E)/\beta \equiv \omega \tag{4.23}$$

行列式的对角元 $d_{ii} = \omega$；非对角元 i 与 j 相邻者 $d_{ij} = 1$；i 与 j 不相邻者 $d_{ij} = 0$。利用这一规则就可写出萘的久期方程如下：

$$
\begin{vmatrix}
\omega & 1 & & & & & & & & 1 \\
1 & \omega & 1 & & & & & & & \\
 & 1 & \omega & 1 & & & & & & \\
 & & 1 & \omega & 0 & & & & & 1 \\
 & & & 0 & \omega & 1 & & & & 1 \\
 & & & & 1 & \omega & 1 & & & \\
 & & & & & 1 & \omega & 1 & & \\
 & & & & & & 1 & \omega & 1 & \\
1 & & & & & & & 1 & \omega & 1 \\
 & & & & 1 & 1 & & & 1 & \omega
\end{vmatrix} = 0 \tag{4.24}
$$

展开式（4.24），就会得到 ω 的 10 次方程，从而即可得到 ω 的 10 个根 ω_1、ω_2、…、ω_{10}。对应每一个 ω_i 就有一组线性齐次方程组和一个 ψ_i，ψ_i 满足归一化条件：

$$\langle \psi_i | \psi_i \rangle = 1$$

由此可以得出一组系数 $\{c_{ij}\}$，从而求得

$$\psi_i = \sum_{j=1}^{10} c_{ij}\phi_j$$

然而，实际做起来还是很繁琐的。我们可以利用对称性原理进行简化，首先把萘分子置于一个坐标系上，如图 4-1 所示。

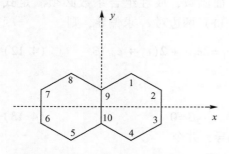

图 4-1　萘分子在 xy 坐标中的示意图

按照对称性原理：对 x 轴有 S_x 对称者，则系数应满足以下关系：

$$c_1 = c_4;\quad c_2 = c_3;\quad c_5 = c_8;\quad c_6 = c_7;\quad c_9 = c_{10} \tag{4.25}$$

对 x 轴有 A_x 对称者，则系数应满足以下关系：

$$c_1 = -c_4;\quad c_2 = -c_3;\quad c_5 = -c_8;\quad c_6 = -c_7;\quad c_9 = -c_{10} \tag{4.26}$$

同理，对 y 轴有 S_y 对称者，则系数应满足以下关系：

$$c_1 = c_8;\quad c_2 = c_7;\quad c_3 = c_6;\quad c_4 = c_5;\quad c_9 = c_{10} \tag{4.27}$$

对 y 轴有 A_y 对称者，则系数应满足以下关系：

$$c_1 = -c_8;\quad c_2 = -c_7;\quad c_3 = -c_6;\quad c_4 = -c_5;\quad c_9 = -c_9 \equiv 0;\quad c_{10} = -c_{10} \equiv 0 \tag{4.28}$$

合并这两种对称性，则

$$S_x S_y \begin{cases} c_1 = c_4 = c_5 = c_8 \\ c_2 = c_3 = c_6 = c_7 \\ c_9 = c_{10} \end{cases} \qquad S_x A_y \begin{cases} c_1 = c_4 = -c_5 = -c_8 \\ c_2 = c_3 = -c_6 = -c_7 \\ c_9 = c_{10} = 0 \end{cases} \tag{4.29}$$

$$(c_1, c_2, c_9 \text{为独立变数}) \qquad (c_1, c_2 \text{为独立变数})$$

$$A_x S_y \begin{cases} c_1 = -c_4 = -c_5 = c_8 \\ c_2 = -c_3 = -c_6 = c_7 \\ c_9 = -c_{10} \end{cases} \qquad A_x A_y \begin{cases} c_1 = -c_4 = c_5 = -c_8 \\ c_2 = -c_3 = c_6 = -c_7 \\ c_9 = -c_{10} = 0 \end{cases} \tag{4.30}$$

$$(c_1, c_2, c_9 \text{为独立变数}) \qquad (c_1, c_2 \text{为独立变数})$$

由于能级和波函数一定分属于某种对称性，于是我们就可以得出属于 $S_x S_y$、$A_x S_y$ 的波函数各 3 个，属于 $S_x A_y$、$A_x A_y$ 的波函数各 2 个，总共 10 个。把原来 10×10 的久期方程简化成 2 个 3×3 和 2 个 2×2 的子久期方程，求解就很容易了。如对于 $S_x S_y$，把式（4.29）的关系代入原来的线性齐次方程组，就得到只有 3 个线性无关的方程：

$$\left. \begin{array}{l} \omega c_1 + c_2 + c_9 = 0 \\ c_1 + (\omega + 1) c_2 = 0 \\ 2c_1 + (\omega + 1) c_9 = 0 \end{array} \right\} \tag{4.31}$$

要使 c_1、c_2、c_9 有非零解，由它们的系数组成的行列式必须等于零。即

$$\begin{vmatrix} \omega & 1 & 1 \\ 1 & \omega + 1 & 0 \\ 2 & 0 & \omega + 1 \end{vmatrix} = 0$$

展开即得

$$(\omega + 1)(\omega^2 + \omega - 3) = 0$$

$$\omega = -1; \qquad \omega = \frac{-1 \pm \sqrt{13}}{2} = \begin{cases} -2.3028 \\ +1.3028 \end{cases} \tag{4.32}$$

代入式（4.23），得

$$E = \alpha + \beta; \qquad E = \alpha + 2.3028\beta; \qquad E = \alpha - 1.3028\beta$$

将这些 ω 值代入式（4.31），并利用归一化条件

$$4(c_1^2 + c_2^2) + 2c_9^2 = 1$$

即可解出 c_1、c_2、c_9，从而得到相应的波函数。同理求出分属于其他对称性的 E_i 和 ψ_i，全部结果列于表4-1。

表4-1 萘分子的能级和分子轨道 ψ_i（HMO）

对称性	E_i	ψ_i（HMO）
$S_x S_y$	$E_1 = \alpha + 2.3028\beta$	$\psi_1 = 0.3005\ (\phi_1 + \phi_4 + \phi_5 + \phi_8) + 0.2307(\phi_2 + \phi_3 + \phi_6 + \phi_7) + 0.4614\ (\phi_9 + \phi_{10})$
$S_x A_y$	$E_2 = \alpha + 1.6180\beta$	$\psi_2 = 0.2628\ (\phi_1 + \phi_4 - \phi_5 - \phi_8) + 0.4253\ (\phi_2 + \phi_3 - \phi_6 - \phi_7)$
$A_x S_y$	$E_3 = \alpha + 1.3028\beta$	$\psi_3 = 0.3996\ (\phi_1 - \phi_4 - \phi_5 + \phi_8) + 0.1735(\phi_2 - \phi_3 - \phi_6 + \phi_7) + 0.3470\ (\phi_9 - \phi_{10})$
$S_x S_y$	$E_4 = \alpha + \beta$	$\psi_4 = 0.4083\ (\phi_1 + \phi_4 + \phi_5 + \phi_8) + 0.4083\ (\phi_9 + \phi_{10})$
$A_x A_y$	$E_5 = \alpha + 0.6180\beta$	$\psi_5 = 0.4253\ (\phi_1 - \phi_4 + \phi_5 - \phi_8) + 0.2628\ (\phi_2 - \phi_3 + \phi_6 - \phi_7)$
$S_x A_y$	$E_6 = \alpha - 0.6180\beta$	$\psi_6 = 0.4253\ (\phi_1 + \phi_4 - \phi_5 - \phi_8) + 0.2628\ (-\phi_2 - \phi_3 + \phi_6 + \phi_7)$
$A_x S_y$	$E_7 = \alpha - \beta$	$\psi_7 = 0.4083\ (\phi_1 - \phi_4 - \phi_5 + \phi_8) + 0.4083\ (\phi_9 - \phi_{10})$
$S_x S_y$	$E_8 = \alpha - 1.3028\beta$	$\psi_8 = 0.3996\ (\phi_1 + \phi_4 + \phi_5 + \phi_8) + 0.1735\ (-\phi_2 - \phi_3 - \phi_6 - \phi_7) + 0.3470\ (-\phi_9 - \phi_{10})$
$A_x A_y$	$E_9 = \alpha - 1.6180\beta$	$\psi_9 = 0.2628\ (\phi_1 - \phi_4 + \phi_5 - \phi_8) + 0.4253\ (-\phi_2 + \phi_3 - \phi_6 + \phi_7)$
$A_x S_y$	$E_{10} = \alpha - 2.3028\beta$	$\psi_{10} = 0.3005\ (\phi_1 - \phi_4 - \phi_5 + \phi_8) + 0.2307\ (-\phi_2 + \phi_3 + \phi_6 - \phi_7) + 0.4614\ (-\phi_9 + \phi_{10})$

从表4-1可以看出它们有以下两个重要的性质：

（1）能级具有对偶性（pairing property）。它若有一个 $\omega = \omega_k$ 的能级，则必有一个 $\omega = -\omega_k$ 的能级。它们互为镜像，其镜面就是 $\omega = 0$。如 ω_1 和 ω_{10} 就是互为对偶能级。

（2）互为对偶的能级，其相应的分子轨道（HMO）ψ_k 和 ψ_{-k} 的原子轨道线性组合系数的绝对值必相等，系数的符号可用对称性很快得以确定。

这里顺便介绍一种简易的方法，即用打"∗"号的办法来确定系数的符号。如萘分子，我们在1号碳原子上打"∗"号，2号碳原子上不打，按照位置的顺序间隔地打"∗"号。如图4-2所示。

打"∗"号的碳原子数和不打"∗"号的碳原子数目相等，称之为"偶交互烃"（even alternant hydrocarbon），如萘（Ⅰ），这是一类。如果打"∗"号的和不打"∗"号的碳原子数目不相等，如周萘（Ⅱ）、三苯基甲基（Ⅲ），称为

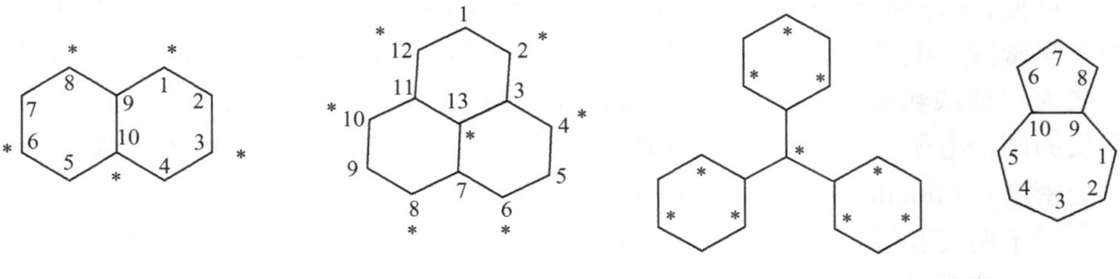

图 4-2　萘（Ⅰ）、周萘（Ⅱ）、三苯基甲基（Ⅲ）和薁（Ⅳ）①

"奇交互烃"（odd alternant hydrocarbon），这又是一类。还有一类是打不成"＊"号的，如薁（azulene，Ⅳ），称为"非交互烃"（nonalternant hydrocarbon）。对于交互烃（不论奇、偶），采用对称性原理简化，都可以很快解出结果。

　　以周萘（perinaphthene）为例。周萘是奇交互烃，它的原子数是奇数，故能级数也是奇数。根据能级的对偶性质，必有一个能级是零（即 $\omega = 0$）。其相应的分子轨道 ψ_0 称为非键轨道。这个轨道毋需解久期方程即可求得。

　　对于 ψ_0，所有不打"＊"号的碳原子轨道系数 c_i 都是零，即

$$c_1 = c_3 = c_5 = c_7 = c_9 = c_{11} = 0$$

在线性齐次方程组中有

$$\omega c_1 + c_2 + c_{12} = 0$$

由于 $c_1 = 0$，则 $c_2 = -c_{12}$；同理可知 $c_4 = -c_6$；$c_8 = -c_{10}$。再根据

$$c_2 + \omega c_3 + c_4 + c_{13} = 0$$

由于 $c_3 = 0$，故

$$c_2 + c_4 + c_{13} = 0$$

同理

$$c_6 + c_8 + c_{13} = 0 \quad c_{10} + c_{12} + c_{13} = 0$$

以上三式相加并利用 $c_2 = -c_{12}$、$c_4 = -c_6$、$c_8 = -c_{10}$，即得 $c_{13} = 0$ 以及

$$c_2 = -c_4 = c_6 = -c_8 = c_{10} = -c_{12}$$

最后利用归一化条件：$\sum_{i=1}^{13} c_i^2 = 1$，得出 $c_2 = 1/\sqrt{6}$，于是

$$\psi_0 = (\phi_2 - \phi_4 + \phi_6 - \phi_8 + \phi_{10} - \phi_{12})/\sqrt{6} \tag{4.33}$$

　　由于 HMO 是正交归一化的，故

$$1 = \langle \psi_i | \psi_i \rangle = \sum_k \sum_s \langle c_{ik}\phi_k | c_{is}\phi_s \rangle = \sum_k \sum_s c_{ik}c_{is}\langle \phi_k | \phi_s \rangle = \sum_k \sum_s c_{ik}c_{is}\delta_{ks} = \sum_k c_{ik}^2 \tag{4.34}$$

---

①　为了更好地显示各碳原子的位置，图中未对双键进行示意。下同。

可见，c_{ik}^2 的物理意义是：在 ψ_i 分子轨道上的电子，在第 k 个碳原子处出现的概率密度或电子云密度。在 EMR 中，我们关注的是未偶电子所在的分子轨道，称之为"前线轨道"（frontier orbital）。因为其他成键都已按 Pauli 原则填入自旋相反的两个电子，对 EMR 没有贡献。前线轨道的电子云密度也称为"前线 π 电子云密度"（frontier π-electron density）。

对于偶交互烃，前线轨道是与 $\omega = 0$ 相邻的两个 HMO，如萘负离子的前线轨道是 ψ_6，萘正离子的前线轨道是 ψ_5（表4-1）。

$$\psi_5 = 0.4253(\phi_1 - \phi_4 + \phi_5 - \phi_8) + 0.2628(\phi_2 - \phi_3 + \phi_6 - \phi_7)$$
$$\psi_6 = 0.4253(\phi_1 + \phi_4 - \phi_5 - \phi_8) + 0.2628(-\phi_2 - \phi_3 + \phi_6 + \phi_7)$$

在萘负离子上，未偶电子在第 1 个碳原子处出现的概率是 $c_{6,1}^2$，其值为

$$c_{6,1}^2 = (0.4253)^2 = 0.181$$

同理，未偶电子在第 2 个碳原子处出现的概率是 $c_{6,2}^2$，其值为

$$c_{6,2}^2 = (0.2628)^2 = 0.069$$

在第 9 个碳原子处出现的概率是 $c_{6,9}^2$，其值为

$$c_{6,9}^2 = (0)^2 = 0$$

有了 HMO 的前线电子云密度 ρ_i，就可以利用 McConnell 公式计算超精细耦合常数 a_i。仍以萘为例，实验测得 a_α 和 a_β 分别为 0.495 mT 和 0.187 mT，则

$$\frac{a_\alpha}{a_\beta} = \frac{0.495}{0.187} = 2.67$$

而从 HMO 理论计算出来的电子云密度之比为

$$\frac{\rho_\alpha}{\rho_\beta} = \frac{0.1810}{0.0691} = 2.62$$

二者确实符合得很好。

4.1.4 全对称结构自由基的 Q 值

由 HMO 计算出的 ρ_i 值只能是近似地反映客观现实。为了考查 McConnell 公式的可靠程度，需要避免用 HMO 的近似。我们挑选了一些具有完全对称结构的分子（表4-2），它们的 ρ_i 值可以直接从对称性得到，而毋需做任何近似。这就消除了 ρ_i 值的不可靠性。如果 McConnell 公式是严格准确的，那么 Q 值必定是常数。

从表4-2 可以看出，Q 值并非常数，也反映出 McConnell 公式的不足之处。然而，发现两个中性自由基 C_5H_5 和 C_7H_7 的 Q 值，以及两个负离子自由基 $C_6H_6^-$ 和 $C_8H_8^-$ 的 Q 值比较接近。说明负离子自由基上的过剩电荷对 Q 值有影响。于是 Colpa 等[9] 和 Bolton[10] 就是在此基础上提出对 McConnell 公式进行修正（见 4.2.4 小节）。尽管如此，经过大量的实验事实的检验，已经证明 McConnell 公式仍然是一个十分有用的公式。

表 4-2 单环全对称结构自由基中质子的超精细耦合常数和 Q 值

自由基	温度/K	a^H/mT	Q/mT	文献
C_5H_5	～200	0.600	3.00	[3]
$C_6H_6^-$	173	0.375	2.25	[4]
$C_6H_6^+$	298	0.428	2.57	[5]
C_7H_7	298	0.395	2.77	[6, 7]
$C_8H_8^-$	～298	0.321	2.57	[8]

4.1.5 偶交互烃的超精细耦合常数 a

结合 HMO 理论，应用 McConnell 公式计算偶交互烃的超精细耦合常数 a，取得了成功。由于偶交互烃正负离子的前线轨道是在 $\omega=0$ 上下的一对轨道上，按照对偶原理，它们的线性组合系数大小相等、符号相反。因此，它们的电子云密度应该相等，即

$$\rho_i^+ = \rho_i^- \tag{4.35}$$

于是可以推测出：偶交互烃的正负离子自由基的 EMR 波谱应该完全相同。实验结果表明，二者的波谱非常相似，只是 Q 值有所不同，这是由过剩电荷引起的。

谱线的总宽度应该是谱线的最高场 $H_{highest}$ 减最低场 H_{lowest}。由于

$$H = H_0 - \sum_i a_i M_{li} \tag{4.36}$$

则

$$H_{highest} = H_0 + \frac{1}{2}\sum_i a_i$$

$$H_{lowest} = H_0 - \frac{1}{2}\sum_i a_i$$

$$|H_{highest} - H_{lowest}| = \sum_i a_i \tag{4.37}$$

由 McConnell 公式 [式 (4.1)]

$$a_i = Q\rho_i$$

两边对 i 求和，则

$$\sum_i a_i = \sum_i Q\rho_i = Q\sum_i \rho_i = Q$$

因为 $\sum_i \rho_i = 1$，所以

$$Q = \sum_i a_i \tag{4.38}$$

因此，Q 也就相当于谱线的总宽度。

大量的实验结果表明：芳烃负离子自由基谱线的总宽度都在 2.8～3.0 mT 范围内。然而，联苯负离子自由基谱线的总宽度只有 2.1 mT。原因是在 1-和 1′-位置上

的电子云密度各为 0.123，但却没有质子，也就没有超精细分裂。故总宽度应为

$$2.8 \times (1 - 2 \times 0.123) = 2.1(mT)$$

还是能够符合实验的结果。

我们再来看苯及其衍生物的超精细耦合常数 a。苯负离子（用金属钾在 $-100℃$ 下还原）的 EMR 波谱是强度比为 1:6:15:20:15:6:1 的七条线，谱线的总宽度为 2.25 mT。说明苯环上的 6 个质子是等价的，未偶电子在每一个碳原子上出现的概率密度都是 1/6。从 HMO 计算出的能级 E_i 和分子轨道 ψ_i 列于表 4-3。

表 4-3　苯分子的 HMO 轨道 ψ_i 和相应的能级 E_i

对称性	E_i	ψ_i
$S_x S_y$	$E_1 = \alpha + 2\beta$	$\psi_1 = \dfrac{1}{\sqrt{6}}(\phi_1 + \phi_2 + \phi_3 + \phi_4 + \phi_5 + \phi_6)$
$A_x S_y$	$E_2 = \alpha + \beta$	$\psi_2 = \dfrac{1}{\sqrt{12}}(2\phi_1 + \phi_2 - \phi_3 - 2\phi_4 - \phi_5 + \phi_6)$
$S_x A_y$	$E_3 = \alpha + \beta$	$\psi_3 = \dfrac{1}{\sqrt{4}}(\phi_2 + \phi_3 - \phi_5 - \phi_6)$
$A_x A_y$	$E_4 = \alpha - \beta$	$\psi_4 = \dfrac{1}{\sqrt{4}}(\phi_2 - \phi_3 + \phi_5 - \phi_6)$
$S_x S_y$	$E_5 = \alpha - \beta$	$\psi_5 = \dfrac{1}{\sqrt{12}}(2\phi_1 - \phi_2 - \phi_3 + 2\phi_4 - \phi_5 - \phi_6)$
$A_x S_y$	$E_6 = \alpha - 2\beta$	$\psi_6 = \dfrac{1}{\sqrt{6}}(\phi_1 - \phi_2 + \phi_3 - \phi_4 + \phi_5 - \phi_6)$

它的前线轨道是简并的，$\alpha\text{-}\beta$ 未偶电子可以处在 ψ_4 轨道也可以处在 ψ_5 轨道上：

$$\psi_4 = \frac{1}{2}(\phi_2 - \phi_3 + \phi_5 - \phi_6) \qquad\qquad A_x A_y$$

$$\psi_5 = \frac{1}{\sqrt{12}}(2\phi_1 - \phi_2 - \phi_3 + 2\phi_4 - \phi_5 - \phi_6) \qquad\qquad S_x S_y$$

且二者的概率相同。由于 $S_x S_y$ 态和 $A_x A_y$ 态之间存在快速交换平衡，平均的电子云密度应该是

$$\rho_1 = \frac{1}{2}\left(0 + \frac{4}{12}\right) = \frac{1}{6}$$

$$\rho_2 = \frac{1}{2}\left(\frac{1}{4} + \frac{1}{12}\right) = \frac{1}{6}$$

可见，通过 McConnell 公式计算出来的电子云密度与实验结果是一致的。

引入取代基就能使简并的 $S_x S_y$ 态和 $A_x A_y$ 态解除。如对二乙基苯的 EMR 波谱的超精细结构是强度比为 1:4:6:4:1 的五条线，$a = 0.529$ mT。用 McConnell 公式计算得

$$a = 2.25 \times \frac{1}{4} = 0.56 (\text{mT})$$

与实验值基本相符。

不仅引入取代基可以使简并态解除，而且在苯环上的一个氢被氘取代（C_6H_5D），也能解除其简并度[11]。但由于 H 和 D 的化学性质非常接近，解除后的 E_4 和 E_5 能级仍然很接近。因此未偶电子并非全部占据在 ψ_4 轨道上，而是 ψ_4 和 ψ_5 两个轨道都占据，只不过在 ψ_4 轨道上的概率多些。

设未偶电子占据 ψ_5 轨道的概率为 x，占据 ψ_4 轨道的则为 $1-x$。从实验测得的超精细耦合常数 $a_4 = 0.341$ mT，则

$$2.25 \left[x \times (2) \times \left(\frac{1}{\sqrt{12}} \right)^2 + (1-x) \times 0 \right] = 0.341$$

解该式得 $x = 0.45$，$1-x = 0.55$，利用它我们可以计算出 a_2：

$$a_2 = 2.25 \left[0.45 \left(\frac{1}{\sqrt{12}} \right)^2 + 0.55 \left(\frac{1}{2} \right)^2 \right] = 0.397$$

与实验值 0.392 mT 基本相符。氘代苯-d_1 负离子自由基 $(C_6H_5D)^-$ 的 EMR 波谱如图 4-3 所示。一组强度比为 1:6:15:20:15:6:1 的七条线是由 ^{13}C 同位素所贡献的。

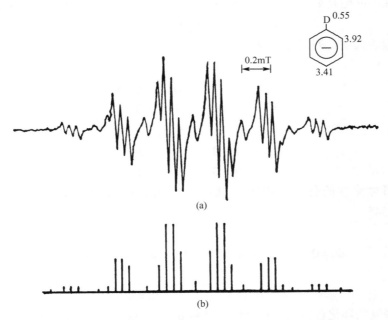

图 4-3 氘代苯-d_1 负离子自由基 $(C_6H_5D)^-$ 的 EMR 波谱

（a）实验谱；（b）理论杆谱

4.1.6　偶交互杂环烃的超精细耦合常数 a

以吡嗪为例。令 $\alpha_N = \alpha_C + \delta_N \beta$，这里的 $\alpha_N = \langle \phi_N | \hat{\mathscr{H}} | \phi_N \rangle$；$\alpha_C = \langle \phi_C | \hat{\mathscr{H}} | \phi_C \rangle$。由于存在诱导效应，故 $\beta_{NC} = \langle \phi_N | \hat{\mathscr{H}} | \phi_C \rangle$，和 $\beta_{CC} = \langle \phi'_C | \hat{\mathscr{H}} | \phi_C \rangle$ 不同，可令

$$\beta_{NC} = (1 + \varepsilon)\beta_{CC}$$

而且，诱导效应也影响和氮原子相邻的碳原子的库仑积分 α'_C。

$$\alpha'_C = \langle \phi'_C | \hat{\mathscr{H}} | \phi'_C \rangle$$

令 $\alpha'_C = \alpha_C + \delta'_C \beta$。于是吡嗪的久期行列式如下：

$$\begin{vmatrix} \omega + \delta_N & 1 + \varepsilon & 0 & 0 & 0 & 1 + \varepsilon \\ 1 + \varepsilon & \omega + \delta'_C & 1 & 0 & 0 & 0 \\ 0 & 1 & \omega + \delta'_C & 1 + \varepsilon & 0 & 0 \\ 0 & 0 & 1 + \varepsilon & \omega + \delta_N & 1 + \varepsilon & 0 \\ 0 & 0 & 0 & 1 + \varepsilon & \omega + \delta'_C & 1 \\ 1 + \varepsilon & 0 & 0 & 0 & 1 & \omega + \delta'_C \end{vmatrix} = 0 \qquad (4.39)$$

现在的问题是如何确定 δ_N、δ'_C 和 ε。Carrington 等[12] 从分析实验数据得出

$$\delta_N = 0.75 ; \qquad\qquad \delta'_C = 0 ; \qquad\qquad \varepsilon = 0$$

于是吡嗪的久期行列式可写成

$$\begin{vmatrix} \omega + \delta_N & 1 & 0 & 0 & 0 & 1 \\ 1 & \omega & 1 & 0 & 0 & 0 \\ 0 & 1 & \omega & 1 & 0 & 0 \\ 0 & 0 & 1 & \omega + \delta_N & 1 & 0 \\ 0 & 0 & 0 & 1 & \omega & 1 \\ 1 & 0 & 0 & 0 & 1 & \omega \end{vmatrix} = 0 \qquad (4.40)$$

利用对称性简化法，很容易就可以求出其能级和 HMO。它的前线轨道是 $\omega = 0.545$。

$$\psi_4 = 0.523(\phi_1 + \phi_4) + 0.338(\phi_2 + \phi_3 + \phi_5 + \phi_6)$$

则

$$\rho_1 = 0.273 ; \qquad\qquad \rho_2 = 0.114$$

一些氮杂环化合物的超精细耦合常数 a_i 的实验值和 HMO 的电子云密度 ρ_i 值以及 a_i 的计算值列于表4-4 中。可以看出计算的结果与实验值还是符合得比较好的。

表 4-4　氮杂环化合物的超精细耦合常数 a_i [1)]

化合物	位置	a_i 实验值 /mT	HMO 电子云密度	Q /mT	a_i 计算值 /mT
	N C	0.722 0.266	0.272 0.114	2.66	0.724 0.258
	1 2 5 6	0.564 0.332 0.232 0.100	0.218 0.128 0.085 0.085	2.60	0.567 0.333 0.221 0.221
	9 1 2	0.514 0.193 0.161	0.209 0.059 0.048	2.47	0.516 0.146 0.119
	9 1 2	0.396 0.241 0.273	0.118 0.105 0.086		

1）表中的数据来自裴祖文编著的《电子自旋共振波谱》，91 页，表 2-6，科学出版社（1980 年）。其中 a_i 的计算值笔者做了订正。

4.1.7　奇交互烃和非交互烃的超精细耦合常数 a

在包括杂环在内的偶交互烃体系中，应用 HMO 理论和 McConnell 公式，尽管有些粗糙但还是相当满意的。然而，应用到奇交互烃和非交互烃中时，就显得不太满意了。奇交互烃离子自由基的前线轨道是 ψ_0（非键轨道）。按照 HMO 理论得出：在不打 * 号的位置上不应该有超精细分裂，而在苄基的不打 * 号位置上的质子却有 0.175 mT 的分裂。周萘［图 4-2（Ⅱ）］自由基的 a_1 位置上的质子也有 0.1833 mT 分裂，它的总宽度有 4.31 mT，远超过 3.0 mT。这些都不是用简单的 HMO 理论可以解决的，还必须考虑到"电子相关"的问题，将在 4.2.1 小节讨论。

4.2　共轭体系产生超精细分裂的机理

前面 McConnell 公式已经提到过，平面共轭自由基上的质子超精细耦合常数是正比于质子所连接的碳原子上的未偶 π 电子云密度的，即式（4.1）。引起质子的超精细分裂的必要条件是：未偶 π 电子在氢原子核上出现的概率密度不是零。在溶液自由基中，只能是各向同性的 Fermi 接触互作用才有可能产生。然而，在 π 自由基中，未偶电子是处在 π 分子轨道上的，而 π 分子轨道又是由各个碳原子的 $2p_z$ 原子轨道线性组合而成的。但每个 $2p_z$ 轨道在碳原子上都有一个节点，这些节点就处在分子骨架所构成的平面上。另外，C—H 键是由碳原子上的一个 sp^2 杂化轨道与 H 原子的 s 轨道重叠而成的。这就出现一个问题：处在 π 分子轨道上的未偶电子是怎么出现在 H 原子核上的？

4.2.1 "电子相关"效应

前面我们在把 HMO 理论应用于 π 自由基时，假设当共轭分子得到一个电子变成负离子自由基时，分子中的其他电子不受这个"新来"的电子的影响。事实上，当共轭分子得到一个电子后，分子中的其他电子是要受影响的。分子中原来已成对的电子，在某些地方就会表现出略具"不成对性"。这就是实际上存在的"电子相关"性效应。为此，我们必须把未偶电子的"电子云密度"与"自旋密度"加以区分。

定义 ρ_i 为分子中第 i 区的自旋密度；定义 $P_i(\alpha)$ 为具有 α 自旋（正自旋）的电子在第 i 区的总自旋密度；$P_i(\beta)$ 为具有 β 自旋（负自旋）的电子在第 i 区的总自旋密度，即

$$P_i(\alpha) = \sum P_{i,k}(\alpha)\,; \qquad P_i(\beta) = \sum P_{i,k}(\beta) \qquad (4.41)$$

式中：$P_{i,k}(\alpha)$ 是第 k 个具有 α 自旋的电子在第 i 区中的概率密度；$P_{i,k}(\beta)$ 是第 k 个具有 β 自旋的电子在第 i 区中的概率密度。于是

$$\rho_i = P_{i,k}(\alpha) - P_{i,k}(\beta)$$

我们取出共轭分子中一段 C—H 碎片，如图 4-4 所示。C—H 键是由碳原子的 sp^2 杂化轨道和氢原子的 s 轨道组成的。当在碳原子的 $2p_z$ 轨道上还没有引入未偶电子时，图 4-4 中组态（a）和组态（b）存在的概率是相等的。当在碳原子的 $2p_z$ 轨道引入一个 α 自旋的电子之后，C—H 键上两个已成对的电子就会受到影响。根据 Hund 规则，在同一个碳原子上如果两个电子分占两个不同轨道，则这两个电子自旋应尽可能平行。因此，对于基态来说，组态（a）存在的概率要比组态（b）大。从质子的角度来看，组态（a）的质子上的电子是 β 自旋（负自旋），而组态（b）的质子上的电子是 α 自旋（正自旋）。既然组态（a）存在的概率要比组态（b）大，那么质子上的电子负自旋就大于正自旋，因此，在质子上的净自旋密度是"负自旋密度"。负自旋密度引起负的质子超精细分裂，Q 的符号也应该是负的。应当指出，在质子上出现负自旋密度，则在碳原子上就会出现正自旋密度。这种效应称为"自旋极化效应"。

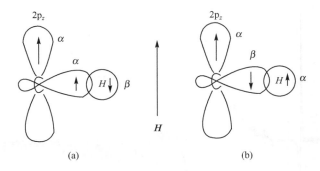

图 4-4　C—H 碎片中电子自旋可能组态示意图

4.2.2　质子超精细分裂常数的符号

因为当碳原子的 $2p_z$ 轨道上具有正的电子自旋密度时，质子处的自旋密度应该是负的，负自旋密度引起负的超精细分裂。下面我们用质子磁共振的实验来证明负自旋密度引起负的超精细分裂事实的存在。

测定顺磁性分子的质子磁共振谱线的位移，观测自由基的 NMR 谱线的顺磁化学位移的方向，以判断其超精细分裂常数的正负[13]。

这个实验对样品有一定的要求，由于体系中存在电子自旋时，质子的自旋弛豫会使 NMR 谱线增宽，增宽程度正比于质子超精细分裂宽度的平方。因此，就要求 NMR 的线宽必须很窄，且质子的超精细分裂不能超过 0.6 mT。只有小于 0.6 mT 时，才有可能在室温下观测到溶液中自由基的顺磁化学位移[14,15]。按照这一要求，联苯负离子自由基是比较适合的样品。图 4-5 是室温下联苯负离子自由基在二甘醇二甲醚（diglyme）溶液中（$1.0 \text{mol} \cdot \text{L}^{-1}$），用 60 MHz 的 NMR 谱仪测得的波谱[16]。图中标出 s 的谱线是溶剂的谱线。

如果 a_i 是正的，顺磁性的化学位移应该是负的，即向低场移动。化学位移的大小为

$$\Delta H = H_i - H_0 = -\frac{g g_e \beta_e^2 H_0}{4 g_p \beta_n k_b T} a_i \tag{4.42}$$

式中：H_i 是第 i 个质子发生化学位移后的共振磁场；H_0 是未发生化学位移的相应的质子共振谱线的磁场位置[17,18]。

由一级近似的自旋 Hamilton 算符［式（4.43）］

$$\left.\begin{aligned}\hat{\mathscr{H}} &= g\beta H \hat{S}_z + a\hat{S}_z \hat{I}_z - g_n \beta_n H \hat{I}_z \\ \hat{\mathscr{H}} &= g\beta H \hat{S}_z - g_n \beta_n \left(H - \frac{a\hat{S}_z}{g_n \beta_n}\right)\hat{I}_z\end{aligned}\right\} \tag{4.43}$$

看出：超精细互作用项，在形式上很像一般的化学位移，只不过位移的值很大，

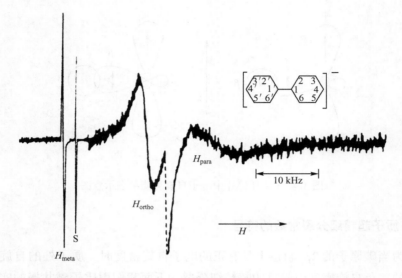

图4-5　联苯负离子自由基在二甘醇二甲醚（diglyme）溶液中，
在室温下用 60 MHz 谱仪测得的 NMR 谱[16]

在核磁共振波谱学中称为"接触位移"。它取决于电子的自旋状态。

对于 $M_s = -\dfrac{1}{2}$，则

$$\hat{\mathscr{H}} = -g_n\beta_n\left(H + \frac{a}{2g_n\beta_n}\right)\hat{I}_z - \frac{1}{2}g\beta H \qquad (4.44)$$

核磁共振的跃迁选律是 $\Delta M_s = 0$、$\Delta M_I = 1$ 时，

$$\Delta E_1 = g_n\beta_n\left(H + \frac{a}{2g_n\beta_n}\right) \qquad (4.45)$$

同理，对于 $M_s = +\dfrac{1}{2}$，有

$$\Delta E_2 = g_n\beta_n\left(H - \frac{a}{2g_n\beta_n}\right) \qquad (4.46)$$

由于电子自旋弛豫时间很短，观测到的核磁波谱并非两条线，而是在平均频率处的一条线。加权平均的结果是

$$h\bar{\nu} = (\Delta E_1)\frac{N_\beta}{N_\alpha + N_\beta} + (\Delta E_2)\frac{N_\alpha}{N_\alpha + N_\beta}$$

$$= g_n\beta_n H + \frac{a}{2}\frac{N_\beta - N_\alpha}{N_\beta + N_\alpha} \qquad (4.47)$$

式中：N_α 和 N_β 分别是电子自旋状态为 α 和 β 的电子数。可以认为 N_α 和 N_β 都服从 Boltzmann 分布，且在室温条件下，$g\beta H / kT \ll 1$，则

$$N_\alpha \approx \frac{N}{2}\left(1 - \frac{g\beta H}{2kT}\right)$$

$$N_\beta \approx \frac{N}{2}\left(1 + \frac{g\beta H}{2kT}\right)$$

则

$$\frac{N_\beta - N_\alpha}{N_\beta + N_\alpha} \approx \frac{g\beta H}{2kT} \tag{4.48}$$

将式（4.48）代入式（4.47）得

$$h\bar{\nu} = g_n\beta_n H + \frac{a}{2}\frac{g\beta H}{2kT} = g_n\beta_n\left(H + \frac{g\beta H}{4g_n\beta_n kT}\,a\right) = g_n\beta_n(H + d) \tag{4.49}$$

其中

$$d = \frac{g\beta H}{4g_n\beta_n kT}\,a \tag{4.50}$$

这里 a 的单位是尔格（erg），而 a_i 的单位是 T。这里的 k 就是 Boltzmann 常量 k_b，因此式（4.50）应写成

$$d = \frac{gg_e\beta_e^2 H_0}{4g_p\beta_n k_b T}\,a_i \tag{4.51}$$

当 $d = 0$ 时，核磁共振的磁场 $H = H_0$，即 $h\bar{\nu} = g_n\beta_n H_0$；当 $d \neq 0$ 时，$H = H_i$，则

$$h\bar{\nu} = g_n\beta_n(H_i + d) \tag{4.52}$$

$$H_i - H_0 = -d = -\frac{gg_e\beta_e^2 H_0}{4g_p\beta_n k_b T}\,a_i$$

这就是前面已经得出的式（4.42）。从式（4.42）看出：当 $a_i > 0$ 时，谱线应向低场移动。反之，当 $a_i < 0$ 时，谱线就向高场移动。这与实验事实是吻合的。联苯负离子自由基的 H_{ortho} 和 H_{para} 的谱线是向高场移动的，说明邻位和对位上的质子的超精细耦合常数 a_0 和 a_p 都是负的。由于 Q 是负的，则邻位和对位的碳原子上未偶电子的自旋密度就应当是正的。然而 H_{meta} 是向低场移动的，说明间位碳原子上未偶电子的自旋密度应该是负的。

4.2.3　负自旋密度

这样看来，McConnell 公式还是正确的，只是应当把 ρ_i 看成是第 i 个碳原子上的 π 电子的自旋密度，而不是 π 电子的电子云密度。如果所有 π 电子的自旋密度都是正的，它就等于 π 电子的电子云密度。然而，有时候碳原子上的 π 电子的自旋密度是负的，这时两者就不相同了。按照归一化条件的要求，自旋密度的代数和应该等于 1。如果分子中某些地方出现负自旋密度，为了保证其代数和等于 1，则在其他地方必须变得更正，于是自旋密度绝对值的总和就会大于 1。由于波谱的总宽度取决于超精细分裂的绝对值，所以在这种情况下的谱线总宽度

就大于 Q 值。周萘自由基的总宽度大到 4.31 mT 的原因就在于此。

HMO 理论之所以在偶交互烃中取得成功，其原因就在于它们的自旋密度基本上（绝大部分）都是正的。而在奇交互烃中，由于存在负自旋密度，简单的 HMO 理论就遇到了困难，必须采用能概括电子相关效应的分子轨道理论。请参阅 McLachlan[19]微扰法。还可以参阅 Salem L, *The Molecular Obital Theory of Conjugated System*, Benjamin, New York, Chap. 5 (1966)。

4.2.4 关于 Q 值问题

在介绍 McConnell 公式中就涉及 Q 值问题。实验结果表明 Q 值并非定数，这也给 McConnell 公式的推广带来一定的困难。把该公式应用于 π 自由基偶交互烃的结果是比较满意的。虽然实验结果基本符合对偶原理，那么偶交互烃的正负离子自由基的自旋密度值应该相同。然而，实验结果表明：正离子自由基的超精细分裂 a_i 值总是大于负离子自由基的 a_i 值[20]，说明它们之间的 Q 值略有不同。其原因就是我们在前面提到过的碳原子上的过剩电荷对 Q 值的影响。定义 e_i 为过剩电荷

$$e_i = 1 - q_i \tag{4.53}$$

式中：q_i 是第 i 个碳原子上的 π 电子密度总和。Colpa 和 Bolton[9] 在考虑过剩电荷影响的基础上，提出了一个修正的 McConnell 公式：

$$a_i = [Q(0) + Ke_i]\rho_i \tag{4.54}$$

式中：Q (0) 表示中性自由基的 Q 值；K 是一个常数。选择 $Q(0) = -2.7$ mT、$K = -1.2$ mT，利用式 (4.54) 计算的结果能较好地符合实验结果。如对于蒽正离子，测得的实验数据 $a_9^+ = 0.653$ mT，蒽负离子测得的实验数据 $a_9^- = 0.534$ mT，利用式 (4.54) 计算的结果 $\rho_9^+ = 0.224$，$\rho_9^- = 0.215$。可见两者比较接近。应当指出：尽管引入过剩电荷的校正能更好地接近实验结果，但与中性自由基的偏差也仅 $\pm 15\%$。就是说 McConnell 公式即使不加修正也是可以用的。

与共轭 π 自由基不同，烷基自由基是 σ 自由基，其未偶电子主要定域在某一个碳原子上。这个未偶电子所在的碳原子称为 α-碳原子，紧邻的称为 β-碳原子，如此依次称为 γ-，δ-，…，碳原子。它们的 Q 值也表现出一定的规律性，表4-5列出部分烷基自由基的超精细分裂值 a 和 Q 值。

从表4-5看出：随着 CH_3 取代基的增多，a_α 和 a_β 的值都在减少，且 a_α 减少得更快些。

Chesnut[21] 提出一个估计 α-碳原子上的自旋密度经验式：

$$\rho_\alpha = (1 - 0.081)^m = 0.919^m \tag{4.55}$$

式中：m 是连接在 α-碳原子上的甲基数目。假设它们也符合 McConnell 公式

$$a_\alpha = Q_\alpha \rho_\alpha; \qquad a_\beta = Q_\beta \rho_\beta \tag{4.56}$$

表 4-5　某些烷基自由基的超精细分裂值 a_i 和 Q 值

自由基	ρ	a_α^H/mT	Q_α/mT	a_β^H/mT	Q_β/mT
$\dot{C}H_3$	1.000	2.304	2.304	—	—
$CH_3\dot{C}H_2$	0.919	2.238	2.435	2.687	2.925
$(CH_3)_2\dot{C}H$	0.844	2.211	2.620	2.468	2.925
$(CH_3)_3\dot{C}$	0.776	—	—	2.272	2.930

我们就可以利用实验测得的 a_α 和式（4.55）估计出来的 ρ_α，再通过式（4.56）求出 Q_α 和 Q_β。从表 4-5 可以看出：Q_α 并非常数，对于 α-碳原子上只有一个质子的情况下，其值很接近 2.7 mT，可用于计算共轭 π 自由基的 McConnell 公式。另外，表 4-5 中的 Q_β 却很接近于常数。这一重要结果启示我们：可以利用实验测得的 a_β 值估计出 β-碳原子上的自旋密度 ρ_β。

Fischer[22] 给出 CH_3—$\dot{C}H$—X 型自由基的 Q_α 值随取代基的变化而变化，如表 4-6 所示。其中的 Q_α 值由式（4.57）计算求得

$$Q_\alpha = \frac{a_\alpha Q_\beta}{a_\beta} = \frac{a_\alpha}{a_\beta} \times 29.25 \qquad (4.57)$$

表 4-6　在 CH_3—$\dot{C}H$—X 型自由基的 Q_α 值的变化

X	a_α/mT	a_β/mT	Q_α/mT
CH_3	2.211	2.468	2.62
H	2.238	2.687	2.44
CO—CH_2—CH_3	1.845	2.259	2.39
$COOH$	2.018	2.498	2.37
OH	1.504	2.261	1.95
O—CH_2—CH_3	1.396	2.228	1.83

从表 4-6 看出，Q_α 并非常数。其原因尚不清楚，可能是由取代基的诱导效应引起的。然而，对于中性的、结构象似的化合物，Q_α 值却接近常数。可以根据这个经验性质，来估计自旋密度的值。

以烯丙基为例，对于 1-、3-位，其 Q_α 值为 2.44 mT；对于 2-位，Q_α 值为 2.62 mT。从实验测得 $a_1 = a_3 = 1.438$ mT（平均值）和 $a_2 = 0.406$ mT。用 McConnell 公式计算出

$$\rho_1 = \rho_3 = \frac{1.483}{2.44} = 0.589$$

$$\rho_2 = \frac{-0.406}{2.62} = -0.155$$

$$\sum_{i=1}^{3} \rho_i = 0.589 - 0.155 + 0.589 = 1.023$$

这个数值很接近于 1.00，可见这种粗糙的估算还是有一定的实用价值的。

4.3　其他非质子核的超精细分裂

4.3.1　^{13}C 核的超精细分裂

前面讨论的都是^{1}H 核的超精细分裂，McConnell 公式主要是用于 C—H 中的^{1}H 核的分裂。对于其他磁性核的超精细分裂就不一定好用了。^{13}C 核的 $I = \dfrac{1}{2}$，其自然丰度为 1.108%。虽然其自然丰度不大，但在研究有机自由基时，却足以引起我们对它的重视。它的各向同性超精细分裂的理论要比^{1}H 核复杂，^{13}C 核的分裂与碳原子上的 π 电子自旋密度并不是成简单的正比关系[23]。且 ĊH$_3$ 上^{13}C 核的分裂值为 4.1 mT，而 C$_6$H$_6^-$ 上^{13}C 核的分裂值只有 0.28 mT。如果是正比于 π 电子在^{13}C 核上的自旋密度，那么在 C$_6$H$_6^-$ 上^{13}C 核的分裂值应该是（4.1/6）＝ 0.68 mT。与实验值（0.28 mT）相差甚远。可见，在第 i 个碳原子上的^{13}C 核超精细分裂值不仅与第 i 个碳原子上的 π 电子自旋密度有关，而且还和与其相邻的第 j 个碳原子上的 π 电子自旋密度有关。

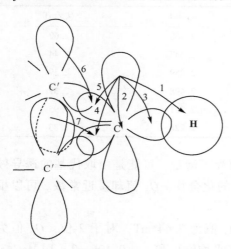

正如我们在"电子相关"中讨论过的那样，当在碳原子 C$_i$ 的 2p$_z$ 轨道上填入一个 α-自旋的电子，则在 C$_i$—H 键的 C$_i$ 端产生了正自旋密度，而在 H 端就产生负自旋密度，称之为"自旋极化"现象。同样，在与 C$_i$ 碳原子紧相邻的碳原子 C$_j$ 的 2p$_z$ 轨道上填入一个 α-自旋的电子，则在 C$_j$ 碳原子上产生了正自旋密度，而在 C$_i$ 碳原子上就会产生负自旋密度。

取出一个碎片如图 4-6 所示。在这里我们用 $Q^C_{CC'}$ 表示在 C—C′ 键上 C 原子的 2p$_z$ 轨道上的未偶电子所引起的自旋极化作用对 C′ 端^{13}C 核超精细分裂的贡献。$Q^C_{C'C}$ 则表示在 C—C′ 键上 C′ 原子的 2p$_z$ 轨道上的未偶电子所引起的自旋极化作用对 C 端^{13}C 核超精细分裂的贡献。

图 4-6　（C′）$_2$—C—H 碎片中自旋极化作用对^{13}C 和^{1}H 超精细分裂的贡献示意图
1 表示 Q^H_{CH}；2 表示 S^C；3 表示 Q^C_{CH}；
4、5 表示 $Q^C_{CC'}$；6、7 表示 $Q^C_{C'C}$

显然，$Q_{CC'}^C$ 应该是正的，而 $Q_{C'C}^H$ 则应该是负的。因为 C 上 $2p_z$ 轨道中的未偶电子在 C 上产生正的自旋密度，而 C' 上 $2p_z$ 轨道中的未偶电子在 C 上产生负的自旋密度。同理，Q_{CH}^C 是正的，Q_{CH}^H 是负的。令 S^C 表示 C 原子上的 $2p_z$ 轨道中的未偶电子在 C 上的 $1s$ 电子所引起的自旋极化作用，则

$$a_i^C = \left(S^C + \sum_{j=1}^3 Q_{CX_j}^C\right)\rho_i + \sum_{j=1}^3 Q_{X_jC}\,\rho_j \tag{4.58}$$

定量计算自旋极化常数[23]为

$$S^C = -1.27\ \text{mT}; \qquad\qquad Q_{CH}^C = +1.95\ \text{mT};$$
$$Q_{CC'}^C = +1.44\ \text{mT}; \qquad\qquad Q_{C'C}^C = -1.39\ \text{mT}$$

代入式（4.58），则对于 $CC_2'H$ 碎片，有

$$a_i^C = (-1.27 + 1.44 + 1.44 + 1.95)\rho_i - 1.39\sum_{j=1}^2 \rho_j = 3.56\rho_i - 1.39\sum_{j=1}^2 \rho_j$$

$$a_i^C = 3.56\rho_i - 1.39\sum_{j=1}^2 \rho_j \tag{4.59}$$

对于 CC_3' 碎片，有

$$a_i^C = (-1.27 + 3 \times 1.44)\rho_i - 1.39\sum_{j=1}^2 \rho_j \tag{4.60}$$

用式（4.48）来计算 $\dot{C}H_3$（$\rho = 1.0$），则

$$a_i^C = (-1.27 + 3 \times 1.95) \times 1.0 = 4.58\,(\text{mT})$$

实验值为（4.1 ± 0.3）mT。

现在我们用质子的超精细分裂值和 $Q_{CH}^H(0) = -2.70$ mT 来计算 ρ_i，再用式（4.48）来计算 a_i^C，发现计算结果能较好地符合实验结果。以蒽的正、负离子自由基为例[24,25]，以 a_i^H 实验值取平均计算出 ρ_i；而 ρ_δ 则是根据归一化条件，即

$$\rho_\delta = \frac{1}{4}\left[1 - (2\rho_\alpha + 4\rho_\beta + 4\rho_\gamma)\right] \tag{4.61}$$

求出了 ρ_i 之后，再根据式（4.49）和式（4.50）计算出 a_i^C，如

$$a_\alpha^C = 3.56 \times 0.220 - 1.39(-0.021 - 0.021) = 0.824\,(\text{mT})$$

计算结果列于表 4-7。

表 4-7　蒽正、负离子自由基 ^1H 和 ^{13}C 核的超精细分裂 a_i^H 和 a_i^C 的实验值和计算值[24,25]

	位置	a_i^H 实验值/mT			ρ_i 计算值	a_i^C/mT 计算值	a_i^C 实验值/mT	
		负离子	正离子	平均值			负离子	正离子
α	0.534	0.653	0.593	0.220	0.842	0.876	0.848
β	0.274	0.306	0.290	0.107	0.337	+0.357	—
γ	0.151	0.138	0.145	0.054	-0.033	-0.025	±0.037
δ				-0.021	-0.490	-0.459	-0.450

从表4-7中数据看出，通过上述方法计算得到蒽正、负离子自由基^{13}C的超精细分裂与实验值基本相符。相比之下，与正离子自由基的实验值符合得更好些。

4.3.2 ^{14}N核的超精细分裂

含氮的有机自由基也是常见的，^{14}N的自然丰度是99.63%，核自旋量$I=1$，当在^{14}N核上含有未偶的π电子时，会显示出很好的超精细结构。因此，它也是EMR的重要研究对象之一。

它的超精细分裂和自旋密度的关系与^{13}C核不同，实验结果表明：相邻原子上的π自旋密度对它的影响很小，即$Q_{C'N}^N$的值很小，在± 0.4 mT左右[24~28]。因此，^{14}N核的超精细分裂值可用以下简单的公式计算，对于氮原子上带有氢原子的：

$$a_i^N = Q_{N(C_2H)}^N \rho_i \tag{4.62}$$

对于氮原子上不带氢原子，而有一对孤对电子时：

$$a_i^N = Q_{N(C_2P)}^N \rho_i \tag{4.63}$$

$Q_{N(C_2H)}^N$的值在2.7~3.0 mT之间；$Q_{N(C_2P)}^N$的值在2.3~2.6 mT之间。由于^{14}N核的分裂主要来自氮原子上的自旋密度，Q应当是正值，与实验结果是相符的。

我们用吡啶EMR实验测得的超精细分裂a_i值，并设定$Q_{CH}^H = -2.7$ mT用来计算出吡啶的ρ_i值；以及用吡嗪超精细分裂的实验值a_i，设定$Q_{N(C_2P)}^N = +2.4$ mT来计算出吡嗪的ρ_i值，结果列于表4-8中。

表4-8 利用吡啶、吡嗪EMR超精细分裂a_i的
实验值计算出吡啶和吡嗪环上未偶电子云密度ρ_i值

化合物	a_i/mT（实验值）				ρ_i（计算值）				
	a_N	a_{ortho}	a_{meta}	a_{para}	ρ_N	ρ_{ortho}	ρ_{meta}	ρ_{para}	$\sum \rho_i$
吡啶	0.628	0.355	0.082	0.970	0.262	0.132	0.030	0.359	0.944
吡嗪	0.722	0.272			0.300	0.100			1.000

从表4-8的数据看出，用这种方法计算是可行的。

4.3.3 ^{19}F核的超精细分裂

芳烃分子中的H被F取代时，通常都能显示出^{19}F的超精细分裂。它的自然丰度为100%，自旋量$I = \dfrac{1}{2}$，其超精细分裂值a_i^F和第i个与F原子相连接的C原子上p电子的自旋密度ρ_i值有如下的关系：

$$a_i^F = Q_F \rho_i \tag{4.64}$$

^{19}F 的超精细分裂值 a_i^F 的符号是正的，表明氟原子上的 π 电子的自旋密度是正的。因为氟原子上的非键 π 电子使得 C—F 键具有部分双键的性质，所以，它就参与了整个共轭体系。这样，未偶电子就部分地直接转移到氟原子上，使氟得到净正自旋密度。所以 ^{19}F 的超精细分裂应当是正的[29]。

4.3.4 ^{17}O 和 ^{33}S 核的超精细分裂

^{17}O 的自然丰度只有 0.037%，核自旋量 $I = 5/2$。用富集 ^{17}O 同位素的半醌自由基和酮基（ketyl radical）自由基进行 EMR 测试，得到 ^{17}O 核的分裂值 a_i^O 和自旋密度 ρ_i 的关系，如式（4.58）[30] 所示，其中，$Q_{OC}^O = -4.45$ mT，$Q_{CO}^O = -1.43$ mT。由于 ^{17}O 的自然丰度很低，这些值还是有争议的。

^{33}S 的自然丰度为 0.67%，核自旋量 $I = 3/2$。用实验测定了含富集 ^{33}S 同位素的噻蒽（thianthrene）等硫杂环化合物的 EMR 波谱[31]。^{33}S 核的超精细分裂值 a^S 和在硫原子上的自旋密度 ρ^S 有如下的关系：

$$a^S = Q_{S(C_2P)}^S \rho^S \tag{4.65}$$

其中

$$Q_{S(C_2P)}^S \approx 3.3 \text{ mT}$$

4.4 甲基上质子的超精细分裂和超共轭效应

实验事实表明：含甲基的芳烃自由基或半醌自由基，甲基上的质子超精细分裂值 a_i^H 一般都很大，有时甚至超过环上质子的超精细分裂值。未偶电子是处在环上的 π 轨道上，甲基的碳原子与环上的碳原子是通过 σ 键连接的，甲基上的质子与甲基碳原子也是通过 σ 键连接的。那么甲基上的质子是怎么与未偶 π 电子耦合上的？另外，在 σ 自由基中也发现：乙基、异丙基等的 β-质子的分裂也大于 α-质子的分裂。我们先来看实验结果：9，10-二甲基蒽正、负离子自由基，乙基，异丙基，叔丁基的超精细分裂值列于表 4-9 中。

表 4-9 9，10-二甲基蒽正、负离子基，乙基，异丙基，叔丁基的超精细分裂值

自由基	a_1/mT	a_2/mT	a_{CH_3}/mT	a_α/mT	a_β/mT
9，10-二甲基蒽正离子基	0.254	0.119	0.800		
9，10-二甲基蒽负离子基	0.290	0.152	0.388		
·CH$_2$CH$_3$				2.238	2.687
·CH(CH$_3$)$_2$				2.211	2.468
·C(CH$_3$)$_3$					2.272

首先，NMR 实验表明它应具有正号[32,33]。其次，9，10-二甲基蒽正离子上

的甲基氢的超精细分裂值为 0.800 mT，而相应的负离子上的甲基氢的超精细分裂值只有 0.388 mT。由于正、负离子在 9，10-碳原子上的自旋密度相差不大，所以自旋极化机理不可能引起这么大的差别。这就说明：一定存在另一种超精细耦合机理。因为在上述讨论中不存在共轭体系，我们姑且称之为"超共轭效应"。事实上，在上述体系中，甲基上的氢原子是直接与共轭体系的未偶 π 电子产生超精细耦合互作用的。

现在我们以乙基自由基 $\dot{C}_\alpha H_2—C_\beta H_3$ 为例来阐明超共轭效应的机理。分子轨道理论认为：甲基上的氢原子并不是以 1s 轨道与 C_β 原子的 sp^3 杂化轨道重叠生成 C_β—H 键的，而是 CH_3 上的三个氢原子先组成"群轨道"（group orbital）。因为，三个线性无关的函数线性组合之后，可以重新选择三个线性无关的函数作为一组新的基函数。

令 ϕ_1、ϕ_2、ϕ_3 分别代表三个氢原子的 1s 轨道，它们的线性组合函数为

$$\psi = c_1\phi_1 + c_2\phi_2 + c_3\phi_3 \tag{4.66}$$

令 $c_1 = c_2 = c_3$，利用归一化条件 $\langle \psi | \psi \rangle = 1$ 得

$$\psi_1 = \frac{1}{\sqrt{3}}(\phi_1 + \phi_2 + \phi_3) \tag{4.67}$$

再令 $c_1 = 0$，并利用正交归一化条件 $\langle \psi_2 | \psi_1 \rangle = 0$、$\langle \psi_2 | \psi_2 \rangle = 1$ 得

$$\psi_2 = \frac{1}{\sqrt{2}}(\phi_2 - \phi_3) \tag{4.68}$$

最后令 $\psi_3 = c_1\phi_1 + c_2\phi_2 + c_3\phi_3$，并利用正交归一化条件 $\langle \psi_3 | \psi_1 \rangle = \langle \psi_3 | \psi_2 \rangle = 0$、$\langle \psi_3 | \psi_3 \rangle = 1$ 求得

$$\psi_3 = \frac{1}{\sqrt{6}}(2\phi_1 - \phi_2 - \phi_3) \tag{4.69}$$

ψ_1、ψ_2、ψ_3 是重新组合起来的三个群轨道。ψ_1 和 ψ_2 是具有 σ 对称性的群轨道，它只能和 C_β 原子上的 2s、$2p_x$、$2p_y$ 轨道重叠，与超精细耦合无关，只有 ψ_3 和 C_α、C_β 上的 $2p_z$ 轨道具有相同的对称性（图 4-7），并可以共同组合成一种 π 分子轨道：

$$\psi = ap_z + bp_z' + c\psi_3 \tag{4.70}$$

式中：p_z 和 p_z' 分别是 C_α 和

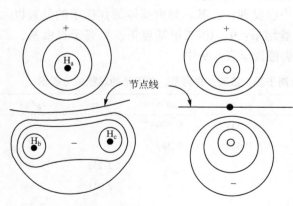

图 4-7　CH_3 中三个氢原子组成的三个群轨道之一 ψ_3 和碳原子的 p 轨道具有相同的对称性示意图

C_β 上的 $2p_z$ 轨道。a、b、c 是线性组合系数。ψ_3 被称作"准 π 轨道"（pseudo π-orbital）。

由于 ψ_3 参与了整个 π 轨道体系，π 体系中的未偶电子的自旋密度，就可以直接耦合到甲基的氢原子上去，使得甲基上的质子具有很大的超精细分裂值。甲基上质子的自旋密度直接来自未偶电子，所以，质子上的自旋密度应该是正值，与 NMR 的实验结果是一致的。

参 考 文 献

[1] McConnell H M, Chesnut D B. *J. Chem. Phys.* 1958, **28**: 107.

[2] Weissbluth M. *Atoms and Molecules.* New York: Academic, 1978.

[3] Fesseden R W, Ogawa S. *J. Am. Chem. Soc.* 1964, **86**: 3591.

[4] Bolton J R. *Mol. Phys.* 1963, **6**: 219.

[5] Carter M K, Vincow G. *J. Chem. Phys.* 1967, **47**: 292.

[6] Carrington A, Smith C P. *Mol. Phys.* 1963, **7**: 99.

[7] Vincow G, Morrell W V, Dauben Jr. H J, Hunter F R. *J. Am. Chem. Soc.* 1965, **87**: 3527.

[8] Katz T J, Strauss H L. *J. Chem. Phys.* 1960, **32**: 1837.

[9] Colpa J P, Bolton J R. *Mol. Phys.* 1963, **6**: 273.

[10] Bolton J R. *J. Chem. Phys.* 1965, **43**: 309.

[11] Lawler R G, Bolton J R, Fraenkel G K, Brown T H. *J. Am. Chem. Soc.* 1964, **86**: 520.

[12] Carrington A, McLachlan A D. *Introduction to Magnetic Resonance.* New York: Harper & Row, 1967.

[13] Drago R S. *Physical Methods of Chemistry.* Philadephia: Saunders, 1977, Chap. 12.

[14] de Boer E, MacLean C. *Mol. Phys.* 1965, **9**: 191.

[15] Hausser K H, Brunner H, Jochims J C. *Mol. Phys.* 1966, **10**: 253.

[16] Canters G W, de Boer E. *Mol. Phys.* 1967, **13**: 495.

[17] McConnell H M, Holm C H. *J. Chem. Phys.* 1957, **27**: 314.

[18] Eaton D R, Phillips W D. Nuclear Magnetic Resonance of Paramagnetic Molecules. // Waugh J S. *Advances in Magnetic Resonance*, Vol. 1. New York: Academic, 1965.

[19] McLachlan A D. *Mol. Phys.* 1960, **3**: 233.

[20] 裴祖文. *电子自旋共振波谱*. 北京: 科学出版社, 1980: 83, 84.

[21] Chesnut D B. *J. Chem. Phys.* 1958, **29**: 43.

[22] Fischer H. *Z. Naturforsch.* 1965, **20A**: 428.

[23] Karplus M, Fraenkel G K. *J. Chem. Phys.* 1961, **35**: 1312.

[24] Ward R L. *J. Am. Chem. Sco.* 1962, **84**: 332.

[25] Talcott C L, Myers R J. *Mol. Phys.* 1967, **12**: 549.

[26] Henning J C M., de Waard. *Phys. Lett.* 1962, **3**: 139.

[27] Geske D H, Padmanabhan G R. *J. Am. Chem. Sco.* 1965, **87**: 1651.

[28] Henning J C M, *J. Chem. Phys.* 1966, **44**: 2139.

[29] Eaton D R, Josey A D, Phillips W D, Benson R E. *Mol. Phys.* 1962, **5**: 407.

[30] Broze M, Luz Z, Silver B L. *J. Chem. Phys.* 1967, **46**: 4891.

[31] Sullivan P D. *J. Am. Chem. Sco.* 1968, **90**: 3618.

[32] Forman A, Murell J N, Orgel L E. *J. Chem. Phys.* 1959, **31**: 1129.

[33] Lazdins D, Karplus M. *J. Am. Chem. Soc.* 1965, **87**: 920.

更进一步的参考读物

1. Kaiser E T, Kevan L Eds. *Radical Ions.* New York: Wiley-Interscience, 1968.
2. Memory J D. *Quantum Theory of Magnetic Resonance Parameters.* New York: McGraw-Hill, 1968.

第5章 Landé 因子与 g 张量理论

在第2章中曾经谈到过 Landé 因子 g，表面上看起来是反映样品的 EMR 谱线出现的磁场位置，其值与电子的自旋运动和轨道运动对总角动量的贡献大小有关。事实上，就是取决于电子在分子中所处的环境，而且，还强烈地依赖于分子在磁场中的取向。因此，g 值应该是一个张量。通过对 g 张量的研究，可以得到许多有关分子结构方面的信息。

5.1 Landé 因子

在自由离子中，Landé 因子 g 是各向同性的，轨道运动的磁矩 $\boldsymbol{\mu}_L$ 和自旋运动的磁矩 $\boldsymbol{\mu}_S$ 可分别用式（5.1）和式（5.2）表述：

$$\boldsymbol{\mu}_L = -g_L\beta \boldsymbol{L} \quad (g_L = 1) \tag{5.1}$$

$$\boldsymbol{\mu}_S = -g_S\beta \boldsymbol{S} \quad (g_S = 2) \tag{5.2}$$

已经知道：总角动量 $\boldsymbol{J}$ 是轨道角动量 $\boldsymbol{L}$ 和自旋角动量 $\boldsymbol{S}$ 的矢量和。那么 $\boldsymbol{\mu}_L$ 和 $\boldsymbol{\mu}_S$ 的矢量和，应该就是总磁矩 $\boldsymbol{\mu}_J$。

$$\boldsymbol{\mu}_J = -g_J\beta \boldsymbol{J} \tag{5.3}$$

有许多复杂的方法可以严格求出 g_J。在这里，我们只介绍一种比较简单的，而物理概念又比较清晰的方法，叫做 Landé 方法。

由于 $\boldsymbol{L}$ 和 $\boldsymbol{S}$ 的耦合作用很强，矢量 $\boldsymbol{L}$ 和 $\boldsymbol{S}$ 绕 $\boldsymbol{J}$ 做快速进动运动，要比 $\boldsymbol{J}$ 绕外磁场 $\boldsymbol{H}$ 做进动运动的速度快很多。因此，垂直于 $\boldsymbol{J}$ 的部分都被平均掉了，只需考虑 $\boldsymbol{L}$ 和 $\boldsymbol{S}$ 在 $\boldsymbol{J}$ 方向上的投影部分（图5-1）。

从式（5.1）和式（5.2）可以看出：$\boldsymbol{\mu}_L$ 与 $\boldsymbol{L}$ 是 1：1 的关系，而 $\boldsymbol{\mu}_S$ 与 $\boldsymbol{S}$ 是 2：1 的关系。再有

$$\boldsymbol{J} = \boldsymbol{L} + \boldsymbol{S} \tag{5.4}$$

于是总磁矩 $\boldsymbol{\mu}_J$ 与总角动量 $\boldsymbol{J}$ 之间就不是一个简单的比例关系了，它们之间还有一个角度差。按照 Landé 的观点：

$$\boldsymbol{\mu}_J = (\boldsymbol{\mu}_L)_{av} + (\boldsymbol{\mu}_S)_{av} \tag{5.5}$$

$(\boldsymbol{\mu}_L)_{av}$ 和 $(\boldsymbol{\mu}_S)_{av}$ 表示 $\boldsymbol{\mu}_L$ 和 $\boldsymbol{\mu}_S$ 的平均值，即在矢量 $\boldsymbol{J}$ 轴上的投影，于是

$$g_J\beta \boldsymbol{J} = g_L\beta \boldsymbol{L}_{av} + g_S\beta \boldsymbol{S}_{av} \tag{5.6}$$

$$g_J \boldsymbol{J} = 1 \times \left(\boldsymbol{L} \frac{\boldsymbol{J}}{|\boldsymbol{J}|} \right) \frac{\boldsymbol{J}}{|\boldsymbol{J}|} + 2 \times \left(\boldsymbol{S} \frac{\boldsymbol{J}}{|\boldsymbol{J}|} \right) \frac{\boldsymbol{J}}{|\boldsymbol{J}|}$$

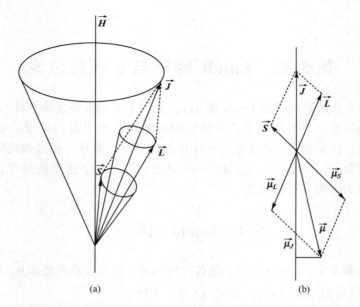

图 5-1 矢量 S 和 L 绕 J 以及 J 绕 H 做进动运动示意图（a）和矢量 S、
L 和 J 以及 μ_S、μ_L 和 μ_J 的关系图（b）

$$g_J = \frac{LJ}{J^2} + 2\frac{SJ}{J^2} \tag{5.7}$$

因为 $L = J - S$，所以

$$L \cdot L = J^2 + S^2 - 2J \cdot S$$

$$J \cdot S = \frac{1}{2}(J^2 + S^2 - L^2)$$

又因为 $S = J - L$，所以

$$S \cdot S = J^2 + L^2 - 2J \cdot L$$

$$J \cdot L = \frac{1}{2}(J^2 + L^2 - S^2)$$

代入式（5.7），得

$$g_J = \frac{3J^2 + S^2 - L^2}{2J^2} \tag{5.8}$$

在量子力学中角动量用算符表示，且

$$\langle J^2 \rangle = J(J+1); \quad \langle L^2 \rangle = L(L+1); \quad \langle S^2 \rangle = S(S+1)$$

于是式（5.8）可改写为

$$g_J = \frac{3}{2} + \frac{1}{2}\left[\frac{S(S+1) - L(L+1)}{J(J+1)}\right] \quad (J \neq 0) \tag{5.9}$$

或

$$g_J = 1 + \frac{J(J+1) + S(S+1) - L(L+1)}{2J(J+1)} \qquad (J \neq 0) \qquad (5.10)$$

从式（5.10）可以看出：当 $S = 0$ 时，$J = L$，$g_J = 1$；当 $L = 0$ 时，$J = S$，$g_J = 2$。以上讨论的是在自由离子的情况下。

自由离子只能在气态中存在，在溶液或固体中，它总是在溶剂包围之中或与配体络合组成配合物。在配位场的作用下，能级产生分裂，且基态是非简并的，产生"轨道淬灭"，g 因子基本上等于 2。从磁化率测定结果来看，过渡金属离子的 g 因子比较接近于 2，但稀土金属离子的 g 值就偏离 2 较大。因为稀土金属离子的 4f 轨道受到 5s 和 5p 轨道的屏蔽，配位场对它的影响较小。实际上，有些过渡金属离子的 g 值偏离 2 也很大，原因是部分激发态通过"旋轨耦合"作用混入基态，使基态的轨道运动不可能完全"淬灭"。如果对称性不是太低，如正八面体或正四面体对称的配位场，其基态有可能就不是"轨道非简并"的，也就有轨道运动的贡献，它们的 g 因子偏离 2 就比较大。

对于对称性较低的配位场，又有轨道运动的贡献，其 g 因子就表现出强烈的各向异性性，g_x、g_y、g_z 的值相差就比较大，所以，g 因子应该用张量来表示。

固体样品分为：有规取向（单晶，主要是掺杂的和点缺陷等）和无规取向（包括多晶、微晶、粉末、无定形等）。

5.2　在有规取向体系中的 *g* 张量

在晶体中，磁偶极子有序紧密排列的情况下，由于偶极 – 偶极互作用引起谱线变宽，甚至变得很宽，几乎不能提供多少有用的信息。因此，EMR 的研究对象是把磁偶极子作为杂质掺入到非磁性的单晶中的样品，或者是具有点缺陷的样品。

5.2.1　色心中的 *g* 张量（立方对称和单轴对称体系）

色心分两种：一种是以 NaCl 晶体为代表的 F 中心 [图 5 – 2 （a）]，在中心缺了一个 Cl^- 但它又俘获一个 e^- 电子，从电荷来看是平衡的，但这个电子是一个未偶电子；另一种是以 MgO 为代表的 V 中心 [图 5 – 2 （b）]，在其中心失去了一个 Mg^{2+}，从电荷平衡来看，这个中心相当于 e^+ 电子。

在这些中心的未偶电子，其 g 因子严格地说是一个标量，自旋 Hamilton 算符有如下形式：

$$\mathcal{H} = g\beta_e (H_x \hat{S}_x + H_y \hat{S}_y + H_z \hat{S}_z) \qquad (5.11)$$

对于在立方晶体中的 F 心（负离子空位），EMR 谱线是各向同性的，g 因子是不依赖于样品在磁场中取向的。另外，V 心（正离子空位）提供了这样一个例子，

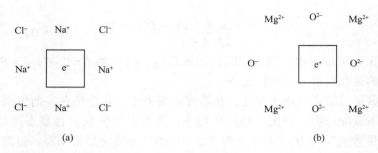

图 5-2　在 NaCl 晶体（立方对称）中的 F 中心模型（a）和
在 MgO 晶体（四面体对称）中的 V⁻ 中心模型（b）

当八面体受到外力作用，沿着三根轴中的任何一根轴的方向挤压，对称性降低到四面体时，在 MgO 或 CaO（岩盐结构；点群 O）中的 V⁻ 心（过去叫 V₁ 心），有一个未偶电子，在理想的晶体中 Mg^{2+} 和 O^{2-} 都处在八面体对称的位置上[1~3]。在低温下，以 X 射线辐照之后，当一个电子从 6 个氧离子中的任何一个，被相邻的（原先存在的）镁离子空位取走变成 O^- ［图 5-2（b）］时，这个离子在 p 轨道上有一个未偶电子，呈单轴对称，即正四面体对称。假如外磁场 H 平行于 z 轴，且 $\nu = 9.0650 GHz$，在磁场为 323.31 mT 处观测到 EMR 谱线。MgO 晶体旋转相当于外磁场在 YZ 平面上从 z 方向旋转到了 y 方向，则 V 心的谱线从 323.31 mT 移到 317.71 mT。谱线位置随取向的变化如图 5-3 所示。我们可以求出参数

$$g_{\perp} = \frac{h\nu}{\beta_e H_{\perp}} = \frac{6.626\,08 \times 10^{-34}\text{J} \cdot \text{s} \times 9.0650 \times 10^9 \text{s}^{-1}}{9.274\,02 \times 10^{-24}\text{J} \cdot \text{T}^{-1} \times 0.317\,71\text{T}} = 2.0386 \quad (5.12a)$$

$$g_{/\!/} = \frac{h\nu}{\beta_e H_{/\!/}} = 2.0033 \quad (5.12b)$$

这里的 $g_{\perp}$ 和 $g_{/\!/}$ 就是与磁场 $H_{\perp}$ 和 $H_{/\!/}$ 相对应的 g 因子。

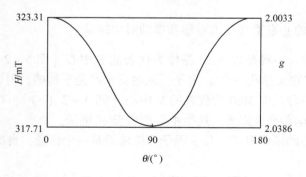

图 5-3　在 MgO 晶体中 V⁻ 心的 EMR 谱线位置随角度的变化图
90° 是指外磁场 $H \perp x$ 轴 [100]，0° 是指 $H /\!/ z$ 轴 [001]；微波频率 9.0650GHz

另外，具有 $nd^1(s=\frac{1}{2})$ 电子组态的过渡金属离子掺杂在四面体结构的正磷酸盐中也是属于单轴对称的情况。Ti^{3+} 掺杂在 $ScPO_4$ 单晶中；Zr^{3+} 掺杂在 $LuPO_4$ 单晶中；Hf^{3+} 掺杂在 YPO_4 单晶中，在 77K 测得了 EMR 波谱参数，它们具有非常相似的 g 因子[4]。如 Ti^{3+} 在 $ScPO_4$ 单晶中的 $g_\perp = 1.961$、$g_{/\!/} = 1.913$。有效 g 因子取式 (5.13) 的平方根正值：

$$g^2 = g_\perp^2 \sin^2\theta + g_{/\!/}^2 \cos^2\theta \tag{5.13}$$

式中：θ 为外磁场与缺陷对称轴的夹角。

5.2.2　非轴对称（低于单轴对称）体系中的 g 张量

对于更低对称性的体系，在不考虑核的超精细互作用和核的 Zeeman 互作用的情况下，其自旋 Hamilton 算符的表达式如下：

$$\hat{\mathscr{H}} = \beta \hat{S} \cdot g \cdot H \tag{5.14}$$

令

$$H_{eq} = g_e^{-1} \cdot g \cdot H = \frac{g \cdot H}{g_e} \tag{5.15}$$

则式 (5.14) 可改写为

$$\hat{\mathscr{H}} = -(-g_e \beta \hat{S}) \cdot H_{eq} = g_e \beta H_{eq} \hat{S}_{H_{eq}} \tag{5.16}$$

式中：H_{eq} 为等效磁场；$\hat{S}_{H_{eq}}$ 为自旋算符 $\hat{S}$ 在等效磁场 H_{eq} 上的投影。设 $\hat{S}_{H_{eq}}$ 的本征函数为 $|\pm\rangle$，相应的本征值为 $\pm\frac{1}{2}$，即

$$\hat{S}_{H_{eq}}|\pm\rangle = \pm\frac{1}{2}|\pm\rangle \tag{5.17}$$

则

$$E = \langle\pm|\hat{\mathscr{H}}|\pm\rangle = \pm\frac{1}{2}g_e \beta H_{eq} \tag{5.18}$$

在两个能级间产生共振跃迁的条件是

$$h\nu = E_+ - E_- = g_e \beta H_{eq} \tag{5.19}$$

从形式上看，式 (5.19) 与式 (2.64) 很相似，只是 H_{eq} 与 H 的差别。H_{eq} 是一个等效磁场，其大小和方向都依赖于晶体轴相对于外磁场 H 的取向。一般来说，H_{eq} 与 H 的方向是不同的。

应当指出：式 (5.19) 只是在形式上做了简化，实际上它仍很复杂，在 H_{eq} 与 H 之间就存在式 (5.15) 的复杂关系。从式 (5.19) 可以得出

$$(\Delta E)^2 = (g_e \beta H_{eq})^2 = \beta^2 (gH_{eq}) \cdot (gH_{eq}) = \beta^2 (H \cdot g \cdot g \cdot H) \tag{5.20}$$

5.2.2.1 求出 g 张量在选定的正交坐标系 (x, y, z) 中的矩阵元

把式（5.20）表达成在选定 (x, y, z) 坐标系中的矩阵形式。从原则上讲，选择这样一组正交坐标系没有任何限制，但通常总是根据晶体的外观选择一根或两根（单斜晶体就有两根）正交晶轴作为正交坐标系的轴，然后按右手正交系的要求选择第三根坐标轴。这样选择，完全是为了实验上的方便。在选好正交坐标系之后，$\hat{\boldsymbol{S}}$、$\boldsymbol{g}$、$\boldsymbol{H}$ 可用式（5.21）表示：

$$\left.\begin{array}{c} \hat{\boldsymbol{S}} = \sum_i \hat{S}_i \boldsymbol{e}_i \\[2mm] \boldsymbol{g} = \sum_{jk} g_{jk} \boldsymbol{e}_j \cdot \boldsymbol{e}_k \\[2mm] \boldsymbol{H} = \sum_p \boldsymbol{H}_p \boldsymbol{e}_p \end{array}\right\} \tag{5.21}$$

式中：$i, j, k, p = 1, 2, 3$；$\boldsymbol{e}_1$、$\boldsymbol{e}_2$、$\boldsymbol{e}_3$ 为沿 x、y、z 方向的单位矢量。式（5.14）就可以写成

$$\mathscr{H} = \beta \hat{\boldsymbol{S}} \cdot \boldsymbol{g} \cdot \boldsymbol{H} = \beta \sum_i \sum_j \sum_k \sum_p \hat{S}_i g_{jk} H_p (\boldsymbol{e}_i \cdot \boldsymbol{e}_j)(\boldsymbol{e}_k \cdot \boldsymbol{e}_p) \tag{5.22}$$

根据正交归一性

$$\boldsymbol{e}_i \cdot \boldsymbol{e}_j = \delta_{ij}$$
$$\boldsymbol{e}_k \cdot \boldsymbol{e}_p = \delta_{kp}$$

式中：δ_{ij} 和 δ_{kp} 都是 δ-Kronecker 符号。即当 $i = j$ 时，$\delta_{ij} = 1$；当 $i \neq j$ 时，$\delta_{ij} = 0$。因此，式（5.22）可写成

$$\mathscr{H} = \beta \sum_i \sum_k \hat{S}_i g_{ik} H_k \tag{5.23}$$

$$\mathscr{H} = \beta (\hat{S}_x \hat{S}_y \hat{S}_z) \begin{pmatrix} g_{xx} & g_{xy} & g_{xz} \\ g_{yx} & g_{yy} & g_{yz} \\ g_{zx} & g_{zy} & g_{zz} \end{pmatrix} \begin{pmatrix} H_x \\ H_y \\ H_z \end{pmatrix} \tag{5.24}$$

式（5.24）就是式（5.14）在选定正交坐标系 (x, y, z) 之后的矩阵表达式。将式（5.20）写成矩阵形式时，要注意：由于矢量内积的定义是行矢量乘列矢量。故

$$(\Delta E)^2 = \beta^2 (g_e H_{eq}) \cdot (g_e H_{eq}) = \beta^2 (\boldsymbol{g} \cdot \boldsymbol{H})^T \cdot (\boldsymbol{g} \cdot \boldsymbol{H}) = \beta^2 \cdot \boldsymbol{H}^T \cdot \boldsymbol{g}^T \cdot \boldsymbol{g} \cdot \boldsymbol{H} \tag{5.25}$$

式中：$\boldsymbol{H}^T$ 就是 $\boldsymbol{H}$ 矩阵的转置矩阵；$\boldsymbol{g}^T$ 就是 $\boldsymbol{g}$ 矩阵的转置矩阵。于是式（5.25）的矩阵表达式如下：

$$(\Delta E)^2 = \beta^2 (H_x \quad H_y \quad H_z) \begin{pmatrix} g_{xx} & g_{yx} & g_{zx} \\ g_{xy} & g_{yy} & g_{zy} \\ g_{xz} & g_{yz} & g_{zz} \end{pmatrix} \begin{pmatrix} g_{xx} & g_{xy} & g_{xz} \\ g_{yx} & g_{yy} & g_{yz} \\ g_{zx} & g_{zy} & g_{zz} \end{pmatrix} \begin{pmatrix} H_x \\ H_y \\ H_z \end{pmatrix} \tag{5.26}$$

式中：H_x、H_y、H_z 为外磁场 $\boldsymbol{H}$ 在 x、y、z 坐标轴上的投影，定义 ℓ_x、ℓ_y、ℓ_z 为外磁场矢量 $\boldsymbol{H}$ 与坐标轴 x、y、z 的夹角 θ 的余弦。令

$$(H_x \quad H_y \quad H_z) = \boldsymbol{H}(\ell_x \quad \ell_y \quad \ell_z) \tag{5.27}$$

$$(\Delta E)^2 = \beta^2 \boldsymbol{g}_{eq}^2 \boldsymbol{H}^2 \tag{5.28}$$

于是我们得到

$$\boldsymbol{g}_{eq}^2 = (\ell_x \quad \ell_y \quad \ell_z) \begin{pmatrix} g_{xx}^2 & g_{xy}^2 & g_{xz}^2 \\ g_{yx}^2 & g_{yy}^2 & g_{yz}^2 \\ g_{zx}^2 & g_{zy}^2 & g_{zz}^2 \end{pmatrix} \begin{pmatrix} \ell_x \\ \ell_y \\ \ell_z \end{pmatrix} \tag{5.29}$$

$\boldsymbol{g}_{eq}^2$ 表示等效 $\boldsymbol{g}$ 张量的二次方，$\boldsymbol{g}^2$ 应该是 $\boldsymbol{g}^T \cdot \boldsymbol{g}$。$\boldsymbol{g}^T$ 是 $\boldsymbol{g}$ 的转置矩阵。应当指出：$\boldsymbol{g}^2$ 矩阵总是对称矩阵，即 $(g^2)_{ij} = (g^2)_{ji}$。所以 $\boldsymbol{g}^2$ 的独立矩阵元只有六个。

　　如何从实验中求得这些矩阵元 $(g^2)_{ij}$：让 $\boldsymbol{H}$ 在 xy、yz、zx 三个平面上旋转。通常的做法是：固定外磁场的方向不变，旋转晶体上所选定的正交坐标系。假如 $\boldsymbol{H}$ 在 zx 平面上旋转，$\boldsymbol{H}$ 与 z 轴的夹角为 θ，则

$$(\ell_x \quad \ell_y \quad \ell_z) = (\sin\theta, 0, \cos\theta)$$

于是

$$\begin{aligned} \boldsymbol{g}_{eq}^2(\theta) &= (\sin\theta, \ 0, \ \cos\theta) \begin{pmatrix} g_{xx}^2 & g_{xy}^2 & g_{xz}^2 \\ g_{yx}^2 & g_{yy}^2 & g_{yz}^2 \\ g_{zx}^2 & g_{zy}^2 & g_{zz}^2 \end{pmatrix} \begin{pmatrix} \sin\theta \\ 0 \\ \cos\theta \end{pmatrix} \\ &= g_{xx}^2 \sin^2\theta + 2g_{zx}^2 \sin\theta\cos\theta + g_{zz}^2 \cos^2\theta \end{aligned} \tag{5.30}$$

当 $\theta = 0$ 时，测得的 $g_{eq}^2(0) = g_{zz}^2$；当 $\theta = \pi/2$ 时，$g_{eq}^2\left(\dfrac{\pi}{2}\right) = g_{xx}^2$。

$$\boldsymbol{g}_{eq}^2\left(\frac{\pi}{4}\right) = \frac{1}{2}\left[g_{xx}^2 + g_{zz}^2\right] + g_{xz}^2 \tag{5.31}$$

$$\boldsymbol{g}_{eq}^2\left(\frac{3\pi}{4}\right) = \frac{1}{2}\left[g_{xx}^2 + g_{zz}^2\right] - g_{xz}^2 \tag{5.32}$$

将式（5.31）减去式（5.32），得

$$g_{xz}^2 = \frac{1}{2}\left[g_{eq}^2\left(\frac{\pi}{4}\right) - g_{eq}^2\left(\frac{3\pi}{4}\right)\right]$$

　　用同样的方法让 $\boldsymbol{H}$ 在 xy 平面上旋转，$\boldsymbol{H}$ 与 x 轴的夹角为 θ，则

$$\boldsymbol{g}_{eq}^2(\theta) = g_{xx}^2 \cos^2\theta + 2g_{xy}^2 \sin\theta\cos\theta + g_{yy}^2 \cos^2\theta \tag{5.33}$$

用同样的方法我们可以得到 g_{xx}^2、g_{yy}^2 和 g_{xy}^2。

　　再让 $\boldsymbol{H}$ 在 yz 平面上旋转，$\boldsymbol{H}$ 与 y 轴的夹角为 θ，则

$$\boldsymbol{g}_{eq}^2(\theta) = g_{yy}^2 \cos^2\theta + 2g_{yz}^2 \sin\theta\cos\theta + g_{zz}^2 \cos^2\theta \tag{5.34}$$

同样我们也可以得到 g_{yy}^2、g_{zz}^2 和 g_{yz}^2。至此我们得到了两个 g_{xx}^2、两个 g_{yy}^2、两个 g_{zz}^2 和一个 g_{xy}^2、g_{yz}^2 和 g_{xz}^2。g_{xx}^2、g_{yy}^2 和 g_{zz}^2 各有两个值，它们通常是不相等的，应

取其平均值。

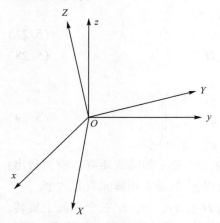

图 5-4 实验坐标系 (x, y, z) 和主
坐标系 (X, Y, Z) 之间的关系示意图

5.2.2.2 求主轴坐标

对于张量来说，一定存在一组正交坐标系 (X, Y, Z)，叫做张量的主轴坐标系。在主轴坐标系中，张量的矩阵元是对角化的，即在对角线上的矩阵元有非零值，而对角线以外的矩阵元都是零。我们前面选定的坐标系并不是样品 g 张量的主轴坐标。为了求出样品 g 张量的主值，必须先求出主轴坐标。也就是把我们选定的坐标系，变换成样品 g 张量的主轴坐标系。

实验选定的坐标系 (x, y, z) 与 g 张量主轴坐标系 (X, Y, Z) 之间有图 5-4 所示关系：设 e_x、e_y、e_z 为实验坐标系 (x, y, z) 的单位矢；e_X、e_Y、e_Z 为 g 张量主轴坐标系 (X, Y, Z) 的单位矢。则

$$e_X = e_x \ell_{Xx} + e_y \ell_{Xy} + e_z \ell_{Xz} \tag{5.35}$$

$$e_Y = e_x \ell_{Yx} + e_y \ell_{Yy} + e_z \ell_{Yz} \tag{5.36}$$

$$e_Z = e_x \ell_{Zx} + e_y \ell_{Zy} + e_z \ell_{Zz} \tag{5.37}$$

这里的 $i = X, Y, Z$ 代表主轴坐标；$j = x, y, z$ 代表实验坐标。式中的 ℓ_{ij} 代表 i 和 j 两个坐标系相应坐标轴夹角的方向余弦。如：$\ell_{Xx} = \cos(X, x)$。将式（5.35）~（5.37）合并表达成矩阵形式：

$$\begin{pmatrix} e_X \\ e_Y \\ e_Z \end{pmatrix} = \begin{pmatrix} \ell_{Xx} & \ell_{Xy} & \ell_{Xz} \\ \ell_{Yx} & \ell_{Yy} & \ell_{Yz} \\ \ell_{Zx} & \ell_{Zy} & \ell_{Zz} \end{pmatrix} \begin{pmatrix} e_x \\ e_y \\ e_z \end{pmatrix} = \mathcal{L} \begin{pmatrix} e_x \\ e_y \\ e_z \end{pmatrix} \tag{5.38}$$

式中：$\mathcal{L}$ 就是由九个方向余弦组成的矩阵，称为 $\mathcal{L}$ 矩阵。要想找出主轴坐标系 (X, Y, Z)，其实就是找出这些方向余弦。由于方向余弦满足正交归一化条件，所以它一定是一个幺正矩阵，它的厄米矩阵 $\mathcal{L}^{\dagger}$ 必定等于它的逆矩阵，即 $\mathcal{L}^{\dagger} = \mathcal{L}^{-1}$。可以看出：$g^2$ 张量在主轴坐标系 (X, Y, Z) 中的矩阵表象为

$$g^2 = \sum_{i=X, Y, Z} (g_{ii}^2) e_i e_i = (e_X \quad e_Y \quad e_Z) \begin{pmatrix} g_{XX}^2 & 0 & 0 \\ 0 & g_{YY}^2 & 0 \\ 0 & 0 & g_{ZZ}^2 \end{pmatrix} \begin{pmatrix} e_X \\ e_Y \\ e_Z \end{pmatrix} \tag{5.39}$$

而 g^2 张量在我们选定的实验坐标系 (x, y, z) 中的矩阵表象为

$$g^2 = \sum_{i,j=x,y,z} (g_{ij}^2) e_i e_j = (e_x\ e_y\ e_z) \begin{pmatrix} g_{xx}^2 & g_{xy}^2 & g_{xz}^2 \\ g_{yx}^2 & g_{yy}^2 & g_{yz}^2 \\ g_{zx}^2 & g_{zy}^2 & g_{zz}^2 \end{pmatrix} \begin{pmatrix} e_x \\ e_y \\ e_z \end{pmatrix} \tag{5.40}$$

把式（5.38）代入式（5.39）得

$$g^2 = (e_x\ e_y\ e_z)\ \mathcal{L}^\dagger \begin{pmatrix} g_{XX}^2 & 0 & 0 \\ 0 & g_{YY}^2 & 0 \\ 0 & 0 & g_{ZZ}^2 \end{pmatrix} \mathcal{L} \begin{pmatrix} e_x \\ e_y \\ e_z \end{pmatrix} \tag{5.41}$$

比较式（5.40）和式（5.41）得

$$\begin{pmatrix} g_{xx}^2 & g_{xy}^2 & g_{xz}^2 \\ g_{yx}^2 & g_{yy}^2 & g_{yz}^2 \\ g_{zx}^2 & g_{zy}^2 & g_{zz}^2 \end{pmatrix} = \mathcal{L}^\dagger \begin{pmatrix} g_{XX}^2 & 0 & 0 \\ 0 & g_{YY}^2 & 0 \\ 0 & 0 & g_{ZZ}^2 \end{pmatrix} \mathcal{L} \tag{5.42}$$

令

$$(g^2) = \begin{pmatrix} g_{xx}^2 & g_{xy}^2 & g_{xz}^2 \\ g_{yx}^2 & g_{yy}^2 & g_{yz}^2 \\ g_{zx}^2 & g_{zy}^2 & g_{zz}^2 \end{pmatrix}; \qquad {}^d(g^2) = \begin{pmatrix} g_{XX}^2 & 0 & 0 \\ 0 & g_{YY}^2 & 0 \\ 0 & 0 & g_{ZZ}^2 \end{pmatrix}$$

式（5.42）即可写成

$$(g^2) = \mathcal{L}^\dagger\ {}^d(g^2)\ \mathcal{L} \tag{5.43}$$

$$^d(g^2) = \mathcal{L}(g^2)\ \mathcal{L}^\dagger \tag{5.44}$$

两边前乘 $\mathcal{L}^{-1}$ 并利用 $\mathcal{L}^\dagger = \mathcal{L}^{-1}$ 的性质，则

$$\mathcal{L}^{-1}\mathcal{L}(g^2)\ \mathcal{L}^\dagger = \mathcal{L}^\dagger\ {}^d(g^2)$$

$$(g^2)\ \mathcal{L}^\dagger = \mathcal{L}^\dagger\ {}^d(g^2) \tag{5.45}$$

$$\mathcal{L} = \begin{pmatrix} \ell_{Xx} & \ell_{Xy} & \ell_{Xz} \\ \ell_{Yx} & \ell_{Yy} & \ell_{Yz} \\ \ell_{Zx} & \ell_{Zy} & \ell_{Zz} \end{pmatrix} \qquad \mathcal{L}^\dagger = \begin{pmatrix} \ell_{Xx} & \ell_{Yx} & \ell_{Zx} \\ \ell_{Xy} & \ell_{Yy} & \ell_{Zy} \\ \ell_{Xz} & \ell_{Yz} & \ell_{Zz} \end{pmatrix}$$

式（5.45）可写成

$$\begin{pmatrix} g_{xx}^2 & g_{xy}^2 & g_{xz}^2 \\ g_{yx}^2 & g_{yy}^2 & g_{yz}^2 \\ g_{zx}^2 & g_{zy}^2 & g_{zz}^2 \end{pmatrix}\begin{pmatrix} \ell_{Xx} & \ell_{Yx} & \ell_{Zx} \\ \ell_{Xy} & \ell_{Yy} & \ell_{Zy} \\ \ell_{Xz} & \ell_{Yz} & \ell_{Zz} \end{pmatrix} = \begin{pmatrix} \ell_{Xx} & \ell_{Yx} & \ell_{Zx} \\ \ell_{Xy} & \ell_{Yy} & \ell_{Zy} \\ \ell_{Xz} & \ell_{Yz} & \ell_{Zz} \end{pmatrix}\begin{pmatrix} g_{XX}^2 & 0 & 0 \\ 0 & g_{YY}^2 & 0 \\ 0 & 0 & g_{ZZ}^2 \end{pmatrix}$$

$$= \begin{pmatrix} g_{XX}^2\ell_{Xx} & g_{YY}^2\ell_{Yx} & g_{ZZ}^2\ell_{Zx} \\ g_{XX}^2\ell_{Xy} & g_{YY}^2\ell_{Yy} & g_{ZZ}^2\ell_{Zy} \\ g_{XX}^2\ell_{Xz} & g_{YY}^2\ell_{Yz} & g_{ZZ}^2\ell_{Zz} \end{pmatrix} \tag{5.46}$$

如果我们把 $\mathcal{L}^\dagger$ 矩阵看成是由如下的三个列矩阵（列矢量）组成：

$$\begin{pmatrix} \ell_{Xx} \\ \ell_{Xy} \\ \ell_{Xz} \end{pmatrix} \qquad \begin{pmatrix} \ell_{Yx} \\ \ell_{Yy} \\ \ell_{Yz} \end{pmatrix} \qquad \begin{pmatrix} \ell_{Zx} \\ \ell_{Zy} \\ \ell_{Zz} \end{pmatrix}$$

这 3 个列矢就成了 (g^2) 这个矩阵算符的本征函数，g^2_{XX}、g^2_{YY} 和 g^2_{ZZ} 就是它们对应的 3 个本征函数的本征值。

因此，在确定张量 (g^2) 在选定的实验坐标系 (x, y, z) 中的矩阵表象之后，接着就是要找出矩阵 (g^2) 的主值以及主轴坐标系 (X, Y, Z) 与实验坐标系 (x, y, z) 的关系。这个过程，在数学上就是求矩阵 (g^2) 的本征函数和本征值的问题。

关于求本征值的问题，是量子力学中很熟悉的问题，就是解久期行列式的问题。

设 λ 为本征值，则久期行列式为

$$\begin{vmatrix} (g^2_{xx} - \lambda) & g^2_{xy} & g^2_{xz} \\ g^2_{yx} & (g^2_{yy} - \lambda) & g^2_{yz} \\ g^2_{zx} & g^2_{zy} & (g^2_{zz} - \lambda) \end{vmatrix} = 0 \qquad (5.47)$$

这是一个 λ 的 3 次方程，它的解得出 3 个根 λ_1、λ_2、λ_3，就是 g^2_{XX}、g^2_{YY} 和 g^2_{ZZ}。然而 λ_1、λ_2、λ_3 与 g^2_{XX}、g^2_{YY} 和 g^2_{ZZ} 是如何对应的，现在还不得而知。下面先来求本征函数。本征函数的求法，就是解下列方程组：

$$\left.\begin{array}{l} (g^2_{xx} - \lambda_i)\,\ell_{ix} + g^2_{yx}\ell_{iy} + g^2_{zx}\ell_{iz} = 0 \\ g^2_{xy}\ell_{ix} + (g^2_{yy} - \lambda_i)\,\ell_{iy} + g^2_{zy}\ell_{iz} = 0 \\ g^2_{xz}\ell_{ix} + g^2_{yz}\ell_{iy} + (g^2_{zz} - \lambda_i)\,\ell_{iz} = 0 \\ \ell_{ix}^2 + \ell_{iy}^2 + \ell_{iz}^2 = 1 \end{array}\right\} \qquad (5.48)$$

这 4 个方程中只有 3 个是独立的，其中 $i = 1, 2, 3$。将前面已经求得的 3 个根代入求方向余弦矩阵。由于不知道 λ_1、λ_2、λ_3 与 g^2_{XX}、g^2_{YY}、g^2_{ZZ} 有什么样的对应关系，只能用试猜法，好在方向余弦矩阵的行向量是不会排错的，列向量的次序排得对不对就看能否将 (g^2) 矩阵对角化。能够使其对角化就对了。否则，调整次序再试，最多试 3 次一定可以试出来。其实这种繁琐的试猜法，在计算机发达的今天，已有现成的对角化程序软件，很快就能计算出来。

简言之，从实验求得实验坐标系中的 (g^2) 矩阵之后，就是使 (g^2) 矩阵对角化，对角线上的矩阵元就是 g 张量的主值。为了使 (g^2) 矩阵对角化就需要求 $\mathscr{L}$ 矩阵，求 $\mathscr{L}$ 矩阵的过程就是求 (g^2) 矩阵的本征向量和本征值的过程。有了 $\mathscr{L}$ 矩阵就可以找出主轴坐标。

5.3　在无规取向体系中的 g 张量

在我们实际工作中遇到的研究对象绝大多数是属于无规取向的，如多晶、粉末、无定形固体以及溶液在低温下冷冻成玻璃态等，都是属于无规取向的。如何从这些无规取向体系的 EMR 波谱中取得有用的信息，是极其重要而又现实的问题。

无规取向体系中的小磁体，在磁场中的取向，只能是按照一定的统计规律分布。而 g 张量的各向异性与未偶电子所在的分子几何构型及其对称性有着密切的关系。如果顺磁粒子是具有对称性很高的（如球形、正八面体、正立方体等）分子构型，它们的 g 张量几乎可以看成是各向同性的（即 $g_x = g_y = g_z$）；对于对称性稍低的，如畸变八面体、四面体等具有 C_{4v}、D_{4h} 对称的，则 $g_x = g_y \neq g_z$（即 $g_x = g_y = g_\perp$；$g_z = g_\parallel$）；若对称性再降低，如降低到 C_{2v}、$D_{2h} \cdots$ 及以下的分子构型，则 $g_x \neq g_y \neq g_z$。下面我们就后两种情况分别加以讨论。

5.3.1　具有轴对称体系的 g 张量

为了简单而明了地把问题说清楚，我们选择的是具有 $S = \dfrac{1}{2}$、$I = 0$ 的轴对称体系。规定 (x, y, z) 为体系的实验正交坐标系，定义 z 方向为外磁场方向，x，y 轴就是垂直于外磁场方向的。具有轴对称的小磁体，在外磁场中的取向是随机的。我们定义其对称轴的取向与外磁场一致的小磁体的 g 张量为 $g_\parallel$（g_z），而其对称轴的取向与外磁场方向垂直的小磁体的 g 张量为 $g_\perp$（$g_x = g_y$）。相应的共振磁场为

$$H_\parallel = \frac{h\nu_0}{g_\parallel \beta}$$

$$H_\perp = \frac{h\nu_0}{g_\perp \beta} \tag{5.49}$$

事实上，体系中绝大多数的小磁体的对称轴既不平行于 z 轴也不垂直于 z 轴。其共振磁场 H_r 是在 $H_\parallel$ 到 $H_\perp$ 之间的一个概率分布。我们定义小磁体的对称轴与 z 轴的夹角为 θ，则

$$H_r = \frac{h\nu}{g_{eq}\beta} = \frac{h\nu}{\beta}(g_\parallel^2 \cos^2\theta + g_\perp^2 \sin^2\theta)^{-\frac{1}{2}} \tag{5.50}$$

$$g_{eq}^2 = g_\parallel^2 \cos^2\theta + g_\perp^2 \sin^2\theta = g_\perp^2 - (g_\perp^2 - g_\parallel^2)\cos^2\theta \tag{5.51}$$

由于小磁体的对称轴在空间的所有取向是等概率的，我们引入立体角 Ω 的概念，它的定义是

$$\Omega = \frac{\mathscr{A}}{4\pi r^2} \tag{5.52}$$

式中：$4\pi r^2$ 是整个球的面积；$\mathscr{A}$ 是立体角 Ω 所对应的那部分球的表面积。由于每一向径和球面上的点子是一一对应的，所以，对称轴在指定空间的所有取向都是等价的，即在单位立体角中所包含的对称轴的数目，对于球的所有区域都是相等的。

已经设定外磁场 $\boldsymbol{H}$ 的方向是平行于 z 轴的，对称轴与外磁场的夹角处在 θ 和 $\theta + \mathrm{d}\theta$ 之间，小磁体的数目为 $\mathrm{d}N$，它们的共振磁场处在 H_r 和 $H_r + \mathrm{d}H_r$ 之间。整个球体所包含小磁体的总数为 N_0，而球的面积为 $4\pi r^2$，从 θ 和 $\theta + \mathrm{d}\theta$ 这个立体角所对的球面上圆环带的面积（图 5-5）为

$$2\pi(r\sin\theta)r \cdot \mathrm{d}\theta$$

则立体角为

$$\mathrm{d}\Omega = \frac{\mathrm{d}N}{N_0} = \frac{2\pi r^2 \sin\theta \mathrm{d}\theta}{4\pi r^2} = \frac{1}{2}\sin\theta \mathrm{d}\theta$$

体系的共振吸收强度 $\mathscr{T}$ 为

$$\mathscr{T} = \int_{\boldsymbol{H}_{/\!/}}^{\boldsymbol{H}_\perp} \mathscr{T}(H)\,\mathrm{d}H \tag{5.53}$$

立体角对应的吸收强度为

$$\frac{\mathscr{T}(H)\,\mathrm{d}H}{\mathscr{T}} = \frac{\mathrm{d}N}{N_0} = \frac{1}{2}\sin\theta \mathrm{d}\theta \tag{5.54}$$

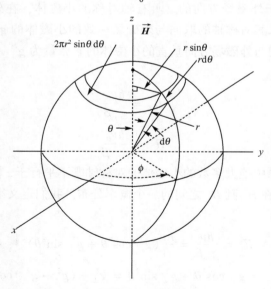

图 5-5　球面上的面积元示意图[5]

这个立体角 $d\Omega$ 的吸收强度 $\mathcal{T}(H)\,dH$ 应该正比于体系在 H_r 和 $H_r + dH_r$ 之间产生共振跃迁的概率 $P(H)\,dH$，即

$$\mathcal{T}(H)dH \propto P(H)dH \propto \sin\theta d\theta \qquad (5.55)$$

$$P(H) \propto \frac{\sin\theta}{dH/d\theta} \qquad (5.56)$$

从式（5.56）可以看出：其一，式中分子是 $\sin\theta$，它的最大值是 $\theta = \pi/2$。也就是说，对称轴垂直于外磁场方向的小磁体在被测样品中是占大多数的，即在 $H_\perp$ 处的信号应该是最强的；其二，式中的分母 $dH/d\theta$ 愈小，$P(H)$ 就愈大。这就意味着在 $H_{/\!/}$ 和 $H_\perp$ 处有极值。现在我们将式（5.50）对 $d\theta$ 求微商

$$dH = \frac{h\nu}{\beta} \cdot \frac{-1}{2} \cdot (g_{/\!/}^2 \cos^2\theta + g_\perp^2 \sin^2\theta)^{-3/2} d(g_{/\!/}^2 \cos^2\theta + g_\perp^2 \sin^2\theta)$$

$$= \frac{h\nu}{\beta}(g_{/\!/}^2 \cos^2\theta + g_\perp^2 \sin^2\theta)^{-3/2}(g_{/\!/}^2 - g_\perp^2)\cos\theta\sin\theta d\theta$$

于是

$$\frac{dH}{d\theta} = \frac{h\nu}{\beta}(g_{/\!/}^2 \cos^2\theta + g_\perp^2 \sin^2\theta)^{-3/2}(g_{/\!/}^2 - g_\perp^2)\cos\theta\,\sin\theta \qquad (5.57)$$

$$\frac{\sin\theta}{dH/d\theta} = \frac{\beta}{h\nu}(g_{/\!/}^2 \cos^2\theta + g_\perp^2 \sin^2\theta)^{3/2}\left[(g_{/\!/}^2 - g_\perp^2)\cos\theta\right]^{-1} \qquad (5.58)$$

$$P(H) \propto \frac{\beta}{h\nu}(g_{/\!/}^2 \cos^2\theta + g_\perp^2 \sin^2\theta)^{3/2}\left[(g_{/\!/}^2 - g_\perp^2)\cos\theta\right]^{-1} \qquad (5.59)$$

再从式（5.50）得

$$H_r^3 = \left(\frac{h\nu}{\beta}\right)^3 (g_{/\!/}^2 \cos^2\theta + g_\perp^2 \sin^2\theta)^{-3/2} \qquad (5.60)$$

代入式（5.59）得

$$P(H) \propto \left(\frac{h\nu}{\beta}\right)^2 \frac{1}{H_r^3(g_{/\!/}^2 - g_\perp^2)\cos\theta} \qquad (5.61)$$

当 $\theta = 0$ 时，由式（5.49）得

$$\frac{h\nu}{\beta} = g_{/\!/} H_{/\!/}$$

代入式（5.61）得

$$P(H) \propto \frac{1}{H_{/\!/}} \qquad (5.62)$$

在指定的体系（样品）中 $H_{/\!/}$ 是定值，与 $H_{/\!/}$ 相对应（即 $\theta = 0$）的吸收强度应该是定值；当 $\theta = \pi/2$ 时，$P(H) \to \infty$。当 θ 在 $0 \sim \pi/2$ 之间变化时，$P(H)$ 是单调递增的。在理想的情况下吸收线型如图 5-6（a）所示。图 5-6（b）是计算机以不同线宽模拟出来的吸收线，当线宽大到 10 mT 时，$g_{/\!/}^2$ 和 $g_\perp^2$ 就很难辨别了，就成为一条大包络线；图 5-6(c) 是它的一级微分谱。如果我们得到这样的实验

谱，就可以确定体系是轴对称的，并立即可以从谱图上求出 $g_{//}^2$ 和 $g_{\perp}^2$ 的值。

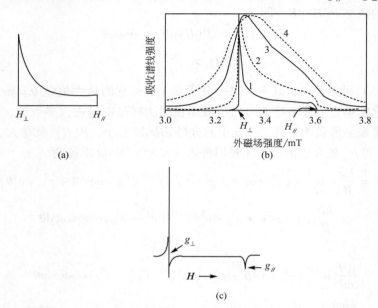

图 5-6   具有轴对称没有超精细耦合的多晶体系理论吸收谱线（a），
计算机模拟线宽分别为 0.1 mT、1.0 mT、5.0 mT、10.0 mT 的吸收谱线（b）
和具有轴对称的粉末样品的 EMR 一级微分波谱图（c）[6]

5.3.2   具有非轴对称体系的 g 张量

为了便于讨论，我们还是选择 $S = \dfrac{1}{2}$、$I = 0$ 的非轴对称多晶样品，并且不考虑线宽的理想体系。选择一个参考坐标系，令 z 轴平行于外磁场方向。当外磁场在 $H \sim H + \mathrm{d}H$ 之间变化时，有 $\mathrm{d}N$ 个粒子产生共振吸收。这 $\mathrm{d}N$ 个粒子是处在 θ 到 $\theta + \mathrm{d}\theta$ 和 ϕ 到 $\phi + \mathrm{d}\phi$ 之间的这样一个立体角之中。θ 是 g 张量与 z 轴的夹角，ϕ 是 g 张量在 xy 平面上的投影与 x 轴的夹角。则 g 张量是在 $h\nu/\beta H$ 到 $h\nu/\beta(H + \mathrm{d}H)$ 之间变化。在这里我们引进一个立体角 $\mathrm{d}\Omega$ 的概念：

$$\mathrm{d}\Omega = \frac{\mathrm{d}S}{r^2} = \frac{r\sin\theta(r\mathrm{d}\theta)\mathrm{d}\phi}{r^2} = \sin\theta\mathrm{d}\theta\mathrm{d}\phi \tag{5.63}$$

在立体角 $\mathrm{d}\Omega$ 中，$\mathrm{d}N$ 个粒子产生共振跃迁，其跃迁概率为

$$P(H)\mathrm{d}H = \frac{\mathrm{d}N}{N_0} = \frac{\mathrm{d}\Omega}{4\pi} = \frac{\sin\theta\mathrm{d}\theta\mathrm{d}\phi}{4\pi} = \frac{\mathrm{d}(\cos\theta)\mathrm{d}\phi}{4\pi} \tag{5.64}$$

这时的式（5.50）可写成

$$H_\mathrm{r} = \frac{h\nu}{\beta}(g_{\mathrm{eq}}^{-1}) = \frac{h\nu}{\beta}(g_x^2\sin^2\theta\cos^2\phi + g_y^2\sin^2\theta\sin^2\phi + g_z^2\cos^2\theta)^{-1/2} \tag{5.65}$$

式（5.51）可写成

$$g_{eq}^2 = g_x^2\sin^2\theta\cos^2\phi + g_y^2\sin^2\theta\sin^2\phi + g_z^2\cos^2\theta \tag{5.66}$$

共振磁场 H_r 是 θ 和 ϕ 的函数，应写成 $H_r(\theta, \phi)$，而整个吸收线是磁场的函数 $f[H - H_r(\theta, \phi)]$：

$$\mathscr{T}(H) \propto \int_0^{4\pi} f[H - H_r(\theta,\phi)]\mathrm{d}\Omega \tag{5.67}$$

假设线型函数是 Lorentz 型的，且 $\mathrm{d}\Omega = \sin\theta\mathrm{d}\theta\mathrm{d}\phi$，则式（5.67）可写成

$$\mathscr{T}(\theta,\phi) \propto \int_{\phi=0}^{2\pi}\int_{\theta=0}^{\pi} \frac{\sin\theta\mathrm{d}\theta\mathrm{d}\phi}{[H - H_r(\theta,\phi)]^2 + \Delta H} \tag{5.68}$$

这个方程积分起来很复杂，但已经有人[7]用计算机把它求出来了。图 5-7（a）为积分谱图，（b）为一级微分谱图，（c）为 CO_2^- 离子基在 MgO 粉末表面的 EMR 实验谱[8]，左边外来的峰是属于不同中心的。

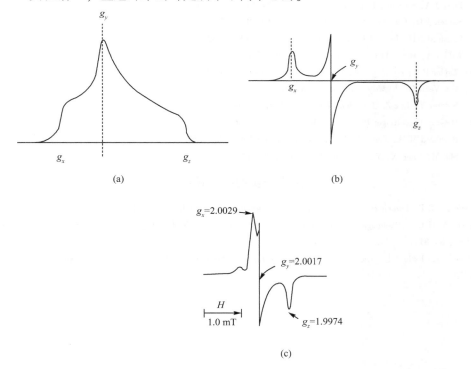

图 5-7　非轴对称无规取向体系的理论吸收谱（a）、一级微分谱（b）和 EMR 实验谱（c）

如何确定 g_x、g_y、g_z？通常我们先确定三者之中最强的为 g_y，从张量椭球来分析，概率最大的也是在 y 轴方向。两边两个峰为 g_x 和 g_z，通常定义离 g_y 较远的峰为 g_z，较近的为 g_x。从大量的实验结果看出，在无规取向的样品中，轴对称的分子还是比较常见的。严格来说，有些应属于非轴对称的，但从谱图上看，g_x

和 g_y 靠得很近，非常接近轴对称体系的谱图，这也是我们把靠近 g_y 的定为 g_x 的缘由[9]。

　　关于粉末样品 EMR 谱图的计算机模拟和相关的信息，已有大量的文献报道[10~14]。随着计算机技术的进步和图形数字化的普及，波谱固有的参数（如 g_x、g_y、g_z 以及线形、线宽和谱线强度等）都有专用的软件供日常操作使用[13,15]。

参 考 文 献

[1] Wertz J E, Auzins P, Griffiths J H E, Orton J W. *Faraday Disc. Chem. Soc.* 1959, **28**：136.

[2] Delbecq C J, Hutchinson E, Schoemaker D, Yasaitis E L, Yuster P H. *Phys. Rev.* 1969,**187**：1103.

[3] Patten F W, Keller F J. *Phys. Rev.* 1969, **187**：1120.

[4] Abraham M M, Boatner L A, Aronson M A. *J. Chem. Phys.* 1986, **85**：1.

[5] Barrow G M. *Physical Chemistry*, 2nd Ed. New York：McGraw-Hill, 1966：803.

[6] Ibers J A, Swalen J D. *Phys. Rev.* 1962, **127**：1914.

[7] Swalen J D, Gladney H M. *IBM Journal.* 1964, **8**：515.

[8] Lunsford J H, Jayne J P. *J. Phys. Chem.* 1965, **69**：2182.

[9] Weil J A, Hecht H G. *J. Chem. Phys.* 1963, **38**：281.

[10] Taylor P C, Baugher J F, Kriz H M. *Chem. Rev.* 1975, **75**：203.

[11] van Veen G. *J. Magn. Reson.* 1978, **30**：91.

[12] Siderer Y, Luz Z. *J. Magn. Reson.* 1980, **37**：449.

[13] DeGray J A, Reiger P H. *Bull. Magn. Reson.* 1986, **8**：95.

[14] Bernhard W A, Fouse G W. *J. Magn. Reson.* 1989, **82**：156.

[15] She M, Chen X, Yu X. *Can. J. Chem.* 1989, **67**：88.

更进一步的参考读物

1. Poole Jr. C P, Farach H A. *Theory of Magnetic Resonance*. New York：Wiley, 1987.

2. Pryce M H L. "Paramagnetism in Crystals" (Lecture I, Int. School of Physics). *Nuovo Cimento* (*Suppl.*). 1957, **6**：817.

3. Pake G E, Estle T L. *The Physical Principles of Electron Paramagnetic Resonance*, 2nd ed. Reading：Benjamin, 1973.

第 6 章　各向异性的超精细互作用与 **A** 张量理论

在粒子取向各异的体系中都会有与 g 因子一样的各向异性超精细分裂。因此，当取向改变时，超精细分裂的谱线数目、强度、构成都会随之改变。如果超精细各向异性性足够大，只要使单晶旋转一个很小的角度，波谱的相貌就会产生很大的变化。在这里，我们姑且只考虑超精细耦合张量 **A** 随角度的变化，而不考虑伴随着的 **g** 张量的变化，同时把体系的电子自旋限制在 $S = \dfrac{1}{2}$，而且只有单一核产生的超精细分裂。

一个非常简单的例子就是 V_{OH} 中心[1,2]，如图 6-1 所示。它具有很强的各向异性的超精细互作用，而它的 **g** 几乎是各向同性的。在 MgO 晶体中的这个中心是由线性的缺陷 $^-$O□HO$^-$ 组成的，这个阳离子空缺（□）是被分立在顺磁性的 O$^-$ 和作为杂质的氢氧化物离子的质子之中（大约 0.32nm）。假如晶体在（100）面上旋转，取缺陷的轴和外磁场 **H** 的夹角为 θ，给出氢的超精细耦合常数 A (θ) 如下：

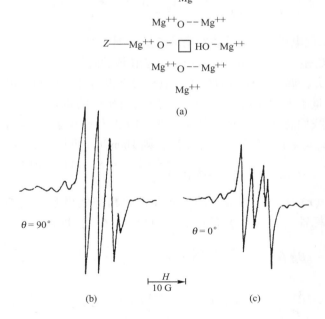

$$Mg^{++}$$
$$Mg^{++}O\,\text{-}\,\text{-}\,Mg^{++}$$
$$Z\text{——}Mg^{++}\,O^-\,\square\,HO^-\,Mg^{++}$$
$$Mg^{++}O\,\text{-}\,\text{-}\,Mg^{++}$$
$$Mg^{++}$$

(a)

$\theta = 90°$　　　　$\theta = 0°$

$\dfrac{H}{10\,G}$

(b)　　　　　　(c)

图 6-1　在 MgO 中的 V_{OH} 中心的 EMR 谱图

（a）缺陷的结构示意图，其晶轴（四面体的晶轴）如图中标出的 Z；

（b）外磁场 **H** 垂直于 Z 轴的谱图；（c）外磁场 **H** 平行于 Z 轴的谱图

$$A = A_0 + \delta A \ (3\cos^2\theta - 1) \tag{6.1}$$

在特定的情况下，利用式（3.4）相关的数据得出式（6.1）的实验形式：

$$A/g_e\beta_e(\text{mT}) = 0.0016 + 0.08475(3\cos^2\theta - 1) \tag{6.2}$$

从 $\theta = 0$ 的 0.1711 mT 变为当 $\cos^2\theta = (1 - 0.0016/0.08475)/3$ 时的 0 mT，再到 $\theta = 90°$ 时的 -0.0831 mT，二重分裂是足够小的，其大小约等于 $A/g_e\beta_e$ 的量级（在微波频率为 9 ~ 10GHz 时）。从式（6.2）看出，发生质子超精细分裂几乎是纯各向异性的。在大多数体系中属于各向同性的分裂项 A_0，实际的大小与 δA 是同一个量级的。

6.1　各向异性超精细互作用的起源

我们在第 3 章讨论过各向同性超精细互作用的起源，它主要起源于 Fermi 接触互作用。另外，未偶电子与核偶极子之间的各向异性超精细互作用，由于在低黏度的液体中磁性粒子的快速翻滚，其随时间的平均值趋向于零。然而，在刚性体系中，超精细互作用除 Fermi 接触互作用外，还有偶极-偶极互作用。这种互作用强烈地依赖于取向，表现出严格的各向异性性。因此，它是一个张量。电子和核之间相隔距离为 r 的偶极互作用能的经典理论表达式[3~5]如下：

$$E_{\text{dipolar}}(\boldsymbol{r}) = \frac{\boldsymbol{\mu}_e \cdot \boldsymbol{\mu}_n}{r^3} - \frac{3(\boldsymbol{\mu}_e \cdot \boldsymbol{r})(\boldsymbol{\mu}_n \cdot \boldsymbol{r})}{r^5} \tag{6.3}$$

式中：r 表示未偶电子和核的连线距离的矢量（图 3-2）；矢量 $\boldsymbol{\mu}_e$ 和 $\boldsymbol{\mu}_n$ 分别代表电子和核的经典磁矩；从式（6.3）看出：电子和核的磁偶极互作用能与 r^{-3} 有关，而与 r 的符号无关，偶极互作用的存在，似乎与有没有外磁场的作用也没有关系。

对于一个量子力学体系，式（6.3）应该用相应的算符来表示。为了使问题简化，在这里我们忽略了 g 的各向异性性，即认为 g 和 g_n 都是各向同性的。将 $\boldsymbol{\mu}_e = -g\beta\hat{\boldsymbol{S}}$；$\boldsymbol{\mu}_n = +g_n\beta_n\hat{\boldsymbol{I}}$ 代入式（6.3），则 Hamilton 算符的表达式为

$$\mathcal{H}_{\text{dipolar}}(\boldsymbol{r}) = -g\beta g_n\beta_n\left[\frac{\hat{\boldsymbol{S}} \cdot \hat{\boldsymbol{I}}}{r^3} - \frac{3(\hat{\boldsymbol{S}} \cdot \boldsymbol{r})(\hat{\boldsymbol{I}} \cdot \boldsymbol{r})}{r^5}\right] \tag{6.4}$$

式中：$\mathcal{H}_{\text{dipolar}}(\boldsymbol{r})$ 是用矢量表示的各向异性超精细偶极互作用能。我们把核摆在晶体样品坐标轴（x, y, z）的原点，展开式（6.4）即得

$$\begin{aligned}\mathcal{H}_{\text{dipolar}}(\boldsymbol{r}) = -g\beta g_n\beta_n&\left[\left\langle\frac{r^2 - 3x^2}{r^5}\right\rangle\hat{S}_x\hat{I}_x + \left\langle\frac{r^2 - 3y^2}{r^5}\right\rangle\hat{S}_y\hat{I}_y + \left\langle\frac{r^2 - 3z^2}{r^5}\right\rangle\hat{S}_z\hat{I}_z\right.\\ &\left. - \left\langle\frac{3xy}{r^5}\right\rangle(\hat{S}_x\hat{I}_y + \hat{S}_y\hat{I}_x) - \left\langle\frac{3yz}{r^5}\right\rangle(\hat{S}_y\hat{I}_z + \hat{S}_z\hat{I}_y) - \left\langle\frac{3zx}{r^5}\right\rangle(\hat{S}_z\hat{I}_x + \hat{S}_x\hat{I}_z)\right]\end{aligned}$$

$$\tag{6.5}$$

式中，$\langle\ \rangle$ 表示对电子在整个空间分布的波函数求平均值，则式（6.5）可写成

$$\mathscr{H}_{\text{dipolar}} = \begin{bmatrix} \hat{S}_x & \hat{S}_y & \hat{S}_z \end{bmatrix} \begin{bmatrix} T_{xx} & T_{xy} & T_{xz} \\ T_{yx} & T_{yy} & T_{yz} \\ T_{zx} & T_{zy} & T_{zz} \end{bmatrix} \begin{bmatrix} \hat{I}_x \\ \hat{I}_y \\ \hat{I}_z \end{bmatrix} \tag{6.6a}$$

$$\mathscr{H}_{\text{dipolar}} = \hat{\boldsymbol{S}} \cdot \boldsymbol{T} \cdot \hat{\boldsymbol{I}} \tag{6.6b}$$

矩阵元

$$T_{ij} = -g\beta g_{\text{n}}\beta_{\text{n}}\left\langle \frac{r^2\delta_{ij} - 3ij}{r^5} \right\rangle \quad (i, j = x, y, z) \tag{6.7}$$

式 (6.6b) 中：$\boldsymbol{T}$ 是一个无迹矩阵，即 $T_r(\boldsymbol{T}) = T_{xx} + T_{yy} + T_{zz} = 0$。正因为 $\boldsymbol{T}$ 是无迹张量，在溶液中由于自由基的快速翻滚而被平均掉了，其平均值 $\frac{1}{3}T_r(\boldsymbol{T}) = 0$

完整的自旋 Hamilton 算符应该包含各向同性的超精细互作用项 $\boldsymbol{A}_0$ 以及电子和核的 Zeeman 作用项，于是

$$\mathscr{H} = g\beta_{\text{e}}\boldsymbol{H} \cdot \hat{\boldsymbol{S}} + \hat{\boldsymbol{S}} \cdot \boldsymbol{A} \cdot \hat{\boldsymbol{I}} - g_{\text{n}}\beta_{\text{n}}\boldsymbol{H} \cdot \hat{\boldsymbol{I}} \tag{6.8}$$

超精细参数应该是（3×3）的矩阵，这里的 $\boldsymbol{A}$ 矩阵应该是

$$\boldsymbol{A} = A_0\boldsymbol{1}_3 + \boldsymbol{T} \tag{6.9}$$

式中：A_0 就是各向同性的超精细耦合参数；$\boldsymbol{1}_3$ 就是（3×3）的单位矩阵。

一般形式的超精细互作用的 Hamilton 算符为

$$\mathscr{H}_{\text{hf}} = \hat{\boldsymbol{S}} \cdot \boldsymbol{A} \cdot \hat{\boldsymbol{I}} \tag{6.10}$$

对于多核体系：

$$\mathscr{H}_{\text{hf}} = \sum_i \hat{\boldsymbol{S}} \cdot \boldsymbol{A}_i \cdot \hat{\boldsymbol{I}}_i \tag{6.11}$$

6.2　超精细矩阵的确定和解析

在这里我们只介绍电子的 Zeeman 能占主导地位的体系，在 $\boldsymbol{g}$ 的各向异性很小的情况下，$\boldsymbol{g} = g_{\text{e}}\boldsymbol{n}$，$\hat{\boldsymbol{S}}$ 沿外磁场 $\boldsymbol{H}$ 方向量子化，即 $\boldsymbol{H} = H\boldsymbol{n}$，则 $\hat{\boldsymbol{S}} = \hat{S}_H\boldsymbol{n}$，这里的 $\boldsymbol{n}$ 是 $\boldsymbol{H}$ 方向的单位矢量，于是式 (6.8) 可写成

$$\mathscr{H} = g\beta_{\text{e}}H\hat{S}_H - g_{\text{n}}\beta_{\text{n}}\left(\frac{-\hat{S}_H}{g_{\text{n}}\beta_{\text{n}}}\boldsymbol{A}^T\boldsymbol{n} + \boldsymbol{H}\right) \cdot \hat{\boldsymbol{I}}$$

$$= g\beta_{\text{e}}HM_s - g_{\text{n}}\beta_{\text{n}}\left(\frac{-M_s}{g_{\text{n}}\beta_{\text{n}}}\boldsymbol{A}^T\boldsymbol{n} + \boldsymbol{H}\right) \cdot \hat{\boldsymbol{I}} \tag{6.12}$$

或者

$$\mathscr{H} = g\beta_{\text{e}}H\hat{S}_H - g_{\text{n}}\beta_{\text{n}}\boldsymbol{H}_{\text{eff}} \cdot \hat{\boldsymbol{I}} \tag{6.13}$$

式中：$\hat{S}_H$ 的本征函数为 $|M_s\rangle$，其相应的本征值 $M_s = \pm\frac{1}{2}$，$\boldsymbol{H}_{\text{eff}}$ 为有效磁场

$$\boldsymbol{H}_{\text{eff}} = \boldsymbol{H} + \boldsymbol{H}_{\text{hf}} \tag{6.14}$$

$$H_{hf} = \frac{-M_s}{g_n \beta_n} A^T n \qquad (6.15)$$

$$H_{hf}^T = \frac{-M_s}{g_n \beta_n} n^T A$$

H_{hf}的物理意义是核上的超精细磁场矢量，这个磁场可以很大。例如，质子的超精细耦合常数为 100MHz，则$|H_{hf}|$就为 1.17T。应当指出：核上的超精细磁场H_{hf}与核在电子上建立起来的超精细磁场$\frac{1}{2}|\Delta H_{hf}|$，两者不可混淆。

$$|H_{hf}| = \left| \frac{-M_s \mathbf{1} \cdot A}{\dfrac{g_n \beta_n}{h}} \right| = \frac{\dfrac{1}{2} \times 100 \times 10^6 \text{s}^{-1}}{\dfrac{5.585 \times 5.051 \times 10^{-20} \text{erg} \cdot \text{T}^{-1}}{6.626 \times 10^{-27} \text{erg} \cdot \text{s}}} = 1.1744\text{T}$$

而

$$\frac{1}{2}|\Delta H_{hf}| = \left| \frac{-M_s \mathbf{1} \cdot A}{\dfrac{g_e \beta}{h}} \right| = \frac{\dfrac{1}{2} \times 100 \times 10^6 \text{s}^{-1}}{\dfrac{2.0023 \times 9.274 \times 10^{-17} \text{erg} \cdot \text{T}^{-1}}{6.626 \times 10^{-27} \text{erg} \cdot \text{s}}} = 1.784\text{mT}$$

$|\Delta H_{hf}|$的物理意义是超精细分裂的两条谱线之间的裂距，它的一半就是核在电子上建立起来的超精细磁场。式中的$\mathbf{1}$是单位矢量。

外磁场矢量H与核的超精细磁场矢量H_{hf}之间的关系见图 6-2。图中对于$S = I = \frac{1}{2}$的体系，上标α和β分别代表$M_s = +\frac{1}{2}$和$M_s = -\frac{1}{2}$，我们定义$H_{hf}^\alpha = -H_{hf}^\beta$，可归纳成三种情况：(a)$|H| < |H_{hf}|$；(b)$|H| \approx |H_{hf}|$；(c)$|H| > |H_{hf}|$，并分别加以讨论。

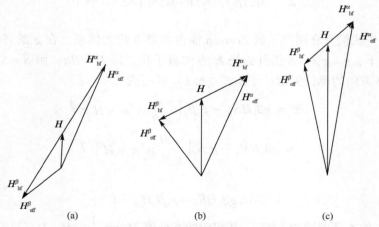

图 6-2　外磁场H和超精细磁场H_{hf}的矢量关系图

情况一　$|H| \gg |H_{hf}|$（$|A| < 1.0\text{mT}$）：这种情况很少见。在这种情况下，$\hat{I}$

也在 H 方向上量子化。即 $\hat{I} = \hat{I}_H \boldsymbol{1}$，因此，若 $\hat{I}_H$ 的本征函数为 $|M_I\rangle$，则

$$\mathscr{H} = g\beta_e H M_s + M_s M_I (\boldsymbol{n}^T \cdot \boldsymbol{A} \cdot \boldsymbol{n}) - g_n \beta_n H M_I \qquad (6.16)$$

令 H 的方向为 z 方向，则

$$\boldsymbol{n}^T \cdot \boldsymbol{A} \cdot \boldsymbol{n} = A_{zz} = A_0 + T_{zz}$$

$$T_{zz} = g\beta_e g_n \beta_n \left(\frac{3\cos^2\theta - 1}{r^3} \right) \qquad (6.17)$$

式中：θ 是矢量 r 和 H 的夹角，核摆在坐标 (x, y, z) 的原点上，矢量 r 是核与未偶电子的连线；H 是与 z 轴平行的外磁场矢量；令 α 代表未偶电子所在的 sp 杂化轨道的矢量 p 与矢量 r 的夹角；Θ 为矢量 p 与外磁场矢量 H 的夹角，即图 6-3 中所示的 θ_p。

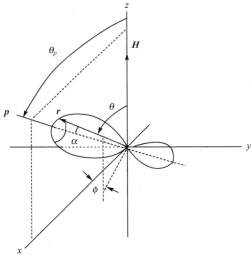

图 6-3　矢量 r、H、p 等在坐标轴中的角度关系图

可以证明：

$$\left\langle \frac{3\cos^2\theta - 1}{r^3} \right\rangle = \left\langle \frac{3\cos^2\alpha - 1}{2r^3} \right\rangle (3\cos^2\Theta - 1) \qquad (6.18)$$

令 $B = g\beta_e g_n \beta_n \left\langle \dfrac{3\cos^2\alpha - 1}{2r^3} \right\rangle$，则式（6.16）可写成

$$\mathscr{H} = g\beta_e H M_s + [A_0 + B(3\cos^2\Theta - 1)M_s M_I - g_n \beta_n H M_I] \qquad (6.19)$$

这就是情况一（$|H| > |H_{hf}|$）的自旋 Hamilton 算符表达式。

情况二　$|H| \ll |H_{hf}|$：这是一种最常见的情况[6,7]，只要 $|A| \gg 1.0$ mT 就属于这种情况。这时 $\hat{I}$ 和 $\hat{S}$ 的量子化方向不一样，$\hat{S}$ 是在 H 方向量子化，而 $\hat{I}$ 是在 H_{hf} 方向量子化。在这种情况下，式（6.5）变成

$$\mathscr{H}_{\text{dipolar}} = g\beta_e g_n \beta_n \left[\left\langle \frac{3z^2 - r^2}{r^5} \right\rangle S_z I_z + \left\langle \frac{3xz}{r^5} \right\rangle S_z I_x + \left\langle \frac{3yz}{r^5} \right\rangle S_z I_y \right] \qquad (6.20)$$

可以证明：

$$g\beta_e g_n \beta_n \left\langle \frac{3xz}{r^5} \right\rangle = 3B\sin\Theta\cos\Theta \tag{6.21}$$

$$g\beta_e g_n \beta_n \left\langle \frac{3yz}{r^5} \right\rangle = 0 \tag{6.22}$$

因此

$$\begin{aligned}
\mathscr{H} &= g\beta_e H M_s + M_s \{ [A_0 + B(3\cos^2\Theta - 1)]\hat{I}_z + 3B\sin\Theta\cos\Theta\hat{I}_x \} \\
&= g\beta_e H M_s - g_n \beta_n (H_{/\!/} \hat{I}_z + H_\perp \hat{I}_x)
\end{aligned} \tag{6.23}$$

其中

$$H_{/\!/} = \frac{-M_s}{g_n\beta_n}[A_0 + B(3\cos^2\Theta - 1)] \tag{6.24}$$

$$H_\perp = \frac{-M_s}{g_n\beta_n}(3B\sin\Theta\cos\Theta) \tag{6.25}$$

假如 $\hat{I}_z$ 的本征函数为 $|\alpha_n\rangle$ 和 $|\beta_n\rangle$，则以 $|\alpha_n\rangle$ 和 $|\beta_n\rangle$ 为基函数时，自旋 Hamilton 算符 $\mathscr{H}$ 的矩阵表象如下：

$$\mathscr{H} = \begin{array}{c} \\ \langle\alpha_n| \\ \langle\beta_n| \end{array} \begin{array}{cc} |\alpha_n\rangle & |\beta_n\rangle \\ \left[\begin{array}{cc} g\beta H M_s - \dfrac{1}{2}g_n\beta_n H_{/\!/} & -g_n\beta_n H_\perp \\ -\dfrac{g_n\beta_n H_\perp}{2} & g\beta H M_s + \dfrac{g_n\beta_n H_{/\!/}}{2} \end{array} \right] \end{array} \tag{6.26}$$

体系的能量为

$$\begin{aligned}
E &= g\beta_e H M_s \mp \frac{g_n\beta_n}{2} \left(H_{/\!/}^2 + H_\perp^2 \right)^{\frac{1}{2}} = g\beta_e H M_s \mp \frac{g_n\beta_n}{2}|H_{hf}| \\
&= g\beta_e H M_s \pm \frac{M_s}{2} \left\{ [A_0 + B(3\cos^2\Theta - 1)]^2 + 9B^2\sin^2\Theta\cos^2\Theta \right\}^{\frac{1}{2}} \\
&= g\beta_e H M_s \pm \frac{M_s}{2}[(A_0 - B)^2 + 3B(2A_0 + B)\cos^2\Theta]^{\frac{1}{2}}
\end{aligned} \tag{6.27}$$

令

$$\mathscr{A} = \frac{1}{g\beta}[(A_0 - B)^2 + 3B(2A_0 + B)\cos^2\Theta]^{\frac{1}{2}} \tag{6.28}$$

则对于固定微波频率的 EMR 跃迁的共振磁场，有

$$H_r = \frac{h\nu}{g\beta} \pm \frac{1}{2}\mathscr{A} = H_0 \pm \frac{1}{2}\mathscr{A} \tag{6.29}$$

在实际操作中我们经常会遇到两种特殊情况：

（1） $|A_0| \approx 0$，这时

$$\mathscr{A} = \frac{B}{g\beta}(1 + 3\cos^2\Theta)^{\frac{1}{2}} \tag{6.30}$$

（2）$|A_0| > B$，这时

$$\mathscr{A} = \frac{1}{g\beta} \ (A_0^2 - 2A_0B + 6A_0B\cos^2\Theta)^{\frac{1}{2}} \approx \frac{1}{g\beta}A_0 \ \left[1 + \frac{2B}{A_0} \ (3\cos^2\Theta - 1)\right]^{\frac{1}{2}}$$

$$\approx \frac{1}{g\beta} \ \left[A_0 + B \ (3\cos^2\Theta - 1)\right] \tag{6.31}$$

情况三　$|\boldsymbol{H}| \approx |\boldsymbol{H}_{\mathrm{hf}}|$：这是最复杂的情况[8,9]，也是最一般的情况（general case）。从式（6.13）

$$\mathscr{H} = g\beta_{\mathrm{e}}\boldsymbol{H}\hat{S}_H - g_{\mathrm{n}}\beta_{\mathrm{n}}\boldsymbol{H}_{\mathrm{eff}} \cdot \hat{\boldsymbol{I}}$$

我们可以写成

$$\mathscr{H} = g\beta_{\mathrm{e}}\boldsymbol{H}\hat{S}_H - g_{\mathrm{n}}\beta_{\mathrm{n}}\boldsymbol{H}_{\mathrm{eff}}(M_s) \cdot \hat{\boldsymbol{I}}$$
$$= g\beta_{\mathrm{e}}\boldsymbol{H}\hat{S}_H - g_{\mathrm{n}}\beta_{\mathrm{n}} \ |\boldsymbol{H}_{\mathrm{eff}}(M_s) \ |\hat{\boldsymbol{I}}_{\boldsymbol{H}_{\mathrm{eff}}(M_s)} \tag{6.32}$$

假设 $|\alpha_{\mathrm{e}}\alpha'_{\mathrm{n}}\rangle$ 和 $|\alpha_{\mathrm{e}}\beta'_{\mathrm{n}}\rangle$ 是 $\mathscr{H}^\alpha$ 的本征函数，$|\beta_{\mathrm{e}}\alpha''_{\mathrm{n}}\rangle$ 和 $|\beta_{\mathrm{e}}\beta''_{\mathrm{n}}\rangle$ 是 $\mathscr{H}^\beta$ 的本征函数。其中 $|\alpha'_{\mathrm{n}}\rangle$ 和 $|\beta'_{\mathrm{n}}\rangle$ 是 $\hat{\boldsymbol{I}}_{H_{\mathrm{eff}}^\alpha}$ 的本征函数，$|\alpha''_{\mathrm{n}}\rangle$ 和 $|\beta''_{\mathrm{n}}\rangle$ 是 $\hat{\boldsymbol{I}}_{H_{\mathrm{eff}}^\beta}$ 的本征函数，即

$$\hat{\boldsymbol{I}}_{H_{\mathrm{eff}}^\alpha} \begin{bmatrix} |\alpha'_{\mathrm{n}}\rangle \\ |\beta'_{\mathrm{n}}\rangle \end{bmatrix} = \begin{bmatrix} \dfrac{1}{2} |\alpha'_{\mathrm{n}}\rangle \\ -\dfrac{1}{2} |\beta'_{\mathrm{n}}\rangle \end{bmatrix} \tag{6.33}$$

$$\hat{\boldsymbol{I}}_{H_{\mathrm{eff}}^\beta} \begin{bmatrix} |\alpha''_{\mathrm{n}}\rangle \\ |\beta''_{\mathrm{n}}\rangle \end{bmatrix} = \begin{bmatrix} \dfrac{1}{2} |\alpha''_{\mathrm{n}}\rangle \\ -\dfrac{1}{2} |\beta''_{\mathrm{n}}\rangle \end{bmatrix} \tag{6.34}$$

应当指出：$|\alpha'_{\mathrm{n}}\rangle$ $|\beta'_{\mathrm{n}}\rangle$ 和 $|\alpha''_{\mathrm{n}}\rangle$ $|\beta''_{\mathrm{n}}\rangle$ 是不同的。我们令 $\boldsymbol{H}_{\mathrm{eff}}^\alpha$ 和 $\boldsymbol{H}_{\mathrm{eff}}^\beta$ 的夹角为 ω，可以证明该两组核自旋波函数之间存在如下关系：

$$|\alpha'_{\mathrm{n}}\rangle = \cos\frac{\omega}{2} |\alpha''_{\mathrm{n}}\rangle - \sin\frac{\omega}{2} |\beta''_{\mathrm{n}}\rangle \tag{6.35}$$

$$|\beta'_{\mathrm{n}}\rangle = \sin\frac{\omega}{2} |\alpha''_{\mathrm{n}}\rangle + \cos\frac{\omega}{2} |\beta''_{\mathrm{n}}\rangle \tag{6.36}$$

因此，在选定 $|\alpha_{\mathrm{e}}\alpha'_{\mathrm{n}}\rangle$ $|\alpha_{\mathrm{e}}\beta'_{\mathrm{n}}\rangle$ $|\beta_{\mathrm{e}}\alpha''_{\mathrm{n}}\rangle$ $|\beta_{\mathrm{e}}\beta''_{\mathrm{n}}\rangle$ 为基函数之后，体系的能量就可以求出：

$$E_{\alpha_{\mathrm{e}}\alpha_{\mathrm{n}'}} = \langle \alpha_{\mathrm{e}}\alpha'_{\mathrm{n}} \ | \ \mathscr{H}^\alpha \ | \ \alpha_{\mathrm{e}}\alpha'_{\mathrm{n}} \rangle = \frac{1}{2}g\beta H - \frac{1}{2}g_{\mathrm{n}}\beta_{\mathrm{n}} \ |\boldsymbol{H}_{\mathrm{eff}}^\alpha| \tag{6.37}$$

$$E_{\alpha_{\mathrm{e}}\beta_{\mathrm{n}'}} = \langle \alpha_{\mathrm{e}}\beta'_{\mathrm{n}} \ | \ \mathscr{H}^\alpha \ | \ \alpha_{\mathrm{e}}\beta'_{\mathrm{n}} \rangle = \frac{1}{2}g\beta H + \frac{1}{2}g_{\mathrm{n}}\beta_{\mathrm{n}} \ |\boldsymbol{H}_{\mathrm{eff}}^\alpha| \tag{6.38}$$

$$E_{\beta_{\mathrm{e}}\alpha_{\mathrm{n}''}} = \langle \beta_{\mathrm{e}}\alpha''_{\mathrm{n}} \ | \ \mathscr{H}^\beta \ | \ \beta_{\mathrm{e}}\alpha''_{\mathrm{n}} \rangle = -\frac{1}{2}g\beta H - \frac{1}{2}g_{\mathrm{n}}\beta_{\mathrm{n}} \ |\boldsymbol{H}_{\mathrm{eff}}^\beta| \tag{6.39}$$

$$E_{\beta_{\mathrm{e}}\beta_{\mathrm{n}''}} = \langle \beta_{\mathrm{e}}\beta''_{\mathrm{n}} \ | \ \mathscr{H}^\beta \ | \beta_{\mathrm{e}}\beta''_{\mathrm{n}} \rangle = -\frac{1}{2}g\beta H + \frac{1}{2}g_{\mathrm{n}}\beta_{\mathrm{n}} \ |\boldsymbol{H}_{\mathrm{eff}}^\beta| \tag{6.40}$$

按照选择定则 $\Delta M_s = 1$，就有四个允许跃迁：

$$\Delta E_1 = E_{\alpha_e\beta_n'} - E_{\beta_e\alpha_n''} = g\beta H + \frac{1}{2}g_n\beta_n(\,|\,\boldsymbol{H}_{\mathrm{eff}}^{\alpha}\,| + |\,\boldsymbol{H}_{\mathrm{eff}}^{\beta}\,|\,) \tag{6.41}$$

$$\Delta E_2 = E_{\alpha_e\beta_n'} - E_{\beta_e\beta_n''} = g\beta H + \frac{1}{2}g_n\beta_n(\,|\,\boldsymbol{H}_{\mathrm{eff}}^{\alpha}\,| - |\,\boldsymbol{H}_{\mathrm{eff}}^{\beta}\,|\,) \tag{6.42}$$

$$\Delta E_3 = E_{\alpha_e\beta_n'} - E_{\beta_e\alpha_n''} = g\beta H - \frac{1}{2}g_n\beta_n(\,|\,\boldsymbol{H}_{\mathrm{eff}}^{\alpha}\,| - |\,\boldsymbol{H}_{\mathrm{eff}}^{\beta}\,|\,) \tag{6.43}$$

$$\Delta E_4 = E_{\alpha_e\alpha_n'} - E_{\beta_e\beta_n''} = g\beta H - \frac{1}{2}g_n\beta_n(\,|\,\boldsymbol{H}_{\mathrm{eff}}^{\alpha}\,| + |\,\boldsymbol{H}_{\mathrm{eff}}^{\beta}\,|\,) \tag{6.44}$$

它们的相对强度是

$$\mathscr{T}_1 = |\,\langle\alpha_e\beta_n'\,|\,S^+\,|\,\beta_e\alpha_n''\rangle\,|^2 = |\,\langle\beta_n'\,|\,\alpha_n''\rangle\,|^2$$

$$= |\sin\frac{\omega}{2}\langle\alpha_n''\,|\,\alpha_n''\rangle + \cos\frac{\omega}{2}\langle\beta_n''\,|\,\alpha_n''\rangle\,|^2 = \sin^2\frac{\omega}{2} \tag{6.45}$$

$$\mathscr{T}_2 = |\,\langle\alpha_e\beta_n'\,|\,S^+\,|\,\beta_e\beta_n''\rangle\,|^2 = \cos^2\frac{\omega}{2} \tag{6.46}$$

同理，$\mathscr{T}_3 = \mathscr{T}_2$，$\mathscr{T}_4 = \mathscr{T}_1$。在这种情况下，$\omega$ 在 $30° \sim 70°$ 之间。图 6-4 就是 $S = I = 1/2$（$g_n > 0$）的体系在 $\omega \approx 70°$ 的能级示意图和观察到的 EMR 谱图。

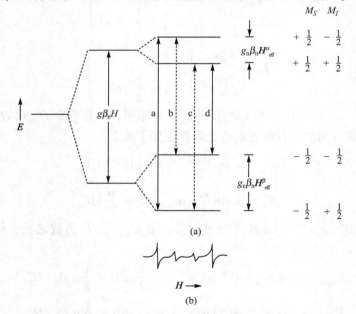

图 6-4 一个 $S = I = 1/2$ 的体系 $\omega \approx 70°$ 的能级示意图和 EMR 谱图

（a）能级示意图；（b）EMR 谱图

现在我们再回过头来看情况一和情况二，其实就是情况三的两种极端情况。

（1）当 $\omega \to 0°$ 时，即 $|\boldsymbol{H}| > |\boldsymbol{H}_{\mathrm{hf}}|$，这就是情况一。这时的 $|\alpha_n'\rangle \approx |\alpha_n''\rangle$，

故 $\mathscr{T}_2 \approx \mathscr{T}_3 > \mathscr{T}_1 \approx \mathscr{T}_4$，即 b、c 是强跃迁，a、d 两条谱线很弱。

$$\Delta E_2 - \Delta E_3 = g_n \beta_n \{ |\boldsymbol{H}_{eff}^{\alpha}| - |\boldsymbol{H}_{eff}^{\beta}| \} \approx 2g_n \beta_n |\boldsymbol{H}_{hf}^*|$$

其中

$$|\boldsymbol{H}_{hf}^*| = |\boldsymbol{n}^T \cdot \boldsymbol{A} \cdot \boldsymbol{n} / 2g_n \beta_n|$$

（2）当 $\omega \to 180°$ 时，即 $|\boldsymbol{H}| < |\boldsymbol{H}_{hf}|$，这就是情况二。这时的 $|\alpha'_n\rangle \approx |\beta''_n\rangle$，故 $\mathscr{T}_1 \approx \mathscr{T}_4 > \mathscr{T}_2 \approx \mathscr{T}_3$，即 a、d 是强跃迁，而 b、c 两条谱线很弱。

$$\Delta E_1 - \Delta E_4 = g_n \beta_n (|\boldsymbol{H}_{eff}^{\alpha}| + |\boldsymbol{H}_{eff}^{\beta}|) \approx 2g_n \beta_n |\boldsymbol{H}_{hf}|$$

其中

$$|\boldsymbol{H}_{hf}| = [\boldsymbol{n}^T \cdot \boldsymbol{A} \cdot \boldsymbol{A}^T \cdot \boldsymbol{n} / 4g_n^2 \beta_n^2]^{\frac{1}{2}}$$

（3）对于情况三，一般就可以看到 4 条谱线，它们的强度比符合式（6.45）和式（6.46）。

6.3　实 例 演 示[10]

全氟代丁二酸钠盐单晶是单斜晶体，用 γ 射线辐照生成 $^-OOC{-}\dot{C}F{-}CF_2{-}COO^-$ 自由基作为一个实例，来解析它的 α-氟原子的超精细耦合张量。

由于它是单斜晶体，其晶轴 c 和 b 已是相互垂直的，它们就可以直接被选作实验正交坐标系的两根坐标轴，然而 a 轴与 c 轴的夹角是 $106°$，所以，必须另选一根 a^* 轴是垂直于 bc 平面的。磁场 $\boldsymbol{H}$ 分别在 a^*b、bc 和 a^*c 平面内旋转（一般都是磁

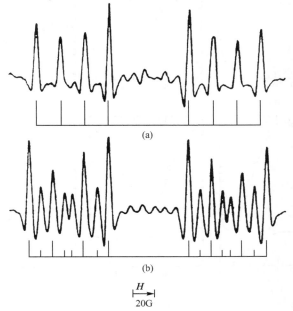

(a)

(b)

$$\overset{\boldsymbol{H}}{\underset{20G}{\longleftrightarrow}}$$

图 6-5　全氟丁二酸自由基在 300K、外磁场 $\boldsymbol{H} /\!/ b$ 轴时不同波段测得的二级微分谱
（a）在 X 波段测得的二级微分谱；（b）在 Q 波段测得的二级微分谱

场固定，晶体粘在带有刻度盘的杆上旋转）。记录下各个角度的 EMR 波谱（图 6-5）。从谱图上度量出超精细分裂的裂距，求得 A^2 张量的矩阵元（先不考虑核的 Zeeman 项），将数据汇总列于表 6-1。其超精细耦合张量的角度依赖关系如图 6-6 所示。

表 6-1   从图中求得的超精细耦合数据

平面	角度/（°）	$(A/h)^2 \times 10^4 /$（MHz）^{2}	张 量 元 素
a^*b	0	1.61	$(AA)_{a^*a^*}$
	90	16.24	$(AA)_{bb}$
	45	13.84	
	135	4.29	$(AA)_{a^*b} = (13.84 - 4.29)/2 = 4.78 \times 10^4$（MHz）^{2}
bc	0	16.48	$(AA)_{bb}$
	90	2.72	$(AA)_{cc}$
	45	9.67	
	135	9.99	$(AA)_{bc} = (9.67 - 9.99)/2 = -0.16 \times 10^4$（MHz）^{2}
ca^*	0	2.69	$(AA)_{cc}$
	90	1.59	$(AA)_{a^*a^*}$
	45	2.69	
	135	1.42	$(AA)_{a^*c} = (2.69 - 1.42)/2 = 0.64 \times 10^4$（MHz）^{2}

注：表中的数据来自文献[10]，是在 300K，用 X 波段 EMR 谱仪测得的数据，没有考虑核的 Zeeman 项。

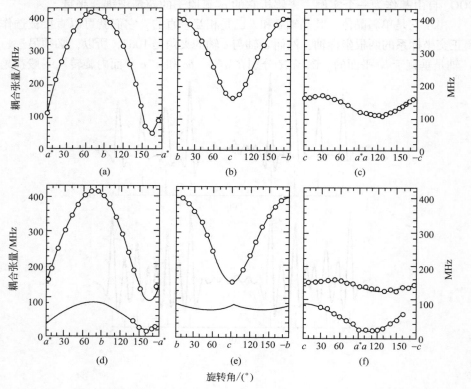

图 6-6   全氟代丁二酸自由基的超精细耦合张量的角度依赖关系

由表 6-1 可以得出 A^2 张量在 a^*bc 坐标轴中的矩阵形式为

$$AA/h^2 = \begin{bmatrix} 1.60 & \pm 4.78 & 0.64 \\ \pm 4.78 & 16.36 & \mp 0.16 \\ 0.64 & \mp 0.16 & 2.71 \end{bmatrix} \times 10^4 [(\text{MHz})^2] \qquad (6.47)$$

由于在单包中有两个可能的自由基晶位，它们是相互对称的，式（6.47）中的 $\pm$ 和 $\mp$ 是晶位相互对称的两个自由基的张量矩阵。这两个张量的久期行列式的一般形式为

$$\begin{vmatrix} a - \lambda & \pm d & e \\ \pm d & b - \lambda & \pm f \\ e & \pm f & c - \lambda \end{vmatrix} = 0 \qquad (6.48)$$

将式（6.48）展开，得

$$\lambda^3 - (a + b + c)\lambda^2 + (ab + bc + ca - d^2 - e^2 - f^2)\lambda$$
$$- (abc + 2def - e^2 b - d^2 c - f^2 a) = 0 \qquad (6.49)$$

将具体数据代入式（6.49），即得

$$\lambda^3 - (20.67 \times 10^4)\lambda^2 + (51.56 \times 10^8)\lambda - 1.30 \times 10^{12} = 0 \qquad (6.50)$$

解这个代数方程得到三个根，即 17.77、2.87、0.025，单位都是 $\times 10^4$（MHz）^{2}，即

$$^d A^2 = \begin{bmatrix} 17.77 & 0 & 0 \\ 0 & 2.87 & 0 \\ 0 & 0 & 0.025 \end{bmatrix} \times 10^4 [(\text{MHz})^2] \qquad (6.51)$$

$$^d A = \begin{bmatrix} 421.5 & 0 & 0 \\ 0 & 169.4 & 0 \\ 0 & 0 & 15.8 \end{bmatrix} (\text{MHz}) \qquad (6.52)$$

从式（6.51）开平方变成式（6.52），会出现正、负两种可能的符号，如何选择符号，这很重要，下面我们将要具体讨论。原则是要与实验谱图最佳相符。

方向余弦的求法是解下列方程组：

$$\left. \begin{array}{l} (1.60 - \lambda_i)l_{i1} \pm 4.78 l_{i2} + 0.64 l_{i3} = 0 \\ \pm 4.78 l_{i1} + (16.36 - \lambda_i)l_{i2} \mp 0.16 l_{i3} = 0 \\ 0.64 l_{i1} \mp 0.16 l_{i2} + (2.71 - \lambda_i)l_{i3} = 0 \\ l_{i1}^2 + l_{i2}^2 + l_{i3}^2 = 1 \end{array} \right\} \qquad (6.53)$$

以上四个方程只有三个是独立的，将 λ_1、λ_2、λ_3 代入即得

$$\mathcal{L} = \begin{bmatrix} l_{11} & l_{12} & l_{13} \\ l_{21} & l_{22} & l_{23} \\ l_{31} & l_{32} & l_{33} \end{bmatrix} = \begin{bmatrix} 0.282 & \pm 0.958 & 0.001 \\ 0.223 & \mp 0.069 & 0.972 \\ 0.933 & \mp 0.278 & -0.235 \end{bmatrix} \qquad (6.54)$$

这个 $\mathcal{L}$ 就是我们所求的方向余弦矩阵。很容易验证：它能够使 A^2 矩阵对角化，即

$$\mathcal{L}A^2\mathcal{L}^\dagger = {}^dA^2 \tag{6.55}$$

一个能使 A 矩阵对角化的 $\mathcal{L}$ 矩阵，一定也能使 A^2 矩阵对角化。即如果

$$\mathcal{L}A\,\mathcal{L}^\dagger = {}^dA \tag{6.56}$$

则

$$\mathcal{L}A^2\,\mathcal{L}^\dagger = \mathcal{L}A\mathcal{L}^\dagger\mathcal{L}A\mathcal{L}^\dagger = {}^dA\cdot{}^dA = {}^dA^2 \tag{6.57}$$

在上面的计算过程中，应当指出：

（1）从实验谱中怎么知道 ±4.87 是对应∓0.16 而不是对应 ±0.16 的？单从 a^*b、bc、ca^* 这三个面的实验谱还是不能决定对应的符号。需要分析具体处在其他位置时的 EMR 图谱。

（2）将式（6.51）的 ${}^dA^2$ 开方之后变成 ${}^dA$［式（6.52）］的过程中，每个主值都有正、负两种可能。于是 ${}^dA$ 的 3 个主值的符号就有以下 4 种可能的排列：

（+，+，+）；　　（+，+，−）；　　（+，−，+）；　　（+，−，−）

哪一种是正确的？一般不容易判断。如果我们的仪器有两个波段（X 波段和 Q 波段），就可以从实验中得以解决。因为在 Q 波段中，核的 Zeeman 能增大，而超精细耦合项不变。这样，我们就可以用已经得到的张量数据，反过来计算谱线的裂距，计算的结果列于表 6-2。

表 6-2　在 Q 波段测得的 α-氟原子超精细耦合参数的实验值和选择不同符号的计算值比较

磁场的方向余弦	实验值	符 号 选 择			
		（＋＋＋）	（＋＋−）	（＋−＋）	（＋−−）
[1，0，0]	153	152（0.59）	154（0.58）	153（0.58）	154（0.58）
	29	31（0.41）	18（0.42）	21（0.42）	85（0.42）
[0，1，0]	407	407（1.00）	407（1.00）	407（1.00）	407（0.99）
	—	96（0.00）	96（0.00）	96（0.00）	96（0.01）
[0，0，1]	162	163（0.96）	164（0.95）	164（0.95）	163（0.96）
	—	97（0.04）	96（0.05）	96（0.05）	97（0.04）
[cos30°，0，cos60°]	170	169（0.75）	171（0.73）	177（0.70）	176（0.70）
	65	61（0.25）	54（0.27）	25（0.30）	32（0.30）
[cos50°，0，cos40°]	148	149（0.63）	152（0.62）	156（0.61）	154（0.61）
	48	54（0.37）	44（0.38）	28（0.39）	37（0.39）
[−cos20°，cos70°，0]	—	110（0.18）	112（0.20）	112（0.20）	111（0.19）
	17	19（0.82）	1（0.80）	46（0.80）	14（0.81）
[0，cos60°，cos30°]	252	252（0.95）	253（0.94）	266（0.86）	266（0.86）
	—	84（0.05）	83（0.06）	22（0.14）	30（0.14）

请注意：图 6-6（a）～（c）是在 X 波段、300K 条件下测得的超精细耦合参数与角度的依赖关系，核的 Zeeman 项是可以忽略的。而图 6-6（d）～（f）

是在 Q 波段、300 K 条件下，测得的超精细耦合参数与角度的依赖关系，在这种情况下，核的 Zeeman 项是不可以忽略的。从图 6-5（b）也可以很明显看出"禁戒跃迁"的谱线。在 Q 波段、300 K 的条件下，测得的超精细耦合参数，在晶体坐标系中的 **A** 矩阵如下（数据来源于文献[10]并参考文献[11]）：

$$\boldsymbol{A} = \begin{bmatrix} 46.9 & \pm 103.3 & 32.5 \\ \pm 103.3 & 392.7 & \mp 5.9 \\ 32.5 & \mp 5.9 & 157.7 \end{bmatrix}(\text{MHz}) \tag{6.58}$$

$$^{\text{d}}\boldsymbol{A} = \begin{bmatrix} 421 & 0 & 0 \\ 0 & 165 & 0 \\ 0 & 0 & 11 \end{bmatrix}(\text{MHz}) \tag{6.59}$$

$$\mathscr{L} = \begin{bmatrix} 0.267 & \pm 0.964 & 0.011 \\ 0.208 & \mp 0.068 & 0.976 \\ 0.941 & \mp 0.258 & -0.219 \end{bmatrix}(\text{MHz}) \tag{6.60}$$

对于（1，0，0）方向，$M_s = \dfrac{1}{2}$，则

$$-\frac{1}{2}(1,0,0)\begin{bmatrix} 46.9 & \pm 103.3 & 32.5 \\ \pm 103.3 & 392.7 & \mp 5.9 \\ 32.5 & \mp 5.9 & 157.7 \end{bmatrix} = \begin{bmatrix} -23.5 & \mp 51.7 & -16.2 \end{bmatrix}(\text{MHz})$$

$$\tag{6.61}$$

在 Q 波段情况下

$$\nu_{\text{n}} = \frac{g_{\text{n}}\beta_{\text{n}}}{h}|\boldsymbol{H}| = 49.5\,\text{MHz} \tag{6.62}$$

$$\frac{g_{\text{n}}\beta_{\text{n}}}{h}|H_{\text{eff}}^{\alpha}| = [(49.5 - 23.5), \mp 51.7, -16.2]\,\text{MHz} \tag{6.63}$$

$$\frac{g_{\text{n}}\beta_{\text{n}}}{h}|H_{\text{eff}}^{\beta}| = [(49.5 + 23.5), \pm 51.7, +16.2]\,\text{MHz} \tag{6.64}$$

$$\frac{g_{\text{n}}\beta_{\text{n}}}{h}|H_{\text{eff}}^{\alpha}| = \sqrt{(26)^2 + (\mp 51.7)^2 + (-16.2)^2} = 60.1\,\text{MHz} \tag{6.65}$$

$$\frac{g_{\text{n}}\beta_{\text{n}}}{h}|H_{\text{eff}}^{\beta}| = \sqrt{(73)^2 + (\pm 51.7)^2 + (+16.2)^2} = 90.9\,\text{MHz} \tag{6.66}$$

$|H_{\text{eff}}^{\alpha}|$ 和 $|H_{\text{eff}}^{\beta}|$ 的夹角 Θ 为

$$\cos\Theta = \left(\frac{26}{60.1}, \frac{\mp 51.7}{60.1}, \frac{-16.2}{60.1}\right)\begin{pmatrix} \dfrac{73}{90.9} \\ \dfrac{\pm 51.7}{90.9} \\ \dfrac{16.2}{90.9} \end{pmatrix} = -0.1895 \tag{6.67}$$

$\varTheta = 101°$，于是

$$\mathscr{T}_1 = \mathscr{T}_4 = \sin^2\frac{\varTheta}{2} = 0.595 \tag{6.68}$$

$$\mathscr{T}_2 = \mathscr{T}_3 = \cos^2\frac{\varTheta}{2} = 0.405 \tag{6.69}$$

$$\frac{\Delta E_1 - \Delta E_4}{h} = 151\,\mathrm{MHz} \tag{6.70}$$

$$\frac{\Delta E_2 - \Delta E_3}{h} = 30.8\,\mathrm{MHz} \tag{6.71}$$

从表 6-2 中看出：$^{\mathrm{d}}A$ 的 3 个主值的符号选择 （ ＋， ＋， ＋） 更符合实验值。

现在我们转向全氟丁二酸离子自由基各向异性超精细 EMR 波谱的解析。全氟丁二酸离子自由基从室温 （300K） 冷却至液氮温度 （77K），测得的 EMR 波谱及其参数矩阵都发生很大的变化[11,12]。由于在室温的情况下，分子处在快速振动状态，式 （6.58） 给出的数据，只能代表分子处在畸变和振动情况下偶极互作用的时间平均值。矩阵 A ［即式 （6.58）］并不能被解释为一个静态分子键的取向和角度。事实上，它有两个在晶体学上不等价方位的自由基 Ⅰ ， 和自由基 Ⅱ ，如图 6-7 所示。用寿命 τ 来表示这两种状态之间的变换时间。

$$\tau^{-1} = 9.9 \times 10^{12}\exp(-\Delta U^*/RT)\,\mathrm{s}^{-1}$$

式中的活化能 $\Delta U^* = 15.26\,\mathrm{kJ\cdot mol^{-1}}$ （文献 ［11］ 提供的数据）。

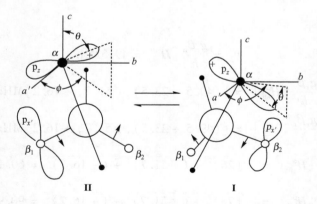

图 6-7 在 130 K 以下全氟丁二酸自由基 Ⅰ 和
Ⅱ 两种构象沿 C_α—C_β 键的投影示意图[12]

全氟丁二酸自由基构象 Ⅰ 和 Ⅱ 在 77K 下测得的 ^{19}F 核超精细耦合张量的主值和方向余弦列于表 6-3。

表 6-3　全氟丁二酸自由基构象 I 和 II 在 77K 下测得的^{19}F 核超精细耦合张量的主值和方向余弦[11]

自由基构象	标识	主值/mT	球坐标		方向余弦 (a'bc)		
			θ	φ			
I	A_α	21.7	61.26	∓95.62	-0.080 59	∓0.872 56	0.480 90
		(+)0.7			0.280 79	±0.441 91	0.851 98
		(+)0.2			0.955 92	∓0.208 22	-0.207 04
	A_{β_1}	12.2	52.3	∓49.2	0.516 34	∓0.598 96	0.612 07
		+4.1			0.528 89	±0.785 16	0.322 17
		+4.1			-0.673 54	±0.157 37	0.722 20
	A_{β_2}	0.9	32.1	∓37.2	0.423 39	∓0.320 94	0.847 19
		-0.3			-0.677 14	∓0.733 36	0.060 59
		-0.2			0.601 85	∓0.599 30	-0.527 82
II	A_α	22.4	55.78	±62.38	0.377 58	±0.735 65	0.562 36
		(+)0.5			-0.152 14	∓0.549 78	0.821 34
		(+)0.4			0.913 39	∓0.395 68	-0.095 66
	A_{β_1}	12.5	45.6	±10.6	0.702 22	±0.131 62	0.699 69
		+4.4			-0.686 19	∓0.136 89	0.714 42
		+4.1			-0.189 81	±0.981 80	0.005 81
	A_{β_2}	1.4	20.7	∓9.5	0.349 03	∓0.058 19	0.936 30
		-0.1			0.092 52	±0.995 33	0.027 39
		-0.2			0.932 53	∓0.076 97	-0.352 78

当外磁场平行于 z 轴时，这两种构象的 α-氟原子核有最大的分裂值。这种矩阵形式就是在同一个原子的 p 轨道上电子自旋密度与核的互作用的表征。

6.4　超精细耦合张量与自由基的结构

6.4.1　中心原子的超精细耦合张量

我们把未偶电子所在的原子称为"中心原子"，如 CH_3 中的碳原子、$N(SO_3)_2^{2-}$ 中的氮原子等。当中心原子为磁性核时，未偶电子与磁性核之间就有超精细互作用。中心原子超精细耦合张量的各向异性部分，取决于它的 2p 轨道上的电子密度，而它的各向同性部分，则取决于未偶电子在 s 轨道上的电子密度。

如果未偶电子完全定位在 $2p_z$ 轨道上，则超精细耦合张量的各向同性部分就等于零，即 $A = T$。这里的 T 是无迹张量。由于 $2p_z$ 轨道是圆柱形对称的，所

以 $^d\boldsymbol{T}$ 的主值应当是

$$(T_{xx},\ T_{yy},\ T_{zz})\ =\ (-B,\ -B,\ 2B) \tag{6.72}$$

其中

$$B = \frac{2}{5} g\beta g_n \beta_n \left\langle \frac{1}{r^3} \right\rangle$$

现在就来证明。令 p 轨道的轴为 z 轴，则

$$\psi_{2p_z} = \sqrt{\frac{3}{4\pi}} \cos\theta\, f(r) \tag{6.73}$$

于是

$$T_{zz} = \left\langle \psi_{2p_z} \left| g\beta g_n \beta_n \left(\frac{3\cos^2\theta - 1}{r^3} \right) \right| \psi_{2p_z} \right\rangle$$

$$= \frac{3}{4\pi} g\beta g_n \beta_n \int_0^\infty \frac{f^2(r)}{r^3} r^2 \mathrm{d}r \int_0^\pi (3\cos^2\theta - 1) \cos^2\theta \sin\theta \mathrm{d}\theta \int_0^{2\pi} \mathrm{d}\phi$$

$$= \frac{4}{5} g\beta g_n \beta_n \left(\frac{1}{r^3} \right) = 2B \tag{6.74}$$

$$T_{xx} = T_{yy} = \left\langle \psi_{2p_z} \left| g\beta g_n \beta_n \left(\frac{3\sin^2\theta\cos^2\theta - 1}{r^3} \right) \right| \psi_{2p_z} \right\rangle$$

$$= \frac{3}{4\pi} g\beta g_n \beta_n \int_0^\infty \frac{f^2(r)}{r^3} r^2 \mathrm{d}r \int_0^\pi \int_0^{2\pi} (3\sin^2\theta\cos^2\theta - 1) \cos^2\sin\theta \mathrm{d}\theta \mathrm{d}\phi$$

$$= -\frac{2}{5} g\beta g_n \beta_n \left\langle \frac{1}{r^3} \right\rangle = -B \tag{6.75}$$

计算结果表明：T_{zz} 的符号是正的，T_{xx} 和 T_{yy} 的符号是负的，这是具有十分重要意义的。

要计算 T_{xx}、T_{yy}、T_{zz} 的具体数值就需要知道 $f(r)$ 的具体形式。采用 SCF 原子波函数计算出 $\langle r^{-3} \rangle$ 和 B 值，列于表 6-4 中。这里只列出常见的几种核，更多的请参见附录 6 中的常数表。

表 6-4　几种常见核的超精细耦合张量的计算值

核	$\langle r^{-3} \rangle$（原子单位）	B/MHz
^{13}C	1.692	90.8
^{14}N	3.101	47.8
^{19}F	7.546	1515
^{17}O	4.974	144
^{31}P	3.318	287
^{35}Cl	6.795	137

下面介绍几个实例。

6.4.1.1　γ 射线辐照生成的丙二酸自由基

人工富集 ^{13}C 合成丙二酸单晶样品，经过 γ 射线辐照，生成 HOOC—$\dot{\text{C}}$H—COOH 自由基。这个自由基有两个磁性核：一个是 ^{13}C 核；另一个是 α-质子。这里的 ^{13}C 核就是中心原子。至于 α-质子，将在 6.4.2 小节讨论。

从实验谱的分析可以得出超精细耦合张量的主值和相对符号，但不能得出绝对符号。

$$A_0^C = +92.6；\quad T_{xx} = -70；\quad T_{yy} = -50；\quad T_{zz} = +120（\text{MHz}）$$

或者 $(A_0^C, T_{xx}, T_{yy}, T_{zz}) = (-, +, +, -)$。但从理论分析得知 T_{zz} 应该是正的，所以前者的符号是正确的。因此，A_0^C 应该是正号，即在碳原子上应具有正的自旋密度。我们在前面曾根据自旋极化机理指出：若在 2p_z 轨道中填入一个自旋为 α 的未偶电子，按照 Hund 规则，碳原子的 sp^2 杂化轨道上主要也是自旋为 α 的电子。即碳原子上应具有正的自旋密度，而质子上为负自旋密度。本实验再次证明了它。

如果这个未偶电子完全在 2p_z 轨道上，则从表 6-4 得知 T_{zz} 应该是 181.6MHz，而现在只有 120MHz，所以，这个未偶电子在碳原子上的 π 自旋密度 $\rho_\pi = 120/181.6 = 0.66$；同理，若未偶电子完全在该碳原子的 s 轨道上，则 A_0^C 应该是 3110MHz，而现在只有 92.6MHz，故 $\rho_s = 92.6/3110 = 0.0297$。余下还有约 30% 的电子密度离域到其他原子上。

6.4.1.2　γ 射线辐照甲酸钠单晶生成的 O—$\dot{\text{C}}$—O$^-$ 自由基

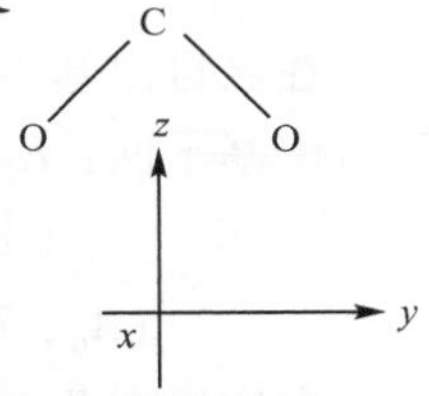

甲酸钠单晶受 γ 射线辐照后生成 O—$\dot{\text{C}}$—O$^-$ 自由基，它的张量主轴如图 6-8 所示。将自由基平放在 yz 平面上，$\angle$OCO$^-$ 的分角线摆在 z 轴上。求得张量主值为 $|A_{xx}| = $ 436MHz，$|A_{yy}| = 422$MHz，$|A_{zz}| = 546$MHz，并知道它们有相同的符号。因此

图 6-8　CO$_2^-$ 自由基的主轴坐标系

$$A_0^C = \frac{1}{3}(A_{xx} + A_{yy} + A_{zz}) = 468（\text{MHz}）$$

这里 A_0^C 的符号应该是正的，故

$$T_{xx} = 436 - 468 = -32 \quad（\text{MHz}）$$
$$T_{yy} = 422 - 468 = -46 \quad（\text{MHz}）$$
$$T_{zz} = 546 - 468 = +78 \quad（\text{MHz}）$$

在 2p_z 轨道上的未偶电子密度为：78/182 = 0.43。在 2s 轨道上的未偶电子密度为：468/3110 = 0.15。在中心碳原子上的未偶电子总密度为：0.43 + 0.15 = 0.58，其余的未偶电子密度显然是伸展到两个氧原子上，平均每个氧原子上的未

偶电子密度为

$$\frac{1}{2}(1 - 0.58) = 0.21$$

这里没有考虑未偶电子在碳原子1s轨道上的密度。通过2s和2p轨道上的未偶电子密度就可以计算出"杂化比值",即

$$\lambda^2 = \frac{\rho_p}{\rho_s} = \frac{0.43}{0.15} = 2.87 \tag{6.76}$$

根据杂化轨道理论可以计算出夹角 $\angle OCO^- = \phi$

$$\phi = 2\cos^{-1}(\lambda^2 + 2)^{-\frac{1}{2}} = 2\cos^{-1}(2.87 + 2)^{-\frac{1}{2}} = 126° \tag{6.77}$$

已经知道,CO_2^- 的同电子化合物 NO_2 在气相中测得的夹角 $\angle ONO = 134°$,两者很相近。可见,从单晶样品的 EMR 实验,可以获得未偶电子在原子轨道上的分布情况、杂化比和键角等结构信息。

6.4.1.3　N$(SO_3)_2^{2-}$ 自由基[13]

在该自由基中,氮原子为中心原子。T 张量的主值为

$$(T_{xx}, T_{yy}, T_{zz}) = (-35, -35, +70)\, MHz$$

它能很好地满足圆柱形对称的关系。对于未偶电子完全处在2p轨道上的情况

$$(T_{xx}, T_{yy}, T_{zz}) = (-47.8, -47.8, +95.6)\, MHz$$

因此,$\rho_p = 0.73$。

6.4.1.4　CHFCOONH$_2$ 自由基[13]

在该自由基中,未偶电子主要是定位在碳原子上。但实验表明:令 z 轴垂直于自由基平面,α-氢原子和 α-氟原子的张量主值分别为

$$(A_0^H, T_{xx}, T_{yy}, T_{zz}) = (-63, +32, 0, -33)\, MHz$$

$$(A_0^F, T_{xx}, T_{yy}, T_{zz}) = (+158, -203, -169, +372)\, MHz$$

在这里有两点值得注意:①A_0^H 的符号是负的,这符合自旋极化机理。因为,当在碳原子的2p轨道上具有 α 自旋的未偶电子自旋密度时,α-质子上应该出现负自旋密度。然而,A_0^F 的符号却是正的。这就说明:α-氟原子核与未偶电子的超精细互作用,并非来自自旋极化机理,而是通过 p-π 互作用直接耦合到 α-氟原子上的。②再从 α-氟原子的 T 张量矩阵元 (T_{xx}, T_{yy}, T_{zz}) 的值来看,大体上符合 $(-B, -B, 2B)$ 的关系。这就再次说明了有部分未偶电子是直接定位在 α-氟原子上的。也就是说,对于这部分未偶电子来说,α-氟原子就是"中心原子"。根据氟的 T 张量主值

$$(T_{xx}, T_{yy}, T_{zz}) = (-1515, -1515, +3030)\, MHz$$

得出

$$\rho_F = \frac{372}{3030} = 0.1227$$

就是说，有 12.27% 的电子密度是直接通过 p-π 互作用耦合到 α-氟原子上的。

6.4.2　α-氢原子的超精细耦合张量

　　γ 射线辐照丙二酸单晶是研究 α-氢原子的耦合张量最合适的模型，因为它生成的自由基 $\dot{C}H(COOH)_2$ 中只有一个 α-氢原子，未偶电子与 α-氢原子的超精细互作用产生两条谱线，其裂距随取向而变化。

　　实验结果表明丙二酸自由基的超精细耦合张量主轴坐标系如图 6-9 所示。在此主轴坐标系中，$|A_{xx}| = 29\ \text{MHz}$、$|A_{yy}| = 91\ \text{MHz}$、$|A_{zz}| = 61\ \text{MHz}$，并知道它们具有相同的相对符号，因此

$$|A_0| = \frac{1}{3}(29 + 91 + 61) = 60.3(\text{MHz})$$

从自旋极化机理可以确定它的绝对符号为负号，则

　　$A_0 = -60.3\ \text{MHz}$；　$A_{xx} = -29\ \text{MHz}$；　$A_{yy} = -91\ \text{MHz}$；　$A_{zz} = -61\ \text{MHz}$

关于负号问题的证明请参阅文献[14，15]。

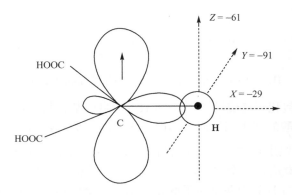

图 6-9　自由基 $\dot{C}H(COOH)_2$ 的 α-质子张量主轴坐标系示意图[16]

　　丙二酸的结果展示了一个重要的事实：若有 $I = 1/2$ 的核，其 ^dA 主值为（-30，-60，-90）MHz，则它必定是 α-质子。且 -30 MHz 的主轴方向是 C—H 方向，-60 MHz 的主轴方向是 $2p_z$ 轨道对称轴的方向，-90 MHz 的主轴方向垂直于由 C—H 键和 $2p_z$ 轨道组成的平面。因此，通过对 $\boldsymbol{A}^2$ 的对角化，得到（X，Y，Z）坐标系在（x，y，z）坐标系中的取向，也就确定了自由基在空间的取向。

　　丙二酸经 γ 射线辐照后，还有可能生成另一种自由基 $\dot{C}H_2$—COOH。这里连接在碳原子上有两个 α-氢原子，未偶电子与这两个质子耦合的结果产生 4 条超精细谱线，分析其 EMR 谱对角度的依赖关系，可以得出两个 $\boldsymbol{A}^2$ 张量矩阵，一个是

属于H_a的，另一个是属于H_b的。对角化之后，得到主值和方向余弦，发现：

（1）它们的主值是

$$A_{xx}^a = -30; \quad A_{yy}^a = -91; \quad A_{zz}^a = -55; \quad A_0^a = -62 \text{ MHz}$$

$$A_{xx}^b = -37; \quad A_{yy}^b = -92; \quad A_{zz}^b = -59; \quad A_0^b = -63 \text{ MHz}$$

（2）它们的主轴如图 6-10 所示，Z_1 与 Z_2 轴的夹角为 $4.4°$，X_1 与 X_2 轴的夹角为 $116° \pm 5°$。根据一般常识知道，自由基 $\dot{C}H_2$—COOH 基本上应该是平面结构，未偶电子所在的"中心"碳原子是 sp^2 杂化，Z_1 与 Z_2 轴应该是平行的，$\angle H\dot{C}H$ 应该是 $120°$，偏差小于 $5°$，实验结果证明了这一判断是正确的。这就再次说明，自由基单晶的 EMR 超精细波谱可以用来研究自由基的分子结构及其在晶体中的取向。

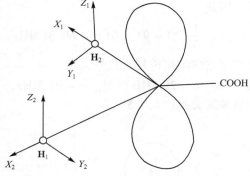

图 6-10　$\dot{C}H_2$—COOH 自由基中两个质子的超精细耦合张量的主轴方向[16]

γ 射线辐照饱和直链烷烃得到 R—$\dot{C}H$—R′ 自由基，其 α-质子的超精细耦合张量基本上与丙二酸的结果相类似。然而，未偶电子是离域的，主值就会有很大差别。以 γ 射线辐照戊烯二酸生成的自由基 HOOC—CH ＝$\dot{C}$—COOH 为例[13]，它的三个 CH 可以看成是一个烯丙基，三个质子的超精细耦合张量具有相同的主轴坐标 X、Y、Z，并且其中两个质子的张量主值完全相同，即 H_1 和 H_3，它们是等价质子，其张量主值如表 6-5 所示。

表 6-5　H_1、H_2、H_3 的张量主值

	A_{xx}	A_{yy}	A_{zz}	A_0
H_1，H_3	-18	-53	-36	-36
H_2	$+12$	$+17$	$+7$	$+12$

以上数据的绝对值是从实验求得的，其符号则是根据以下理由确定的：H_1 和 H_3 取负号是和丙二酸一样，$\dot{C}H_2$—COOH 的 $A_0^\alpha = -63$ MHz，故

$$\rho_1 = \rho_3 = \frac{-36}{-63} = +0.57$$

$$\rho_2 = \frac{+12}{-63} = -0.19$$

这里的 ρ_1 和 ρ_3 取正号是因为我们知道 1，3 位置上的自旋密度是正的。至于 ρ_2 取负号是因为：①按照归一化条件 $\rho_1 + \rho_2 + \rho_3 = 1$，则 $\rho_2 = 1 - 2 \times 0.57 = -0.14$，说明 2 号位的碳原子上的自旋密度应是负号。②由于它实际上是烯丙自由基，溶液中的烯丙自由基的 ρ_2 是负的。③定量计算比较复杂[15]，Heller 等做过定量计算，对于 H_1 和 H_3，由于

$$0.60 \ (-30, -60, -90) = (-18, -36, -54)$$

与实验值相符，说明 H_1 的各向异性超精细耦合张量基本上都是 ρ_1 贡献的。ρ_2 和 ρ_3 对它基本上没什么贡献，原因是 ρ_3 离 H_1 太远，而 ρ_2 又因为数值太小。但是，ρ_1 和 ρ_3 对 H_2 的各向异性超精细耦合张量是有贡献的。Heller 等的计算结果表明，若 ρ_2 取 $+0.19$，则

$$(A_{xx}, A_{yy}, A_{zz}) = (+0.9, -19.2, -18.4)$$

这与实验结果不符。若 ρ_2 取 -0.19，则

$$(A_{xx}, A_{yy}, A_{zz}) = (+12.7, +16.8, +5.6)$$

与实验结果符合得很好。从而再次证明 ρ_2 是负的，也说明它实际上就是一个烯丙自由基。

6.4.3　β-氢原子的超精细耦合张量

大多数有机二元酸和氨基酸受 γ 射线辐照后生成的自由基都还含有 β-质子。如丁二酸自由基 $HOOC\!-\!CH_2\!-\!\overset{\cdot}{C}H\!-\!COOH$ 中的 CH_2 和 $CH_3\!-\!\overset{\cdot}{C}H\!-\!COOH$ 中的 CH_3 上的氢都是 β-质子。β-质子也能由于超精细耦合产生分裂，但其张量的各向异性程度较小。原因是各向异性的张量 **T** 来自各自旋间的偶极-偶极互作用：

$$T_{zz} = g\beta g_n \beta_n \left\langle \frac{3\cos^2\theta - 1}{r^3} \right\rangle$$

当 r 比较大时，这种互作用就会迅速递减。但是，它的各向同性超精细耦合却会增大，原因是处在 β-位置的 CH_3 上的三个质子优先组成了"群轨道"：

$$\psi_1 = \frac{1}{\sqrt{3}}(a + b + c); \qquad \psi_2 = \frac{1}{\sqrt{2}}(b - c); \qquad \psi_3 = \frac{1}{\sqrt{6}}(2a - b - c)$$

其中，ψ_3 与 $2p_z$ 的对称性一致，就发生"超共轭"效应。显然，这种效应与质子所在的位置有关。如果 β-位 CH_3 的 C—H 平行于 $2p_z$（垂直于自由基平面），这种效应最强；若垂直于 $2p_z$（在自由基平面内），则这种效应最小。若 C—H 键与 $2p_z$ 的夹角为 θ（图 6-11），则

$$A_\beta = A_1 + A_2\cos^2\theta \tag{6.78}$$

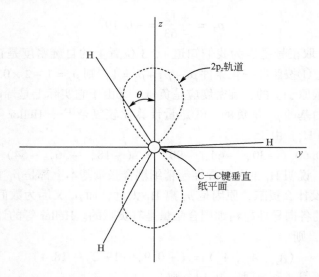

图 6-11　R—$\overset{\cdot}{C}$H—CH_3 自由基中甲基上氢原子的取向

我们可以通过实验测定的 A_β 值，根据式（6.78）定出 θ 角。γ 射线辐照 α-氨基丙酸，去掉氨基生成 CH_3—$\overset{\cdot}{C}H$—COOH。在室温下，CH_3 绕 C_α—C_β 键轴自由旋转，三个 β-质子是等价的，其超精细耦合值为

$$\langle A_\beta \rangle = A_1 + A_2\cos^2\theta = A_1 + \frac{1}{2}A_2 \tag{6.79}$$

$\langle A_\beta \rangle$ 的值恰巧与 A_α 相同，也就是说，三个 β-质子加上一个 α-质子共四个质子相互都是等价的，于是 EMR 波谱显示出强度比为 1:4:6:4:1 的五条超精细结构谱线 ［图 6-12（a）］。然而，当温度降至 77 K 时，CH_3 绕 C_α—C_β 键轴的旋转产生障碍了，这时三个 β-质子相互之间就不再等价了，但是，β_2-与 α-质子还是等价的。所以，其 EMR 波谱就出现强度比为 1:1:2:2:1:1:1:1:

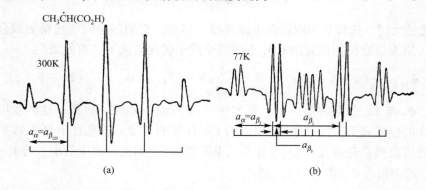

图 6-12　γ 射线辐照 α-氨基丙酸得到的 CH_3—$\overset{\cdot}{C}H$—COOH 自由基的 EMR（二次微分）波谱[17]
（a）300K；（b）77K

2∶2∶1∶1 的 12 条超精细结构谱线[17]［图 6-12（b）］。300 K 求得的平均耦合张量为 +67.0 MHz、+67.5 MHz、+76.5 MHz，各向同性值为 +70.0 MHz。这个张量是圆柱形对称的，C_α—C_β 键轴为其张量的对称轴。α-质子的超精细耦合张量为 -25.0 MHz、-89.4 MHz、-49.8 MHz，基本上与丙二酸的结果是一致的。而且，α-质子的 X 主轴（C—H_α 键方向）与 β-位 CH_3 的 Z 轴（C_α—C_β 键方向）的夹角为 121°，和预想的相符。

77 K 温度下 β-位 CH_3 的 3 个质子的各向异性超精细耦合张量值如表 6-6 所示。

表 6-6　77 K 温度下 β-位 CH_3 的 3 个质子的各向异性超精细耦合张量值

	A_{xx}	A_{yy}	A_{zz}	平均值
β_1	116	118	128	120
β_2	77	76	77	77
β_3	11	16	14	14

根据这三个张量的各向同性的值，就可以计算出 $\theta = 18°$，138°，258°，$A_1 = 9$ MHz，$A_2 = 122$ MHz，且

$$\frac{120 + 77 + 14}{3} = 70 \text{（MHz）}$$

和室温的结果是一致的。这一事实告诉我们：通过不同温度测量其 EMR 波谱可以研究自由基分子中的内部旋转运动的问题。

6.4.4　σ 型有机自由基的超精细耦合张量

我们在第 4 章中用较多的篇幅讨论了各向同性超精细互作用与 π 型有机自由基的结构问题。因为在 π 型有机自由基中，未偶电子主要是定域在碳原子的 $2p_z$（或 π）轨道上。因此，看到各向同性的超精细分裂的值一般都不大，引起超精细分裂的原子核总是定域在 $2p_z$ 轨道的节面上或其附近。然而，有些自由基上质子的超精细分裂值却很大，大到约 400 MHz。自旋极化的间接机理是无法解释这么大的分裂值的。它只能是直接机理引起的，即未偶电子所在的轨道中含有一定量的 s 轨道的特性。也可以这么说，未偶电子是定域在 σ 轨道上的。如 C—H 键，在失去氢原子后，未偶电子就定域在 σ 轨道上。多数 σ 轨道都具有较多的 s 成分，由于质子与 σ 轨道的 s 成分直接耦合引起的超精细分裂，其值都比较大，且符号应该是正号。

如甲醛自由基 H—Ċ =O 中，质子的超精细耦合常数为 384 MHz，氢原子的 1s 轨道上的自旋密度约为 0.27。除氢原子外，这是已知的由质子引起的各向同性超精细分裂最大的数值了[18]。在 σ 自由基中，直接作用的贡献总是大大超过间接引起的对超精细分裂的贡献。

^{13}C 各向同性超精细分裂值的大小，可以用来判断自由基中 s 轨道成分的多少。例如，在 ĊH$_3$（平面型）自由基中，$a^C = 3.85$ mT，而在 ĊF$_3$ 自由基中[19]，

$a^C = 27.16\text{mT}$。这是因为$\dot{C}F_3$自由基并非严格的平面构型，而是有很大的角锥畸变，导致未偶电子所在的轨道有一定的 s 轨道特征。

比较甲醛自由基和乙烯自由基的超精细耦合常数发现：乙烯自由基中的 3 个质子 H_1、H_2、H_3 的超精细耦合常数分别为 43.7 MHz，95.2 MHz，190 MHz。其中最大的一个也比甲醛自由基的 384 MHz 小很多。从乙烯自由基的 3 个质子的超精细分裂值可以看出它们与键角有关，从 H_1 的超精细分裂值为 43.7 MHz 可以估计出键角为 $140° \sim 150°$。

σ 自由基的超精细耦合表现出较大的各向异性性。如在 $F-\dot{C}=O$ 自由基中，超精细耦合张量的主值[18]为：1437.5 MHz、708.2 MHz、662.0 MHz。

6.5 *g* 张量和 *A* 张量组合的各向异性性

通常 *g* 张量和 *A* 张量的各向异性会同时存在于体系，且它们的主轴是不重合的，除非是在局部高度对称的情况下[20]。在 *g* 张量和 *A* 张量同时存在各向异性的体系中，情况就会很复杂。在能量表达式中要用组合矩阵 $g \cdot A \cdot A^T \cdot g^T$ 来表示。

最好的情况是体系中含有 C、O、Mg、Si 等的核，它们自然丰度最大的同位素核自旋是零（非磁性核）。这样，我们就可以先用 5.2 节的方法求出 *g* 张量，然后对磁性核同位素采用富集的方法去求它的 *A* 张量。

如果不是上述体系，只能采用特殊技术或借助计算机来解相应的能量表达式[21,22]。

6.6 无规取向体系中 *A* 张量的各向异性性

在我们实验中，遇到单晶样品是很少的，大多数样品是多晶、粉末或玻璃态等无规取向的体系。因此，讨论无规取向体系中各向异性的 *A* 张量问题是有重要的实际意义的。为了便于入手，我们先选定具有各向同性的 *g* 张量、$S = 1/2$、$I = 1/2$ 的无规取向体系进行讨论。

从式（6.28）得知

$$\cos\Theta = \pm\left[\frac{4g^2\beta^2\,(\Delta H)^2 - (A_0 - B)^2}{3B\,(2A_0 + B)}\right]^{\frac{1}{2}} \tag{6.80}$$

其中

$$\Delta H = H_r - H_0$$

$$P(H) \propto \frac{\sin\Theta}{\mathrm{d}(\Delta H)/\mathrm{d}\Theta} = \pm\frac{4g^2\beta^2\Delta H}{3B(2A_0 + B)\cos\Theta}$$

$$= \pm\frac{2g\beta}{3B(2A_0 + B)\cos\Theta}\left[(A_0 - B)^2 + 3B(2A_0 + B)\cos^2\Theta\right]^{\frac{1}{2}} \tag{6.81}$$

如何决定正负号？首先，$P(H)$ 必须是正的。这样就会出现两个分立的包络线：一个对应于 $M_I = +1/2$；另一个对应于 $M_I = -1/2$。令 $\xi = B/A$，则式（6.80）可化成[23]

$$P(H) \propto \frac{\left[(1-\xi)^2 + 3\xi(2+\xi)\cos^2\Theta\right]^{1/2}}{\xi(2+\xi)\cos\Theta} \tag{6.82}$$

选了 9 个 ξ 值，以 $P(H)$ 对 ΔH 作图（图6-13）。可以看出，$P(H)$ 包络线的形状对 ξ 值很敏感。尤其是当 $\xi = -2$ 时，发现超精细分裂与取向无关。这很容易被误认为是各向同性超精细互作用。为了区别，把样品溶在低黏度液体中进行测试，可以得到真正的各向同性的超精细结构。另外，在 $\xi = 1$ 处，$P(H)$ 也与 ΔH 无关。在 $\Delta H = 0$ 处有奇异点。在所有的情况下，除 $\xi = 1$ 外，$P(H)$ 在 $\Theta = 0$ 处都是有限值，然后，随着 Θ 的增加而单调地增加，到了 $\Theta = 90°$，$P(H)$ 趋向无穷大。对于 Lorentz 线型，线宽 $\Delta H_{1/2} = 0.005$ mT。

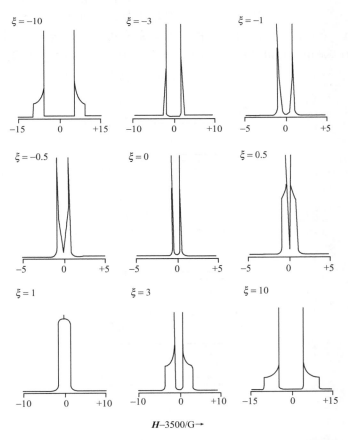

图 6-13 无规取向顺磁体系（$S = I = 1/2$，g 因子为各向同性）的超精细线型在 9 个不同 ξ 值下的 $P(H)$ 与 ΔH 的关系图

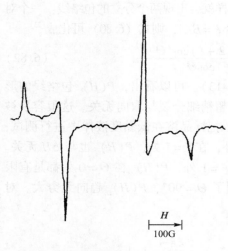

图 6-14 F—$\dot{\text{C}}$ ＝O 自由基在 4.2 K 下 CO 基质中的 EMR 波谱

无规取向的 F—$\dot{\text{C}}$ ＝O 自由基在 4.2 K 的 CO 基质中测得的 EMR 波谱[24] 如图 6-14 所示。虽然并非严格的轴对称，但仍可近似地按轴对称处理。外侧两线间距 $|A_0 + 2B| \approx 51.4$ mT；内侧两线间距 $|A_0 - B| \approx 24.6$ mT。由此可得 $A_0 \approx \pm 940$ MHz；$B \approx \pm 250$ MHz 或 $A_0 \approx \pm 20$ MHz；$B \approx \pm 710$ MHz。进一步研究表明前一组数据是正确的[24]。

对于对称性低于轴对称，或多于一个磁性核，或 g 张量是各向异性的体系，其理论处理就很复杂。只有一些较简单的体系有可能定出 g 和 A 张量的部分或全部主值。一些理想的无规取向体系 EMR 的微分谱[25] 如图 6-15 所示。

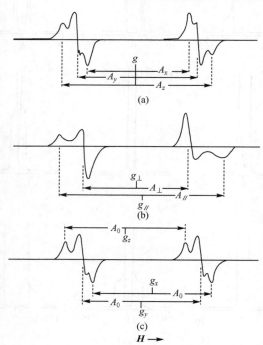

图 6-15 几种典型的无规取向只含有一个 $I = 1/2$ 的磁性核体系的 EMR 一次微分谱[25]
（a）g 因子是各向同性的，且 $A_{zz} > A_{yy} > A_{xx}$；（b）轴对称 $g_{//} < g_{\perp}$，$A_{//} > A_{\perp}$；
（c）A 张量是各向同性的，$g_{xx} < g_{yy} < g_{zz}$

参 考 文 献

[1] Kirklin P W, Auzins P, Wertz J E. *J. Phys. Chem. Solids.* 1965, **26**: 1067.

[2] Henderson B, Wertz J E. *Adv. Phys.* 1968, **17**: 749.

[3] Cheston W. *Elementary Theory of Electric and Magnetic Fields.* New York: Wiley, 1964: 151.

[4] Atkins P W. *Molecular Quantum Mechanics*, 2nd Ed. Oxford: Oxford Press, 1983: Sect. 14. 7.

[5] Skinner R, Weil J A. *Am. J. Phys.* 1989, **57**: 777.

[6] Zeldes H, Trammell G T, Livingston R, Holmberg R W. *J. Chem. Phys.* 1960, **32**: 618.

[7] Blinder S M. *J. Chem. Phys.* 1960, **33**: 748.

[8] Weil J A, Anderson J H. *J. Chem. Phys.* 1961, **35**: 1410.

[9] Trammell G T, Zeldes H, Livingston R. *Phys. Rev.* 1958, **110**: 630.

[10] Rogers M T, Whiffen D H. *J. Chem. Phys.* 1964, **40**: 2662.

[11] Kispert L D, Rogers M T. *J. Chem. Phys.* 1971, **54**: 3326.

[12] Bogan C M, Kispert L D. *J. Phys. Chem.* 1973, **77**: 1491.

[13] 裘祖文. *电子自旋共振波谱.* 北京: 科学出版社, 1980.

[14] Ghosh K, Whiffen D H. *Mol. Phys.* 1959, **2**: 285.

[15] McConnell M, Streethdee J. *Mol. Phys.* 1959, **2**: 129.

[16] Carrington A, McLachlan A D. *Introduction to Magnetic Resonance.* New York: Harper & Row, 1967.

[17] Horsfield A, Morton J R, Whiffen D H. *Mol. Phys.* 1961, **4**: 425.

[18] Adrian F J, Cochran E L, Bowers V A. *J. Chem. Phys.* 1965, **43**: 462.

[19] Fessenden R W, Schuler R H. *J. Chem. Phys.* 1965, **43**: 2705.

[20] Zeldes H, Livingston R. *J. Chem. Phys.* 1961, **35**: 563.

[21] Weil J A. *J. Magn. Reson.* 1971, **4**: 394.

[22] Farach H A, Poole C P Jr. *Adv. Magn. Reson.* 1971, **5**: 229.

[23] Blinder S M. *J. Chem. Phys.* 1960, **33**: 748.

[24] Adrian F J, Cochran E L, Bowers V A. *J. Chem. Phys.* 1965, **43**: 462.

[25] Atkins P W, Symons M C R. *The Structure of Inorganic Radicals.* Amsterdam: Elsevier, 1967.

更进一步的参考读物

1. Poole Jr C P, Farach H A. *Theory of Magnetic Resonance.* New York: Wiley, 1987.

2. Bleaney B. //Freeman A J, Frankel R B. New York: Academic, 1967.

第 7 章　零场分裂与波谱的精细结构

前面我们讨论的体系主要是只有一个未偶电子的顺磁粒子（即 $S = s = \dfrac{1}{2}$），这种体系不会产生零场分裂，波谱也没有精细结构。如果在顺磁粒子中有两个以上的未偶电子（即 $S \geqslant 1$），若其电子数目是奇数（$S = \dfrac{3}{2}$，$\dfrac{5}{2}$，$\dfrac{7}{2}$，…），原则上都能观测到 EMR 信号；若其电子数目为偶数（$S = 1$，2，3，…），那就不一定了。本章我们就专门讨论具有两个以上未偶电子的体系。

我们暂时先忽略所有的核自旋，从两个未偶电子的体系入手，这些体系包括：①气相中的原子或离子（如氧原子）；②气相中的小分子（如氧分子）；③含有两个以上未偶电子的有机分子（如被激发到亚稳三重态的萘分子）；④无机分子（如在稀有气体基质中的 CCO[①]和 CNN[①]）；⑤晶体中含有两个以上未偶电子的点缺陷（如 MgO 中的 F_t 中心）；⑥在流体溶液和固体中的双基；⑦某些过渡族（如 V^{3+} 和 Ni^{2+}）离子和稀土族离子。其中①和②将在第 9 章中讨论。

假如最高已占轨道的能级是非简并的，并且是被两个成对电子所占据，则其基态必定是自旋单态，如图 7-1（a）所示。如果这两个电子中的一个，吸收一定能

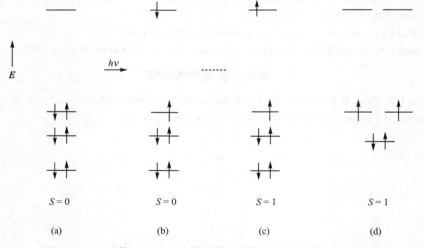

图 7-1　六电子体系和四电子体系的电子能级及其自旋构象示意图

---

①　CCO 和 CNN 这两种化合物是由 C 原子与 CO 或 N_2 分子反应生成并在 4K 温度下捕获于冷冻的稀有气体基质中（Smith G R，Weltner Jr. W. *J. Chem. Phys.* 1975，**62**：4592.）。

量的量子，被激发到一个未占轨道上去，仍是自旋成对，则该体系为激发单重态，如图 7-1（b）所示。因为允许发生的跃迁并没有改变其"重态"（multiplicity）。然而，分子在体系内部通过无辐射过程改变自旋取向，变成亚稳三重态，如图 7-1（c）所示，其能级略低于单重态。这种无辐射过程可能是由于旋轨耦合、分子旋转和（或）在外磁场存在下的超精细互作用所造成的。还有一种是四电子体系，其最高已占轨道是二重简并的，按照 Pauli 原理，两个电子必定分占两个能级相同的轨道，且是自旋平行的两个未偶电子，如图 7-1（d）所示。

7.1　零场分裂的起源

一个体系有两个未偶电子，每一个电子都有 α 和 β 两种自旋态。两个未偶电子就可以组合出 4 种自旋态。

$$\alpha(1)\,\alpha(2)\qquad \alpha(1)\,\beta(2)\qquad \beta(1)\,\alpha(2)\qquad \beta(1)\,\beta(2)$$

这 4 种自旋态，由于两个未偶电子微小的互作用，组合出对称和反对称两种组态，其组合函数如下

对称函数　　　　　　　　　　　　　反对称函数

$\alpha(1)\,\alpha(2)$

$\dfrac{1}{\sqrt{2}}\big[\alpha(1)\beta(2)+\beta(1)\alpha(2)\big]$　　　　$\dfrac{1}{\sqrt{2}}\big[\alpha(1)\beta(2)-\beta(1)\alpha(2)\big]$

$\beta(1)\,\beta(2)$

三重态 $S=1$　　　　　　　　　　　　单态 $S=0$

态的重数（multiplicity of state）为 $2S+1$ 个。当 $S=1$ 时，$2S+1=3$，故称之为三重态；当 $S=0$ 时，$2S+1=1$，故为单重态（或单态）。假如两个电子占据同一个空间轨道，由于受到 Pauli 原理的制约，只有反对称或单态才是可能的。然而，假如每一个电子各占一个不同的轨道，则三重态和单态都是存在的。

有两个未偶电子的体系，其总自旋角动量 S，是两个未偶电子各自的自旋角动量之和，即 $S=s_1+s_2$。由于 $s_1=s_2=\dfrac{1}{2}$，$S=s_1+s_2=\dfrac{1}{2}+\dfrac{1}{2}=1$，相应的 $m_s=+1$、0、-1。如果没有零场分裂，体系的能级与外磁场的关系如图 7-2（a）所示。加上微波，根据共振跃迁的选择定则 $\Delta m_s=\pm1$，应有 $-1\to0$ 和 $0\to+1$ 两条跃迁谱线，但都发生在 H_0 处，即两条谱线重合在一起，只能观测到一条谱线。如果 $S=1$ 的体系处在轴对称的晶体场（或配位场）中，在外磁场还是零的情况下，能级已经被分裂成 $m_s=0$ 和 $m_s=\pm1$，后者是二重简并的，这就叫做"零场分裂"。只有当外磁场加上去之后，才会产生 Zeeman 分裂。当微波加上去时，就会产生两条跃迁谱线，这就是"精细结构"，如图 7-2（b）所示。图中的 H_1 和 H_2 分别为

$$H_1 = \frac{h\nu}{g\beta} - \frac{d}{g\beta} = H_0 - D \qquad (7.1a)$$

$$H_2 = \frac{h\nu}{g\beta} + \frac{d}{g\beta} = H_0 + D \qquad (7.1b)$$

$$|H_2 - H_1| = 2D \qquad (7.2)$$

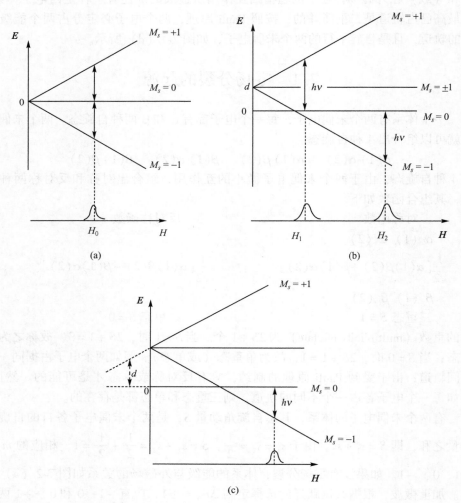

图 7-2   在 $S = 1$ 的体系中零场分裂和精细结构示意图

这里的 D 就是精细结构的裂距，相对应于超精细结构的裂距 A_0。由于电子的磁矩比核的磁矩大 1000 多倍，电子与电子之间的偶极-偶极互作用能，也要比电子与核之间的偶极-偶极互作用能大三个数量级。因此，精细结构的裂距 D 就比超精细结构的裂距 A_0 要大很多倍。如果零场分裂的 $d > h\nu$，它有零场分裂，但也只能观测到一条谱线，如图 7-2（c）所示。零场分裂主要是由电子之间的偶极–偶极互作用引起的。

7.2　Kramer 定　理

在处理两个以上未偶电子的体系时，有一条很重要的定理就是"对于含有奇数个未偶电子的体系（S 为半整数），在零场时，每个能级至少要保持二重简并"，这种简并度称作 Kramer 简并度。

只有在外磁场的作用下，Kramer 简并度才有可能被解除。这就是说：对于含有奇数个未偶电子的体系，由于存在 Kramer 简并度，从原理上讲总是可以观测到 EMR 波谱的。然而对于含有偶数个未偶电子的体系，当它处于对称性很低的场中，简并度完全被解除时，就有可能完全看不到 EMR 信号。

从图 7-1（c）也可以看出：要想观测到可能存在的精细结构，唯一的办法就是提高微波频率，使 $h\nu > d$。也就是说，原本在 X 波段观测不到精细结构的另一条谱线，在 Q 波段也许就有可能观测到。

还应该指出的是：零场分裂是强烈地依赖于取向的，即是各向异性的。因此，研究零场分裂所引起的精细结构，最好是采用单晶样品。多晶样品测得的是一条较宽的包络线，信号幅度低到一定的限度，就可能检测不到 EMR 信号。

7.3　两个电子互作用的自旋 Hamilton 算符

7.3.1　电子自旋的交换互作用

由于电子是全同性的，则两个电子在两个不同轨道上相互交换位置之后，体系的 Hamilton 算符是不会改变的。即

$$\mathscr{H}(1,2) = \mathscr{H}(2,1) \tag{7.3}$$

令 $\hat{p}$ 表示电子 1 和 2 相互交换的置换算符，并作用到 Schrödinger 方程式

$$ih\frac{\partial \Phi}{\partial t} = \mathscr{H}\Phi \tag{7.4}$$

的两边，得

$$ih\frac{\partial}{\partial t}(\hat{p}\Phi) = \hat{p}(\mathscr{H}\Phi) = \mathscr{H}(\hat{p}\Phi) \tag{7.5}$$

这就是说 Φ 是这个 Schrödinger 方程的解，（$\hat{p}\Phi$）也是这个 Schrödinger 方程的解。由于电子的全同性可知：Φ 和（$\hat{p}\Phi$）描述的是同一状态，所差者仅为一个常数而已。

$$\hat{p}\Phi = \lambda\Phi \tag{7.6}$$

再以 $\hat{p}$ 作用到式（7.6）的两边，则得

$$\Phi = \lambda^2 \Phi \tag{7.7}$$

可见 $\lambda^2 = 1$，算符 $\hat{p}$ 的本征值 $\lambda = \pm 1$。就是说全同性粒子所组成的状态，只能用对称或反对称的波函数来描述。实验证明：对于电子，应当由反对称的波函数组成，即 $\lambda = -1$。鉴于行列式值的变号性质，用行列式函数来描述这种反对称波函数更合适。

令 $\phi_a = \psi_a (x, y, z)$，$\alpha$ 表示单个电子 Hamilton 算符的本征函数，下标 a 表示一组量子数 (n, l, m) 自旋态为 α 的状态；令 $\overline{\phi}_a = \psi_a (x, y, z) \beta$，与 ϕ_a 只差在自旋态由 α 变成 β 而已。处在不同轨道上的两个电子，可以组成 4 个行列式函数：

$$|\phi_a, \phi_b| \quad |\phi_a, \overline{\phi}_b| \quad |\overline{\phi}_a, \phi_b| \quad |\overline{\phi}_a, \overline{\phi}_b| \tag{7.8}$$

$$|\phi_a, \phi_b| \equiv \frac{1}{\sqrt{2}} \left[\phi_a (1) \phi_b (2) - \phi_a (2) \phi_b (1) \right] \tag{7.9a}$$

$$|\phi_a, \overline{\phi}_b| \equiv \frac{1}{\sqrt{2}} \left[\phi_a (1) \overline{\phi}_b (2) - \phi_a (2) \overline{\phi}_b (1) \right] \tag{7.9b}$$

$$|\overline{\phi}_a, \phi_b| \equiv \frac{1}{\sqrt{2}} \left[\overline{\phi}_a (1) \phi_b (2) - \overline{\phi}_a (2) \phi_b (1) \right] \tag{7.9c}$$

$$|\overline{\phi}_a, \overline{\phi}_b| \equiv \frac{1}{\sqrt{2}} \left[\overline{\phi}_a (1) \overline{\phi}_b (2) - \overline{\phi}_a (2) \overline{\phi}_b (1) \right] \tag{7.9d}$$

算符 $\hat{S}_z = \hat{s}_{1z} + \hat{s}_{2z}$；$\hat{S}^2 = (\hat{s}_1 + \hat{s}_2)^2$。我们注意到：式（7.8）中的 4 个函数都是 $\hat{S}_z$ 算符的本征函数，但并不都是 $\hat{S}_z$ 和 $\hat{S}^2$ 共同的本征函数。其中只有 $|\phi_a, \phi_b|$ 和 $|\overline{\phi}_a, \overline{\phi}_b|$ 是算符 $\hat{S}_z$ 和 $\hat{S}^2$ 的共同本征函数，而 $|\phi_a, \overline{\phi}_b|$ 和 $|\overline{\phi}_a, \phi_b|$ 却不是，且

$$\hat{S}^2 |\phi_a, \overline{\phi}_b| = |\phi_a, \overline{\phi}_b| + |\overline{\phi}_a, \phi_b|$$

$$\hat{S}^2 |\overline{\phi}_a, \phi_b| = |\overline{\phi}_a, \phi_b| + |\phi_a, \overline{\phi}_b|$$

为了保证它们都是 $\hat{S}_z$ 和 $\hat{S}^2$ 共同的本征函数，必须把 $|\phi_a, \overline{\phi}_b|$ 和 $|\overline{\phi}_a, \phi_b|$ 线性组合成新的函数，因此

$$^3\Psi_1 = |\phi_a, \phi_b| \tag{7.10a}$$

$$^3\Psi_0 = \frac{1}{\sqrt{2}} (|\phi_a, \overline{\phi}_b| + |\overline{\phi}_a, \phi_b|) \tag{7.10b}$$

$$^3\Psi_{-1} = |\overline{\phi}_a, \overline{\phi}_b| \tag{7.10c}$$

$$^1\Psi_0 = \frac{1}{\sqrt{2}} (|\phi_a, \overline{\phi}_b| - |\overline{\phi}_a, \phi_b|) \tag{7.10d}$$

如果把它们表示成空间函数和自旋函数的乘积，则式（7.10）可写成

$$
\begin{aligned}
{}^3\Psi_1 &= \frac{1}{\sqrt{2}}\left[\psi_a(1)\psi_b(2) - \psi_a(2)\psi_b(1)\right]\alpha(1)\alpha(2) \\
&= \Psi_T(1,2)\alpha\alpha
\end{aligned}
\tag{7.11a}
$$

$$
\begin{aligned}
{}^3\Psi_0 &= \frac{1}{\sqrt{2}}\left[\psi_a(1)\psi_b(2) - \psi_a(2)\psi_b(1)\right]\frac{\alpha(1)\beta(2) + \beta(1)\alpha(2)}{\sqrt{2}} \\
&= \Psi_T(1,2)\frac{\alpha\beta + \beta\alpha}{\sqrt{2}}
\end{aligned}
\tag{7.11b}
$$

$$
\begin{aligned}
{}^3\Psi_{-1} &= \frac{1}{\sqrt{2}}\left[\psi_a(1)\psi_b(2) - \psi_a(2)\psi_b(1)\right]\beta(1)\beta(2) \\
&= \Psi_T(1,2)\beta\beta
\end{aligned}
\tag{7.11c}
$$

$$
\begin{aligned}
{}^1\Psi_0 &= \frac{1}{\sqrt{2}}\left[\psi_a(1)\psi_b(2) + \psi_a(2)\psi_b(1)\right]\frac{\alpha(1)\beta(2) - \beta(1)\alpha(2)}{\sqrt{2}} \\
&= \Psi_T(1,2)\frac{\alpha\beta - \beta\alpha}{\sqrt{2}}
\end{aligned}
\tag{7.11d}
$$

从这 4 个波函数看出：若空间函数是反对称的，则自旋函数是对称的；反之，空间函数是对称的，则自旋函数就是反对称的。从而保证了整个函数是反对称的。

如果总的 Hamilton 算符是由两个单电子的 Hamilton 算符之和组成，且不包括自旋项，则式（7.11）中的四个波函数都是这个总 Hamilton 算符的本征函数，且能量是简并的，即

$$
E({}^1\Psi_0) = E({}^3\Psi_1) = E({}^3\Psi_0) = E({}^3\Psi_{-1}) = E_a + E_b
\tag{7.12}
$$

如果在总的 Hamilton 算符中包含两个未偶电子之间的静电排斥项 $\dfrac{e^2}{r_{1,2}}$，则

$$
\left\langle {}^1\Psi_0 \left| \frac{e^2}{r_{1,2}} \right| {}^1\Psi_0 \right\rangle
$$

$$
= \frac{1}{2}\left\langle \psi_a(1)\psi_b(2) + \psi_a(2)\psi_b(1) \left| \frac{e^2}{r_{1,2}} \right| \psi_a(1)\psi_b(2) + \psi_a(2)\psi_b(1) \right\rangle \left\langle \frac{\alpha\beta - \beta\alpha}{\sqrt{2}} \left| \frac{\alpha\beta - \beta\alpha}{\sqrt{2}} \right.\right\rangle
$$

$$
= \frac{1}{2}\left[2\left\langle \psi_a(1)\psi_b(2) \left| \frac{e^2}{r_{1,2}} \right| \psi_a(1)\psi_b(2) \right\rangle + 2\left\langle \psi_a(1)\psi_b(2) \left| \frac{e^2}{r_{1,2}} \right| \psi_a(2)\psi_b(1) \right\rangle \right]
$$

$$
= C + J
\tag{7.13}
$$

式中：e 是电子的电荷；$r_{1,2}$ 是电子 1 和电子 2 之间的距离。

$$
C = \left\langle \psi_a(1)\,\psi_b(2) \left| \frac{e^2}{r_{1,2}} \right| \psi_a(1)\,\psi_b(2) \right\rangle，\text{称为库仑积分；}
$$

$$
J = \left\langle \psi_a(1)\,\psi_b(2) \left| \frac{e^2}{r_{1,2}} \right| \psi_a(2)\,\psi_b(1) \right\rangle，\text{称为交换积分。}
$$

同样

$$\left\langle {}^{3}\varPsi_{0} \left| \frac{e^2}{r_{1,2}} \right| {}^{3}\varPsi_{0} \right\rangle =$$

$$\frac{1}{2}\left\langle \psi_a(1)\psi_b(2) - \psi_a(2)\psi_b(1) \left| \frac{e^2}{r_{1,2}} \right| \psi_a(1)\psi_b(2) - \psi_a(2)\psi_b(1) \right\rangle \left\langle \frac{\alpha\beta - \beta\alpha}{\sqrt{2}} \left| \frac{\alpha\beta - \beta\alpha}{\sqrt{2}} \right\rangle \right.$$

$$= \frac{1}{2}\left[2\left\langle \psi_a(1)\psi_b(2) \left| \frac{e^2}{r_{1,2}} \right| \psi_a(1)\psi_b(2) \right\rangle - 2\left\langle \psi_a(1)\psi_b(2) \left| \frac{e^2}{r_{1,2}} \right| \psi_a(2)\psi_b(1) \right\rangle \right]$$

$$= C - J \tag{7.14}$$

而且

$$\left\langle {}^{3}\varPsi_{1} \left| \frac{e^2}{r_{1,2}} \right| {}^{3}\varPsi_{1} \right\rangle = \left\langle {}^{3}\varPsi_{0} \left| \frac{e^2}{r_{1,2}} \right| {}^{3}\varPsi_{0} \right\rangle = \left\langle {}^{3}\varPsi_{-1} \left| \frac{e^2}{r_{1,2}} \right| {}^{3}\varPsi_{-1} \right\rangle = C - J \tag{7.15}$$

至此，可以看出：当两个未偶电子接近时，由于电子间的静电排斥能，把原来四重简并的能级分裂成两组：一组为单态 ${}^{1}\varPsi_{0}$；另一组为三重态 ${}^{3}\varPsi_{m_s}$（$m_s = 1$，0，-1）。单态和三重态之间的能级差（图7-3）为

$$E({}^{1}\varPsi_{0}) - E({}^{3}\varPsi_{m_s}) = (C + J) - (C - J) = 2J \tag{7.16}$$

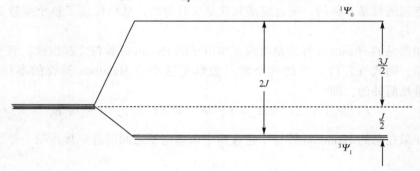

图 7-3　单态和三重态能级间隔示意图

上面说的是由于电子间的静电排斥能引起体系能级简并度的解除，但我们也可以用电子交换互作用的自旋 Hamilton 算符作用到上述四个波函数上去，也能得到同样的能级分裂的结果。电子交换互作用的自旋 Hamilton 算符如下：

$$\mathscr{H}_{\text{exch}} = \sum_{ij} J_{ij}\hat{S}_{1i}\hat{S}_{2j} \tag{7.17}$$

式中：$i, j = 1, 2, 3$（或 x, y, z），表示空间坐标。关于交换互作用体系的详细理论可参考文献 [1, 2]。如果只考虑其各向同性部分，自旋 Hamilton 算符为

$$(\mathscr{H}_{\text{exch}})_{\text{iso}} = -2J_0 \hat{S}_1 \cdot \hat{S}_2 \tag{7.18}$$

求它的交换互作用能，则

$$\left\langle {}^{1}\varPsi_{0} \left| \mathscr{H}_{\text{exch}} \right| {}^{1}\varPsi_{0} \right\rangle = \frac{3}{2}J_0 \tag{7.19}$$

$$\langle {}^{3}\varPsi_{m_s} \mid \hat{\mathscr{H}}_{\text{exch}} \mid {}^{3}\varPsi_{m_s} \rangle = -\frac{1}{2}J_0 \tag{7.20}$$

对于三重态分子，一般 J_0 都很大。如磷光态的萘分子，$2J_0 = 14\ 600\ \text{cm}^{-1}$。而对于双基，则由于未偶电子相距较远，交换能较小，J_0 也就比较小。J_0 的符号取决于体系的基态是什么态，从式（7.19）和式（7.20）看出，当 $J_0 > 0$ 时，基态是三重态；当 $J_0 < 0$ 时，基态是单态。当 $|J_0|$ 不大时，三重态和单态之间的分子数应服从 Boltzmann 分布。

7.3.2　电子-电子的偶极互作用

两个电子之间除交换互作用把体系状态分成单态和三重态之外，还有一种很重要的互作用，这就是各向异性磁偶极 – 偶极互作用。这种互作用甚至在零磁场的情况下也能使三重态的三重简并度解除。因此，也称之为"零场分裂"。

7.3.2.1　两个电子的偶极 – 偶极互作用的 Hamilton 算符

两个未偶电子之间的偶极 – 偶极互作用，类似于未偶电子与核之间的偶极 – 偶极互作用，产生各向异性超精细分裂。两个未偶电子之间的偶极 – 偶极互作用能类似于式（6.3），相应的 Hamilton 算符类似于式（6.4）。

设 $\boldsymbol{\mu}_{e_1} = g\beta\boldsymbol{s}_1$、$\boldsymbol{\mu}_{e_2} = g\beta\boldsymbol{s}_2$，有

$$E_{\text{dipolar}} = \frac{\boldsymbol{\mu}_{e_1} \cdot \boldsymbol{\mu}_{e_2}}{r_{1,2}^3} - \frac{3(\boldsymbol{\mu}_{e_1} \cdot \boldsymbol{r}_{1,2})(\boldsymbol{\mu}_{e_2} \cdot \boldsymbol{r}_{1,2})}{r_{1,2}^5} \tag{7.21}$$

$$\hat{\mathscr{H}}_{ss} = g^2\beta^2 \left[\frac{\hat{\boldsymbol{s}}_1 \cdot \hat{\boldsymbol{s}}_2}{r^3} - \frac{3(\hat{\boldsymbol{s}}_1 \cdot \boldsymbol{r})(\hat{\boldsymbol{s}}_2 \cdot \boldsymbol{r})}{r^5} \right] \tag{7.22}$$

注意到

$$\hat{\boldsymbol{s}}_1 \cdot \hat{\boldsymbol{s}}_2 = \begin{bmatrix} \hat{s}_{1x} & \hat{s}_{1y} & \hat{s}_{1z} \end{bmatrix} \begin{bmatrix} \hat{s}_{2x} \\ \hat{s}_{2y} \\ \hat{s}_{2z} \end{bmatrix} = \hat{s}_{1x}\hat{s}_{2x} + \hat{s}_{1y}\hat{s}_{2y} + \hat{s}_{1z}\hat{s}_{2z} \tag{7.23}$$

$$\hat{\boldsymbol{s}}_1 \cdot \boldsymbol{r} = \begin{bmatrix} \hat{s}_{1x} & \hat{s}_{1y} & \hat{s}_{1z} \end{bmatrix} \begin{bmatrix} x \\ y \\ z \end{bmatrix} = \hat{s}_{1x}x + \hat{s}_{1y}y + \hat{s}_{1z}z \tag{7.24}$$

$$\hat{\boldsymbol{s}}_2 \cdot \boldsymbol{r} = \begin{bmatrix} \hat{s}_{2x} & \hat{s}_{2y} & \hat{s}_{2z} \end{bmatrix} \begin{bmatrix} x \\ y \\ z \end{bmatrix} = \hat{s}_{2x}x + \hat{s}_{2y}y + \hat{s}_{2z}z \tag{7.25}$$

将式（7.23）～式（7.25）代入式（7.22），得

$$\hat{\mathscr{H}}_{ss} = \frac{g^2\beta^2}{r^5} \big[(r^2 - 3x^2)\hat{s}_{1x}\hat{s}_{2x} + (r^2 - 3y^2)\hat{s}_{1y}\hat{s}_{2y} + (r^2 - 3z)\hat{s}_{1z}\hat{s}_{2z}$$
$$- 3xy(\hat{s}_{1x}\hat{s}_{2y} + \hat{s}_{1y}\hat{s}_{2x}) - 3yz(\hat{s}_{1y}\hat{s}_{2z} + \hat{s}_{1z}\hat{s}_{2y}) - 3zx(\hat{s}_{1z}\hat{s}_{2x} + \hat{s}_{1x}\hat{s}_{2z}) \big] \tag{7.26}$$

由于

$$\hat{S} = \hat{s}_1 + \hat{s}_2 \tag{7.27}$$

$$\hat{S}_x^2 = (\hat{s}_{1x} + \hat{s}_{2x})^2 = \hat{s}_{1x}^2 + \hat{s}_{2x}^2 + \hat{s}_{1x}\hat{s}_{2x} + \hat{s}_{2x}\hat{s}_{1x} \tag{7.28}$$

且 $\hat{s}_{1i}^2$ 和 $\hat{s}_{2i}^2$（$i = x,\ y,\ z$）的本征值都是 $\frac{1}{4}$，则

$$\hat{s}_{1x}\hat{s}_{2x} = \frac{1}{2}\hat{S}_x^2 - \frac{1}{4} \tag{7.29a}$$

$$\hat{s}_{1y}\hat{s}_{2y} = \frac{1}{2}\hat{S}_y^2 - \frac{1}{4} \tag{7.29b}$$

$$\hat{s}_{1z}\hat{s}_{2z} = \frac{1}{2}\hat{S}_z^2 - \frac{1}{4} \tag{7.29c}$$

再看

$$\hat{S}_x\hat{S}_y = (\hat{s}_{1x} + \hat{s}_{2x})(\hat{s}_{1y} + \hat{s}_{2y}) = \hat{s}_{1x}\hat{s}_{2y} + \hat{s}_{2y}\hat{s}_{1y} + \hat{s}_{1x}\hat{s}_{1y} + \hat{s}_{2x}\hat{s}_{2y} \tag{7.30}$$

注意角动量算符的对易关系

$$\hat{s}_{1x}\hat{s}_{1y} = \frac{i}{2}\hat{s}_{1z}; \qquad \hat{s}_{2x}\hat{s}_{2y} = \frac{i}{2}\hat{s}_{2z} \tag{7.31}$$

代入式（7.30），得

$$\hat{S}_x\hat{S}_y = \hat{s}_{1x}\hat{s}_{2y} + \hat{s}_{2x}\hat{s}_{1y} + \frac{i}{2}(\hat{s}_{1z} + \hat{s}_{2z}) \tag{7.32}$$

同理，有

$$\hat{s}_{1y}\hat{s}_{1x} = -\frac{i}{2}\hat{s}_{1z}; \qquad \hat{s}_{2y}\hat{s}_{2x} = -\frac{i}{2}\hat{s}_{2z} \tag{7.33}$$

则

$$\hat{S}_y\hat{S}_x = \hat{s}_{1x}\hat{s}_{2y} + \hat{s}_{2x}\hat{s}_{1y} - \frac{i}{2}(\hat{s}_{1z} + \hat{s}_{2z}) \tag{7.34}$$

式（7.32）加上式（7.34），得

$$(\hat{s}_{1x}\hat{s}_{2y} + \hat{s}_{2x}\hat{s}_{1y}) = \frac{1}{2}(\hat{S}_x\hat{S}_y + \hat{S}_y\hat{S}_x) \tag{7.35a}$$

$$(\hat{s}_{1y}\hat{s}_{2z} + \hat{s}_{2y}\hat{s}_{1z}) = \frac{1}{2}(\hat{S}_y\hat{S}_z + \hat{S}_z\hat{S}_y) \tag{7.35b}$$

$$(\hat{s}_{1z}\hat{s}_{2x} + \hat{s}_{2z}\hat{s}_{1x}) = \frac{1}{2}(\hat{S}_z\hat{S}_x + \hat{S}_x\hat{S}_z) \tag{7.35c}$$

将式（7.29）、式（7.35）代入式（7.25），得

$$\dot{\mathscr{H}}_{ss} = \frac{1}{2}\frac{g^2\beta^2}{r^5}\big[(r^2 - 3x^2)\hat{S}_x^2 + (r^2 - 3y^2)\hat{S}_y^2 + (r^2 - 3z^2)\hat{S}_z^2$$
$$- 3xy(\hat{S}_x\hat{S}_y + \hat{S}_y\hat{S}_x) - 3yz(\hat{S}_y\hat{S}_z + \hat{S}_z\hat{S}_y) - 3zx(\hat{S}_z\hat{S}_x + \hat{S}_x\hat{S}_z)\big] \tag{7.36}$$

注意到

$$r^2 = x^2 + y^2 + z^2$$

式（7.36）可以用矩阵表象：

$$\mathscr{H}_{ss} = \frac{1}{2}g^2\beta^2 \begin{bmatrix} \hat{S}_x & \hat{S}_y & \hat{S}_z \end{bmatrix} \begin{bmatrix} \dfrac{r^2 - 3x^2}{r^5} & \dfrac{-3xy}{r^5} & \dfrac{-3xz}{r^5} \\ \dfrac{-3xy}{r^5} & \dfrac{r^2 - 3y}{r^5} & \dfrac{-3yz}{r^5} \\ \dfrac{-3xz}{r^5} & \dfrac{-3yz}{r^5} & \dfrac{r^2 - 3z}{r^5} \end{bmatrix} \begin{bmatrix} \hat{S}_x \\ \hat{S}_y \\ \hat{S}_z \end{bmatrix} \tag{7.37}$$

令

$$\boldsymbol{D} = \frac{1}{2}g^2\beta^2 \begin{bmatrix} \dfrac{r^2 - 3x^2}{r^5} & \dfrac{-3xy}{r^5} & \dfrac{-3xz}{r^5} \\ \dfrac{-3xy}{r^5} & \dfrac{r^2 - 3y}{r^5} & \dfrac{-3yz}{r^5} \\ \dfrac{-3xz}{r^5} & \dfrac{-3yz}{r^5} & \dfrac{r^2 - 3z}{r^5} \end{bmatrix} \tag{7.38}$$

$\boldsymbol{D}$ 矩阵的矩阵元为

$$D_{ij} = \frac{1}{2}g^2\beta^2 \frac{r_{ij}^2\delta_{ij} - 3ij}{r^5} \quad (i,j = x,y,z) \tag{7.39}$$

于是式（7.37）可写成

$$\mathscr{H}_{ss} = \hat{\boldsymbol{S}} \cdot \boldsymbol{D} \cdot \hat{\boldsymbol{S}} \tag{7.40}$$

我们从旋轨耦合互作用同样也可以得到这个结果[3,4]。

注意：以上的 $\boldsymbol{D}$ 矩阵都是在 x，y，z 坐标系中的。$\boldsymbol{D}$ 是二级无迹张量，可被对角化成 $^{\mathrm{d}}\boldsymbol{D}$，其主轴坐标系为 X，Y，Z。

$$^{\mathrm{d}}\boldsymbol{D} = \begin{bmatrix} D_{XX} & 0 & 0 \\ 0 & D_{YY} & 0 \\ 0 & 0 & D_{ZZ} \end{bmatrix} \tag{7.41a}$$

且

$$D_{XX} + D_{YY} + D_{ZZ} = Tr(^{\mathrm{d}}\boldsymbol{D}) = 0 \tag{7.41b}$$

则 Hamilton 算符可写成

$$\mathscr{H}_{ss} = \begin{bmatrix} \hat{S}_X & \hat{S}_Y & \hat{S}_Z \end{bmatrix} \begin{bmatrix} D_{XX} & 0 & 0 \\ 0 & D_{YY} & 0 \\ 0 & 0 & D_{ZZ} \end{bmatrix} \begin{bmatrix} \hat{S}_X \\ \hat{S}_Y \\ \hat{S}_Z \end{bmatrix} = \hat{\boldsymbol{S}} \cdot {}^{\mathrm{d}}\boldsymbol{D} \cdot \hat{\boldsymbol{S}} \tag{7.42}$$

于是

$$\mathscr{H}_{ss} = D_{XX}S_X^2 + D_{YY}S_Y^2 + D_{ZZ}S_Z^2 \tag{7.43}$$

令

$$\mathscr{X} = -D_{XX}; \qquad \mathscr{Y} = -D_{YY}; \qquad \mathscr{Z} = -D_{ZZ}$$

因为 $\boldsymbol{D}$ 是二级无迹张量，所以

$$\mathscr{X} + \mathscr{Y} + \mathscr{Z} = 0 \tag{7.44}$$

于是式（7.43）可写成

$$\mathscr{H}_{ss} = -(\mathscr{X}S_X^2 + \mathscr{Y}S_Y^2 + \mathscr{Z}S_Z^2) \tag{7.45}$$

7.3.2.2 $S = 1$ 自旋体系的状态能量（Hamilton 算符的本征值）

式（7.45）中的自旋算符的矩阵表象如下：

$$\hat{S}_X^2 = \begin{pmatrix} \dfrac{1}{2} & 0 & \dfrac{1}{2} \\ 0 & 1 & 0 \\ \dfrac{1}{2} & 0 & \dfrac{1}{2} \end{pmatrix}; \quad \hat{S}_Y^2 = \begin{pmatrix} \dfrac{1}{2} & 0 & -\dfrac{1}{2} \\ 0 & 1 & 0 \\ -\dfrac{1}{2} & 0 & \dfrac{1}{2} \end{pmatrix}; \quad \hat{S}_Z^2 = \begin{pmatrix} 1 & 0 & 0 \\ 0 & 0 & 0 \\ 0 & 0 & 1 \end{pmatrix} \tag{7.46}$$

从式（7.11）中我们定义一组自旋波函数：

$$\left. \begin{aligned} |+1\rangle &= \alpha(1)\alpha(2) \\ |0\rangle &= \frac{1}{\sqrt{2}}[\alpha(1)\beta(2) + \beta(1)\alpha(2)] \\ |-1\rangle &= \beta(1)\beta(2) \end{aligned} \right\} \tag{7.47}$$

以式（7.47）为基函数，$\mathscr{H}_{ss}$ 的矩阵表象如下：

$$\begin{array}{cccc} & |+1\rangle & |0\rangle & |-1\rangle \\ \langle +1| & \left[-\dfrac{1}{2}(\mathscr{X}+\mathscr{Y}) - \mathscr{Z} \right. & 0 & \dfrac{1}{2}(\mathscr{Y}-\mathscr{X}) \\ \langle 0| & 0 & -(\mathscr{X}+\mathscr{Y}) & 0 \\ \langle -1| & \left. \dfrac{1}{2}(\mathscr{Y}-\mathscr{X}) \right. & 0 & -\dfrac{1}{2}(\mathscr{X}+\mathscr{Y}) - \mathscr{Z} \end{array}$$

利用这个矩阵的无迹性，即式（7.44），可以求出它们的本征值。设 W 是久期行列式的解，现在来解这个久期方程：

$$\begin{vmatrix} -\dfrac{1}{2}\mathscr{Z} - W & 0 & -\dfrac{1}{2}(\mathscr{X}-\mathscr{Y}) \\ 0 & \mathscr{Z} - W & 0 \\ -\dfrac{1}{2}(\mathscr{X}-\mathscr{Y}) & 0 & -\dfrac{1}{2}\mathscr{Z} - W \end{vmatrix} = 0 \tag{7.48}$$

解

$$\left(-\frac{1}{2}\mathscr{Z} - W \right)^2 (\mathscr{Z} - W) - (\mathscr{Z} - W)\left[-\frac{1}{2}(\mathscr{X}-\mathscr{Y}) \right]^2$$

$$= (\mathscr{Z} - W)\left\{ \left(-\frac{1}{2}\mathscr{Z} - W \right)^2 - \left[-\frac{1}{2}(\mathscr{X}-\mathscr{Y}) \right]^2 \right\}$$

$$= (\mathscr{Z} - W)\left[-\frac{1}{2}\mathscr{Z} - W - \frac{1}{2}(\mathscr{X}-\mathscr{Y}) \right]\left[-\frac{1}{2}\mathscr{Z} - W + \frac{1}{2}(\mathscr{X}-\mathscr{Y}) \right] = 0$$

这个方程有 3 个根：

当 $(\mathscr{Z} - W) = 0$ 时，得

$$W_1 = W_Z = \mathscr{Z}$$

当 $\left[-\frac{1}{2}\mathscr{Z} - W + \frac{1}{2}(\mathscr{X} - \mathscr{Y}) \right] = 0$ 时，得

$$W_2 = W_Y = \mathscr{Y}$$

当 $\left[-\frac{1}{2}\mathscr{Z} - W - \frac{1}{2}(\mathscr{X} - \mathscr{Y}) \right] = 0$ 时，得

$$W_3 = W_X = \mathscr{X}$$

可见 $\mathscr{X}$, $\mathscr{Y}$, $\mathscr{Z}$ 就是 $\mathscr{H}_{ss}$ 算符的本征值。现在我们令

$$D = \frac{1}{2}(\mathscr{X} + \mathscr{Y}) - \mathscr{Z} = -\frac{3}{2}\mathscr{Z} \tag{7.49}$$

$$E = -\frac{1}{2}(\mathscr{X} - \mathscr{Y}) \tag{7.50}$$

代入式（7.45）得

$$\mathscr{H}_{ss} = D\left(\hat{S}_Z^2 - \frac{1}{3}\hat{S}^2\right) + E(\hat{S}_x^2 - \hat{S}_y^2)$$

$$= D\left[\hat{S}_Z^2 - \frac{1}{3}S(S+1)\right] + E(\hat{S}_x^2 - \hat{S}_y^2)$$

$$= D\left(\hat{S}_Z^2 - \frac{2}{3}\right) + E(\hat{S}_x^2 - \hat{S}_y^2) \tag{7.51}$$

于是 $\mathscr{H}_{ss}$ 的本征值也可写成

$$W_X = \mathscr{X} = \frac{1}{3}D - E \tag{7.52a}$$

$$W_Y = \mathscr{Y} = \frac{1}{3}D + E \tag{7.52b}$$

$$W_Z = \mathscr{Z} = -\frac{2}{3}D \tag{7.52c}$$

　　请注意：式（7.49）、式（7.51）和式（7.52）中的 D 不要与式（7.38）中的 D 张量混为一谈。这里的 D 和 E 是零场分裂常数，它们的值是依赖于 Z 轴的选择，（总是可以选出能使 $|E| \leqslant |D/3|$ 来的）[5]，D 和 E 的符号可以是正号，也可以是负号，两者可以是同号，也可以是异号。因为谱线的位置只依赖于它们的相对符号[6~8]。通常给出 D 和 E 的大小都是绝对值，其单位通常采用磁场单位（T 或 mT）。式(7.51)是文献中常见到的电子偶极 – 偶极互作用自旋 Hamilton 算符表达式。它的好处就是能直接反映对称性质。因为在轴对称时，$E = 0$。

　　对于 Z 轴平行于外磁场的 $S = 1$ 的体系，能级与磁场的关系如图 7-4 所示。可以看出：当 $Z /\!/ H$ 时，零场分裂能级的宽度 d 等于零场分裂常数 D。在外磁场

还没有加上时，即外磁场 $H=0$ 时，$|\pm 1\rangle$ 这两个能级是简并的。

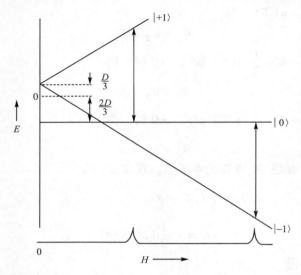

图 7-4   选择 Z 轴平行于外磁场、$D>0$、$E=0$，能级与磁场的关系示意图

7.3.2.3 $S=1$ 自旋体系的本征函数

式（7.47）是我们选择的一组波函数，但并不是式（7.40）中 $\mathscr{H}_{ss}$ 算符的本征函数。它的本征函数，应该是式（7.47）波函数的线性组合。当 $Z/\!/H$ 且 $H\to 0$ 时，其本征函数如下：

$$\left.\begin{aligned}|T_X\rangle &= \frac{e^{i\theta}}{\sqrt{2}}\left[\,|-1\rangle - |+1\rangle\,\right]\\[2mm]|T_Y\rangle &= \frac{e^{i\phi}}{\sqrt{2}}\left[\,|-1\rangle + |+1\rangle\,\right]\\[2mm]|T_z\rangle &= |0\rangle\end{aligned}\right\} \tag{7.53}$$

这里的 $e^{i\theta}$ 和 $e^{i\phi}$ 是相因子，可以任意选择。最好的选择是：$\theta=\pi$ 和 $\phi=\dfrac{\pi}{2}$，则

$$|T_X\rangle = \frac{1}{\sqrt{2}}\left[\,|-1\rangle - |+1\rangle\,\right] = \frac{1}{\sqrt{2}}(\beta\beta - \alpha\alpha) \tag{7.54a}$$

$$|T_Y\rangle = \frac{i}{\sqrt{2}}\left[\,|-1\rangle + |+1\rangle\,\right] = \frac{i}{\sqrt{2}}(\beta\beta + \alpha\alpha) \tag{7.54b}$$

$$|T_z\rangle = |0\rangle = \frac{1}{\sqrt{2}}(\alpha\beta - \beta\alpha) \tag{7.54c}$$

这就很像是 $l=1$ 的 $|p_x\rangle$、$|p_y\rangle$、$|p_z\rangle$ 三个轨道角动量的波函数。因此，相应地也能满足以下的关系：

$$\hat{S}_x|T_X\rangle=0 \qquad\qquad \hat{S}_y|T_X\rangle=-i|T_Z\rangle \qquad\qquad \hat{S}_z|T_X\rangle=i|T_Y\rangle$$

$$\hat{S}_x|T_Y\rangle=i|T_Z\rangle \qquad\qquad \hat{S}_y|T_Y\rangle=0 \qquad\qquad \hat{S}_z|T_Y\rangle=-i|T_X\rangle$$

$$\hat{S}_x|T_Z\rangle=-i|T_Y\rangle \qquad\qquad \hat{S}_y|T_Z\rangle=i|T_X\rangle \qquad\qquad \hat{S}_z|T_Z\rangle=0$$

$$\hat{S}_x^2|T_X\rangle=0 \qquad\qquad \hat{S}_y^2|T_X\rangle=|T_X\rangle \qquad\qquad \hat{S}_z^2|T_X\rangle=|T_X\rangle$$

$$\hat{S}_x^2|T_Y\rangle=|T_Y\rangle \qquad\qquad \hat{S}_y^2|T_Y\rangle=0 \qquad\qquad \hat{S}_z^2|T_Y\rangle=|T_Y\rangle$$

$$\hat{S}_x^2|T_Z\rangle=|T_Z\rangle \qquad\qquad \hat{S}_y^2|T_Z\rangle=|T_Z\rangle \qquad\qquad \hat{S}_z^2|T_Z\rangle=0$$

$$\mathscr{\hat{H}}_{ss}=\begin{array}{c} \\ \langle T_X| \\ \langle T_Y| \\ \langle T_Z| \end{array}\begin{array}{ccc} |T_X\rangle & |T_Y\rangle & |T_Z\rangle \\ \left[\begin{array}{ccc} \mathscr{X} & 0 & 0 \\ 0 & \mathscr{Y} & 0 \\ 0 & 0 & \mathscr{Z} \end{array}\right] \end{array} \tag{7.55}$$

以这一套波函数为基函数，$\mathscr{\hat{H}}_{ss}$算符的矩阵表象如式（7.55）所示。至此，我们得到了两个未偶电子的偶极 – 偶极互作用的 Hamilton 算符如式（7.40）；算符$\mathscr{\hat{H}}_{ss}$的本征值$\mathscr{X}$，$\mathscr{Y}$，$\mathscr{Z}$如式（7.52）所示；$\mathscr{\hat{H}}_{ss}$算符的本征函数$|T_X\rangle$，$|T_Y\rangle$，$|T_Z\rangle$如式（7.54）所示。注意到 D 和 E 就是零场分裂常数，在轴对称的情况下，当 $Z/\!/H$ 时，$E=0$。

7.3.2.4 $\Delta M_s=\pm2$ 的跃迁

在高场区，量子数 $M_s=+1$，0 和 -1，它们作为自旋 Hamilton 的本征函数是很有意义的，自旋在磁场方向量子化，M_s 是好的量子数，能态可用 $|M_s\rangle$ 表征，当微波场垂直于外磁场方向时，只能产生 $\Delta M_s=\pm1$ 的跃迁。而"$\Delta M_s=\pm2$"的跃迁则是被禁阻的。然而，在低场区的本征函数成为高场状态函数的线性组合如式（7.54），M_s 就不再是好的量子数了。因此，通常的 $\Delta M_s=\pm1$ 这条选择定则，这时已不适用了；当微波场平行于外磁场时，就会产生"$\Delta M_s=\pm2$"的跃迁。由于这条线的 g 值在 4 左右，我们通常把"$\Delta M_s=\pm2$"跃迁的谱线称为"半场线"。

当 $H/\!/Z$，且微波场也平行于 Z 时，它能产生 $\Delta M_s=\pm2$ 跃迁，而当微波场垂直于 Z 方向时则不能。因为

$$|\langle+|\hat{S}_z|-\rangle|^2=\left(\frac{\mathscr{X}-\mathscr{Y}}{\delta}\right)^2 \tag{7.56a}$$

$$\langle+|\hat{S}_x|-\rangle=\langle+|\hat{S}_y|-\rangle=0 \tag{7.56b}$$

从式（7.56）可知，$\Delta M_s=\pm2$ 跃迁的强度应该比正常的 $\Delta M_s=\pm1$ 的跃迁弱很多，因为它在正常的情况下是被禁阻的。但由于它的各向异性较小，所以在无规取向的样品中它反而显得很重要。因为

$$\Delta E=E_+-E_-=\left[\frac{1}{2}(\mathscr{X}+\mathscr{Y})+\frac{1}{2}\delta\right]-\left[\frac{1}{2}(\mathscr{X}+\mathscr{Y})-\frac{1}{2}\delta\right]=\delta \tag{7.57}$$

当固定微波频率时，它的共振磁场为

$$H = \frac{1}{2g\beta}\left[(h\nu)^2 - (\mathscr{X}-\mathscr{Y})^2\right]^{1/2} = \frac{1}{2g\beta}\left[(h\nu)^2 - 4E^2\right]^{1/2} \tag{7.58}$$

注意：式（7.58）中"$4E^2$"的 E 是零场分裂参数（D 和 E）的 E。

如果体系是轴对称的，即 $E=0$，谱线就会出现在 $g=4$ 处，且

$$H(E_+ - E_-) = \frac{h\nu}{2g\beta} = \frac{1}{4}\left[H(E_0-E_-)+(E_+-E_0)\right] \tag{7.59}$$

这是 $H /\!/ Z$ 的情况。对于 $H /\!/ X$ 和 $H /\!/ Y$，且微波场平行于外磁场时，也能观测到 $\Delta M_s = \pm 2$ 的跃迁，其共振磁场和相对强度如表 7-1 所示。

表 7-1　$\Delta M_s = \pm 2$ 跃迁的共振磁场和谱线的相对强度

取向	共振磁场	相对强度
X	$\left(\dfrac{1}{2g\beta}\right)\left[(h\nu)^2 - (\mathscr{Y}-\mathscr{Z})^2\right]^{1/2}$	$[(\mathscr{Y}-\mathscr{Z})/\delta]^2$
Y	$\left(\dfrac{1}{2g\beta}\right)\left[(h\nu)^2 - (\mathscr{Z}-\mathscr{X})^2\right]^{1/2}$	$[(\mathscr{Z}-\mathscr{X})/\delta]^2$
Z	$\left(\dfrac{1}{2g\beta}\right)\left[(h\nu)^2 - (\mathscr{X}-\mathscr{Y})^2\right]^{1/2}$	$[(\mathscr{X}-\mathscr{Y})/\delta]^2$

在通常（微波场垂直于外磁场）的 EMR 谱仪中，能观测到 $\Delta M_s = \pm 2$ 跃迁的是单光子跃迁[9]。对于无规取向的固体样品，出现在低场的 $\Delta M_s = \pm 2$ 跃迁，虽然分不出 X，Y，Z 三个组分，但有一个转折点 $H_{\min}$[9,10]。在微波频率 ν 固定的情况下，要使式（7.58）有大于零的解，则对于 g 为各向同性的体系，应保持 $\Delta M_s = \pm 2$ 跃迁的最小可能的磁场 $H_{\min}$[11]：

$$H_{\min} = \frac{1}{g\beta}\left[\frac{(h\nu)^2}{4} - \frac{D^2+3E^2}{3}\right]^{1/2} \tag{7.60}$$

对于无规取向的三重态体系，微分线的低场边峰可被用来估计 $D^* = (D^2 + 3E^2)^{1/2}$ 的值，这是测量零场分裂方均根值的一个方法。在某些情况下，D 和 E 可近似地用 $\Delta M_s = \pm 2$ 线型分析确定[12]。然而，假如零场分裂参数足以大于微波光子能量 $h\nu$，就不会发生 $\Delta M_s = \pm 2$ 的跃迁。

在液态溶液中的三重态分子，由于旋转运动，尤其是快速翻滚导致"自旋－晶格"弛豫变宽（τ_1 远小于 $S=1/2$ 的自由基）[13]，将促使零场分裂（D）被清除，从而很难检测到 EMR 波谱。

应当指出：在微波功率足够高的情况下（如 Q 波段），可以观测到双量子（双光子）跃迁[14,15]。这些就发生在 $|\pm 1\rangle$ 态之间以及 $g=2$ 附近。

7.4 三重态（$S=1$）分子体系

前面我们讨论的都是 $S=1$ 体系在没有外磁场作用下的情况，现在我们就来讨论当外磁场加上去时体系产生的变化及其 EMR 波谱。

7.4.1 三重态分子在外磁场作用下的能级和波函数

为了简化问题，我们把注意力集中在由两个未偶电子自旋产生的偶极 – 偶极互作用引起的特征变化上。假设 g 是各向同性的，且忽略未偶电子与磁性核之间的超精细互作用。这样体系的 Hamilton 算符是

$$\hat{\mathscr{H}} = g\beta \boldsymbol{H} \cdot \boldsymbol{S} - (\mathscr{X}S_X^2 + \mathscr{Y}S_Y^2 + \mathscr{Z}S_Z^2) \tag{7.61}$$

式中：第一项是未偶电子和外磁场的 Zeeman 互作用项；第二项就是两个未偶电子自旋产生的偶极 – 偶极互作用项，即 $\hat{\mathscr{H}}_{ss}$。式（7.61）可写成

$$\hat{\mathscr{H}} = \hat{\mathscr{H}}_{\text{Zeeman}} + \hat{\mathscr{H}}_{ss}$$

设外磁场 $\boldsymbol{H}$ 在主轴坐标系中的方向余弦为 (l_X, l_Y, l_Z)，以 $|T_X\rangle$，$|T_Y\rangle$，$|T_Z\rangle$ 为基矢，式（7.61）的矩阵表象如下：

$$\hat{\mathscr{H}} = \begin{array}{c} \\ \langle T_X| \\ \langle T_Y| \\ \langle T_Z| \end{array} \overset{\displaystyle |T_X\rangle \qquad |T_Y\rangle \qquad |T_Z\rangle}{\begin{bmatrix} \mathscr{X} & -ig\beta Hl_Z & ig\beta Hl_Y \\ ig\beta Hl_Z & \mathscr{Y} & -ig\beta Hl_X \\ -ig\beta Hl_Y & ig\beta Hl_X & \mathscr{Z} \end{bmatrix}} \tag{7.62}$$

式（7.62）的一般解是 (l_X, l_Y, l_Z) 的相当复杂的函数。下面我们考虑几种特殊情况。

首先考虑外磁场平行于 Z 方向，即 $(l_X, l_Y, l_Z) = (0, 0, 1)$，这时久期方程的解是 $E_Z = E_0 = z$：

$$\tag{7.63a}$$

$$E_+ = \frac{1}{2}(\mathscr{X} + \mathscr{Y}) + \left\{ \left[\frac{1}{2}(\mathscr{X} - \mathscr{Y})\right]^2 + (g\beta H)^2 \right\}^{1/2} \tag{7.63b}$$

$$E_- = \frac{1}{2}(\mathscr{X} + \mathscr{Y}) - \left\{ \left[\frac{1}{2}(\mathscr{X} - \mathscr{Y})\right]^2 + (g\beta H)^2 \right\}^{1/2} \tag{7.63c}$$

其相应的本征函数为

$$|0\rangle = |T_Z\rangle = \frac{1}{\sqrt{2}}(\beta\alpha + \alpha\beta) \tag{7.64a}$$

$$|+\rangle = \frac{1}{\sqrt{2}}\left\{ \left[1 + \left(\frac{\mathscr{X} - \mathscr{Y}}{\delta}\right)\right]^{1/2}|T_X\rangle + i\left[1 - \left(\frac{\mathscr{X} - \mathscr{Y}}{\delta}\right)\right]^{1/2}|T_Y\rangle \right\} \tag{7.64b}$$

$$|-\rangle = \frac{1}{\sqrt{2}}\left\{ i\left[1 - \left(\frac{\mathscr{X} - \mathscr{Y}}{\delta}\right)\right]^{1/2}|T_X\rangle + \left[1 + \left(\frac{\mathscr{X} - \mathscr{Y}}{\delta}\right)\right]^{1/2}|T_Y\rangle \right\} \tag{7.64c}$$

当外磁场 H 很大时，$\dfrac{\mathcal{X}-\mathcal{Y}}{\delta}\to 0$，则

$$|\pm\rangle \to |\pm 1\rangle \tag{7.65}$$

说明在高场，电子自旋间的耦合被解除。现在我们来看 $\Delta M_s = 1$ 的跃迁。

$$|-\rangle \to |0\rangle \quad E_0 - E_- = \mathcal{Z} - \frac{1}{2}\,(\mathcal{X}+\mathcal{Y}) + \frac{1}{2}\delta = \frac{3}{2}\mathcal{Z} + \frac{1}{2}\delta \tag{7.66a}$$

$$|0\rangle \to |+\rangle \quad E_+ - E_0 = \frac{1}{2}\,(\mathcal{X}+\mathcal{Y}) - \mathcal{Z} + \frac{1}{2}\delta = -\frac{3}{2}\mathcal{Z} + \frac{1}{2}\delta \tag{7.66b}$$

在微波频率固定的情况下，共振磁场为

$$H(E_0 - E_-) = \frac{1}{g\beta}\left\{\left(h\nu - \frac{3}{2}\mathcal{Z}\right)^2 - \left[\frac{1}{2}\,(\mathcal{X}-\mathcal{Y})\right]^2\right\}^{1/2} \tag{7.67a}$$

$$H(E_+ - E_0) = \frac{1}{g\beta}\left\{\left(h\nu + \frac{3}{2}\mathcal{Z}\right)^2 - \left[\frac{1}{2}\,(\mathcal{X}-\mathcal{Y})\right]^2\right\}^{1/2} \tag{7.67b}$$

把 $\mathcal{X}$、$\mathcal{Y}$、$\mathcal{Z}$ 和 D、E 的关系［即把式(7.49)、式(7.50)］代入，则式(7.67)可写成

$$H(E_0 - E_-) = \frac{1}{g\beta}\left[(h\nu + D)^2 - E^2\right]^{1/2} \tag{7.68a}$$

$$H(E_+ - E_0) = \frac{1}{g\beta}\left[(h\nu - D)^2 - E^2\right]^{1/2} \tag{7.68b}$$

我们把式（7.63）写成式（7.69）、式（7.66）写成式（7.70），当 $H\,/\!/\,Z$ 时可归纳为

$$E_0 = \mathcal{Z}; \quad E_\pm = \frac{1}{2}\,(\mathcal{X}+\mathcal{Y}) \pm \left\{\left[\frac{1}{2}\,(\mathcal{X}-\mathcal{Y})\right]^2 + (g\beta H)^2\right\}^{1/2} \tag{7.69}$$

$$|0\rangle = |T_Z\rangle \tag{7.64a}$$

$$|+\rangle = \frac{1}{\sqrt{2}}\left\{\left[1 + \left(\frac{\mathcal{X}-\mathcal{Y}}{\delta}\right)\right]^{1/2}|T_X\rangle + i\left[1 - \left(\frac{\mathcal{X}-\mathcal{Y}}{\delta}\right)\right]^{1/2}|T_Y\rangle\right\} \tag{7.64b}$$

$$|-\rangle = \frac{1}{\sqrt{2}}\left\{i\left[1 - \left(\frac{\mathcal{X}-\mathcal{Y}}{\delta}\right)\right]^{1/2}|T_X\rangle + \left[1 + \left(\frac{\mathcal{X}-\mathcal{Y}}{\delta}\right)\right]^{1/2}|T_Y\rangle\right\} \tag{7.64c}$$

$$H_\pm = \frac{1}{g\beta}\left\{\left(h\nu \pm \frac{3}{2}\mathcal{Z}\right)^2 - \left(\frac{\mathcal{X}-\mathcal{Y}}{2}\right)^2\right\}^{1/2} \tag{7.70}$$

对于 $H\,/\!/\,Y$，可求解得到

$$E_0 = \mathcal{Y}; \quad E_\pm = \frac{1}{2}\,(\mathcal{Z}+\mathcal{X}) \pm \left\{\left[\frac{1}{2}(\mathcal{X}-\mathcal{Y})\right]^2 + (g\beta H)^2\right\}^{1/2} \tag{7.71}$$

$$|0\rangle = |T_Y\rangle \tag{7.72a}$$

$$|+\rangle = \frac{1}{\sqrt{2}}\left\{\left[1 + \left(\frac{\mathcal{Z}-\mathcal{X}}{\delta}\right)\right]^{1/2}|T_Z\rangle + i\left[1 - \left(\frac{\mathcal{Z}-\mathcal{X}}{\delta}\right)\right]^{1/2}|T_X\rangle\right\} \tag{7.72b}$$

$$|-\rangle = \frac{1}{\sqrt{2}}\left\{i\left[1 - \left(\frac{\mathcal{Z}-\mathcal{X}}{\delta}\right)\right]^{1/2}|T_Z\rangle + \left[1 + \left(\frac{\mathcal{Z}-\mathcal{X}}{\delta}\right)\right]^{1/2}|T_X\rangle\right\} \tag{7.72c}$$

$$H_{\pm} = \frac{1}{g\beta}\Big[\Big(h\nu \pm \frac{3}{2}\mathscr{Y}\Big)^2 - \Big(\frac{\mathscr{Z} - \mathscr{X}}{2}\Big)^2\Big]^{1/2} \qquad (7.73)$$

对于 $\boldsymbol{H}\,/\!/\,X$，可求解得到

$$E_0 = \mathscr{X}; \quad E_{\pm} = \frac{1}{2}(\mathscr{Y} + \mathscr{Z}) \pm \Big\{\Big[\frac{1}{2}(\mathscr{Y} - \mathscr{Z})\Big]^2 + (g\beta H)^2\Big\}^{1/2} \qquad (7.74)$$

$$|0\rangle = |T_X\rangle \qquad (7.75\text{a})$$

$$|+\rangle = \frac{1}{\sqrt{2}}\Big\{\Big[1 + \Big(\frac{\mathscr{Y} - \mathscr{Z}}{\delta}\Big)\Big]^{1/2}|T_Y\rangle + i\Big[1 - \Big(\frac{\mathscr{Y} - \mathscr{Z}}{\delta}\Big)\Big]^{1/2}|T_Z\rangle\Big\} \qquad (7.75\text{b})$$

$$|-\rangle = \frac{1}{\sqrt{2}}\Big\{i\Big[1 - \Big(\frac{\mathscr{Y} - \mathscr{Z}}{\delta}\Big)\Big]^{1/2}|T_Y\rangle + \Big[1 + \Big(\frac{\mathscr{Y} - \mathscr{Z}}{\delta}\Big)\Big]^{1/2}|T_Z\rangle\Big\} \qquad (7.75\text{c})$$

$$H_{\pm} = \frac{1}{g\beta}\Big[\Big(h\nu \pm \frac{3}{2}\mathscr{X}\Big)^2 - \Big(\frac{\mathscr{Y} - \mathscr{Z}}{2}\Big)^2\Big]^{1/2} \qquad (7.76)$$

7.4.2　光激发三重态（$S = 1$）的实例

许多芳烃（尤其是多环芳烃）分子，在紫外或可见光辐照下显示出长寿命的激发态，其寿命可长达几分钟，说明该激发态为亚稳态。Lewis 等[16]在 1941 年就假定，这个长寿命的亚稳态是"自旋三重态"。由于直接从单态激发到三重态，或从三重态回到单态是"自旋禁阻"的，所以寿命较长。光激发开始是先激发到"激发单态"，然后由于 Hund 规则，激发单态通过无辐射跃迁使自旋反转变成"激发三重态"（图 7-1）。

Lewis 等的假定很快通过测定磁化率得到证实。当紫外辐照时，顺磁性增加，停止辐照，顺磁性衰减。这与其磷光衰减的情况是一致的。然而，早期人们用 EMR 研究它都失败了。原因是两个未偶电子之间的"偶极–偶极"互作用是强烈的各向异性，样品必须做成单晶才能进行研究。如果制成纯芳烃化合物的单晶，则由于三重态激子会很快在分子间发生能量转移，使三重态淬灭，故只有用稀释的固溶体单晶去做实验才有可能获得成功。

第一个成功的实验[17]是把萘溶于 1，2，4，5-四甲基苯中做成单晶。由于两者的几何构型相似，萘可以取代四甲基苯分子，并且由于萘的含量很少，萘和萘之间没有转移三重态激子的机会。萘最低三重态的能级与磁场的函数关系如图 7-5 所示。当外磁场平行于三个主轴时，得出[6,17] $D = 0.1003$ cm^{-1}；$E = -0.0137$ cm^{-1}；各向同性的 $g = 2.0030$。在零场分裂主要是由 $\mathscr{H}_{ss}$ 贡献的前提条件下，D 和 E 的大小反映出两个未偶电子间的平均距离。

当外磁场平行于萘分子的主轴 X 或 Y 轴时，在温度为 77 K 下可以分辨出强度比为 1：4：6：4：1 的五条超精细结构谱线[18]。利用氘代萘分子定出 α-质子的 $a_{\alpha} = 0.561$ mT；β-质子的 $a_{\beta} = 0.229$ mT；$a_{\alpha}/a_{\beta} = 2.45$。而在溶液中的萘负离子基的 $a_{\alpha} = 0.49$ mT；$a_{\beta} = 0.183$ mT；$a_{\alpha}/a_{\beta} = 2.68$。两者的比值很接近，这是因

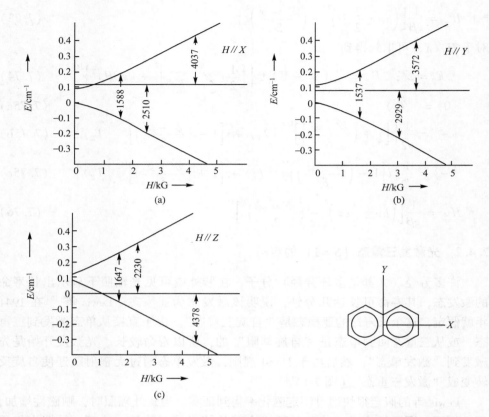

图 7-5 萘在 77K 下，微波频率 $\nu = 9.272\text{GHz}$ 的最低三重态能级与磁场的函数关系图[17]

最低场的跃迁只能在微波场 $\boldsymbol{H}_1$ 平行于外磁场 $\boldsymbol{H}$ 的情况下才是允许的

为在萘三重态分子中，一个电子在最低反键轨道，而另一个则在最高成键轨道。按照对偶原理，这对轨道系数的绝对值应该相同，所以，在萘的 α-和 β-位置上的未偶电子密度的比值也应该与萘负离子基的比值相同。

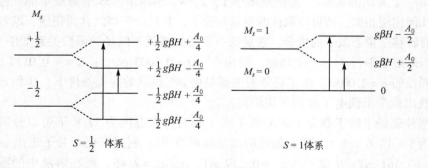

图 7-6 $S = 1$ 体系的超精细分裂与 $S = 1/2$ 体系的比较示意图

应当特别指出的是，在 $S = 1$ 的体系，$M_s = \pm 1$、0，其中 $M_s = 0$ 的能级是不分裂的。因此，与 $S = \dfrac{1}{2}$ 的体系相似，当 $I = \dfrac{1}{2}$ 时，$S = 1$ 的体系的超精细结构也是两条线，如图 7-6 所示。

7.4.3　热激发三重态的实例

前面讨论的光激发三重态都是假定三重态与单态的能级差足够大，因此，不必考虑两者混合的问题。现在我们感兴趣的是三重态与单态的能级差足够的小，但两者又不相混。单态与三重态之差几乎是两个电子之间的交换互作用能 $| J_0 |$（参阅 7.3.1 小节）。当三重态略高于单态时，在三重态与单态之间的布居数应服从 Boltzmann 定律。通常 EMR 吸收谱线的强度与顺磁态的布居数成正比的，而且，也与绝对温度的倒数成正比（Curie 定律）。因此，可以从 EMR 吸收线的面积求出 J_0 的值。

在 MgO 晶体中的点缺陷（F 中心）为热激发三重态提供一个很好的实例[19]。这个中心被认为是一个中性的三空位（trivacancy），它是一个被两个电子填补的、缺损的线性碎片 $(O—Mg—O)^{2-}$。在极低的温度下，是观测不到 EMR 波谱的，除非用紫外光照射。但是，当温度上升至 4 K 以上就显示出 EMR 波谱。这就说明这两个电子的三重态是处在单态之上的，所以 $J_0 > 0$。从温度依赖关系的分析得出 $J_0 = 56 \ \text{cm}^{-1}$。这些数据分析显示该体系各向同性的 $g = 2.0030$；$D = 30.7 \ \text{mT}$；$E = 0$。分子间的平均距离为 4.5 Å，这与在 4.2 K 下相应的 O 与 O 的距离是吻合的[19]。

另一个有趣的例子是，在 Fremy 盐 $(K_4[(SO_3)_2NO]_2)$ 的粉末样品中，观测到三重态的 EMR 波谱[20]。这里的 $D = \pm 0.076 \ \text{cm}^{-1}$，$E = \pm 0.0044 \ \text{cm}^{-1}$。发现半场线的峰面积随着温度（250~350 K）的上升呈指数增大，三重态与单态的能级差为 $J_0 = 2180 \ \text{cm}^{-1}$。因为没有观测到 ^{14}N 的超精细分裂，这个波谱被认定为三重态激子（triplet exciton）在晶格中快速流动的激发态所贡献。

7.4.4　其他激发三重态的实例

由于培养稀释的固溶体单晶样品比较困难，激发三重态单晶的实例不多。菲在联苯中，喹喔啉在四甲基苯中都成功地看到了三重态 EMR 谱。喹喔啉的两个氮原子还表现出超精细结构，它的 $D = 0.1007 \ \text{cm}^{-1}$，$E = -0.0182 \ \text{cm}^{-1}$。与萘的 D 和 E 值十分相近。

把菲和萘溶在联苯中培养成单晶，可以看到萘的三重态 EMR 谱。它是从菲的三重态通过联苯三重态，间接地把萘激发成三重态的。由于菲、联苯、萘三者的三重态能级依次比它们的基态能级高出 21 410 cm^{-1}、23 010 cm^{-1}、21 110 cm^{-1}，这三个三重态的能级也十分接近，有利于三重态激子在分子间进行能量转移[21,22]。

7.4.5 基态三重态实例

基态三重态原子如 C、O、Si、S、Ti 以及 Ni 等，还有最著名的双原子分子 O_2 和 S_2 都属于基态三重态实例。

7.4.5.1 卡宾和氮宾

"卡宾"（carbene）（CH_2），或称为"次甲基"（methylene），是最简单的分子体系之一。光谱已确定它是基态三重态。CH_2 和 CD_2 的 EMR 波谱也已有所报道[23~25]。前者的 $D = 0.69$ cm^{-1}，$E = 0.003$ cm^{-1}；后者的 $D = 0.75$ cm^{-1}，$E = 0.011$ cm^{-1}。两者本应该相同，产生差异的原因可能是零点的波动。表 7-2 列出卡宾衍生物的零场分裂参数。表中有些分子的 E 有非零值，说明它们是非轴对称的，甚至是非线型的。这种体系在气相 EMR 谱中可看到最大数目的吸收峰（有 6 条 $\Delta M_s = \pm 1$ 的跃迁）。

表 7-2　某些基态三重态分子的零场分裂参数

分　子	$|\bar{D}|$/cm^{-1}	$|\bar{E}|$/cm^{-1}	参考文献
H—C—H	0.69	0.003	[23~25]
D—C—D	0.75	0.011	[23~25]
H—C—C≡N	0.8629	0	[26]
H—C—CF$_3$	0.712	0.021	[27]
H—C—C$_6$H$_5$	0.5150	0.0251	[28]
H—C—C≡C—H	0.6256	0	[26]
H—C—C≡C—CH$_3$	0.6263	0	[26]
H—C—C≡C—C$_6$H$_5$	0.5413	0.0035	[26]
C$_6$H$_5$—C—C$_6$H$_5$	0.4055	0.0194	[28]
N≡C—C—C≡N	1.002	<0.002	[28]
N—C≡N	1.52	<0.002	[29]

亚芴基（fluorenylidene）分子[30]也是被看成是"卡宾"的衍生物。它是在 77K 下辐照二氮杂芴（diazofluorene）生成的基态三重态分子。如果零场分裂 D 比微波量子 $h\nu$ 大，根据选择定则允许跃迁的谱线，只能有部分谱线可以观测到。当外磁场 H 平行于 X 和 Y 轴时，在微波频率 $\nu = 9.7$GHz 的情况下，都只能观测到一条谱线。只有当外磁场 H 平行于 Z 轴时，三条跃迁的谱线才都能观测到（图 7-7）。它的零场分裂参数值 $|\bar{D}| = 0.4078$ cm^{-1}；$|\bar{E}| = 0.0283$cm^{-1}，都比萘的激发三重态大。

另一个无论在实验或理论上，都非常值得考虑的基态有机三重态分子，就是三次甲基甲烷（trimethylenemethane）自由基。它是用次甲基环丙烷（methylenecyclopropane）经 γ 射线辐照制备而得。EMR 的研究揭示[31]：与其说它是双基，不如

说它是基态三重态更为确切。因为，它的 $|J_0|$ 相对比它的 $|D|$ 大。该自由基接近于单轴晶体（呈 D_{3h} 对称平面），在 77K 下的零场分裂参数 $|\overline{D}| = 0.0248\,\text{cm}^{-1}$；$|\overline{E}| \leqslant 0.003\,\text{cm}^{-1}$。

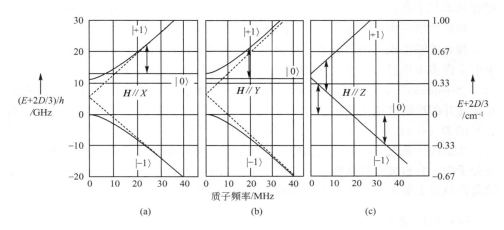

图 7-7　基态三重态亚芴基的能量与外磁场的函数关系

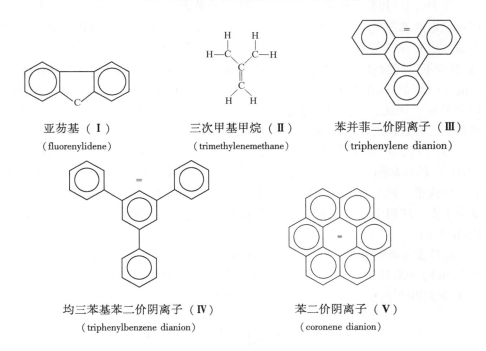

亚芴基（Ⅰ）
（fluorenylidene）

三次甲基甲烷（Ⅱ）
（trimethylenemethane）

苯并菲二价阴离子（Ⅲ）
（triphenylene dianion）

均三苯基苯二价阴离子（Ⅳ）
（triphenylbenzene dianion）

苯二价阴离子（Ⅴ）
（coronene dianion）

7.4.5.2　对称芳烃的二价阴离子

一个基态三重态分子可以是中性的分子、阳离子或者阴离子，但在一对简并轨道上至少有一个未偶电子。正如图 7-1 （d） 所示的，其最低能态 （基态） 的最高两个简并的能级上各分占一个自旋平行的电子。

在具有 n 次 （$n \geqslant 3$） 对称轴的分子中，存在简并轨道能级。这类分子并不一定有基态三重态，取决于电子交换积分的符号。假如 J_0 是正号，则基态是三重态。晕苯二价阴离子 （coronene dianion） 就是一个实例[32]。

假如能够生成二价阴离子，就会在对称取代苯的每两个简并轨道上出现一个电子。许多实例已经证明：对称性分子具有基态三重态。如 1，3，5-三苯基苯（1,3,5-triphenylbenzene）和苯并菲二价阴离子 （triphenylene dianion）。这些离子在其简并的反键轨道上各占一个未偶电子。三苯基甲基二价负离子 （基态三重态） 的 D （$\overline{D} = 0.042 \mathrm{cm}^{-1}$） 小于中性激发态分子[33]的 D （$\overline{D} = 0.111 \mathrm{cm}^{-1}$）。因为，在这两种情况下，轨道上的电子填充是很不相同的。计算表明，在激发三重态分子中，分占成键和反键两个轨道的两个电子，比基态三重态二价负离子的反键简并轨道上的两个电子具有更大的互作用 （导致具有更大的 D 值）。

7.4.5.3　无机三重态碎片

除 O_2、S_2 和某些过渡族离子外，稳定的基态三重态无机分子是不多的。一些不稳定的基态三重态无机分子 （碎片） 可在低温下被捕捉到冷冻的基质中。例如，用 C 原子与 CO 或 N_2 反应，制备出同电子数目的分子 CCO 和 CNN，并在 4K 温度下，同时被捕捉到冷冻的稀有气体基质中去[34]。这两个分子都有较大的 D 值 （CCO 的 $\overline{D} = 0.7392 \mathrm{cm}^{-1}$；CNN 的 $\overline{D} = 1.1590 \mathrm{cm}^{-1}$）。在 X 波段，它们的 D 都大于 $h\nu$。因此，它们都只能看到一条跃迁的谱线。它们的 $^{13}\mathrm{C}$ 和 $^{14}\mathrm{N}$ 的超精细参数也已有过报道。$E = 0$ 的事实说明这些分子是线型的。

另一个十分不同的基态三重态的实例[35]，是在石英单晶中的准四面体 $[AlO_4]^+$ 的点缺陷。这个中心被认为是含有生成三重态自旋体系的两个电子空穴的。在这里，两个未偶电子分立在四面体 $[AlO_4]^+$ 中的两个相邻 （且对称） 的氧原子上，这两个氧原子的距离约 2.6 Å。在约 35 K 温度下，$D = -69.8$ mT，$E = 6.3$ mT。

过渡金属离子中的 $S = 1$ 体系，如在 3d 系列中的 V^{3+} 和 Ni^{2+} 等。后者离子掺杂在 K_2MgF_4 中取代 Mg^{2+} 的位置，其周围是由 F^- 组成的稍微有点畸变的八面体。在 1.6K 下测得[36]的 $\overline{D} = -0.425 \mathrm{cm}^{-1}$，$\overline{E} = -0.065 \mathrm{cm}^{-1}$ （各向同性的 $g = 2.275$）。

7.5　无规取向的三重态体系

前面讨论的都是有规取向的三重态体系，而在现实的实验中遇到的大多是无规取向的样品。由于偶极–偶极互作用是强烈各向异性的，因此，在早期的研究工作中，很少报道无规取向体系的三重态的 EMR 波谱。后来发现在 $g = 4$ 的磁场区域中，观测到较弱的 $\Delta M_s = \pm 2$ 跃迁的各向异性 EMR 谱线，促进了在众多无规体系中的三重态的检测和研究[12]。在各向异性比较小的体系中，由于线宽很窄，就能够测得 $\Delta M_s = \pm 2$ 振幅比较大的谱线。本来只能在微波场平行于外磁场的情况下才能观测到半场线的，后来发现，即使在垂直于外磁场的情况下，也能观测到半场线。随后证实[11]：在无规体系的"转折点"还能够检测到 $\Delta M_s = \pm 1$ 跃迁的谱线。

利用 $\mathcal{X}$、$\mathcal{Y}$、$\mathcal{Z}$ 和 D、E 的关系，把式（7.63）改写成

$$E_0 = -\frac{2}{3}D \tag{7.77a}$$

$$E_+ = \frac{D}{3} = [(g\beta H)^2 + E^2]^{1/2} \tag{7.77b}$$

$$E_- = \frac{D}{3} - [(g\beta H)^2 + E^2]^{1/2} \tag{7.77c}$$

$\Delta M_s = \pm 1$ 的跃迁有两条谱线

$$E_0 - E_- = [(g\beta H)^2 + E^2]^{1/2} - D \tag{7.78a}$$

$$E_+ - E_0 = [(g\beta H)^2 + E^2]^{1/2} + D \tag{7.78b}$$

$\Delta M_s = \pm 2$ 的跃迁只有一条谱线

$$E_+ - E_- = 2[(g\beta H)^2 + E^2]^{1/2} \tag{7.79}$$

在固定微波频率不变的谱仪上观测，$h\nu_0 = g\beta H_0$，对于轴对称的体系，零场分裂参数 $E = 0$，$g_z = g_{/\!/}$；$g_x = g_y = g_\perp$。则由式（7.78）可得出

$$(H_1)_{/\!/} = H_0 + \frac{D}{g_{/\!/}\beta} \tag{7.80a}$$

$$(H_2)_{/\!/} = H_0 - \frac{D}{g_{/\!/}\beta} \tag{7.80b}$$

$$\Delta H_{/\!/} = (H_1)_{/\!/} - (H_2)_{/\!/} = 2D(g_{/\!/}\beta)^{-1} \tag{7.80c}$$

$$(H_1)_\perp = H_0\left(1 - \frac{D}{g_\perp\beta H_0}\right)^{1/2} \approx H_0 - \frac{D}{2g_\perp\beta} \tag{7.81a}$$

$$(H_2)_\perp = H_0\left(1 + \frac{D}{g_\perp\beta H_0}\right)^{1/2} \approx H_0 + \frac{D}{2g_\perp\beta} \tag{7.81b}$$

$$\Delta H_\perp \approx D(g_\perp\beta)^{-1} \tag{7.81c}$$

以上各式中 D 的单位都是 Hz。令 $D' = D (g\beta)^{-1}$，则 D' 的单位是 mT。

对于给定零场分裂参数 D 值和微波频率 ν（$g = g_e$），具有轴对称的三重态无规体系（$E = 0$），$\Delta M_s = \pm 1$ 的 EMR 理论吸收谱线如图 7-8（a）所示；它的一级微分谱线电脑模拟谱如图 7-8（b）所示。显然，我们如果得到一张如图 7-8（b）所示的实验谱，便可从中求出零场分裂的参数 D 值。

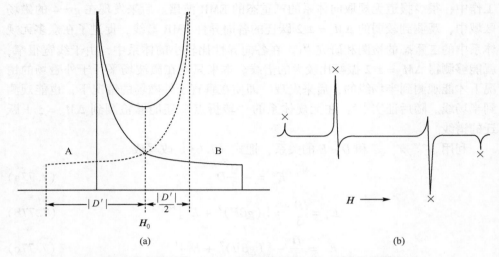

(a)   (b)

图 7-8 三重态轴对称（$E=0$）无规体系的 EMR 理论吸收谱线（a）
及其一级微分电脑模拟谱（b）[37]

均三苯基苯二价阴离子在甲基四氢呋喃（在 77K 冷冻固溶液）中，其三重态的 EMR 波谱如图 7-9 所示。图中的 R^- 是它的一价负离子基的信号。它的 $\Delta M_s = \pm 1$ 的一组谱线与图7-8（b）非常相似。其半场线（$\Delta M_s = \pm 2$）的振幅也很强[33]，是一幅典型的无规取向三重态的 EMR 波谱。

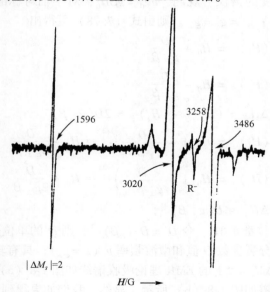

图 7-9 均三苯基苯二价阴离子基在甲基四氢呋喃溶液中，
在 77K 温度下的 EMR 波谱

无规取向非轴对称（$E \neq 0$）三重态体系的 EMR 理论吸收谱（$g = g_e$）及其电脑模拟的一级微分谱如图 7-10（a）和（b）所示[37]。

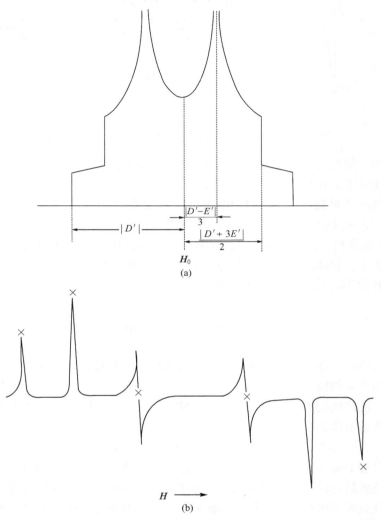

图 7-10　无规取向非轴对称（$E \neq 0$）三重态体系的 EMR 理论吸收谱（a）
及其电脑模拟的一级微分谱（b）

全氘代萘（$C_{10}D_8$）的有机溶液，在 77K 温度下的 EMR 波谱如图 7-11 所示[12]。以氘取代氢是为了消除复杂的超精细结构。中间一条很强的 $g = 2$ 的谱线是来自自由基，低场（$\Delta M_s = \pm 2$）是一条半场线。其余的一组谱线，与图 7-10（b）非常相似，是典型的无规取向非轴对称（$E \neq 0$）三重态体系的 EMR 波谱。

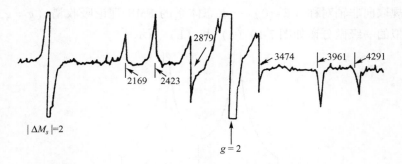

图 7-11　全氘代萘（$C_{10}D_8$）溶液在 77K 下的 EMR 波谱

　　值得一提的是，为了制备玻璃态，如何选择溶媒的结构是很有讲究的。在主、客体分子的几何构象相差很大的情况下，要比主、客体分子的几何构象非常相似的情况下得到的三重态 EMR 波谱的线宽要宽很多倍。如把二苯基次甲基（C_6H_5—C—C_6H_5）溶解在二苯基二氮甲烷（C_6H_5—CN_2—C_6H_5）中，其线宽为 1.7mT；如果把它溶解在正戊烷 $[CH_3+CH_2+_3CH_3]$ 中，则线宽为 9.4mT[38]。因此，在主、客体的分子几何构象差异程度不同（在允许范围内）的玻璃态体系中，各种不同的构象展示出零场分裂参数 D 和 E 值的分布也会有所不同。

7.6　双　　基

　　如上所述，在一个分子中含有两个未偶电子，且彼此相距足够远，以至于其自旋间偶极－偶极互作用非常微弱，对溶液中的分子翻滚运动不足以提供强的弛豫机制，使谱线变得很宽而观测不到 EMR 波谱。在这里，我们考虑的双基是存在于液态溶液体系中且是各向同性的。故其自旋 Hamiltonian[39,40] 为

$$\mathscr{H} = g\beta H(\hat{S}_{1z} + \hat{S}_{2z}) + a(\hat{S}_{1z}\hat{I}_{1z} + \hat{S}_{2z}\hat{I}_{2z}) - 2J\hat{S}_1 \cdot \hat{S}_2 \qquad (7.82)$$

式中：自旋 Hamiltonian 中只是一些自旋算符，故其基函数只需考虑自旋函数。其实，波函数可以写成空间函数和自旋函数的乘积形式。这里还包含有核的自旋算符，且应该考虑核自旋算符的本征函数，具有两个磁性核的对称双基的基函数的形式是 $|S, M_s, M_1, M_2\rangle$。

$$|1,1,M_1,M_2\rangle = \alpha\alpha\,|M_1M_2\rangle$$

$$|1,-1,M_1,M_2\rangle = \beta\beta\,|M_1M_2\rangle$$

$$|1,0,M_1,M_2\rangle = \left(\frac{\alpha\beta + \beta\alpha}{\sqrt{2}}\right)|M_1M_2\rangle$$

$$|0,0,M_1,M_2\rangle = \left(\frac{\alpha\beta - \beta\alpha}{\sqrt{2}}\right)|M_1M_2\rangle$$

在这组基函数中，$\mathscr{H}$ 的矩阵表象是

$$\begin{array}{cccc}
 & |1,1,M_1,M_2\rangle & |1,0,M_1,M_2\rangle & |1,-1,M_1,M_2\rangle & |0,0,M_1,M_2\rangle
\end{array}$$

$$\begin{array}{c}
\langle 1,1,M_1,M_2| \\
\langle 1,0,M_1,M_2| \\
\langle 1,-1,M_1,M_2| \\
\langle 0,0,M_1,M_2|
\end{array}
\begin{bmatrix}
g\beta H - \dfrac{1}{2}J + \dfrac{1}{2}a(M_1+M_2) & 0 & 0 & 0 \\
0 & -\dfrac{1}{2}J & 0 & \dfrac{1}{2}a(M_1-M_2) \\
0 & 0 & -g\beta H - \dfrac{1}{2}J - \dfrac{1}{2}a(M_1+M_2) & 0 \\
0 & \dfrac{1}{2}a(M_1-M_2) & 0 & \dfrac{3}{2}J
\end{bmatrix}$$

$$(7.83)$$

当 $J>0$ 时，基态是三重态；当 $J<0$ 时，基态是单态。解本征方程 $|\mathscr{H}-E\hat{I}|=0$，可得到能级和相应的本征函数如表 7-3 所示。

表 7-3　具有两个磁性核的对称双基的能级和波函数

能　级	波　函　数
$E_1 = g\beta H - \dfrac{1}{2}J + \dfrac{1}{2}a(M_1+M_2)$	$\psi_1 = |1,1,M_1,M_2\rangle$
$E_2 = \dfrac{1}{2}J + \dfrac{1}{2}R$	$\psi_2 = \sqrt{\dfrac{1}{2R}}\left[\sqrt{R-2J}\,|1,0,M_1,M_2\rangle + \sqrt{R+2J}\,|0,0,M_1,M_2\rangle\right]$
$E_3 = -g\beta H - \dfrac{1}{2}J - \dfrac{1}{2}a(M_1+M_2)$	$\psi_3 = |1,-1,M_1,M_2\rangle$
$E_4 = \dfrac{1}{2}J - \dfrac{1}{2}R$	$\psi_4 = \sqrt{\dfrac{1}{2R}}\left[\sqrt{R+2J}\,|1,0,M_1,M_2\rangle - \sqrt{R-2J}\,|0,0,M_1,M_2\rangle\right]$
$R = \sqrt{4J^2 + a^2(M_1-M_2)^2}$	

根据能级和波函数可得出跃迁能量和跃迁强度（表 7-4）。

表 7-4　具有两个磁性核的对称双基的跃迁能量和强度

跃　迁	能　级	相对强度
4-3	$g\beta H + J - \dfrac{1}{2}R + \dfrac{1}{2}a\,(M_1+M_2)$	$(R+2J)/4R$
2-3	$g\beta H + J + \dfrac{1}{2}R + \dfrac{1}{2}a\,(M_1+M_2)$	$(R-2J)/4R$
4-1	$g\beta H - J + \dfrac{1}{2}R + \dfrac{1}{2}a\,(M_1+M_2)$	$(R+2J)/4R$
2-1	$g\beta H - J - \dfrac{1}{2}R + \dfrac{1}{2}a\,(M_1+M_2)$	$(R-2J)/4R$
	$R = \sqrt{4J^2 + a^2\,(M_1-M_2)^2}$	

下面分三种情况来讨论：

（1）$J \ll a$（或 $J = 0$）。这时 4-3 和 2-1 跃迁都还原成 $g\beta H + aM_2$，2-3 和 4-1 跃迁都还原成 $g\beta H + aM_1$，这时的式（7.82）变成

$$\hat{\mathscr{H}} \approx g\beta H(\hat{S}_{1x} + \hat{S}_{2x}) + a(\hat{S}_{1z}\hat{I}_{1z} + \hat{S}_{2z}\hat{I}_{2z})$$

$$= (g\beta H\hat{S}_{1x} + a\hat{S}_{1z}\hat{I}_{1z}) + (g\beta H\hat{S}_{2x} + a\hat{S}_{2z}\hat{I}_{2z}) = \mathscr{H}_1 + \mathscr{H}_2 \qquad (7.84)$$

这就相当于两个相互独立的"单基"。只有在分子中两个未偶电子相距甚远，两个电子间几乎没有交换互作用的情况下才会出现。具体实例如图 7-12 所示[41]。

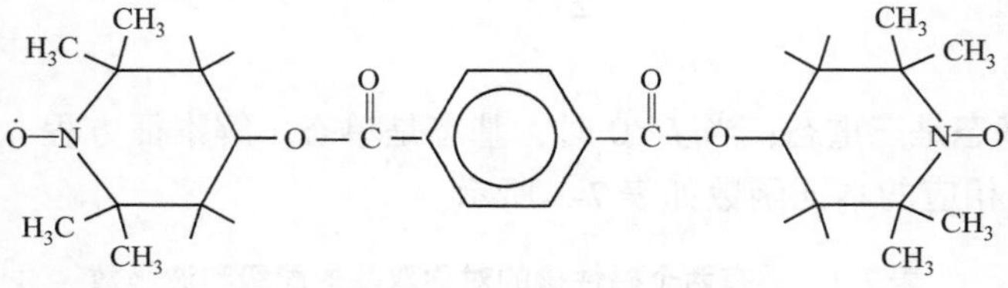

（a）

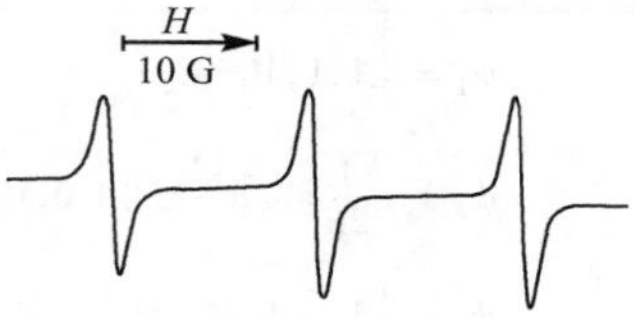

（b）

图 7-12　二（四甲基-2，2，6，6，-哌啶基-4-烃氧基）
对苯二酸酯的分子结构式（a）和它的 EMR 波谱（b）

图 7-12（b）所示的 3 条等强度的 EMR 波谱超精细结构，是由一个未偶电子与一个 ^{14}N 核相互作用产生的。虽然二（四甲基-2，2，6，6，-哌啶基-4-烃氧基）对苯二酸酯 ［di（tetramethyl-2，2，6，6-piperidinyl-4-oxyl-1）terephthalate］的分子中有两个未偶电子和两个 ^{14}N 核，但 EMR 波谱表现出类似于两个独立的"单基"的 EMR 波谱。

（2）$J \gg a$。这时的交换互作用很强，$R \approx 2J$，跃迁 4-3 和 2-1 变成

$$\Delta E = g\beta H + \frac{a}{2}(M_1 + M_2) \qquad (7.85)$$

由于两个未偶电子间有很强的快速交换互作用，因此每一个电子在两个核上的时间各占一半，相对强度为 1，而跃迁 2-3 和 4-1 的相对强度为 0。所以，如果 $I_1 = I_2 = I$，它应有五条线，而每两条线的间距为 $a/2$。图 7-13（a）是四甲基-2，2，5，5-吡咯烷酮吖嗪-3 二烃氧基-1，1′（tetramethyl-2，2，5，5-pyrrolidoneazine-3 dioxyl-1，1′）的分子结构式。图 7-13（b）是它的 EMR 波谱，这就是 $J \gg a$ 情况的实例[42]。

（3）$J = 0 \sim 2a$（即中间情况）。前面讨论的是两种极端情况，这里讨论的是

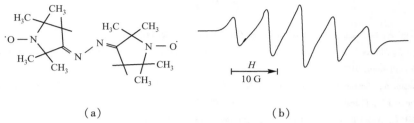

（a） （b）

图 7-13 四甲基-2，2，5，5-吡咯烷酮吖嗪-3 二烃氧基-1，1′
的分子结构式（a）及其 EMR 波谱（b）

介于前两者之间的情况。根据表 7-3 的计算结果（图 7-14），可见当 $J = a/4$、$J = a/2$ 和 $J = a$ 时的谱图是很复杂的[41,43,44]。不过，实验中也是很少见的。

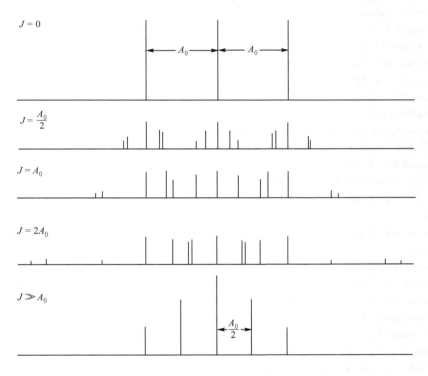

图 7-14 具有两个 $I = 1$ 核的双基理论杆谱
当 $J = 0$ 时，强度比为 $1:1:1$ 的 3 条线裂为 a；
而当 $J \gg a$ 时，强度比为 $1:2:3:2:1$ 的 5 条线裂距为 $a/2$

参 考 文 献

［1］ Bencini A, Gatteschi D. *EPR of Exchange Coupled Systems*. Berlin：Springer, 1990.

［2］ Owen J, Harris E A. Pair Spectra and Exchange Interactions. //Geschwind S. *EPR of Transition Ions*. New York：Plenum, 1972.

［3］ Abragam A, Bleaney B. *Electron Paramagnetic Resonance Ions*. Oxford：Clarendon, 1970：Sect. 9. 3.

［4］ Coffman J E, Pezeshk A. *J. Magn. Reson.* 1986, **70**, 21.

［5］ Hall P L, Angel B R, Jones J P E. *J. Magn. Reson.* 1974, **15**：64.

［6］ Hornig A W, Hyde J S. *Mol. Phys.* 1963, **6**：33.

［7］ Schuch H, Seiff F, Furrer R, Möbius K, Dinse K P. *Z. Natureforsch.* 1974, **29a**：1543.

［8］ Yamaguchi Y, Sakamoto N. *J. Phys. Soc. Jpn.* 1969, **27**：1444.

［9］ de Groot M S, van der Waals. *Mol. Phys.* 1960, **3**：190.

［10］ van der Waals, de Groot M S. *Mol. Phys.* 1959, **2**：333.

［11］ Kottis P, Lefebvre R. *J. Chem. Phys.* 1963, **39**：393；1964, **41**：379.

［12］ Yager W A, Wasserman E, Cramer R M R. *J. Chem. Phys.* 1962, **37**：1148.

［13］ Weissman S I. *J. Chem. Phys.* 1958, **29**：1189.

［14］ de Groot M S, van der Waals. *Physica.* 1963, **29**：1128.

［15］ Grivet J – Ph, Mispelter J. *Mol. Phys.* 1974, **27**：15.

［16］ Lewis G G, Lipkin D, Magel T T. *J. Am. Chem. Soc.* 1941, **63**：3005.

［17］ Hutchison Jr. C A, Mangun B W. *J. Chem. Phys.* 1961, **34**：908.

［18］ Hirota N, Hutchison Jr. C A, Palmer P. *J. Chem. Phys.* 1964, **40**：3717.

［19］ Henderson B. *Br. J. Appl. Phys.* 1966, **17**：851.

［20］ Perlson B D, Russell D B. *J. Chem. Soc. Chem. Commun.* 1972：69；*Inorg. Chem.* 1975, **14**：2907.

［21］ Hirota N, Hutchison Jr. C A. *J. Chem. Phys.* 1965, **43**：2869.

［22］ Gutmann F, Keyzer H, Lyons L E. *Organic Semiconductors*, Part B. Malabar：Krieger, 1983：Chap. 4, 5, 13.

［23］ Bernheim R A, Bernard H W, Wang P S, Wood L S, Skell P S. *J. Chem. Phys.* 1970, **53**：1280；1971, **54**：3223.

［24］ Bernheim R A, Kempf R J, Reichenbecher E F. *J. Magn. Reson.* 1970, **3**：5.

［25］ Wasserman E, Kuck V J, Hutton R S, Anderson E D, Yager W A. *J. Chem. Phys.* 1971, **54**：4120.

［26］ Bernheim R A, Kempf R J, Gramas J V, Skell P S. *J. Chem. Phys.* 1965, **43**：196.

［27］ Wasserman E, Barash L, Yager W A. *J. Am. Chem. Soc.* 1965, **87**：4974.

［28］ Wasserman E, Trozzolo A M, Yager W A, Murray R W. *J. Chem. Phys.* 1964, **40**：2408.

［29］ Wasserman E, Barash L, Yager W A. *J. Am. Chem. Soc.* 1965, **87**：2075.

［30］ Hutchison Jr. C A, Pearson G A. *J. Chem. Phys.* 1967, **47**：520.

［31］ Classon O, Lund A, Gillbro T, Ichikawa T, Edlund O, Yoshida H. *J. Chem. Phys.* 1980, **72**：1463.

［32］ Glasbeek M, van Voorst J D W, Hoijtink G J. *J. Chem. Phys.* 1966, **45**：1852.

［33］ Jesse R E, Biloen P, Prins R, van Voorst J D W, Hoijtink G J. *Mol. Phys.* 1963, **6**：633.

［34］ Smith G R, Weltner Jr. W. *J. Chem. Phys.* 1975, **62**：4592.

［35］ Nuttall R H D, Weil J A. *Can. J. Phys.* 1981, **59**：1886.

［36］ Yamaguchi Y. *J. Phys. Chem. Jpn.* 1970, **29**：1163.

［37］ Wasserman E, Snyder L C, Yager W A. *J. Chem. Phys.* 1964, **41**：1763.

［38］Trozzolo A M, Wasserman E, Yager W A. *J. Chim. Phys.* 1964, **61**: 1663.

［39］Reitz D C, Weissman S I. *J. Chem. Phys.* 1960, **33**: 700.

［40］Luckhurst G R. *Mol. Phys.* 1966, **10**: 543.

［41］Briere R, Dupeyre R M, Lemaire H, Morat C, Rassat A, Rey P. *Bull. Soc. Chim.* (*France*). 1965, 11: 3290.

［42］Dupeyre R M, Lemaire H, Rassat A. *J. Am. Chem. Sco.* 1965, **87**: 3771.

［43］Glarum S H, Marshall J H. *J. Chem. Phys.* 1967, **47**: 1374.

［44］Nakajima A, Ohya-Nishigushi H, Deguchi Y. *Bull. Chem. Soc. Jpn.* 1972, **45**: 713.

更进一步的参考读物

1. McGlynn S P, Azumi T, Kinoshita. *Molecular Spectroscopy of the Triplet State.* Englewood: Prentice-Hall, 1969.

2. Weltner Jr. W. *Magnetic Atoms and Molecules.* New York: van Nostrand Reinhold, 1983: Chap. 3, 5.

3. Molin Yu N, Salikhov K M, Zamaraev K I. *Spin Exchange- Principles and Applications in Chemistry and Biology.* Berlin: Springer, 1980.

4. Hutchison Jr. C A. Magnetic Resonance Spectra of Organic Molecules in Triplet States in Single Crystals//Zahlan A B. *The Triplet State.* Cambridge: Cambridge University Press, 1967: 63-100.

5. Weissbluth M. Electron Spin Resonance in Molecular Triplet States//Pullman B, Weissbluth M. *Molecular Biophysics.* New York: Academic, 1965: 205-238.

6. Pratt D W. Magnetic Properties of Triplet States//Lim E C. *Excited States*, Vol. 4. New York: Academic, 1979: 137-236.

7. Owen J, Harris E A. Pair Spectra and Exchange Interactions. //Geschwind S. *Electron Paramagnetic Resonance.* New York: Plenum, 1972: Chap. 6.

第 8 章　弛豫时间，线型、线宽理论和动力学现象

在前几章中只是提到过隐性的时间依赖关系（如 Larmor 频率、正弦微波激发场 H_1 等）。在本章中我们将讨论在连续波 H_1 的振幅保持不变的情况下，EMR 信号的性质反映出在样品中发生的时间依赖过程。关于微波激发场 H_1 的振幅随时间变化的情况，即所谓脉冲 EMR，我们将在第 13 章中详细讨论。

本章将专门讨论涉及以电子自旋与周围环境，以及电子自旋相互之间的互作用为特征的各种弛豫时间问题。在某些情况下，自由基中的个别自旋取向状态的寿命，或者自由基本身的寿命可能是很短的，以至于影响到它的线宽。在这种情况下有可能从线型获得动力学的信息。这些信息可能来自电子交换、分子间能量转移、分子内的运动、在液态或固态中分子有限度的翻滚以及化学反应等动态过程。

8.1　自旋弛豫的一般模型

我们从双能级自旋体系（定义总的自旋角动量 $J = \dfrac{1}{2}$）的性能开始讨论。实质上就是把自旋 – 自旋互作用忽略掉。假定在均匀恒定的外磁场 H 作用下，分成两个自旋能级。在自旋 Hamilton 算符中只考虑相应的 Zeeman 项，于是，对于电子的两个能级差 $\Delta E = E_u - E_1 = g\beta_e H$（式中下标"u"代表上能阶，"l"代表下能阶）。

8.1.1　自旋温度和 Boltzmann 分布

我们用如下的关系来定义一个热力学参数，叫做"自旋温度（spin temperature）" T_S。

$$\frac{N_u}{N_1} = \exp(-\Delta E / k_b T_S) \tag{8.1}$$

式中：N_u 和 N_1 分别代表上、下两个能级上的自旋粒子的布居数；ΔE 是上、下两个能级的能量之差；k_b 是 Boltzmann 常量。

现在假定自旋体系是由一个脉冲的电磁辐射场 H_1 来调谐，使光子能量与 ΔE 匹配（图 8-1）。这就使得 EMR 能量被自旋体系吸收，导致上、下两个能级上的自旋粒子的布居数改变，即 N_u/N_1 值的改变。由于自旋体系吸收了电磁场 H_1 的能量，可以看成是自旋体系比周围环境"热"。图 8-1 表示一个双能级的自旋体

系与温度为 T 的周围环境接触：（a）自旋体系处于热平衡时（$T = T_S$）；（b）自旋体系的温度高于环境温度（$T_S > T$）；（c）当下能级的自旋粒子吸收能量向上能级跃迁，当 $N_u/N_1 > 1$ 时，自旋温度是负值（$T_S < 0$）；（d）表示（b）或（c）的过剩能量随时间衰减。体系的总能量 $E = N_1E_1 + N_uE_u$。这里的 E_u 和 E_1 分别代表上、下两个能级的能量；τ_1 表示相应的弛豫时间。

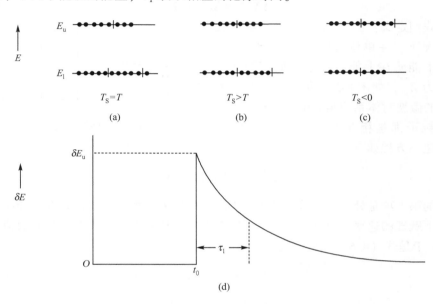

图 8-1　一个双能级的自旋体系与环境之间的能量交换示意图

其实，自旋体系通过与环境接触进行相互作用的过程中，"冷却"了自身的温度，自旋温度 T_S 最终回到了环境温度（T）。任何一个足够简单的热力学体系，在 $t = t_0$ 时吸收了外部的能量 δE_0，这部分多出的能量将会以指数形式衰减释放给环境。

$$\delta E = \delta E_0 \exp\left[-(t - t_0)/\tau_1\right] \tag{8.2}$$

这里的 τ_1 就是能量从自旋体系流向环境所需的特征时间 [图 8-1（d）]。弛豫时间 τ_1 也是反映自旋体系与它的环境接触的程度。要想使自旋体系最终回到起始状态，即 $T_S = T$，所需的时间 $t \to \infty$。而我们从式（8.1）中注意到，自旋只是在温度等于 T 时的 Maxwell-Boltzmann 分布。

8.1.2　自旋粒子跃迁动力学

现在我们从能级粒子的布居差 $\Delta N(H, T_S)$

$$\Delta N = N_1 - N_u \tag{8.3}$$

来考察自旋动态学，于是

$$N_u = \frac{1}{2}(N - \Delta N) \tag{8.4a}$$

$$N_1 = \frac{1}{2}(N + \Delta N) \tag{8.4b}$$

这里的 $N = N_1 + N_u$ 就是自旋粒子总的布居数。在 $|\Delta E/k_b T_s| \ll 1$ 的情况下：

$$\Delta N/N \approx \Delta E/2k_b T_s \tag{8.5}$$

我们定义：当有激发的微波场存在
的情况下，在单位时间内，每个自旋粒
子从下能阶往上能阶跃迁的概率为 $Z_\uparrow$，
反之为 $Z_\downarrow$，如图 8-2 所示。ρ_ν 就是频率
为 ν 的微波对体系的照射密度。对于假定
自旋粒子都是相互孤立的动力学体系，
微分速率方程如下：

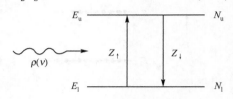

图 8-2　双能级自旋体系
能级间粒子跃迁示意图

$$\frac{d(\Delta N)}{dt} = -2N_1 Z_\uparrow + 2N_u Z_\downarrow \tag{8.6}$$

右边的第 1 项是处在下能阶的粒子向上跃迁的速率，第 2 项就是处在上能阶的粒
子向下跃迁的速率，每项都乘以 2，是因为每跃迁一个粒子引起 ΔN 的数值改变
为 2。于是式（8.6）可改写为

$$\frac{d(\Delta N)}{dt} = N(Z_\downarrow - Z_\uparrow) - \Delta N(Z_\downarrow + Z_\uparrow) \tag{8.7a}$$

$$= \left(N\frac{Z_\downarrow - Z_\uparrow}{Z_\downarrow + Z_\uparrow} - \Delta N\right)(Z_\downarrow + Z_\uparrow) \tag{8.7b}$$

当自旋体系取向处于稳定态时，则 $d(\Delta N)/dt = 0$，于是从式（8.7b）可得出

$$\Delta N^{SS} = N_1^{SS} - N_u^{SS} = N\frac{Z_\downarrow - Z_\uparrow}{Z_\downarrow + Z_\uparrow} \tag{8.8}$$

上标^{SS}表示稳定态（steady state）。于是式（8.7b）变成

$$\frac{d(\Delta N)}{dt} = (\Delta N^{SS} - \Delta N)(Z_\downarrow + Z_\uparrow)^{-1} \tag{8.9}$$

式中：$(Z_\downarrow + Z_\uparrow)^{-1}$是时间的量纲。我们定义它为弛豫时间 τ_1。于是式（8.9）
变成

$$\frac{d(\Delta N)}{dt} = \frac{\Delta N^{SS} - \Delta N}{\tau_1} \tag{8.10}$$

在大多数情况下，$\Delta N^{SS}/N$ 的值是很小的，可近似地看成 $Z_\downarrow = Z_\uparrow \equiv Z$，则 $\tau_1 \approx$
$(2Z)^{-1}$。我们注意到 τ_1 是一个统计学参数，并不与个别的自旋粒子有直接关联。
式（8.10）是一个一级动力学方程，它的解为

$$\Delta N = (\Delta N)_0 + [\Delta N^{SS} - (\Delta N)_0]\{1 - \exp[-(t - t_0)/\tau_1]\} \tag{8.11}$$

由此可见，ΔN 是从（ΔN）$_0$ 以速率常数 $k_1 = \tau_1^{-1}$ 呈指数形式向 ΔN^{SS} 演变的一个变量。这里的 τ_1 是 ΔN 以 $[\Delta N^{SS} - (\Delta N)_0]$ $[1 - e^{-1}]$ 演变所需的时间。因为磁化强度 M 在 Z 方向的分量 M_Z（平行于外磁场 H 方向）是正比于 ΔN 的 [即对于在体积 V 中没有互作用的未偶电子是正比于（$g\beta_e/2V$）ΔN 的]。M_Z 也是以指数的形式趋向于平衡值 M_Z^o。

式（8.10）中：τ_1 的定义就是单位时间内跃迁概率总和的倒数。τ_1 是与给定的自旋取向状态的平均寿命有关的。下面将会论述这个寿命的限制对线宽的影响。

所有的量子力学跃迁都有一个有限的、非零的光谱宽度，即所谓的寿命增宽。任何激发态都有一个有限的寿命。许多专著和论文把非零的频率变动（$\Delta\nu \neq 0$）归结于 Heisenberg 测不准原理，也就是 $\tau \cdot \delta E \geqslant \hbar$。这里的 δE 就是由于非零的跃迁概率（$Z \neq 0$）导致体系能量的不确定性，$\tau_1 = Z^{-1}$ 就是它的平均寿命。$|\delta E| \approx \hbar/\tau$ 就是能级的宽度。例如，假定 $\tau_1 = 10^{-9}$ s，则 $|\delta E| \approx 10^{-25}$ J，或 $\Delta\nu \approx 10^8$ s^{-1}，得出相应的 EMR 波谱的线宽约为 6.0 mT。寿命增宽是对均匀线宽（homogeneous line width）的贡献之一，也是给定体系最小的线宽。

8.1.3 弛豫时间 τ_1 的机理

跃迁概率 $Z_\downarrow$ 和 $Z_\uparrow$ 的一些机理可表述如下：

$$Z_\uparrow = B_{lu}\rho_\nu + W_\uparrow \tag{8.12a}$$

$$Z_\downarrow = A_{ul} + B_{ul}\rho_\nu + W_\downarrow \tag{8.12b}$$

式中：ρ_ν 是平均时间内对自旋体系的照射密度；$W_\uparrow$ 和 $W_\downarrow$ 分别是体系在环境的诱导下，单位时间内下能阶向上能阶跃迁的概率，和单位时间内上能阶向下能阶跃迁的概率；A_{ul} 是自发发射 Einstein 系数；B_{ul} 和 B_{lu} 分别为受激发射和吸收 Einstein 系数[1]，其定义如下：

$$A_{ul} = \frac{64\pi^4 \mu_0 \nu_{ul}^3}{3hc^3} |\langle l | \hat{\mu}_{H_1} | u \rangle|^2 = \frac{8\pi h\nu_{ul}^3}{c^3} B_{ul} \tag{8.13}$$

$$B_{ul} = B_{lu} \tag{8.14}$$

将式（8.12）代入式（8.10）和式（8.11）得

$$\Delta N^{SS} = N \frac{A_{ul} + W_\downarrow - W_\uparrow}{A_{ul} + 2B_{ul}\rho_\nu + W_\downarrow + W_\uparrow} \tag{8.15}$$

$$\tau_1 = (A_{ul} + 2B_{ul}\rho_\nu + W_\downarrow + W_\uparrow)^{-1} \tag{8.16}$$

把 τ_1 看成是各个粒子弛豫时间之和 $\sum_i \tau_{1i}$，我们考虑以下 3 种情况：

（1）自旋体系从它的环境（包括碰撞、辐射）移出，则式（8.15）和式（8.16）中的 B 和 W 项都是零。ΔN 以 $\tau_1 = A_{ul}^{-1}$ 的恒定速率衰减。在这种情况下，τ_1 是很长很长的（对于一集相互无关的自旋粒子，当外磁场 $H = 1$ T 时，$\tau_1 \approx 10^4$ a）。

但是最终（$t\to\infty$）自旋体系衰减到 $\Delta N^{SS}\approx N$，就是说在上能阶没有自旋粒子。换言之，周围的温度到达 0K。

（2）孤立的自旋体系被暴露在温度为 T 的辐射源中。这时，式（8.15）和式（8.16）中的 B 是非零项。当辐射源为黑体时，辐射密度 ρ_ν 的值由 Planck 黑体定律[2]给出。这时的自旋体系来自与温度为 T 的辐射源之间的平衡，其最终的自旋布居数达到式（8.1）给出的 $T_S = T$ 时的比值。但是，在 3K 时，τ_1 仍然长达 1000 年。当辐射源提供一个振荡频率合适的激发场 H_1，自旋体系从辐射源获取有效温度的值为 T_S。

（3）现在恢复到常态的环境（电子和核），在式（8.15）和式（8.16）中的跃迁概率项 W 应该存在，并占优势。自旋体系的弛豫，主要是自旋－晶格弛豫（τ_1），它是通过电子自旋翻滚与环境（"晶格"）动态互作用诱导产生的。"晶格"[液态（即溶剂）和固态（即晶体）统称"环境"]一般可以看成是一个大蓄热池，在整个 EMR 实验过程中，它的温度可以看成是保持不变的。当自旋与晶格之间达到热平衡时，τ_1 趋向于零。就是说体系把能量从 ρ_ν "及时"地转移给了"晶格"。

假如辐射密度（ρ_ν）项占绝对优势，以至于 $Z_\uparrow$ 和 $Z_\downarrow$ 趋于相等，$\Delta N\to\Delta N^{SS}\to 0$，自旋体系就不再从辐射场吸收能量，EMR 信号就消失了。这种情况叫做"功率饱和"。因此，对于中等自旋－晶格弛豫机制的自旋体系，选择适当（中等）的辐射场能量（H_1）是很重要的。

从实验看，τ_1 的值约为 $1\mu s$，则 W 项在 $10^6\ s^{-1}$ 数量级。由于 $A_{ul}\approx 3\times 10^{-12} s^{-1}$，与 W 项相比可以忽略不计。而 $2B_{ul}\rho_\nu$ 项是可以根据需要调整激发辐射场的强度来控制它的大小。当该项增大到大于 W 项时，体系趋向于饱和。

有些自旋－晶格互作用是在凝聚相中进行的，包括自旋体系与晶格的振动（声子）互作用，在晶格中的声子密度服从 Boltzmann 分布定律。因此，处于低能阶的声子密度稍高于高能阶，这就是产生概率 W 不均等的根源。由于 $W_\uparrow\neq W_\downarrow$，这种互作用使得光子的吸收和发射（Einstein 系数 B）也不同。概率 W 的不均等，从根本上保证了 $\Delta N^{SS}\neq 0$。

导致 τ_1 机理的详细表述，已超出本书的范畴。我们挑出最重要的几点机理简述如下：

（1）直接过程。在自旋能级之间直接借助于声子的无辐射跃迁。在近似高温的情况下（$h\nu/k_b T\ll 1$），几乎所有的实验条件都适用，对于 $S=\frac{1}{2}$ 的自旋体系，τ_1 是随 $B^{-4}T^{-1}$ 而变；对于 $S>\frac{1}{2}$ 的自旋体系，τ_1 是随 $B^{-2}T^{-1}$ 而变的[3]。这种机理只是在非常低的温度下才是占优势的。

（2）Raman 过程。如同电子光谱中的 Raman 过程一样，这个过程包含了"实质"的激发之后接着"去激发"到声子状态的过程，其能量远高于自旋能级。τ_1 是随温度 $T^{-9} \sim T^{-5}$ 而变化。因此，该过程随着温度的升高而变得更加重要。

（3）Orbach 过程。假如一个低的（low-lying）自旋能级存在于能量为 Δ 的基态多重态之上，Raman 过程就能够控制自旋 – 晶格弛豫。在这种情况下，τ_1 是随 $\exp(\Delta/k_b T)$ 而变化，由此也可求得 Δ。该过程是由 Orbach 及其合作者[4,5]首先提出的。

（4）其他机理。还有些曾经被提出并被实验验证了的机理，都比上述机理更为复杂[6]。在气相中，碰撞是重要的弛豫机理。

8.2 自旋弛豫的 Bloch 模型

现在我们从另一个角度来讨论自旋弛豫，用著名的 Bloch 方程[7]来描述在外部的静磁场和振荡磁场作用下，总的自旋磁化矢量 M 与时间的依赖关系。在这里，我们只提供关于处理方法的简要概述，全面详细的推导请参阅相关的教科书[8~12]。尽管大多是从 NMR 中发展出来的，但其基本理论都是可以应用于 EMR 中去的。

原则上讲，Bloch 方程可以应用于任何一对能级，当然也有一定的限制。例如，不能把它用来使个别自旋粒子的量子力学行为形象化。因此，自旋 – 自旋耦合，如超精细效应的考虑是被排除在外的。另外，发射光子、辐射衰减对磁化的影响[13]，在我们的公式中也是被忽略的。而且，简化到只有两个弛豫参数是不准确的，尤其是对固态样品，更是不确切的。

8.2.1 在静磁场中的磁化

材料在磁场中受到磁化，其磁化强度，也就是单位体积中的磁矩数为 M。磁化强度 M 与外磁场强度有如下关系：

$$M = \chi H \tag{8.17}$$

式中：χ 称为该材料的"体积磁化率"。设自旋为 S 的自旋集合，在磁场 H 中处于热平衡状态，每个自旋的磁矩为 $-g\beta S$。假设这些自旋间没有磁相互作用，就应该服从 Boltzmann 分布，则第 i 个能级上的粒子数应为

$$p_i = \frac{\exp(-g\beta H M_i/kT)}{\sum\limits_{M_i=-S}^{S} \exp(-g\beta H M_i/kT)} \tag{8.18}$$

在单位体积中含有 N 个自旋粒子，则单位体积中的总磁矩 M 是

$$M = N \sum_{M_i=-S}^{S} p_i(-g\beta M_i) = N \frac{\sum\limits_{M_i=-S}^{S}(-g\beta M_i)\exp(-g\beta M_i/kT)}{\sum\limits_{M_i=-S}^{S}\exp(-g\beta M_i/kT)} \tag{8.19}$$

当 $S = 1/2$、$g = 2$、$H = 330$ mT 时，只要 $T > 22$ K，则 $g\beta HM_i/kT < 10^{-2}$。我们就可以把式（8.19）的指数函数按级数展开，并只取前两项得

$$M \approx N \frac{\sum\limits_{M_i=-S}^{S}(-g\beta M_i + g^2 HM^2/kT)}{\sum\limits_{M_i=-S}^{S}\left(1 - \frac{g\beta HM_i}{kT}\right)} \tag{8.20}$$

注意到

$$\sum_{M_i=-S}^{S}(1) = 2S+1; \qquad \sum_{M_i=-S}^{S}(M_S) = 0;$$

$$\sum_{M_i=-S}^{S}(M_i^2) = 2\sum_{M_i=-S}^{S}(M_i)^2 = 2\frac{1}{6}S(S+1)(2S+1)$$

则

$$\chi = \frac{M}{H} = \frac{Ng^2\beta^2 S(S+1)}{3kT} \tag{8.21}$$

式（8.21）就是用来计算静态磁化率的著名的 Curie 公式。静态磁化率也可以通过实验测定，利用实验测得的静态磁化率数据，可以计算过渡金属离子及其配合物的未偶电子数，其中 $g\sqrt{S(S+1)}$ 为"等效 Bohr 磁子数"。

8.2.2　在静磁场作用下的 Bloch 方程

当没有外磁场存在时，样品体相的磁化强度 M 在空间是固定的，在任意的直角坐标系中的分量分别为 M_x、M_y 和 M_z。当全部磁矩被暴露在一个均匀的静磁场 H 时，体系处于动态平衡，没有弛豫。然而，这里的 M 在空间却并非固定，而是按照如下的运动方程移动

$$\frac{\mathrm{d}}{\mathrm{d}t}M = \gamma_e H \times M \tag{8.22}$$

这里的 γ_e 是电子的旋磁比，等于 $g\beta_e/\hbar$。

令 H 平行于 z 轴方向，得

$$\frac{\mathrm{d}}{\mathrm{d}t}M_x = \gamma_e H M_y \tag{8.23a}$$

$$\frac{\mathrm{d}}{\mathrm{d}t}M_y = -\gamma_e H M_x \tag{8.23b}$$

$$\frac{\mathrm{d}}{\mathrm{d}t}M_z = 0 \tag{8.23c}$$

它们的解

$$M_x = M_\perp^0 \cos\omega_H t \tag{8.24a}$$

$$M_y = M_\perp^0 \sin\omega_H t \tag{8.24b}$$

$$M_z = M_z^0 \tag{8.24c}$$

这一组方程展现出：假如 $M_\perp^0 \neq 0$，则磁化强度 $\boldsymbol{M}$ 是以角频率 $\omega_H = -\gamma_e H$（Larmor 频率）绕着外磁场 $\boldsymbol{H}$ 做进动运动。磁化强度的纵向分量 M_z 是定数。这里的磁场我们采取静态的，加上正弦波调制将导致更加复杂的解。

　　现在让我们把弛豫效应包括进去。假如体系遭受到外磁场 $\boldsymbol{H}$ 的大小或（和）方向的突然改变，于是 M_x、M_y 和 M_z（参照磁场新的方向）弛豫到它们新的平衡值。例如，当磁场突然加上去（当 $t = t_0$ 时，$\boldsymbol{H} = 0$）时，初始状态的 $\Delta N = 0$；而 M_z 则随着时间呈指数曲线上升（图 8-3）。

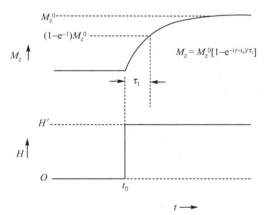

图 8-3　当磁场 H（z 方向）突然从 0 加到 H' 时
磁化强度 M_z 的变化示意图

设横向组分 M_x 和 M_y 以相同的速率常数（τ_2 的倒数）弛豫，于是

$$\frac{\mathrm{d}}{\mathrm{d}t}M_x = \gamma_e H M_y - \frac{M_x}{\tau_2} \tag{8.25a}$$

$$\frac{\mathrm{d}}{\mathrm{d}t}M_y = -\gamma_e H M_x - \frac{M_y}{\tau_2} \tag{8.25b}$$

$$\frac{\mathrm{d}}{\mathrm{d}t}M_z = \frac{M_z^0 - M_z}{\tau_1} \tag{8.25c}$$

这就是非常重要的、著名的 Bloch 方程。τ_2 称作"横向弛豫时间"（transverse relaxation time）或"自旋 – 自旋弛豫时间"，相应的 τ_1 称作"纵向弛豫时间"（longitudinal relaxation time）称"自旋 – 晶格弛豫时间"。纵向弛豫与横向弛豫的机理是不同的，M_x 和 M_y 的改变，不会改变自旋体系总的 Zeeman 能，而 M_z 的改

变就会使自旋体系与周围环境（晶格）发生能量交换。如果不存在弛豫效应（即 τ_1 和 τ_2 都趋向于零），则式（8.25）就还原为式（8.23）。

8.2.3 在静磁场和振荡磁场共同作用下的 Bloch 方程

在磁共振实验中，除了在 z 方向加一个静磁场外，还要在 x 方向加上一个微波或射频线偏振磁场 H_{1x}：

$$H_{1x} = 2H_1\cos\omega t; \qquad\qquad H_{1y} = 0 \tag{8.26}$$

而这个线偏振磁场又可以分解成两个旋转相反的圆偏振磁场 H_a 和 H_b：

$$H_a = iH_1\cos\omega t + jH_1\sin\omega t \tag{8.27a}$$

$$H_b = iH_1\cos(-\omega)t + jH_1\sin(-\omega)t$$

$$= iH_1\cos\omega t - jH_1\sin\omega t \tag{8.27b}$$

式中：i、j、k 是 x、y、z 坐标系中的单位矢量。对于 H_a 和 H_b，只有角频率为 $+\omega$ 的分量对诱导 EMR 跃迁有贡献，而 $-\omega$ 分量的贡献很小，可以忽略。也就是说，只有 H_a 是有效的分量，因此，总的外加磁场可写成

$$H = iH_1\cos\omega t + jH_1\sin\omega t + kH_0 \tag{8.28}$$

所以，式（8.22）中的 $H \times M$ 可写成

$$H \times M = \begin{vmatrix} i & j & k \\ H_1\cos\omega t & H_1\sin\omega t & H_0 \\ M_x & M_y & M_z \end{vmatrix} = i(M_zH_1\sin\omega t - M_yH_0)$$

$$+ j(M_xH_0 - M_zH_1\cos\omega t) + k(M_yH_1\cos\omega t - M_xH_1\sin\omega t) \tag{8.29}$$

这样，式（8.25）的 Bloch 方程就变成

$$\frac{\mathrm{d}}{\mathrm{d}t}M_x = \gamma_e(-M_yH_0 + M_zH_1\sin\omega t) - \frac{M_x}{\tau_2} \tag{8.30a}$$

$$\frac{\mathrm{d}}{\mathrm{d}t}M_y = \gamma_e(-M_zH_1\cos\omega t + M_xH_0) - \frac{M_y}{\tau_2} \tag{8.30b}$$

$$\frac{\mathrm{d}}{\mathrm{d}t}M_z = \gamma_e(-M_xH_1\sin\omega t + M_yH_1\cos\omega t) + \frac{M_z^0 - M_z}{\tau_1} \tag{8.30c}$$

为了解这一组 Bloch 方程，最方便的办法就是进行坐标变换，把它变换到一个绕 z 轴以角频率 ω（这里的 ω 就是振荡磁场 H_1 的角频率）旋转的旋转坐标系中去。设旋转坐标系旋转了一个方位角 ϕ。M 在原坐标系 x、y 方向的分量为 M_x、M_y，变换到新的旋转坐标系 x_ϕ、y_ϕ 方向的分量为 $M_{x\phi}$、$M_{y\phi}$，则

$$M_{x\phi} = M_x\cos\omega t + M_y\sin\omega t \tag{8.31a}$$

$$M_{y\phi} = M_x\sin\omega t - M_y\cos\omega t \tag{8.31b}$$

这里的 $M_{x\phi}$ 与 H_1 是同相位的，而 $M_{y\phi}$ 则滞后于 H_1 的相位 90°。将式（8.31）代入式（8.30），即得

$$\frac{d}{dt}M_{x\phi} = -(\omega_H - \omega)M_{y\phi} - \frac{M_{x\phi}}{\tau_2} \tag{8.32a}$$

$$\frac{d}{dt}M_{y\phi} = (\omega_H - \omega)M_{x\phi} + \gamma_e H_1 M_z - \frac{M_{y\phi}}{\tau_2} \tag{8.32b}$$

$$\frac{d}{dt}M_z = -\gamma_e H_1 M_{y\phi} + \frac{M_z^0 - M_z}{\tau_1} \tag{8.32c}$$

8.2.4 Bloch 方程的定态解

当 ω 变化很缓慢时，只需求式（8.31）的定态解，即令

$$\frac{d}{dt}M_{x\phi} = \frac{d}{dt}M_{y\phi} = \frac{d}{dt}M_z = 0$$

这样，就把解一组微分方程转变成解一组代数方程：

$$M_{x\phi} = -M_z^0 \frac{\gamma_e H_1(\omega_H - \omega)\tau_2^2}{1 + (\omega_H - \omega)^2\tau_2^2 + \gamma_e^2 H_1^2\tau_1\tau_2} \tag{8.33a}$$

$$M_{y\phi} = +M_z^0 \frac{\gamma_e H_1\tau_2}{1 + (\omega_H - \omega)^2\tau^2 + \gamma_e^2 H_1^2\tau_1\tau_2} \tag{8.33b}$$

$$M_z = +M_z^0 \frac{1 + (\omega_H - \omega)^2\tau_2^2}{1 + (\omega_H - \omega)^2\tau_2^2 + \gamma_e^2 H_1^2\tau_1\tau_2} \tag{8.33c}$$

根据式（8.32）我们就可以得到在 x、y、z 坐标系中的 Bloch 方程的定态解如下：

$$M_x = \frac{\gamma_e H_1 M^0}{\gamma_e H_1^2\left(\dfrac{\tau_1}{\tau_2}\right) + \left(\dfrac{1}{\tau_2}\right)^2 + (\omega_H - \omega)}\left[(\omega_H - \omega)\cos\omega t + \frac{1}{\tau_2}\sin\omega t\right] \tag{8.34a}$$

$$M_y = \frac{\gamma_e H_1 M^0}{\gamma_e H_1^2\left(\dfrac{\tau_1}{\tau_2}\right) + \left(\dfrac{1}{\tau_2}\right)^2 + (\omega_H - \omega)}\left[(\omega_H - \omega)\sin\omega t - \frac{1}{\tau_2}\cos\omega t\right] \tag{8.34b}$$

$$M_z = \frac{M^0\left[\dfrac{1}{\tau_2}^2 + (\omega_H - \omega)^2\right]}{\gamma^2 H_1^2\left(\dfrac{\tau_1}{\tau_2}\right) + \left(\dfrac{1}{\tau_2}\right)^2 + (\omega_H - \omega)^2} \tag{8.34c}$$

从式（8.34）看出，磁化强度 **M** 在外加静磁场方向的分量 M_z 是不依赖于时间 t 的，而在 xy 平面上有依赖于时间 t 的旋转分量 M_x 和 M_y，而且当 $\omega = \omega_H$ 时有极大值。

8.3 线型、线宽和谱线强度

8.3.1 线型函数

原则上讲，EMR 谱线的线型应该是 Lorentz 型的，尤其是在稀溶液中，自由基

波谱基本上都是 Lorentz 线型函数，其原因是磁化强度的横向分量是按照指数形式衰减的。然而许多 Lorentz 型谱线叠加的结果，就会趋向于 Gauss 函数型。实验得到的 EMR 谱线的线型多半是介于两者之间。它们的普遍解析形式如下：

Lorentz 线型函数

$$f(x) = \frac{a}{1 + bx^2} \tag{8.35}$$

Gauss 线型函数

$$f(x) = a \exp(- bx^2) \tag{8.36}$$

这两种线型函数同样都只包含 a 和 b 两个参数，由两个实验就可以确定它们。如果将所包含的面积归一化，则两个参数之间还应满足一定的关系，即独立参数只有一个。两种线型函数如图 8-4 和图 8-5 所示。

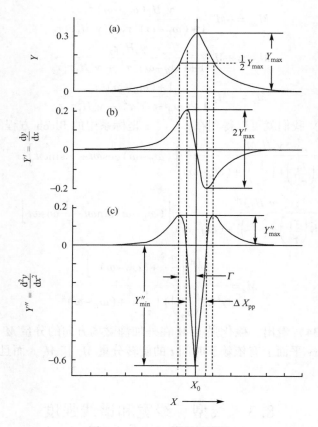

图 8-4 Lorentz 线型的图示

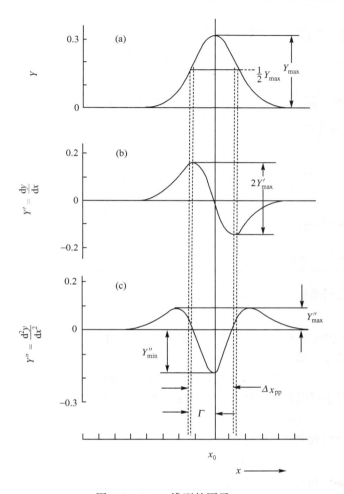

图 8-5　Gauss 线型的图示

表 8-1 列出 Lorentz 和 Gauss 两种谱线的线型方程、峰高、线宽等的数学表达式。

表 8-1　Lorentz 和 Gauss 两种谱线的线型方程、峰高、线宽

	归一化 Lorentz 线型的性质	归一化 Gauss 线型的性质
吸收线方程	$Y = Y_{max} \dfrac{\Gamma^2}{\Gamma^2 + (x - x_r)^2}$	$Y = Y_{max} \exp\left[\dfrac{-\ln 2 \ (x - x_r)^2}{\Gamma^2}\right]$
峰高	$Y_{max} = Y\Big|_{x = x_0} = \dfrac{1}{\pi \Gamma}$	$Y_{max} = Y\Big|_{x = x_0} = \left(\dfrac{\ln 2}{\pi}\right)^{1/2} \dfrac{1}{\Gamma}$
半高半线宽	$\Gamma = \dfrac{1}{2}\Delta x_{1/2}$	$\Gamma = \dfrac{1}{2}\Delta x_{1/2}$

续表

	归一化 Lorentz 线型的性质	归一化 Gauss 线型的性质
一次微分线方程	$Y' = -Y_{\max} \dfrac{2\Gamma^2 \ (x - x_r)}{[\Gamma^2 + (x - x_r)^2]^2}$	$Y' = -Y_{\max} \dfrac{2\ln 2 \ (x - x_r)}{\Gamma^2} \exp\left[\dfrac{-(\ln 2)(x - x_r)^2}{\Gamma^2}\right]$
峰峰高	$2Y'_{\max} = \dfrac{3\sqrt{3}}{4\pi}\dfrac{1}{\Gamma^2} = A_{pp}$	$2\,Y'_{\max} = 2\left(\dfrac{2}{\pi e}\right)^{1/2}\dfrac{\ln 2}{\Gamma^2} = A_{pp}$
峰峰宽	$\Delta x_{pp} = \dfrac{2}{\sqrt{3}}\Gamma$	$\Delta x_{pp} = \left(\dfrac{2}{\ln 2}\right)^{1/2}\Gamma$
二次微分线方程	$Y'' = -Y_{\max}2\Gamma^2 \dfrac{\Gamma^2 - 3(x - x_r)^2}{[\Gamma^2 + (x - x_r)^2]^3}$	$Y'' = -Y_{\max}\dfrac{2\ln 2}{\Gamma^4}[\Gamma^2 - 2\ln 2 (x - x_r)^2]\exp\left[\dfrac{-\ln 2 (x - x)^2}{\Gamma^2}\right]$
正峰高	$Y''_{\max} = Y_{\max}\dfrac{1}{2\Gamma^2}$	$Y''_{\max} = Y_{\max}\dfrac{4e^{-3/2}\ln 2}{\Gamma^2}$
负峰高	$Y''_{\min} = -Y_{\max}\dfrac{2}{\Gamma^2}$	$Y''_{\min} = -Y_{\max}\dfrac{2\ln 2}{\Gamma^2}$

现在我们来定义一种复数磁化率：

$$\chi = \chi' - i\chi'' \tag{8.37}$$

式中：χ' 和 χ'' 称为 Bloch 磁化率，把式（8.26）中的 H_{1x} 看成是一个复数磁场 H_c 中的实数部分，即

$$H_c = 2H_1\exp(i\omega t) = 2H_1(\cos\omega t + i\sin\omega t) \tag{8.38}$$

这样，我们还可以把 M_x 看成是复数磁化强度 M_c 的实数部分，则

$$M_c = \chi H_c \tag{8.39}$$

利用式(8.37)和式(8.38)，即得

$$M_x = 2H_1\chi'\cos\omega t + 2H_1\chi''\sin\omega t \tag{8.40}$$

比较式(8.40)和式(8.34a)，得

$$\chi' = \frac{1}{2}\frac{\gamma_e M^0(\omega_H - \omega)}{\gamma_e^2 H_1^2\left(\dfrac{\tau_1}{\tau_2}\right) + \dfrac{1}{\tau_2} + (\omega_H - \omega)^2} \tag{8.41a}$$

$$\chi'' = \frac{1}{2}\frac{\gamma_e M^0\left(\dfrac{1}{\tau_2}\right)}{\gamma_e^2 H_1^2\left(\dfrac{\tau_1}{\tau_2}\right) + \left(\dfrac{1}{\tau_2}\right)^2 + (\omega_H - \omega)^2} \tag{8.41b}$$

当样品发生磁共振时，能量会从电磁场转移到样品上。问题是样品消耗的功率与复数磁化率之间有什么样的关系？

EMR 谱仪的谐振腔等效于一个 R-L 串联电路构成的线圈，当谐振腔插入样品之前，谐振腔的阻抗为 Z_0，则

$$Z_0 = R_0 + i\omega L_0 \tag{8.42}$$

当谐振腔中插入样品之后，谐振腔的阻抗由 Z_0 变为 Z，则

$$Z = R_0 + i\omega L_0 (1 + 4\pi\chi) \tag{8.43}$$

将式（8.37）代入则得

$$Z = (R_0 + 4\pi\omega L_0 \chi'') + i\omega L_0 (1 + 4\pi\chi') \tag{8.44}$$

当谐振腔中插入样品之后，谐振腔的阻抗中的电阻部分从 R_0 变为 $R_0 + 4\pi\omega L_0 \chi''$。可见样品的插入所引起的额外的功率消耗是正比于 χ'' 的，即产生共振吸收只与复数磁化率的虚部有关。于是，EMR 吸收的线型函数，应正比于 χ''。线型函数 $f(\omega)$ 的表达式如下：

$$f(\omega) = \frac{\mathscr{C}\gamma_e M^0 \left(\dfrac{1}{\tau_2}\right)}{\gamma_e^2 H_1^2 \left(\dfrac{\tau_1}{\tau_2}\right) + \left(\dfrac{1}{\tau_2}\right)^2 + (\omega_H - \omega)^2} \tag{8.45}$$

式中：$\mathscr{C}$ 是包括仪器因素在内的比例系数。

从式（8.45）可以看出：当 $\omega = \omega_H$ 时，$f(\omega)$ 有极大值。如果在 $\omega = \omega_H$ 时 H_1 和 τ_1 都很大时，$f(\omega)$ 就会变小。这就是所谓的饱和现象。为了避免饱和现象的发生，在操作中总是把 H_1 压到最低限度。这时，与 $(1/\tau_2)^2$ 相比，$\gamma_e^2 H_1^2 (\tau_1/\tau_2)$ 项就可忽略，所以线型函数就可以写成

$$f(\omega) = \frac{\mathscr{C}\gamma_e M^0 \left(\dfrac{1}{\tau_2}\right)}{\left(\dfrac{1}{\tau_2}\right)^2 + (\omega_H - \omega)^2} \tag{8.46}$$

用 $(1/\tau_2)^2$ 除式（8.46）右边的分子和分母，即得

$$f(\omega) = \frac{\mathscr{C}\gamma_e M^0 \tau_2}{1 + \tau_2^2 (\omega_H - \omega)^2} \tag{8.47}$$

式中：$\mathscr{C}\gamma_e M^0 \tau_2$ 就是式（8.35）中的 a，τ_2^2 就是式（8.35）中的 b。

式（8.47）就是 Lorentz 线型函数。它是 EMR 波谱中最基本的线型函数。

8.3.2　线宽

8.3.2.1　线宽的起源

从理论上讲，任何光谱的谱线都应该是无限窄的 δ 函数，但实际情况是任何光谱的谱线都有一定的宽度。对于 EMR 波谱，不同的样品有不同的线宽。同一个样品，在不同的条件下的线宽也相差很大。

产生线宽的原因有两个：

（1）寿命的原因，未偶电子处在某一能级上的停留时间 δt 是一个有限值，即 $\delta t \neq 0$。而两能级之间的差 ΔE 也不可能是严格的定值，即 $\delta \Delta E \neq 0$。根据量子

力学中的 Heisenberg 原理，有

$$\delta\Delta E \cdot \delta t \sim \hbar \tag{8.48}$$

这里的 $\delta\Delta E = g\beta\delta H$，也就是说 $\delta H \cdot \delta t \sim \hbar/g\beta$。

δt 愈小，δH 就愈大，即线宽愈宽。在 X 波段，当 $\delta t = 10^{-9}$ s 时，δH 约有 5.7 mT。未偶电子在上下两个能级间不停地跃迁，是因为未偶电子与"晶格"（即周围环境）之间存在能量耦合，也叫"自旋－晶格"互作用。这种互作用愈强，δt 愈小，谱线就愈宽。降低环境温度可以减缓这种互作用，增长未偶电子处在某一能级上的寿命使谱线变窄。

（2）久期的原因。一个自旋体系是由大量的自旋个体组成的。每一个自旋个体犹如一个小磁矩，对于某一个小磁矩来说，它的周围存在着许多小磁矩（包括电子磁矩和核磁矩），这些小磁矩对于某一指定的小磁矩来说，它们对这个小磁矩构成了一个局部磁场 H'，它们之间的相互作用称之为"自旋－自旋"互作用。由于这些小磁矩是在不停地运动，这个附加的局部磁场 H' 也是在不停地变化。它的变化就会引起两个自旋状态能级差的变化。对于某一个给定的微波频率来说，产生共振的磁场 H_r 应该是外磁场 H_0 与这个局部磁场 H' 之和，即

$$H_r = |H_0 + H'| \tag{8.49}$$

在给定频率的条件下，H_r 应该是固定的。但由于 H' 的值是在变化的，所以外磁场 H_0 就不再是一个定值，而是在以 H_r 为中心的一定小范围内有一个分布，得到一条由许多无限窄的谱线叠加而成的具有一定宽度的谱线。

8.3.2.2　线宽的定义

我们在实验中经常遇到的谱线有三种：①归一化的吸收线；②一次微分线；③二次微分线。

（1）定义归一化吸收线高度一半处（$Y_{max}/2$）宽度的一半 Γ 为线宽（也称"半高线宽"），为归一化吸收线的线宽，如图 8-4（a）所示。对于 Lorentz 线型

$$\Gamma = \frac{1}{|\gamma_e|\tau_2}(1 + \gamma_e^2 H_1^2 \tau_1 \tau_2)^{1/2} \tag{8.50}$$

（2）定义归一化的一次微分谱线两个极值（峰－峰）之间的距离 Δx_{pp} 为一次微分谱线的线宽，如图 8-4（b）所示。

（3）定义归一化的二次微分谱线的两个高峰之间距离的一半 Γ 为二次微分谱线的线宽，如图 8-4（c）所示。

一次微分谱线是这三种谱线中最常见的一种。

8.3.3　谱线增宽

局部磁场 H' 的变化包括两个部分：

（1）随时间的变化，也叫动态变化。这种变化是受热起伏的影响，每个顺磁粒子受到一个均匀分布的、随时间起伏的局部磁场的作用，导致谱线的增宽。由于这种谱线增宽是均匀的，故亦称均匀增宽。

（2）随空间位置的变化。由于每个顺磁粒子与邻近的其他顺磁粒子之间的相对位置不同，所以每一个顺磁粒子所处的局部磁场也不同，从而引起谱线增宽。两个顺磁粒子之间的相互作用正比于

$$\frac{1}{r^3}(1-3\cos^2\theta)$$

这里 r 是顺磁粒子间的距离；θ 是两个粒子之间的连线 r 与磁场 H 之间的夹角。由于这部分 H' 是随 θ 而变的，它在空间的分布是不均匀的，引起谱线的增宽也是不均匀的，故亦称非均匀增宽。由于它随 r 的增加而迅速递减，增加粒子间的距离 r 就可以减小这种增宽效应。对于晶体样品，用同晶型的逆磁性材料去稀释顺磁性分子，例如，将少量的顺磁性分子 $CuSO_4$ 掺入到逆磁性的 $ZnSO_4$ 晶体中，就可减弱 Cu^{2+} 间的自旋–自旋互作用引起的谱线增宽效应。对于液体样品，可用逆磁性的溶剂进行稀释。

8.3.4　谱线强度

定义谱线所包围的面积为谱线的强度，它与样品中自旋粒子的总数成正比。对于不同的谱线有不同的算法，我们用 $\mathscr{T}$ 代表谱线的相对强度。

归一化的吸收谱线：

$$\mathscr{T}=2Y_{max}\varGamma=Y_{max}\Delta x_{1/2} \tag{8.51}$$

归一化的一次微分谱线：

$$\mathscr{T}=2Y'_{max}\Delta x_{pp} \tag{8.52}$$

归一化的二次微分谱线：

$$\mathscr{T}=2(Y''_{max}+Y''_{min})\Delta x_{1/2} \tag{8.53}$$

这三个式子就是用来计算三种不同谱线强度的公式。

8.4　线型的动态效应

顺磁中心及其周围的任何动力学过程都会对线型产生影响。分子在黏稠的液体中翻滚，与别的顺磁粒子互作用，以及化学反应（如酸–碱平衡和电子转移反应）等阻碍了分子的自由旋转而使谱线变宽。这种变宽还来自未偶电子周围的局部磁场的动态起伏。假如这种变化发生得足够慢，人们观测到的谱线可归属于指定的粒子。然而，随着起伏速率的增加和 EMR 谱线的增宽，终于合并为一条（或一组）谱线，其位置就是原来谱线位置的加权平均的位置（图 8-6）。

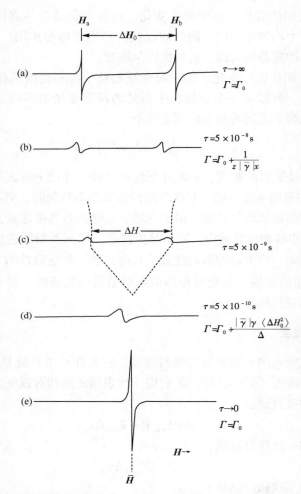

图 8-6　某顺磁性互变异构体 a 和 b，互变速率对一次微分谱线线型变化的影响

8.4.1　广义的 Bloch 方程

有许多理论模型可被用来模拟动态磁场的起伏对 EMR 谱线的影响。然而，我们还是选择从广义的 Bloch 方程模型入手。因为从概念上它容易理解，并容易用计算机进行计算。

考虑一个自由基具有两种独特的存在形式 a 和 b（即各自有自己独特的 EMR 波谱）。为了简便，假定两种存在形式的概率分别为 f_a 和 f_b（$f_a + f_b = 1$），并且假定两种形式的 EMR 谱都是 Lorentz 线型的一条单线，其磁场位置为 H_a 和 H_b〔图 8-5（a）〕，两条谱线间距 $\Delta H_0 = H_b - H_a$，且依赖于磁场 H_0 换言之，这两种形式的粒子具有不同的 g 因子。

下面在我们提到互变速率（即局部磁场起伏）"快"和"慢"时，指的是与特征参数 $|\gamma_e|\Delta H_0$ 做比较。

这里让我们先来定义一个复数横向磁化强度 $M_{+\phi}$：

$$M_{+\phi} = M_{x\phi} + iM_{y\phi} \tag{8.54}$$

于是式（8.32a）和式（8.32b）可合并为

$$\frac{\mathrm{d}M_{+\phi}}{\mathrm{d}t} + \alpha M_{+\phi} = i\gamma_e H_1 M_z \tag{8.55}$$

其中

$$\alpha = \tau_2^{-1} - i(\omega_H - \omega) \tag{8.56}$$

现在的情况是将微波功率设置到足够低，即不会发生功率饱和现象。磁化强度 M_z 就可以代之以 M_z^0，并假定图 8-6 中的 a 谱线和 b 谱线的线宽相同，都是 τ_2^{-1}。

让我们把符号简化，令 $G = M_{+\phi}$，则式（8.56）可写成

$$\alpha_a = \tau_{2_a}^{-1} - i(\omega_{H_a} - \omega) \tag{8.57}$$

$$\alpha_b = \tau_{2_b}^{-1} - i(\omega_{H_b} - \omega) \tag{8.58}$$

弛豫时间 τ_{2_a} 和 τ_{2_b} 等于不存在动态过程（和功率饱和）情况下 a 和 b 线宽的倒数。它们都不依赖于温度。注意到 $\gamma_a \neq \gamma_b$，这就意味着 $g_a \neq g_b$。

函数 G_a 和 G_b 可被认为与化学动力学中的浓度有相同的涵义。对于反应

$$a \underset{k_b}{\overset{k_a}{\rightleftharpoons}} b \tag{8.59}$$

我们可以在式（8.55）中加入一级动力学项，把化学的或者物理的动力学引入到 Bloch 方程中去，得到一个广义的 Bloch 方程，如

$$\frac{\mathrm{d}G_a}{\mathrm{d}t} + \alpha_a G_a = i\gamma_a H_1 M_{z_a} + k_b G_b - k_a G_a \tag{8.60a}$$

$$\frac{\mathrm{d}G_b}{\mathrm{d}t} + \alpha_b G_b = i\gamma_b H_1 M_{z_b} + k_a G_a - k_b G_b \tag{8.60b}$$

式（8.60a）和式（8.60b）是一对线性方程。令 $\dfrac{\mathrm{d}G_a}{\mathrm{d}t} = \dfrac{\mathrm{d}G_b}{\mathrm{d}t} = 0$，就可以得出 G_a 和 G_b 的定态解。假定在保持自旋之间热平衡的情况下，弛豫时间 τ_{1_a} 和 τ_{1_b} 足够的短，因此

$$\frac{\mathrm{d}M_{z_a}}{\mathrm{d}t} = \frac{\mathrm{d}M_{z_b}}{\mathrm{d}t} = 0 \tag{8.61}$$

参照式（8.32c）和式（8.33c），我们可以利用

$$M_{z_a} = f_a \gamma_a M_z^0 / \bar{\gamma}$$

和

$$M_{z_b} = f_b \gamma_b M_z^0 / \bar{\gamma} \tag{8.62}$$

其中

$$\bar{\gamma} = f_a \gamma_a + f_b \gamma_b \tag{8.63}$$

给出总的复数横向磁化强度 G

$$G = G_a + G_b = iH_1M_z^0 \frac{f_a\gamma_a(\alpha_b + k_a + k_b) + f_b\gamma_b(\alpha_a + k_a + k_b)}{(\alpha_a + k_a)(\alpha_b + k_b) - k_ak_b} \qquad (8.64)$$

结合化学平衡条件 $f_ak_a = f_bk_b$，布居函数服从 $f_a = \tau_a/(\tau_a + \tau_b)$ 和 $f_b = \tau_b/(\tau_a + \tau_b)$，利用 $\tau_a^{-1} = k_a$ 以及 $\tau_b^{-1} = k_b$，并定义线宽为寿命的倒数 $\tau^{-1} = \tau_a^{-1} + \tau_b^{-1}$，则式（8.63）可写成

$$G = iH_1M_z^0 \frac{\bar{\gamma} + \tau(f_a\gamma_a\alpha_b + f_b\gamma_b\alpha_a)}{\tau\alpha_a\alpha_b + f_a\alpha_a + f_b\alpha_b} \qquad (8.65)$$

吸收线的强度是正比于磁化强度 G 的虚部（8.3.1 小节），线型则是弛豫时间 τ 的函数，如图 8-6 所示。在考虑广义的线型函数之前，先来讨论两种极端情况：

（1）"慢速"动力学过程（slow dynamics）。这里的弛豫时间 τ_a 和 τ_b 都比 $|\gamma_e\Delta H_0|$ 长，就是我们所预期的分立的两条谱线［图 8-6（a）］。例如，当 H 接近 $H_a = -\omega/\gamma_a$ 时，$G_b \approx 0$，式（8.60a）的定态解为

$$G_a = if_a\gamma_aH_1M_z^0 \frac{1}{\alpha_a + k_a} \qquad (8.66)$$

并取其虚部，可得

$$M_{y\phi a} = -f_aH_1M_z^0 \frac{\Gamma_{0_a} + k_a/|\gamma_a|}{(\Gamma_{0_a} + k_a/|\gamma_a|)^2 + (H_a - H)^2} \qquad (8.67)$$

这就是被吸收功率中的 $\chi''(H)$，它是 Lorentz 线型，其半高线宽 Γ_a

$$\Gamma_a = \Gamma_{0_a} + |\gamma_a\tau_a|^{-1} \qquad (8.68)$$

这里 τ_a（$= k_a^{-1}$）是构象 a 的平均寿命，构象 b 与 a 有完全相似的线型。因此，经过逐渐加快的动力学过程之后，每条谱线都相应地变宽了（但没有移动），如图 8-6（b）所示。通过测量线宽的递增，可以确定动力学过程的速率常数。

（2）"快速"动力学过程（fast dynamics）。当 a 和 b 两种构象互变的速率很快时，τ_a 和 τ_b 都变得很短，于是式（8.65）中的 τ 就可以忽略，则

$$G \approx i\bar{\gamma}H_1M_z^0 \frac{1}{f_a\alpha_a + f_b\alpha_b} \qquad (8.69)$$

取其虚部则得

$$M_{y\phi} = -H_1M_z^0 \frac{\bar{\Gamma}}{(\bar{\Gamma})^2 + (\bar{H} - H)^2} \qquad (8.70)$$

这里的 $\bar{\Gamma}$ 和 $\bar{H}$ 是 G 和 H 的加权平均值：

$$\bar{\Gamma} = f_a\Gamma_{0_a} + f_b\Gamma_{0_b} \qquad (8.71)$$

$$\bar{H} = f_aH_a + f_bH_b \qquad (8.72)$$

式（8.70）表明平均线宽为 $\bar{\Gamma}$ 的 Lorentz 谱线向平均磁场 $\bar{H}$ 集中［图 8-6（c）］。

更详细的分析表明，当两种构象互变的速率快速趋向于极限时，就变成一条

位于磁场 $\overline{H}$ 的 Lorentz 型谱线 ［图 8-6 （d）］，其线宽由式 （8.73） 给出

$$G = \overline{\Gamma} + f_a f_b \tau |\overline{\gamma}| (\Delta H_0)^2 \tag{8.73}$$

这里又一次说明动力学速率常数可以从谱线的线宽变化中求得。

（3）"中庸" 动力学过程 （intermediate dynamics）。取式 （8.64） 的虚部导出线型的普遍表达式是可能的[14,15]。正如体系从慢速区进入到中庸区，可以看到两条谱线不仅变宽，而且向内移动 ［图 8-5 （c）］。在给定磁场的情况下，根据式 （8.64） 中虚部的分母有一个最小值，可以导出两条谱线的裂距如下[14]：

$$\Delta H = [(\Delta H_0)^2 - 2(\overline{\gamma}\tau)^{-2}]^{1/2} \tag{8.74}$$

当该式右边方括弧中的第一项占优势时，该式是正确的。

最后，这两条谱线在 $\overline{H}$ 处合并为一条宽线，如图 8-6 （d） 所示。它们的结合点就出现在 τ 值处，如

$$\tau = \frac{\sqrt{2}}{|\gamma|\Delta H_0} \tag{8.75}$$

注意：该值 （量纲是 s·rad^{-1}，因为 γH 的量纲是角频率） 通常依赖于测量 ΔH_0 时所用的频率。两条谱线的合并现象是寿命增宽的表现。假如把它写成 $\Delta t \Delta \omega \approx 1$，这里的 $\Delta \omega$ 就是两条谱线的裂距，当然它的量纲是角频率，而 Δt 就是构象 a 和构象 b 还能辨别的最小平均时间间隔。假如寿命 τ 小于 Δt，则只能观测到一条中心谱线，因为此时已经无法区别构象 a 和构象 b 了。

假如有两个以上的构象，或在反应式 （8.59） 中的化学计量比不是 1:1，线型就会更加复杂。Bloch 方程的形式也要修正[16]。

从广义的 Bloch 方程得知，顺磁粒子的运动对波谱谱线的线型线宽有很大的影响，而顺磁粒子的运动又与其自身的构象变换、物理运动以及周围的环境等有密切的关系。如热 （温度） 对 EMR 波谱线型、线宽的影响有时候会成为重要因素。应当指出，微分谱的峰–峰振幅是正比于跃迁的相对强度的。然而，在一定条件下，线宽是随温度而变的，并且对于给定的波谱，会从一条谱线变为另一条谱线。其结果是偏离了一次微分谱线的振幅与谱线的强度之间的比例关系，因为微分谱线的振幅是与线宽的平方成反比的。因此谱线线宽的微小变化，就会引起谱线相对振幅很大的改变。下面我们就来看几种谱线变宽的机理。

8.4.2　化学交换变宽机理

8.4.2.1　自由基与抗磁性分子之间的反应

假设有一个自由基 R· 和一个抗磁性分子 L 发生如下化学反应：

$$R· + L \underset{k_-}{\overset{k_+}{\rightleftharpoons}} R·L$$

$$K = \frac{[\text{R}^{\cdot}\text{L}]}{[\text{R}^{\cdot}][\text{L}]} = \frac{k_+}{k_-} \tag{8.76}$$

式中：k_+、k_- 是反应速率常数；K 是平衡常数；$[\text{R}^{\cdot}]$、$[\text{L}]$、$[\text{R}^{\cdot}\text{L}]$ 分别是 $\text{R}^{\cdot}$、L、$\text{R}^{\cdot}\text{L}$ 的浓度。当该反应向右进行时，$\text{R}^{\cdot}$ 有一个平均寿命 τ_{R}，当该反应向左进行时，$\text{R}^{\cdot}\text{L}$ 也有一个平均寿命 $\tau_{\text{R}^{\cdot}\text{L}}$。如果交换是在瞬间内完成的，则

$$\tau_{\text{R}} = \frac{1}{k_+[\text{L}]}; \qquad \tau_{\text{R}^{\cdot}\text{L}} = \frac{1}{k_-} \tag{8.77}$$

假设 $\text{R}^{\cdot}$ 和 $\text{R}^{\cdot}\text{L}$ 具有两个不同的 g 值，即 $g_{\text{R}^{\cdot}}$ 和 $g_{\text{R}^{\cdot}\text{L}}$，设它们都没有超精细结构。当交换进行很慢时，应有两条 g 值分别为 $g_{\text{R}^{\cdot}}$ 和 $g_{\text{R}^{\cdot}\text{L}}$ 的 EMR 谱线。它们的线宽分别为其自然线宽 $(\tau_2^0)_{\text{R}^{\cdot}}^{-1}$ 和 $(\tau_2^0)_{\text{R}^{\cdot}\text{L}}^{-1}$，谱线的积分强度正比于 $[\text{R}^{\cdot}]$ 和 $[\text{R}^{\cdot}\text{L}]$；当交换速率加快时，$\text{R}^{\cdot}$ 和 $\text{R}^{\cdot}\text{L}$ 的平均寿命变短。按照测不准关系原理，谱线应该变宽：

$$\Delta E \cdot \Delta t \sim \hbar$$

即

$$\Delta \omega \cdot \Delta t \sim 1 \tag{8.78}$$

则 $\text{R}^{\cdot}$ 和 $\text{R}^{\cdot}\text{L}$ 的谱线增宽部分应为

$$(\Delta \omega_{\text{R}^{\cdot}}) = \tau_{\text{R}}^{-1}; \qquad (\Delta \omega_{\text{R}^{\cdot}\text{L}}) = \tau_{\text{R}^{\cdot}\text{L}}^{-1} \tag{8.79}$$

加上自然宽度，就是交换变宽后的 Lorentz 线宽。

$$(1/\tau_2)_{\text{R}^{\cdot}} = (1/\tau_2^0)_{\text{R}^{\cdot}} + (1/\tau_{\text{R}}); \qquad (1/\tau_2)_{\text{R}^{\cdot}\text{L}} = (1/\tau_2^0)_{\text{R}^{\cdot}\text{L}} + (1/\tau_{\text{R}^{\cdot}\text{L}}) \tag{8.80}$$

以上是交换进行得很慢的情况。当交换以非常快的速度进行时，我们看到的是一条尖锐的平均谱线，其 g 值为 $g_{\text{R}^{\cdot}}$ 和 $g_{\text{R}^{\cdot}\text{L}}$ 的加权平均值，即

$$\langle g \rangle = x_{\text{R}^{\cdot}} g_{\text{R}^{\cdot}} + x_{\text{R}^{\cdot}\text{L}} g_{\text{R}^{\cdot}\text{L}} \tag{8.81}$$

其中

$$x_{\text{R}^{\cdot}} = \frac{[\text{R}^{\cdot}]}{[\text{R}^{\cdot}] + [\text{R}^{\cdot}\text{L}]}; \qquad x_{\text{R}^{\cdot}\text{L}} = \frac{[\text{R}^{\cdot}\text{L}]}{[\text{R}^{\cdot}] + [\text{R}^{\cdot}\text{L}]} \tag{8.82}$$

其线宽为

$$\langle (1/\tau_2^0) \rangle = x_{\text{R}^{\cdot}}(1/\tau_2^0)_{\text{R}^{\cdot}} + (1/\tau_2^0)_{\text{exch}} \tag{8.83}$$

$(1/\tau_2^0)_{\text{exch}}$ 表示由于交换变慢引起的增宽。

可以证明

$$(1/\tau_2^0)_{\text{exch}} \approx (\Delta \omega)^2 \tau \tag{8.84}$$

其中

$$\Delta \omega \equiv \omega_{\text{R}^{\cdot}} - \omega_{\text{R}^{\cdot}\text{L}} = \frac{\beta H}{\hbar}(g_{\text{R}^{\cdot}} - g_{\text{R}^{\cdot}\text{L}}) \tag{8.85}$$

τ 为"还原寿命"，定义为

$$\tau = \frac{\tau_{\text{R}^{\cdot}} \tau_{\text{R}^{\cdot}\text{L}}}{\tau_{\text{R}^{\cdot}} + \tau_{\text{R}^{\cdot}\text{L}}} \tag{8.86}$$

只有当交换速度非常快，即 $\tau \rightarrow 0$ 时，$(1/\tau_2^0)_{exch}$ 才等于零。具体的谱线请参阅图 8-6。

8.4.2.2 两个自由基上的未偶电子之间的电子自旋交换

所谓"电子自旋交换"指的是，两个自由基上的未偶电子交换它们的自旋取向。第一个观测到的是 $(SO_3)_2NO^{2-}$ 的 EMR 谱[17]。这里举一个与它相似的二叔丁基氮氧化物（di-*t*-butyl nitroxide）自由基在乙醇溶液中不同浓度的室温下测的 EMR 谱为例[18,19]。

当浓度很稀（10^{-4} mol·L^{-1}）时，可以看到三条很窄的（^{14}N）核的超精细分裂谱线，如图 8-7（a）所示。当浓度提高到（10^{-2} mol·L^{-1}）时，很明显三条谱线变宽了，如图 8-7（b）所示，在两个具有相同核自旋态的自由基之间有了电子自旋态的交换，但共振场不变（即 g 值不变）。可从式（8.87）由线宽计算出 τ。

$$\Gamma = \Gamma_0 + |2\gamma_e\tau|^{-1} \tag{8.87}$$

这里必须指出的是，每个分子的电子自旋交换速率是 $1/2\tau$（这很重要）。因此，τ 是与自由基浓度 $[R]^{-1}$ 成正比的。二级速率常数 $k_{(2)}$ 为

$$k_{(2)} = \frac{1}{2\tau[R]} \tag{8.88}$$

（*t*-butyl）$_2$NO 在 DMF 中的 $k_{(2)}$=7.5×10^{9}L·mol^{-1}·s^{-1}[18]。这么大的 $k_{(2)}$ 值表明，一定是发生自旋交换的概率非常之高，因为这个速率常数几乎逼近一个扩散控制的反应速率常数。

当（*t*-butyl）$_2$NO 的浓度继续增大，三条超精细谱线就合并为一条线，如图 8-6（c）所示。若再继续增大浓度，则这一条谱线反而变窄，如图 8-6（d）所示。

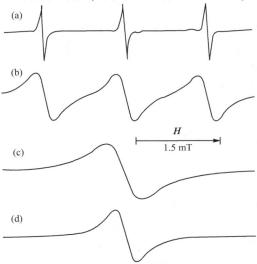

图 8-7 Di-*t*-butyl nitroxide 在乙醇溶液中不同浓度的室温 EMR 谱

（a）10^{-4} mol·L^{-1}；（b）10^{-2} mol·L^{-1}；（c）10^{-1} mol·L^{-1}；（d）纯液体

这就是通常所谓的"交换变窄"，因为电子自进动行如此之快的交换，以至于平均时间的超精细场接近于零。通常为了得到分辨良好的超精细结构，应该避免电子自旋交换。

例如，被溶解的分子氧会引起谱线变宽，与温度呈线性关系，但与溶剂的浓度无关[20]。近年来，这一现象已在生物医学中，被用来定量测定血液中溶解氧的浓度[21]。

电子自旋交换对线宽的影响，是不同于分子间磁偶极－偶极互作用对线宽的影响的。两者都只有在液体中发生碰撞时才对谱线变宽有影响。电子自旋交换是量子力学效应，它在液体中产生谱线增宽远大于偶极－偶极效应。这可从以下的例子看出。假如自由基浓度是 $10^{-3}\,mol\cdot L^{-1}$，则电子自旋交换的速率常数 $k_{(2)}$ 是 $10^{10}\,L\cdot mol^{-1}\cdot s^{-1}$。从式（8.87）和式（8.88）可以计算出 $\varGamma-\varGamma_0=0.06\,mT$。然而，在同样的浓度下，偶极变宽对线宽的贡献仅约 $0.001\,mT$。

8.4.2.3 未偶电子从自由基上转移到中性分子上的增宽

有这么一类反应的反应速率和平衡常数只能用 EMR 来研究，用其他方法是很难研究的。电子转移反应就属于这一类。用碱金属（Na 或 K）还原萘可得萘负离子，但在溶液中还有未被还原的过量的萘分子，则溶液中的萘分子和萘负离子之间就会发生电子转移反应[22]：

$$naph(1)^- + naph(2) \Longrightarrow naph(1) + naph(2)^- \qquad (8.89)$$

这里完全忽略掉阳离子（Na^+ 或 K^+）的作用。这类反应可用以下的通式来表示：

$$A^- + A \Longrightarrow A + A^- \qquad (8.90)$$

在自由基和抗磁性粒子之间，电子转移与电子自旋交换对波谱的影响是非常相似的，同样也会引起谱线增宽。如果有超精细结构，则对不同的超精细线的增宽幅度还会不同。通常是外侧的谱线增宽大些，中间的谱线增宽小些。以对苯半醌为例：它有 4 个等价质子，其超精细谱线有 5 条，强度比为 1:4:6:4:1。它们的增宽分别是

$$\frac{15}{16}\tau; \qquad \frac{12}{16}\tau; \qquad \frac{10}{16}\tau; \qquad \frac{12}{16}\tau; \qquad \frac{15}{16}\tau$$

其中

$$\tau = (k_e[A])^{-1} \qquad (8.91)$$

假定在自旋交换前后电子的自旋状态不变，即交换前是 α 态的电子，交换后还是 α 态，交换前是 β 态的电子，交换后还是 β 态。核的自旋状态也不变。这一假定其实就是说：谱线的增宽是久期增宽。在此假设的前提条件下，有

$$\omega_\alpha = \frac{\beta H}{\hbar}g_\alpha + \frac{1}{2\hbar}\sum_i a_{i\alpha}M_{Ii} \qquad (8.92)$$

对于对苯半醌，有

$$\omega = \omega_0 + Ma \tag{8.93}$$

式中：M 就是 2、1、0、-1、-2，其相应的本征函数如下：

$M=2$	$\alpha\,\alpha\,\alpha\,\alpha$	$M=0$	$\alpha\,\alpha\,\beta\,\alpha$	$M=-1$	$\beta\,\beta\,\beta\,\alpha$
			$\alpha\,\beta\,\alpha\,\beta$		$\beta\,\beta\,\alpha\,\beta$
$M=1$	$\alpha\,\alpha\,\alpha\,\beta$		$\beta\,\alpha\,\alpha\,\beta$		$\beta\,\alpha\,\beta\,\beta$
	$\alpha\,\alpha\,\beta\,\alpha$		$\alpha\,\beta\,\beta\,\alpha$		$\alpha\,\beta\,\beta\,\beta$
	$\alpha\,\beta\,\alpha\,\alpha$		$\beta\,\alpha\,\beta\,\alpha$		
	$\beta\,\alpha\,\alpha\,\alpha$		$\beta\,\beta\,\alpha\,\alpha$	$M=-2$	$\beta\,\beta\,\beta\,\beta$

当发生电子转移时，原来电子是和核 $M=2$ 的状态 $\alpha\alpha\alpha\alpha$ 相联系的，转移之后的电子就可以与以上 16 种状态中的任何一种状态相联系。其中只有与 $\alpha\alpha\alpha\alpha$ 状态相联系的，才不改变共振谱线的位置，即不会导致谱线增宽。其余 15 种情况都会导致谱线增宽，相对增宽应为 $\frac{15}{16}\tau$。同样，对于 $M=1$ 的核状态，转移之后的电子，也可以与以上 16 种状态中的任何一种状态相联系。其中只有 4 种状态不会导致谱线增宽。其余 12 种情况都会导致谱线增宽，相对增宽应为 $\frac{12}{16}\tau$。同理，对于 $M=0$ 的核状态，相对增宽应为 $\frac{10}{16}\tau$。由于 A$^-$ 和 A 的反应是二级反应，故 $\tau = (k_e\,[A])^{-1}$。

设第 i 条超精细谱线的增宽系数为 f_i，其强度为 I_i，超精细谱线的总强度为 I_Σ，于是

$$f_i = \left(\frac{I_\Sigma - I_i}{I_\Sigma}\right)\tau \tag{8.94}$$

用式（8.94）计算萘负离子自由基的 25 条超精细谱线中的相对强度为 36、24、16 和 6，将这 4 条谱线的增宽与 Zandstra 和 Weissman[23] 的实验做比较，结果列于表 8-2 中。

表 8-2 萘负离子自由基的超精细谱线（其中四条）的
增宽系数 f_i 的相对比值（计算值与实验值）

I_i	$f_i = \left(\dfrac{256 - I_i}{256}\right)\tau$	计算值 $\dfrac{f_{36}}{f_i}$	Zandstra 和 Weissman 的实验值[23]
36	$\dfrac{220}{256}\tau$	1	1.000
24	$\dfrac{232}{256}\tau$	$\dfrac{220}{232}=0.948$	0.947 ± 0.016
16	$\dfrac{240}{256}\tau$	$\dfrac{220}{240}=0.917$	0.905 ± 0.026
6	$\dfrac{250}{256}\tau$	$\dfrac{220}{250}=0.880$	0.883 ± 0.045

从表 8-2 看出，计算值与实验值符合得相当好。这一事实表明上述的假定，即"谱线的增宽是久期增宽"是合理的。

在快速交换时，由于电子可以在很短时间内与所有可能的核状态接触，以至于超精细分裂完全被平均掉了，变成一条线。但我们仍然能够从它的谱线增宽决定其反应速率。

电子转移有两种情况值得注意：

（1）一种叫做"原子转移"。若用碱金属（如 Na）还原芳烃得到芳烃负离子自由基 A^-，于是 Na^+ 与 A^- 形成离子对 Na^+A^-。如果在溶液中加入过量的 A 分子，Na^+A^- 与 A 之间就会发生交换现象：

$$A + Na^+A^- \rightleftharpoons A^- Na^+ + A \tag{8.95}$$

实验表明：快速交换的结果并不变成一条单线，而是 4 条超精细结构谱线。因为 ^{23}Na 是磁性核（$I=3/2$）。其原因是电子与 Na^+ 核相处的平均寿命较长，而电子在每一个 A^- 上的平均寿命很短，似乎阳离子是和电子一起转移的，故称之为"原子转移"。还有一个更好的例子：（二苯酮）$^- Na^+$ 离子对在 1，2-二甲氧基乙烷溶剂中，在 2.8 mT 范围内有 80 多条超精细谱线，其中 ^{23}Na 的超精细耦合常数为 0.1mT。当加入过量的二苯酮后就变成 ^{23}Na 的 4 条线，而不是一条单线[24]。研究表明，电子和 ^{23}Na 在一起的平均寿命大于 $3 \times 10^{-7}s$，而电子与每一个酮基分子在一起的平均寿命小于 $10^{-8}s$。

（2）另一种叫做"阳离子交换"。如果在离子对溶液中增加阳离子的浓度，则产生阳离子交换现象：

$$M^+ + A^- M^+ \rightleftharpoons M^+ A^- + M^+ \tag{8.96}$$

在快速交换时，M^+ 的超精细谱线被平均掉了，而 A^- 的超精细结构被保留下来了[25,26]。

8.4.2.4 质子转移增宽

前面讨论的是磁环境改变对谱线的影响，是来自电子自旋状态的交换，或者是来自未偶电子从一个分子转移到另一个分子。然而，分子中的一个或多个核与溶剂中的核发生化学交换改变了磁环境，是否也能导致对谱线的影响？虽然这种效应对 NMR 谱的影响是很显著的，但由于这类反应速率太慢，对 EMR 谱的影响就不太明显了。但在有质子交换的情况下，有时候反应速率会很快，足以产生可检测到的影响。

质子转移（proton transfer）的一个很好的例子就是 $\cdot CH_2OH$ 在甲醇水溶液中的质子交换。这个自由基中有两个等价质子，应有 3 条超精细结构线，在 pH 1.03 [图 8-8（b）时，OH 上的质子应该再分裂成两条线，但只有当溶液的 pH 1.40 时，才能检测到如图 8-8（a）所示的谱。它的裂距 $a_{OH}=0.096$ mT，线宽 Γ_0

=0.03 mT。在此情况下，OH 上的质子与溶剂中的 H$^+$ 进行快速交换。质子交换的速率可从谱图由式（8.74）计算出来。二级速率常数[27] $k_{(2)}$ =1.76 × 10^8 L·mol^{-1}·s^{-1}。

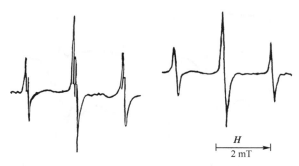

图 8-8　·CH$_2$OH 水溶液在室温下 X 波段的 EMR 谱

8.4.3　物理运动引起谱线增宽的机理

8.4.3.1　流变运动引起的增宽

所谓流变运动指的是：分子内部运动引起分子构象变更的运动。这里以一个无机晶体 Cu(H$_2$O)$_6^{2+}$（S =1/2）稀释在氟硅酸锌晶体中为例。它是一个八面体配位的晶体，由于 Jahn-Teller 效应引起八面体畸变，生成三种等价的四角锥的构象。在这些构象之间重新取向，引起主线型从正常的 ^{63,65}Cu 超精细结构 4 条线变成了一条宽线（其实是重叠抵消掉了）。如图 8-9 所示，（a）就是 Cu(H$_2$O)$_6^{2+}$ 在氟硅酸锌晶体中，在 45 K 下 EMR 超精细结构与角度依赖关系的实验谱，磁场在晶体的 [110] 面上，绕 [001] 轴做 θ 转动，测定的微波频率为 9.5 GHz；（b）是计算机模拟的理论谱。表现出动态变宽强烈地依赖于 M_I 和高度的各向异性性。这种效应已经用离散跳跃的密度矩阵模拟成功[28]。

8.4.3.2　动态超精细分裂引起的增宽

由于化学过程或者分子内部的重排如顺反异构体的变换、环倒转运动、质子交换等引起 EMR 超精细分裂足够快的变化，导致线宽随 M_I 变化。这方面的详细论述请参阅文献[29]。

1）单个磁性核的情况

设自由基有两种构象 A 和 B 同时存在，其核自旋量 I = 3/2，当以构象 A 存在时，超精细分裂成 4 条线，其裂距为$_A$。当以构象 B 存在时，其裂距为 a_B。设 a_A = 1 mT、a_B = 0.1 mT，在两种构象变换很慢时，构象 A 所占的比例为 f_A = 0.75、构象 B 为 f_B = 0.25。出现两组 4 条谱线，其强度比应与其所占的比例一

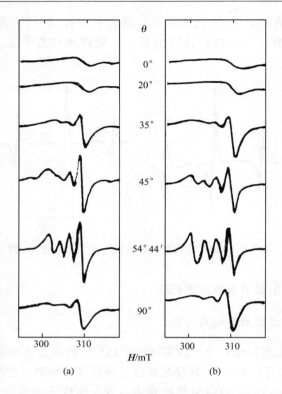

图 8-9　Cu(H₂O)₆⁺² 在氟硅酸锌晶体中在 45K
温度的 EMR 谱的角度依赖关系

致，即 $I_A = 3I_B$。图 8-10（a）表示其理论杆谱。当变换速率很快时，就变成一组 4 条等强度的谱线，如图 8-10（b）所示。其裂距 $\bar{a} = f_A a_A + f_B a_B = 0.75 \times 1 + 0.25 \times 0.1 = 0.775$（mT），图 8-10（c）是模拟谱。从图 8-10（a）~（c）可以看出：由于 $M_I = \pm 1/2$ 谱线的位移较小，在快速互变之后仍能保持尖锐的谱线。而 $M_I = \pm 3/2$ 谱线的位移较大，所以快速互变后线宽变宽了许多。下面将证明由互变引起的谱线增宽随 M_I 变化的数学关系。由互变引起的谱线增宽为

$$(1/\tau_2)_{\text{exchange}} = f_A f_B (\omega_A - \omega_B)^2 \tau \tag{8.97}$$

其中

$$\tau = \frac{\tau_A \tau_B}{\tau_A + \tau_B} \tag{8.98}$$

由于

$$\omega_A = \omega_0 + M a_A ; \qquad \omega_B = \omega_0 + M a_B$$

故

$$(1/\tau_2)_{\text{exchange}} = f_A f_B (a_A - a_B)^2 M^2 \tau \tag{8.99}$$

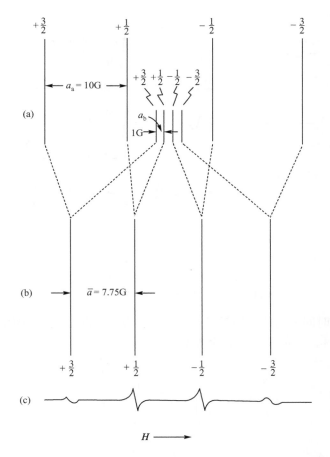

图 8-10 构象变换速率对超精细结构线宽的影响示意图

由此可见，超精细结构各条线由互变引起的增宽，是不相等的，它是与各条线的 M^2 成正比的。图 8-11 就是（萘⁻Na⁺）离子对在 25% 的四氢呋喃和 75% 二乙基乙醚的混合溶剂中的 EMR 波谱的低场部分。从谱图可以看出：在 −60℃ 时互变速度还很快，由 ²³Na 核引起的代表两种不同构象的离子对的两组 4 条超精细结构线，是等强度的。但到了 −75℃ 时，互变速度变慢，可以明显看出：边上的（I=3/2）的谱线增宽的程度比中间（I=1/2）的谱线大得多。到 −85℃ 时，这种效应就更明显了[30]。

2）多个磁性核的情况

如顺式-1，2-二氯代乙烯负离子基与 Na⁺ 组成离子对。它就有两种可能的情况出现：一种如图 8-12（a）所示，由于 Na⁺ 是处在二氯代乙烯负离子基的对称轴上，因此，这两个质子在任何时候总是保持等价耦合。我们称之为"完全等价核"。而另一种则如图 8-12（b）所示，当 Na⁺ 从某一侧接近时两个质子是不等

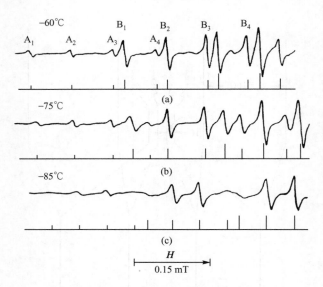

图 8-11 萘⁻Na⁺离子对的 EMR 谱的低场部分

价的。虽然，时间平均的效果是等价的，但在瞬态情况下是不等价的。因此，只能叫做"等价核"，但并非"完全等价核"。

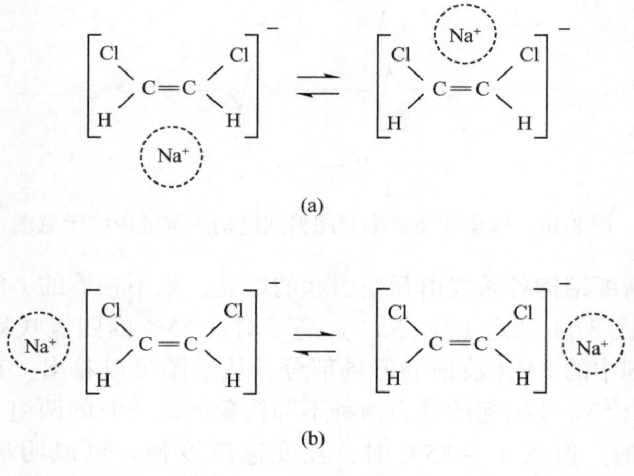

图 8-12 顺 1，2-二氯乙烯负离子与钠阳离子对结构

对于一组"完全等价核"，由于它们在任何时候都保持等价，即 $a_i(t) \equiv a$。因此，

$$\omega_A = \omega_0 + \sum_i a_i(t) M_i = \omega_0 + a \sum_i M_i = \omega_0 + aM$$

$$\omega_B = \omega_0 + \sum_i a'_i(t) M_i = \omega_0 + a'M$$

$$(1/\tau_2)_{\text{exchange}} = f_A f_B (a-a')^2 M^2 \tau \tag{8.100}$$

比较式（8.99）和式（8.100），就会发现，一组"完全等价核"与单个磁性核的谱线增宽（依赖于 M^2 的）行为是相同的。

然而，在并不是"完全等价核"的情况下，就会产生一种叫做"交替线宽效应"（alternating linewidth effect）。以 2，5-二特丁基-1，4-苯半醌阴离子和 M^+ 组成的离子对为例，它有两种构型（图 8-13）。设在构型 A 中质子 H_a 的耦合常数为 a_1，质子 H_b 的耦合常数为 a_2。而在构型 B 中质子 H_a 的耦合常数为 a_2，质

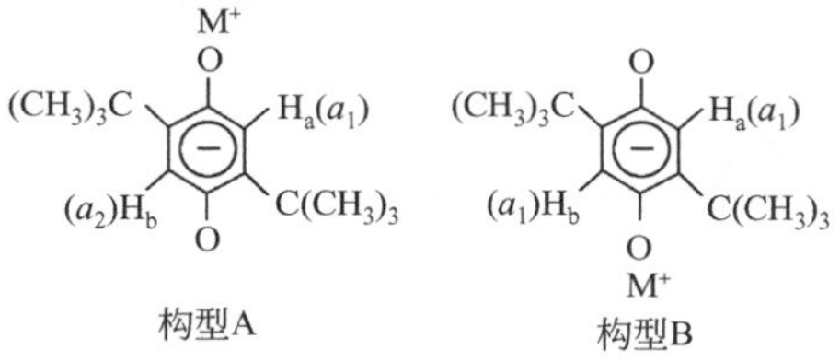

图 8-13　2，5-二特丁基-1，4-苯半醌负离子基的两种结构

子 H_b 的耦合常数为 a_1。于是

$$\omega_A(M_a, M_b) = \omega_o + a_1 M_a + a_2 M_b \tag{8.101}$$

$$\omega_B(M_a, M_b) = \omega_o + a_2 M_a + a_1 M_b \tag{8.102}$$

$$\omega_A - \omega_B = (a_1 - a_2)(M_a - M_b) \tag{8.103}$$

$$(1/\tau_2)_{\text{exchange}} = f_A f_B (a_1 - a_2)^2 (M_a - M_b)^2 \tau \tag{8.104}$$

从式（8.104）可知，当 $M_a = M_b$ 时，谱线不会变宽，所以 $|\alpha\alpha\rangle$ 和 $|\beta\beta\rangle$ 这两根线总是保持尖锐不变，而 $|\alpha\beta\rangle$ 和 $|\beta\alpha\rangle$ 这两根线就变宽了。这里 a_1 和 a_2 的相对符号就很有关系，如果 a_1 和 a_2 同号（即都是正号，或均为负号），则

$$\omega_A\left(\frac{1}{2}, \frac{1}{2}\right) = \omega_B\left(\frac{1}{2}, \frac{1}{2}\right) = \omega_o + \frac{1}{2}(a_1 + a_2) \tag{8.105}$$

它就是外侧两条线，这时外侧两条线是不增宽的，如图 8-14 所示。但是，如果 a_1 和 a_2 为异号，它就是内侧两条线，这时的内侧两条线就不增宽了。反过来，根据外侧还是内侧的两条线增宽，又可以确定 a_1 和 a_2 的相对符号。

图 8-15 是 1，4-二氘代羟基-2，3，5，6-四甲基苯阳离子基在 D_2SO_4-CH_3NO_2 混合溶剂中的 EMR 谱[31]。主要超精细结构是由四个甲基上的 12 个等价质子引起的，应该有 13 组谱线，每组由于两个等价的氘核（$I=1$）再分裂成 1:2:3:2:1 五条线。它有四种顺反互变异构体，在 60℃ 互变速率很快［图 8-15（a）］时，甲基上质子的超精细裂距为 0.205 mT，氘核的裂距为 0.042 mT。只看到 9 组是因为两边各有两组强度太弱看不到。当温度下降至 −10 ℃ 时，互变速率降低，就出现"交替线宽效应"，如图 8-15（b）所示。每隔一组就出现氘核的超精细分裂被模糊掉了，而且氢核分裂的强度也降至零。

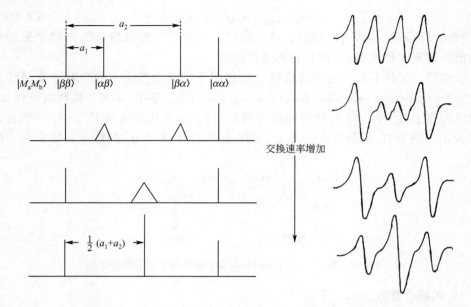

图 8-14 2，5-二特丁基-1，4-苯半醌负离子与 M^+ 的 EMR 谱随交换速率的变化图

表 8-3 两个等价的氮核和两组完全等价的氢核在不同 M 的情况下超精细谱线增宽的差异

两 个 等 价 的 氮 核				两 组 完 全 等 价 的 氢 核			
M	M_a	M_b	$\|\Delta\omega\|$	M	ab	cd	$\|\Delta\omega\|$
2	1	1	0	2	$\alpha\alpha$	$\alpha\alpha$	0
1	1	0	Δa	1	$\alpha\alpha$	$\alpha\beta$	Δa
					$\alpha\alpha$	$\beta\alpha$	Δa
	0	1	Δa		$\alpha\beta$	$\alpha\alpha$	Δa
					$\beta\alpha$	$\alpha\alpha$	Δa
0	1	-1	$2\Delta a$	0	$\alpha\alpha$	$\beta\beta$	$2\Delta a$
					$\beta\beta$	$\alpha\alpha$	$2\Delta a$
	-1	1	$2\Delta a$		$\alpha\beta$	$\alpha\beta$	0
					$\beta\alpha$	$\beta\alpha$	0
	0	0	0		$\alpha\beta$	$\beta\alpha$	0
					$\beta\alpha$	$\alpha\beta$	0

另外一个例子是 1，4-二硝基-2，3，5，6-四甲基苯负离子基在 DMF 溶剂中的室温 EMR 谱，如图 8-16 所示[32]。自由基中的两个 NO_2 绕 C—N 键旋转时，如果与苯环共平面，则裂距 a^N 很大（约 1.4 mT）。而当 NO_2 与苯环垂直时，则裂

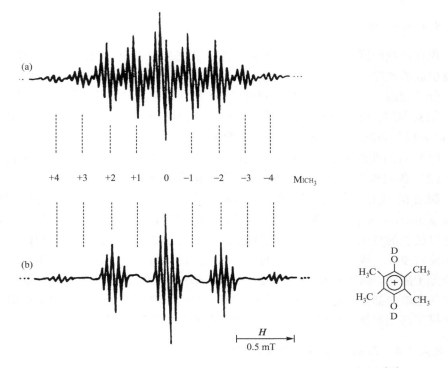

图 8-15 1，4-二氘代羟基四甲基苯正离子 EMR 谱随温度的变化[31]

（a）为 60℃时的 EMR 谱；（b）为 –10℃时的 EMR 谱

距 a^N 较小（约 0.05 mT）。两者平均的结果是 $a^N =0.699$ mT。甲基上质子的裂距 $a^H = 0.025$ mT。从表 8-3 可以看出：在两个等价氮核的情况下，只有当（M_a，M_b）为（1，1）、（0，0）、（–1，–1）时谱线不增宽，所以图中仍能看到由质子引起的进一步分裂。而 $M =M_a + M_b$ 为 1 或 –1 的谱线，由于"交替线宽效应"，质子的超精细结构完全被模糊掉了。实验结果与理论预测完全一致。

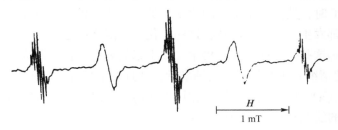

图 8-16 1，4-二硝基四甲基苯负离子基的 EMR 谱[32]

8.4.3.3 分子的翻滚效应

现在让我们回到单个未偶电子的体系，并优先考虑由各向异性自旋 Hamilton 参量引起的效应。

分子翻滚（tumbling）的速率取决于分子的形状、大小以及与周围环境（溶剂）的互作用，并且还与温度有关。分子翻滚对 EMR 的影响依赖于自旋 Hamiltonian 参量的各向异性的大小。通常分两大类：

（1）各向同性翻滚。以相同的角度绕不同的轴旋转的概率 P_Ω 都是相等的。

（2）各向异性翻滚。概率 P_Ω 是依赖于旋转的分子轴的。

翻滚的理论可以用布朗（Brown）运动模型，也可以用不连续跳跃（discontinuous-jump）模型来处理。布朗（旋转扩散）模型，是假定每一个分子都是以任意的角速度绕某一根分子轴连续地、自由地旋转。在任意区间内，旋转轴和旋转速度的改变，都是瞬时的、无序的。因为每个分子都在随时随地地与另一个分子碰撞。而不连续跳跃模型，则假定每一个分子在某一个时间周期内，某一个任意取向都是固定的，并且在瞬间从一个固定取向跳到另一个固定取向。这两种模型都是把扰动做平均间隔，叫做取向的平均滞留时间或平均寿命。

8.4.3.4 Zeeman 和超精细互作用的贡献

前面几章曾经谈到固体样品的 g 因子和超精细耦合参数 A 是强烈依赖于取向的。并且还指出：在低黏度溶液中自由基的各向异性互作用，由于快速翻滚被平均为零。但是在中等黏稠的溶剂中就不能平均为零了，而是使得共振磁场位移了 ΔH。

以对二硝基苯负离子在 DMF 溶剂中的 EMR 谱，作为分子翻滚速率减慢的溶液谱发生变化为例[33]，如图 8-17 所示。在 12℃ 时，可以观测到"正常"的 EMR 谱，一级微分谱的振幅是正比于相应的跃迁能级的简并度。然而，当温度降低到 −55℃ 时，波谱发生很大的改变，虽然谱线位置没有改变，但是，谱线的振幅和线宽都发生了变化。注意，这些变化并非围绕中心线做对称的改变。

为了了解这些效应的起源，再举二叔丁基氮氧化物自由基为例。它的 g 矩阵和 ^{14}N 核的超精细张量有相同的主轴坐标，并且每个矩阵都趋于单轴结构[34]。

图 8-18（a）为该自由基在固相中（77K）无序取向测得的 EMR 波谱。每条超精细谱线的线宽有如下的规律[35]：

$$\Gamma = \alpha + \beta M_I + \gamma M_I^2 \tag{8.106}$$

式（8.106）右边的系数依赖于 g 和超精细分裂 A 的各向异性性，以及平均翻滚速率（即溶剂的黏度）。随着翻滚速率的增加，β 和 γ 两参数将趋于零。

其实，人们早就发现 VO^{2+} 配合物和 Cu^{2+} 配合物的 EMR 室温溶液谱的超精

图 8-17　对二硝基苯负离子基在 DMF 中的 EMR 谱随温度变化

细结构（前者 8 条线，后者 4 条线）的线宽都有不对称增宽，只是后者还有 ^{63}Cu，^{65}Cu 两种核对裂距和线宽有不同的贡献。它们也都满足式（8.106）。

图 8-18（b）是在 142K 温度下测得的，属于中等黏稠稀溶液中的 EMR 波谱。图 8-18（c）是在 292K 温度下翻滚速率足够快的情况下测得的，是一个完全平均的 EMR 波谱，但谱线位置没变，只是线宽变窄了。从式（8.106）可见，线宽与 M_I 的大小、符号有关。这就明白了为何这 3 条线的线宽不一样。由于 $\beta < 0$，最高场的谱线（$M_I = -1$）比最低场的谱线（$M_I = +1$）要宽。测量二叔丁基氮氧化物自由基的波谱参数得出：^{14}N 的 $a_{//} = +3.18$ mT，$a_{\perp} = +0.68$ mT，$a_0 = +1.51$ mT；$g_{\perp} = 2.007$，$g_{//} = 2.003$。用这些参数从理论[36]上就可以得出 $\beta < 0$。如果 a_0 和 $a_{//}/a_{\perp}$ 都是负的，则就要反过来，高场线要比低场线窄。当 $g_{//} > g_{\perp}$ 时，这些结论全都得反过来。这种线宽现象是用来测量各向同性超精细分裂符号的一种方法[37]的基础。

由于 g 和 A 是各向异性的，则当顺磁粒子在溶液中翻滚时，由取向改变而导致谱线位置改变，最终反映在各条超精细谱线的不均匀增宽上。当顺磁粒子在溶液中无规翻滚时，$\Gamma \sim (\Delta\omega)^2 \tau_c$。这里的 $\Delta\omega$ 是由各向异性性引起的谱线频率的变化，τ_c 是翻滚的相关时间。对 $\Delta\omega$ 的贡献分两部分：

$$\Delta\omega = (\Delta\omega)_g + (\Delta\omega)_A$$

于是

$$\Gamma \approx \left[(\Delta\omega)_g^2 + (\Delta\omega)_A^2 + (\Delta\omega)_g (\Delta\omega)_A \right] \tau_c \qquad (8.107)$$

g 的改变只改变整个谱的中心位置，而每条超精细谱线的位移是相同的，且谱线的相对间距也不变，所以它是均匀增宽的。A 的改变只改变超精细谱线的相对距离，而不改变整个谱的中心位置，所以它只产生对称增宽，中心谱线仍保持尖锐。当 g 和 A 都改变时，就会导致不对称增宽。因此，式（8.107）中的 $(\Delta\omega)_g^2$ 是与 M_I 无关的，$(\Delta\omega)_A$ 是正比于 M_I 的，$(\Delta\omega)_A^2$ 是正比于 M_I^2 的。对照式（8.106）有

$$\alpha = (\Delta\omega)_g^2 \tau_c \qquad (8.108a)$$

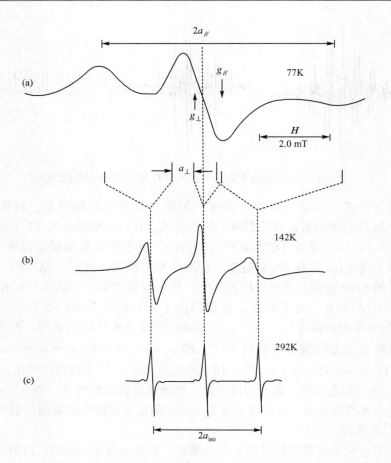

图 8-18　二叔丁基氮氧化物自由基的 EMR 谱随温度变化

$$\beta M_I = (\Delta\omega)_g (\Delta\omega)_A \tau_c \tag{8.108b}$$

$$\gamma M_I^2 = (\Delta\omega)_A^2 \tau_c \tag{8.108c}$$

以上定性的讨论，对产生不对称增宽的物理基础，给出了明确的解释。但这是不完全的，只考虑了久期项的贡献。深入的理论分析请参阅文献[38~41]。

8.4.3.5　自旋-旋转互作用的贡献

Wilson 和 Kivelson[42]在研究乙酰丙酮氧钒的 EMR 波谱时，提到式（8.106）中的 α 还包含一种不依赖于核自旋对线宽的贡献，就是"自旋-旋转（spin-rotation）互作用"的贡献。

分子旋转会产生磁矩，是因为在旋转的分子中，电子并不能精确地跟踪核的运动，总是部分地滞后而产生磁矩。这个磁矩与自旋磁矩相互耦合，其 Hamilton

算符为

$$\hat{\mathscr{H}} = \hat{S} \cdot C \cdot \hat{J} \tag{8.109}$$

式中：C 就是自旋－旋转耦合张量。如果这种互作用受到调制，它就包含一种弛豫机理。在溶液中有两种受到调制的途径：一种是在分子擦过邻近分子时，旋转角动量受到调制。另一种是当分子改变取向时，自旋－旋转耦合张量受到调制，不过它们的相关时间不同。若 C 的涨落用旋转相关时间 τ_c 表示，J 的涨落用相关时间 τ_J 表示，则 $\tau_J \ll \tau_c$。就是说，自旋弛豫的主要贡献是来自角动量调制。

在气相中，分子的旋转是完全自由的，旋转运动是量子化的。假如分子有固有的电偶极矩，旋转能级间的跃迁都可以用微波波谱测出。然而，在气相中，电子自旋磁矩与旋转产生的磁矩之间的偶极－偶极互作用，是不会平均为零的，因为旋转角动量与磁矩矢量固定在空间的同一直线上。所以，由于"自旋－旋转"的互作用，气相的 EMR 谱是很复杂的。

对于低黏度的液态分子或溶液，在发生碰撞之前有几圈的旋转机会，因此，产生的旋转磁矩能够与电子自旋磁矩耦合[42~44]。这种效应对于所有的谱线增宽都是相等的[42,43]。在 Brown 扩散理论中有 Langevin 公式：

$$m \frac{\mathrm{d}u(t)}{\mathrm{d}t} = -\zeta u(t) + mA(t) \tag{8.110}$$

式中：m 是粒子的质量；u 是粒子扩散的线速度；ζ 是摩擦阻力系数；$A(t)$ 是无规力。Hubbard 用经典的方法，对旋转的球形粒子提出一个类似的公式：

$$I \frac{\mathrm{d}u(t)}{\mathrm{d}t} = -\zeta \omega(t) + IA(t) \tag{8.111}$$

式中：I 是粒子的转动惯量；ω 是粒子旋转的角速度。Hubbard 得出式（8.111）的解是

$$\langle \omega_i(t) \omega_j(t+\tau) \rangle = \delta_{ij}(kT/I)\exp(-\tau/\tau_J) \tag{8.112}$$

相关时间 τ_J

$$\tau_J = I/\zeta = I/8\pi r^3 \eta \tag{8.113}$$

式中：η 是黏度系数。式（8.112）是从经典理论得到的，换成量子力学的角动量只要把 $I\omega$ 换成 $\hbar J$ 即可

$$I\omega = \hbar J \tag{8.114}$$

这就得出

$$\langle J_i(t) J_j(t+\tau) \rangle = \delta_{ij}(kTI/\hbar^2)\exp(-\tau/\tau_J) \tag{8.115}$$

有了相关函数，就可计算线宽

$$\Gamma = (kTIC^2/\hbar^2)\left(\tau_J + \frac{\tau_J}{1 + \omega^2 \tau_J^2} \right) \tag{8.116}$$

式中：ω 是 EMR 的频率。如果 τ_J 很短，$\omega^2\tau^2 \ll 1$，我们可用式（8.113）代入得

$$\Gamma = (kI^2 C^2 / 4\pi\hbar^2 r^3)(T/\eta) \tag{8.117}$$

就是说，线宽是正比于 (T/η) 的。

由于自旋 – 旋转耦合常数是不能直接测量的，为了定量地应用该理论，还必须把它表示成实验可测定的量。Kivelson 等[43,44]证明

$$\Gamma = [k(\Delta g)^2 / 4\pi r^3](T/\eta) \tag{8.118}$$

式中：$\Delta g = g - g_e$，利用 Debye 公式

$$\tau_c = \frac{4\pi\eta r^3}{3kT}$$

即得

$$\Gamma = (\Delta g)^2 / 3\tau_c \tag{8.119}$$

Kivelson 等以此估计乙酰丙酮氧钒的线宽贡献为 2.9×10^{-6} (T/η) mT，而实验测得的结果是 3.2×10^{-6} (T/η) mT。而乙酰丙酮铜的理论和实验结果都是 2.95×10^{-6} (T/η) mT。所以，只要分子足够大，旋转扩散的 Brown 描述是合理的。只要 g 对 g_e 的偏离足够大，自旋-旋转互作用对线宽就有重要的贡献。

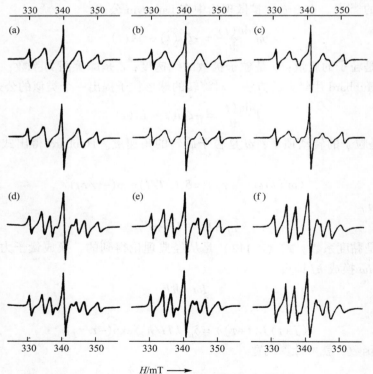

$H/\mathrm{mT} \longrightarrow$

图 8-19　[Rh（dppe）$_2$]^0 在甲苯溶液中的 EMR 谱
上层为计算谱，下层为实验谱
（a）259 K；（b）249 K；（c）237 K；（d）219 K；（e）209 K；（f）199 K

8.4.3.6　综合性实例

这里举一个实例[45]，它同时具有以下三种影响因素：①线宽交替效应；②线型的各向异性畸变；③化合物的浓度变化。这就是一个 $4d^9$（$S=1/2$）中性的 Rh（0）配合物 bis［1, 2-bis-（diphenylphosphino）ethan］rhodium（0），记作 $[Rh(dppe)_2]^0$。配合物的中心是 Rh（0）原子，周围有四个磷原子组成畸变的配位体系。它的 EMR 谱线在 270 K 时展现出，由 4 个等价的 ^{31}P 核与未偶电子产生超精细互作用贡献的 5 条对称的谱线（^{31}P 的自然丰度为 100%；$I=1/2$）。当温度降低至 259K 时，明显看出线宽交替效应，这是由于 4 个等价的 ^{31}P 原子分成两组完全等价的核，如图 8-19（a）所示。其速率常数随温度的变化如图 8-20（a）所示。得出两种构象互变的活化焓 $\Delta H^\dagger =14.7\ kJ\cdot mol^{-1}$ 和活化熵 $\Delta S^\dagger = -19\ J\cdot mol^{-1}\cdot K^{-1}$。而且，在温度下降的同时还引发式（8.106）中系数的改变，从而造成谱线的各向异性增宽。测量谱线面积揭示出，按照平衡常数 $K=[(1-\alpha)\alpha^2]/2c_t$ 可以描述自由基浓度随温度下降而降低，如图 8-20（b）所示。式中：α 是 Rh$(dppe)_2$ 作为顺磁性的单体在溶液中存在的分子分数；c_t 是顺磁性单体的总浓度。推定在溶液中发生的电荷－转移反应如下：

$$2[Rh(dppe)_2]^0 \rightleftharpoons [Rh(dppe)_2]^+[Rh(dppe)_2]^-$$

从平衡常数 $K(T)$ 求出 $\Delta H = -55.6\ kJ\cdot mol^{-1}$；$\Delta S = -207\ J\cdot mol^{-1}\cdot K^{-1}$。

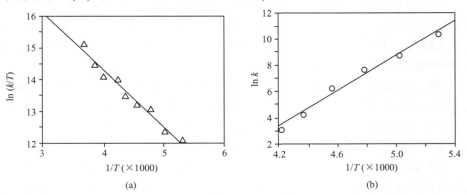

图 8-20　$[Rh(dppe)_2]^0$ 的两种结构互变速率、活化焓与活化熵

8.5　饱和－转移的 EMR 波谱

所谓"饱和－转移"就是指磁化强度在 z 方向的扩散。其效率敏感地依赖于

未偶电子的运动动力学。采用足够大的微波振幅 H_1 以及特殊的技术 [如色散一级微分的观测、特殊的场调制，或者在不设置频率的情况下使用两个微波源 H_1（即 ELDOR，见第 12 章）]，均有可能得到分子运动比较慢（相关时间在 10^{-11} ~ 10^{-3} s）的有价值的信息。正如 Hyde[46] 所评论的，这在生物医学体系中是特别有用的。

许多文献[47~49]中都讨论过"饱和 - 转移"的 EMR 理论和实验概貌。例如[47]，在溶解于聚苯乙烯中的 DPPH 分子之间发现的一个特征时间常数 $\tau_d =$ 20μs，可能是质子 - 自旋对邻近溶剂分子的反弹所致。

8.6 EMR 的信号振幅随时间变化

在某些化学（如光化学）反应过程中，产生的自由基浓度随时间而变化，同时伴随着"热效应"（thermalization），从而导致自由基的自旋状态的非平衡布居。这就是所谓的"化学诱导动态电子极化（CIDEP）"。

8.6.1 自由基浓度随时间变化

EMR 谱线的强度（包括线型）对于研究化学反应动力学是非常有用的。按其反应速率我们分以下三种情况来讨论：

（1）通常的反应速率。如在固体中扩散控制的反应，整个反应进行几个星期，最终反应结束时间以秒计。有关这类反应的文献报道很多，这里只引几篇综述性文献[50~52]供参考。它们的自由基浓度的变化可以通过通常的 CW-EMR 谱仪测得的谱线强度的变化来研究。8.4.3.6 小节是一个很好的实例。

让我们假定电子 - 自旋能级上的布居是处于热平衡状态。如果设定线宽与浓度无关，则每个 EMR 信号的振幅必定与样品中某一个顺磁粒子的浓度成正比。然而，线宽与浓度是无关的设定并非总是正确的。测量信号振幅随时间变化的进程，通常是固定一次微分信号的一个极值的磁场位置。

（2）较快的反应速率。如果没法用 CW-EMR 谱仪直接检测到反应产物中顺磁物质的存在，通常是采用自旋捕捉的办法：就是加入某种合适的化合物，与自由基生成一种可以用 EMR 检测得到并能显示出可以辨别的超精细花纹的更加稳定的自由基。一个很好的例子就是 ·OH 在溶液中用抗磁性的自旋捕捉剂 *N*-叔丁基-α-苯基硝酮（*N-t*-butyl-α-phenyl-nitrone）俘获。

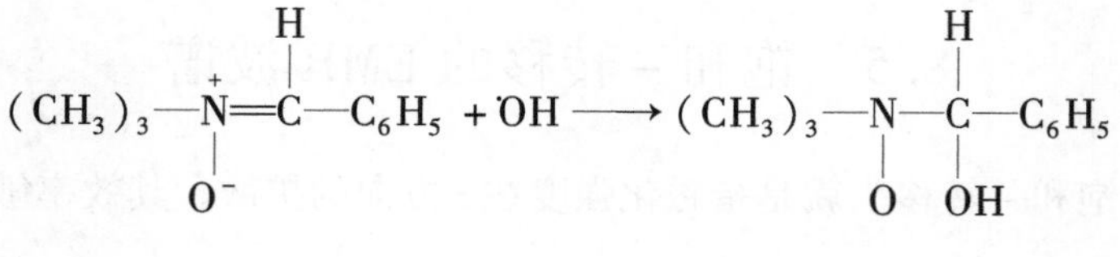

$$(CH_3)_3 \overset{+}{\underset{O^-}{N}} = \overset{\overset{H}{|}}{C} - C_6H_5 + \cdot OH \longrightarrow (CH_3)_3 - \overset{}{\underset{O}{N}} - \overset{\overset{H}{|}}{\underset{OH}{C}} - C_6H_5$$

因为生成了氮氧自由基，在 $g = 2.0057$ 处可检测到由 ^{14}N 核分裂成 3 条线（$a = 1.53$ mT），再由 α-H 原子的超精细互作用，每条线再分裂成两条（$a = 0.275$ mT）线。但并没有看到 OH 基上质子的超精细分裂[53]。迄今为止，已经合成出许多自旋捕捉剂，它们能够与各种不同的自由基（如 OH、O_2^-、CH_3 等）生成氮氧自由基，已有表可查[54]。

（3）太快的反应速率。这种情况已经无法用通常的谱仪和技术进行测定了。因为通常的谱仪在磁场扫描线圈的自感应耦合，以及放大器的时间常数和带宽等都已到了极限。某些体系用闪光灯或脉冲电子束以极快的速度产生自由基，在每一个脉冲之后选择固定磁场 H，立即以时间为周期（间隔）进行采样，再用 EMR 测定。有关这种时间分辨的技术，近年来已有许多综述性的评论[55~57]。目前，可获得的动力学信息已被拓展到纳秒级的范围。

8.6.2　化学诱导动态电子极化（CIDEP）

在某些情况下产生的顺磁粒子，在电子自旋能级上是以非热平衡态布居的。这可能是由于纯光子发射导致上能阶的布居超量，或者是由于光子吸收增加使得下能阶的布居超量。于是超量的布居以某种特征的速率趋向热平衡布居。因为 EMR 的振幅是直接正比于自旋能阶上的布居数之差的，所以这种趋向热平衡布居的过程，就使得 EMR 信号的振幅与时间存在依赖关系。

第一个观测到化学诱导动态电子极化（CIDEP）效应的是 Fessenden 和 Schuler[58]。他们在约 100 K 下用 2.8 MeV（兆电子伏特）的脉冲电子辐射分解液态甲烷生成的 H 原子。他们发现 H 核的两条超精细谱线的一级微分谱的相位是相反的，一条是发射（E）线，另一条是吸收（A）线。这里两个 M_I 态的布居数符号相反，是生成的 $\cdot$H 和 $\cdot CH_3$ "自由基对"发生极化效应的结果。

最近，冰中原子 ^1H 和 ^2H 的 CIDEP 研究结果提供了关于原子氢和羟自由基成双成对重合的信息[59]。

富勒烯 C_{60} 在液态苯溶液中定态光解生成 HC_{60} 自由基，在其 CW-EMR 波谱中出现了明显的 E-A 极化的、裂距为 3.3 mT 的、两条氢核超精细结构谱线[60]。

此外，还发现许多其他自由基的 CIDEP 现象，并且已被用来作为在产生脉冲之后时间流逝的函数来研究。以 $(CH_3)_2\dot{C}OH$ 为例[55]，时间积分谱如图 8-21 和图 8-22 所示。

关于 CIDEP 效应的动力学机理的详细研究，可参阅几篇评论[61~64]。两种机理：一种是自由基阴阳离子对机理；另一种是三重态机理[65~67]，到现在一直仍争论不休。

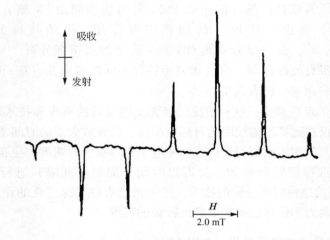

图 8-21　异丙醇自由基 CIDEP 效应的 EMR 谱

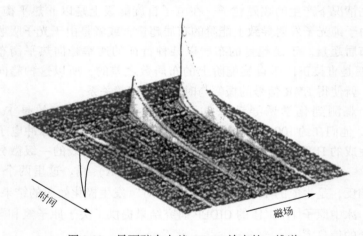

图 8-22　异丙醇自由基 CIDEP 效应的二维谱

参 考 文 献

[1] Atkins P W. *Molecular Quantum Mechanics*, 2nd ed., Oxford: Oxford University Press, 1983: 199, 443.

[2] Morse P M. *Thermal Physics*, 2nd ed., New York: Benjamin, 1969: Chap. 25.

[3] Kronig R de L. *Physica*. 1939, **6**: 33.

[4] Finn C B P, Orbach R, Wolf W P. *Proc. Phys. Soc.* (*London*). 1961, **77**: 261.

[5] Orbach R. *Proc. R. Soc.* (*London*). 1961, **A264**: 458.

[6] Pake G E, Estle T L. *The Physical Principles of Electron Paramagnetic Resonance*, 2nd ed., New York: Benjamin. 1973: Chap. 8.

[7] Pople J A, Schneider W G, Bernstein H J. *High-Resolution Nuclear Magnetic Resonance*. New York: McGraw Hill, 1959: Sect. 3-5.

［8］Bloch F. *Phys. Rev.* 1946, **70**: 460.

［9］Carrington A, McLachlan A D., *Introduction to Magnetic Resonance.* New York: Harper & Row, 1967: Chap. 11.

［10］Rake G E, Estle T L. *The Physical Principles of Eletron Paramagnetic Resonance*, 2nd ed., New York: Benjamin. 1973: Chap. 2.

［11］Bovey F A, Jelinski L, Mirau P A. *Nuclear Magnetic Resonance Spectroscopy.* San Diego: Academic, 1988: Sect. 1.7.

［12］Slichter C P. *Principles of Magnetic Resonance*, 3rd ed. New York: Springer, 1990: Chap. 2.

［13］Barbara T M. *J. Magn. Reson.* 1992, **98**: 608.

［14］Gutowsky H S, Holm C H. *J. Chem. Phys.* 1956, **25**: 1228.

［15］Rogers M T, Woodbrey J C. *J. Phys. Chem.* 1962, **66**: 540.

［16］Johnson Jr. C S. *Adv. Magn. Reson.* 1965, **1**: 33.

［17］Lloyd J P, Pake G E. *Phys. Rev.* 1954, **94**: 579.

［18］Plachy W, Kivelson D. *J. Chem. Phys.* 1967, **47**: 3312.

［19］Miller T A, Adams R N. *J. Am. Chem. Sci.* 1966, **88**: 5713.

［20］Povich M J. *J. Phys. Chem.* 1975, **79**: 1106; *Anal. Chem.* 1975, **47**: 346.

［21］Hyde J S, Subczynski W K. Spin-label Oximetry // Berliner L J, Reuben J. *Biological Magnetic Resonance.* Vol. 8, *Spin Labeling Theory and Applications.* New York: Plenum, 1989: 399 – 425.

［22］Ward R L, Weissman S I. *J. Am. Chem. Soc.* 1957, **79**: 2086.

［23］Zandstra P J, Weissman S I. *J. Chem. Phys.* 1961, **35**: 757.

［24］Adam F C, Weissman S I. *J. Am. Chem. Sci.* 1958, **80**: 1518.

［25］Adams R F, Atherton N M. *Trans. Faraday Soc.* 1968, **64**, 7.

［26］Rutter A W, Warhurst E. *Trans. Faraday Soc.* 1968, **64**: 2338.

［27］Fischer H. *Mol. Phys.* 1965, **9**: 149.

［28］Zimpel Z. *J. Magn. Reson.* 1989, **85**: 314.

［29］Fraenkel G K. *J. Phys. Chem.* 1967, **71**: 139.

［30］Hirota N. *J. Phys. Chem.* 1967, **71**: 127.

［31］Sullivan P D, Bolton J R. *Adv. Magn. Reson.* 1970, **4**: 39.

［32］Freed J H, Fraenkel G K. *J. Chem. Phys.* 1962, **37**: 1156.

［33］Freed J H, Fraenkel G K. *J. Chem. Phys.* 1964, **40**: 1815.

［34］Libertini L J, Griffith O H. *J. Chem. Phys.* 1970, **53**: 1359.

［35］Hudson A, Luckhurst G R. *Chem. Rev.* 1969, **69**: 191.

［36］Carrington A, Hudson A, Luckhurst G R. *Proc. Roy. Soc.* (*London*). 1965, **A284**: 582.

［37］de Boer E, Mackor E L. *J. Chem. Phys.* 1963, **38**: 1450.

［38］Freed J H, Fraenkel G K. *J. Chem. Phys.* 1964, **41**: 3623.

［39］Freed J H, Fraenkel G K. *J. Chem. Phys.* 1963, **39**: 326.

［40］Hudson A, Luckhurst G R. *Chem. Rev.* 1969, **69**: 191.

［41］Carrington A, Lonquet-Higgins. *Mol. Phys.* 1962, **5**: 447.

［42］Wilson R, Kivelson D. *J. Chem. Phys.* 1966, **44**: 154.

［43］Atkins P W, Kivelson D. *J. Chem. Phys.* 1966, **44**, 169.

［44］Nyberg G. *Mol. Phys.* 1967, **12**: 69; 1969, **17**: 87.

［45］Mueller K T, Kunin A J, Greiner S, Henderson T, Kreilick R W, Eisenberg R. *J. Am. Chem. Soc.* 1987,

109：6313.

[46] Hyde J S. *Saturation Transfer Spectroscopy*. In *Methods in Enzymology*. New York：Acad. , 1978, **49**：Part G, Chap. 19.

[47] Boscaino R, Gelardi F M, Mantegna R N. *J. Magn. Reson.* 1986, **70**：251.

[48] Boscaino R, Gelardi F M, Mantegna R N. *J. Magn. Reson.* 1986, **70**：262.

[49] Galloway N B, Dalton L R. *Chem. Phys.* 1978, **30**：445；*ibid.* 1978, **32**：189；*ibid.* 1979, **41**：61.

[50] Norman R O C. *Chem. Soc. Rev.* 1979, **8**：1；*Pure Appl. Chem.* 1979, **51**：1009.

[51] Fischer H, Paul H. *Acc. Chem. Res.* 1987, **20**：200.

[52] Lebedev Ya S. *Prog. React. Kinet.* 1992, **17**：281.

[53] Harbour J R, Chow V, Bolton J R. *Can. J. Chem.* 1974, **52**：3549.

[54] Buettner G R. *Free Radical Biol. Med.* 1987, **3**：259.

[55] McLauchlan K A, Stevens D G. *Mol. Phys.* 1986, **57**：223.

[56] McLauchlan K A, Stevens D G. *Acc. Chem. Res.* 1988, **21**：54.

[57] Trifunac A D, Lawler R G, Batels D M, Thurnauer M C. *Prog. React. Kinet.* 1986, **14**：43.

[58] Fessenden R W, Schuler R H. *J. Chem. Phys.* 1963, **39**：2147.

[59] Bartels D M, Han P, Percival P W. *Chem. Phys.* 1992, **164**：421.

[60] Morton J R, Preston K F, Krusic P J, Knight Jr. L B. *Chem. Phys. Lett.* 1993, **204**：481.

[61] Wan J K S, Wong S K, Hutchinson D A. *Acc. Chem. Res.* 1974, **7**：58.

[62] Adrian F J. *Rev. Chem. Intern.* 1979, **3**：3.

[63] Buckley C D, McLauchlan K A. *Mol. Phys.* 1985, **54**：1.

[64] Depew M C, Wan J K S. *Magn. Reson. Rev.* 1983, **8**：85.

[65] Hore P J, McLauchlan K A. *Mol. Phys.* 1981, **42**：533.

[66] Yakimchenko O E, Lebedev Ya S. *Russ. Chem. Rev.* 1978, **47**：531.

[67] Wang Z, Tang J, Norris J R. *J. Magn. Reson.* 1992, **97**：322.

更进一步的参考读物

1. Allen L, Eberly J H. *Optical Resonance & Two-level Atoms*. New York：Dover, 1987.

2. Abragam A. *The Principles of Nuclear Magnetism*. Oxford：Oxford University Press, 1961.

3. Weissbluth M. *Photon-Atom Interactions*. Boston：Academic, 1989：Chap. 3.

4. Haar D. *Am. J. Phys.* 1966, **34**：1164.

5. Standley K J, Vaughan R A. *Electron Spin Relaxation Phenomena in Solids*. London：Adam Hilger, 1969.

6. Hirota N, Ohya-Nishigushi H. Electron Paramagnetic Resonance // Bernasconi C F. *Techniques of Chemistry*, Vol. 4. , 4th Ed. , *Investigations of Rates and Mechanisms of Reactions*. New York：Wiley, 1986：Chap. 11.

7. Freed J H. Molecular Rotational Dynamics in Isotropic & Oriented Fluids Studied by ESR // Dorfmuller Th, Pecora R. *Rotational Dynamics of Small & Macromolecules*. Berlin：Springer, 1987：89 – 142.

8. Orbach R, Stapleton H J. Electron Spin-Lattice Relaxation // Geschwind S. *Electron Paramagnetic Resonance*. New York：Plenum, 1972：Chap. 2.

9. Bloembergen N. *Am. J. Phys.* 1973, **41**：325.

10. Muus L T, Atkins P W, McLauchian K A, Pederson J B. *Chemically Induced Magnetic Polarization*. *NATO ASI Series*, Vol. C34, Dordrecht：Reidel, 1977.

11. Rabi I I, Ramsey N F, Schwinger J. *Rev. Mod. Phys.* 1954, **26**：167.

第 9 章　气相中的顺磁粒子和无机自由基

与凝聚相中不同，在气相中观测到的原子和分子的平移运动几乎是完全自由的。这种顺磁粒子质心的平移运动，不会引起能级分裂，它们之间也没有直接的光谱学上的因果关系。但另一方面，自由分子的转动运动产生量子化的转动能级分裂的大小，常常与它们自旋态的 Zeeman 分裂处在同一个数量级上。继而发生转动－磁相互作用，这对于双原子和多原子分子的 EMR 波谱有颇大影响。

对于了解气相体系获得 EMR 跃迁，角动量是非常重要的。角动量有四种来源：电子的（总的）轨道运动；电子的自旋运动；核骨架的转动运动；核的自旋运动。在这里，原子或分子的总的角动量矢量集合 $\hat{F}$ 可以看成是无规取向的。但是，它们中的每一个取向在受到碰撞改变之前是固定的。更准确地说，量子数 M_F 是保持不变的，但事实上，在外磁场作用之前是不可能被测量出来的。

原子或分子相互之间或与器壁的碰撞会对弛豫时间和线宽产生可感知的影响。但在气相中，用 EMR 并没有观测到带电的粒子。一般来说，这是因为气相样品中离子的浓度并没有达到足以让标准的 EMR 实验可观测到的水平。

在 EMR 谱仪中，从对顺磁性气态样品观测到的谱线的多重性和位置（g 值），可以得到关于许多目标分子参数的详细信息。而且，便于对样品进行实时的、定性的和定量的分析，有利于开展反应动力学的研究。

9.1　单原子气相顺磁粒子的 EMR 波谱

开壳的原子，通常很容易二聚起来，是不太稳定的。一般是对相应的分子采用放电、热解、电子轰击或光解等手段，获得并调节到能使之稳定存在的浓度。这些原子多半是在外部预先制备好并紧接着导入（扩散或泵入）到 EMR 谱仪的谐振腔中的。显然，作为这类原子的最初的，也是最好的例子就是氢原子。它的波谱参数（g、A 等）及其基态和较低激发态的状态参数，都已经是很熟悉的了。

氢原子的基态是 ^2S，由于 ^1H 核的 $I = \dfrac{1}{2}$，其超精细结构是两条线，间隔为 50.68 mT，$g = g_e$；它的超精细分裂完全是由 Fermi 接触项贡献的[1,2]。

另一个是氮原子[3]，它的基态是 ^4S，由于 ^{14}N 核的 $I = 1$，其超精细结构是 3

条线，间隔为 0.38 mT，$g = 2$；与氢原子的裂距差 133 倍。这是因为它的未偶电子是处在 2p 轨道上，在 ^{14}N 核上由自旋极化机理引起的自旋密度是很小的。

它们的同位素 ^{2}H 和 ^{15}N 的 EMR 谱也早有报道[1,2,4]。其核自旋量 I 分别为 1 和 $\frac{1}{2}$，其超精细结构分别为 3 条和 2 条线，其裂距很好地符合核旋磁比 γ_n 的比值。

近年来，包括氢原子在内的许多类氢原子（如碱金属原子）的化学反应的 EMR 研究工作也都开展起来了。然而，这些研究大多采用原子束检测，比用标准的 EMR 技术更好。

还有一些单原子如 O、S、Sc、Te、P、As、Sb、F、Cl、Br、I 和 Ar 等的 EMR 研究，也是有区别的。对于基态电子组态为 $^4S_{3/2}$、$^2D_{5/2}$、$^2D_{3/2}$ 的都比较好处理，但对于卤素原子，未偶电子处在 P 电子壳层，其基态电子组态为 $^2P_{3/2}$，因为 $J = \frac{3}{2}$，在 M_J 值为 $-\frac{3}{2} \leftrightarrow -\frac{1}{2}$、$-\frac{1}{2} \leftrightarrow +\frac{1}{2}$ 和 $+\frac{1}{2} \leftrightarrow +\frac{3}{2}$ 之间的允许跃迁，发生在高场的每一条吸收谱线都可以分裂成 $2I+1$ 条超精细结构线。

我们现在处理一个球形对称的体系。未偶电子应对的是核和其他电子所组成的中心库仑场。因此，围绕核的电子轨道角动量很重要。电子的总角动量算符 $\hat{J}$ 应该是轨道角动量算符 $\hat{L}$ 加上自旋角动量算符 $\hat{S}$。这里还没有考虑核运动的作用。原子氟（由放电产生[5]）^{19}F 的自然丰度为 100%，$I = \frac{1}{2}$，把核的自旋运动考虑进去，其总的角动量算符应该是 $\hat{F} = \hat{J} + \hat{I}$。量子数 J 可以取 $2I+1$ 个值，量子数 F 应该也是一个整数，它的取值范围从 $|J-I|$ 到 $J+I$。相应的基态 Zeeman 能级以及在固定频率的 EMR 实验的允许跃迁，如图 9-1 所示。电子的一级近似 g 因子由 Landé 公式给出

$$g = 1 + [J(J+1) - L(L+1) + S(S+1)] / [2J(J+1)] \tag{9.1}$$

一般用在非相对论原子的情况下[6]，例如在 $J = 1/2$ 时，$g = 0.665\,61$（3）。在这种体系[7]中可以观测到包含 3 个自旋能级的、双光子跃迁的 EMR 谱线。这在所有基态为 $^2P_{3/2}$ 的卤素原子中，也都能观测到选律为 $\Delta M_J = \pm 1$、$\Delta M_I = \pm 1$ 以及原来 EMR 的选律 $\Delta M_J = \pm 1$、$\Delta M_I = 0$ 的全部跃迁的谱线[8]。

分子碘 I_2 经过如下的反应得到基态（$^2P_{3/2}$）原子碘：

$$I_2(^1\Sigma_g^+) + O_2(^1\Delta) \longrightarrow 2I(^2P_{3/2}) + O_2(^3\Sigma) \tag{9.2}$$

经过快速平衡就可以得到第一激发态 I（$^2P_{1/2}$）的原子碘[9]

$$I(^2P_{3/2}) + O_2(^1\Delta) \rightleftharpoons I(^2P_{1/2}) + O_2(^3\Sigma) \tag{9.3}$$

这里的单态分子氧 O_2（$^1\Delta$）是用化学方法制备出来的。除抗磁性粒子（基态 I_2）外，所有的粒子都可用 EMR 检测到。它们的相对浓度，可以用它们的一次微分

谱线经过两次积分得到。对于式（9.3），在 295K 下从 EMR 测量得出平衡常数 $K = 2.9$；激发态碘 I（$^2P_{1/2}$）的 $g = 0.6664$，与由 Landé 公式式（9.1）计算出的值只差 0.2%。

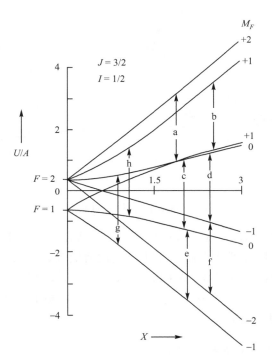

图 9-1　基态为 $^2P_{3/2}$ 的氟原子的 Zeeman 能级分裂以及在固定频率下 EMR 可能的跃迁示意图

9.2　双原子气相顺磁粒子的 EMR 波谱

在双原子线型分子中需要考虑更多的角动量和更多的角动量耦合方案，基本的耦合方案有 5 种，称之为 Hund 耦合方案。但在气相 EMR 中只有如图 9-2 中的（a）、（b）两种，其他 3 种不出现。

对于 Hund 耦合情况（a），电子自旋角动量 S 和轨道角动量 L 都强烈地耦合到核间轴上，它们在核间轴上的投影（分量）记作 Σ 和 Λ，它们的和记作 Ω。

$$\Omega = \Sigma + \Lambda \tag{9.4}$$

除核自旋外，总角动量由分子旋转角动量 N 和 Ω 合成，如图 9-2（a）所示。由于 N 垂直于核间轴，Ω 是 J 在核间轴上的投影，所以 J 的允许值为 Ω，$\Omega + 1$，$\Omega + 2$，…如果体系中还有核自旋，则 J 和 I 再合成为总角动量 $\hat{F}$，即

$$\hat{F} = \hat{J} + \hat{I} \tag{9.5}$$

F 的允许值为 $(J+I)$, $\cdots$, $|(J-I)|$。

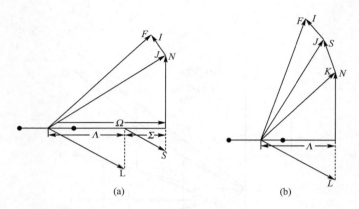

图 9-2　角动量矢量 Hund 耦合方案

对于 Hund 耦合情况（b），如图 9-2（b）所示。它与 Hund 耦合情况（a）不同的是，S 不再耦合到核间轴，所以 Ω 是没有定义的，现在是 Λ 和 N 耦合成矢量 K，K 的量子数可以取 Λ，$\Lambda+1$，$\Lambda+2$，$\cdots$然后 K 和 S 耦合成总角动量矢量 J。J 的值可以取 $(K+S)$，$\cdots$，$|(K-S)|$。如果体系中还有核自旋 I，则 J 和 I 再耦合成总角动量矢量 F。

9.2.1　分子氧的 EMR 波谱

最重要的顺磁性双原子分子也许要算分子氧了，因为它在生物圈中起着极其重要的作用。O_2 的电子基态习惯上用符号 $^3\Sigma_g^-$ 表示。电子的轨道角动量是名存实亡的（相似于 H 原子的基态），这很重要。按照 Hund 规则，两个未偶电子分占两个不同的原子轨道形成三重态。因为它有对称中心，就没有永久的电偶极矩。EMR 的跃迁都是由磁偶极子贡献的，因此其谱线强度要比由电偶极子跃迁的弱很多。氧有以下三种同位素：^{16}O（99.75%，$I=0$）、^{17}O（0.037%，$I=5/2$）、^{18}O（0.204%，$I=0$）。

气相中的 O_2 分子在不停地以量子化的转动角动量进行哑铃式的旋转翻滚，用一个适当的空间算符 $\hat{N}$ 来描述它。总的角动量算符 $\hat{J}=\hat{N}+\hat{S}$（这里不包括核的自旋角动量，因为只有 ^{17}O 是磁性核且自然丰度很低）。从量子统计规律得出：自然丰度最大的 $^{16}O^{16}O$ 的转动量子数只能是奇数，因为能量是正比于 N $(N+1)$，N 总不是零，转动总是存在的。

前面讨论的三重态 EMR 波谱，是假设自旋行为与转动无关的，但实际的分子中，部分电荷的转动产生磁场，并且与自旋磁矩相互作用。因此，自旋能的三重态和无数的转动能级纠缠在一起难解难分。其结果是它的 EMR 波谱实际上是由无数条（但可以计算的）谱线组成[10,11]。O_2 的 EMR（X 波段，9.144 56GHz）模拟谱的一部分（0 ~ 1.5T）如图 9-3 所示。标注出的谱线位置和相应的量子数如表 9-1 所示[12]。谱线的相对强度依赖于各能态的布居数，也就是依赖于气体的温度[13]。

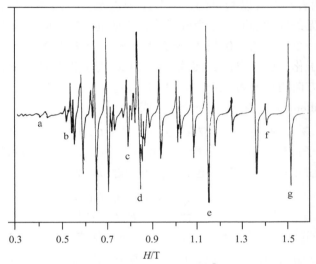

图 9-3　气体 O_2 在 100K（约 0.1torr①）的 EMR 波谱

表 9-1　$^{16}O^{16}O$ 在 $\nu = 9.144\ 59GHz$ 的 EMR 部分谱线 （对照图 9-3）

谱线	磁场位置 H/T	N	J_1，M_{J_1} $\longleftrightarrow$ J_2，M_{J_2}	
a	0.401 842	5	6，−3	4，−2
b	0.541 546	1	1，−1	1，　0
c	0.790 642	5	4，　0	6，+1
d	0.863 229	7	6，　0	6，+1
e	1.149 089	9	4，+2	4，+3
f	1.408 629	7	7，−7	7，−7
g	1.512 532	5	6，+4	6，+5

　　由于自旋与转动两者的能量是相互依存的，自旋弛豫是能够通过分子翻滚而进行的，这种翻滚在分子碰撞时是很敏感的。其结果是线宽与压力有关，但在可

---

① 1torr = 1.333 22 × 10² Pa，下同。

以获得的条件下，这些谱线都很尖锐（当压力为约 0.2 torr 时，线宽为 0.01 mT，如图 9-3 所示）。由于它的稳定性，分子 O_2 作为测量其他气相自由基浓度的标准是非常有用的[14]。

O_2 分子的对称性必然导致描述 EMR 波谱参数矩阵的单轴性。这对于理解这些参数不会像在液态情况下由于分子的快速翻滚而被平均掉，是很重要的。因此，$g_\perp$ 和 $g_\parallel$ 两者都是可以测量的。当分子间以及分子与器壁碰撞都被忽略时，气相分子不做无条理的翻滚，每个分子的总角动量矢量的取向是无规的，也不随时间而变。当一个恒定的外磁场 H 被引入，每一个 $\hat{J}$ 就会沿着一个称之为有效磁场的方向量子化。由于自旋-轨道耦合和自旋-转动耦合产生 g 的各向异性性，这个有效磁场方向稍稍偏离了外磁场 H 的方向。

相应 Hamiltonian 的 Zeeman 部分可写成

$$\mathscr{H} = \beta_e \left[g_\perp \, \hat{S}^T \cdot H + (g_z - g_\perp) \hat{S}_z H_z + g_{rot} \hat{N}^T \cdot H \right] \qquad (9.6)$$

式中：g_{rot} 是分子旋转磁矩的 g 参量，$g_\perp$ 和 $g_z = g_\parallel$ 都是电子自旋的 g 参量。指定核之间连接的轴方向为 z 方向。电子的 g 因子近似地为 $g_z = g_e$。

$$g_\perp = g_e - 2 \lambda \sum_{n \neq G} \frac{\langle G \mid \hat{L}_x \mid n \rangle \langle n \mid \hat{L}_x \mid G \rangle}{E_n^{(0)} - E_G^{(0)}} \qquad (9.7)$$

式中：λ 是分子的旋轨耦合参数，下标 n 为电子的能态；G 是轨道非简并的基态。实验观测到的 g_z 由于相对论效应，比 g_e 略为小一点（$g_z - g_e \approx 10^{-4}$）。$g_\perp$ 中的旋轨耦合项掺入与核间距有关的，因为除基态（Σ 态）之外还有混入的激发态（Π 态）的影响。由于 λ 值本身不大，这个影响也很小，大概是 $g_\perp - g_e \approx 3 \times 10^{-3}$。转动的 g_{rot} 因子就更小（$g_{rot} \approx 10^{-4}$）；对于低转动态，与 $\hat{N}$ 相关的磁矩几乎可以忽略。

研究富集 [17]O（$I = 5/2$）的分子 O_2 通过核四极矩的 EMR 测量[15]，使我们更详细地了解了分子的磁矩与核的自旋磁矩，以及局部电场梯度之间的互作用。由于同位素 [16]O、[17]O、[18]O 之间的质量差引起的 Hamilton 参量的差异是很小的。因此我们不考虑分子振动的贡献。

正如前面已经指出的，分子 O_2 在处于电子激发态 $^1\Delta_g$ 时也能用 EMR 观测到。因为这些粒子相对于基态是处在亚稳态。由于它们是自旋禁阻的，单态和三重态之间的转换是一个慢过程。这里的顺磁性没有自旋的成分，完全是由电子的轨道运动所贡献的。因此，总角动量算符是 $\hat{L}$ 在 z 方向的投影与转动矢量（垂直于 z 方向）之和。对于 $J = 2$ 和 3 的状态，包括 [17]O 的超精细效应的 EMR 波谱都做了测量和分析[16,17]。

与分子 O_2 有相同价电子组态的 S_2、OS、OSe 和 FN 分子的 EMR 的研究也都有过报道。在 S_2 中，S 原子比 O 原子重，旋轨耦合效应更为重要。对于杂核

分子，由转动能级差异（$\Delta N \neq 0$，$|\Delta M_J| = 1$）产生的电偶极跃迁更占优势。

9.2.2　NO 分子的 EMR 波谱

NO 分子与 O_2^- 是同价电子组态的分子。未偶电子处在 π 分子轨道上，所以 $\Lambda = \pm 1$；$\Sigma = \pm \frac{1}{2}$，于是 $\Omega = \frac{3}{2}$，$\frac{1}{2}$。因而就有两个能态$^2\Pi_{3/2}$ 和 $^2\Pi_{1/2}$，其中$^2\Pi_{1/2}$ 是基态，$^2\Pi_{3/2}$ 比$^2\Pi_{1/2}$高 124 cm^{-1}。由于 $\Lambda = \pm 1$，每个能态都是二重简并的，称之为 "Λ 简并度"。当加上强磁场时，简并度被解除，能级分裂，其磁 Hamilton 算符为

$$\mathscr{H} = \beta(\hat{L} + g_e\hat{S}) \cdot H \tag{9.8}$$

对于$^2\Pi_{1/2}$态，自旋和轨道角动量相互抵消，成为一个 "非磁性" 的基态，所以，它的 EMR 谱是由$^2\Pi_{3/2}$态贡献的。现在我们考虑最低旋转能级（$N = 0$），由于$^2\Pi_{3/2}$态的 $\Omega = \frac{3}{2}$，$J = \frac{3}{2}$，$M_J = \frac{3}{2}$，$\frac{1}{2}$，$-\frac{1}{2}$，$-\frac{3}{2}$。分子的 g 因子公式为

$$g = \frac{(\Lambda + 2\Sigma)(\Lambda + \Sigma)}{J(J+1)} \tag{9.9}$$

所以，对于$^2\Pi_{3/2}$态的 $N = 0$ 旋转能级，$g = 4/5$。除 $N = 0$ 外，还应考虑 $N = 1$，以及 $N \neq 0$ 的其他各种旋转能态。这些能级在磁场中的分裂情况如图 9-4 所示。图中表示出二级 Zeeman 效应的分裂。对于 $J = 3/2$，它有三个跃迁，对于 $J = 5/2$，有 5 个跃迁，跃迁的选律是 $\Delta M_J = 1$，由于存在二级 Zeeman 效应，这些跃迁的共振磁场是不同的，从式（9.9）看出，当 J 增加时，g 值变小（当 $J = 5/2$ 时，

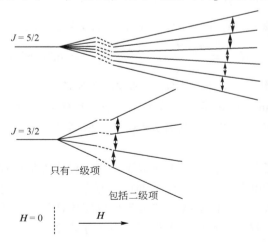

图 9-4　NO 分子的$^2\Pi_{3/2}$态的 $J = 3/2$ 和 $J = 5/2$ 旋转状态在磁场中的能级分裂情况

$g = 12/35$）。所以在固定频率的情况下，需要较高的磁场，或者采用较低的微波频率（S 波段）才能观测到。

图 9-5 是 $^{15}N^{16}O$ 和 $^{14}N^{16}O$ 的气相在 $^2\Pi_{3/2}$ 态 $\nu = 2.8799\,\text{GHz}$（S 波段）的 EMR 波谱[18]。表现出相当于 $\Delta J = 0$，$\Delta M_J = \pm 1$，$\Delta M_I = 0$ 和 $\pm \leftrightarrow \mp$ 电偶极型的跃迁。图 9-5（a）是 $J = 3/2$ 的旋转状态，共振磁场在 265mT 附近。对于 $^{15}N^{16}O$，由于 ^{15}N 核（$I = 1/2$）分裂成两条谱线，又由于二级 Zeeman 效应每条线又分裂为 3 条，其强度比为 3∶4∶3。对于 $\Lambda \neq 0$ 的，还有 Λ 简并度，在轨道角动量与旋转角动量的互作用下，解除了 Λ 简并度引起"Λ 双线分裂"，记作 "＋" 和 "－"。Λ 分裂是随 J 的增加而增加的，所以对于 $^{15}N^{16}O$ 总共有 $2 \times 3 \times 2 = 12$ 条线，对于 $^{14}N^{16}O$，则由于 ^{14}N（$I = 1$）分裂成 3 条超精细线，又由于二级 Zeeman 效应每条线又分裂为 3 条，最后再由 Λ 双线分裂，故总共有 $3 \times 3 \times 2 = 18$ 条线。

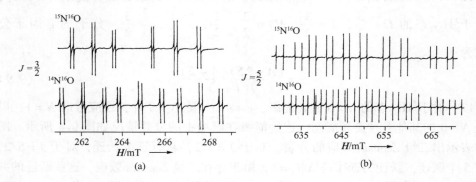

图 9-5　$^{15}N^{16}O$ 和 $^{14}N^{16}O$ 的气相 EMR 波谱（$\nu = 2.8799\,\text{GHz}$）

图 9-5（b）是在 $^2\Pi_{3/2}$ 的 $J = 5/2$ 旋转状态的波谱，粗略估计其位置在

$$H_{3/2} = \frac{g_{3/2}H_{3/2}}{g_{5/2}} = \frac{(4/5)265}{12/35} \approx 620\,(\text{mT})$$

实验值在 650mT 附近。对于 $^{15}N^{16}O$，也是由于 ^{15}N 核（$I = 1/2$）分裂成两条谱线，又由于二级 Zeeman 效应每条线又分裂为 5 条，其强度比为 5∶8∶9∶8∶5，然后每条线再分裂成 Λ 双线，总共有 $2 \times 5 \times 2 = 20$ 条线。对于 $^{14}N^{16}O$ 总共有 $3 \times 5 \times 2 = 30$ 条线。

Λ 简并度的完全解除会产生 4 种跃迁，其中有两种是电偶极跃迁，另两种是磁偶极跃迁。由于电偶极跃迁要比磁偶极跃迁强 2～3 个数量级，所以，我们只能观测到电偶极跃迁产生的双线。实验安排也应该把气体分子置于谐振腔内的电场 E 最大的地方。这些谱线的共振磁场位置列于表 9-2。

表 9-2　$^{15}\mathrm{N}^{16}\mathrm{O}$ 和 $^{14}\mathrm{N}^{16}\mathrm{O}$ 在 S 波段实验共振磁场 $\Delta J = 0(M_J, M_I, \pm) \leftrightarrow (M_J - 1, M_I, \mp)$ 的跃迁

共振磁场/mT, $^{15}\mathrm{N}^{16}\mathrm{O}$ 在 $f = 2.879\ 926\,\mathrm{GHz}$, $J = 3/2$				共振磁场/mT, $^{14}\mathrm{N}^{16}\mathrm{O}$ 在 $f = 2.879\ 930\,\mathrm{GHz}$, $J = 3/2$			
M_J	M_I	$(M_J, M_I, +)$	$(M_J, M_I, -)$	M_J	M_I	$(M_J, M_I, +)$	$(M_J, M_I, -)$
$\frac{3}{2}$	$-\frac{1}{2}$	261.4728	261.6189	$\frac{3}{2}$	1	260.9279	261.0930
$\frac{3}{2}$	$\frac{1}{2}$	265.2695	265.4067	$\frac{3}{2}$	0	263.6375	263.7963
$\frac{1}{2}$	$-\frac{1}{2}$	262.4641	262.6137	$\frac{3}{2}$	-1	266.4786	266.6301
$\frac{1}{2}$	$\frac{1}{2}$	266.3115	266.4599	$\frac{1}{2}$	1	261.9289	262.0852
$-\frac{1}{2}$	$-\frac{1}{2}$	263.4493	263.6027	$\frac{1}{2}$	0	264.6444	264.8351
$-\frac{1}{2}$	$\frac{1}{2}$	267.3477	267.5097	$\frac{1}{2}$	-1	267.4165	267.5708
				$-\frac{1}{2}$	1	262.9159	263.0850
				$-\frac{1}{2}$	0	265.6668	265.084 30
				$-\frac{1}{2}$	-1	268.3410	268.5223

共振磁场/mT, $^{15}\mathrm{N}^{16}\mathrm{O}$ 在 $f = 2.879\ 903\,\mathrm{GHz}$, $J = 5/2$				共振磁场/mT, $^{14}\mathrm{N}^{16}\mathrm{O}$ 在 $f = 2.879\ 899\,\mathrm{GHz}$, $J = 5/2$			
M_J	M_I	$(M_J, M_I, +)$	$(M_J, M_I, -)$	M_J	M_I	$(M_J, M_I, +)$	$(M_J, M_I, -)$
$\frac{5}{2}$	$-\frac{1}{2}$	663.9699	665.3994	$\frac{5}{2}$	1	664.3521	666.0022
$\frac{5}{2}$	$\frac{1}{2}$	667.8975	669.2521	$\frac{5}{2}$	0	667.2897	668.7927
$\frac{3}{2}$	$-\frac{1}{2}$	653.5663	655.0013	$\frac{5}{2}$	-1	670.0826	671.6138
$\frac{3}{2}$	$\frac{1}{2}$	657.5004	658.8857	$\frac{3}{2}$	1	654.3728	655.9601
$\frac{1}{2}$	$-\frac{1}{2}$	644.5492	645.9970	$\frac{3}{2}$	0	657.1755	658.8124
$\frac{1}{2}$	$\frac{1}{2}$	648.4904	649.9233	$\frac{3}{2}$	-1	660.0493	661.5693
$-\frac{1}{2}$	$-\frac{1}{2}$	636.6356	638.1000	$\frac{1}{2}$	1	645.6674	647.2373
$-\frac{1}{2}$	$\frac{1}{2}$	640.5777	642.0675	$\frac{1}{2}$	0	648.3946	650.1077
$-\frac{3}{2}$	$-\frac{1}{2}$	629.6180	631.1083	$\frac{1}{2}$	-1	651.2917	652.8474
$-\frac{3}{2}$	$\frac{1}{2}$	633.5622	635.1201	$-\frac{1}{2}$	1	637.8387	639.5776
				$-\frac{1}{2}$	0	640.6918	642.4161
				$-\frac{1}{2}$	-1	643.5475	645.1890
				$-\frac{3}{2}$	1	631.1208	632.7919
				$-\frac{3}{2}$	0	633.8817	635.5415
				$-\frac{3}{2}$	-1	636.6297	638.4091

9.2.3 ClO 分子的电子共振波谱

将 Cl_2 和 O_2 混合气体通入微波放电腔（微波功率为75W，频率为2000MHz）即可得到 ClO 双原子分子。图9-6就是 ClO 的 EMR 波谱[19,20]。它表现为3组12条强线，是由 $^2\Pi_{3/2}$ 的 $J = 3/2$ 旋转能级中的 ^{35}ClO 自由基所贡献的，即杆谱的虚线。还有靠得很近的较弱的谱线是 ^{37}ClO 所贡献的，如杆谱的实线所示。其相对强度也符合其自然丰度 ^{35}Cl（75.53%）和 ^{37}Cl（24.47%）之比。g 值为 0.798 ± 0.01，符合 $^2\Pi_{3/2}$ 的理论估算值。箭头所指的弱线是 O_2 分子的谱线。由于超精细互作用中包含核四极矩的贡献，使得四条线是不等距离的。总的 Hamilton 算符如下：

$$\hat{\mathscr{H}} = \hat{\mathscr{H}}_R + \hat{\mathscr{H}}_M + \hat{\mathscr{H}}_H \tag{9.10}$$

相当于 Hund 耦合（a），基函数是 $|J, I, F, \Omega, \Sigma, M\rangle$，其中，$M$ 是 F 在磁场方向的投影。

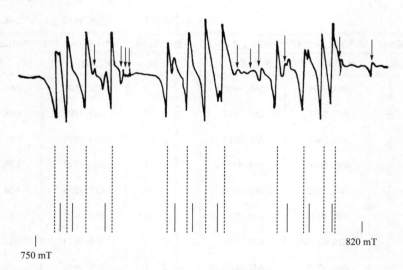

图9-6　ClO 的电子共振波谱[19,20]

算符 $\hat{\mathscr{H}}_R$ 包含旋转和自旋-轨道耦合作用的影响，可写成

$$\hat{\mathscr{H}}_R = B_0(\hat{\boldsymbol{J}} - \hat{\boldsymbol{L}} - \hat{\boldsymbol{S}})^2 + D\hat{\boldsymbol{L}} \cdot \hat{\boldsymbol{S}} \tag{9.11}$$

式中：B_0 是旋转常数；D 是精细结构常数。把它在固定坐标系中展开，并用 Ω、Λ、Σ 替代 $\hat{J}_z$、$\hat{L}_z$ 和 $\hat{S}_z$，则

$$\hat{\mathscr{H}}_R = B_0[J(J+1) + S(S+1) - 2\Omega\Sigma - \Lambda^2] - 2B_0[\hat{J}_x\hat{S}_x + \hat{J}_y\hat{S}_y] + D\Lambda\Sigma$$
$$+ (D + 2B_0)[\hat{L}_x\hat{S}_x + \hat{L}_y\hat{S}_y] - 2B_0[\hat{J}_x\hat{L}_x + \hat{J}_y\hat{L}_y] + B_0[\hat{L}_x^2 + \hat{L}_y^2] \tag{9.12}$$

在分析 ClO 的波谱时，这个 Hamilton 算符中的最后一项 $B_0 [\hat{L}_x^2 + \hat{L}_y^2]$ 可以忽略，因为它对所有能级的贡献是一个常量位移。另外第四、五两项也可以忽略。

算符 $\mathscr{H}_M$ 是双原子分子的有效磁超精细 Hamilton 算符，如果忽略含有 $\hat{L}_x$、$\hat{L}_y$、$\hat{S}_x$、$\hat{S}_y$ 的诸项，则在分子坐标系中的近似 Hamiltonian[21,22] 是

$$\mathscr{H}_M = a\hat{I}_z\hat{L}_z + (b + c)\hat{I}_z\hat{S}_z \tag{9.13}$$

式中：a、b 和 c 是耦合常量。式（9.13）也可以写成

$$\mathscr{H}_M = [a\Lambda + (b + c)\Sigma]\hat{I}_z \tag{9.14}$$

这个 Hamilton 算符的矩阵元是依赖于 J 的。但从超精细分裂的观测值只能定出 $[a + \frac{1}{2}(b + c)]$，因此就不可能把偶极贡献与 Fermi 接触项分开。

有效磁超精细 Hamilton 算符中还应包含核四极矩项 $\mathscr{H}_Q$。在忽略了含 I_x、I_y 各项之后，则

$$\mathscr{H}_Q = \frac{e^2Qq}{4I(2I-1)}[3\hat{I}_z^2 - I(I+1)] \tag{9.15}$$

式（9.10）中的 $\mathscr{H}_H$ 是 Zeeman 项，它的一般形式为

$$\mathscr{H}_H = \beta\boldsymbol{H} \cdot (\hat{\boldsymbol{L}} + g_e\hat{\boldsymbol{S}}) + g_n\beta_n\boldsymbol{H} \cdot \hat{\boldsymbol{I}} + g_R\beta\boldsymbol{H} \cdot \boldsymbol{N} \tag{9.16}$$

式中：第 3 项是旋转磁矩与磁场的互作用，由于 g_R 的值很小（一般在 10^{-4} 数量级），在 ClO 的波谱中可以忽略。如果再忽略含 $\hat{L}_x$、$\hat{L}_y$ 诸项，Zeeman 项可写成

$$\mathscr{H}_H = \beta\boldsymbol{H} \cdot [g_e\hat{S}_x\boldsymbol{i} + g_e\hat{S}_y\boldsymbol{j} + (\Lambda + g_e\Sigma)\boldsymbol{k}] + g_n\beta_n\boldsymbol{H} \cdot \hat{\boldsymbol{I}} \tag{9.17}$$

有了这些 Hamilton 算符，就可以把 ClO 波谱的谱线位置计算出来，与实验值比较还是符合得比较好的，如表 9-3 所示。对于 $J = 3/2$ 的旋转能态，在 X 波段中其磁场位置在 $800 \sim 900$ mT。至于 $J = 5/2$ 的（第二）旋转能态，也能看到波谱，它们的谱线位置在 $1.6 \sim 1.9$ T 范围内。

表 9-3 $^{35}\text{Cl}^{16}\text{O}$ 的气相电子共振波谱谱线的磁场位置

Zeeman 调制腔，$\nu = 8.6664\text{GHz}$		Stark 调制腔，$\nu = 9.6670\text{GHz}$	
实验值/mT	计算值/mT	实验值/mT	计算值/mT
744.26	744.27	828.47	828.48
746.96	746.95	831.10	831.13
750.93	750.94	835.03	835.13
756.30	756.29	840.54	840.50
767.84	767.85	857.97	858.06
772.09	772.09	862.32	862.34

Zeeman 调制腔，$\nu = 8.6664\,\mathrm{GHz}$		Stark 调制腔，$\nu = 9.6670\,\mathrm{GHz}$	
实验值/mT	计算值/mT	实验值/mT	计算值/mT
776.07	776.09	866.41	866.34
779.85	779.83	870.07	870.04
790.68	790.65	886.53	886.54
796.37	796.36	892.34	892.33
800.34	800.35	896.31	896.33
802.52	802.58	898.50	898.47

理论计算时采用下列数据：

$B_0 = 0.622 \pm 0.001$ （cm^{-1}）

$D = -282 \pm 9$ （cm^{-1}）

$[a\Lambda + (b+c)\Sigma] = 111 \pm 2$ （MHz）

$e^2 Qq = -86 \pm 6$ （MHz）

理论计算时采用下列数据：

$B_0 = 0.622 \pm 0.001$ （cm^{-1}）

$D = -268 \pm 17$ （cm^{-1}）

$[a\Lambda + (b+c)\Sigma] = 111 \pm 2$ （MHz）

$e^2 Qq = -90 \pm 6$ （MHz）

9.2.4　SO 分子的电子共振波谱

在微波放电腔内通入氧气进行放电，所得的产物与 COS 混合即可生成 SO 气态自由基。多数双原子分子的气相电子磁共振波谱都属于 Hund 耦合情况（a），但是 SO 分子的 $^3\Sigma$ 态的波谱是属于 Hund 耦合情况（b）的。它的磁能级分裂如图 9-7 所示，5 条强跃迁线就是 $K=1$、$J=1$ 能级和 $K=2$、$J=1$ 能级间的跃迁。图 9-8 是它的杆谱示意图[23,24]，图中线的高度表示相对强度。有 5 条标出 "＊"号的线就是 $^{32}\mathrm{S}^{16}\mathrm{O}$ 分子基态（$^3\Sigma$）的波谱，如果采用 X 波段的微波频率，它们的谱线分布在 $0.3 \sim 1.2\mathrm{T}$ 范围内。它的零场 Hamilton 算符是

$$\mathscr{H}_0 = B(\boldsymbol{K} - \boldsymbol{L})^2 + D\boldsymbol{L} \cdot \boldsymbol{S} + \gamma \boldsymbol{K} \cdot \boldsymbol{S} + \left(\frac{2\gamma}{3}\right)(3 S_z^2 - \boldsymbol{S}^2) \qquad (9.18)$$

式中：第一项为旋转能；第二项是旋-轨耦合互作用能；第三项是自旋-旋转互作用能；第四项是自旋-自旋互作用能。在旋转能项中采用 $\boldsymbol{K}$ 而不是 $\boldsymbol{N}$，可以简化计算。其 Zeeman 互作用项 $\mathscr{H}_z$ 包括轨道角动量、自旋角动量和旋转角动量等三项：

$$\mathscr{H}_z = \beta \boldsymbol{H} \cdot (g_L \boldsymbol{L} + g_S \boldsymbol{S} + g_R \boldsymbol{K}) \qquad (9.19)$$

对于 Hund 情况（b），基函数为 $|J, K, \Lambda, S, M\rangle$，其中 M 是 $\boldsymbol{J}$ 在磁场方向的投影。

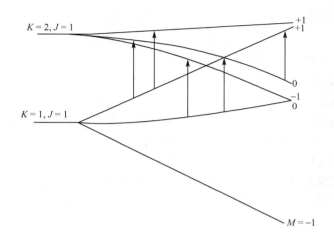

图 9-7　SO 分子的磁能级图

箭头表示在 X 波段观测到的 5 条强跃迁谱线的位置最高场在 1.2T 以上

分析 SO 的波谱可得零场分裂常数，并可以区分一级项和二级项的贡献。以后又从 $^{33}S^{16}O$ 卫线的研究中把超精细耦合常数 b 和 c 分开。由于 ^{33}S 的自然丰度很小（0.76%），卫线很弱，图 9-8 中没有表示出来。分别得到 b 和 c 后，就能区别偶极互作用项和接触互作用项各自对超精细互作用的贡献。

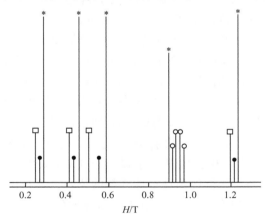

图 9-8　自由基 SO 的气相电子共振杆谱[25]

Carrington 等还研究了 SO 在最低 $^1\Delta$ 态的气相电子磁共振波谱[25]。这个体系没有总的自旋角动量，但也有 4 条相当于 $\Delta M_J = 1$ 跃迁的谱线。图 9-8 中有 4 条标出"○"号的谱线就是 $^{32}S^{16}O$ 的 1Δ 态谱线，它是由二级 Zeeman 效应产生的。另外还有 4 条标出"●"号的弱线，是 $^{32}S^{16}O$ 的 $^3\Sigma$ 态在第一激发振动态时引起的谱线。还有带"□"号的谱线是 $^{34}S^{16}O$ 的 $^3\Sigma$ 态产生的。

属于 Hund 情况 （a） 的 $^1\Delta$ 态谱线，其 Hamilton 算符是

$$\mathscr{H} = B_0(\hat{J}^2 - \Lambda^2) + \beta H \cdot \hat{L} \tag{9.20}$$

这里也忽略一些项，如对所有能级都有贡献的一个常量位移项，以及对解除 Λ 简并度有贡献的项。

异核双原子分子具有电偶极矩，它们的电子磁共振波谱会显示出 Stark 效应，当加上恒电场时，谱线会产生分裂。其分裂大小取决于电场强度和电偶极矩的大小。因此，从 Stark 效应可以计算出电偶极矩。如 ClO 分子谱图中就看到了 Stark 分裂，求得的电偶极矩为 1.26D。具有非零电偶极矩的气相分子，可以用调制电场的谐振腔来观测磁共振波谱。表 9-3 也列出了 Stark 调制腔的结果。这对于研究含氧的分子体系中的弱谱线是很有好处的，因为许多弱的跃迁是很难观测到的。

9.3 三原子和多原子气相分子的 EMR 波谱

被 EMR 研究过的三原子只有五个：NCO 和 NCS （$^2\Pi_{3/2}$ 基态） 是线形分子；HCO、NF_2 和 NO_2 是非线形分子。用 EMR 已经在 NCO 和 NCS 两个线形分子中探测到非常有趣的振动效应[26]。基态 （$^2\Pi_{3/2}$） 的波谱与双原子分子的波谱很类似。但是，弯曲振动使状态变得活泼起来，分子的线性遭到破坏。这种非线性的激发态混入线性的基态会解除基态的简并度 （称 Renner 效应）。

由于 Renner 效应，线形三原子分子的波谱分析要比 （$^2\Pi_{3/2}$） 态的双原子分子谱要复杂得多，尽管基本的波谱特征是相同的。对于 NCO 和 NCS 的最低能态，都是 3 条超精细线，每条谱线又由于二级 Zeeman 效应分裂成 3 条线。除基态波谱外，还观测到 NCO 和 NCS 的 $^2\Delta_{5/2}$ 激发态以及 NCS 在 $^2\Phi_{7/2}$ 态的波谱。

二氟胺 （NF_2） 自由基很容易二聚成四氟代肼，它们之间存在化学平衡，从 EMR 谱线强度得出在 340~435K 温度范围内，N_2F_4 分解的焓变[27]为 81(4) kJ·mol^{-1}。

含 3 个原子以上的气相自由基几乎没有被 EMR 观测到过，唯一一例外的是 $(CF_3)_2NO$ 自由基用各种不同的惰性气体稀释的体系，其自由基浓度和总压 p_t 之间的关系已经用 EMR 研究[28]过了。由于碰撞弛豫的增加对自旋-旋转耦合的影响，总压 p_t 的增加使得谱线移动、变窄，并使得 ^{14}N 和 ^{19}F 的超精细结构分辨得很好。

EMR 观测表明，在惰性气体冷冻格子中捕获的足够小的 NH_2 和 CH_3 分子，实际上是自由旋转的。在低温下应用核自旋统计力学，能够了解超精细谱线的相对强度[29]。

9.4　激光电子磁共振

自从 1968 年激光电子磁共振（LEMR）波谱[30,31]第一次出现以来，它已经为气态自由基提供了许多信息。它的原理是，以合适的激光激发自由基经过远红外线磁场，用光检测共振吸收谱线。激光的频率必须非常接近自由基的零场（旋转）频率。这个频率范围在 100~3000GHz 的激光，只适合于研究相对分子质量较低的气体。磁共振的灵敏度是随着频率的增加急剧提高的，LEMR 比通常的 EMR 的灵敏度提高 10^6 倍。第一个 LEMR 的吸收是用 HCN 激光器，其频率为 891GHz，在磁场为 1.6418T 处检测到基态 O_2 在 $N=3$、$J=4$、$M_J=-4$ 和 $N=5$、$J=5$、$M_J=-4$ 的能级之间跃迁。从那以后，许多自由基（如 HC、HN、HS 和 DS、HF^+、HCl^+、HBr^+、HSi、CH_2、HO_2、HSO 等）都已经用 LEMR 研究过了。因此，它有可能获得包括超精细耦合参数在内的一大批分子的 EMR 参数。

9.5　电子诱导磁共振

所谓"电子诱导磁共振"（magnetic resonance induced by electron，MRIE）就是指气体在谐振腔内或在即将进入谐振腔处，由电子轰击，激发生成自由基。例如，基态 $N_2(^1\Sigma_g)$ 可被激发到一个顺磁的亚稳态（$^3\Sigma_u$），然后再进行 EMR 研究。与此类似的，先把 $N_2(^1\Sigma_g)$ 离子化为 $N_2^+(^2\Sigma_u)$，然后回到基态（$^2\Sigma_g$）。

关于"电子诱导磁共振"技术，1977 年 Miller 和 Freund 发表过一篇评论[32]。他们把 MRIE 分为以下四种：①电子诱导微波光磁共振（microwave optical magnetic resonance induced by electrons，MOMRIE）；②反交叉波谱（anticrossing spectroscopy，ACS）；③能级交叉波谱（level crossing spectroscopy，LCS）；④分子束磁共振（molecular beam magnetic resonance，MBMR）。这四种方法得到的信息与通常的 EMR 测得的波谱在形式上是一样的，但检测灵敏度大有改进。

9.6　无机自由基

无机自由基 EMR 波谱的解析是一个非常活跃的研究领域，在此不可能做全面的介绍，仅举几个例子勾画出一个轮廓。

9.6.1　无机自由基粒子的指认

与有机自由基一样，超精细张量的主值能够提供辨认无机材料被辐照之后生成自由基品种的主要线索。例如，LiF 在 77K 下用 X 射线辐照生成的自由基，其

外磁场 $\boldsymbol{H}/\!/$ ［100］面测得的 EMR 谱表现出强度比为 $1:2:1$ 的 3 条超精细结构谱线。这就意味着有两个等价的自旋量 $I=1/2$ 的核与未偶电子产生超精细互作用。其 $\boldsymbol{g}$ 张量的主值 $g_x=2.0234$，$g_y=2.0227$，$g_z=2.0031$，说明它是近似于轴对称的结构。它的超精细分裂的裂距[33] $a_{/\!/}=88.7\text{mT}$，$a_{\perp}=5.9\text{mT}$。毫无疑问，这个波谱是由 F_2^-（V_K 心）所贡献的。如果是以 KCl 做实验，得到 $(^{35}\text{Cl}^{35}\text{Cl})^-$，$(^{35}\text{Cl}^{37}\text{Cl})^-$、$(^{37}\text{Cl}^{37}\text{Cl})^-$ 的波谱（图 9-9），显然是 Cl_2^-（V_K 心）所贡献的。该谱图如何解析[34]，留给读者做为习题思考。

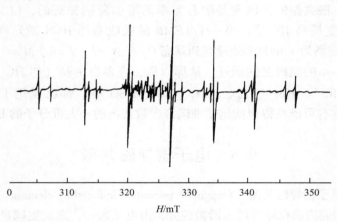

图 9-9　在 77K 用 X 射线辐照 KCl 单晶得到 V_K 心的 EMR 波谱

有时候单从 EMR 波谱还不能完全确定自由基的品种，如用 γ 射线辐照 KNO_3 单晶得到 EMR 波谱，如图 9-10 所示。这里至少有 3 种自由基，每种都含有一个氮原子，因为它们都展示出一组等强度的 3 条超精细结构谱线。然而要确定自由基品种，还需要进一步的信息。很可能是 NO_2、NO_2^{2-}、NO_3 和 NO_3^{2-} 等。^{14}N 核的超精细耦合张量和 $\boldsymbol{g}$ 张量的实验值列于表 9-4。

指认这些自由基需要从理论上知道每种自由基的结构和未偶电子所处的轨道，以及这些自由基在其他基质中的性质才能确定。例如，NO_2 在各种不同的基质中，各向异性的超精细耦合参数很小，而各向同性的耦合参数较大[35]，约为 150MHz。很小的各向异性是因为事实上，NO_2 常常是绕着二次轴旋转的，尽管固态下，"固定的" NO_2 仍表现出相当大的各向异性性。较大的超精细耦合参数是因为未偶电子定域在氮原子的非键轨道上。$\boldsymbol{g}$ 张量非常接近各向同性值（$g_{\text{iso}}\approx 2.000$）。比较表 9-4 中的数据 $A_{/\!/}=176\text{MHz}$、$A_{\perp}=139\text{MHz}$，推测品种 A 可能就是 NO_2 自由基。

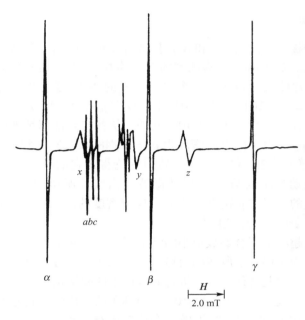

图 9-10 γ 射线辐照 KNO$_3$ 生成自由基的 EMR 谱

品种 A（α，β，γ）是 NO$_2$；品种 B（a，b，c）是 NO$_3$；品种 C（x，y，z）是 NO$_3^{2-}$

表 9-4 在 γ 射线辐照 KNO$_3$ 后发现的自由基品种的 g 和 A 张量

自由基品种	g 张量	^{14}N 的超精细耦合参数/MHz
A	$g_{//} = 2.006$[36]	$A_{//} = 176$[36]
	$g_\perp = 1.996$	$A_\perp = 139$
B	$g_{//} = 2.0031$[37]	$A_{//} = 12.08$[37]
	$g_\perp = 2.0232$	$A_\perp = 9.80$
C	$g_{//} = 2.0015$[36]	$A_{//} = 177.6$[36]
	$g_\perp = 2.0057$	$A_\perp = 89.0$

在 NO$_3$（平面 D_{3h} 对称）中，未偶电子定位在一个主要由氧原子的非键 p 轨道组成的轨道上，而这些非键 p 轨道垂直于分子平面。氧原子的 p 轨道又是顶端对顶端相互重叠的，到达氮原子核的概率很小，因此超精细耦合参数也就很小。从表 9-4 的数据分析得知品种 B 可能是 NO$_3$。

品种 C 的超精细结构表现出相当大的各向同性和各向异性互作用，它有可能会是 NO$_3^{2-}$，因为这个离子的结构不太具有平面性[38]，它属于稍有畸变的 π 自由基。因此 $A_{//}$ 和 $A_\perp$ 的差值较大，而且畸变还会使得未偶电子所在的轨道引入某些 s 轨道的特性，从而产生较大的各向同性超精细耦合（约 120 MHz）。

9.6.2   结构信息

自由基品种被指认之后，g 和 A 张量就可以对自由基的几何结构和电子结构提供一定的信息。在 $NaNO_2$ 中观测到的 NO_2 自由基[39]就是一个极好的例子。从附录 6（核性质常数表）得知，一个电子在氮的 2s 轨道上产生的各向同性的超精细分裂常数 $a = 1540MHz$，现在 NO_2 上的实验值是 $151MHz$，因此，在氮 2s 轨道上的自旋密度 $\rho_s = 151/1540 \approx 0.10$。此外，从各向异性超精细耦合参数的最大值，氮原子的 $2p_x$ 轨道上的自旋密度为 $\rho_p = 12/48 = 0.25$。因此，2p 轨道上的自旋密度是 2s 轨道上的 2.5 倍。从杂化轨道理论得知它的键角应在 $130° \sim 140°$ 之间，这和气相振动分析的结果[40]以及微波波谱实验所得的结果[41]符合得相当好。注意到在氮的 2s 和 2p 轨道上的电子自旋密度的总和不够 1.0，其余的自旋密度分布到氧原子的 2p 轨道上了。

在各向同性超精细耦合参数很小的情况下，如表 9-4 中的 B 自由基，必须谨慎处理，不要以为未偶电子所在的轨道一定掺入了 s 成分，就用 s 成分的百分数去解释它。因为，除此之外，自旋极化效应产生的间接机理也会对各向同性超精细耦合有贡献。一般来说，$|\rho_s| < 0.05$ 用键角的变化解释它是不可靠的。

对同电子自由基的 EMR 结果做一个比较是很有趣的。表 9-5 列出了 ClO_3、SO_3^- 和 PO_3^{2-} 自由基以及 NO_2 和 CO_2^- 自由基的数据。它表明，当中心原子的原子序数减小时，ρ_p/ρ_s 的比值也减小，四原子自由基变得更趋向于三角锥形，三原子自由基就变得更加弯曲了。

表 9-5   一些同电子自由基的 EMR 参数比较

自由基	基质	g 张量			A 张量				自旋密度分布				参考文献
		g_{xx}	g_{yy}	g_{zz}	T_{xx}	T_{yy}	T_{zz}	A_0	ρ_s	ρ_p	ρ_p/ρ_s	$\rho_s + \rho_p$	
$^{35}ClO_3$	$KClO_4$	2.0132	2.0132	2.0066	−40.5	−40.5	81	342	0.076	0.34	4.5	0.42	[42]
$^{33}SO_3^-$	$K_2CH_2(SO_3)_2$	—	—	—	−37	−39	75	353	0.13	0.49	3.8	0.62	[43]
$^{31}PO_3^{2-}$	$Na_2HPO_3 \cdot 5H_2O$	2.001	2.001	1.999	−148	−148	297	1660	0.16	0.53	3.3	0.69	[44]
$^{14}NO_2$	$NaNO_2$	2.0057	2.0015	1.9901	−22.3	37.0	−14.8	153	0.099	0.44	4.4	0.54	[45]
$^{13}CO_2^-$	$NaHCO_2$	2.0032	2.0014	1.9975	−32.0	78.0	−46.0	468	0.14	0.66	4.7	0.80	[46]

最后，我们引用被吸附的氧自由基为例[47]。被吸附在各种不同的材料表面的 $S = 1/2$ 的 O^-、O_2^- 和 O_3^- 离子，都表现出 EMR 的特征谱，借助于富集的 ^{17}O 加以确证，并进行化学互变现象，这在催化研究中是非常有用的。

9.7   固体中的点缺陷

在本书第 5 章讨论有规取向的 g 张量时谈到了色心，这里是从无机自由基的角度再来讨论固体中的点缺陷。

　　与固体错位那样的"线缺陷"不同，"点缺陷"是在晶体中的定位缺陷，如空位（vacancy）、在（取代或间隙）晶位中的杂质原子或离子、俘获电子中心、俘获空穴（hole）中心，以及"断键"等。大部分点缺陷是顺磁性的，一般都能从 EMR 波谱中鉴别出点缺陷的品种和结构。虽然空位本身并非顺磁性的，但它的存在可以形成某些顺磁中心。

9.7.1　点缺陷的生成

　　无论多么高纯度的晶体，仍然存在点缺陷。高熔点固体（金属氧化物）尤其如此，碱金属卤化物中常有 OH^-，这是原材料中的水在水解反应过程中产生的，还有 O_2^- 也常存在于卤化物晶体中。

　　抗磁性物质经 γ 射线、X 射线或 UV 等辐照之后变成顺磁性，或原来就是顺磁性的，辐照后变成另一种顺磁价态。辐照可以产生许多空位，在碱金属卤化物中产生大量的阴离子空位。这些空位在辐照中可以俘获一两个自由电子。另外，被辐照的固体可以使电子从某些晶位中释放出来，这些晶位具有较低的电子亲和力。生成的空穴可以定位在同一个晶位上，也可以在晶体中游荡，直到它被杂质离子或阴离子空位俘获。如果在用电子或射线辐照的同时就记录 EMR 波谱，就可以检测出短寿命自由基品种。许多固体用 γ 射线或 X 射线辐照，不能使晶位中的原子产生位移。对于这些物质可采用高能质子束或中子束照射，不但可以产生各种类型的空位，而且还能提供某些电子。

9.7.2　杂质

　　如果杂质是顺磁性的，一般总是可以看到 EMR 波谱。即使不是顺磁性的，只要它的邻近有顺磁中心且核自旋不是零，也能观测到 EMR 波谱。

　　最简单的杂质缺陷就是原子，它可以用射线辐照产生。但其基质必须有足够的硬度，以防止它的快速扩散而发生原子重合。如在 20K 温度下，产生氢原子并能被俘获在酸（H_2SO_4、H_3PO_4 或 $HClO_4$）[48] 中。但当温度升高到一定程度，EMR 波谱就消失了。若是俘获在 CaF_2[49] 或 $CaSO_4 \cdot 0.5H_2O$[50] 中的氢原子在室温下可保存数年之久。无论什么基质，总可以看到质子的双线分裂，其超精细耦合参数接近于自由氢原子的 $a_0 = 1420MHz$。实验值在 1391～1460MHz 范围内。当 HI 光解产生的氢原子被俘获在低温稀有气体的基块中[51] 时，氢原子波函数和能级受到基质波函数的微扰，于是占据不同晶位的氢原子可以有不同的超精细耦合值。而且在 Xe 基块中，由于氢原子的 1s 轨道与 Xe 原子的 5s 轨道重叠，就会展现出 ^{129}Xe 和 ^{131}Xe 的超精细结构。当氢原子与基质粒子距离很近时，氢原子的电子云与基质粒子的电子云就会相重叠，产生交换力，这种交换力将会导致超精细耦合参数的增加，甚至超过自由原子的参数值。另一种就是 van der Waals 力，它将导致超精细耦合参数的减小。

CaF$_2$ 中俘获的氢原子是一个很好的例子。在有金属铝存在的情况下，将 CaF$_2$ 和 H$_2$ 一起加热，就在氟离子晶位上形成 H$^-$，经 X 射线的辐照，H$^-$ 就失去一个电子，变成氢原子从空位逸出一段距离，到一个间隙晶位。图 9-11 显示出氢原子先分裂成两条线，每一条又分裂成强度以二项式系数分布的 9 条线。这就证明氢原子的周围有 8 个等价的 ^{19}F 核，这 8 个等价的 ^{19}F 核是处在一个正立方体的 8 个顶角，而氢原子则是处在正立方体的中心。当外磁场平行于 [100] 方向，如图 9-11（a）所示，图中间的弱线是"禁戒"跃迁的结果。由于超精细耦合是各向异性的，$A_{/\!/}^{\rm F} = 173.8 \rm MHz$、$A_{\perp}^{\rm F} = 69.0 \rm MHz$，当外磁场平行于 [110] 方向时，就出现如图 9-11（b）所示的波谱。

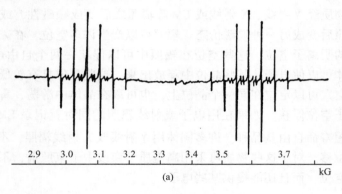

(a)

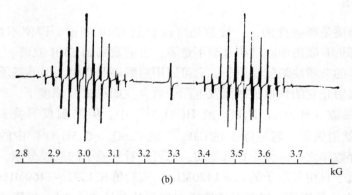

(b)

图 9-11　X 射线辐照 CaF$_2$ 生成的氢原子的 EMR 波谱[49]

顺磁杂质缺陷是各式各样的。作为电子施主，硅中可以有磷、砷、锑、铋等杂质，因为它们每个原子都比基质多带一个电子。作为电子受主，硅中可以有硼、铝、镓、铟等杂质，用 EMR 和 ENDOR 技术研究了施主的原子核引起的超精细分裂，它是 ENDOR 技术接触到的第一个主要问题。

ENDOR 技术可以验证邻近核的位置。还可以检查碱金属卤化物中的碱土金属离子存在的影响。我们将在第 12 章中专题讨论 ENDOR 技术。

许多过渡金属或稀土离子常常作为取代杂质存在于各种基质中，很容易用 EMR 检测到，但这些波谱的解析需要用到晶体场理论。我们将在第 10 章中专题讨论晶体场理论。

9.7.3　俘获电子中心

阴离子空位俘获一个电子通常称之为 F 中心。图 9-12 是 NaH 的 F 中心[52]，可以把 NaH 看成是一种"准金属"卤化物。未偶电子与 6 个最邻近的等价 ^{23}Na（$I=3/2$）核的超精细耦合，给出强度比为 1：6：21：56：120：216：336：456：546：580：546：456：336：216：120：56：21：6：1 的 19 条线。F 中心附近原子核的超精细结构数据可以详细提供被俘获电子波函数的空间分布情况。由于 F 中心邻近可以有许多递次壳层，尽管距离愈远，超精细互作用就愈弱，但还是使 EMR 波谱变得很复杂。由于大量的超精细线相互重叠，最终只能观测到一条宽的包络线。当然，ENDOR 技术能帮助分辨复杂的超精细结构线如 LiF，用 ENDOR 可以得到第一至第八壳层的详细信息。又如 NaF、^{23}Na 和 ^{19}F 的自然丰度都是 100%。KCl 就复杂了。它有 ^{39}K、^{41}K、^{35}Cl、^{37}Cl，这就使得 F 中心的波谱更加复杂化了。

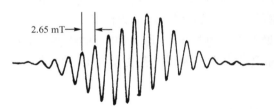

2.65 mT

图 9-12　在 77K 下 NaH 的 F 中心 EMR 谱

碱土金属氧化物如 MgO 中阴离子空位俘获一个电子，也可以称为 F 中心。由于这些离子是二价的，与碱金属卤化物相比，俘获的电子处在更深的势阱中，电子波函数的定域性更强。从邻近原子核的超精细分裂值的大小就可以估计出来。在其他碱土金属的氧化物、硫化物、硒化物以及一些盐或氧化物中，如 NaN$_3$[53]、CaF$_2$、SrF$_2$、BaF$_2$[54]、BeO、ZnO[55] 等，也都观测到了 F 中心的 EMR 谱。

9.7.4　俘获空穴中心

中心去掉电子就形成俘获空穴中心，它是缺电子中心。将阴离子去掉一个电子就留下一个净正电荷。这就是"正空穴"，简称"空穴"。它可以在晶体中自由游荡，遇到可变价的杂质原子或阳离子空位就被俘获。当空穴被阳离子空位俘获时，称之为 V_1 中心。用 γ 射线辐照 MgO 或 CaO 晶体时，就会生成 V_1 中心。

在碱金属卤化物中，X^- 失去一个电子变成 X 原子，这个原子与 [110] 方向的一个邻近的 X^- 缔合形成的中心，叫做 V_K 中心或 V_K 心。它实际上就是 X_2^-，如 KCl 中的 $(^{35}Cl^{35}Cl)^-$、$(^{35}Cl^{37}Cl)^-$、$(^{37}Cl^{37}Cl)^-$，其 EMR 波谱如图 9-9 所示。在此情况下，X_2^- 只占一个阴离子晶位，与 [110] 方向的最邻近阴离子有强烈的互作用。实际上就形成了一种线型的 X_4^{3-}，称之为 H 中心。X_4^{3-} 的外侧的两个原子对次级超精细分裂有贡献，其大小约为原来 X_2^- 的初级分裂的 1/10 倍。外侧两个原子上的自旋密度为 0.04～0.10。

9.8　电导体和半导体

9.8.1　金属

可以把金属看成是一块基质，就像一个高度离域电子的"海洋"，它能够把阳离子固定在其中。由于它们的高度流动性，相互之间会有互作用。然而被观测到的 EMR 信号[56]，仅靠近表面的一层有所贡献，因为激发场 H_1（微波）的穿透金属的能力很弱（仅约 1μm）。

与正常的未偶电子在磁场中表现出顺磁性相反，在金属中离域性很大的自由电子在磁场的作用下做圆周运动，所以金属的磁化率是抗磁性的。观测到的 EMR 波谱的 g 因子非常接近 g_e。如金属钠[57]为液相或是固相时，$g - g_e = 9.7(3) \times 10^{-4}$。由于吸收与散射效应的混合作用，EMR 谱的线型是不对称的（图 9-13）[58]。这种效应正如 Dyson 等[59,60]所解释的，是由于电子扩散到表面的时间比自旋－弛豫时间长。

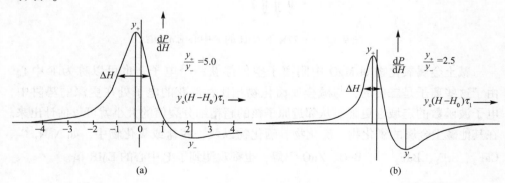

图 9-13　理想的 Dyson 吸收线的一次微分曲线（a）
和 Na 的胶体样品观测到的 EMR 一次微分波谱（b）[58]

9.8.2 在氨和胺溶液中的金属

当碱金属或碱土金属（M）被溶解在液氨或液胺中时，进行离子化产生金属阳离子和离子化的电子。当这种电子稀释在液氨中时呈蓝色，表现出一条 $g = 2.0012$（2）的非常窄的 EMR 谱线（线宽只有 0.002mT）。它与溶液的浓度（$<1 mol \cdot L^{-1}$）以及 M^+ 的浓度无关[61~63]。

在浓溶液中（青铜色）的电导率变得比电解质更有金属性了，而 EMR 谱线变宽了，变成 Dyson 线型[63]。还有，能够分离出固态的立方配合物 $M(NH_3)_x$ [如 $Li(NH_3)_4$][64]，它的 EMR 谱线具有像正常金属行为一样的 Dyson 线型特征[65]。

金属在胺的稀溶液中，EMR 波谱具有分辨良好的 ^{14}N 核的超精细分裂，它给出配合物结构以及电子与周边溶剂分子相互作用的动力学机理[66]。

9.8.3 半导体

半导体实际上是由来自晶体中所有原子轨道组成的、连续的电子能带。其最高占有的能带（也叫"价带"）是充满电子的，它与第二能带（即未占能带，也叫"导带"）是被能隙（energy gap）[也叫"带隙"（band gap）] 隔开的。在带隙中，只有少数几个能级，或者没有能级。在绝缘体中，这个"带隙"非常大，大于 4 eV，以至于电子从价带热激发到导带是很困难的。而在半导体中，这个"带隙"是比较小的，只有 1~3 eV，以至于在适当（缓和）的温度条件下，电子在价带和导带之间的迁徙就比较容易，电子（空穴）就具有导电性。这种导电性有可能由于掺入适量的"施主"杂质（n 型）或"受主"杂质（p 型）而大大提高，这就导致产生顺磁性粒子。

EMR 为半导体的研究提供了一个重要工具，它能够鉴别并阐明点缺陷和掺杂离子的结构。如固态 Si 的正四面体结构被电子轰击而生成缺陷（V^+、V^0 和 V^- 中心），在这里电子被下一个具有"摇摆"键的 Si 原子俘获[67~69]。中性的空位（V^0）有 4 个互作用的"摇摆"键，这种互作用产生自旋配对，因此是逆磁性的。V^+ 和 V^- 有 $S = 1/2$ 并展现出 EMR 波谱，还常常具有可分辨的 ^{29}Si 的超精细分裂。V^+ 中心展现出以 3 条等强度的谱峰为特征的 EMR 波谱，在每条线的侧面有较弱的 ^{29}Si 的超精细分裂的两条线[63,70]。

已经用 EMR/ENDOR 广泛地研究了混合型（III-V 族或 II-VI 族元素）半导体。在 p 型半导体 GaP 中[71,72]的阴离子"反位"（anti-site）中心，即一个第 V 族的原子占据了第 III 族原子的位置，形成"双施主（double donor）"型半导体。例如，P^{4+}（P^{3-}）$_4$ 中心展现出 $g = 2.007$（3）的 EMR 波谱（图 9-14），它是由于未偶电子与四面体中心 P^{4+} 的 ^{31}P 核（$I = 1/2$）的超精细互作用，分裂成各向同性的两条超精细谱线（裂距 $a_0 = 103\text{mT}$），再与四面体的四个顶角上相互等价的四个 P^{3-} 互作用，分裂成（各向异性的）强度比为 $1:4:6:4:1$ 的 5 条超精细谱线（裂距 $a_0 \approx 9\text{mT}$）[71,72]。研究半导体中的点缺陷最好是用光检测的 EMR 和 ENDOR 技术。如用微波调制发光（0.8 eV）检测 Zn 掺杂的 InP 半导体中反位中心磷的周围第一壳层 ^{31}P 核的超精细结构[73]，对于四个 ^{31}P 核的每一个分裂参数 $A_{/\!/} = 368.0$（5）MHz、$A_{\perp} = 247.8$（5）MHz。

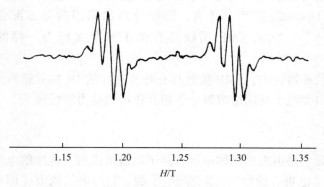

图 9-14　在 II - V 型半导体 GaP 的反位中心 $[P^{4+}(P^{3-})_4]$

的 $^{31}P^{4+}$ 离子的 EMR 波谱[72]

Q 波段，20K，$H /\!/ [100]$

9.9　从 EMR 数据中估计结构的方法

确定一个分子的结构需要大量的数据和复杂的技术手段，然而人们总是希望利用经验而相对简单的方法获取分子结构的信息，尽管是部分的、比较粗糙的，却是很有用的。下面简单介绍利用电子"自旋 – 自旋"互作用参数 D 和 J 获取结构信息的方法。

9.9.1　Newman 叠加模型

这种经验方法[74~76]多半是用在含有过渡金属离子的对称的晶体结构（矿物）中。利用自旋-自旋耦合参数 D，并考虑到最邻近离子对轴对称晶体场的贡献，给出配位数、配位体以及局部的对称性。这种方法多半是用在 S 态离子（Mn^{2+}、Fe^{3+} 和 Gd^{3+}）的氧化物和卤化物中。对于金属离子 M 和配位体 X 的 Newman 模型为

$$D = \frac{1}{2} D_0 \sum_i (3\cos^2\theta_i - 1) \left(\frac{R_D}{R_i}\right)^{t_D} \tag{9.21}$$

求和号是对最邻近配体（配位原子）求和；θ_i 是配体 X_i 与 z 轴的夹角；R_i 是中心原子 M 与 X_i 之间的距离。参数 D_0（与 M、X、R_D 有关）、R_D 和 t_D 都是经验估计的数据：$t_D = 8 \pm 1$、$1.9\text{Å} \leqslant R_D \leqslant 2.1\text{Å}$。至于参数 E 的方程与式（9.21）不同，轴对称晶体场的情况下 $E = 0$，并且只有在角度因子适当的情况下才会有其表达式。

对于 MnX_6^{4-}（X = Cl、Br 或 I）体系的研究表明：参数 D_0 是随 Mn—X 键的共价键成分增加而单调地增加[77]。另一个应用 Newman 模型成功的例子就是对 Fe^{3+} 在 Li_2O 晶体中，阳离子位置的 S^2 和 S^4 参数的解释，在这里两个相邻位置都是 Li^+ 的空位[78]。

9.9.2　准立方体法

这种分析方法是 Michoulier 和 Gaite[79,80] 发展起来的。例如，用这种方法能够准确无误地鉴别出 Fe^{3+} 在 $KTiOPO_4$ 晶体中的位置是在 Ti（1）而不是在 Ti（2）[81]。

9.9.3　从 D 参数估计出两个未偶电子之间的距离

在三重态体系中可以从 D 张量的主值，粗略估计出两个未偶电子之间的距离。参照式（7.38）和式（7.52）得知 D 和 E 与两个自旋平行的电子之间平均距离（r^{-3}）有关，我们可以得出

$$D = \frac{3\mu_0}{16\pi}(g\beta_e)^2\left(\frac{r^2 - 3Z^2}{r^5}\right) \tag{9.22}$$

$$E = \frac{3\mu_0}{16\pi}(g\beta_e)^2\left(\frac{Y^2 - X^2}{r^5}\right) \tag{9.23}$$

这里的 X、Y、Z 是表示两个电子之间距离的矢量在主轴坐标系中的分量。从所得到的实验值，就能够提供关于两个电子在空间部署的信息。这种解析只有在偶极 – 偶极互作用占绝对优势而旋轨耦合对 D 张量的贡献不大的情况下才是有用的。

9.9.4　Eaton 的自旋中心之间距离公式

Eaton 提出下面的公式，可以估计出自旋中心之间的平均距离 r：

$$\frac{\mathscr{A}(\Delta M_S = \pm 2)}{\mathscr{A}(\Delta M_S = \pm 1)} = k_r r^{-6} \tag{9.24}$$

上式的左边是两种跃迁（参见 7.3.2.4 小节）的吸收谱线面积 $\mathscr{A}$ 的比值，与平均距离 r^{-6} 成正比，比例因子 k_r 可用适当的方法[82,83] 求得，通常的 $k_r = 19.5\text{Å}$。以上的公式也是只有在偶极 – 偶极互作用超过各向异性交换互作用并占绝对优势，平均距离 $r > 4\text{Å}$ 的情况下才是有效的。这种方法用来求 $Cu^{2+}(3d^9)$—NO 自旋

标记物中两个电子之间的距离是有效的[82]。

参 考 文 献

[1] Beringer R, Heald M A. *Phys. Rev.* 1954, **95**: 1474.

[2] Heald M A, Beringer R. *Phys. Rev.* 1954, **96**: 645.

[3] Ultee C J. *J. Phys. Chem.* 1960, **64**: 1873.

[4] Ultee C J. *J. Chem. Phys.* 1965, **43**: 1080.

[5] Radford H E, Hughes V W, Beltrain-Lopez V. *Phys. Rev.* 1961, **123**: 153.

[6] Atkins P W. *Molecular Quantum Mechanics*, 2nd ed., Oxford: Oxford University Press, 1983.

[7] Friedmann P, Schindler R J. *Z. Naturforsch.* 1971, **26a**: 1090.

[8] de Groot M S, de Lange C A, Monster A A. *J. Magn. Reson.* 1973, **10**: 51.

[9] Lilenfeld H V, Richardson R J, Hovis F E. *J. Chem. Phys.* 1981, **74**: 2129.

[10] Beringer R, Castle Jr. J G. *Phys. Rev.* 1945, **75**: 1963; 1951, 81: 82.

[11] Tinkham M, Strandberg M W P. *Phys. Rev.* 1955, **97**: 937, 951.

[12] Weil J A, Bolton J R, Wertz J E. *Electron Paramagnetic Resonance.* 1994: 202.

[13] Goldberg I B, Laeger H O. *J. Phys. Chem.* 1980, **84**: 3040.

[14] Goldberg I B, Bard A J. Electron Spin Resonance Spectroscopy//Elving P J. *Treatise on Analytical Chemistry*, 2nd ed., Vol. 10, New York: Wiley, 1983: Chap. 3.

[15] Gerber P. *Helv. Phys. Acta.* 1972, **45**: 655.

[16] Arrington Jr. C A, Falick A M, Myers R J. *J. Chem. Phys.* 1971, **55**: 909.

[17] Miller T A. *J. Chem. Phys.* 1971, **54**: 330.

[18] Brown R L, Radford H E. *Phys. Rev.* 1966, **147**: 6.

[19] Carrington A, Dyer P N, Levy D H. *J. Chem. Phys.* 1967, **47**: 1756.

[20] Carrington A, Levy D H. *J. Chem. Phys.* 1966, **44**: 1298.

[21] Frosch R A, Foley H M. *Phys. Rev.* 1952, **88**: 1337.

[22] Dousmanis G C. *Phys. Rev.* 1955, **97**: 967.

[23] Carrington A, Levy D H, Miller T A. *Proc. Roy. Soc.* 1967, **A298**: 340.

[24] Carrington A, Levy D H, Miller T A. *Mol. Phys.* 1967, **13**: 401.

[25] Carrington A, Levy D H, Miller T A. *Proc. Roy. Soc.* 1966, **A293**: 108.

[26] Carrington A, Fabris A R, Howard B J, Lucas N D J. *Mol. Phys.* 1971, **36**: 20, 961.

[27] Piette L H, Johnson F A, Booman K A, Colburn C B. *J. Chem. Phys.* 1961, **35**: 1481.

[28] Schaafsma T J, Kivelson D. *J. Chem. Phys.* 1968, **49**: 5235.

[29] Weltner Jr. W. *Magnetic Atoms and Molecules.* New York: Van Nostrand Reinhold, 1983: 120-121.

[30] Evenson K M, Broida H P, Wells J S, Mahler R J, Mizushima M. *Phys. Rev. Lett.* 1968, **21**: 1038.

[31] Mizushima M, Evenson K M, Mucha J A, Jennings D A, Brown J M. *J. Mol. Spectrosc.* 1983, **100**: 303.

[32] Miller T A, Freund R S. *Adv. Magn. Reson.* 1977, **9**: 49.

[33] Castner T G, Kanzig W. *J. Phys. Chem. Solids.* 1957, **3**: 178.

[34] 裘祖文. *电子自旋共振波谱.* 北京: 科学出版社, 1980: 178, 180.

[35] Atkins P W, Symons M C R. *J. Chem. Soc.* **1962**: 4794.

[36] Zeldes H. Paramagnetic Species in Irradiated KNO_3//Low W. *Paramagnetic Resonance.* Vol. 2, New York: Academic, 1963: 764.

[37] Livingston R, Zeldes H. *J. Chem. Phys.* 1964, **41**: 4011.

［38］ Walsh A D. *J. Chem. Soc.* 1953：2296.

［39］ Zeldes H, Livingston R. *J. Chem. Phys.* 1961, **35**：563.

［40］ Moore G E. *J. Opt. Soc. Am.* 1953, **43**：1045.

［41］ Bird G R. *J. Chem. Phys.* 1956, **25**：1040.

［42］ Atkins P W, Brivati J A, Keen N, Symons M C M, Trevalion P A. *J. Chem. Soc.* 1962：4785.

［43］ Chantry G W, Horsfield A, Morton J R, Rowlands J R, Whiffen D H. *Mol. Phys.* 1962, **5**：233.

［44］ Horsfield A, Morton J R, Whiffen D H. *Mol. Phys.* 1961, **4**：475.

［45］ Zeldes H, Livingston R. *J. Chem. Phys.* 1961, **35**：563.

［46］ Ovenall D W, Whiffen D H. *Mol. Phys.* 1961, **4**：135.

［47］ Lunsford J H. *Catal. Rev.* 1973, **8**：135.

［48］ Livingston R, Zeldes H, Taylor E H. *Discc. Faraday Soc.* 1955, **19**：166.

［49］ Hall J L, Schumacher R T. *Phys. Rev.* 1962, **127**：1892.

［50］ Kon H. *J. Chem. Phys.* 1964, **41**：573.

［51］ Foner S N, Cochran E L, Bowers V A, Jen C K. *J. Chem. Phys.* 1960, **32**：963；*Phys. Rev.* 1956, **104**：846.

［52］ Doyle W T, Williams W L. *Phys. Rev. Letters.* 1961, **6**：537.

［53］ King G J, Carlson F F, Miller B S, McMillan R C. *J. Chem. Phys.* 1961, **34**：1499；1961, **35**：1441.

［54］ Arends J. *Phys. Status Solidi.* 1965, **7**：805.

［55］ Duvarney R C, Garrison A K, Thorland R H. *Phys. Rev.* 1969, **188**：657.

［56］ Edmonds R N, Harrison M R, Edwards P P. *Annu. Rep. Prog. Chem.* 1985, **C82**：265.

［57］ Devine R A B, Dupree R. *Philos. Mag.* 1970, **21**：787.

［58］ Vescial F, ven Vander N S, Schumacher R T. *Phys. Rev.* 1964, **134A**：1286.

［59］ Dyson F J. *Phys. Rev.* 1955, **98**：349.

［60］ Feher G, Kip A F. *Phys. Rev.* 1967, **158**：225.

［61］ Hutchison Jr. C A, Pastor R C. *J. Chem. Phys.* 1953, **21**：1959.

［62］ Das T P. *Adv. Chem. Phys.* 1962, **4**：303.

［63］ Alger R S. *Electron Paramagnetic Resonance Techniques & Applications.* New York：Wiley, 1968：Sect. 6. 3.

［64］ Glaunsinger W S, Sienko M J. *J. Chem. Phys.* 1975, **62**：1873, 1883.

［65］ Dye J L. *Prog. Inorg. Chem.* 1984, **32**：327.

［66］ Edwards P P. *J. Solution Chem.* 1985, **14**：187；*J. Phys. Chem.* 1984, **88**：3772.

［67］ Stutzmann M. *Z. Phys. Chem. N. F.* （*in English*）. 1989, **151**：211.

［68］ Henderson B. *Defects in Crystalline Solids.* London：E. Arnold, 1972：Sect. 5. 3.

［69］ Watkins G D. EPR Studies of Lattice Defects in Semiconductors// Henderson B, Hughes A E. *Defects & Their Structure in Non-metallic Solids.* New York：Plenum, 1976：203.

［70］ Watkins G D. , EPR & Optical Absorption Studies in Irradiated Semiconductors. In Vook F L. Ed. , *Radiation Damage in Semiconductors.* New York：Plenum, 1968：67 – 81.

［71］ Kaufmann U, Schneider J, Rauber A. *Appl. Phys. Lett.* 1976, **29**：312.

［72］ Kaufmann U, Schneider J. *Festkorperprobleme.* 1980, **20**：87.

［73］ Crookham H C, Kennedy T A, Treacy D J. *Phys. Rev.* 1992, **B46**：1377.

［74］ Newman D J. *Adv. Phys.* 1971, **20**：197.

［75］ Newman D J, Urban W. *Adv. Phys.* 1971, **24**：793.

［76］ Moreno M. *J. Phys. Chem. Solids.* 1990, **51**：835.

[77] Heming M, Lehmann G. *Chem. Phys. Lett.* 1981, **80**: 235; Heming M, Lehmann G. Superposition Model for the Zero- Field Splittings of 3d- Ion EPR: Experimental Tests, Theoretical Calculations and Applications. //Weil J A. *Electron Magnetic Resonance of the Solid State.* Ottawa: Canadian Society for Chemistry, 1987: 163 – 174.

[78] Baker J M, Jenkins A A, Ward R C R. *J. Phys. Cond. Matter.* 1991, **3**: 8467.

[79] Michoulier J, Gaite J M. *J. Chem. Phys.* 1972, **56**: 5205.

[80] Gaite J M. Study of the Structural Distortion Around S- State Ions in Crystals, Using the Fourth- Order Spin Hamiltonian Term of the EPR Spectral Analysis. //Weil J A. Ed. *Electron Magnetic Resonance of the Solid State.* Ottawa: Canadian Society for Chemistry, 1987: 151 – 174.

[81] Nizamutdinov N M, Khasanson N M, Bulka G R, Vinokurov V M, Rez I S, Garmash V M, Ravlova N I. *Sov. Phys. Crystallogr.* 1983, **32**: 408.

[82] Eaton S S, More K M, Sawant B M, Eaton G R. *J. Am. Chem. Soc.* 1983, **105**: 6560.

[83] Coffman R E, Pezeshk A. *J. Magn. Reson.* 1986, **70**: 21.

更进一步的参考读物

气相中的顺磁粒子

1. Carrington A. *Microwave Spectroscopy of Free Radicals.* London: Academic Press, 1974.

2. Miller T A. The Spectroscopy of Simple Free Radicals. *Annu. Rev. Phys. Chem.* 1976, **27**: 127.

3. Levy D H. *Adv. Magn. Reson.* 1973, **6**: 1.

4. Westenberg A. *Prog. React. Kinet.* 1973, **7**: 23.

5. Hills G W. *Magn. Reson. Rev.* 1984, **9** (1 – 3): 15.

6. Weltner Jr. W. *Magnetic Atoms and Molecules.* New York: van Nostrand Reinhold, 1983: Chap. 4.

7. Hudson A, Root K D J. *Adv. Magn. Reson.* 1971, **5**: 6 – 12.

无机自由基

1. Morton J R. *Chem. Rev.* 1964, **64**: 453.

2. Atkins P W, Symons M C R. *The Structure of Inorganic Radicals.* Amsterdam: Elsevier, 1967.

第 10 章　过渡族元素离子及其配合物的电子磁共振波谱

　　过渡族元素通常指的是 3d、4d、5d 这 3 个长周期中电子未充满的元素，从广义上讲，稀土族中的镧系（4f）和锕系（5f）元素都应该包括进来。它们在已知的 107 种元素中，就占据了 55 个。原则上，它们都是 EMR 的主要研究对象。

　　过渡族元素离子的配合物和盐类的 EMR 波谱有以下几个特点：①通常它们都有很宽的线宽；②往往需要在低温（液氮乃至液氦温度）下才能观测到；③波谱解析不能只考虑离子本身的性质，还要考虑它的周围环境，即配位场（晶体场）的对称性和场强大小等。理论处理比较复杂，然而结果能够提供许多有用的信息，如：

　　（1）能够提供未偶电子的数目、离子的价态以及电子的组态；

　　（2）能够指认配位场（晶体场）的对称性和场强的大小；

　　（3）能够决定自旋 Hamilton 参量。

　　如果自由离子处在球形对称的电场中，在外磁场的作用下就只需考虑 Zeeman 效应，但实际上，（在固相或液相中）配位场的对称性往往是低于球形对称的，如立方对称、单轴对称、斜方对称以及对称性更低的电场。原来在球形对称的电场中，轨道是完全简并的，当电场的对称性降低时，它的简并度就会被部分甚至全部解除，能级发生分裂，而且分裂的方式取决于配位场的对称性和场强的大小。应该说明，本章提到的"配位场"是广义的，把晶体电场看成是配位场的一种。关于过渡族元素及其离子的配合物和化合物的 EMR 波谱的研究内容极其丰富，已有许多优秀的专著做了详细的讨论[1~11]。本书只做简单介绍。

10.1　过渡族元素离子的电子基态

　　用小写英文字母 s、p、d、f 表示单个电子的轨道角动量 $l = 0\hbar$、$1\hbar$、$2\hbar$、$3\hbar$ 等。用大写英文字母 S、P、D、F 表示整个原子的轨道角动量 $L = 0\hbar$、$1\hbar$、$2\hbar$、$3\hbar$ 等。3d^n 族中最简单的离子 Ti^{3+}（3d^1），它的 $s = 1/2$，$l = 2$，$M_{l(\max)} = 2$；$S = 1/2$，$L = 2$。用 ^{2S+1}L 表示基态的谱项，3d^1 的基态谱项为 ^{2}D。

　　再看 V^{3+}（3d^2），确定它的基态谱项要服从两条原则：①Pauli 原理，即两个电子不能有完全相同的一组量子数 $\{S, M_s, l, M_l\}$。②Hund 规则，即两个电子的基态，应尽可能自旋平行。对于 3d^2 的两个电子，M_s 都是 1/2，l 也都应该是 2，则 M_l 就应该不同。一个电子的 $M_{l(\max)} = 2$，另一个电子的 $M_{l(\max)}$ 就只能是 1

了。于是 $M_L = \sum M_l = 3$，所以 $3d^2$ 离子的基态谱项应该是 ^3F。

对于轻元素，角动量耦合方式是按照旋轨耦合方式进行的，即总自旋角动量矢量 $S\hbar$ 与总轨道角动量矢量 $L\hbar$ 加合成为总角动量 $J\hbar$。它们的矢量长度依次为 $\sqrt{S(S+1)}\,\hbar$、$\sqrt{L(L+1)}\,h$、$\sqrt{J(J+1)}\,\hbar$。J 的可能值为

$$L+S, L+S-1, L+S-2, \cdots, |L-S|$$

如 Ti^{3+} 基态谱项是 ^2D，J 的可能值为

$$2 + (1/2) = 5/2$$

和

$$2 - (1/2) = 3/2$$

现在用 $^{2S+1}L_J$ 符号来表示基态谱项，Ti^{3+} 基态谱项应该是 $^2D_{3/2}$ 和 $^2D_{5/2}$。由于存在旋轨耦合，这两个能级是不同的。对于 d 壳层小于半充满的情况，最低能态应是 J 具有最小值的能态，所以，Ti^{3+} 基态谱项应该是 $^2D_{3/2}$。反之，如果 d 壳层大于半充满，最低能态应该是 J 具有最大值的能态。比如，$3d^3$ 离子和 $3d^7$ 离子的基态谱项都是 ^4F。J 的可能值为

$$J_{max} = 3 + (3/2) = 9/2,\ 7/2,\ 5/2; \qquad J_{min} = 3 - (3/2) = 3/2$$

由于 $3d^3$ 离子小于半充满，基态谱项应该是 $^4F_{3/2}$；而 $3d^7$ 离子大于半充满，基态谱项应该是 $^4F_{9/2}$。

表 10-1 列出 $3d^n$ 离子的基态谱项。从表看出：$3d^n$ 离子的 L 只有 0、2、3 三个值，把这三类离子分别标为 S 态离子、D 态离子、F 态离子。

表 10-1　$3d^n$ 离子的基态谱项

d 电子个数	基　态　的			轨道简并度	谱　项	例　子
	S	L	J			
1	1/2	2	3/2	5	$^2D_{3/2}$	Sc^{2+}，Ti^{3+}，VO^{2+}，Cr^{5+}
2	1	3	2	7	$^3F_2$	Ti^{2+}，V^{3+}，Cr^{4+}
3	3/2	3	3/2	7	$^4F_{3/2}$	Ti^+，V^{2+}，Cr^{3+}，Mn^{4+}
4	2	2	0	5	$^5D_0$	Cr^{2+}，Mn^{3+}，V^+，Fe^{4+}
5	5/2	0	5/2	1	$^6S_{5/2}$	Cr^+，Mn^{2+}，Fe^{3+}，Co^{4+}
6	2	2	4	5	$^5D_4$	Mn^+，Fe^{2+}，Co^{3+}
7	3/2	3	9/2	7	$^4F_{9/2}$	Fe^+，Co^{2+}，Ni^{3+}
8	1	3	4	7	$^3F_4$	Fe^0，Co^+，Ni^{2+}，Cu^{3+}
9	1/2	2	5/2	5	$^2D_{5/2}$	Ni^+，Cu^{2+}

自由离子在外磁场 $H = 0$ 时的能量为 W_0，当外磁场加上去时，自由离子的能量为

$$W = W_0 + g_J \beta M_J H \qquad (10.1)$$

式中：M_J 为 J 在 H 方向上的分量；g_J 为 Landé 因子。

当 $J \neq 0$ 时

$$g_J = 1 + \frac{J(J+1) + S(S+1) - L(L+1)}{2J(J+1)} \tag{10.2}$$

当 $J = 0$ 时

$$g_J = L + 2 \tag{10.3}$$

应当指出：在 Landé 因子 g 的下标注上 J，就是说，对于不同 J 的 Landé 因子，g 是不同的。前面讲的自由离子的 EMR 允许跃迁的条件是 $\Delta M_J = \pm 1$，但是，在本章中讨论的并不是自由离子，而是处在凝聚相中，配位场的对称性都低于球形对称。以上所述的 Landé 因子 g 公式就不再适用了，需要推导出新的，适合配位场对称性的 g 因子公式。

10.2　配位场中轨道简并度的解除

一般来说，自由离子是轨道简并的（$2L+1$，表 10-1），由配体产生的电场能够全部或部分解除其简并度；自旋简并度（对于自由离子为 $2S+1$）能够被旋–轨耦合互作用全部或部分解除，最终的简并度还是取决于离子所处的晶体场的对称性。表 10-2 列出过渡族 $3d^n$ 离子在各种对称性的晶体场作用下的能级简并度[12]。

表 10-2　过渡族 $3d^n$ 离子在各种不同对称性的晶体场作用下的能级简并度[1]

晶体场的对称性	d^1	d^2	d^3	d^4	d^5	d^6	d^7	d^8	d^9
在各种不同对称性的晶体场中的轨道简并度[2]									
自由离子	5	7	7	5	1	5	7	7	5
八面体对称[3]	$2,3^{[4]}$	$1,2 \cdot 3$	$1^{[4]},2 \cdot 3$	$2^{[4]},3$	1	$2,3^{[4]}$	$1,2 \cdot 3^{[4]}$	$1^{[4]},2 \cdot 3$	$2^{[4]},3$
四面体对称	$2^{[4]},3$	$1^{[4]},2 \cdot 3$	$1,2 \cdot 3$	$2,3^{[4]}$	1	$2^{[4]},3$	$1^{[4]},2 \cdot 3$	$1,2 \cdot 3$	$2,3^{[4]}$
三角锥对称	$1,2 \cdot 2$	$3 \cdot 1,2 \cdot 2$	$3 \cdot 1,2 \cdot 2$	$1,2 \cdot 2$	1	$1,2 \cdot 2$	$3 \cdot 1,2 \cdot 2$	$3 \cdot 1,2 \cdot 2$	$1,2 \cdot 2$
四角锥对称	$3 \cdot 1,2$	$3 \cdot 1,2 \cdot 2$	$3 \cdot 1,2 \cdot 2$	$3 \cdot 1,2$	1	$3 \cdot 1,2$	$3 \cdot 1,2 \cdot 2$	$3 \cdot 1,2 \cdot 2$	$3 \cdot 1,2$
菱形对称	$5 \cdot 1$	$7 \cdot 1$	$7 \cdot 1$	$5 \cdot 1$	1	$5 \cdot 1$	$7 \cdot 1$	$7 \cdot 1$	$5 \cdot 1$
在各种不同对称性的晶体场中的自旋简并度[2]									
自由离子	2	3	4	5	6	5	4	3	2
立方对称	2	3	4	2,3	2,4	2,3	4	3	2
三角锥对称	2	1,2	$2 \cdot 2$	$1,2 \cdot 2$	$3 \cdot 2$	$1,2 \cdot 2$	$2 \cdot 2$	1,2	2
四角锥对称	2	1,2	$2 \cdot 2$	$3 \cdot 1,2$	$3 \cdot 2$	$3 \cdot 1,2$	$2 \cdot 2$	1,2	2
菱形对称	2	$3 \cdot 1$	$2 \cdot 2$	$5 \cdot 1$	$3 \cdot 2$	$5 \cdot 1$	$2 \cdot 2$	$3 \cdot 1$	2

1）这里没有把一个很重要的极限情况四方平面对称包括在内。

2）$m \cdot n$ 表示在 n 重简并中有 m 个态。

3）这些态的次序是四面体对称场的倒置。

4）较低或最低态。

分子中存在许多类型的互作用，按照互作用能的强弱排一个队，先根据最强的互作用建立能级图（最强的互作用能可能占总能量的 90%），然后再依次引入较弱的互作用能进行能级修正。分子中的互作用能依次包括如下诸项：

$$\mathscr{H} = \mathscr{H}_E + \mathscr{H}_C + \lambda L \cdot S + \beta (L + g_e S) \cdot H + \mathscr{H}_{ss} + \mathscr{H}_{SI} + \mathscr{H}_{IH} + \mathscr{H}_Q \qquad (10.4)$$

式中：$\mathscr{H}_E$ 是原子中电子的动能和势能（约为 $10^5 \mathrm{cm}^{-1}$）；$\mathscr{H}_C$ 是晶体场作用能；$\lambda L \cdot S$ 是电子的"自旋 – 轨道"互作用能；$\beta(L + g_e S) \cdot H$ 是电子的轨道磁矩和自旋磁矩在外磁场中的 Zeeman 互作用能；$\mathscr{H}_{ss}$ 是电子自旋间的"偶极 – 偶极"互作用能（为 $10^{-1} \sim 1 \mathrm{cm}^{-1}$）；$\mathscr{H}_{SI}$ 是未偶电子与磁性核之间的超精细互作用能（约为 $10^{-1} \mathrm{cm}^{-1}$）；$\mathscr{H}_{IH}$ 是磁性核与外磁场的 Zeeman 互作用能（为 $10^{-4} \sim 10^{-2} \mathrm{cm}^{-1}$）；$\mathscr{H}_Q$ 是核四极矩与不均匀电场的互作用能（为 $10^{-4} \sim 10^{-2} \mathrm{cm}^{-1}$）。

可见这里的第一项 $\mathscr{H}_E$ 就是用来建立能级图的最强的互作用能，电子的 Zeeman 互作用项是比较小的，至于 $\mathscr{H}_{ss}$、$\mathscr{H}_{SI}$、$\mathscr{H}_{IH}$ 和 $\mathscr{H}_Q$ 项就更小了。处于配合物中的离子，晶体电场的作用能 $\mathscr{H}_C$ 与自旋 – 轨道耦合作用能 $\lambda L \cdot S$ 之间的相对大小是极其重要的。根据它们的相对大小，把晶体场分为弱场、中介场、强场三种。

10.2.1　弱场

定义 $\mathscr{H}_C < \lambda L \cdot S$ 为弱场。稀土镧系和锕系离子由于它们的 4f 或 5f 电子受到外层电子的屏蔽，在多数晶体中属于弱场的作用。因此，晶体场的作用比较小，而自旋 – 轨道耦合作用比较强。它的 L 与 S 耦合成总角动量 J。对于给定的 J，就有 $2J+1$ 个 M_J 的值。即 $M_J = J$，$J-1$，$J-2$，$\cdots$，$-J+2$，$-J+1$，$-J$。所以，对于镧系和锕系离子，M_L 和 M_S 就不再是有意义的量子数。在弱场的情况下，旋 – 轨耦合能约为 $5 \times 10^3 \mathrm{cm}^{-1}$，而在晶体场中 M_J 态的分裂只有 $100 \mathrm{cm}^{-1}$ 左右。晶体场的作用使这些状态分裂成一些二重简并态 $\pm M_J$，即 $+M_J$ 和 $-M_J$ 是处在同一个能级上，如果 J 是整数，则还有一个 $M_J = 0$ 的非简并态。正因为晶体场相对比较弱，处在晶体或溶液中的稀土离子的磁化率与自由离子的磁化率差不多。稀土离子晶体场的对称性一般是三方对称，而不是八面体或四面体对称。

10.2.2　中介场

定义 $\mathscr{H}_C > \lambda L \cdot S$ 为中介场。由于 d 电子在外壳层与晶体场有强烈的互作用，而且由于 d 电子所在的轨道不同，受到晶体场作用的强弱也不同，其结果就产生 d 轨道的能级分裂。如 3d 有五个轨道 d_{z^2}、$d_{x^2-y^2}$、d_{xy}、d_{yz} 和 d_{zx}，在球对称场中它们是简并的。但如果在六配位的八面体场中，六个配体是负离子，由于 d_{z^2} 和 $d_{x^2-y^2}$ 的电子云正对着负离子，排斥能较大，所以 d_{z^2} 和 $d_{x^2-y^2}$ 的能量就高于 d_{xy}、d_{yz}、d_{zx} 的能量，能级就分为两个，一个是二重简并的，另一个是三重简并的。应该指出：这种能级分裂是很大的，$3d^n$ 离子的晶体场分裂能通常在 $10^4 \mathrm{cm}^{-1}$ 量级上，而在这种情况下的旋 – 轨耦合互作用能一般在 $50 \sim 850 \mathrm{cm}^{-1}$ 之间。因此，在这种晶体场中，$3d^n$ 离子的磁化率就与自由离子的磁化率截然不同。

10.2.3　强场

所谓强场，是指 3d^n 离子与它的抗磁性配体之间存在共价键结合，$\mathscr{H}_C$ 不仅大于旋轨耦合互作用能，而且还要大于电子间的静电互作用能。$\mathscr{H}_C > \mathscr{H}_E \gg \lambda\, \boldsymbol{L} \cdot \boldsymbol{S}$。因此，在一级近似处理时，就不能只考虑中央离子中的 3d 电子，还应该把配体中的电子考虑进去。应该指出：在处理中介场和强场中的离子时，J 已不是好的量子数，因此，在谱项的下标加上 J 就已经没有意义了。

在本章中，主要是讨论处在 d 轨道上的未偶电子，主要遇到的是中介场。至于强场和弱场只是带上几笔而已。

这里介绍两条重要定理：

定理一　对于非简并的能态，其状态波函数必须是实函数。反之，如果其状态波函数是复函数，则该能态至少是二重简并的。

证明：设 $\psi = f + ig$ 是算符 $\mathscr{H}$ 的本征函数，现在要证明它的共轭复函数 $\psi^* = f - ig$ 也是算符 $\mathscr{H}$ 的本征函数，也就证明了这个能态至少是二重简并的。

因为 $\psi = f + ig$ 是算符 $\mathscr{H}$ 的本征函数，所以

$$\mathscr{H}\,(f + ig) = E\,(f + ig)$$

$$\mathscr{H}f = Ef; \qquad\qquad \mathscr{H}g = Eg$$

于是

$$\mathscr{H}\,(f - ig) = E\,(f - ig)$$

即

$$\mathscr{H}\psi^* = E\psi^*$$

如果状态是非简并的，则其本征函数必须是实函数。

定理二　对于轨道非简并的状态，轨道角动量和轨道磁矩都必须是零。即轨道角动量完全被淬灭。

证明：设 $|n\rangle$ 是轨道非简并的状态波函数，要证明轨道角动量算符 $\hat{L}_z$ 作用到 $|n\rangle$ 上去得到的本征值 M_l 只能是零。且看

$$\hat{L}_z = i\hbar\left(x\,\frac{\partial}{\partial y} - y\,\frac{\partial}{\partial x}\right)$$

这应该是纯虚算符，它又是一个厄米算符。所以它的本征值必须是实数或零。由于 $|n\rangle$ 是轨道非简并的状态波函数，它必须是实函数。因此，要使下式成立：

$$\hat{L}_z\,|n\rangle = M_l\,|n\rangle$$

M_l 又只能是纯虚数或零，又从 $\hat{L}_z$ 的厄米性质知道 M_l 不可能是虚数，所以它只能是零。

离子在球对称场中，通常总是采用 $\hat{L}^2$ 和 $\hat{L}_z$ 的共同本征函数作为轨道角动量的波函数，但在晶体场中，由于能级分裂，轨道的简并度被部分或全部解除了，

也就是说轨道角动量被部分或全部淬灭了。如果是全部淬灭了，它的本征函数必须是实函数。表 10-3 列出各种轨道角动量波函数的复数和实数形式。

表 10-3　各种轨道角动量波函数的复数和实数形式

角动量	复数形式[1)	实数形式[2)	八面体型群的表示[3)
$l = 0$ s 轨道		$\dfrac{1}{\sqrt{4\pi}}$	A_1
$l = 1$ p 轨道 P 能态	$-\sqrt{\dfrac{3}{8\pi}}\sin\theta e^{i\phi} = \vert 1,1\rangle$	$p_x = \sqrt{\dfrac{3}{4\pi}}\sin\theta\cos\phi = \dfrac{1}{\sqrt{2}}(\,\vert 1,-1\rangle - \vert 1,1\rangle)$	T_1
	$\sqrt{\dfrac{3}{4\pi}}\cos\theta = \vert 1,0\rangle$	$p_y = \sqrt{\dfrac{3}{4\pi}}\sin\theta\sin\phi = \dfrac{i}{\sqrt{2}}(\,\vert 1,-1\rangle + \vert 1,1\rangle)$	
	$\sqrt{\dfrac{3}{8\pi}}\sin\theta e^{-i\phi} = \vert 1,-1\rangle$	$p_z = \sqrt{\dfrac{3}{4\pi}}\cos\theta = \vert 1,0\rangle$	
$l = 2$ d 轨道 D 能态	$\sqrt{\dfrac{15}{32\pi}}\sin^2\theta e^{2i\phi} = \vert 2,2\rangle$	$d_{xy} = \sqrt{\dfrac{15}{16\pi}}\sin^2\theta\sin 2\phi = \dfrac{-i}{\sqrt{2}}(\,\vert 2,2\rangle - \vert 2,-2\rangle)$	T_2
	$-\sqrt{\dfrac{15}{8\pi}}\sin\theta\cos\theta e^{i\phi} = \vert 2,1\rangle$	$d_{xz} = \sqrt{\dfrac{15}{16\pi}}\sin 2\theta\cos\phi = \dfrac{1}{\sqrt{2}}(\,\vert 2,-1\rangle - \vert 2,1\rangle)$	
	$\sqrt{\dfrac{5}{16\pi}}(3\cos^2\theta - 1) = \vert 2,0\rangle$	$d_{yz} = \sqrt{\dfrac{15}{16\pi}}\sin 2\theta\sin\phi = \dfrac{i}{\sqrt{2}}(\,\vert 2,-1\rangle + \vert 2,1\rangle)$	
	$\sqrt{\dfrac{15}{8\pi}}\sin\theta\cos\theta e^{-i\phi} = \vert 2,-1\rangle$	$d_{x^2-y^2} = \sqrt{\dfrac{15}{16\pi}}\sin^2\theta\cos 2\phi = \dfrac{1}{\sqrt{2}}(\,\vert 2,2\rangle + \vert 2,-2\rangle)$	E
	$\sqrt{\dfrac{15}{32\pi}}\sin^2\theta e^{-2i\phi} = \vert 2,-2\rangle$	$d_{z^2} = \sqrt{\dfrac{5}{16\pi}}(3\cos^2\theta - 1) = \vert 2,0\rangle$	
$l = 3$ f 轨道 F 能态	$-\sqrt{\dfrac{35}{64\pi}}\sin^3\theta e^{3i\phi} = \vert 3,3\rangle$	$f_{xyz} = \dfrac{-i}{\sqrt{2}}(\,\vert 3,2\rangle - \vert 3,-2\rangle)$	A_2
	$\sqrt{\dfrac{105}{32\pi}}\sin^2\theta\cos\theta e^{2i\phi} = \vert 3,2\rangle$	$f_{x(y^2-z^2)} = \dfrac{1}{4}[\sqrt{5}(\,\vert 3,-1\rangle - \vert 3,1\rangle) - \sqrt{3}(\,\vert 3,3\rangle - \vert 3,-3\rangle)]$	T_2
	$-\sqrt{\dfrac{21}{64\pi}}\sin\theta(5\cos^2\theta - 1)e^{i\phi} = \vert 3,1\rangle$	$f_{y(z^2-x^2)} = \dfrac{-i}{4}[\sqrt{5}(\,\vert 3,-1\rangle + \vert 3,1\rangle) - \sqrt{3}(\,\vert 3,3\rangle + \vert 3,-3\rangle)]$	
	$\sqrt{\dfrac{7}{16\pi}}(5\cos^3\theta - 3\cos\theta) = \vert 3,0\rangle$	$f_{z(x^2-y^2)} = \dfrac{1}{\sqrt{2}}(\,\vert 3,2\rangle + \vert 3,-2\rangle)$	
	$\sqrt{\dfrac{21}{64\pi}}\sin\theta(5\cos^2\theta - 1)e^{-i\phi} = \vert 3,-1\rangle$	$f_{x(2x^2-3y^2-3z^2)} = \dfrac{1}{4}[\sqrt{3}(\,\vert 3,1\rangle - \vert 3,-1\rangle) + \sqrt{5}(\,\vert 3,-3\rangle - \vert 3,3\rangle)]$	
	$\sqrt{\dfrac{105}{32\pi}}\sin^2\theta\cos\theta e^{-2i\phi} = \vert 3,-2\rangle$	$f_{y(2y^2-3x^2-3z^2)} = \dfrac{-i}{4}[\sqrt{3}(\,\vert 3,1\rangle + \vert 3,-1\rangle) + \sqrt{5}(\,\vert 3,-3\rangle + \vert 3,3\rangle)]$	T_1
	$\sqrt{\dfrac{35}{64\pi}}\sin^3\theta e^{-3i\phi} = \vert 3,-3\rangle$	$f_{z(2z^2-3x^2-3y^2)} = \vert 3,0\rangle$	

1）这些函数都是 $\hat{L}_z$ 的本征函数。

2）这些函数具有符号下标所表征的对称性。

3）符号 A,E,T 依次表示非简并态、二重简并态和三重简并态，下标表示对称性[13]。

10.3　配位场的电势

在"晶体场理论"中,配体是当作负的点电荷处理的,这些排列规整的负点电荷对中心磁离子产生一个晶体场。常见的晶体场形式如表 10-4 所示。

表 10-4　常见的晶体场形式

电荷数	点电荷联成的多面体	对称性名称
4	四面体	四面体对称
6	八面体	八面体对称
8	立方体	立方对称(即八重对称)

所有这些形式都是以立方体为基础的,四面体和八面体都可以看成是立方体的内接多面体,因此,必须使用更加明确的对称性名称。八重对称性是以十二面体为基础的,如 $Mo(CN)_8^{3-}$。

离原点径向为 r 处的任意点 R_j,在该处的负点电荷 q_j 所产生的电势 V_j 为

$$V_j = \frac{q_j}{|R_j - r|} \tag{10.5}$$

由所有的点电荷产生在 R_j 处的电势 V 为

$$V = \sum_j V_j = \sum_j \frac{q_j}{|R_j - r|} \tag{10.6}$$

我们的目的就是,求出磁离子的某一特定轨道中的未偶电子和这个电势的互作用能。如果这些未偶电子在 r_i 处的电荷为 q_i,则晶体场的势能 $V_{crystal}$ 为

$$V_{crystal} = \sum_i q_i V_i = \sum_i \sum_j \frac{q_i q_j}{|R_j - r_i|} \tag{10.7}$$

这些点电荷形成的电势取决于它们在晶体场中的排列,以及与中心离子的距离 R。图 10-1 是六配位八面体型的排列情况,在 $x = \pm R$、$y = \pm R$、$z = \pm R$ 处有六个点电荷。于是

$$V(x,y,z) = V_x + V_y + V_z$$

式中:V_y 是 $y = \pm R$ 上两个点电荷在 r_i 处的电势,即

$$V_y = q[(r^2 + R^2 - 2yR)^{-1/2} + (r^2 + R^2 + 2yR)^{-1/2}] \tag{10.8}$$

同理可得 V_x 和 V_z,将三式相加并用级数展开即得

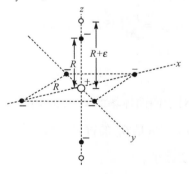

图 10-1　距离中心正离子为 R 的六个负离子的八面体排列

$$V_{\text{Octah}}(x,y,z) = \frac{6q}{R} + \frac{35q}{4R^5}\left[(x^4 + y^4 + z^4) - \frac{3}{5}r^4\right]$$

$$-\frac{21q}{2R^7}\left[(x^6 + y^6 + z^6) + \frac{15}{4}(x^2y^4 + x^2z^4 + y^2x^4 + y^2z^4 + z^2x^4 + z^2y^4) - \frac{15}{14}r^6\right]$$

$$(10.9)$$

对于 3d 电子只需取前两项, 4f 电子还应包括第 3 项。

对于畸变八面体构型的情况, 六个负点电荷在 $x = \pm R$、$y = \pm R$、$z = \pm(R + \varepsilon)$ 处的晶体场电势 V_{Tetrag} 为

$$V_{\text{Tetrag}} = A_t\left[(3z^2 - r^2) + \frac{1}{R^2}\left(\frac{35}{3}z^4 - 10r^2z^2 + r^4\right)\right] + B_c\left(x^4 + y^4 + z^4 - \frac{3}{5}r^4\right)$$

$$(10.10)$$

其中(在 $\varepsilon \ll R$ 的情况下)

$$A_t = -\frac{3q\varepsilon}{R^4}; \qquad B_c = \frac{35q}{4R^5}$$

可以看出, 式(10.10)的第一项是四方畸变项, 第二项是八面体场电势。畸变八面体场的电势就是四方畸变项加上八面体场电势。

10.4 在配位场中 P、D、F 态离子的能级分裂

在晶体场的作用下, d 电子的势能受到晶体场的影响, 就需要计算 $\mathscr{H}_C$ 的矩阵元 $\langle J, M_J | \mathscr{H}_C | J, M_J \rangle$, 这里的 J 和 M_J 是中心磁性离子的总角动量及其分量, $\mathscr{H}_C$ 就是由一些势能算符 V_{Octah} 或 V_{Tetrag} 等所组成的。直接计算这些矩阵元是复杂而又麻烦的事, Stevens[14]用置换的方法就容易得多了(具体计算方法请参见文献[15])。这里只是把对于中介场的离子的八面体和四方对称场的算符 $\mathscr{H}_{\text{Octah}}$ 和 $\mathscr{H}_{\text{Tetrag}}$ 摘录如下:

$$\mathscr{H}_{\text{Octah}} = \frac{\beta_C}{20}[35\,\hat{L}_z^4 - 30L(L+1)\,\hat{L}_z^2 + 25L_z^2 - 6L(L+1) + 3\,L^2(L+1)^2] + \frac{\beta_C}{8}(\hat{L}_+^4 + \hat{L}_-^4)$$

$$(10.11)$$

$$\mathscr{H}_{\text{Tetrag}} = \mathscr{H}_{\text{Octah}} + \alpha_t[3\,\hat{L}_z^2 - L(L+1)] \qquad (10.12)$$

对于四面体场的 Hamilton 算符 $\mathscr{H}_{\text{Tetrag}}$ 就是 $\mathscr{H}_{\text{Octah}}$ 加上四方畸变项 $\alpha_t[3\,\hat{L}_z^2 - L(L+1)]$, 只是 β_C 的符号和数值与八面体场不同: $(\beta_C)_{\text{Tetrah}} = -\frac{4}{9}(\beta_C)_{\text{Octah}}$, α_t 为四方畸变因子。

10.4.1 八面体场中的 P 态离子($L=1$)

以表 10-3 中的复函数 $|1\rangle$、$|0\rangle$、$|-1\rangle$ 为基函数, 因为对于 $L=1$ 的情况, $\hat{L}_{\pm}^4$

是零矩阵,所以 $\hat{L}_{\pm}^4$ 对 $\mathcal{H}_{\text{Octah}}$ 没有贡献。写出 $\mathcal{H}_{\text{Octah}}$ 的矩阵表象如下:

$$
\hat{L}_z^4 = \hat{L}_z^2 = \begin{array}{c} \\ \langle 1| \\ \langle 0| \\ \langle -1| \end{array} \begin{array}{ccc} |1\rangle & |0\rangle & |-1\rangle \\ \left[\begin{array}{ccc} 1 & 0 & 0 \\ 0 & 0 & 0 \\ 0 & 0 & 1 \end{array}\right] \end{array} \tag{10.13}
$$

把它代入式(10.11)即得

$$
\mathcal{H}_{\text{Octah}} = \begin{array}{c} \\ \langle 1| \\ \langle 0| \\ \langle -1| \end{array} \begin{array}{ccc} |1\rangle & |0\rangle & |-1\rangle \\ \left[\begin{array}{ccc} 0 & 0 & 0 \\ 0 & 0 & 0 \\ 0 & 0 & 0 \end{array}\right] \end{array} \tag{10.14}
$$

也就是说,正八面体场不能解除 P 态离子的轨道简并度。

再看四方畸变场,它的 Hamilton 算符只需在 $\mathcal{H}_{\text{Octah}}$ 加上 $\alpha_t \left[3\hat{L}_z^2 - L(L+1)\mathbf{1}\right]$。于是 $\mathcal{H}_{\text{Tetrag}}$ 的矩阵表象为

$$
\mathcal{H}_{\text{Tetrag}} = \begin{array}{c} \\ \langle 1| \\ \langle 0| \\ \langle -1| \end{array} \begin{array}{ccc} |1\rangle & |0\rangle & |-1\rangle \\ \left[\begin{array}{ccc} \alpha_t & 0 & 0 \\ 0 & -2\alpha_t & 0 \\ 0 & 0 & \alpha_t \end{array}\right] \end{array} \tag{10.15}
$$

由此可见,在四方畸变的八面体场作用下,P 态离子是会产生能级分裂的。如果 $\alpha_t > 0$,状态 $|\pm\rangle$ 的能量就升高 α_t,而状态 $|0\rangle$ 的能量就降低 $2\alpha_t$(图 10-2)。$\alpha_t > 0$ 就表示在 z 轴上下两个点电荷为拉伸畸变(图 10-1 中的 $\varepsilon > 0$);反之,$\alpha_t < 0$,则为压缩畸变。

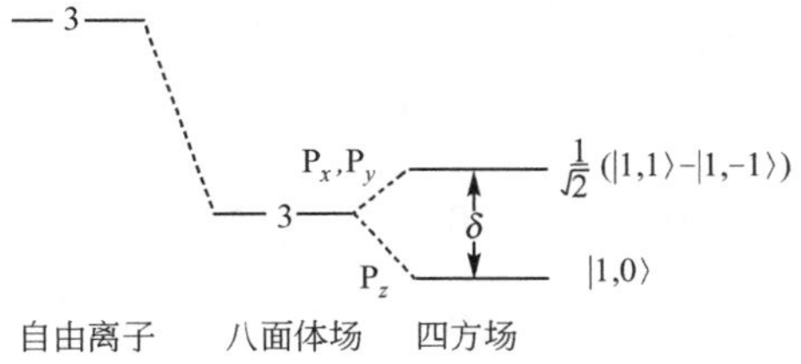

图 10-2　P 态离子在四方畸变的八面体场中的能级分裂

10.4.2　D 态离子

在球对称场中,D 态离子是五重简并的。在八面体或四面体场中,简并度部分被解除。图 10-3 表示五个 d 轨道的电子云分布相对于负的点电荷的位置。从图可知上排三个轨道(d_{xy},d_{yz},d_{zx})离负的点电荷较远,而下排的 $d_{x^2-y^2}$ 和 d_{z^2} 两个轨道有部分电子云直接指向负的点电荷,所以能级分裂成两组,一组为三重

简并的 t_{2g}，另一组是二重简并的 e_g。

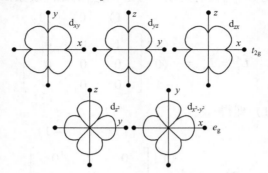

图 10-3　3d 轨道与负点电荷的相对位置示意图

欲求出 D 态离子 $\mathscr{H}_{Octah}$ 的矩阵表象，必须先求出 $\hat{L}_z^4$、$\hat{L}_z^2$、$\hat{L}_+^4$ 和 $\hat{L}_-^4$ 的矩阵表象，其结果如下：

$$
\hat{L}_+ = \begin{array}{c} \langle 2| \\ \langle 1| \\ \langle 0| \\ \langle -1| \\ \langle -2| \end{array}
\begin{array}{ccccc} |2\rangle & |1\rangle & |0\rangle & |-1\rangle & |-2\rangle \end{array}
\left[\begin{array}{ccccc}
0 & 2 & 0 & 0 & 0 \\
0 & 0 & \sqrt{6} & 0 & 0 \\
0 & 0 & 0 & \sqrt{6} & 0 \\
0 & 0 & 0 & 0 & 2 \\
0 & 0 & 0 & 0 & 0
\end{array} \right]
\tag{10.16}
$$

于是

$$
\mathscr{H}_{Octah} = \begin{array}{c} \langle 2| \\ \langle 1| \\ \langle 0| \\ \langle -1| \\ \langle -2| \end{array}
\begin{array}{ccccc} |2\rangle & |1\rangle & |0\rangle & \langle -1| & \langle -2| \end{array}
\left[\begin{array}{ccccc}
\frac{1}{10}\Delta & 0 & 0 & 0 & \frac{1}{2}\Delta \\
0 & -\frac{2}{5}\Delta & 0 & 0 & 0 \\
0 & 0 & \frac{3}{5}\Delta & 0 & 0 \\
0 & 0 & 0 & -\frac{2}{5}\Delta & 0 \\
\frac{1}{2}\Delta & 0 & 0 & 0 & \frac{1}{10}\Delta
\end{array} \right]
\tag{10.17}
$$

其中

$$
\Delta = 6\beta_c
$$

解久期行列式 $|\mathscr{H}_{Octah} - E\mathbf{1}| = 0$，就可以求得 $\mathscr{H}_{Octah}$ 的本征值和本征函数。本征值为

$$
E(T_{2g}) = -\frac{2}{5}\Delta（三重简并）
$$

本征函数为

$$|2,1\rangle, |2,-1\rangle, \qquad \frac{1}{\sqrt{2}}(|2,2\rangle - |2,-2\rangle)$$

本征值为

$$E(E_g) = +\frac{3}{5}\Delta(二重简并)$$

本征函数为

$$|2,0\rangle, \qquad \frac{1}{\sqrt{2}}(|2,2\rangle + |2,-2\rangle)$$

图 10-4 是 $3d^1$ 和 $3d^6$ 离子在八面体场中的 D 态能级分裂示意图。对于 $3d^4$ 和 $3d^9$ 离子，可以把它看成是在半充满或全充满壳层中加上一个正空穴。因此，只需将晶体场的势函数改变一个符号，上述的推导就完全适用。所以，关于正八面体型晶体场中的 $3d^4$ 和 $3d^9$ 离子的能级图不必重新推导，只需把图 10-4 中的能级次序颠倒一下就行了。

现在再把四方畸变项 $\alpha_t[3\hat{L}_z^2 - L(L+1)\hat{1}]$ 加上去之后，轨道简并度就会进一步被解除，$\mathscr{H}_{\text{Tetrag}}$ 的矩阵表象如下：

$$\mathscr{H}_{\text{Tetrag}} = \begin{array}{c} \\ \langle 2| \\ \langle 1| \\ \langle 0| \\ \langle -1| \\ \langle -2| \end{array} \begin{bmatrix} \frac{1}{10}\Delta + 6\alpha_t & 0 & 0 & 0 & \frac{1}{2}\Delta \\ 0 & -\frac{2}{5}\Delta - 3\alpha_t & 0 & 0 & 0 \\ 0 & 0 & \frac{3}{5}\Delta - 6\alpha_t & 0 & 0 \\ 0 & 0 & 0 & -\frac{2}{5}\Delta - 3\alpha_t & 0 \\ \frac{1}{2}\Delta & 0 & 0 & 0 & \frac{1}{10}\Delta + 6\alpha_t \end{bmatrix}$$

$$\begin{array}{ccccc} |+2\rangle & |+1\rangle & |0\rangle & |-1\rangle & |-2\rangle \end{array}$$

$$(10.18)$$

解它的久期方程，就可以得出它的本征值和本征函数：

本征值	本征函数
$E_1 = +\frac{3}{5}\Delta + \frac{2}{3}\delta$	$\psi_1 = \frac{1}{\sqrt{2}}(|2,2\rangle + |2,-2\rangle)$
$E_2 = +\frac{3}{5}\Delta - \frac{2}{3}\delta$	$\psi_2 = |2,0\rangle$
$E_3 = -\frac{2}{5}\Delta + \frac{2}{3}\delta$	$\psi_3 = \frac{1}{\sqrt{2}}(|2,2\rangle - |2,-2\rangle)$
$E_4 = E_5 = -\frac{2}{5}\Delta - \frac{1}{3}\delta$	$\psi_4 = |2,1\rangle$
	$\psi_5 = |2,-1\rangle$

式中：$\delta = 9\alpha_t$，就是图 10-4 中的四方场的能级分裂。如果 $\alpha_t < 0$，就相当于沿 z 轴有压缩畸变，E_3 是最低能级。所以在这种情况下，最低能级就是轨道非简并态。分裂后的四个能级中，只有 E_4 仍保持轨道二重简并度。

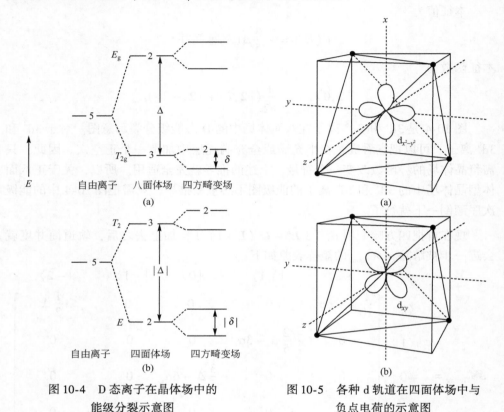

图 10-4　D 态离子在晶体场中的
能级分裂示意图

图 10-5　各种 d 轨道在四面体场中与
负点电荷的示意图

　　现在我们再来看一下离子在四面体场中的情况，如图 10-5 所示。将一个立方体的非相邻的顶点联结起来就构成一个四面体，在四面体的各个顶点各占一个负的点电荷。这样单凭直观就可以看出，对于 $3d^1$ 和 $3d^6$ 离子，$d_{x^2-y^2}$ 和 d_{z^2} 应处在低能级，因为它们的电子云叶片不是直接指向负的点电荷。而对于 $3d^4$ 和 $3d^9$ 离子，d_{xy}、d_{yz}、d_{zx} 轨道应处在低能级。其情况正好与八面体相反。所以，就同一种 $3d^n$ 离子来说，四面体场中的能级次序与八面体场中的次序正好相反。在四面体场中 β_C 与 Δ 的符号是相反的。

10.4.3　F 态离子

　　F 态离子的 $\mathscr{H}_{\text{Octah}}$ 算符的矩阵表象如下：

$$
\mathscr{H}_{\text{Octah}} =
\begin{array}{c}
\\
\langle +3| \\
\langle +2| \\
\langle +1| \\
\langle 0| \\
\langle -1| \\
\langle -2| \\
\langle -3|
\end{array}
\begin{array}{ccccccc}
|3\rangle & |2\rangle & |1\rangle & |0\rangle & |-1\rangle & |-2\rangle & |-3\rangle \\
\left[\dfrac{3}{10}\Delta\right. & 0 & 0 & 0 & \dfrac{\sqrt{15}}{10}\Delta & 0 & 0 \\
0 & -\dfrac{7}{10}\Delta & 0 & 0 & 0 & \dfrac{1}{2}\Delta & 0 \\
0 & 0 & \dfrac{1}{10}\Delta & 0 & 0 & 0 & \dfrac{\sqrt{15}}{10}\Delta \\
0 & 0 & 0 & \dfrac{3}{5}\Delta & 0 & 0 & 0 \\
\dfrac{\sqrt{15}}{10}\Delta & 0 & 0 & 0 & \dfrac{1}{10}\Delta & 0 & 0 \\
0 & \dfrac{1}{2}\Delta & 0 & 0 & 0 & -\dfrac{7}{10}\Delta & 0 \\
0 & 0 & \dfrac{\sqrt{15}}{10}\Delta & 0 & 0 & 0 & \left.\dfrac{3}{10}\Delta\right]
\end{array}
$$

$$(10.19)$$

其中

$$\Delta = 30\beta_c$$

解这个矩阵的久期行列式，先将基函数的位置重新排列，这就能使久期行列式具有裂块矩阵形式：

$$
\begin{array}{c}
\\
\langle 3| \\
\langle -1| \\
\langle 2| \\
\langle -2| \\
\langle 0| \\
\langle 1| \\
\langle -3|
\end{array}
\begin{array}{|ccccccc|}
|3\rangle & |-1\rangle & |2\rangle & |-2\rangle & |0\rangle & |1\rangle & |-3\rangle \\
\dfrac{3\Delta}{10}-E & \dfrac{\sqrt{15}\Delta}{10} & & & & & \\
\dfrac{\sqrt{15}\Delta}{10} & \dfrac{\Delta}{10}-E & & & & & \\
& & -\dfrac{7\Delta}{10}-E & \dfrac{\Delta}{2} & & & \\
& & \dfrac{\Delta}{2} & -\dfrac{7\Delta}{10}-E & & & \\
& & & & \dfrac{3\Delta}{5}-E & & \\
& & & & & \dfrac{\Delta}{10}-E & \dfrac{\sqrt{15}\Delta}{10} \\
& & & & & \dfrac{\sqrt{15}\Delta}{10} & \dfrac{3\Delta}{10}-E
\end{array} = 0
$$

$$(10.20)$$

这里有三个 2×2 的子行列式，因此很容易解出能级和波函数

$$E(\text{A}_{2g}) = -\frac{6}{5}\Delta \qquad\qquad \psi_1 = \frac{1}{\sqrt{2}}(|3,2\rangle - |3,-2\rangle) = |\alpha\rangle$$

$$E(T_{2g}) = -\frac{1}{5}\Delta \text{（三重简并）} \qquad \psi_2 = \frac{1}{\sqrt{2}}(\,|3,2\rangle + |3,-2\rangle\,) = |t''_0\rangle$$

$$\psi_3 = \sqrt{\frac{5}{8}}\,|3,1\rangle - \sqrt{\frac{3}{8}}\,|3,-3\rangle = |t''_{-1}\rangle$$

$$\psi_4 = \sqrt{\frac{5}{8}}\,|3,-1\rangle - \sqrt{\frac{3}{8}}\,|3,3\rangle = |t''_{+1}\rangle$$

$$E(T_{1g}) = \frac{3}{5}\Delta \text{（三重简并）} \qquad \psi_5 = |3,0\rangle = |t''_0\rangle$$

$$\psi_6 = \sqrt{\frac{3}{8}}\,|3,1\rangle + \sqrt{\frac{5}{8}}\,|3,-3\rangle = |t''_{+1}\rangle$$

$$\psi_7 = \sqrt{\frac{5}{8}}\,|3,3\rangle + \sqrt{\frac{3}{8}}\,|3,-1\rangle = |t'_{-1}\rangle$$

对于 $3d^2$ 和 $3d^7$ 离子在八面体场中，W（T_{1g}）是最低能级，而对于 $3d^3$ 和 $3d^8$ 离子，则W（A_{2g}）是最低能级（图10-6）。这时的基态就是轨道非简并态。Cr^{3+} 和 Ni^{2+} 就属于这种情况。

与 D 态离子一样，在四面体场中，能级次序要颠倒过来。

对于 S 态离子（如 Mn^{2+}），它原本就是基态轨道非简并的，也就不存在解除轨道简并度的问题，但是，晶体场有可能引起自旋简并度的部分解除。

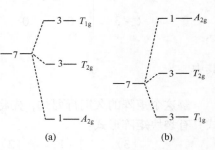

图 10-6　F 态离子在晶体场中的能级分裂示意图

表 10-5 列出了在各种对称性的晶体场中，轨道简并度和自旋简并度的数据。

表 10-5　铁族（$3d^n$）离子在各种类型的晶体场中的基态、量子数和简并度[1]

组态	d^1 ^2D	d^2 ^3F	d^3 ^4F	d^4 ^5D	d^5 ^6S	d^6 ^5D	d^7 ^4F	d^8 ^3F	d^9 ^2D
	Sc^{2+} Ti^{3+} VO^{2+} Cr^{5+}	Ti^{2+} V^{3+} Cr^{4+}	Ti^+ V^{2+} Cr^{3+} Mn^{4+}	Cr^{2+} Mn^{3+}	Cr^+ Mn^{2+} Fe^{3+}	Fe^{2+}	Fe^+ Co^{2+} Ni^{3+}	Co^+ Ni^{2+}	Ni^+ Cu^{2+}
S	1/2	1	3/2	2	5/2	2	3/2	1	1/2
L	2	3	3	2	0	2	3	3	2
J（自由离子）	3/2	2	3/2	0	5/2	4	9/2	4	5/2
$\lambda^{2)}/\mathrm{cm}^{-1}$（自由离子）	145 (Ti^{3+}) 248 (V^{4+})	104(V^{3+})	56(V^{2+}) 91(Cr^{3+})	58(Cr^{2+}) 88 (Mn^{3+})		−103 (Fe^{2+})	−178 (Co^{2+})	−325 (Ni^{2+})	−829 (Cu^{2+})

在各种对称类型晶体场中的轨道简并度

组态	d^1 ^2D	d^2 ^3F	d^3 ^4F	d^4 ^5D	d^5 ^6S	d^6 ^5D	d^7 ^4F	d^8 ^3F	d^9 ^2D
自由离子	5	7	7	5	1	5	7	7	5
八面体型[3]	2,3[4]	1,2·3[4]	1[4],2·3	2[4],3	1	2,3[4]	1,2·3[4]	1[4],2·3	2[4],3
三方型	1,2·2	3·1,2·2	3·1,2·2	1,2·2	1	1,2·2	3·1,2·2	3·1,2·2	1,2·2
四方型	3·1,2	3·1,2·2	3·1,2·2	3·1,2	1	3·1,2	3·1,2·2	3·1,2·2	3·1,2
斜方型	5·1	7·1	7·1	5·1	1	5·1	7·1	7·1	5·1

在各种对称类型晶体场中单个轨道能级的自旋简并度

自由离子	2	3	4	5	6	5	4	3	2
八面体型	2	3	4	2, 3	2, 4	2, 3	4	3	2
三方型	2	1, 2	2·2	1, 2·2	3·2	1, 2·2	2·2	1, 2	2
四方型	2	1, 2	2·2	3·1, 2	3·2	3·1, 2	2·2	1, 2	2
斜方型	2	3·1	2·2	5·1	3·2	5·1	2·2	3·1	2

1）$m \cdot n$ 表示有 m 组 n 重简并度。

2）有些书上采用 Griffith 的旋轨耦合参数 ζ，对于一个 d 电子，$\lambda = \zeta$，但对于两个以上 d 电子，$\lambda = \pm \zeta / 2S$，正号用于小于半充满状态，负号用于大于半充满状态。

3）在四面体对称性的情况下，能级次序要倒过来。

4）最低或较低能态。

10.5　旋轨耦合与自旋 Hamiltonian

对于自由原子，g 值应该用 Landé 公式计算出来。然而，对于自由基和轨道非简并的基态离子，由于轨道角动量已经完全被淬灭，因此它们的 g 值也就应该等于 g_e。然而，实验结果是它们的 g 值相对于 g_e 还是有一定的偏离。原因是纯自旋的基态与某些激发态之间存在着组态互作用，导致激发态中的少量轨道角动量成分通过旋轨耦合掺入到基态中去，使得基态重新有了少量的轨道角动量成分。最终使得 g 值相对于 g_e 有了一定的偏离。这种组态互作用的强弱，与基态和激发态之间的能量间隔之大小成反比，即能量间隔愈大，组态互作用就愈弱，g 值就愈接近 g_e，反之，就愈强。因此，体系的自旋 Hamiltonian 就必须把旋轨耦合互作用项考虑进去：

$$\mathscr{H}_S = \mathscr{H}_{Zeeman} + \mathscr{H}_{LS} = \beta \boldsymbol{H} \cdot (\hat{\boldsymbol{L}} + g_e \hat{\boldsymbol{S}}) + \lambda \hat{\boldsymbol{L}} \cdot \hat{\boldsymbol{S}} \tag{10.21}$$

式中：$\mathscr{H}_{LS} = \lambda \hat{\boldsymbol{L}} \cdot \hat{\boldsymbol{S}}$ 就是旋轨耦合互作用项。

假设基态是轨道非简并的，波函数是 $|G, M_S\rangle$。如果只考虑一级近似，其能量就是对角线上的矩阵元：

$$E_G^{(1)} = \langle G, M_S | g_e \beta H \hat{S}_z | G, M_S \rangle + \langle G, M_S | (\beta H_z + \lambda \hat{S}_z) \hat{L}_z | G, M_S \rangle \tag{10.22}$$

式中：第一项就是纯自旋电子的 Zeeman 能级，第二项可分解成

$$\langle M_S | (\beta H_z + \lambda \hat{S}_z) | M_S \rangle \langle G | \hat{L}_z | G \rangle$$

10.2 节的定理二已经证明：对于轨道非简并态，$\langle G | \hat{L}_z | G \rangle = 0$，因此，用一级近似处理轨道非简并状态，只剩下纯自旋电子的 Zeeman 能级项。要想找出组态互作用能就必须考虑二级近似。按照微扰理论

$$(\mathscr{H})_{M_S,M_S'} = -\sum_n \frac{|\langle G, M_S | (\beta H + \lambda \hat{S}) \cdot \hat{L} + g_e \beta H \cdot \hat{S} | n, M_S' \rangle|^2}{E_n^{(0)} - E_G^{(0)}} \qquad (10.23)$$

n' 表示除基态外对所有其他的态求和。注意到 $\langle G | n \rangle = 0$，则

$$\langle G, M_S | g_e \beta H \cdot \hat{S} | n, M_S' \rangle = g_e \beta M_S' \delta_{M_S,M_S'} \langle G | n \rangle = 0$$

于是

$$(\mathscr{H})_{M_S,M_S'} = -\sum_n \big[\langle M_S | \beta H + \lambda \hat{S} | M_S' \rangle \cdot \langle G | \hat{L} | n \rangle \big]$$

$$\times \big[\langle n | \hat{L} | G \rangle \cdot \langle M_S' | \beta H + \lambda \hat{S} | M_S \rangle \big] (E_n^{(0)} - E_G^{(0)})^{-1} \qquad (10.24)$$

令

$$-\sum_{n'} \frac{\langle G | \hat{L} | n \rangle \langle n | \hat{L} | G \rangle}{E_n^{(0)} - E_G^{(0)}} = \Lambda = \begin{bmatrix} \Lambda_{xx} & \Lambda_{xy} & \Lambda_{xz} \\ \Lambda_{yx} & \Lambda_{yy} & \Lambda_{yz} \\ \Lambda_{zx} & \Lambda_{zy} & \Lambda_{zz} \end{bmatrix} \qquad (10.25)$$

这里两个矢量矩阵元是以外积形式相乘的，所以外积 Λ 是个二级张量，它的矩阵元为

$$\Lambda_{ij} = -\sum_{n'} \frac{\langle G | L_i | n \rangle \langle n | L_j | G \rangle}{E_n^{(0)} - E_G^{(0)}} \qquad (10.26)$$

下标 i、j 是代表 x、y、z 中的一个。把式（10.25）代入式（10.24），经过整理得

$$(\mathscr{H})_{M_S,M_S'} = \langle M_S | \beta^2 H \cdot \Lambda \cdot H + 2\lambda \beta H \cdot \Lambda \cdot \hat{S} + \lambda^2 \hat{S} \cdot \Lambda \cdot \hat{S} | M_S' \rangle \qquad (10.27)$$

式中：第一项是与温度无关的顺磁项，它是固定的常量，可不必考虑；矩阵元中的第二项和第三项只包含自旋算符，把它们与 $g_e \beta H \cdot \hat{S}$ 合并就得到自旋 Hamilton 算符 $\mathscr{H}_S$。

$$\mathscr{H}_S = \beta H \cdot (g_e l + 2\lambda \Lambda) \cdot \hat{S} + \lambda^2 \hat{S} \cdot \Lambda \cdot \hat{S}$$

$$= \beta H \cdot g \cdot \hat{S} + \hat{S} \cdot D \cdot \hat{S} \qquad (10.28)$$

其中

$$g = g_e l + 2\lambda \Lambda \qquad (10.29)$$

$$D = \lambda^2 \Lambda \qquad (10.30)$$

应当指出：这里的 $\hat{S}$ 算符是代表基态的等效自旋算符。如果体系只有自旋角

动量，*g* 就应该是各向同性的，其值等于 2.002 319。*g* 之所以是一个张量，并对 g_e 值有偏离是由 **Λ** 张量引起的。因为 **Λ** 涉及激发态的轨道角动量。从式 (10.29) 得知，如果能够求出 **Λ** 就可计算出 *g* 值。

假设有 P 态离子处在四方对称场中，它的最低能态是 $|1, 0\rangle$，其简并的激发态可直接用复函数 $|1, 1\rangle$、$|1, -1\rangle$ 表示。由于这三个函数的 L 都等于 1，故可以简写成 $|0\rangle$、$|1\rangle$、$|-1\rangle$。由于四方对称轴 Z 轴必定是主轴，另两个垂直于 Z 轴的 X 和 Y 轴是等价的。在这个主轴坐标系中，有

$$\Lambda_{ZZ} = -\frac{\langle 0|\hat{L}_z|1\rangle\langle 1|\hat{L}_z|0\rangle + \langle 0|\hat{L}_z|-1\rangle\langle -1|\hat{L}_z|0\rangle}{\delta} = 0$$

$$\Lambda_{XX} = -\frac{\langle 0|\hat{L}_x|1\rangle\langle 1|\hat{L}_x|0\rangle + \langle 0|\hat{L}_x|-1\rangle\langle -1|\hat{L}_x|0\rangle}{\delta}$$

$$= -\frac{\langle 0|\frac{1}{2}\hat{L}_-|1\rangle\langle 1|\frac{1}{2}\hat{L}_+|0\rangle + \langle 0|\frac{1}{2}\hat{L}_+|-1\rangle\langle -1|\frac{1}{2}\hat{L}_-|0\rangle}{\delta}$$

$$= -\frac{1}{\delta} \tag{10.31}$$

同理 $\Lambda_{YY} = -\dfrac{1}{\delta}$。因此

$$g_{/\!/} = g_{zz} = g_e + 2\lambda\Lambda_{ZZ} = g_e \tag{10.32}$$

$$g_{\perp} = g_{xx} = g_{yy} = g_e + 2\lambda\Lambda_{XX} = g_e - \frac{2\lambda}{\delta} \tag{10.33}$$

具体例子就是 MgO 晶体中的 V_1 点缺陷中心（阳离子空位周边的 O^-）。实验观测到的 $g_{/\!/} = 2.003\,27$，很接近于 g_e；$g_{\perp} = 2.038\,59$，由于氧上正空穴的 λ 是负值，故 $g_{\perp} > g_{/\!/}$。

激发态通过旋轨耦合互作用掺入到基态波函数 $\left| G, \dfrac{1}{2} \right\rangle$ 中去，于是基态波函数就变成另一个函数，记作 $|+\rangle$。按照微扰理论，有

$$|+\rangle = \left| G, \frac{1}{2} \right\rangle - \sum_{n'}\sum_{M'_s} \frac{\left\langle n, M'_s \left| \lambda\hat{L}\cdot\hat{S} \right| G, \frac{1}{2} \right\rangle}{E_n^{(0)} - E_G^{(0)}} |n, M'_s\rangle$$

$$= \left| G, \frac{1}{2} \right\rangle - \frac{\lambda}{2}\sum_{n'} \frac{\langle n|\hat{L}_z|G\rangle}{E_n^{(0)} - E_G^{(0)}} \left| n, \frac{1}{2} \right\rangle - \frac{\lambda}{2}\sum_{n'} \frac{\langle n|\hat{L}_+|G\rangle}{E_n^{(0)} - E_G^{(0)}} \left| n, -\frac{1}{2} \right\rangle \tag{10.34}$$

$$|-\rangle = \left| G, \frac{1}{2} \right\rangle + \frac{\lambda}{2}\sum_{n'} \frac{\langle n|\hat{L}_z|G\rangle}{E_n^{(0)} - E_G^{(0)}} \left| n, -\frac{1}{2} \right\rangle - \frac{\lambda}{2}\sum_{n'} \frac{\langle n|\hat{L}_-|G\rangle}{E_n^{(0)} - E_G^{(0)}} \left| n, \frac{1}{2} \right\rangle \tag{10.35}$$

显然，函数 $|+\rangle$ 和 $|-\rangle$ 不再是真正自旋算符 $\hat{S}_z$ 的本征函数了。为此，我们定义一个等效的自旋算符 $\hat{S}$，使 $\hat{S}_z$ 的本征函数就是 $|+\rangle$ 和 $|-\rangle$，并且运算规则与

真正的自旋算符 $\hat{S}$ 对 $\left|\dfrac{1}{2}\right\rangle$ 和 $\left|-\dfrac{1}{2}\right\rangle$ 的作用一样，利用等效自旋算符 $\hat{S}$，写出自旋 Hamiltonian：

$$\mathscr{H}_{\hat{S}} = \beta \boldsymbol{H} \cdot \boldsymbol{g} \cdot \hat{\boldsymbol{S}} = \beta \boldsymbol{H}(g_{zx}\hat{S}_x + g_{zy}\hat{S}_y + g_{zz}\hat{S}_z)$$

它在以 $|+\rangle$ 和 $|-\rangle$ 为基矢中的矩阵表象为

$$
\begin{array}{cc}
 & \qquad\qquad |+\rangle \qquad\qquad\qquad |-\rangle \\
\begin{array}{c}\langle +| \\ \langle -|\end{array} &
\left[
\begin{array}{cc}
\dfrac{1}{2}\beta H g_{zz} & \dfrac{1}{2}\beta H(g_{zx} - ig_{zy}) \\[2mm]
\dfrac{1}{2}\beta H(g_{zx} + ig_{zy}) & -\dfrac{1}{2}\beta H g_{zz}
\end{array}
\right]
\end{array}
\tag{10.36}
$$

写出真正的自旋 Hamilton 算符在以 $|+\rangle$ 和 $|-\rangle$ 为基矢中的矩阵表象为

$$
\beta H
\left[
\begin{array}{cc}
\langle +|L_z + g_e S_z|+\rangle & \langle +|L_z + g_e S_z|-\rangle \\[2mm]
\langle -|L_z + g_e S_z|+\rangle & \langle -|L_z + g_e S_z|-\rangle
\end{array}
\right]
\tag{10.37}
$$

比较这两个矩阵表象即可得出

$$g_{zz} = 2\langle +|L_z + g_e S_z|+\rangle \tag{10.38a}$$

$$g_{zx} = \langle +|L_z + g_e S_z|-\rangle + \langle -|L_z + g_e S_z|+\rangle \tag{10.38b}$$

$$g_{zy} = \langle +|L_z + g_e S_z|-\rangle - \langle -|L_z + g_e S_z|+\rangle \tag{10.38c}$$

将式（10.38）展开到 λ 的一次方项，就可得到

$$g_{zz} = g_e - 2\lambda \sum_{n'} \frac{\langle G|L_z|n\rangle \langle n|L_z|G\rangle}{E_n^{(0)} - E_G^{(0)}} = g_e + 2\lambda \Lambda_{zz}$$

这就是式（10.29）。式（10.28）中的第二项 $\hat{\boldsymbol{S}} \cdot \boldsymbol{D} \cdot \hat{\boldsymbol{S}}$ 只在 $S \geqslant 1$ 的体系中才有贡献，它在形式上与第 7 章的式（7.40）即 $\mathscr{H}_{ss} = \hat{\boldsymbol{S}} \cdot \boldsymbol{D} \cdot \hat{\boldsymbol{S}}$ 完全一样。但两者的机理是不同的。第 7 章中的 $\mathscr{H}_{ss}$ 是电子自旋之间的偶极 - 偶极互作用的贡献，而这里指的是自旋 - 轨道耦合互作用的贡献。实验上是不可能把这两种不同的贡献截然分开来的。

我们也可以把 $\hat{\boldsymbol{S}} \cdot \boldsymbol{D} \cdot \hat{\boldsymbol{S}}$ 项写成

$$
\begin{aligned}
\hat{\boldsymbol{S}} \cdot \boldsymbol{D} \cdot \hat{\boldsymbol{S}} &= D_{XX}\hat{S}_x^2 + D_{YY}\hat{S}_y^2 + D_{ZZ}\hat{S}_z^2 \\
&= D\left[\hat{S}_z^2 - \frac{1}{3}S(S+1)\right] + E(\hat{S}_x^2 - \hat{S}_y^2) + \frac{1}{3}(D_{XX} + D_{YY} + D_{ZZ})S(S+1)
\end{aligned}
\tag{10.39}
$$

其中

$$D = D_{ZZ} - \frac{D_{XX} + D_{YY}}{2} \tag{10.40a}$$

$$E = \frac{D_{XX} - D_{YY}}{2} \tag{10.40b}$$

式 (10.39) 中的最后一项 $\frac{1}{3}(D_{XX}+D_{YY}+D_{ZZ})S(S+1)$ 是个常数项，通常不包含在自旋 Hamiltonian 中。注意到式 (7.41a) 中 $D_{XX}+D_{YY}+D_{ZZ}=Tr(^dD)=0$，就是说，纯自旋－自旋偶极互作用为零。

对于含有磁性核的体系和应该加上核的 Zeeman 项和超精细互作用项。因此

$$\mathscr{H}_s = \beta H \cdot g \cdot \hat{S} + \hat{S} \cdot D \cdot \hat{S} + \hat{S} \cdot A \cdot \hat{I} - g_n\beta_n H \cdot \hat{I} \tag{10.41}$$

该式只适用于 $S=1$ 的体系，对于 $S>1$ 的体系，情况就更复杂了[16,17]。如 $3d^7$ 离子的 $S=3/2$ 就要加上 $\hat{S}^3 \cdot H$ 项，若有磁性核，还要加上 $\hat{S}^3 \cdot \hat{I}$ 项。对于 $S \geqslant 2$ 的体系，则还要加上含 $\hat{S}^4$ 的项。

10.6 具有轨道非简并的基态离子

一般说来，对于不同的状态的自由离子，其能量并非随晶体场大小的改变呈线性关系改变。在以上的讨论中，自由离子的激发态一直是被忽略的。事实上，晶体场中的某些激发态能级有可能是很靠近基态的。因此，它们也会对 g 值或零场分裂 D、E 值有一定的贡献。对于某些 d^n（主要有 d^4、d^5、d^6、d^7）离子，随着晶体场的增强，有些激发态的能量降低比基态快得多，于是超过临界值后，就会产生一个新的基态。如图 10-7（a）就是 d^4 离子的能级与八面体场强 D_q（这里的 $D_q = \Delta/10$）变化示意图。虚线（即临界线）的左边是中介场，右边是强场。

在这里，我们关心的是激发态与基态间能级间隔的变化，于是我们把能级图表示成图 10-7（b）的形式。从图 10-7（b）看出：临界线的左边，基态是 ^5E_g，随着晶体场的场强增强，激发态 $^3T_{1g}$ 与基态 ^5E_g 之间的能级间隔迅速减小。到了临界线 $^3T_{1g}$ 与 ^5E_g 两个能级重叠（相等），随后 $^3T_{1g}$ 就变成新的

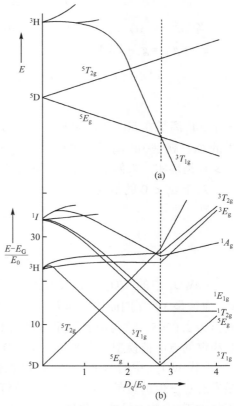

图 10-7 $3d^4$ 离子在八面体场中能级分裂与场强的关系

基态，而原来的基态^5E_g能级升高成为激发态了。临界线的左边是中介场，d^4离子是高自旋态，而在强场中则是低自旋态。

对于某个特定的离子－基质体系有一个特定的参考能量（E_o），因此，在图 10-7(b)中，以D_q/E_o作为横坐标，以$(E-E_G)/E_o$作为纵坐标。这样的图就叫做渡边－菅野图（Tanabe-Sugano diagram）[18]，它能够适用于所有的d^n离子。

10.6.1 基态轨道非简并的 D 态离子

10.6.1.1 在四面体场＋四方畸变或立方体场＋四方畸变的晶体场中的$3d^1$

$3d^1$离子在四面体场中，其最低能态是E_g。如果加上四方畸变，基态轨道简并度就完全被解除（图 10-4）。对于$\alpha_t > 0$，最低状态是$|0\rangle$或d_{z^2}。反之，对于$\alpha_t < 0$，最低状态是$(|2\rangle + |-2\rangle)/\sqrt{2}$或$d_{x^2-y^2}$。

对于$\alpha_t > 0$的情况：令四方畸变轴为z轴，则

$$g_{zz} = g_{/\!/} = g_e + 2\lambda\Lambda_{zz} = g_e \tag{10.42}$$

当$|n\rangle \neq |0\rangle$时，$\langle 0|\hat{L}_z|n\rangle = 0$，因此，$\Lambda_{zz} = 0$。对于$\boldsymbol{H}/\!/\boldsymbol{X}$

$$g_{xx} = g_\perp = g_e + 2\lambda\Lambda_{xx}$$

$$= g_e - [\langle 0|\hat{L}_x|1\rangle\langle 1|\hat{L}_x|0\rangle + \langle 0|\hat{L}_x|-1\rangle\langle -1|\hat{L}_x|0\rangle] = g_e - \frac{6\lambda}{\Delta} \tag{10.43}$$

一个$3d^1$离子在四面体场＋四方畸变的实例，就是Ca_2PO_4Cl单晶中的CrO_4^{3-}。这里的Cr^{5+}就是$3d^1$离子。实验测得$g_{/\!/} = 1.9936$，$g_\perp = 1.9498$。这里$g_{/\!/} > g_\perp$表明$\alpha_t > 0$是事实。未偶电子应该在d_{z^2}轨道上。

对于$\alpha_t < 0$的情况：

$$g_{/\!/} = g_e - \frac{8\lambda}{\Delta} \tag{10.44a}$$

$$g_\perp = g_e - \frac{2\lambda}{\Delta} \tag{10.44b}$$

$CaWO_4$中的WO_4^{2-}具有压缩四面体构型，当以V^{4+}取代WO_4^{2-}中的 W 时，V^{4+}应该是$3d^1$（四面体＋四方畸变）离子。但实验测得的g值却是各向同性的，其值为 2.0245，这与前面所述的理论不符[19]。其原因就在于：上述理论采用的是粗糙的点电荷模型，而实际上 W—O 键具有相当多的共价键特性。因此，当以V^{4+}取代WO_4^{2-}中的 W 时，V—O 键也就具有共价键特性。少量的共价键会减少激发态对g值的贡献，而大量的共价键会引起g值对g_e的正偏移，这里的g值正是大于g_e的。另外，共价键特性还会引起超精细耦合参数减少。实验测得的$A_{/\!/} = 0.001\ 79\ cm^{-1}$，$A_\perp = 0.001\ 90\ cm^{-1}$，而通常$V^{4+}$的超精细耦合参数为

$0.0070 \sim 0.0100~\text{cm}^{-1}$。这些都说明 V—O 键是具有共价键特性的，不能采用点电荷模型。

V^{4+} 也可以取代 $CaWO_4$ 中的 Ca^{2+}，在这里 V^{4+} 的周围有八个氧原子，形成一个拉伸的氧四面体。这就不是一个简单的 $3d^1$（四面体 + 四方畸变）离子，但它的环境是离子性较强的，引起 g 值对 g_e 的负偏移，$A = 0.0087~\text{cm}^{-1}$。

10.6.1.2　在八面体场 + 四方畸变的晶体场中的 $3d^7$（低自旋）和 $3d^9$ 离子

对于 $3d^7$（低自旋）和 $3d^9$ 离子在具有四方畸变的八面体场中的 g 值，也是

$$g_{zz} = g_{/\!/} = g_e \tag{10.45a}$$

$$g_{\perp} = g_e - \frac{6\lambda}{\Delta} \tag{10.45b}$$

由于 $3d^7$ 和 $3d^9$ 离子都是大于半充满，故 $\lambda < 0$，当 $\alpha_t > 0$ 时，$g_{\perp} > g_{/\!/}$。

酞菁钴就是在具有四方畸变的八面体场中的 $3d^7$ 离子（低自旋）的实例之一。它的未偶电子主要是处在 d_{z^2} 轨道上，而这个轨道正好垂直于配合物分子的平面上。在吡啶溶剂中，平面的上下方可配位上两个吡啶分子，并可观测到吡啶分子上 ^{14}N 核的超精细分裂。它的 $g_{/\!/} = 2.016$，$g_{\perp} = 2.268$，基本上符合理论分析的结果[20]。

在逆磁性的 $Na_2Fe(CN)_5NO \cdot 2H_2O$ 基质中的 $Fe(CN)_5NOH^{2-}$ 是 $3d^7$ 离子（低自旋）在具有四方畸变的八面体场中的另一个实例。它的 $g_{/\!/} = 2.0069$、$g_{\perp} = 2.0374$，与理论分析一致。说明它的未偶电子也是在 d_{z^2} 轨道上的。

在 HNO_3 或 H_2SO_4 溶液中的 Ag^{2+} 是 $3d^9$ 离子在具有四方畸变的八面体场中的一个实例。在室温测得的 EMR 波谱是一条 $g = 2.133$ 的单线。而在 77K 温度下测得的 EMR 波谱如图 10-8 所示[21]。它的 $g_{/\!/} = 2.265$、$g_{\perp} = 2.065$。超精

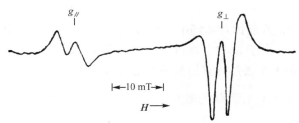

图 10-8　在 HNO_3 溶液中 Ag^{2+} 在 77K 下的 EMR 二次微分谱

细分裂是由 ^{107}Ag 和 ^{109}Ag 核共同贡献的，它们的核自旋 I 都是 $1/2$，其自然丰度也很接近（前者为 51.35%，后者为 48.65%），核磁矩也很接近（$0.1130\beta_n$ 和 $0.1299\beta_n$）。由于它的 $g_{/\!/} > g_{\perp}$，所以属于 $\alpha_t < 0$ 的情况。即未偶电子是处在 $d_{x^2-y^2}$ 轨道上，g 值应该用式（10.44）计算。

如果将自由离子的 λ 值（$\lambda = -840~\text{cm}^{-1}$）和实验所得的 $g_{/\!/}$ 和 $g_{\perp}$ 值代入式（10.44）计算出 Δ 值，发现用 $g_{/\!/}$ 计算求得的 $\Delta = 53\,500~\text{cm}^{-1}$，而用 $g_{\perp}$ 计算求得的 $\Delta = 48\,750~\text{cm}^{-1}$，但从吸收光谱证明 Δ 值应为 $25\,560~\text{cm}^{-1}$，与计算值相差甚

远。这说明，过渡族离子在配合物中的 λ 值比自由离子的 λ 值小很多，不能用自由离子的 λ 值来计算，另外，假定银离子的 $d_{x^2-y^2}$ 轨道中定位一个正空穴的模型也不太合理。

在四方畸变的八面体场中，$3d^4$ 离子的轨道能级分裂与在四方畸变的四面体场中的 $3d^1$ 离子是相同的。

10.6.2 基态轨道非简并的 F 态离子

10.6.2.1 八面体场中的 $3d^8$ 离子

$3d^8$ 自由离子的 ^3F 基态具有七重简并度。在八面体场中，分裂成两个三重简并态和一个非简并态，最低能态是 $^3A_{2g}$ [图 10-6(a)]（本征函数和本征值请参阅 10.4.3）。

作为零级近似，忽略旋轨耦合作用对基态波函数的影响，在 $H /\!/ Z$ 的情况下，Zeeman 互作用的自旋 Hamiltonian

$$\mathscr{H}_{Zeeman} = \beta H_Z(\hat{L}_z + g_e\hat{S}_z) \tag{10.46}$$

由于基态是轨道非简并的，$\hat{L}_z$ 的贡献是零。基态波函数 $|G\rangle$ 为

$$|G\rangle = \frac{1}{\sqrt{2}}(|2, M_s\rangle - |-2, M_s\rangle) \tag{10.47}$$

注意到 ^3F 态的 $S=1$，$M_s = \pm 1$、0，它在磁场中的能量为

$$E_\pm = \pm 2\beta H_Z \tag{10.48a}$$

$$E_0 = 0 \tag{10.48b}$$

在正八面体对称场中，零级近似得出 g 是各向同性的，即 $g_{zz} = g_{yy} = g_{xx} = 2$。

由于 $S=1$，在低于正八面体对称场中，自旋简并度也有可能被解除，可以通过 Λ 张量计算出旋轨耦合作用的贡献。由于是八面体场，只需计算 Λ_{zz} 即可，而对 Λ_{zz} 有贡献的激发态，只有 T_{2g} 中的 $|t''_0\rangle = \frac{1}{\sqrt{2}}(|2\rangle + |-2\rangle)$，因此

$$\Lambda_{zz} = -\frac{\left[\frac{1}{\sqrt{2}}(\langle 2| - \langle -2|)L_Z\frac{1}{\sqrt{2}}(|2\rangle + |-2\rangle)\right]^2}{\Delta} = -\frac{4}{\Delta} \tag{10.49}$$

这里的 Δ 就是 T_{2g} 与 A_{2g} 之间的能级间隔（图 10-9）：

$$g_{zz} = g_e + 2\lambda\Lambda_{zz} = g_e - \frac{8\lambda}{\Delta} = g_{iso} \tag{10.50}$$

由于激发态离基态都比较远，弛豫作用较弱，通常 $3d^8$ 离子的 EMR 波谱能够在室温或 77K 下观测到。

Ni^{2+} 是 $3d^8$（八面体场）离子中最重要的一个范例。利用式（10.50）可以从光谱数据估计出 g 值。例如，$Ni(NH_3)_6^{2+}$ 的 10 700 cm^{-1} 吸收带（假定是 $^3T_2$

←$^3A_2$ 跃迁），并取自由离子的 λ 值（$\lambda = -325\,cm^{-1}$）计算出来的 $g = 2.245$。实验值[22]为 2.162。两者的差异可能是它在配合物中有着某些共价键的特性所致。另外，也可以从 g 的实验值和 Δ 值计算出等效的 λ 值，求得 $\lambda = -211\ cm^{-1}$。在多数八面体环境中，g 值在 2.10 ~ 2.33 范围内。Cu^{3+} 也有相似的特性。

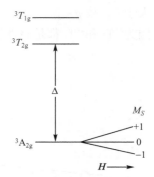

图 10-9　d^8 离子在八面体场中的能级分裂

　　Ni^{2+} 的 EMR 谱线都比较宽，在 MgO 晶体中，其他取代离子的 EMR 波谱线宽通常在 0.05 mT 左右，而 Ni^{2+} 的 EMR 谱线线宽为 4.0 mT。由于 Ni^{2+} 具有偶数个电子，不受 Kramer 定理的约束。剩余的晶格张力可以使 $|0\rangle$ 与 $|+1\rangle$ 态和 $|-1\rangle$ 态的相对间隔有不同程度的偏移，零场分裂参数可正可负，因此得到一条非均匀增宽的谱线。在高微波功率条件下，可以看到一条尖锐的双量子跃迁谱线骑在宽线上，表明它是非均匀增宽（图 10-10）。由于 ^{61}Ni 的自然丰度只有 1.25%，所以很难观测到它的超精细结构。在富集的 ^{61}Ni 样品中，可以观测到它的超精细结构四重线，超精细耦合参数[23]为 0.000 83 cm^{-1}。

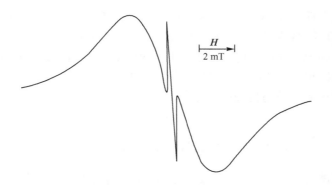

$\dfrac{H}{2\ mT}$

图 10-10　Ni^{2+} 在 MgO 晶体中的 EMR 波谱

10.6.2.2　四面体场中的 $3d^2$ 离子

　　在四面体场的作用下，$3d^2$ 离子的 ^3F 态的七重简并度被解除，与 $3d^8$ 离子在八面体场中的情况相似，其最低能级也是轨道单态。在纯四面体场中，g 值是各向同性的，即

$$g_{zz} = g_e - \frac{8\lambda}{\Delta} = g_{iso} \qquad (10.50)$$

Ti^{2+} 在四面体 ZnS 基质中的 EMR 谱如图 10-11 所示[24]。由于 Ti^{2+} 小于半充满，λ

大于 0，故 $g < g_e$，实验值为 1.9280。它的自旋 Hamiltonian 需要加入超精细项，因为 ^{47}Ti 和 ^{49}Ti 都是磁性核。它们的核自旋依次为 5/2 和 7/2，然而它们的旋磁比

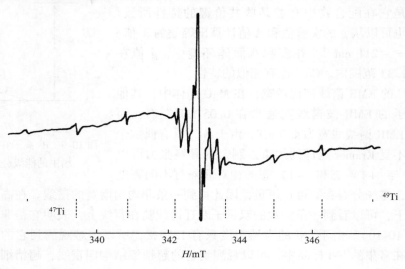

图 10-11 Ti^{2+} 在四面体 ZnS 基质中的 EMR 谱

几乎相等 $[\gamma(^{47}Ti) = 1.5079 \times 10^3 \text{ s}^{-1} \cdot \text{G}^{-1}$；$\gamma(^{49}Ti) = 1.5083 \times 10^3 \text{ s}^{-1} \cdot \text{G}^{-1}]$，因此 ^{47}Ti 的 6 条线与 ^{49}Ti 的 8 条线几乎完全重叠。图中间的宽线也是 $|-1\rangle \leftrightarrow |0\rangle$ 和 $|0\rangle \leftrightarrow |+1\rangle$ 之间跃迁引起的非均匀增宽线。因为 $3d^2$ 离子也是偶数个电子，也不受 Kramer 定理的约束。中心的窄线是 $|-1\rangle \leftrightarrow |+1\rangle$ 的双量子跃迁。中间还有 6 条超精细结构是 ^{67}Zn 核（$I = 5/2$，自然丰度为 4.12%）所贡献的。

10.6.2.3 八面体场 + 四方畸变情况下的 $3d^8$ 离子

处在八面体场中的 $3d^8$ 离子，如果在 Z 轴方向上加上四方畸变，T_{1g} 和 T_{2g} 这两个三重简并的能级还会进一步分裂，分裂后的能级间距如图 10-12 所示。能级间隔 $\delta \ll \Delta_{/\!/}$ 或 $\Delta_\perp$。

$$g_{zz} = g_{/\!/} = g_e - \frac{8\lambda}{\Delta_{/\!/}} \tag{10.51}$$

$\hat{L}_x$ 可以耦合 T_{2g} 中的 $|t''_1\rangle$ 和 $|t''_{-1}\rangle$。因此

$$\Lambda_{xx} = -\frac{\left[\frac{1}{\sqrt{2}}(\langle 2| - \langle -2|)\hat{L}_x\left(\sqrt{\frac{5}{8}}|-1\rangle - \sqrt{\frac{3}{8}}|3\rangle\right)\right]^2}{\Delta_\perp} -$$

$$\frac{\left[\frac{1}{\sqrt{2}}(\langle 2|-\langle-2|)\hat{L}_x\left(\sqrt{\frac{5}{8}}|1\rangle-\sqrt{\frac{3}{8}}|-3\rangle\right)\right]^2}{\Delta_\perp}$$

$$=-\frac{4}{\Delta_\perp} \tag{10.52}$$

于是

$$g_{xx}=g_\perp=g_e-\frac{8\lambda}{\Delta_\perp} \tag{10.53}$$

如果 $\delta\ll\Delta_{/\!/}$ 或 $\Delta_\perp$ $(\Delta_{/\!/}\approx\Delta_\perp)$。则 g 值也是近似各向同性的。在轴对称的情况下，依照式（10.40a），零场分裂参数

$$D=D_{zz}-D_{xx}=\lambda^2(\Lambda_{zz}-\Lambda_{xx})=-4\lambda^2\left(\frac{1}{\Delta_{/\!/}}-\frac{1}{\Delta_\perp}\right)$$

$$=-4\lambda^2\left(\frac{\Delta_\perp-\Delta_{/\!/}}{\Delta_\perp\Delta_{/\!/}}\right)\approx-\frac{4\lambda^2\delta}{\Delta^2} \tag{10.54}$$

在纯八面体场中，由于 $\delta=0$，$3d^8$ 离子就没有零场分裂。

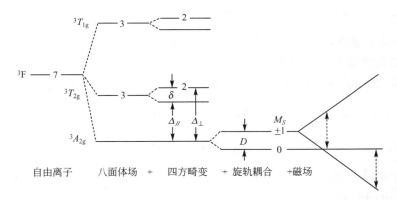

图 10-12　$3d^8(^3F)$ 离子在晶体场中的能级分裂

　　在斜方或更低对称性的晶体场中，需要用式（10.39）的自旋 Hamiltonian。实验观测到的 $3d^8$ 离子，多数的 g 值是近似各向同性的。自旋 Hamiltonian 可近似地写成

$$\hat{\mathscr{H}}=g\beta\boldsymbol{H}\cdot\hat{\boldsymbol{S}}+D\left(\hat{S}_z-\frac{1}{3}\hat{S}^2\right)+E(\hat{S}_x^2-\hat{S}_y^2) \tag{10.55}$$

Ni^{2+} 在低于八面体对称性的晶体场中，确实显示出很强的零场分裂。由于 D 值的局部变化，谱线很宽。在 $Zn_3La_2(NO_3)_{12}\cdot24H_2O$ 中，$D=0.043\ cm^{-1}$，$E=0$；在 TiO_2 中，$D=-8.3\ cm^{-1}$，$E=0.137\ cm^{-1}$。如果基态和具有不同的 L，S 值的状态间没有混合，就可以从 g 值来估算 D 和 E 值：

$$D = \frac{1}{2}\lambda\left[g_{zz} - \frac{1}{2}(g_{xx} + g_{yy})\right] \qquad (10.56a)$$

$$E = \frac{1}{4}\lambda(g_{xx} - g_{yy}) \qquad (10.56b)$$

10.6.2.4　四方畸变的四面体场中的 $3d^2$ 离子

也可用式(10.51)、式(10.53)、式(10.54)计算 g 和 D 值。在 CdS 中的 V^{3+} 是一个很好的实例[25]。实验测得 $g_{//} = 1.934$，$g_{\perp} = 1.932$，$D = 0.1130$ cm^{-1}。如果 λ 采用自由离子 λ 值的70%和实验测得的 g 值进行估算，估算出来的 $\Delta_{//} = 8600$ cm^{-1}，而在 Al_2O_3 中的 V^{3+}，$\Delta_{//} = 18\,000$ cm^{-1}，两者之比约为 $4:9$。从晶体场理论得知，四面体场的分裂值与八面体场的分裂值之比应为 $4:9$。可见两者吻合比较好。g 值对 g_e 的偏离也应是在八面体场中偏离值的两倍左右。

对于 K_2CrO_4 中的 Fe^{6+} [26]，$g = 2.000$，$D = 0.103$ cm^{-1}，$E = 0.016$ cm^{-1}，这里的 $E \neq 0$ 说明它与轴对称有一定程度的偏离。

10.6.2.5　八面体场中的 $3d^3$ 离子

$3d^3$ 的 ^4F 基态自由离子在八面体场中的能级分裂情况与 $3d^8$ 离子相同，最低能级仍然是轨道非简并的 A_{2g} 态（图10-6）。$3d^3$ 与 $3d^8$ 离子的主要区别在于自旋多重简并度。$3d^3$ 离子的 $S = 3/2$，它在磁场中的零级近似能量为

$$E_{\pm 3/2} = \pm\frac{3}{2}g_e\beta H_z \qquad (10.57a)$$

$$E_{\pm 1/2} = \pm\frac{1}{2}g_e\beta H_z \qquad (10.57b)$$

由于轨道波函数与 $3d^8$ 离子的情况完全相同，式（10.50）完全适用于在八面体场中的 $3d^3$ 离子。

对于八面体场中的 $3d^3$ 离子及其配合物的 EMR 研究已有许多报道。它们的线宽一般都比较窄，容易在室温观测到波谱。Cr^{3+} 是 EMR 研究得比较多的 $3d^3$ 离子，图10-13 是在 MgO 中 Cr^{3+} 的 EMR 波谱，它是最典型的八面体场中的 $3d^3$ 离子。在 290 K 展示出 $g = 1.9796$ 的各向同性波谱。中心一条尖锐的强线是 $^{50,52,54}Cr$（$I = 0$）非磁性核贡献的，两边各有两条弱的四重线是 ^{53}Cr（$I = 3/2$，自然丰度为 9.54%）核贡献的，超精细耦合参数 $a = 0.001\,63$ cm^{-1}。

利用 Cr^{3+} 在 MgO 晶体中的 $\Delta(^4T_{2g}) = 16\,900$ cm^{-1} 和 $\lambda = 91$ cm^{-1}，由式（10.50）计算出 $g = 1.96$，与实验值很接近。类似的计算也可用于同电子数离子 V^{2+}，Mn^{4+}。当离子电荷增加时，计算出的 g 值与实验测得的 g 值的偏差也增大。更详细的理论计算表明，配体上的电荷会部分地转移到中央离子上，而且随着中央离子电荷的增加，电荷转移的力度也加大。说明计算值偏

离实验值的原因是中心离子与配体之间存在共价键[27]。在晶体场理论中，把配体也看成是点电荷，在很多情况下是不正确的。应该用配位场理论来处理，把配体的电子和能级一起考虑进去才更符合实际。从式（10.50）看出，Δ 值愈大，g 值就愈接近 g_e。实验结果表明，没有一个 $3d^3$ 离子的 g 值是小于 1.95 的。这就说明 Δ 值都很大，即激发态与基态的能级间隔很大，旋轨耦合作用较小。由于过渡金属离子的自旋 – 晶格弛豫主要是通过旋轨耦合作用进行的，如果旋轨耦合作用很小，τ_1 必然很大，线宽就比较窄，在室温下就可以观测到 EMR 波谱。

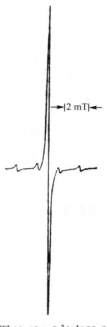

→|2 mT|←

图 10-13 Cr^{3+} 在 MgO
中的 EMR 室温谱

10.6.2.6 四面体场中的 $3d^7$（高自旋）离子

它的能级和自旋与 $3d^3$ 离子基本相同。因此，可以套用 $3d^3$ 离子的 g 因子和零场分裂参数的表达式，但必须注意，$3d^7$ 离子是大于半充满的，$\lambda < 0$，$g > g_e$。$3d^7$ 离子在立方场中的行为与它在四面体场中相同。

立方晶系 ZnS 或 ZnTe 中的 Co^{2+}，以及在 CaF_2 或 CdF_2 晶系中处于立方配位的 Co^{2+}[28]，都属于四面体场中的 $3d^7$（高自旋）离子。虽然，它的基态是轨道非简并的，但 T_{2g} 态与基态 A_{2g} 的能级差不大。对于 CdF_2 中的 Co^{2+}，T_{2g} 态与 A_{2g} 态的能级差为 4200 cm^{-1}。因此，旋轨耦合作用比较强，τ_1 比较小，必须在低于 20 K 的温度下才能观测到 EMR 波谱，测得的 $g = 2.278$。

10.6.2.7 四方畸变的八面体场中的 $3d^3$ 离子

在斜方或更低对称性晶体场中的 $3d^3$ 离子，由于它的 $S = 3/2$，它可选的波函数是 $\left|\frac{3}{2}\right\rangle$、$\left|\frac{1}{2}\right\rangle$、$\left|-\frac{1}{2}\right\rangle$、$\left|-\frac{3}{2}\right\rangle$，在 $\boldsymbol{H} /\!/ \boldsymbol{Z}$ 的情况下，自旋 Hamiltonian 的矩阵表象如下：

$$\mathscr{H} = \begin{array}{c} \left\langle \dfrac{3}{2} \right| \\ \left\langle -\dfrac{1}{2} \right| \\ \left\langle \dfrac{1}{2} \right| \\ \left\langle -\dfrac{3}{2} \right| \end{array} \begin{bmatrix} \dfrac{3}{2}g\beta H_z + D & \sqrt{3}E & 0 & 0 \\[2mm] \sqrt{3}E & -\dfrac{1}{2}g\beta H_z - D & 0 & 0 \\[2mm] 0 & 0 & \dfrac{1}{2}g\beta H_z - D & \sqrt{3}E \\[2mm] 0 & 0 & \sqrt{3}E & -\dfrac{3}{2}g\beta H_z + D \end{bmatrix}$$

$$\left| \dfrac{3}{2} \right\rangle \qquad \left| -\dfrac{1}{2} \right\rangle \qquad \left| \dfrac{1}{2} \right\rangle \qquad \left| -\dfrac{3}{2} \right\rangle$$

(10.58)

解久期方程得

$$E_{3/2} = \frac{1}{2}g\beta H_z + \left[(g\beta H_z + D)^2 + 3E^2 \right]^{1/2} \tag{10.59a}$$

$$E_{-1/2} = \frac{1}{2}g\beta H_z - \left[(g\beta H_z + D)^2 + 3E^2 \right]^{1/2} \tag{10.59b}$$

$$E_{1/2} = -\frac{1}{2}g\beta H_z + \left[(g\beta H_z - D)^2 + 3E^2 \right]^{1/2} \tag{10.59c}$$

$$E_{-3/2} = -\frac{1}{2}g\beta H_z - \left[(g\beta H_z - D)^2 + 3E^2 \right]^{1/2} \tag{10.59d}$$

因为 $3d^3$ 是含有奇数个电子的离子，它一定具有 Kramer 简并度。在零磁场时，它们在 $\pm(D^2 + 3E^2)^{1/2}$ 处有两对二重简并的能级。最简单的情况是四方场。$E = 0$，能级可简化成

$$E_{\pm 1/2} = \pm\frac{1}{2}g\beta H_z - D$$

$$E_{\pm 3/2} = \pm\frac{3}{2}g\beta H_z + D$$

因此，在 D 与 $h\nu$ 相比不太大时，有三条跃迁谱线如图 10-14 所示。必须注意，这三条谱线并非等强度，根据跃迁理论，它们的强度比应正比于 $|\langle M_s | \hat{S}_+ | M_s - 1 \rangle|^2$。于是

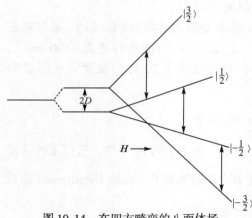

图 10-14　在四方畸变的八面体场中 d^3 离子的能级图

$$\left| \left\langle -\frac{1}{2} \left| \hat{S}_+ \right| -\frac{3}{2} \right\rangle \right|^2 = 3; \qquad \left| \left\langle \frac{1}{2} \left| \hat{S}_+ \right| -\frac{1}{2} \right\rangle \right|^2 = 4$$

这三条线的相对强度应为 $3:4:3$。

上面讨论的是 $H/\!/Z$ 的情况下。对于 $H/\!/X$ 和 $H/\!/Y$ 的情况下，请参阅文献[15]。

10.6.3　基态轨道非简并的 S 态离子

10.6.3.1　八面体场中的 $3d^5$（高自旋）离子

高自旋 $3d^5$ 离子的半充满壳层，其基态应该是轨道单态，即$^6S_{5/2}$。在外磁场平行于正八面体的主轴情况下，能级分裂与磁场的关系如图 10-15 所示。高自旋 $3d^5$ 离子在许多基质中的 EMR 波谱，在很宽的温度范围内都研究过了。由于激发态都远离基态$^6A_1$，基态与激发态之间的旋轨耦合很小；由于它是奇数个电子体系，能级至少是二重简并的（Kramer 定理）。因此，即使它有很大的零场分裂，用通常的 X 波段 EMR 谱仪也都能观测到波谱。

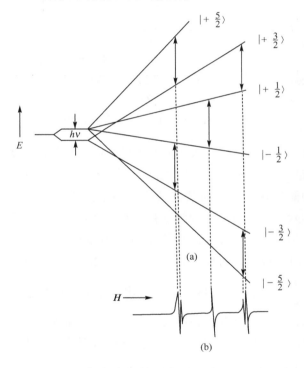

图 10-15　在八面体场中 $3d^5$ 离子的能级图（a）和
在 $h\nu \gg 3\alpha'$ 的情况下的 EMR 谱（b）

在 $SrTiO_3$ 中的 Fe^{3+} 也属于八面体场中的 $3d^5$（高自旋）离子。这里的 Fe^{3+} 取代了晶格中的 Ti^{4+}，而原来的 Ti^{4+} 周围是六个呈八面体配位的氧原子。应该指出：Fe^{3+} 在 $SrTiO_3$ 晶格中有两种晶位：一种是处在四方对称场中；另一种是处在

八面体对称场中的。图 10-16（a）就是它在外磁场 $H/\!/[0,0,1]$ 面时的 EMR 波谱[29]，它的外侧两条线是 $\left|\pm\dfrac{3}{2}\right\rangle\leftrightarrow\left|\pm\dfrac{1}{2}\right\rangle$ 之间的跃迁，内侧的两条线是 $\left|\pm\dfrac{5}{2}\right\rangle\leftrightarrow\left|\pm\dfrac{3}{2}\right\rangle$ 之间的跃迁，中心的单线是 $\left|+\dfrac{1}{2}\right\rangle\leftrightarrow\left|-\dfrac{1}{2}\right\rangle$ 之间的跃迁，它们的强度比应该是 $8:5:9:5:8$；图 10-16（b）是磁场平行于八面体主轴方向时，处于四方对称晶位中的 Fe^{3+} 的理论杆谱；图 10-16（c）是处在八面体对称场晶位 Fe^{3+} 的理论杆谱。

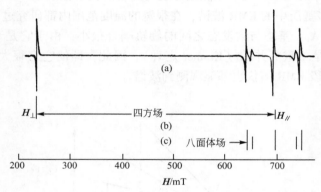

图 10-16　Fe^{3+} 在 $SrTiO_3$ 晶体中的 EMR 波谱

在 MgO 中的 Mn^{2+} 也是属于八面体场中的 $3d^5$（高自旋）离子。图 10-17 就是它的 EMR 波谱。六条强线是由于 ^{55}Mn（$I=5/2$）的超精细互作用引起的，以强线为中心，两侧各有一强一弱共五条线为一组，类似于图 10-15 中 Fe^{3+} 的波谱。从左到右共六组，而第五组的两侧有重叠，第六组则反过来，较强的谱线由外侧移向内侧。对于 Mn^{2+} 来说，参数 a'（$0.001\ 901\ cm^{-1}$）比超精细耦合参数 a（$0.008\ 11\ cm^{-1}$）小很多，而且比 Fe^{3+} 的 a'（$0.020\ 38\ cm^{-1}$）小得更多。因此相当于 $\left|-\dfrac{1}{2}\right\rangle\leftrightarrow\left|\dfrac{1}{2}\right\rangle$ 跃迁的六重线，只表现出很小的各向异性性。所以，即使是粉末或溶液样品，也还是能够看到这组六重线。而其他各组谱线由于各向异性性很强，在粉末或溶液中是看不到的。对于在一些八面体场基质中的 Fe^{3+}，也可以看到 $\left|-\dfrac{1}{2}\right\rangle\leftrightarrow\left|\dfrac{1}{2}\right\rangle$ 的跃迁，但在溶液样品中却只能看到一条宽线，原因是其各向异性性太大了。溶液中的 Fe^{3+}，如 $[FeCl_4]^-$，可能是四面体配位的[30]。

由于 $3d^5$（高自旋）离子的激发态与基态的能级差很大，它的 g 值总是很接近于 g_e。如 CaO 中的 Mn^{2+}[31]，$g=2.0009$；CaO 中的 Fe^{3+}，$g=2.0052$；ZnS 中的 Cr^+[32]，$g=1.9995$。

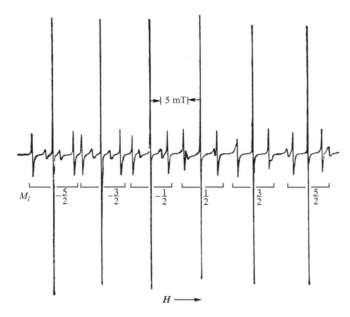

图 10-17　在 MgO 中 Fe^{3+} 的 EMR 室温谱

10.6.3.2　四方畸变八面体场中的 $3d^5$（高自旋）离子

在低对称性晶体场中，自旋 Hamiltonian 应加上

$$D\left(\hat{S}_z^2 - \frac{1}{3}\hat{S}^2\right) + E(\hat{S}_x^2 - \hat{S}_y^2)$$

这里的 D 和 E 通常比 a' 都要大很多，所以可用式（10.39）。通常 g 值是各向同性的，并且很接近于 g_e。在四方场中，$E=0$，如果 H 平行于四方轴，则能级分裂如图 10-18 所示。这里的 $D \approx 0.1$ cm^{-1}。如果 H 不是平行四方轴，能级表示就很复杂。

如果 $D \gg h\nu$，只能看到 $\left| -\frac{1}{2} \right\rangle \leftrightarrow \left| \frac{1}{2} \right\rangle$ 跃迁。经过适当处理，在 $SrTiO_3$ 中处于八面体配位环境的 Fe^{3+}，可以转化为四方体系。其中 $g_{//} = 2.0054$、$g_\perp = 5.993$。这里的 $D = 1.42$ cm^{-1}，确实大于 $h\nu$。

血红蛋白（hemoglobin）是 Fe^{3+}（高自旋）在四方场中的一个重要的生物例子。其结构如图 10-19（a）所示。高自旋 Fe^{3+} 是处在很强的轴对称晶体场中，D 值很大（$20 \sim 30$ cm^{-1}），$g_{//} = 2$，$g_\perp = 6$，g 张量的各向异性性也很大，这就给测定亚铁血红素（heme）平面相对于晶轴的取向提供了一个很好的测试方法。用典型的测定单晶谱的方法，测定三个晶轴平面中的 g 张量与角度的关系，就能决定亚铁血红素平面及其法线的取向，如图 10-19（b）所示[33]，并能得到 g 张量的主值和方向余弦。

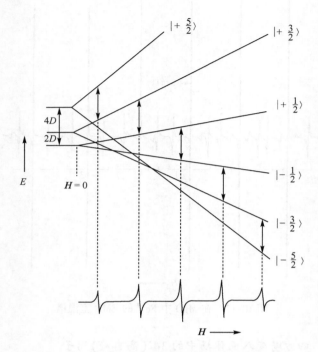

图 10-18 d^5 离子在弱四方场中的能级和允许跃迁

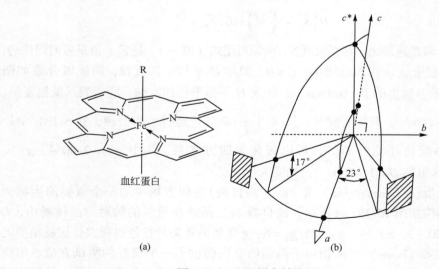

图 10-19   血红蛋白结构图

血红蛋白的 EMR 谱也能在无规体系中观测到。亚铁血红素的酸性形式（pH 6.0）在 167 K 温度下的 EMR 波谱[34]如图 10-20(a)所示。这是轴对称的波谱，强线 $g_\perp = 6$；弱线 $g_{//} = 2$。这时亚铁血红素的第 6 配位上是 H_2O。但在碱性溶液中（pH 10.5）77 K 温度下，测得的波谱如图 10-20(b)所示。这时 g 张量的各向异性性很小，表明晶体场不再是轴对称的了。这时亚铁血红素的第 6 配位上是 OH^-，而且它与血红素的结合比 H_2O 要强得多。如此看来，Fe^{3+} 已从高自旋态转变为低自旋态。磁化率研究也验证了这一点。

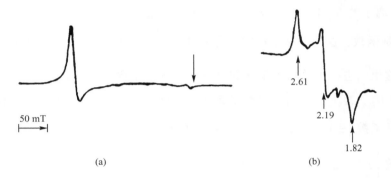

图 10-20　正铁血红素 EMR 波谱图

Fe^{3+} 在溶液中的 EMR 波谱具有一条很宽（100 mT）的谱线。其原因可能是有畸变的八面体对称的瞬态配位分布造成一个很大而且随时间变化的零场分裂。如果在 pH > 5 的条件下，用 F^- 与它络合，就能生成稳定的正八面体络离子 FeF_6^{3-}。它的 EMR 波谱就是一组总宽度仅 1.1 mT 的七条线[35]，其强度比为 1:6:15:20:15:6:1。显然，这是由于 6 个等价的 F^- 核与未偶电子的超精细互作用的结果。

10.7　具有轨道简并的基态离子

当晶体场没能完全解除自由离子的轨道简并度时，基态仍具有净轨道角动量。对于这种体系，旋轨耦合算符应该用基态的总角动量表示。由于能级分裂后的能级间隔总是比 kT 大很多，所以，主要是考虑最低能态以决定这个能态的简并度和本征函数，因为它们决定 EMR 波谱的特征。

10.7.1　D 态离子

10.7.1.1　八面体场中的 3d¹ 离子

在八面体场中，3d¹ 自由离子的²D 态分裂为二，最低为 T_{2g} 态。它是轨道三

重简并的，即使是零级近似，基态仍然保留一些轨道角动量。在这里，可以把三个简并的 T_{2g} 态看成是一个具有"虚拟"轨道角动量量子数 $L'=1$ 状态的三个分量。就是说，我们可以用 $|M_{L'}\rangle$ 来表征三个简并状态，即 $M_{L'}=1$、0、-1。严格讲，L 只能应用于球形对称的体系。如果把基态看成是 $L'=1$ 状态的体系，式（10.21）的 Hamilton 算符需要做如下修改[36]：

$$\mathcal{H}' = \mathcal{H}'_{\text{Zeeman}} + \mathcal{H}'_{LS} = \beta(-\alpha\hat{\boldsymbol{L}}' + g_e\hat{\boldsymbol{S}}) \cdot \boldsymbol{H} - \alpha\lambda\hat{\boldsymbol{L}}' \cdot \hat{\boldsymbol{S}} \tag{10.60}$$

这里的 α 是一个参数，对于 D 态离子，$\alpha \approx 1$，F 态离子的 $\alpha \approx 3/2$。

3d^1 离子的 $S=1/2$，它至少有一个 Kramer 二重简并度。以 $|M_{L'}, M_S\rangle$ 作为 $\mathcal{H}'_{LS}$ 的基函数，这 6 个基函数中只有 $\left|\pm 1, \pm\dfrac{1}{2}\right\rangle$ 两个是 $\mathcal{H}'_{LS}$ 的本征函数。

在这里引进一个总角动量算符 $\boldsymbol{J}' = \boldsymbol{L}' + \boldsymbol{S}$，注意 $\hat{J}'_z$ 和 $\hat{L}'_z$、$\hat{S}_z$ 是可对易的，因此，$|M_{L'}, M_S\rangle$ 也是 $\hat{J}'_z$ 的本征函数，一般来说，它们并不是 $\hat{J}'^2$ 的本征函数。对于本征函数 $\left|\pm 1, \pm\dfrac{1}{2}\right\rangle$，$\hat{J}'_z$ 的本征值为 $M_{J'} = \pm 3/2$，而它又是 $\mathcal{H}'_{LS}$ 的本征函数，故 $\left|\pm 1, \pm\dfrac{1}{2}\right\rangle$ 态的能量为

$$\left\langle \pm 1, \pm\frac{1}{2} \left| \mathcal{H}'_{LS} \right| \pm 1, \pm\frac{1}{2} \right\rangle$$

$$= -\alpha\lambda \left\langle \pm 1, \pm\frac{1}{2} \left| \hat{L}'_z\hat{S}_z + \frac{1}{2}(\hat{L}'_+\hat{S}_- + \hat{L}'_-\hat{S}_+) \right| \pm 1, \pm\frac{1}{2} \right\rangle = -\frac{\alpha\lambda}{2} \tag{10.61}$$

函数 $\left|0, \pm\dfrac{1}{2}\right\rangle$ 和 $\left|\pm 1, \mp\dfrac{1}{2}\right\rangle$ 的 $M_{J'} = \pm\dfrac{1}{2}$，但它们不是 $\mathcal{H}'_{LS}$ 的本征函数，要想求出能量必须解久期方程，$\mathcal{H}'_{LS}$ 的矩阵表象

$$\mathcal{H}'_{LS} = \begin{array}{c} \\ \left\langle \pm 1, \mp\dfrac{1}{2} \right| \\ \\ \left\langle 0, \pm\dfrac{1}{2} \right| \end{array} \begin{array}{cc} \left|\pm 1, \mp\dfrac{1}{2}\right\rangle & \left|0, \pm\dfrac{1}{2}\right\rangle \\ \begin{bmatrix} \dfrac{1}{2}\alpha\lambda & -\dfrac{1}{\sqrt{2}}\alpha\lambda \\ -\dfrac{1}{\sqrt{2}}\alpha\lambda & 0 \end{bmatrix} \end{array} \tag{10.62}$$

解它的久期方程，得到两个能级，一个是 $E_{1/2} = \alpha\lambda$，是二重简并的；另一个是 $E_{3/2} = -\dfrac{\alpha\lambda}{2}$，是四重简并的，它们的本征函数如表 10-6 所示。

表 10-6　本征函数

能级	耦合表象函数 $\left\vert J',M_{J'}\right\rangle$	无耦合表象函数 $\left\vert M_{L'},M_s\right\rangle$
$E_{1/2}=\alpha\lambda$	$\left\vert\dfrac{1}{2},\dfrac{1}{2}\right\rangle$	$\sqrt{\dfrac{2}{3}}\left\vert 1,-\dfrac{1}{2}\right\rangle-\sqrt{\dfrac{1}{3}}\left\vert 0,\dfrac{1}{2}\right\rangle$
	$\left\vert\dfrac{1}{2},-\dfrac{1}{2}\right\rangle$	$\sqrt{\dfrac{2}{3}}\left\vert-1,\dfrac{1}{2}\right\rangle-\sqrt{\dfrac{1}{3}}\left\vert 0,-\dfrac{1}{2}\right\rangle$
$E_{3/2}=-\dfrac{\alpha\lambda}{2}$	$\left\vert\dfrac{3}{2},\dfrac{3}{2}\right\rangle$	$\left\vert 1,\dfrac{1}{2}\right\rangle$
	$\left\vert\dfrac{3}{2},\dfrac{1}{2}\right\rangle$	$\sqrt{\dfrac{1}{3}}\left\vert 1,-\dfrac{1}{2}\right\rangle+\sqrt{\dfrac{2}{3}}\left\vert 0,\dfrac{1}{2}\right\rangle$
	$\left\vert\dfrac{3}{2},-\dfrac{1}{2}\right\rangle$	$\sqrt{\dfrac{1}{3}}\left\vert-1,\dfrac{1}{2}\right\rangle+\sqrt{\dfrac{2}{3}}\left\vert 0,-\dfrac{1}{2}\right\rangle$
	$\left\vert\dfrac{3}{2},-\dfrac{3}{2}\right\rangle$	$\left\vert-1,-\dfrac{1}{2}\right\rangle$

对于 $3d^1$ 离子，$\lambda>0$，因此 $E_{3/2}$ 是最低能级。如果 $\alpha\lambda\gg kT$，则只有这个能级是有电子占据的。

对于 $\boldsymbol{H}\,/\!/\,\boldsymbol{Z}$ 的情况下

$$\mathscr{H}'_{\text{Zeeman}}=\beta(-\alpha L'_z+g_eS_z)H_z \tag{10.63}$$

$$E_{3/2,\pm3/2}=\pm(-\alpha+1)\beta H_z=\frac{2}{3}(-\alpha+1)\beta H_z\left(\pm\frac{3}{2}\right) \tag{10.64}$$

$$E_{3/2,\pm1/2}=2\left[\frac{1}{3}(-\alpha-1)+\frac{2}{3}(+1)\right]\beta H_z\left(\pm\frac{1}{2}\right)=\frac{2}{3}(-\alpha+1)\beta H_z\left(\pm\frac{1}{2}\right) \tag{10.65}$$

由于 D 态离子的 $\alpha\approx1$，则 $g=0$。而事实上在正八面体场中的 $3d^1$ 离子，确实观测不到 EMR 波谱。

10.7.1.2　四方畸变的八面体场中的 $3d^1$ 离子（$\Delta\gg\delta\gg\lambda$）

$3d^1$ 离子在没有旋轨耦合互作用的四方场中，能级分裂如图 10-21 中的虚线所示。它的最低能级取决于 δ 的符号，可以是轨道单重态，也可以是轨道二重简并态。对于基态是轨道单态，又没有旋轨耦合互作用，则 $g_{/\!/}=g_\perp=g_e$。因为这个单态仍然是自旋二重简并态，即 Kramer 二重简并态。

如果有旋轨耦合互作用，即使是很小，也会解除轨道简并度。对于处在 $0<\delta\gg\lambda$ 的情况下，可以从 $\boldsymbol{\Lambda}$ 张量求出 g 值。设四方轴平行于 $\boldsymbol{Z}$ 轴，则

$$\Lambda_{zz} = -\frac{\left[\frac{1}{\sqrt{2}}(\langle 2| - \langle -2|)\hat{L}_z\left(\frac{1}{\sqrt{2}}\right)(|2\rangle + |-2\rangle)\right]^2}{\Delta} = -\frac{4}{\Delta} \tag{10.66}$$

所以

$$g_{/\!/} = g_{zz} = g_e - \frac{8\lambda}{\Delta} \tag{10.67}$$

$$\Lambda_{xx} = -\frac{\left[\frac{1}{\sqrt{2}}(\langle 2| - \langle -2|)\frac{1}{2}\hat{L}_+|1\rangle\right]^2 + \left[\frac{1}{\sqrt{2}}(\langle 2| - \langle -2|)\frac{1}{2}\hat{L}_-|-1\rangle\right]^2}{\delta}$$

$$= -\frac{1}{\delta} \tag{10.68}$$

所以

$$g_\perp = g_{xx} = g_{yy} = g_e - \frac{2\lambda}{\delta} \tag{10.69}$$

在四方场中的 $3d^1$ 离子，且 $\Delta \gg \delta$，$0 < \delta \gg \lambda$，理论预言 $g_\perp < g_{/\!/} < g_e$。

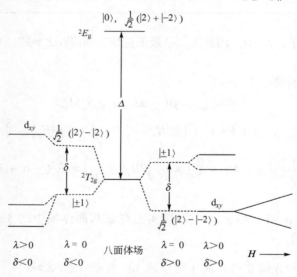

图 10-21 在四方畸变的八面体场中 $3d^1$ 离子的能级分裂

实验确实观测到了 Sc^{2+}、Ti^{3+}、V^{4+}、Cr^{5+}、Mn^{6+} 等 $3d^1$ 离子的 EMR 波谱。虽然它们都只有一个 d 电子，但随其正电荷价态的增加，其共价键特性也随之增强，电荷转移到配体上的概率也增大，就会降低旋轨耦合参数的有效值。因此，在某些情况下，甚至会出现 $g_\perp > g_{/\!/}$ 的情况。可见，具有低电荷数的离子采用晶体场近似比较符合实验值，因为它的共价键特性最少。

在 KBr 单晶中的 $VO(CN)_5^{3+}$ 有两组谱线[37]，如图 10-22 所示，一组是 **H** 平

行于 V—O 轴，另一组是 **H** 垂直于 V—O 轴。$g_{//} = 1.9711$，$g_{\perp} = 1.9844$。这里就出现 $g_{\perp} > g_{//}$ 的情况，因为（CN）配体具有很强的共价键特性。

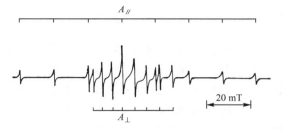

图 10-22　在 KBr 单晶中 $VO(CN)_5^{3-}$ 的 EMR 波谱

10.7.1.3　四方畸变的八面体场中的 $3d^1$ 离子 $(\Delta \gg \lambda \approx \delta)$

在 λ 和 δ 处于同一个数量级的情况下，很难把 λ 和 δ 的影响区别开来。令 $\eta = \lambda / \delta$；$\delta = \left[\left(1 + \dfrac{1}{2}\eta\right)^2 + 2\eta^2\right]^{1/2}$。当 $\delta \to 0$ 时，$\delta \to 3\eta/2$；因此，当 $\lambda > 0$ 时，$g_{//}$ 和 $g_{\perp}$ 都趋向于零。也就是说在正八面体场中，$3d^1$ 离子是观测不到 EMR 波谱的。然而，对于 $\lambda < 0$，$\delta = 0$，基态相当于 $J' = 1/2$，这时的 $\eta \to \infty$，于是 $g_{//} \to -2$，$g_{\perp} \to +2$。这说明 g 值可以是负的。当 $\eta \to 0$，$\delta \to 1$，$g_{//}$ 和 $g_{\perp}$ 都趋向于 2。图 10-23 就是 $3d^1$ 离子在四方畸变的八面体场中 g 值随 η 变化的函数关系。

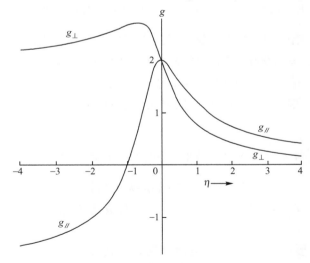

图 10-23　$3d^1$ 离子在四方畸变的八面体场中 g 值
随 η 变化的函数关系图

Ti^{3+} 在 $CsTi(SO_4)_2 \cdot 12H_2O$ 基质中的 EMR 波谱表明，$g_{//} = 1.25$，$g_{\perp} = 1.14$。

虽然它是三方畸变，但作为一级近似还是可以从图 10-23 中估计出 $\eta \approx 0.6$。如果采用 Ti^{3+} 的 $\lambda = 154 \text{ cm}^{-1}$，则 $\delta \approx 250 \text{ cm}^{-1}$。

10.7.1.4　三方畸变八面体场中的 $3d^1$ 离子

许多 $3d$ 离子属于这种情况，其主要晶体场是八面体场加上很小的三方畸变。八面体的外切立方体的体对角线是三方的对称轴。沿着这根轴的方向拉伸或压缩就构成了三方畸变。通常总是选择三方轴为 Z 轴。这样得到的晶体场算符和波函数的形式最简单。在三方畸变八面体场中 $3d^1$ 离子的能级和波函数如图 10-24 所示。它的能级分裂和 g 因子与四方畸变八面体场中的 $3d^1$ 离子一样：$g_{//} \approx g_e$；$g_\perp$ $\approx g_e - 2\lambda/\delta$（式中忽略了 Δ^{-1} 项）。

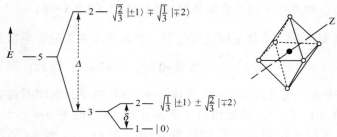

自由离子　八面体场　三角畸变

图 10-24　三方畸变八面体场中 $3d^1$ 离子的能级和波函数

在乙酰丙酮铝中的乙酰丙酮钛就是三方畸变八面体场中的 $3d^1$ 离子。它的波谱参数[38] 为 $g_{//} = 2.000$（2）；$g_\perp = 1.921$（1）；$A_{//} = 0.000\ 63 \text{ cm}^{-1}$；$A_\perp = 0.001\ 75 \text{ cm}^{-1}$。估计 Δ 值应在 2000 ~ 30 000 cm^{-1} 之间，但光谱在 5000 ~ 14 000 cm^{-1} 之间没有吸收。根据 T_1 对温度的依赖关系，推测 Δ 值应在 2000 ~ 5000 cm^{-1} 之间。

10.7.1.5　四方畸变八面体场中的 $3d^5$（低自旋）离子

八面体场中 $3d^5$（低自旋）离子的能级次序和轨道与八面体场中的 $3d^1$ 离子完全相同。由于 T_{2g} 能级上有五个电子，可以看成是 T_{2g} 轨道上有一个正空穴。故 $\lambda < 0$。

具有 MX_6^{n-} 形式的离子就属于这种情况。一般认为它应该是八面体对称的，但事实上往往带点四方或斜方畸变，由于 δ 与 λ 的大小差不多，且 $\delta > 0$，$\eta < 0$，应该用图 10-23 的左边。例如，$K_3Co(CN)_6$ 中的 Fe^{3+}，实验测得[39]：$g_{//} = 0.915$，$g_\perp = 2.2$。从图 10-23 查出 $\eta \approx -0.5$，由于它（自由离子）的 $\lambda = -103 \text{ cm}^{-1}$，故 $\delta \approx 200 \text{ cm}^{-1}$。

10.7.1.6　在八面体场中的 $3d^6$（高自旋）离子

在中等强度的八面体场中，$3d^6$ 离子的 ^5D 态分裂成 ^5E_g 和 $^5T_{2g}$ 两个能级，$^5T_{2g}$ 处于低能级如图 10-25 所示。由于强场是逆磁性的，这里不予考虑。在弱场中基态的旋轨耦合作用，把 $^5T_{2g}$ 能级再分裂成 $J'=3，2，1$ 三个能级。将

$$\mathscr{H}'_{LS} = -\alpha\lambda\hat{L}'\cdot\hat{S} = -\frac{\alpha\lambda}{2}(\hat{J}'^2 - \hat{L}'^2 - \hat{S}^2)$$

作用到 $|J'，M_{J'}\rangle$，即得 $E_{J'}$：

$$\left.\begin{aligned} E_1 &= 3\alpha\lambda \approx 3\lambda \\ E_2 &= \alpha\lambda \approx \lambda \\ E_3 &= -2\alpha\lambda \approx -2\lambda \end{aligned}\right\} \tag{10.70}$$

如果再考虑 ^5E_g 能态间的旋轨耦合互作用，则式（10.70）还应加上一项 $-\dfrac{18\lambda^2}{5\Delta}$。

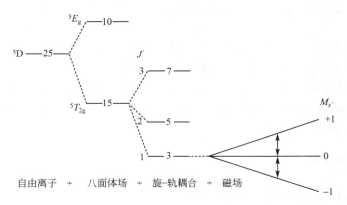

图 10-25　$3d^6$（高自旋）在晶体场中的能级分裂

由于 $3d^6$ 离子是大于半充满的，$\lambda < 0$，因此最低能态是 E_1。如果温度足够低，则电子只占据在这个能级上。E_1 的 $J'=1$，则 $M_{J'}=1，0，-1$，所以这个能级是三重简并的，它有三个 $|J'，M_{J'}\rangle$ 函数，它在磁场中的能级是

$$\left.\begin{aligned} E_{-1} &= \beta H\left(-\frac{3}{2}g_e - \frac{k'}{2} + \frac{18\lambda}{5\Delta}\right) \\ E_0 &= 0 \\ E_1 &= \beta H\left(\frac{3}{2}g_e + \frac{k'}{2} - \frac{18\lambda}{5\Delta}\right) \end{aligned}\right\} \tag{10.71}$$

考虑到电子可能离域到配体上，在这里引入所谓的轨道减弱因子 k'（<1）。对于八面体场中的 $3d^6$（高自旋）离子，$k'\approx 1$，则

$$g = \frac{7}{2} - \frac{18\lambda}{5\Delta} \qquad\qquad (10.72)$$

对于 Fe^{2+}，取自由离子的 $\lambda = -103\ cm^{-1}$。在 MgO 晶体中，$\Delta \approx 10\ 000\ 103\ cm^{-1}$，计算得到 $g = 3.494$，实验测得 $g = 3.428$。如果取 $k' \approx 0.8$，则计算值更符合实验值。

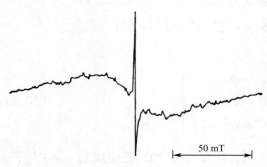

图 10-26　Fe^{2+} 在八面体场 MgO 中的 EMR 谱

$^5T_{2g}$ 状态间的旋轨耦合作用，导致自旋晶格弛豫时间很短，因此，只能在 20K 或更低温度下才能观测到 EMR 波谱。Fe^{2+} 与环境的耦合比任何 3d 离子都更强。对于严格的正八面体对称稍许偏离，即可导致很大的零场分裂。在 MgO 中，除 $3d^8$ 外的其他 3d 离子的线宽都只有 0.05 mT，而 Fe^{2+} 的线宽却高达 50 mT。图 10-26 就是在 4.2 K、微波频率为 25 GHz 条件下测得的 EMR 波谱。由于在正八面体场上叠加无规的低对称畸变场，导致谱线非常宽，中心的窄线是双量子跃迁，如果以中心窄线确定宽线的 g 值，则 $g = 3.4277$。此外，在"半场"处还可以观测到 $\Delta M_s = 2$ 的跃迁。这就更进一步证明了在八面体场上叠加了低对称畸变。因为在严格的正八面体场中，$\Delta M_s = 2$ 的跃迁是禁阻的。

10.7.2　F 态离子

10.7.2.1　八面体场中的 $3d^2$ 离子

在八面体场中的 $3d^2$ 离子的最低能级是 T_{1g}，这里的 $S = 1$，旋轨耦合作用引起能级进一步分裂，按照量子数 $J' = 2$、1、0 分成 3 个能级，如图 10-27 所示。

$$E_2 = -\alpha\lambda; \qquad E_1 = \alpha\lambda; \qquad E_0 = 2\alpha\lambda$$

由于 $3d^2$ 离子的 $\lambda > 0$，所以最低能级是 E_2。但是迄今为止，在八面体场中 $3d^2$ 离子的实验例子仍未见文献报道。

10.7.2.2　在三方畸变八面体场中的 $3d^2$ 离子

在已知的实例中，$3d^2$ 离子在八面体场中都有很强的三方畸变，使 T_{1g} 能级进一步分裂成两个能级，最低能级是轨道单态，但有三重自旋简并度。由于与上面两个能态有很强的旋轨耦合作用，产生相当大的零场分裂，最低能级 $|M_s\rangle = |0\rangle$ 为非简并态（图 10-27），较高的能级为二重简并态 $|\pm 1\rangle$，在外磁场的作

用下，可以看到 $|-1\rangle \leftrightarrow |+1\rangle$ 态间的跃迁 $h\nu = g\beta H$，选律 $\Delta M_S = 2$。

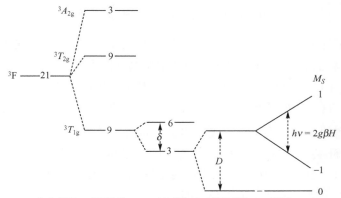

图 10-27　^3F 离子（d^2）在八面体场中的能级分裂

从磁化率测定得知 D 约为 5 cm^{-1}。因此在通常的磁场中，由于 $|+1\rangle$ 和 $|-1\rangle$ 两个态离 $|0\rangle$ 态太远，所以观测不到 $\Delta M_S = \pm 1$ 的跃迁。在三方畸变场中，$E \neq 0$，$|+1\rangle$ 和 $|-1\rangle$ 两个态有状态混合，于是就有 $\Delta M_S = \pm 2$ 的跃迁，但必须是在微波场平行于外磁场的情况下才能观测到。

红宝石（Al_2O_3）中的 Al^{3+} 被 V^{3+} 或 Cr^{4+} 取代，就是三方畸变的八面体场中的 $3d^2$ 离子的实例[40]。在红宝石中所有的 Al^{3+} 都是处在六个氧离子围成的畸变八面体的三方轴上。三方场把 V^{3+} 的 T_{1g} 基态分裂成一个轨道单态 A_{2g} 和一个轨道二重态 E_g。A_{2g} 的能量最低，E_g 比 A_{2g} 高 1200 cm^{-1}，由于基态与最低激发态间存在较强的旋轨耦合互作用，弛豫时间 T_1 就很短，必须在 4K 以下的低温才能观测到 EMR 波谱。

^{51}V（$I = 7/2$，自然丰度为 100%）核的旋磁比相当大，通常都能观测到 8 条超精细结构谱线。V^{3+} 的 $S = 1$，体系的自旋 Hamiltonian 如下：

$$\mathscr{H} = \beta \big[g_{/\!/} H_z \hat{S}_z + g_\perp (H_X \hat{S}_x + H_Y \hat{S}_y) + D \Big(\hat{S}_z^2 - \frac{2}{3} \Big)$$

$$+ A_{/\!/} \hat{S}_z \hat{I}_z + \frac{1}{2} A_\perp (\hat{S}_+ \hat{I}_- + \hat{S}_- \hat{I}_+) \tag{10.73}$$

令三方轴为 Z 轴，当外磁场 $H /\!/ Z$ 轴时，式（10.73）可用一个等效的 Hamilton 算符表示

$$\mathscr{H}_{eq} = g_{/\!/} \beta H_z \hat{S}_z + A_{/\!/} \hat{S}_z \hat{I}_z \tag{10.74}$$

显然，这里忽略了 x、y 组分，并且由于 $D \hat{S}_z^2$ 对 $|\pm 1\rangle$ 两个态有相同的作用，也被忽略掉，然后将 $\mathscr{H}_{eq}$ 作用到 $|\pm 1\rangle$ 两个态，相减得

$$\Delta E = h\nu = 2(g_{/\!/} \beta H_z + A_{/\!/} M_I) \tag{10.75}$$

相当于 M_I 的超精细谱线的磁场位置 $H_r(M_I)$：

$$H_r(M_I) = \left(\frac{1}{2}h\nu - A_{/\!/}M_I\right)\Big/ g_{/\!/}\beta \tag{10.76}$$

实验观测到了红宝石（Al_2O_3）中 V^{3+} 在 4.2K 的 EMR 波谱。它是由裂距几乎完全相等（11.4 mT）的 8 条线组成的超精细结构谱图[40]。这就说明，图谱应归属于 $|-1\rangle \leftrightarrow |+1\rangle$ 之间 $\Delta M_S = \pm 2$ 的跃迁。因为，如果是 $\Delta M_S = \pm 1$ 的跃迁，在通常情况下，这么大的超精细分裂，就必然产生相当大的二级位移，8 条线就不可能是等距离的。反过来说，二级位移是 Hamilton 算符中的 $\hat{S}_+\hat{I}_- + \hat{S}_-\hat{I}_+$ 项引起的。这项算符会把 $|\pm 1\rangle$ 两个态与 $|0\rangle$ 态耦合起来。现在跃迁发生在 $|-1\rangle \leftrightarrow |+1\rangle$ 之间，这个算符就不可能把它们耦合起来，因此就不会引起二级位移，所以 8 条线应该是完全等距离的。

观测不到 $\Delta M_S = \pm 1$ 的跃迁是因为 $|\pm 1\rangle$ 两个态与 $|0\rangle$ 态能级差太大，有人用强脉冲磁场（10 T）就观测到了 $|-1\rangle$ 态与 $|0\rangle$ 态之间 $\Delta M_S = 1$ 的跃迁，并由此定出 $D = (7.85 \pm 0.4)\,cm^{-1}$。

在红宝石中的 Cr^{4+}，其性质与 V^{3+} 相似，EMR 波谱参数[41]为：$g_{/\!/} = 1.90$；$D = 7\,cm^{-1}$；$E < 0.05\,cm^{-1}$。

10.7.2.3　八面体场中的 $3d^7$（高自旋）离子

在八面体场中的 $3d^7$（高自旋）自由离子，其 ^4F 态的能级分裂后的最低能级是 $^4T_{1g}$ 态，与八面体场中的 $3d^1$ 类似。这里的 $S = \frac{3}{2}$，可以把基态看成是 $L' = 1$，于是 $J' = \frac{5}{2}$、$\frac{3}{2}$、$\frac{1}{2}$，其相应的能量为

$$E_{5/2} = -\frac{3}{2}\alpha\lambda = -\frac{9}{4}\lambda \tag{10.77a}$$

$$E_{3/2} = \alpha\lambda \approx \frac{3}{2}\lambda \tag{10.77b}$$

$$E_{1/2} = \frac{5}{2}\alpha\lambda \approx \frac{15}{4}\lambda \tag{10.77c}$$

能级分裂如图 10-28 所示。

$3d^7$ 离子的 $\lambda < 0$，最低能级应该是 $E_{1/2}$。如果 $\alpha\lambda \gg kT$，则电子只布居在 $J' = \frac{1}{2}$ 的能级上，在零场时，基态是二重简并的。

由于八面体场中的 $3d^7$（高自旋）离子的基态是二重简并的，虽然它的真正自旋应为 $S = \frac{3}{2}$，仍然可以用等效自旋 $S' = \frac{1}{2}$ 的自旋 Hamiltonian 来描述它。

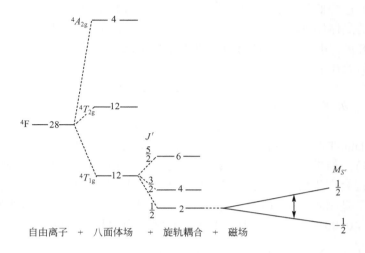

图 10-28 在八面体场中 $3d^7$（高自旋）离子的能级分裂

最常见的八面体场中的 $3d^7$（高自旋）离子是 Co^{2+}，在许多配位环境中都可以观测到 EMR 波谱[42]。^{59}Co 核（$I = 7/2$，自然丰度 100%）通常都能观测到 8 条超精细结构线。但由于 $J' = \frac{3}{2}$ 的四重态和 $J' = \frac{5}{2}$ 的六重态只比 $J' = \frac{1}{2}$ 的基态高出几百波数，故弛豫时间 T_1 很短，在常温观测不到 EMR 谱，必须在 20 K 甚至更低的温度下才能看到。

一级近似计算的 g 值为 4.33。在 MgO 基质中的实验值[43] $g = 4.2785$，$A = 0.009\,779\ cm^{-1}$；在 CaO 基质中的实验值[44] $g = 4.372$，$A = 0.013\,22\ cm^{-1}$。在 CaO 基质中 Co 核的超精细分裂值比在 MgO 基质中大，说明 Co^{2+} 在 CaO 基质中的共价性比在 MgO 基质中小。

在畸变的八面体场中，旋轨耦合作用和晶体场的非八面体对称，都会导致 g 因子的各向异性。如 Co^{2+} 在 TiO_2 中的 $g_{xx} = 2.090$、$g_{yy} = 3.725$、$g_{zz} = 5.860$。

10.7.3 Jahn-Teller 畸变

10.7.3.1 八面体场中的 $3d^9$ 离子

$3d^9$ 离子的电子组态是 $t_{2g}^6 e_g^3$，这个体系可以看成是在 e_g 轨道上有一个带正电荷的空穴。在正八面体场中，e_g 是轨道二重简并的。即使引入旋轨耦合互作用，也不能解除这个二重简并度，因为 $\mathscr{H}_{LS} = \lambda \boldsymbol{L} \cdot \boldsymbol{S}$ 算符不能把 $|0\rangle = d_{z^2}$ 与 $\frac{1}{\sqrt{2}}$（$|2\rangle$ + $|-2\rangle$）= $d_{x^2-y^2}$ 耦合起来。然而，对于这种具有残余轨道简并度的非线性体系，根据 Jahn-Teller 定理，该体系会强烈地耦合到晶格振动，使残余的轨道简并度被

解除，并且还降低了基态的能量[45]。四方或斜方畸变都可以解除其简并度，但三方畸变的晶体场则不能解除，即使是很强的三方畸变晶体场如 Al_2O_3，都不能解除其简并度。d_{z^2} 和 $d_{x^2-y^2}$ 都有可能处在最低能级，取决于畸变场的符号。如果是 $|0\rangle = d_{z^2}$ 处在最低能级，则

$$g_{//} = g_e; \qquad g_\perp = g_e - 6\lambda/\Delta \qquad (10.78)$$

如果是 $d_{x^2-y^2}$ 处于最低能级，则

$$g_{//} = g_e - 8\lambda/\Delta_{//}; \qquad g_\perp = g_e - 2\lambda/\Delta_\perp \qquad (10.79)$$

如果 Jahn-Teller 畸变很大，具有四方对称场的 g 值就应满足式（10.78）或式（10.79）。如果 Jahn-Teller 畸变比较小，畸变轴可以在八面体主轴之间游动，在高温时就会产生时间平均效应，得到各向同性的 g 因子，即 $g = g_e - 4\lambda/\Delta$。最好的例子是 MgO 中的 Cu^{2+}。在 77 K 观测到的 g 因子是各向同性的[46]（$g =$ 2.192；$A = 0.0019$ cm^{-1}）。但在 1.2 K 时观测到的是很大的各向异性[47]。

10.7.3.2 八面体场中的 $3d^7$（低自旋）离子

$3d^7$（低自旋）离子的电子组态是 $t_{2g}^6 e_g^1$，Al_2O_3 中的 Ni^{3+} 就是一个例子[48]。上述的分析都适用于这种离子。旋轨耦合和三方场都不能解除残余的轨道简并度，但 Jahn-Teller 畸变能够解除它。在 50 K 以上，各向同性 g 值是 2.146。温度降低至 4.2 K 时的波谱表现出强烈的各向异性。其原因是每一个静态的 Jahn-Teller 畸变组态都各自对 EMR 做出贡献。

10.7.4 钯族（4d）和铂族（5d）离子

原则上可以用处理 3d 离子的办法处理 4d 和 5d 离子。然而，4d 和 5d 离子又有某些复杂性。尽管 $4d^3$ 和 $5d^3$ 离子在中介场（高自旋）和强场（低自旋）的实例都有，然而从 $4d^4$ 到 $4d^9$ 和从 $5d^4$ 到 $5d^9$ 离子却只有强场的实例。由于 4d 和 5d 族离子的旋轨耦合参数比 3d 族离子要大得多，所以自旋－晶格弛豫时间 τ_1 很短，只能在很低的温度下才能观测到 EMR 波谱。不过，在轨道单重态比其他状态的能量低很多的特殊情况下，也有可能在高于 20 K 的温度下观测到 EMR 波谱。如在 K_2PtCl_6 基质中的 Tc^{4+}（$4d^3$ 八面体场），在 77 K 下就能观测到了它的 EMR 谱[49]，g 值是 2.050。

处于 Archimedean 反型（antiprism）四方棱柱对称晶体场中的 d^1 离子[50]，其最低能级是轨道单态。因此，在室温水溶液中就可以观测到 $Mo(CN)_8^{3-}$ 和 $W(CN)_8^{3-}$ 的 EMR 波谱。

10.8 稀土离子的 EMR 波谱

稀土离子包括镧系（$4f^n$ 壳层电子未充满）和锕系（$5f^n$ 壳层电子未充满）。

由于受到外层电子的屏蔽作用，它所感受到的晶体场都是弱场。

10.8.1　镧系离子

由于外层电子的屏蔽作用，$4f^n$ 电子和环境之间只有很弱的互作用。在某些溶液或晶体中镧系离子光谱的谱线都很狭窄，且非常接近自由原子跃迁的频率。虽然 $4f^n$ 电子处在内层，但旋轨耦合互作用却很强。λ 值在 $640 \sim 2940 \ cm^{-1}$ 范围内。

角动量矢量 L 和 S 耦合成 J，J 的值为 $\sqrt{J(J+1)}$。对于小于半充满（$n<7$）的离子，基态是 $J = |L-S|$，而对于大于半充满（$n>7$）的离子，基态是 $J = L + S$。基态的旋轨耦合 Hamilton 算符为

$$\dot{\mathscr{H}}_{LS} = \lambda L \cdot S = \frac{1}{2}\lambda\left[J(J+1) - L(L+1) - S(S+1) \right] \qquad (10.80)$$

表 10-7 列出了 $4f^n$ 离子基态的 L、S、J 值及其基态光谱项 $^{2S+1}L_J$。

表 10-7　稀土自由离子基态 g 因子光谱项和旋轨耦合参数

4f 电子数	1	2	3	4	5	6	7	8	9	10	11	12	13
代表性离子	Ce^{3+}	Pr^{3+}	Nd^{3+}	Pm^{3+}	Sm^{3+}	Eu^{3+}	Gd^{3+}	Tb^{3+}	Dy^{3+}	Ho^{3+}	Er^{3+}	Tm^{3+}	Yb^{3+}
基态光谱项	$^2F_{5/2}$	$^3H_4$	$^4I_{9/2}$	$^5I_4$	$^6H_{5/2}$	$^7F_0$	$^8S_{7/2}$	$^7F_6$	$^6H_{15/2}$	$^5I_8$	$^4I_{15/2}$	$^3H_6$	$^2F_{7/2}$
g 因子	6/7	4/5	8/11	3/5	2/7	—	2	3/2	4/3	5/4	6/5	7/6	8/7
λ/cm^{-1}	640	800	900	1070	1200	1410	1540	−1770	−1860	−2000	−2350	−2660	−2940

$4f^1$ 离子的能级分裂如图 10-29 所示。$J=7/2$ 和 $5/2$ 的能级 E_J 由式（10.80）求得，为

$$E_{7/2} = 3\lambda/2; \qquad E_{5/2} = -2\lambda \qquad (10.81)$$

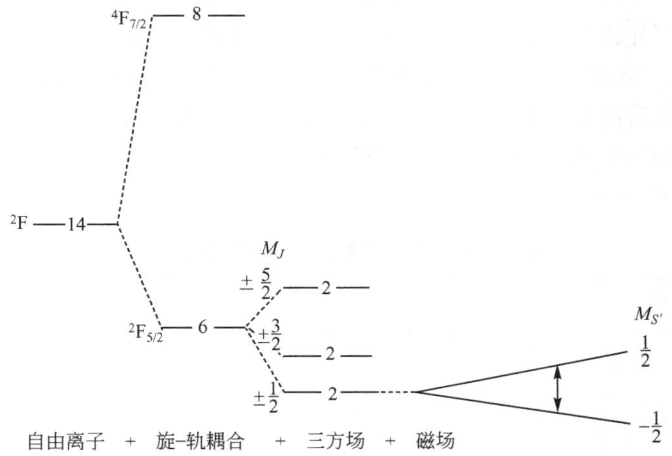

图 10-29　稀土 $4f^1$ 离子的能级分裂示意图

由于 $\lambda > 0$，$E_{5/2}$ 是基态。它的本征函数是

$$\left|\frac{5}{2},\ \pm\frac{5}{2}\right\rangle;\qquad \left|\frac{5}{2},\ \pm\frac{3}{2}\right\rangle;\qquad \left|\frac{5}{2},\ \pm\frac{1}{2}\right\rangle$$

稀土离子多半是三方对称场，把具有三方对称的晶体场算符作用到上面的本征函数上，使能级分裂成三个 Kramer 二重简并态，即 $M_J = \pm 5/2$、$\pm 3/2$、$\pm 1/2$。其中 $M_J = \pm 1/2$ 是最低能级。将 $\mathscr{H}_{Zeeman} = \beta H \cdot (L + g_e S)$ 作用到 $\left|\frac{5}{2},\ \pm\frac{1}{2}\right\rangle$ 函数，即可算出 g 值。当 H 平行于三方轴 Z 时，对于 $M_J = +1/2$ 态，$E_{1/2} \approx +\frac{3}{7}\beta H$；$E_{-1/2} \approx -\frac{3}{7}\beta H$，由此得出 $g_{/\!/} = \frac{6}{7}$。对于 H 平行于 X 轴时，将 $\mathscr{H}_{Zeeman} = \beta H_X (\hat{L}_x + g_e \hat{S}_x)$ 作用到 $\left|\frac{5}{2},\ \pm\frac{1}{2}\right\rangle$ 函数，求得 $g_\perp = \frac{18}{7}$。对于含奇数个电子的稀土离子，分裂后的最低能级一定是个 Kramer 二重简并态。但由于它有较大的旋轨耦合互作用，通常必须在温度低于 20 K 才能观测到 EMR 波谱。对于含有偶数个电子的稀土离子，在具有 C_{3v} 或 C_{3h} 对称的晶体场作用下，每个 J 能态都将分裂成一个单态和一个二重简并态。如果外磁场加在平行于对称轴的方向上，则这个非 Kramer 二重简并态就会产生一级分裂。但如果加在垂直于对称轴的平面上，则这个二重态就不分裂。

10.8.2 锕系离子

锕系离子与镧系离子有许多类似的性质，常见的价态也是 +3 价。不同的是锕系的 5f 电子的确参与了与配体的成键过程。表 10-6 列出常见的锕系离子磁电子数及其基态光谱项。锕系离子的旋轨耦合参数比镧系更大些。在锕系离子中，$(O\text{—}M\text{—}O)^{n+}$ 型离子是线形的络合物，它与氧离子的轴向互作用占主导地位，使这些离子具有反常的性质，它的配位场比旋轨耦合作用还要强得多。U^{2+} 的电子组态是 $5f6d7s^2$，这 4 个电子正好与氧原子组成共价键，因此，UO_2^{2+} 是没有磁电子的，NpO_2^{2+}、PuO_2^{2+}、AmO_2^{2+} 则依次有 1、2、3 个磁电子（表 10-8）。

表 10-8　某些锕系离子的磁电子数和基态光谱项

磁电子数	0	1	2	3	4	5	6	7
		UO_2^{2+}	PuO_2^{2+}	AmO_2^{2+}				
			Pa^{3+}	U^{3+}	Np^{3+}	Pu^{3+}	Am^{3+}	Cm^{3+}
代表性离子	Th^{4+}	Pa^{4+}	U^{4+}	Np^{4+}	Pu^{4+}	Am^{4+}		
		U^{5+}	Np^{5+}	Pu^{5+}				
		Np^{6+}	Pu^{6+}	Am^{6+}				
基态光谱项		$^2F_{5/2}$	$^3H_4$	$^4I_{9/2}$	$^5I_4$	$^6H_{5/2}$	$^7F_0$	$^8S_{7/2}$

强轴对称场把 NpO_2^{2+} 的 ^2F 基态七重轨道简并度分裂成 $M_L = \pm 3$、± 2、± 1、0 四个能级，最低能级是 $M_L = \pm 3$。旋轨耦合又把这个能级分裂成两个 Kramer 二重简并态：$M_J = \pm 7/2$ 和 $\pm 5/2$，最低能态是 $M_J = \pm 5/2$。由于它是 Kramer 二重简并态，可用 $S' = 1/2$ 来描述，则其 g 因子为

$$g_{/\!/} = 2 \left| \left\langle 3, -\frac{1}{2} \left| \hat{L}_z + g_e \hat{S}_z \right| 3, -\frac{1}{2} \right\rangle \right| \approx 4$$

$$g_{\perp} = 2 \left| \left\langle 3, -\frac{1}{2} \left| \hat{L}_x + g_e \hat{S}_x \right| -3, \frac{1}{2} \right\rangle \right| \approx 0$$

实验值[50]是：$g_{/\!/} = 3.405$，$g_{\perp} = 0.205$。由于没有包括与激发态的互作用，也没有考虑电子可以离域到配体上的情况，所以计算值与实验值相差较大。关于锕系离子的 EMR 的详细论述，请参阅专著[1,7]。

10.9　过渡金属配合物的 EMR 波谱

在本章开头提到的"配位场"是广义的，把晶体电场看成是配位场的一种。许多过渡金属的无机化合物晶体，也不一定都是纯晶体电场。正如前面所述的，过渡金属离子有某些共价键特性。甚至中心过渡金属离子上的未偶电子还会离域到周围的离子上，如 $IrCl_6^{2-}$ 的 EMR 出现 ^{35}Cl 和 ^{37}Cl 核的超精细分裂[51]。前面都是用点电荷晶体场模型处理的，结果往往与实验值有一定的差异。

对于过渡金属配合物的 EMR 波谱就应该用"配位场理论"来处理。我们在许多过渡金属配合物的 EMR 波谱研究中都采用了配位场理论来处理。Cu^{2+} 的配合物就表现出较强的共价特性[52~57]。而 VO^{2+} 的配合物就表现出较强离子性[58~67]。还有一些过渡金属配合物包括稀土离子配合物的 EMR 波谱研究，请参阅文献[68~79]。

参 考 文 献

[1] Low W. *Paramagnetic Resonance in Solids*, *Solid State Physics—Supplement 2*. New York：Academic，1960.

[2] McGarvey B R. Electron Spin Resonance // Carlin R L. *Transition-Metal Chemistry*，Vol. 3. New York：Marcel Dekker，1966：89 - 201.

[3] Orton J W. *Electron Paramagnetic Resonance*. London：Iliffe，1968.

[4] Abragam A，Bleaney B. *Electron Paramagnetic Resonance of Transition Metal Ions*. London：Oxford University Press，1970：Chap. 7.

[5] Pake G E，Estle T L. *Ligand or Crystal Fields*. in the *Physical Principles of Electron Paramagnetic Resonance*，2nd ed. ，Reading：Benjamin，1973：Chap. 3.

[6] Al'tshuler S A，Kozyrev B M. *Electron Paramagnetic Resonance in Compounds of Transition Elements*，2nd ed. （revised）（Engl. Transl. ），New York：Wiley，1974.

[7] Pilbrow J R. *Transition Ion Electron Paramagnetic Resonance*. Oxford：Oxford University Press，1990.

［8］ Balhausen C. *Introduction to Ligand Field Theory*. New York：McGraw-Hill，1962.

［9］ Figgis B N. *Introduction to Ligand Field Theory*. New York：Interscience，1966［1986 reprint］．

［10］ Gerloch M. *Magnetism and Ligand Field Analysis*. Cambridge：Cambridge University Press，1983.

［11］ Griffith J S. *The Theory of Transition Metal Ions*. Cambridge：Cambridge University Press，1961.

［12］ Gordy W，Smith W V，Trambarulo R F. *Microwave Spectroscopy*. New York：Wiley，1953：225.

［13］ 科顿 FA. *群论在化学中的应用*. 1971. 刘春万，游效曾，赖伍江译. 北京：科学出版社，1975.

［14］ Stevens K W H. *Proc. Phys. Soc.* 1952，**A 65**：209.

［15］ 裴祖文. *电子自旋共振波谱*. 北京：科学出版社，1980：265 – 268.

［16］ Bleaney B. *Proc. Phys. Soc.* 1952，**A65**：209.

［17］ Koster G F，et al. *Phys. Rev.* 1959，**113**：445.

［18］ Tanabe Y，Sugano S. *J. Phys. Soc. Jpn.* 1954，**9**：753，766.

［19］ Mahootian N，Kikuchi C，Viehmann W. *J. Chem. Phys.* 1968，**48**：1097.

［20］ Assour J M. *J. Am. Chem. Soc.* 1965，**87**：4701.

［21］ McMillan J A，Smaller B. *J. Chem. Phys.* 1961，**35**：1698.

［22］ Garofano T，Palma-Vittorelli M B，Palma M U，Persico F.，In Low W. Ed.，*Paraqmagnetic Resonance*，Vol. 2. New York：Academic，1963：582.

［23］ Orton J W，Wertz J E，Auzins P. *Phys. Rev. Lett.* 1963，**6**：339.

［24］ Schneider J，Rauber A. *Phys. Letters.* 1966，**21**：380.

［25］ Ham F S，Ludwig G W. In Low W. Ed.，*Paramagnetic Resonance*，Vol. 1. New York ：Academic Press Inc.，1963.

［26］ Carrington A，et al. *Proc. Roy. Soc.*（*London*）. 1960，**A 254**：101.

［27］ McGarvey B R. *J. Chem. Phys.* 1964，**41**：3743.

［28］ Hall T P P，Hayes W. *J. Chem. Phys.* 1960，**32**：1871.

［29］ Kirkpatrick E S，Müller K A，Rubins R S. *Phys. Rev.* 1964，**135A**：86.

［30］ Hertel G R，Clark H M. *J. Phys. Chem.* 1961，**65**：1930.

［31］ Shuskus A J. *Phys. Rev.* 1962，**127**：1529.

［32］ Title R S. *Phys. Rev.* 1963，**131**：623.

［33］ Bennett J E，Gibson J F，Ingram D J E. *Proc. Roy. Soc.*（*London*）. 1957，**A240**：67.

［34］ Ehrenberg A. *Arkiv Kemi.* 1962，**19**：119.

［35］ Levanon H，Stein G，Luz Z. *J. Am. Chem. Soc.* 1968，**90**：5292.

［36］ Abragam A，Pryce M H. *Proc. Roy. Soc.*（*London*）. 1951，**A205**：135.

［37］ Kuska H A，et al. *Radical Ions*. New York：Interscience Publishers，1968.

［38］ McGarvey B R. *J. Chem. Phys.* 1963，**38**：388.

［39］ Bleaney B，O'Brien M C M. *Proc. Phys. Soc.* 1956，**B69**：1216.

［40］ Lambe J，Kikuchi C. *Phys. Rev.* 1960，**118**：71.

［41］ Hoskins R H，Soffer B H. *Phys. Rev.* 1964，**133A**：490.

［42］ Thornley J H M，Windsor C G，Owen J. *Proc. Roy. Soc.*（*London*）. 1965，**A284**：252.

［43］ Low W. *Phys. Rev.* 1958，**109**：256.

［44］ Low W. Rubins S. *Phys. Lett.*（*Netherlands*）. 1962，**1**：316.

［45］ Ham F S，Geschwind S. *Electron Paramagnetic Resonance*. New York：Pienum Press，1969.

［46］ Orton J W，et al. *Proc. Phys. Soc.* 1961，**78**：554.

［47］ Coffman R E. *J. Chem. Phys.* 1968，**48**：609.

［48］ Geschwind S, Remeika J P. *J. Appl. Phys.* 1962, **33**: 370.

［49］ Low W, Llewellyn P M. *Phys. Rev.* 1958, **110**: 842.

［50］ Bleaney B, et al. *Phil. Mag.* 1954, **45**: 992.

［51］ Griffiths J H E, Owen J. *Proc. Roy. Soc.* (*London*). 1952, **A213**: 459; 1954, **A226**: 96.

［52］ Xu Y Z, Y L H. *Scientia Sinica* (*B*). 1982, **25** (5): 453.

［53］ Xu Y Z, Chen D Y, Li X P, Zhou C M, Chen X, Yuan C Y. *Scientia Sinica* (*B*). 1982, **31** (1): 1.

［54］ 徐元植, 施舒. *化学学报*. 1986, **44** (4): 336.

［55］ 徐元植, 俞琳华. *催化学报*. 1981, **2** (3): 179.

［56］ Deng L Q, Zhao K, Xu Y Z. *Chin. Sci. Bull.* 1989, **34** (6): 523.

［57］ 徐元植, 陈德余, 李晓平, 周澄明, 陈星, 袁承业. *科学通报*. 1986, **31** (4): 275.

［58］ 徐元植, 李晓平, 俞琳华, 刘春万, 卢嘉锡, 林慰桢. *结构化学*. 1982, **1** (1): 53.

［59］ Li X P, Xu Y Z. *Kexue Tongbao*. 1985, **30** (3): 340.

［60］ Guo J L, Chen Y D, Xu Y Z. *Scientia Sinica* (*B*). 1985, **28** (5): 449.

［61］ Xu Y Z, Shi S. *Scientia Sinica* (*B*). 1987, **30** (11): 1121.

［62］ Xu Y Z, Chen D Y, Wang S Y, Feng Y F, Zhou C M, Yuan C Y. *Kexue Tongbao*. 1988, **33**: 111.

［63］ Xu Y Z, Shi S. *Appl. Magn. Reson.* 1996, **11**: 1.

［64］ 王立, 徐元植. *化学学报*. 1989, **47** (11): 1187.

［65］ 陈德余, 黄凌波, 冯亚非, 程朝荣, 徐元植. *波谱学杂志*. 1991, **8** (1): 29.

［66］ 陈德余, 徐元植, 黄凌波, 冯亚非, 程朝荣, 何玲. *化学学报*. 1992, **50** (9): 793.

［67］ 陈德余, 冯亚非, 陆建江, 徐元植, 何玲. *波谱学杂志*. 1993, **10** (3): 287.

［68］ 陈德余, 徐元植, 陆建江, 冯亚非, 何玲. *应用化学*. 1993, **10** (3): 68.

［69］ Xu Y Z, Chen Y, Ishizu K, Li Y. *Appl. Magn. Reson.* 1990, **1** (2): 283.

［70］ Xu Y Z, Chen D Y, Cheng C R, Miyamoto R, Ohba Y, Iwaizumi M, Zhou C M, Chen Y H. *Science in China* (*B*). 1993, **35** (9): 1052.

［71］ Xu Y Z, Chen D Y. *Appl. Magn. Reson.* 1996, **10**: 103.

［72］ Fukui K, Ohya-Nishiguchi H, Kamada H, Iwaizumi M, Xu Y Z. *Bull. Chem. Soc. Japan*. 1998, **71** (12): 2787.

［73］ Shi W L, Chen D Y, Wang G P, Xu Y Z. *Appl. Magn. Reson.* 2001, **20**: 289.

［74］ 徐元植, 程朝荣, 徐端钧, 陈德余. *化学物理学报*. 1989, **2** (6): 450.

［75］ 诸葛卸梅, 陈克, 陈焱, 冯亚非, 陈建设, 徐元植. *应用化学*. 1990, **7** (2): 6.

［76］ 刘加庚, 马福泰, 徐元植. *高等学校化学学报*. 1990, **11** (6): 628.

［77］ 张骊, 陈德余, 徐端钧, 徐元植. *物理化学学报*. 1996, **9** (6): 522.

［78］ 卢加春, 成义祥, 徐端钧, 徐元植. *波谱学杂志*. 1999, **16** (1): 59.

［79］ 成义祥, 张征林, 徐元植. *高等学校化学学报*. 2001, **22** (5): 796.

更进一步的参考读物

1. Carrington A, McLachlan A D. *Introduction to Magnetic Resonance*. New York: Harper & Row, 1967: Chap. 10.

2. Ham F S. Jahn-Teller Effects in EPR Spectra // Geschwind S. *Electron Paramagnetic Resonance*. New York: Plenum, 1972: Chap. 1.

3. Sugano S, Tanabe Y, Kamimura H. *Multiplets of Transition-Metal Ions in Crystals*. New York: Academic, 1970.

4. Wertz J E, Bolton J R. *Electron Spin Resonance*. New York: McGraw-Hill, 1972: Chap. 11, 12.

5. Pilbrow J R. *Transition Ion Electron Paramagnetic Resonance*. Oxford: Oxford University Press, 1990.

6. Cotton F A. *Chemical Applications of Group Theory*. 3rd ed. , New York: Wiley, 1990: Chap. 9.

7. Sorin L A, Vlasova M V. *Electron Spin Resonance of Paramagnetic Crystals*. (Engl. Transl.). New York: Plenum, 1973.

8. Mabbs F E, Collison D. *Electron Paramagnetic Resonance of d Transition Metal Compounds*. New York: Plenum, 1992.

第11章　谱仪的基本原理和操作技术

对于从事 EMR 波谱学研究和应用的研究工作者来说，必须对 EMR 谱仪的基本原理和操作技术具备一定的基础。只有相当了解谱仪的基本原理，才有可能准确把握谱仪的操作技术。本章就这两个方面的基础知识向读者做简要介绍。

迄今为止，电子磁共振吸收在 $0^{[1,2]} \sim 100$ T（相当于射频频率 3.0×10^{12} Hz）的磁场范围内都已经检测到了信号。例如，地质学家用的高灵敏度的磁力计测量在（只有约 0.05 mT）地磁场中的 EMR 吸收。另一个极端，就是为防止能量散失而设计的脉冲电磁铁，可获得超高磁场；与之相对应的激发场 H_1 是在红外区的激光源。

从本书第 2 章就了解到产生共振吸收的磁场强度 H 与发射源 H_1 的频率 ν 有一个正比的关系 ［式（2.4）］。原则上只要符合式（2.4）的磁场强度 H 或者发射源 H_1 的频率 ν 都可以产生共振吸收。那么，什么是最佳的选择？

第一，考虑的是灵敏度。从理论上看，EMR 谱仪的灵敏度几乎是与谱仪激发场的频率 ν^2 成正比的。似乎频率越高越好，但也受到许多因素制约。因此，从实践经验得知最佳频率是在微波范围内。当微波频率高达 $30 \sim 40$ GHz 时，谐振腔的尺寸小到毫米级[3]。单位体积的灵敏度是提高了，但能装样品的空间却小到只有 0.02 mL。

第二，高频率要求高磁场。要求在整个样品空间的磁场都很均匀，对于生产均匀度足够高、磁场强度超过 2.5 T 的电磁铁，难度是很高的。虽然均匀度足够高的超导磁铁强度可达 10 T，但造价昂贵。

第三，高频率小尺寸的微波器件制作成本很高。小小的瑕疵就会导致比较高的介电损耗。

从以上三点再加上其他因素，最终以约 10 GHz 的工作频率（即 X 波段）为 EMR 谱仪的最佳（最经济）选择。

在选择工作频率时还有一些影响因素[4]。首先是在自旋 Hamiltonian 中的各项，有的与磁场有关，有的无关。它们对 EMR 波谱贡献的相对重要性，是随磁场变化的，也就是随频率变化的。因此，某些参数是在场强相对低一些的情况下测定比较有利，而另一些则在场强相对高一些的情况下测定比较有利。对于不同化学物种产生的吸收峰之间的分辨率，随着场强 $H(\nu)$ 的提高而提高。

某些物质尤其是水溶液，包括生物样品，吸收微波是通过介电（而不是磁）过程的。而介电损耗与频率有很大关系，当介电损耗大到一定程度时就观测不到

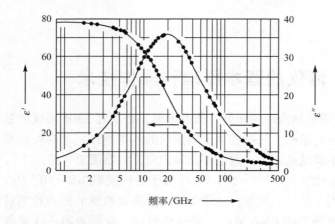

图 11-1　在 25 ℃液态水的相对介电常数与频率的关系

EMR 信号了。图 11-1 就是液态水在 25 ℃时相对介电常数与频率的关系[5]。这里的 $\varepsilon'(\nu)$ 是介电散射系数，是相对介电常数 $\varepsilon/\varepsilon_0$ 的实部；$\varepsilon''(\nu)$ 是介电损耗系数，是相对介电常数 $\varepsilon/\varepsilon_0$ 的虚部。从图中可以看出：微波频率在 10 GHz 附近的介电损耗系数 $\varepsilon''(\nu)$ 还是很大的（最大是在 20 GHz）。因此，对于水溶液（生物）样品，微波频率应该选在 1 GHz 左右（L 波段）较好。如果选在 50 GHz 以上，$\varepsilon''(\nu)$ 虽然有所降低，但介电散射系数 $\varepsilon'(\nu)$ 也大大降低了。

　　NMR 的谱仪既可以固定磁场扫频率，又可以固定频率扫磁场。因为在 NMR 所用的频率范围内，都可以比较容易获得低噪声高稳定的射频源。然而 EMR 则不同，在微波频率范围内，迄今为止，还未能制造出宽频带低噪声的振荡源。通常的微波发射源都是采用速调管，其频带很窄，只能固定频率扫磁场。

11.1　CW-EMR 谱仪的基本原理

　　典型的连续波 CW-EMR 谱仪的方框图如图 11-2 所示。整个方框图可以划分成微波发射源部分、磁铁系统、100 kHz 调制系统、微波传输和谐振腔系统、信号放大与检测系统五大部分。下面就分别加以叙述。

11.1.1　磁铁系统

　　磁铁就是要求能够提供强度符合需要的、稳定的、均匀的磁场来源。所谓稳定度和均匀度，就是要求在时间上和空间上（样品的周围）的变化不超过 ±1 μT，才能分辨出很窄的 EMR 谱线，并能得到正确的线形[6]。在磁极之间南北极指向并不重要，但射频场 H_1 的方向与磁铁的磁场 H 方向必须是垂直的。样品插入谐振腔的方向必须与 H_1 以及 H 的方向相互垂直。

　　要使磁场达到高度稳定，必须使供给电磁铁的电源高度稳定。由于磁滞现象的存在，磁场强度与磁铁的电流必定是非线性的关系。因此，任何一种类型的 EMR 谱仪都必须适时地检测场强并控制磁铁电流。最简单的做法就是把一个

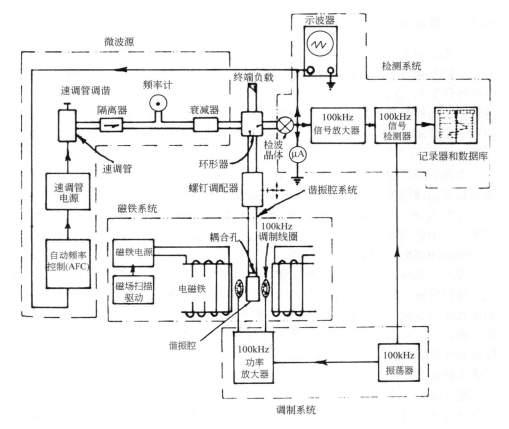

图 11-2 典型的 X 波段 100 kHz 相敏检波的 EMR 谱仪方框图

Hall 效应的探头固定在磁场的极头上。因为 Hall 元件输出的电压是正比于磁场强度 **H** 的，并且它必须是温度可调节或具有温度补偿的功能，以防止由于探头温度改变而产生磁场漂移。还有一个反馈系统与磁铁电流相连，以保持一个恒定的 Hall 探头的电压。为了在 EMR 整个吸收范围内，使得磁场扫描（扫场）保持严格的线性，在 Hall 探头的控制系统，必须预先采取措施。扫场必须具有很好的重复性和直线性，以保证测得的波谱参数具有高度准确性。

　　准确测定样品产生共振吸收时的磁场强度，是把质子 NMR 探头置于谐振腔边上（甚至是腔内），检测 NMR 信号以及相应的微波频率，就可以计算出这时准确的磁场强度。商品名为"核磁测场仪"。

　　高场强的磁铁仍在研发中。现在已经能够生产的 DC 电磁铁可达约 30 T，脉冲的电磁铁可达约 100 T [7]。它们都要求有很高功率的磁铁电源，以及与之相伴的高频率的微波源[7~9]。

11.1.2 微波源与微波传输部分

微波的频率通常规定为 $1 \leqslant \nu \leqslant 100$ GHz，需要用各种不同的特殊的振荡管产生。它们包括反向波（backward-wave）振荡管、特殊的二极管和三极管［某些固体器件如耿（Gunn）氏二极管］、速调管、磁控管、行波管等。在这些微波振荡管中，速调管仍然是最佳、最通用的微波源。耿氏二极管相对于速调管，造价便宜，仪器制造商为了降低成本，已逐步改用耿氏二极管。本书只讨论速调管作为微波源。

速调管是产生微波振荡的真空管，其振荡频率集中在一个很小的范围之内；输出功率是被称为速调管模（klystron mode）频率的函数。在一个抽真空的金属腔内（但这是一个对温度很敏感的地方）建立起来的共振频率是一个很稳定的频率。一个速调管有几个"模"，可以把它们显示在示波器上，通常应该在其相应的输出功率最大的那个模上操作。

可以用机械方法调节速调管的腔，同时也可以调节作用到速调管的电压，来调节速调管输出的、几乎是单色的微波频率。这些调节，能够在很有限的范围内稍稍改变已经选定的模的中心频率。速调管输出的微波频率是能够做到很稳定的，速调管的温度和电压波动必须被抑制到最小，并尽量抑制机械振动。为了能够检测到准确的波谱参数，测量谱仪的工作频率至少要能够准确到 1MHz，最好能够准确到 1 kHz。

迄今为止，尽管对固态的微波发生器件进行了大量的研究，但是它们的频率稳定性及其本身固有的噪声，都不如最好的速调管。而对于脉冲的 EMR 谱仪，由于其工作特征要求适合短周期运作，使固体器件微波源成为更好的选择。

微波能有效地采用导管进行传输，包括同轴电缆、窄扁导线或波导管、现代的微波系统，这三种都采用过。然而，波导管是微波出入谐振腔的传输过程中用得最普遍的一种[10]。波导管是有严格的尺寸要求的，最普通的"X 波段"的波导管是由外形尺寸为 12.7 mm × 25.4 mm 的矩形黄铜管制成的。它能以低损耗传输频率为 8.2 ~ 10.9 GHz 的微波。表 11-1 列出了传统的微波波段所对应的频率范围，以及对应于 $g = 2$ 的场强。

表 11-1 传统微波波段的频带宽度以及 $g = 2$ 的磁场

波段	频率范围/GHz	代表性频率/GHz	代表性磁场/mT
L	0.390 ~ 1.550	1.5	54
S	1.550 ~ 3.900	3.0	110
C	3.900 ~ 6.200	6.0	220
X	6.200 ~ 10.900	9.5	340

续表

波段	频率范围/GHz	代表性频率/GHz	代表性磁场/mT
K	10.900~36.000	23	820
Q	36.000~46.000	36	1300
V	46.000~56.000	50	1800
W	56.000~100.000	95	3400

11.1.3　谐振腔与耦合系统

把微波源耦合到谐振腔中的样品架上去，需要由隔离器、衰减器和环形器三个重要器件通过波导管连接组成一个耦合系统。

隔离器的作用就是使微波源发射出去的微波只能往前走，反射回来的微波到它这里就被阻挡住了，就像水管中的单向阀。这是为了保护速调管，并保证微波发射的频率高度稳定。因为，只要稍稍有一点点反射回来的微波骚动，就会引起速调管发射出去的微波频率不稳定。

衰减器的作用就是调节入射到样品腔中微波能量的大小。

环形器的作用如图 11-3 所示。它有点向像隔离器，也是单向前进的，但比隔离器复杂。微波经过衰减器由 1 进入环形器，然后，微波只能由 2 出口进入谐振腔，经过样品共振吸收之后出来经过 3 进入检测系统。进入环形器的微波，就不可能不经过谐振腔直接由 3 出去进入检测系统。但有可能有少量的微波由检测系统反射回来经过 3 只能到 4 （涂有吸收微波材料的末端）被吸收掉。

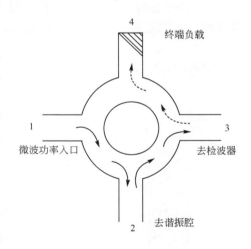

图 11-3　四端口微波环形器示意图

谐振腔系统。人们把谐振腔比喻为 EMR 谱仪的心脏。被检测的样品就插在这里。其实在 EMR 实验中获得共振信号的，不一定限于采用共振式腔（resonant cavity）。一些其他共振器件如螺旋形共振器（helical resonator）、裂环式共振器（loop-gap resonator），以及其他等也都能检测到 EMR 信号。对于很高频率的谱仪有采用 Fabry-Perot 共振器[4]的，然而，绝大多数 EMR 谱仪还是采用谐振腔（resonant cavity）作为共振器件。这是因为它能做到较高的优值（Q），并且样品插入和取出都很方便。

由于微波在金属导体上的集肤效应[11]，而产生较大的有效电阻，谐振腔的体积（尺寸）与波长有一定的比例关系。微波在腔内的多次反射，会产生振荡并形成驻波，振荡的模式取决于腔体的尺寸、形状和激发的方式。

在波导的终端负载匹配时，波导管内的横向电场和横向磁场沿纵向的传输，是同时达到最大值的。可是在谐振腔中的电磁场，由于形成驻波，使横向电场的最大值与横向磁场的最大值沿纵向相隔 1/4 波长，电场与磁场有 90° 的相位差，即当电场最大时磁场最小，反之亦然。因此，对谐振腔的要求应该是：①有尽可能高的能量密度；②样品在谐振腔内所处的位置有最大的磁场强度 H_1（即最小的电场强度 E_1）；③要求 H_1 垂直于外磁场 H；④有尽可能高的优值（Q）。

最常见的谐振腔有两种形式分别是 TE_{102} 型的矩形腔和 TE_{011} 型的圆柱腔。下面就分别对这两种形式的谐振腔做简要介绍。

矩形腔最常用的是 TE_{102} 型（图 11-4）。TE 是 transverse electric 的缩写下标，102 表示 a 方向为 1 个"半波长"；c 方向为 2 个"半波长"；b 方向不变，为 $0^{[10,12]}$。图 11-4（b）是电场 E_1 在 xz 平面上的分布图，在 $x(c)$ 方向的尺寸应严格等于 2 个"半波长"，$z(b)$ 方向没有严格的尺寸要求，但必须小于 1 个"半波长"；图 11-4（c）是磁场 H_1 在 xy 平面上的分布，$y(a)$ 方向的尺寸是 1 个"半波长"。这种谐振腔可以插入较大的、低介电损耗的样品而不会引起能量密度的急剧降低。尤其适合液态样品，可以充满整个腔的高度。

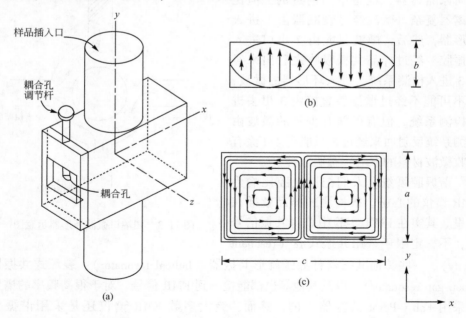

图 11-4　矩形 TE_{102} 型谐振腔示意图

圆柱腔最常见的是 TE_{011} 型。图 11-5（b）是电场 E_1 在圆柱截面上的分布图；

图 11-5（c）是磁场 H_1 在圆柱直径剖面上的分布图。它的优点是 Q 值可高达 20 000以上，比 TE_{102} 型的矩形腔高 3 倍以上。它特别适用于气态样品，其样品管的直径可大到 25 mm。

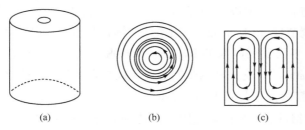

$$(a) \qquad (b) \qquad (c)$$

图 11-5　圆柱腔 TE_{011} 型谐振腔示意图

评价谐振腔的一个极其重要的指标就是 Q 值。它的定义如下：

$$Q = \omega \frac{储存在腔内的能量}{平均的功率损耗} \tag{11.1}$$

腔内的损耗是由表面电流密度 J 在集肤效应电阻 R_s 中产生的热损耗，欧姆功率损耗 P_L 为

$$P_L = \frac{R_s}{2} \int H_{tm}^2 \mathrm{d}s \tag{11.2}$$

式中：H_{tm} 是表面最大切线方向磁场，积分的区间包括整个腔壁面积。H_t 在数值上等于 J，在方向上垂直于 J，但都平行于表面。此外，还有其他损耗，如介质损耗（尤其是水）和大损耗角的顺磁样品的损耗，以及经过耦合孔的损耗等。

谐振腔无载时的 Q 值，指的是仅只由于腔壁的欧姆损耗产生的 Q 值，用 Q_0 表示

$$Q_0 = \frac{\omega\mu \int \left| H_m \right|^2 \mathrm{d}V}{R_s \int \left| H_{tm} \right|^2 \mathrm{d}V} \tag{11.3}$$

有载时的 Q 值，用 Q_L 表示，则

$$\frac{1}{Q_L} = \frac{1}{Q_0} + \frac{1}{Q_\varepsilon} + \frac{1}{Q_r} \tag{11.4}$$

式中：Q_ε 是由介质损耗引起的；Q_r 是微波经过耦合孔引起的。

$$Q_\varepsilon = \frac{2\pi(腔内储存的能量)}{经过介质每周损耗的能量} = \frac{\mu \int \left| H_m \right|^2 \mathrm{d}V}{\int \varepsilon'' \left| E_m \right|^2 \mathrm{d}V} \tag{11.5}$$

式中：ε'' 是介电常数的虚部；E_m 是电场的最大值。

$$Q_r = \frac{2\pi(\text{腔内储存的能量})}{\text{通过耦合孔每周损耗的能量}} \qquad (11.6)$$

微波从耦合系统进入到谐振腔必须经过一个"耦合孔"（iris），见图 11-4（a）。它的尺寸大小与腔的频率以及 Q 值（灵敏度）有直接的关系[10,13]。在耦合孔上方有一根螺旋调节杆（iris tuner），用来调节耦合孔的大小以达到最佳的匹配。

20 世纪 80 年代发展起来的 loop-gap 谐振腔[14~16]，又称为"裂环式共振器（split-ring resonator）"，它是在两个同心金属圆柱环内侧有一系列的裂隙（gap）。与 TE_{102} 型谐振腔的操作性能相比，3-loop-2-gap 作为 X 波段的谐振腔是很合适的[3]。loop-gap 器件有优异的填充因子，特别适合于非饱和的样品，以及在脉冲的情况下工作。这种 loop-gap 谐振腔还能够适合检测样品表面的自旋，如生物活体在 1 GHz 的 EMR 测试[17]。

另外一种称为"介电谐振腔"，完全是由抗磁材料如石英制成的，它能够把微波激发场 H_1 集中到整个样品空间以提升填充因子。

还有一种叫做"微波螺旋（慢波）共振器"，虽然灵敏度差些（Q 值低），但抑制尖锐的频率响应（啸叫）是很有用的[10]。

一些特殊用途的谐振腔，如高温和低温谐振腔、高压谐振腔、光（射线）辐照样品腔、双模谐振腔以及双样品腔等请参阅本章末尾的"更进一步的参考读物"。

11.1.4 磁场调制系统

图 11-2 所示的 EMR 谱仪的特点，就在于采用高频小调场的技术来降低输出信号的噪声[18]，并使用相敏检波技术滤去调制频率附近的噪声。调制频率通常采用 100 kHz。磁场调制的方法是：在样品腔的两边安置一对 Helmholtz 线圈，让 100 kHz 高频电流流过线圈产生的高频磁场，能够穿过样品且与静磁场的方向一致。高频调制的幅度要小于 EMR 信号的线宽。调制振幅愈小，输出的信号愈接近共振吸收曲线的一级微商，但是，输出信号的振幅也就愈小，就相应降低了灵敏度。为了使谱线不失真，又能兼顾灵敏度，通常选择调制振幅为吸收信号线宽的 1/10 左右。调制的原理如图 11-6 所示。输出的一级微商信号跨过横轴的那个点总是对应于对称吸收峰的顶点。然而，为了提高灵敏度，只要使线形保持没有明显失真，往往把调制的幅度提高到 1/10 线宽以上。调制幅度的范围是 5×10^{-4} ~ 4.0 mT，视信号的线宽和灵敏度的具体情况自行选择。电磁铁中另设一扫场线圈，用缓慢变化的直流电流进行慢线性扫场。扫场的速度太快会引起谱线失真，太慢则影响工作效率。商品 EMR 谱仪都设置几个挡级，如每扫一次的时间为 1 min、2 min、5 min、10 min、20 min 等，供使用者操作时选择。

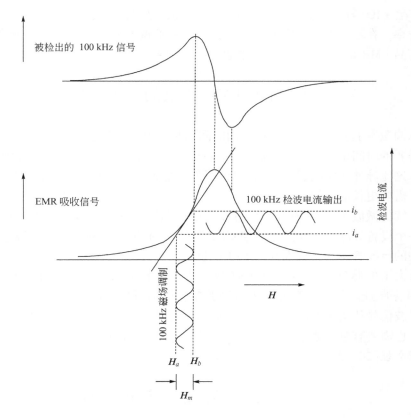

图 11-6 高频小振幅调制信号示意图

11.1.5 检测系统

当外磁场慢扫场扫过共振点时，微波功率就受到 100 kHz 的调制。从谐振腔经过样品的共振吸收之后，载有信号的微波经过环形器出来，先经过检波晶体检波之后进入 100 kHz 窄频带放大器，然后，进入相敏检波器。在这里把受到吸收线所调幅的 100 kHz 信号与一个参考信号相混合，这个参考信号就是直接从调制磁场的 100 kHz 振荡发生器输出的相位可调的等幅波。在这里只检出与参考信号的频率以及相位都相同的接收信号[19]。由于相敏检波器具有频率和相位敏感的性能，对于那些无规的、与参考信号频率、相位不一致的杂信号和噪声，都在这里被检除掉。此外，相敏检波器还起到压缩信号带宽的作用，这将有助于降低最后进入记录器的噪声带宽，使信噪比提高。相敏检波器输出的信号经过放大后送入电脑或笔式记录器。

高频小调场的 EMR 谱仪的特点是灵敏度高，结构也不太复杂，但可能存在因磁场调制而引起谱线增宽的缺点。这是由于 100 kHz 的磁场调制使吸收谱线的

中点产生 ±100 kHz（相当于 ±3.6μT）的变频，这就会影响对窄谱线（< 5.0μT）的分辨率。在不影响灵敏度的情况下，适当降低调制频率，有可能改善分辨率。通常商品 EMR 谱仪都设置几个调制频率可供选择。

11.2　脉冲 EMR 谱仪的基本原理

脉冲激发上去的时间和脉冲之间的间隔是很重要的参数。每一个脉冲被激发上去需要的时间是纳秒（nanosecond）级的。EMR 的脉冲间隔范围从几纳秒到几微秒。这比脉冲 NMR 要短很多，也说明发展脉冲 EMR 技术比脉冲 NMR 要困难得多，需要更长的时间。

连续的微波源（约 10 GHz）可以是由速调管或耿氏二极管产生，它的输出是由一个设置好脉冲程序的电脑控制脉冲开关。通过开关输出的脉冲微波，用一只脉冲的行波管将功率放大到约 10 kW 量级。

放大了的脉冲微波进入置于磁场中的谐振腔去激发自旋体系（样品）的 EMR 共振跃迁。其检测系统无需磁场调制，但仍可用相同的磁铁系统。样品产生的微波信号从谐振腔出来进入一个适当的检波二极管。与连续波的 EMR 谱仪一样，也需要有衰减器、隔离器、环形器等。关于脉冲 EMR 谱仪的详细叙述，请参阅文献[20～23]。

11.3　EMR 谱仪的计算机界面

现代的 EMR 谱仪使计算机技术得以充分有效的利用，它不仅被用来记录和分析从谱仪的检测系统出来的 EMR 信号，而如今的电脑已成为谱仪的核心组成部分，它还设置并控制谱仪的许多组件，如磁场强度的大小、磁场调制振幅、微波功率以及通过控制电子线路中的关键信号的振幅和相位，使谱仪处于最佳操作状态。请参阅一篇总结性文献[24]。

经过检测，放大之后的 EMR 信号，进入"数模"转换器，把模拟信号转换成数字信号。并在转入计算机的储存系统之前，暂时存放在数字示波器（也可以看成是一个过渡的记录器）中。控制谱仪的操作可以在数字示波器上观测到 EMR 信号（随磁场或时间变化）的轨迹。

多次扫描得到的 EMR 轨迹（包括信号和噪声）在计算机中叠加，能够提高信噪比。因为，真实的信号总是线性叠加的，而噪声的增加是与扫描次数 n 的平方根成正比，也就是说，信噪比增加了 $\sqrt{n}$ 倍。

11.4　变温和控温技术

11.4.1　变温技术

最常用的温度变化范围是在 90 ~ 500 K。在此温度区间内，载热（冷）的介质通常采用氮气。通常分成两段：一段是 90 ~ 300 K，一般是用控制液态氮加热气化成气态氮的量来控制样品的温度；另一段是 300 ~ 500 K，通常是用氮气钢瓶通过减压阀经过加热管控制样品的温度。或者就直接使用小型空气压缩机，以空气为载气代替氮气，这种方法虽然便宜，但要注意：如果空气中含有腐蚀性或其他有害杂质，将会对整个加热系统造成损害。如果操作在 6 ~ 100 K 的范围内，则需要采用液氦代替上述液氮气化系统。

还有一种小型封闭的氦气循环制冷系统，操作温度范围在 12 ~ 300 K。虽然系统比较复杂，但机器的操作还是比较简单的，操作的费用比较节省，只需电耗，和隔一段时间补充少量氦气[25]。

圆柱形的 TE_{011} 型谐振腔更加适合变温操作。因为，载气流过样品管外壁加热或致冷样品，都不应改变谐振腔腔体的温度，则气流管的外壁必须是两层石英管，夹层必须抽真空，起到隔热的作用。这么多层的石英管还有气流和样品，必定会大大降低谐振腔的 Q 值，而 TE_{011} 型谐振腔具有高 Q 值的优势，才不至于造成灵敏度的太大损失。

11.4.2　控温技术

首先是测温器件的选择问题。在低温或高温区段可供选择的测温器件有很多，如锗电阻或硅二极管，不幸的是它们往往受到磁场的影响而测不准。又如碳素电阻，在低温下的阻抗太大。碳素/玻璃电阻温度计，在温度来回急剧变换也不至于损坏，但在接近室温区段的灵敏度太低，不过，在低于 77 K 的温度区间还是很好用的。高于此温铂电阻测温计可能是最好的选择。高于室温就可以选择热电偶（要求热偶丝的直径细到 0.03 mm），较好的选择是选用铂铑/铂热电偶。

接下来就是需要一个高度稳定的温度检测和控制系统。目前，这些都有商品可供选择。

11.5　评价 EMR 谱仪的两个重要指标——灵敏度和分辨率

评价 EMR 谱仪的性能主要看它的灵敏度和分辨率两个指标，尤其是灵敏度。

11.5.1   最佳灵敏度

把灵敏度定义为：谱仪能够检测到信噪比为 1 时的最小自旋中心的数目 N_{min}。则

$$N_{min} = \frac{3V_s k_b T_s \Gamma}{2\pi g^2 \beta^2 S(S+1) H_r Q_0 \eta}\left(\frac{Fk_b T_d b}{P_0}\right)^{1/2} \tag{11.7}$$

式中：V_s 是样品的体积（m^3）（♠）；k_b 是 Boltzmann 常量（$J \cdot K^{-1}$）；T_s 是样品的温度（K）（♠）；Γ 是谱线的半高宽（mT）（○）；g 是样品的 g 因子（○）；β 是 Bohr 磁子（$9.274\ 015\ 4 \times 10^{-24} J \cdot T^{-1}$）；$H_r$ 是谱线的中心磁场（mT）（○）；Q_0 是腔的空载优值（●）；η 是腔的填充因子，对于 X 波段 TE_{102} 型腔，$\eta \approx 2V_s/V_c$（♠）（●）；V_c 是谐振腔的体积，对于 X 波段 TE_{102} 型腔，$V_c = 1.1 \times 10^{-5}$（m^3）（●）；T_d 是微波检测器的温度（K）（♠）（●）；b 是整个检测和放大系统的总带宽（s^{-1}，b 取决于输出滤波器的时间常数 τ；$b = \tau^{-1}$）（♠）（●）；S 是顺磁中心的自旋量子数，对于自由基，$S = 1/2$（○）；P_0 是入射到谐振腔内的微波功率（$J \cdot s^{-1}$）（♠）；F 是噪声因子（>1），除检波晶体的热噪声之外的其他所有噪声源（理想的谱仪 $F = 1$）（●）。

以上各个对灵敏度产生影响的参量可归纳为：（●）由谱仪本身决定的因素；（○）由样品本身决定的因素；（♠）由操作决定的因素。

式（11.7）是在假定吸收谱线是 Lorentz 线型的、微波没有达到饱和功率、服从 Curie 定律的基础上导出[26,27]的，所有的单位都统一采用国际标准（SI）单位。

设定以下参数：

$$V_c = 1.1 \times 10^{-5}\ m^3; \quad \eta = 0.02; \quad T_s = T_d = 300\ K; \quad g = 2.00;$$
$$\Gamma = 0.1\ mT; \quad H_r = 340.0\ mT; \quad Q_0 = 5000; \quad b = 1\ s^{-1};$$
$$F = 100; \quad P_0 = 10^{-1}\ J \cdot s^{-1} = 100\ mW; \quad s = 1/2$$

估计出 $N_{min} \approx 10^{11}$ spins（自旋数），对于一个典型的样品，其可能被检测到的最低顺磁中心的浓度为约 10^{-9} $mol \cdot L^{-1}$。由此可见，如果只标出 N_{min} 的值，而不注明是用什么标准样品，在什么条件下测得的，那么这个值作为该谱仪的灵敏度是没有意义的。

建立一个科学的、统一的标准，才能用来比较 EMR 谱仪的灵敏度。首先应该确定标准样品。迄今为止，以含碳自由基的沥青（pitch）为标准样品，基本上为业内人士所接受（因为含碳自由基比较稳定，不容易受环境影响而变化）。经典的制作方法是把沥青以 0.000 33% 的比例，极其均匀地掺入到纯 KCl 粉末中组成所谓的"弱沥青"（weak-pitch）样品。其浓度为 $1 \times 10^{+13}$ spins $\cdot$ cm^{-1}（长度）；$g = 2.0028$；$\Delta x_{pp} = 0.17$ mT；是一条非 Lorentz 型的单线。

众所周知，沥青并非纯化合物，其化学组成很复杂，且因其产地而异。这就涉及以谁制作出来的标准样品为真正的标准问题。美国 Varian 公司是世界上第一家生产 EMR 谱仪的制造商。他们用上述的方法制作出来第一支（批）标准样品，于 1963 年用来检测他们公司生产的谱仪时，确定信噪比达到 120 : 1 的灵敏度为 $2.5 \times 10^{+10}$ spins · (gauss LW)$^{-1}$（这里的 LW 为 line width 的缩写）。

日本电子（JEOL）公司在检测他们生产出来的 FA200 型的谱仪时，信噪比达到 420 : 1，据他们声称，FA200 型谱仪的灵敏度已达到了 $N_{min} = 7 \times 10^{+9}$ spins · (gauss LW)$^{-1}$，但未曾见到关于他们的标准样品从何而来，在什么操作条件下测得的说明。

德国 Bruker 公司声称他们制作的"弱沥青"是经过"Gold Standard"校准的。所谓"Gold Standard"，据他们说可能是来自 Varian 公司的原始标准。测量条件如下：

调制频率 100 kHz；　　调制振幅 8 gauss；　　扫描宽度 40 gauss

时间常数 1.3 s；　　扫描时间 163 s；　　微波功率 12.5 mW

在 Bruker E 200 型谱仪上测得信噪比达到 600 : 1，相当于 $N_{min} = 5 \times 10^{+9}$ spins · (gauss LW)$^{-1}$；在 Bruker A200S/A300/EMX 型谱仪上测得信噪比达到 1500 : 1，相当于 $N_{min} = 2 \times 10^{+9}$ spins · (gauss LW)$^{-1}$，在 Bruker ELEXSYS 型谱仪上测得信噪比达到 3000 : 1，相当于 $N_{min} = 1 \times 10^{+9}$ spins · (gauss LW)$^{-1}$。

当 EMR 谱线含有超精细结构时，每一条超精细线的强度只是总强度的一部分，在计算 N_{min} 时需要考虑增加一个因子 $\mathscr{R}$：

$$\mathscr{R} = \frac{\sum_j D_j}{D_k} \tag{11.8}$$

式中：D_j 是第 j 条谱线的简并度，如果有 N 条超精细谱线，$j = 1, 2, 3, \cdots, N$；$\sum_j D_j$ 是所有谱线简并度之总和；D_k 是最强谱线的简并度。如对苯半醌负离子基的 $\mathscr{R}_1 = \frac{1 + 4 + 6 + 4 + 1}{6} = \frac{16}{6} = 2.67$；又如萘负离子基（图 3-12）的 $\mathscr{R}_2 = \frac{256}{36} = 7.11$ 等。

11.5.2　分辨率

具有超精细结构的谱图，两条相距很近的谱线，近到几乎重叠难以分辨而还能分辨的情况定义为谱仪的分辨率。用 η 表示：

$$\eta = \frac{\Delta H_{p'p}}{H_r} \times 10^6 \text{ ppm} \tag{11.9}$$

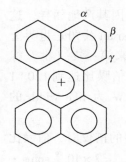

式中：$\Delta H_{p'p}$ 是两条相距最近的谱线间隔；H_r 是整个谱图的中心磁场。鉴定谱仪的分辨率通常是用二萘嵌苯正离子基（分子结构如右图）作标准样。它有 α、β、γ 三组、每组各 4 个等价质子的超精细分裂。如果全部都能分辨开来，应该有 125 条谱线，它的谱图总宽度为 3.8 mT，裂距 $a_\alpha = 0.41$ mT；$a_\beta = 0.31$ mT；$a_\gamma = 0.046$ mT。由于 a_α 与 a_β 相差不大，于是就重叠出复杂的谱图（图 11-7）。图中箭头所指的谱线，过了基线就算分辨开了，这时的 $\Delta H_{p'p} = 0.0035$ mT；$H_r = 344.6$ mT；$\eta = 10.2$ ppm。也可以表示为：1.02×10^{-5}。

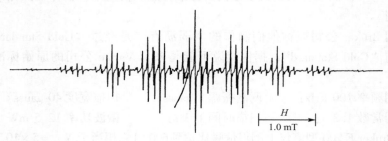

图 11-7　室温下二萘嵌苯正离子基的 EMR 谱图

操作条件如下：

做好分辨率的检测工作首先要制作好标准样，也就是要求样品的浓度必须合适，既要尽可能消除自旋 – 自旋互作用，保证所有的谱线都能分开，又要保证谱仪的灵敏度能够检测得到。二萘嵌苯正离子基的制备是比较容易的，而且它在空气中有比较长的寿命，在 12 小时内不会有显著的变化，一般是现配现测。如果密封好，在冰箱中可保存一个月不变。可供参考的操作条件列于表 11-2。

表 11-2　可供参考的操作条件

项　　目	TE$_{102}$ 型反射式矩形腔	TE$_{011}$ 型反射式圆柱腔
调制频率/Hz	100	100
微波功率/mW	20	2.0
调制振幅/mT	4.0	2.5
时间常数/s	0.1	0.1
放大倍数	6.3×10^6	1×10^6
扫场范围/mT	5.0	5.0
扫场时间/s	5000	5000

11.5.3　影响灵敏度和分辨率的因素

为了提高分辨率，不得不稀释样品，以消除自旋-自旋互作用。然而样品又不能太稀，否则，灵敏度就达不到了。现在就来讨论有哪些因素影响灵敏度和分辨率。

11.5.3.1　调制幅度

在前面 11.1.4 小节中曾经讨论过，磁场调制幅度 H_m 太小会损害灵敏度，太大则会引起谱线畸变失真。究竟如何选择调制幅度，这就要看需要了。如果主要目的是保证分辨率和不失真的线型，可以容许牺牲灵敏度，则一般选择 $H_m \leqslant 0.2\Delta H_{pp}$。如果主要目的是保证灵敏度，只要能够把信号检测出来，可以容忍谱线发生畸变，则应最大限度提高调制幅度以求得最大微分线幅 A_{pp}。对于 Lorentz 线型[28]，$H_m \approx 3.5\Delta H_{pp}$；对于 Gauss 线型[29]，$H_m \approx 1.8\Delta H_{pp}$（这时的谱线已严重增宽了，Lorentz 型谱线增宽约 3 倍；而 Gauss 型谱线也增宽 1.6 倍）。如果灵敏度和分辨率都要兼顾，则需折中选择 $H_m \approx$（$0.2 \sim 0.25$）ΔH_{pp} 为宜。对于很窄的谱线，如 $\Delta H_{pp} < 0.01$ mT，要使谱线不畸变，H_m 只能选择很小的值。表11-3 列出 Lorentz 和 Gauss 两种线型的一级微分吸收线参数和相对调制振幅的函数关系。

表 11-3　Lorentz 和 Gauss 两种线型的一级微分吸收线参数和相对调制振幅的函数关系

Lorentz 线型			Gauss 线型		
$\dfrac{H_m}{\Delta H_{pp}(H_m \to 0)}$	$\dfrac{\Delta H_{pp}(\text{obs})}{\Delta H_{pp}(H_m \to 0)}$	A_{pp}（归一化）	$\dfrac{H_m}{\Delta H_{pp}(H_m \to 0)}$	$\dfrac{\Delta H_{pp}(\text{obs})}{\Delta H_{pp}(H_m \to 0)}$	A_{pp}（归一化）
0	1.000	0	0	1.000	0
0.173	1.006	0.130	0.141	1.001	0.148
0.346	1.029	0.248	0.282	1.007	0.291
0.694	1.114	0.478	0.564	1.039	0.551
1.388	1.432	0.784	1.128	1.178	0.887
2.080	1.903	0.930	1.692	1.454	0.993
2.780	2.387	0.987	1.848	1.560	1.000
3.460	2.785	1.000	1.974	1.645	0.995
4.160	3.564	0.992	2.260	1.862	0.983
4.860	4.221	0.974	2.820	2.343	0.943
5.560	4.884	0.952	3.380	2.856	0.898
6.240	5.536	0.929	3.940	3.384	0.857
6.940	6.228	0.905	4.520	3.922	0.819

续表

Lorentz 线型			Gauss 线型		
$\dfrac{H_m}{\Delta H_{pp}(H_m\to0)}$	$\dfrac{\Delta H_{pp}(\text{obs})}{\Delta H_{pp}(H_m\to0)}$	A_{pp} （归一化）	$\dfrac{H_m}{\Delta H_{pp}(H_m\to0)}$	$\dfrac{\Delta H_{pp}(\text{obs})}{\Delta H_{pp}(H_m\to0)}$	A_{pp} （归一化）
10.40	9.550	0.800	5.080	4.465	0.785
13.88	13.00	0.721	5.640	5.013	0.755
17.34	16.40	0.659	8.460	7.786	0.639
27.72	26.50	0.541	11.28	10.60	0.564
34.64	33.70	0.488	14.10	13.50	0.497
69.40	68.20	0.353			
∞	∞	0	∞	∞	0

　　将表 11-2 中的数据，以 A_{pp}（归一化）为纵轴，以 $H_m/\Delta H_{pp}(H_m\to0)$ 为横轴作图，如图 11-8 所示。再以 $\Delta H_{pp}(\text{obs.})/\Delta H_{pp}(H_m\to0)$ 为纵轴，以 $H_m/\Delta H_{pp}(H_m\to0)$ 为横轴作图，如图 11-9 所示[29]。从图 11-8 看出，随着 H_m 的增大，A_{pp} 迅速增大，达到一极大值后缓慢下降。从图 11-9 看出：随着 H_m 的增大，ΔH_{pp} 也随之增大[28,29]，但线型严重畸变，图 11-10 所展示的就是 $Cr(NO_3)_3$ 水溶液的质子 NMR 信号（$\Delta H_{pp}=19\ \mu T$；$\nu_m=40\ Hz$）与调制幅度 H_m 的函数关系。每张图的场扫描是相同的，$H_m/\Delta H_{pp}(H_m\to0)$ 的值如下：（a）0.150；（b）0.398；（c）0.552；（d）0.552；（e）1.052；（f）2.28；（g）4.94；（h）10.14；（i）20.6；（j）28.8。（a）到（c）的增益是（d）到（j）的两倍。

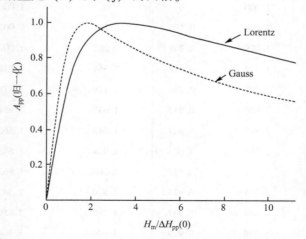

图 11-8　归一化的微分线幅 A_{pp} 与相对磁场调制振幅的关系

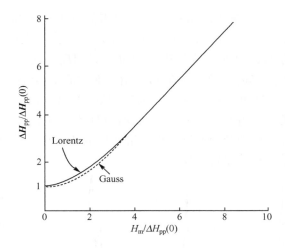

图 11-9　微分谱线的相对峰-峰宽度 $\Delta H_{pp}/\Delta H_{pp}$（0）与
相对磁场调制振幅的关系

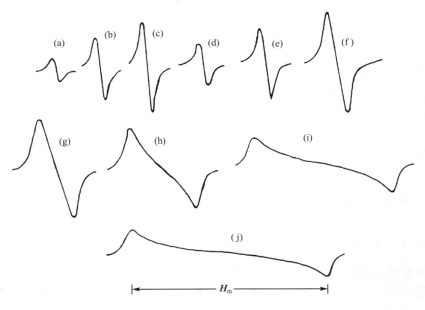

图 11-10　$Cr(NO_3)_3$ 水溶液的质子 NMR 信号与调制幅度 H_m 的关系

11. 5. 3. 2　调制频率

如果调制频率接近于线宽的大小时，即 $\nu_m = (g_e\beta_e/h)\ \Delta H_{pp}$，观测到的谱线也将严重畸变。因为晶体检波器是一个非线性元件，它的输出含有微波频率与调制频率的和与差，其结果就会产生边带共振线，间距为 $h\nu_m/g_e\beta_e$。CaO 中 F 中心的 EMR 波谱，随着调制振幅的增加，调制边带的发展情况如图 11-11 所示[30]。(a) 调制幅度为 0.4 μT，(b) 2.0 μT，(c) 5.0 μT；虚线表示边带的位置。(d) 调整了相位，中心的谱线的相位与边带相位正好相反，就只看到边带了。对于 100 kHz 的调制频率，$h\nu_m/g_e\beta_e = 3.6$ μT，由于 F 中心 EMR 波谱的线宽很窄（小于 2.0 μT），所以调制边带表现得十分清楚，从图 11-11（d）中即可看出，这两条第一调制边带间距正好是 3.6 μT。调制增宽现象是高频小调场谱仪的一个缺点，因此，在研究超精细结构的谱线很丰富的自由基谱时，必须把调制频率减小到最低限度，或采用超外差式谱仪。

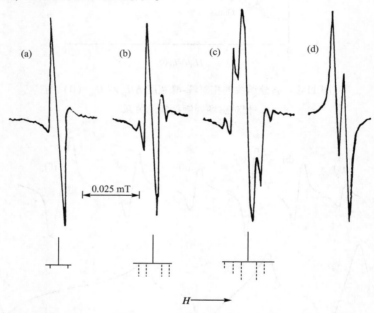

图 11-11　CaO 中 F 中心的 EMR 波谱随调制振幅的增加调制边带的变化情况

11.5.3.3　微波功率

假如微波功率很低，没有产生饱和现象，当功率大于 0.1 mW 时，从 EMR 谱仪的晶体检波器输出来的信号电压，将正比于入射到反射式样品腔中微波功率的平方根 $P_0^{1/2}$。

对于均匀增宽，通常是 Lorentz 线型，如果包括微波磁场 $\boldsymbol{H}_1$ 的饱和效应，则吸收线型函数为

$$Y = \frac{1}{\pi} \frac{H_1\tau_2}{\left[1 + (H - H_r)^2\gamma^2\tau_2^2 + H_1^2\gamma^2\tau_1\tau_2\right]} \tag{11.10}$$

一级微分函数为

$$Y' = -\frac{2}{\pi} \frac{H_1 \tau_2^3 \gamma^2 (H - H_r)}{[1 + (H - H_r)^2 \gamma^2 \tau_2^2 + H_1^2 \gamma^2 \tau_1 \tau_2]^2} \tag{11.11}$$

如果 $H_1^2 \gamma^2 \tau_1 \tau_2 \ll 1$，饱和项可以忽略，$Y$ 和 Y' 都正比于 H_1（或 $P_0^{1/2}$）；当 $H_1^2 \gamma^2 \tau_1 \tau_2 \gg 1$ 时，吸收线强烈地被饱和，Y' 将随着微波功率的增大而减小。

不难证明，当自旋 – 晶格弛豫时间 τ_1 满足

$$\tau_1 = \frac{1}{2H_1^2 \gamma^2 \tau_2} \tag{11.12}$$

时，归一化的微分线幅 A_{pp} 具有极大值。对于微分线的峰 – 峰宽度，有以下关系：

$$(\Delta H_{pp})^2 = \frac{4}{3\gamma^2 \tau_2^2} + \frac{4H_1^2 \tau_1}{3\tau_2} \tag{11.13}$$

即 $(\Delta H_{pp})^2$ 是随着 H_1（或 $P_0^{1/2}$）的增大而增大。

值得注意的是：当微分线幅达到最大值时，线宽比未饱和时的线宽只增宽了 1.2 倍。所以，在最大微分线幅时，由于微波功率饱和引起的线宽增宽并不严重，不像调制幅度过大时所导致的谱线的严重增宽。所以在实际操作时，总是把微波功率调到能获得最大微分线幅的情况。如果分辨率是主要考虑因素，则在调到最大微分线幅之后，再把微波功率 P_0 调到此值的 75% 左右，以避免由于饱和引起谱线的增宽。

对于非均匀增宽，通常是 Gauss 线型，从理论上讲，微分线幅随微波功率的增加而单调地增加，如图 11-12(a) 中的虚线所示。实际上，即使是非均匀增宽，随着微波功率增加，微分线幅也会有极大值。某些谱仪可以观测到 EMR 的色散

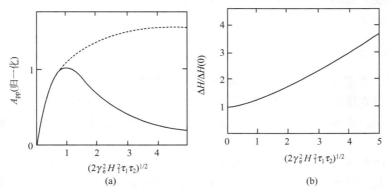

图 11-12　均匀增宽的 EMR 信号的一级微分归一化线幅
与 H_1（正比于 $P_0^{1/2}$）的函数关系（a）和归一化的 ΔH_{pp}
与 H_1 的函数关系（均匀增宽）（b）

信号，这是射频磁化率的实数部分（即 χ'），这种色散信号不像吸收信号那样容易被饱和，对于容易被饱和的样品，最好观测它的色散信号。尤其是在液氮温度

下观测的样品，由于自旋－晶格弛豫时间 τ_1 很长，非常容易被饱和，这时候最好观测其色散信号[31]。色散与吸收的关系图对于分析 EMR 信号由调制增宽和由谱仪引起的畸变是很有用的[32,33]。

11.5.3.4　微波频率

从理论上讲，提高微波频率（这里指的是改波段，如从 X 波段改到 Q 波段等）可以提高灵敏度，但实际情况是一个复杂的关系。

第一，由于微波的振荡管（速调管或耿氏管）的频率可变范围很小，只能在其中心频率的 ±10% 范围内变化。不改波段，微波频率可变的范围是很小的。

第二，提高微波频率（改波段），腔的体积就要减小。如果填充因子不变，且样品的介电损耗较低，则灵敏度随微波频率 $\nu_0^{3/2}$ 而增加。如果介电损耗较大，则这个因子就会变小，甚至可能出现负指数。因此，在这种情况下提高微波频率是没有什么好处的[34]。

第三，如果样品大小、微波功率都不变，且微波的损耗都很小，如单晶样品，提高微波频率可大大改善灵敏度，与 $\nu_0^{9/2}$ 成正比。这是因为在样品体积固定不变的情况下，填充因子随 ν_0^3 而增加。如果其他因子都不变，从 X 波段换成 Q 波段会使灵敏度提高 500 倍。

第四，由于水的介电损耗随微波频率提高而增加。所以，对于水溶液样品，从 X 波段提高到 Q 波段，虽然灵敏度是提高了，但由于介电损耗的增加完全抵消了灵敏度的提高，甚至比 X 波段更差。因此，对于水溶液样品，不是提高而是降低微波的频率，如改用 L 波段。

11.5.3.5　检测温度

按照居里定律，EMR 信号的幅度与绝对温度成反比。而且在许多情况下，温度对于线宽也是有影响的。对于每一个体系往往有一个最佳温度，在此温度的线宽是最小，通常这个温度低于室温。所以，降低样品的温度往往容易检测到波谱。

在过渡金属离子中，往往弛豫时间 τ_1 很短，线宽正比于弛豫时间的倒数，τ_1 愈短，线宽就愈宽。而 τ_1 又强烈地依赖于样品的温度，在某些情况下，与样品温度的 -7 次方成正比，有时 τ_1 随样品温度的降低呈指数上升。

为了得到足够窄的谱线，对于某些样品必须在液氦（4K 或更低）温度下观测，尤其是稀土离子特别是镧系离子。

11.5.3.6　谐振腔的 Q 值

关于谐振腔的品质因素 Q 值，我们在 11.1.3 小节中曾经讨论过，影响 Q 值有两个方面的因素：其一，是由设计和制造决定的，这里就不再细述了；其二，是由操作技术引起的，是我们要着重讨论的。

当样品或样品管插入谐振腔中或多或少总要发生介电损耗，这时务必注意，一定要把样品管插在微波电场最弱之处，以保证介电损耗达到最小。

水溶液样品尤其要注意，通常要采用扁平高纯石英管，它可以精确地插在沿电场 E 的节面方向，使介电损耗降低到最低限度。由于扁平石英管易碎且价钱昂贵，尤其不易清洗再用，逐步为石英毛细管甚至玻璃毛细管所代替。

11.5.3.7　样品浓度

当样品的浓度较浓时，分子间的距离较近，电子的自旋 – 自旋互作用也较强，对 $1/\tau_2$ 的贡献也增加了。在通常浓度中，这种互作用对线宽的贡献是正比于顺磁粒子的浓度，而峰 – 峰微分线幅与线宽的平方成反比。所以，如果调制幅度固定不变，而且线宽主要由自旋 – 自旋互作用决定。当浓度降低时，微分线幅确实会增加。当然，它会有一个最大值，超过这个极值，整个信号强度就要降低。对于溶液自由基的 EMR 波谱，线宽为约 $5.0~\mu\mathrm{T}$ 是常见的，要想避免自旋 – 自旋引起的增宽作用，浓度必须低于 $10^{-4}~\mathrm{mol \cdot L^{-1}}$。

溶液中的自由基，如果在样品管中的轴向存在浓度梯度，可以采用把样品管上下移动的方法，使样品浓度适合检测要求。

如果自由基与逆磁分子之间存在电子转移而引起谱线增宽，也可以用降低顺磁物质总浓度的方法来减少这种对增宽的影响。

在固体样品中，邻近电子自旋间的偶极 – 偶极互作用，是引起谱线增宽的主要因素。为了减少增宽，只能是把顺磁中心稀释到合适的逆磁性基质中做成共晶。固体样品的极限线宽通常 $\geqslant 0.01~\mathrm{mT}$，如果顺磁离子不存在有形成离子对或离子聚集体的倾向时，自旋浓度可采用 $10^{-4} \sim 10^{-3}~\mathrm{mol \cdot L^{-1}}$。

11.6　g 因子和超精细分裂的测量

g 因子测定最经典的方法是利用公式

$$g = \frac{h\nu}{\beta H} = 0.071\,448\,4\,\frac{\nu}{H} \tag{11.14}$$

式中：ν 是微波频率，单位是 MHz；H 是共振磁场，单位是 mT。为了精确测定 g 因子，就必须精确测定微波频率和共振磁场。如果测定 g 因子要准确到小数点后面的第 5 位，测定微波功率必须准确到 10 kHz；共振磁场必须准确到 $1~\mu\mathrm{T}$。这就要求所使用的谱仪必须配备能达到上述要求的微波频率计和 Tesla 计。

一种简易的 g 因子测定方法是用一支已知 g 因子的标准样品（最好是装进毛

细管作为内标加入到未知待测的样品管中）与待测的样品同时测定波谱。用式（11.15）计算求得

$$g_x - g_s = -\frac{H_x - H_s}{H_s} g_s \qquad (11.15)$$

式中：g_x 和 g_s 分别代表待测样品和标准样品的 g 因子；H_x 和 H_s 分别代表待测样品和标准样品的中心磁场。

如果采用双样品腔，先将两支标准样分别插入双样品腔中，并用双通道记录器记录两条 EMR 谱，两条谱线中心位置的差值，就是由于两个样品位置不同所引起的磁场差值（校正时用），然后将其中的一支标准样品换成未知样品再测。表 11-4 列出了一些已知 g 因子值的标准样品。

表 11-4　已准确测得 g 因子的自由基标准样品

自由基	溶剂（经过脱氧处理）	g 因子	参考文献
萘负离子基	DME/Na（−58 ℃）	2.002 743 ± 0.000 006	[35]
二萘嵌苯负离子基	DME/Na	2.002 657 ± 0.000 003	[35]
二萘嵌苯正离子基	浓 H_2SO_4	2.002 569 ± 0.000 003	[35]
丁省正离子基	浓 H_2SO_4	2.002 590 ± 0.000 007	[35]
对苯半醌负离子基	丁醇/KOH（23 ℃）	2.004 665 ± 0.000 006	[35]
Wurster 蓝正离子基	无水乙醇	2.003 051 ± 0.000 012	[36]
DPPH	苯	2.003 54 ± 0.000 03	[37]
DPPH	粉末	2.003 7 ± 0.000 2	

注：没有注明温度的皆为室温；DME 为二甲氧基乙烷的缩写。

还可以用已经精确测定过的、含有许多超精细分裂谱线的样品作为标准来标定磁场。最有用的是 Wurster 蓝高氯酸盐，它的谱线位置和相对强度列于表 11-5 中。

表 11-5　Wurster 蓝高氯酸盐的 EMR 谱线位置和相对强度比

谱线位置/mT	相对强度	$\tilde{M}_{CH}^{C}$	$\tilde{M}_{CH_3}^{H}$	$\tilde{M}^{N}$	谱线位置/mT	相对强度	$\tilde{M}_{CH}^{C}$	$\tilde{M}_{CH_3}^{H}$	$\tilde{M}^{N}$
0.0000	16 632	0	0	0	0.4785	9504	−1	1	0
0.0278	9504	0	−1	1	0.5062	7392	−1	0	1
0.1711	6336	1	1	−1	0.6496	5940	0	2	−1
0.1989	11 088	1	0	0	0.6773	14 256	0	1	0
0.2267	6336	1	−1	1	0.7051	11 088	0	1	0
0.2796	2376	−2	1	0	0.7329	4752	0	−1	2
0.3978	2772	2	0	0	0.8762	9504	1	1	0

续表

谱线位置 /mT	相对强度	$\tilde{M}_{CH}^{C}$	$\tilde{M}_{CH_3}^{H}$	$\tilde{M}^{N}$	谱线位置 /mT	相对强度	$\tilde{M}_{CH}^{C}$	$\tilde{M}_{CH_3}^{H}$	$\tilde{M}^{N}$
0.9040	7392	1	0	1	2.2864	3168	1	1	2
1.1558	5940	−1	2	0	2.5382	1760	−1	3	1
1.1836	6336	−1	1	1	2.5660	1980	−1	2	2
1.3547	8910	0	2	0	2.7371	2640	0	3	1
1.3824	9504	0	1	1	2.7649	2790	0	2	2
1.4102	5544	0	0	2	2.9360	1760	1	3	1
1.5536	5940	1	2	0	2.9638	1980	1	2	2
1.5813	6336	1	1	1	3.2433	880	−1	3	2
1.8609	3960	−1	2	1	3.4422	1320	0	3	2
1.8887	3168	−1	1	2	3.6411	880	1	3	2
2.0598	5940	0	2	1	4.1195	396	0	4	2
2.0875	4752	0	1	2	4.3184	264	1	4	2
2.2587	3960	1	2	1					

注：$a_{CH}^{H} = 0.1989 \pm 0.0009$ mT；$a_{CH_3}^{H} = 0.6773 \pm 0.0005$ mT；$a^{N} = 0.7051 \pm 0.0007$ mT；$g = 2.003\ 051 \pm 0.000\ 012$（未校正）；$g = 2.003\ 015 \pm 0.000\ 012$（已校正二级位移）。谱线位置就是指该谱线与中心谱线的相对距离。

Wurster 蓝阳离子

关于标定磁场的方法及其标准参考物质（材料）的采用，已有评论性的文献总结[38]可供参考。

11.7　弛豫时间的测量

横向弛豫时间 τ_2 在适当的情况下可以从测量线宽得到（参阅8.2、8.3节）。要想测得纵向弛豫时间 τ_1，则必须改变自旋体系能级上的布居数。CW-EMR 谱仪的各种测量弛豫时间的方法请参阅文献[39~42]。测量微波磁场 H_1 增加到饱和时，可以估计出 τ_1 的值，例如，从式（8.41b）可以导出如下的表达式：

$$A_{pp} = 2Y'_{max} = \frac{9}{4\sqrt{3}\pi} \frac{|\gamma_e| H_1 \tau_2^2}{(1 + \gamma_e^2 H_1^2 \tau_1 \tau_2)^{3/2}} \tag{11.16}$$

A_{pp} 就是一级微分"峰-峰"幅度［图11-12（a）］。式（11.16）对 H_1 求微商即可得到 H_1^2（即 P_0）并给出这个线幅的最大值。于是自旋 – 晶格弛豫时间 τ_1 即可从式（11.17）求得

$$\tau_1 = \frac{1}{2\tau_2\gamma_e^2 H_1^2 \bigg|_{max}}$$ (11.17)

这里的 H_1 是微波照射到样品上的振幅，如果 τ_2 是已知的，则可以利用式 (11.17) 求出 τ_1。另一种方法就是改变磁场调制的程序，请参见文献[43]。还有一种方法，就是利用横向激发，纵向检测，无需测量 H_1，在已知 τ_2 的情况下也能测出 τ_1 来[44]。关于测量弛豫时间技术的一般讨论，请参阅文献[10, 45 ~ 47]。

关于脉冲 EMR 技术的 τ_1 和 τ_2 的测量，也有很多文献报道[39~42]。本书将在第 13 章加以讨论。

11.8   顺磁物种的制备技术

正如前面已经说过的，自然界只有很少物种（如 O_2、NO、氮氧自由基、一些过渡金属离子以及某些点缺陷等）是顺磁性的。所幸通过下述的方法，大部分逆磁性的物种都可以转变成顺磁性的。

1）单电子化学还原

例如，某些多环芳烃与碱金属在适当的溶剂中，在真空的条件下发生还原反应，生成相应的负离子自由基。

2）单电子化学氧化

例如，某些多环芳烃与强氧化剂（如浓硫酸或 $AlCl_3$ 等）进行氧化反应，生成相应的正离子自由基。

3）摘除或添加氢原子

羟自由基（过氧化氢光解制得）很容易从有机分子中摘取氢原子，然后使该有机分子变成自由基。无论是化学反应还是光解产生 OH 自由基，通常都是在流动系统中与底物分子反应。有机过氧化物的光解生成烷氧自由基（如叔丁基氧 t-butyloxy），它就是氢原子的摘除剂[48]。氢原子轰击有机单晶产生某些很有趣的自由基，特别是 H 原子能够加成到双键上去[49]。其实，任何高能射线轰击单晶都能够产生自由基。

4）光解（photolysis）

谐振腔中的样品受到（通常是紫外区的）光辐照，光化学过程往往会产生自由基中间体。假如这些中间体有中等寿命，定态的光解就能够被观测到；然而，对于短寿命的中间体，必须用闪光光解技术才能得到动力学过程的信息[50]。显然，激光在此领域中成为重要的工具。光解也已经非常成功地用来把分子激发到亚稳的三重态（$S = 1$）。

5）射解（radiolysis）

样品受到高能射线（如 X 射线、γ 射线以及从加速器出来的高能电子）的照射，几乎总能产生自由基中间体和产物。射解之后稳定的产物（在低温下）可能被观测到；然而，大量有价值的关于短寿命自由基的信息，可以用来自 van de Graaff 加速器的高能电子束定态或脉冲射解得到。

6）热解

某些物质如 $[(\eta\text{-}C_3H_5)Fe(CO_3)]_2$，在溶液中[51]和 Cl_2（用热铂丝在谐振腔中加热[52]）反应生成自由基。

7）自旋捕捉

某些物质[如硝酮(nitrone)]能与寿命非常短的自由基（如 OH）反应生成相对稳定的产物，能够被 CW-EMR 谱仪检测到。捕捉到的自由基给出的信息，与原来短寿命的自由基的特性及反应性一样。

8）电化学方法

在谐振腔中建立起一个小小的电化学反应池，它能够广泛适用于各种分子进行原位单电子氧化和还原反应[53]。

9）放电（discharge）

给气相体系安装一个合适的微波放电室或直流放电室，联结到 EMR 谱仪的谐振腔中，使产生自由基的气体流入谐振腔。

10）矩阵隔离（matrix isolation）

许多高反应性能的自由基已经用矩阵隔离技术在低温捕获[54]。Matrix 主体是惰性物质如氮、氩、甲烷等，自由基的取向可以是无序的。

以上列举的仅仅是一部分常识，还有其他的方法这里尚未提到，这里只想说明，许多非顺磁性的物质都有办法变成 EMR 可以研究的对象。

11.9　关于定量问题

如前所述，EMR 吸收谱线下面所包围的面积是与样品中顺磁中心的绝对数目成正比的。从理论上讲，找一个已知顺磁中心绝对数目的样品作为标准样，在完全相同的检测条件下，测得未知样品和标准样品的 EMR 谱图，积分（对于一次微分谱线，还要二次积分）得到面积值，比较即得结果。但实际操作却很复杂。

首先，所选的标准样品与待测的未知样品的线型线宽要基本上一致，这就是第一大难题。

其次，将标准样品的自旋浓度的绝对值测准确，并组成一个系列也不简单。

最后，在检测标准样品和未知样品，两者 EMR 谱仪的操作条件（包括样品管的粗细、材质、插入腔内的深度等）要达到完全一致也是非常困难的。

因此，关于 EMR 严格的定量工作，迄今为止，一直是一个未能满意解决的难题。然而，要求不太严格准确的定量，尤其是相对的定量工作还是一直在做的。

参 考 文 献

［1］ Bramley R, Strach S J. *Chem. Rev.* 1983, **83**: 49.

［2］ Bramley R. *Int. Rev. Phys. Chem.* 1986, **5**: 211.

［3］ Hyde J S, Froncisz W, Oles T. *J. Magn. Reson.* 1989, **82**: 233.

［4］ Belford R L, Clarkson R B, Cornelius J B, et. al. EPR over Three Decades of Frequency, Radio-frequency to Infrared // Weil J A. *Electronic Magnetic Resonance of the Solid State.* Ottawa: Canadian Soc. for Chem., 1987.

［5］ Barthel J, Bachhuber K, Buchner R, Hetzenauer H. *Chem. Phys. Lett.* 1990, **165**: 369.

［6］ Burt J A. *J. Magn. Reson.* 1980, **37**: 129.

［7］ Witters J, Herlach F. *Bull. Magn. Reson.* 1987, **9**: 132.

［8］ Date M. *J. Phys. Soc. Jpn.* 1975, **39**: 892.

［9］ Date M, Motokawa M, Seki A, Mollymoto H. *J. Phys. Soc. Jpn.* 1975, **39**: 898.

［10］ Poole Jr. C P. *Electron Spin Resonance, A Comprehensive Treatise on Experimental Techniques,* 2nd ed., New York: Interscience, 1983: Chap. 14.

［11］ Smith G S. *Am. J. Phys.* 1990, **58**: 996.

［12］ Liao S Y. *Microwave Devices and Circuits,* 3rd ed., Englewood Cliffs, NJ: Prentice – Haii, 1990: Chap. 4.

［13］ Feher F. *Bell. Syst. Tech. J.* 1957, **36**: 449.

［14］ Hyde J S, Froncisz W. Loop-gap Resonators // Hoff A J. *Advanced EPR—Applications in Biology & Biochemistry.* Amsterdam: Elsevier, 1989: Chap. 7.

［15］ Pfenninger S, Forrer J, Schweiger A, Weiland Th. *Rev. Sci. Instrum.* 1988, **59**: 752.

［16］ Hardy W N, Whitehead L A. *Rev. Sci. Instrum.* 1981, **52**: 213.

［17］ Nilges M J, Walczak T, Swartz H M. *Phys. Med.* 1989, **2 – 4**: 195.

［18］ Hyde J S, Sczaniecki P W, Froncisz W. *J. Chem. Soc. Faraday Trans. I.* 1989, **85**: 3901.

［19］ Slichter C P., Principles of Magnetic Resonance, 3rd ed., Berlin: Springer, 1990: 184.

［20］ Bowman M K. Fourier Transform Electron Spin Resonance. // Kevan L, Bowman M K. *Modern Pulsed and Continuous-wave Electron Spin Resonance.* New York: Wiley, 1990: Chap. 1.

［21］ Fauth J M, Schweiger A, Braunschweiler L, Forrer J, Ernst R R. *J. Magn. Reson.* 1986, **66**: 74.

［22］ Gorcester J, Freed J H. *J. Chem. Phys.* 1988, **88**: 4678.

［23］ Prisner T F, Un S, Griffin R G. *Isr. J. Chem.* 1992, **32**: 357.

［24］ Vancamp H L, Heiss A H. *Magn. Reson. Rev.* 1981, **7**: 1.

［25］ Perlson B D, Weil J A. *Rev. Sci. Instrum.* 1975, **46**: 874.

［26］ Feher G. *Bull. Syst. Tech. J.* 1957, **36**: 449.

［27］ Poole Jr. CP. *Eletron Spin Resonance, A Comprehensive Treatise on Experimental Techniques,* 2nd ed., New York: Interscience, 1983: Chap. 11.

［28］ Wahlquist H. *J. Chem. Phys.* 1961, **35**: 1708.

［29］ Smith G W. *J. Appl. Phys.* 1964, **35**: 1217.

［30］ Wertz J E, Bolton J R. *Electron Spin Resonance: Elementary Theory & Practical Applications.* New York:

McGraw-Hill, 1972.

[31]　Talpe J, van Gerven L. *Phys. Rev.* 1964, **145**: 718.

[32]　Herring F G, Marshall A G, Philips P S, Roe D C. *J. Magn. Reson.* 1980, **37**: 293.

[33]　Buckmaster H A, Duczmal T. The Interpretation of EPR Spectra Using Argand Diagrams // Weil J A. *Electronic Magnetic Resonance of the Solid States*. Ottawa: Canadian Society for Chemistry, 1987: 57.

[34]　Poole Jr. C P. *Electron Spin Resonance, A Comprehensive Treatise on Experimental Techniques*, 2nd ed., New York: Interscience, 1983: 439.

[35]　Segal B G, Kaplan M, Fraenkel G K. *J. Chem. Phys.* 1971, **55**: 3615.

[36]　Knolle W D. *Ph. D. Thesis*, Minneapolis: University of Minnesota, 1970.

[37]　Blois Jr. M S, Brown H W, Maling J E. *Arch. Sci,* (*Geneve*)., 1960, **13**: 243.

[38]　Chang T. *Magn. Reson. Rev.* 1984, **9**: 65.

[39]　Alger R S. *Electron Paramagnetic Resonance*. New York: Wiley Interscience, 1968: Sect. 5. 4.

[40]　Poole Jr. C P, Farach H A. *Relaxation in Magnetic Resonance*. New York: Academie, 1971.

[41]　Poole Jr. C P. *Electron Spin Resonance, A Comprehensive Treatise on Experimental Techniques*, 2nd ed., New York: Interscience, 1983: Chap. 13.

[42]　Sahlin M, Graslund A, Ehrenberg A. *J. Magn. Reson.* 1986, **67**: 135.

[43]　Locker D R, Look D C. *J. Appl. Phys.* 1968, **39**: 6119.

[44]　Giordano M, Martinelli M, Pardi L, Santucci S. *Mol. Phys.* 1981, **42**: 523.

[45]　Pescia J. *J. Phys.* 1966, **27**: 782 (in French).

[46]　Standley K J, Vaughan R A. *Electron Spin Relaxation Phenomena in Solids*. London: Adam Hilger, 1969: Chaps. 5 – 8.

[47]　Alger R S. *Electron Paramagnetic Resonance*. New York: Wiley Interscience. 1968: Sect. 2. 2.

[48]　Griller D. *Magn. Reson. Rev.* 1979, **5**: 1.

[49]　Heller H C, Schlick S, Cole T. *J. Phys. Chem.* 1967, **71**: 97.

[50]　McLauchlan K A, Stevens D G. *Acc. Chem. Res.* 1988, **21**: 54.

[51]　Baird M C. *Chem. Rev.* 1988, **88**: 1217.

[52]　de Groot M S, de Lange C A, Monster A A. *J. Magn. Reson.* 1973, **10**: 51.

[53]　Waller A M, Compton R G. *In-situ* Electrochemical ESR // Compton R G, Hamnet A., *Comprehensive Chemical Kinetics*, Vol. 29. Amsterdam: Elsevier, 1989: Chap. 7.

[54]　Bass A M, Broida H P. *Formation and Trapping of Free Radicals*. New York: Academic, 1960.

更进一步的参考读物

1. Poole Jr. C P. *Electron Spin Resonance, A Comprehensive Treatise on Experimental Techniques*, 2nd ed. New York: Wiley, 1983.

2. Alger R S. *Electron Paramagnetic Resonance: Techniques and Applications*. New York: Wiley Interscience, 1968.

3. Squires T L. *An Introduction to Electron Spin Resonance*. New York: Academic, 1963.

4. Duret D, Beranger M, Moussavi M, Turek P, Andre J J. *Rev. Sci. Instrum.* 1991, **62**: 685. Also see *IEEE Trans. Magn.* 1991, **27**: 5405.

5. Freed J H. *Rev. Sci. Instrum.* 1988, **59**: 1345.

6. Colligiani A, Guillon P, Longo I, Martinelli M, Pardi L. *Appl. Magn. Reson.* 1992, **3**: 827.

7. Liao S Y., *Microwave Devices and Circuits*, 3rd ed., Englewood Cliffs: Prentice-Hall, 1990.

8. McKinney T M, Goldberg I B. Electron Spin Resonance // Rossiter B W, Hamilton J F. *Physical Methods of Chem-*

istry, Vol. 3B. *Determination of Chemical Compounds and Molecular Structure.* New York：Wiley, 1989：383 – 584.

9. Westenberg A A. *Prog. React. Knet.* 1973, **7**：23.

10. Kooser R G, Kirchmann E, Matkov T. *Concepts Magn. Reson.* 1992, **4**：145.

11. 陈贤镕. 电子自旋共振实验技术. 北京：科学出版社, 1986.

第 12 章 双共振波谱

本章将对连续波（CW）和脉冲（pulse）波的主要的双共振技术做简单的介绍。这些技术的实验情况，Poole 已经做了详细的叙述[1]。

前面已经提到过：对于多组不等价的磁性核，其超精细分裂的谱线往往产生重叠变宽而难以分辨；那些离得很远、与未偶电子的超精细互作用很弱的核，一般的 EMR 波谱显示不出超精细结构，更不可能提供什么信息。1956 年，Feher[2] 提出并建立了"电子 – 核双共振"（electron-nuclear double resonance，ENDOR）技术。这一技术，使得原先已经丢失的有关超精细互作用的更详细的信息，有可能采用 ENDOR 重新获得[3]。

在 EMR 中，是在垂直于外磁场 H_0 的方向加上一个弱的微波电磁场 H_1。由于 $H_1 \ll H_0$，各能级间的粒子分布数基本上保持在它们的热平衡值附近，没有受到严重干扰，能级本身也没有受到修正。但在 ENDOR 中，在垂直于外磁场 H_0 的方向加上两个辐射电磁场，一个是微波场，是用来激发电子跃迁的，其选律是 $\Delta M_S = \pm 1$，$\Delta M_I = 0$；另一个是射频辐射场，是用来激发核的自旋跃迁的，其选律是 $\Delta M_S = 0$，$\Delta M_I = \pm 1$，它的功能是产生抽运跃迁。与 EMR 不同，在 ENDOR 中是用强微波场抽运电子，使其处于部分饱和状态，然后通过 NMR 跃迁来观测 EMR 跃迁强度的增强。它既不同于通常的 EMR，也不同于 NMR，它观测的是在发生 NMR 时，EMR 信号的变化。

12.1 连续波电子 – 核双共振的基本原理

12.1.1 连续波电子 – 核双共振实验技术

在对 ENDOR 的实验过程做更加详细的描述之前，先对一个最简单的具有 $S = I = 1/2$ 的固体体系的连续波电子 – 核双共振（CW-ENDOR）实验做一简短唯像的介绍。

（1）先将样品放入 ENDOR 仪器的特殊谐振腔（图 12-1[4]）中，在低微波功率的情况下，磁场扫过某一个 EMR 的共振磁场 H_k 时，调整谱仪的各种参数，使之达到最佳状态，以得到最强的 EMR 信号。然后，就把磁场固定在 H_k 处。

（2）成倍地增加微波功率，作为电子抽运，随着微波功率的增加，电子从能级 1 抽运到能级 2，直到 $n_1 \approx n_2$。这就得到新的各能级上的粒子布居图。事实

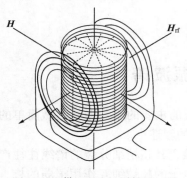

图 12-1　供 ENDOR 用的 H_{011} 型圆柱腔示意图[4]

上，自旋－晶格弛豫会阻止这种粒子布居的极端情况出现。

（3）在腔两边的线圈输入大功率、宽范围扫频的射频场 H_{rf}。这时的样品又受到一个交变的射频场 H_{rf} 的作用。通常扫频的范围在 2~30 MHz 之间。与此同时，记录波谱如图 12-2 所示。基线表示 EMR 吸收，当射频场扫过 ν_{n_1} 和 ν_{n_2} 时，EMR 信号就会增强，出现如图12-2所示的两个峰，也就是ENDOR信号。

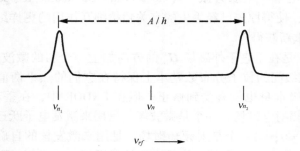

图 12-2　ENDOR 谱线示意图

12.1.2　能级分裂和 ENDOR 跃迁

还是从最简单的体系入手，即只有一个未偶电子和一个 $I = 1/2$ 的核，且它的 g 和 a 都是各向同性的。体系的 Hamiltonian 为

$$\mathscr{H} = g\beta\boldsymbol{H} \cdot \hat{\boldsymbol{S}} - g_n\beta_n\boldsymbol{H} \cdot \hat{\boldsymbol{I}} - a'\hat{\boldsymbol{I}} \cdot \hat{\boldsymbol{S}} \qquad (12.1)$$

如果对超精细互作用采取一级近似，即用 $\hat{S}_z\hat{I}_z$ 替代 $\hat{\boldsymbol{I}} \cdot \hat{\boldsymbol{S}}$，则 $\mathscr{H}$ 算符的本征值为

$$E(M_S, M_I) = g\beta H M_S - g_n\beta_n H M_I + a'M_SM_I \qquad (12.2)$$

其相应的本征函数为简单的乘积函数 $|M_S, M_I\rangle$。为了使能量用频率单位表示，令

$$g\beta H/h = \nu_e$$
$$g_n\beta_n H/h = \nu_n$$
$$a'/h = a$$

则式（12.2）改写成

$$E(M_S, M_I) = \nu_e M_S - \nu_n M_I + aM_SM_I \qquad (12.3)$$

$$E_1 = +\frac{1}{2}(\nu_e - \nu_n) + \frac{1}{4}a \quad \text{相应的本征函数} \quad |+, +\rangle$$

$$E_2 = +\frac{1}{2}(\nu_e + \nu_n) - \frac{1}{4}a \quad 相应的本征函数 \quad |+,-\rangle$$

$$E_3 = -\frac{1}{2}(\nu_e + \nu_n) - \frac{1}{4}a \quad 相应的本征函数 \quad |-,-\rangle$$

$$E_4 = -\frac{1}{2}(\nu_e - \nu_n) + \frac{1}{4}a \quad 相应的本征函数 \quad |-,+\rangle$$

根据式（12.3）画出能级示意图，如图 12-3 所示。这里需要区别两种情况：一种是 $|a| < 2\nu_n$；另一种是 $|a| > 2\nu_n$。对于 X 波段，$\nu_n = g_n\beta_n H/h = 13.5$ MHz，即如果 $|a| < 0.965$ mT，就属于前者；反之则属于后者。各能级间在热平衡时的相对粒子数服从 Boltzmann 分布。然而由于核 Zeeman 能比电子的 Zeeman 能小很多，所以可以忽略 E_1 和 E_2 之间以及 E_3 和 E_4 之间的粒子布居数的差异，而且与 kT 相比，电子的 Zeeman 能本身也是很小的，因此，在展开 Boltzmann 因子中的指数项时可以近似地只保留 $\Delta E/kT$ 的一级项，热平衡时的粒子布居如图 12-3 所示，图中的 $\delta = \nu_e/kT$。

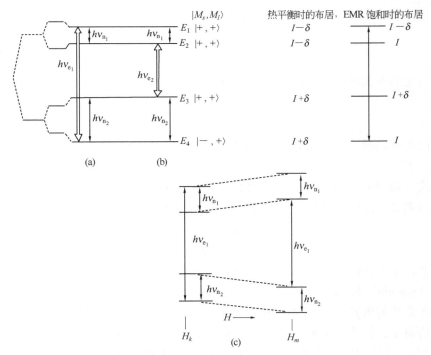

图 12-3 $S = I = 1/2$ 体系的能级分裂示意图

通常 EMR 跃迁相当于选律 $\Delta M_S = \pm 1$；$\Delta M_I = 0$。如图 12-3（a）中宽箭头表示在 E_4 和 E_1 之间的 EMR 跃迁（$h\nu_{e_1}$），这时的 $M_I = +\frac{1}{2}$；当射频电磁场的频率

ν_{n_1} 满足：

$$\nu_{n_1} = E_2 - E_1 = \nu_n - \frac{1}{2}a \tag{12.4}$$

相当于选律 $\Delta M_S = 0$；$\Delta M_I = \pm 1$。在能级 E_2 和 E_1 之间发生 NMR 跃迁，则能级 E_2 上的电子就有一部分跃迁到能级 E_1 上去。增强了 E_4 和 E_1 之间的 EMR 跃迁。

图 12-3（b）中宽箭头表示在 E_3 和 E_2 之间的 EMR 跃迁（$h\nu_{e_2}$）时的 $M_I = -\frac{1}{2}$；当射频电磁场的频率 ν_{n_2} 满足：

$$\nu_{n_2} = E_4 - E_3 = \nu_n + \frac{1}{2}a \tag{12.5}$$

在能级 E_4 和 E_3 之间发生 NMR 跃迁，则能级 E_4 上的电子就有一部分跃迁到能级 E_3 上去。增强了 E_3 和 E_2 之间的 EMR 跃迁。图 12-3（c）是在微波频率固定不变时的能级间跃迁示意图。在 $h\nu_{n_1}$ 和 $h\nu_{n_2}$ 处的跃迁为 ENDOR 谱线。

从式（12.4）和式（12.5）可以得出

$$a = |\nu_{n_2} - \nu_{n_1}|$$
$$\nu_n = \frac{\nu_{n_1} + \nu_{n_2}}{2} \tag{12.6}$$

以上讨论的前提条件是 $|a| < 2\nu_n$。如果在 $|a| > 2\nu_n$ 的情况下，则

$$a = |\nu_{n_1} + \nu_{n_2}|$$
$$\nu_n = |\nu_{n_1} - \nu_{n_2}| / 2 \tag{12.7}$$

由此可以看出，利用 ENDOR 可以测定超精细耦合参数 a：

$$a = |\nu_{n_1} \mp \nu_{n_2}| \tag{12.8}$$

式（12.8）只有在近似一级的情况下才是可行的，除非 a 非常小，一般至少要考虑到二级效应。另外利用 ENDOR 可以测定核 Landé 因子 g_n：

$$g_n = \frac{h|\nu_{n_1} \mp \nu_{n_2}|}{2\beta_n H} \tag{12.9}$$

实际上，用上式计算出来的 g_n 值与手册上查到的值是会有些差异的。这可能是由拟（pseudo）核 Zeeman 作用引起的。

在非均匀增宽的 EMR 波谱中，从 ENDOR 频率测量超精细耦合参数，可大大提高精确度，因为 ENDOR 的谱线很窄，通常线宽约为 10 kHz，其范围在 3 ~ 1000 kHz。假如 EMR 谱线的线宽为 0.1 mT，$g = 2.00$，换算为频率单位为

$$\Delta\nu = (g\beta\Delta H)/h = 2.8 \text{ MHz}$$

对于 NMR，如果谱线宽度也是 0.1 mT（设 $\gamma_n = 6.3 \times 10^4 \text{ rad} \cdot \text{s}^{-1} \cdot \text{mT}^{-1}$），其相应的频率单位：$\Delta\nu = (2p)^{-1}\gamma_n\Delta H = 1.1 \text{ kHz}$。因此用 ENDOR 测得的超精细耦合参数 a 值比直接从 EMR 谱图上测量要精确得多。

12.1.3　在定态 ENDOR 中的弛豫过程

在 EMR 实验中通常只包含一个自旋 – 晶格弛豫时间 τ_1。然而，在 ENDOR 过程中最简单的是四能级体系，至少有 3 个自旋 – 晶格弛豫时间来调节各能级间的粒子布居的分配。它们不仅控制温度范围，使 ENDOR 实验能够成功地进行，而且还能控制实验的其他条件，从而确定所观测到的波谱的性质。这种对温度的敏感性也是 ENDOR 技术的缺点。

四能级体系（$S = I = 1/2$）的 3 个自旋 – 晶格弛豫时间，即 τ_{1e}、τ_{1n} 和 τ_x，如图 12-4（a）所示。这里的 τ_{1e} 是电子的自旋 – 晶格弛豫时间；τ_{1n} 是核的自旋 – 晶格弛豫时间；τ_x 是由于相互间"自旋翻滚（spin flip）"引起的"交叉弛豫"时间。它们是相当于 $\Delta(M_S + M_I) = 0$ 的过程。τ_{xx} 是 $\Delta(M_S + M_I) = \pm 2$ 的交叉弛豫时间。通常 $\tau_{1e} \ll \tau_x \ll \tau_{1n}$。当不存在微波或射频场时，这些时间的倒数就代表粒子在这些能级间的跃迁速率［请参阅图 12-4(a)］。当不存在微波，或微波场很弱时，各能态间的相对布居如图 12-4(b)所示。

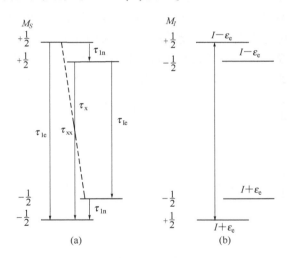

图 12-4　$S = I = 1/2$ 体系弛豫路径关系图

对于大多数固体样品，要求操作温度降到 4 K，能够成功地进行 ENDOR 实验。在该温度下，只需一定的功率就能使微波功率饱和，因为在低温下 τ_{1e} 比较大。τ_{1e} 的值变大了，使得核磁共振跃迁（$\Delta M_I = \pm 1$）有可能与电子磁共振（$\Delta M_S = \pm 1$）相比拟。在极端情况下，例如，将磷掺入到硅中，τ_{1e} 长到"小时"量级；但是，更加一般的（通常）是"秒"量级。假如 ENDOR 的线宽为 10 kHz，相当于 $\tau_2 = 10^{-5}$ s。如果 τ_{1e} 对自旋 – 晶格弛豫增宽没有贡献，τ_{1e} 的值就不会更短。就是说，τ_{1e} 和 τ_2 是在同一个量级上，假如 τ_x 不是太长，就可以进行定态 ENDOR 实验，观测 ENDOR 谱线是以任意慢的速度扫过去并以不定次数扫回来。反之，在以快速通过型的 ENDOR 实验中，只能在快速扫过去时能够观测到一条 ENDOR 谱线，这时，有一个布居平衡的过程，因此，立即回扫就不会显示 ENDOR 谱线。也就是说，在快速通过型的 ENDOR 实验中，观测不到一对 ENDOR 谱线，而只能检测到一条 ENDOR 谱线。为了确定超精细耦合参数 a，必须要确定 ν_n，即一对 ENDOR 谱线的中心。如果弛豫时间 τ_{1n} 很长，"定态"这个名称就不太确切了。

增加微波功率使达到 EMR 吸收谱线中心的强度接近均匀增宽曲线的最大值 [图 11-12（a）]。对于定态 ENDOR，观测微波磁场 H_1 的最佳值[5]是 $\gamma_e^2 H_{1e}^2 \tau_1 \tau_2 \approx 3$。这里的 γ_e 是电子的旋磁比；H_{1e} 是微波磁场的振幅。把射频源的功率电平设置得足够高，以至于在 ν_{n_1} 频率诱导向上跃迁的速率 $(\mathrm{d}N/\mathrm{d}t)_\uparrow$ 大到可以与 τ_x^{-1} 相比拟，即 $(\mathrm{d}N/\mathrm{d}t)\tau_x \geqslant 1$。另一种设定是要求 H_{1n} 的值很大，因为 $\Delta M_S = 0$、$\Delta M_I = \pm 1$ 的跃迁必须能够与可以测量出 τ_x 的交叉弛豫 $\Delta(M_S + M_I) = 0$ 的跃迁不相上下。当射频频率经过 ν_{n_1} 值时，就可以观测到一条 ENDOR 谱线。在许多四能级体系中，当射频频率经过 ν_{n_2} 值时，也能观测到第二条 ENDOR 谱线。

现在我们来讨论在各种不同条件下各能级的相对布居数。当外磁场不存在时，四个简并能级，每一个能级上的布居数几乎是 $N/4$，这里的 N 是未偶电子的总数。当外磁场加上去时，先不考虑超精细效应，则

$$M_S = +\frac{1}{2}; \quad N_{+1/2} = \frac{1}{4}N \exp\left[-g_e\beta_e H/(2k_b T)\right] \approx \frac{1}{4}N(1 - \varepsilon_e)$$

$$(12.10\text{a})$$

$$M_S = -\frac{1}{2}; \quad N_{-1/2} = \frac{1}{4}N \exp\left[+g_e\beta_e H/(2k_b T)\right] \approx \frac{1}{4}N(1 + \varepsilon_e)$$

$$(12.10\text{b})$$

其中

$$\varepsilon_e = g_e\beta_e H/(2k_b T)$$

假如 $M_I = +\frac{1}{2}$，微波场激发 EMR 跃迁的有效弛豫路径只有 τ_{1e}（图 12-4）；经过 τ_x 的弛豫路径是无效的，因为与它串联的 τ_{1n} 很长。

我们所讨论的定态 ENDOR 实验，只包含电子自旋跃迁的部分饱和，是假定在 $M_I = +\frac{1}{2}$ 态的布居平衡 [图 12-5(a)] 进行讨论的。对于包含 $M_I = -\frac{1}{2}$ 态之间电子自旋跃迁完全饱和的情况，其布居如图 12-5(b) 所给出的那样。$\tau_{1e} \ll \tau_x$ 仍然是正确的，几乎不发生交叉弛豫。对于 $M_I = +\frac{1}{2}$ 的饱和跃迁，以 ε_e 表示在

$|+1/2, +1/2\rangle$ 态与 $|+1/2, -1/2\rangle$ 态之间的布居数之差，而以 $\varepsilon_n = g_n\beta_n H/(2k_bT)$ 表示微波饱和情况下不存在布居差。假如在这两个状态之间提供一个短回路，则在 $|+1/2, +1/2\rangle$ 态的布居数要比 $|+1/2, -1/2\rangle$ 态减少很多。频率为 ν_{n_1} 的强射频场就提供了这样一个回路。在 $|+1/2, +1/2\rangle$ 态与 $|+1/2, -1/2\rangle$ 态之间的跃迁速率，至少必须等于 τ_x^{-1}。假如 $M_I = -\dfrac{1}{2}$ 态被饱和，则在 $|-1/2, -1/2\rangle$ 态与 $|-1/2, +1/2\rangle$ 态之间就有一个很大的布居差 ε_e，因此，给它一个频率为 ν_{n_2} 的强射频场就会产生一

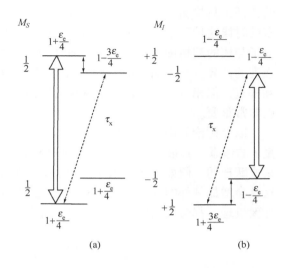

图 12-5　对于 $S = I = 1/2$ 体系的相对布居以及 ENDOR 弛豫

条 ENDOR 跃迁的谱线。其他各对能级上的布居数是相等的。假如只操作这些弛豫过程，就不会出现频率为 ν_{n_1} 的 ENDOR 谱线。同样的操作使 $M_I = +\dfrac{1}{2}$ 态饱和，就看不到频率为 ν_{n_2} 的 ENDOR 谱线。可见，在许多体系中，如果只饱和任一个微波跃迁，想要能观测到两条 ENDOR 谱线，至少必须附加一个弛豫路径。

在式（12.1）中右边第 3 项，即超精细互作用项，用加减算符 $\hat{S}_+\hat{I}_- + \hat{S}_-\hat{I}_+$ 表示，使得 $|M_S, M_I\rangle$ 态中混入 $|M_S-1, M_I+1\rangle$ 态或 $|M_S+1, M_I-1\rangle$ 态。这样的混合使得与弛豫路径 τ_x 相关的 $\Delta(M_S + M_I) = 0$ 的跃迁变得部分容许。图 12-4（a）中所表示的交替路径 τ_{xx} 是包含 $\Delta(M_S + M_I) = \pm 2$ 的跃迁。现在有两个交替弛豫路径（除 τ_{1e} 外）可以从最高的 $\left|+\dfrac{1}{2}, +\dfrac{1}{2}\right\rangle$ 态到达最低的 $\left|-\dfrac{1}{2}, +\dfrac{1}{2}\right\rangle$ 态；一个是 $\tau_{xx} + \tau_{1n}$，另一个是 $\tau_{1n} + \tau_x$ ［图 12-4（a）］。两者中的任何一种情况，弛豫速率都是受 τ_{1n} 控制的，因为 τ_{xx} 要比 τ_{1n} 小很多。由于饱和的作用，射频的功率在两者核频率（ν_{n_1} 或 ν_{n_2}）都足以增强 $\Delta M_S = 0$、$\Delta M_I = \pm 1$ 跃迁的速率。由于弛豫路径的竞争，τ_{1e} 的有效值减小了，它与微波跃迁被饱和无关。这就是定态 ENDOR 最本质的特征。

假如有一个或几个交叉弛豫时间与核的自旋 - 晶格弛豫时间的大小相当，饱和作用使射频功率足以减小电子的自旋 - 晶格弛豫时间的有效值，以至于 ENDOR谱线可以连续地被观测到。

在大多数情况下，成对的 ENDOR 谱线强度是差不多的，但也有不一样强

的，甚至只检测到一条谱线。当核的 Zeeman 互作用与超精细互作用的大小差不多的时候这种现象就特别明显[6~8]。对于具有非轴对称的体系，可以计算出由于电子与核的超精细互作用场，对射频场的不同影响而造成这两条 ENDOR 谱线的强度的差异，与观测到的差异吻合得很好。尽管射频场总是保持与外磁场 **H** 相互垂直，但相对于对称轴，射频场的取向对于确定那条异常的 ENDOR 谱线的强度非常重要。

以上讨论的都是限于最简单的四能级体系，对于总电子自旋量 S 和总核自旋量 I 的体系，其最大可能有的 ENDOR 谱线数目为 $16SI$。当然，其中有些是属于禁戒跃迁的。假如体系中有 $I \geqslant 1$ 的核存在，就必须考虑核的四极矩互作用项。这就会增加额外的弛豫路径，对于描述 ENDOR 谱线的强度以及讨论 ENDOR 的弛豫机理，都会大大增加难度。我们将会在 12.3 节和 12.4 节加以讨论。

12.2 液态溶液中的 ENDOR 谱

ENDOR 谱最初是在单晶样品中观测到的。由于实验技术上的困难，直到 1964 年[9]才在液体中观测到 ENDOR 谱。其原因是，为了激发一个 ENDOR 跃迁，核磁跃迁的驱动速率要相当于电子自旋弛豫速率，而后者在液体中是一个很快的过程，于是必须加大射频功率才能得以实现。因为溶液的 ENDOR 谱比较简单，所以，我们先来讨论液态溶液中的 ENDOR 谱。

12.2.1 超精细耦合参数的测定

设溶液自由基中有 n 个等价的磁性核，其总的核自旋为 $\hat{I}$

$$\hat{I} = \sum_i \hat{I}_i$$

$\hat{I}$ 在 z 方向的分量为 M_I：

$$M_I = I, I-1, \cdots, -I+1, -I \quad (\text{共有 } 2I+1 \text{ 个 } M_I \text{ 值})$$

则一级近似能量为

$$E(M_S, M_I) = \nu_e M_S - \nu_n M_I + a M_S M_I \tag{12.11}$$

对于 EMR 的选择定则是 $\Delta M_S = \pm 1$，$\Delta M_I = 0$，则

$$\nu = \nu_e + a M_I \tag{12.12}$$

它就有 $2I+1$ 条等距离的超精细谱线。而对于 ENDOR 的选择定则是 $\Delta M_S = 0$，$\Delta M_I = \pm 1$，则

$$\nu = \nu_n + a M_S \tag{12.13}$$

由于 $M_S = \pm \dfrac{1}{2}$，ENDOR 谱线只有两条，尤其是 I 愈大，EMR 的超精细谱线就愈多，而 ENDOR 谱线数与 I 无关，总是只有两条线。

　　下面就以 Coppinger 类自由基[10] 为例，来展示利用 ENDOR 谱测定超精细耦合参数的具体步骤。Coppinger 类自由基的通式如表 12-1 所示。

表 12-1　Coppinger 类自由基的通式

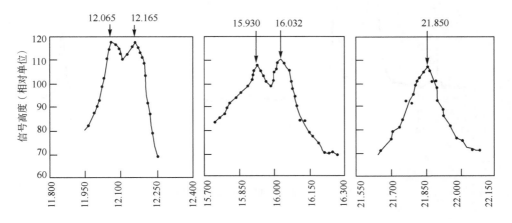

I.	$R_{1a} = R_{1b} = R_{2a} = R_{2b} = C(CH_3)_3$	
II.	$R_{1a} = R_{1b} = R_{2a} = R_{2b} = OCH_3$	
III.	$R_{1a} = R_{2a} = C(CH_3)_3$; $R_{1b} = R_{2b} = OCH_3$	
IV.	$R_{1a} = R_{2a} = C(CH_3)_3$; $R_{1b} = R_{2b} = CH_3$	
V.	$R_{1a} = R_{2b} = C(CH_3)_3$; $R_{2a} = R_{1b} = CH_3$	
VI.	$R_{1a} = R_{1b} = R_{2a} = R_{2b} = CH_3$	

　　Hyde[4,9] 就是用自由基 I 首次成功地利用 ENDOR 谱测定超精细耦合参数。自由基 I 是一种天然自由基，在次甲基上的一个质子的超精细耦合参数 $a = 0.56$ mT；环上的 4 个质子 $a = 0.14$ mT；各甲基上的 36 个质子超精细耦合都很弱，大约只有 0.04 mT。当时 Hyde 做的 ENDOR 谱还是间歇式的，一点一点连成曲线，如图 12-6 所示，共有 5 个峰，12.165 MHz 与 15.930 MHz 是一对；12.065 MHz 和 16.032 MHz 是另一对；此时还有 21.850 MHz。首先求出自由质子频率 ν_n：

$$\nu_n = \frac{1}{2}(12.165 + 15.930) = 14.048(\text{MHz})$$

$$\nu_n = \frac{1}{2}(12.065 + 16.032) = 14.044(\text{MHz})$$

图 12-6　Coppinger 自由基 I 的 ENDOR 信号

　　取其平均值 $\nu_n = 14.046$ MHz。超精细耦合参数 $a_a = \nu_{n_2} - \nu_{n_1} = 16.032 - 12.065 = 3.967$ MHz（0.142 mT）；$a_b = 15.930 - 12.165 = 3.765$ MHz（0.134 mT）；次甲基上的质子只出现一个峰，这是因为当时扫频是在 21.80 ~ 22.15 MHz

范围内进行的。但可以利用自由质子频率 $\nu_n = 14.046$ MHz 把没有出现的另一个峰计算出来：

$$a = 2(21.850 - 14.046) = 15.608 \text{ MHz} \ (0.557 \text{ mT})$$

1968 年，Hyde 等[11] 又在 -80 ℃下，测定了自由基 II、III、IV、V 的 ENDOR 谱，如图 12-7 所示。

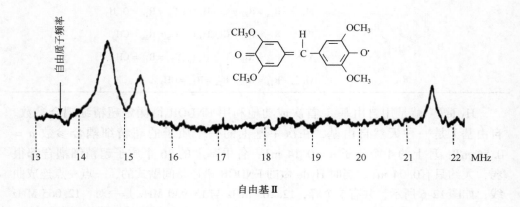

自由基 II

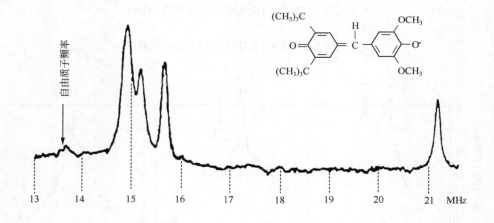

自由基 III

图 12-7　自由基 II、III、IV 和 V 的 ENDOR 谱

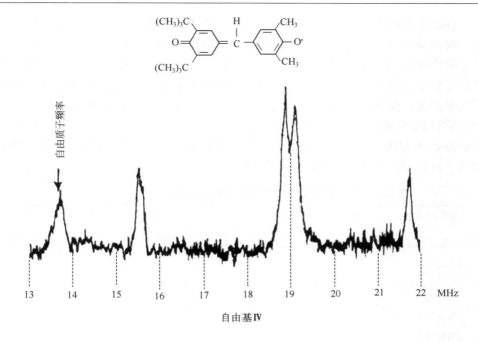

自由基 IV

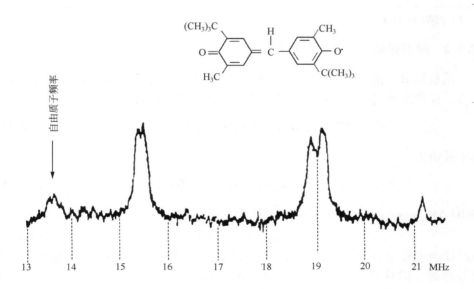

自由基 V

图 12-7（续）

自由基 Ⅱ 有 3 个峰：属于次甲基上质子的 21.5 MHz；属于环上 4 个质子的 15.3 MHz 和属于甲氧基上 12 个质子的 14.7 MHz。自由基Ⅲ有 4 个峰：属于次甲基上质子的 21.2 MHz；属于环上两对质子的 15.2 MHz 和 15.6 MHz；归属于甲氧基上 6 个质子的 14.9 MHz 和归属于 18 个叔丁基上质子的 13.6 MHz，与自由质子频率重叠。自由基Ⅳ也有 4 个峰：属于次甲基上质子的 21.2 MHz；属于环上 4 个质子的 15.6 MHz；归属于甲基上 6 个质子的 19 MHz 和归属于 18 个叔丁基上质子的 13.6 MHz，与自由质子频率重叠。由 ENDOR 谱计算出来的超精细耦合参数列于表 12-2。具体计算留给读者作为练习。

表 12-2　从 ENDOR 谱得到的超精细耦合参数（单位：MHz）[11]

质子的位置	I [8,9]	Ⅱ	Ⅲ	Ⅳ	Ⅴ	Ⅵ
次甲基	15.591	15.968	15.136	16.22	15.14	16.22
a 环	3.869[1]	3.450[1]	4.108	3.76[1]	3.73[1]	
b 环			3.120			
取代基 R_{1a}					0.28	
取代基 R_{2a}	0.08[1]	2.227[1]	0.110[1]	0.20[1]	11.14[1]	10.71[1]
取代基 R_{1b}				10.48		
取代基 R_{2b}			2.558[1]	10.94	0.28	

1) 两者的平均值。

12.2.2　核四极矩耦合参数的测定

从最简单的情况入手，体系只有一个各向同性的超精细耦合参数 a（$a > 2\nu_n$），且核四极矩耦合是轴对称的，其一级近似的自旋 Hamilton 算符为

$$\hat{\mathcal{H}} = g\beta H_z\hat{S}_z - g_n\beta_n H_z\hat{I}_z + a\hat{S}_z\hat{I}_z + Q\left[\hat{I}_z^2 - \frac{1}{3}I(I+1)\right] \tag{12.14}$$

其本征值为

$$E(M_S, M_I) = \nu_e M_S - \nu_n M_I + aM_S M_I + Q\left[M_I^2 - \frac{1}{3}I(I+1)\right] \tag{12.15}$$

EMR（$\Delta M_S = \pm 1$，$\Delta M_I = 0$）的跃迁频率为

$$\nu_{EMR} = \nu_e + aM_I \tag{12.16}$$

该跃迁频率是与 Q 无关的，因此，在一级近似的情况下，从 EMR 波谱中是定不出 Q 来的。但对于 ENDOR（$\Delta M_S = 0$，$\Delta M_I = \pm 1$）的跃迁频率 ν_{ENDOR}，请参阅表 12-3。这四条谱线分成两组：一组是高频 ENDOR 谱线，当 $Q = 0$ 时，频率为 $\nu_n + a/2$；另一组是低频 ENDOR 谱线，当 $Q = 0$ 时，频率为 $\nu_n - a/2$。低频ENDOR 谱线的强度很弱，当 $a/2 \approx \nu_n$ 时，相当于低频 ENDOR 跃迁（$M_S = \pm 1/2$）的能级要彼此混合，则平常 $\Delta M_I = \pm 1$ 的选律就不再适用了，实验上往往只观测到高

频的 ENDOR 跃迁（$M_S = -1/2$）。当 $Q \neq 0$ 时，它就分裂成两条线，其线间距为

$$\nu_- - \nu_+ = \delta = 2Q \tag{12.17}$$

表 12-3 $S = 1/2$、$I \geqslant 1$ 的体系的 ENDOR 跃迁

ENDOR 跃迁	M_S	ν_{ENDOR}
$M_I \leftrightarrow M_I + 1$	$-1/2$	$\nu_+ = (a/2) + [\nu_n - Q(2M_I+1)]$
	$+1/2$	$\nu_+ = (a/2) - [\nu_n - Q(2M_I+1)]$
$M_I \leftrightarrow M_I - 1$	$-1/2$	$\nu_- = (a/2) + [\nu_n - Q(2M_I-1)]$
	$+1/2$	$\nu_- = (a/2) - [\nu_n - Q(2M_I-1)]$

从 ENDOR 谱图上很快就可以定出 Q 值，而且还可以确定它的符号。

现在，以 X 射线辐照甲酸钠单晶为例，讨论 $Na^+ COO^-$ 自由基的 ^{23}Na（$I = 3/2$）的 ENDOR 谱[12]。该实验是在 77 K、35 GHz 下进行的，$\nu_{Na} = (\gamma_{Na}/\gamma_e)\nu_e = 14.044$ MHz，高频 ENDOR 线在 24 ~ 29 MHz 范围内，低频 ENDOR 线在 5 MHz 以下。在低频段，由于能级混合，$\Delta M_I = 0$ 的选律不再适用。图 12-8 就是在 1.2 ~ 2.4 MHz 区段的 ENDOR 谱线，$M_S = +1/2$，由于四极矩耦合使能级发生混合，应有 6 条 ENDOR 谱线，而不是 3 条。图 12-8 是其中的 5 条。对于高频 ENDOR，一级近似处理就适用。实验结果表明：二级修正项只有几千赫兹。在高频区段，对于 $M_I = 3/2$，由于不存在 $M_I \leftrightarrow M_I + 1$ 跃迁，故只能看到一条 ENDOR 线（$3/2 \leftrightarrow 1/2$）。同理，对于 $M_I = -3/2$，也只有一条 ENDOR 谱线（$-3/2 \leftrightarrow -1/2$）。对于 $M_I = \pm 1/2$，就能观测到两条 ENDOR 谱线，如图 12-9 和表 12-4 所示。

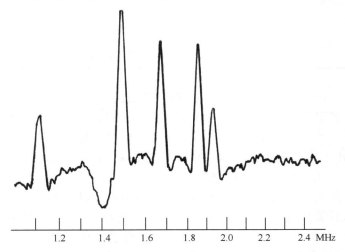

图 12-8　由于四极矩耦合使能级混合在 $M_S = +1/2$ 给出六条
ENDOR 谱线中的五条二级微分谱线[12]

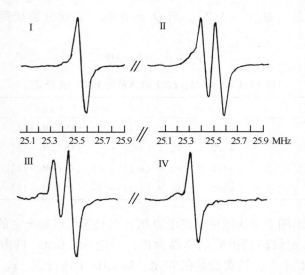

图 12-9 ^{23}Na-ENDOR 跃迁的一次微分谱线

表 12-4 高频 ENDOR 频率

编号	M_I	高频 ENDOR 频率
I	−3/2	$\nu_+ = (a/2) + \nu_n + 2Q$
II	−1/2	$\nu_- = (a/2) + \nu_n + 2Q$
		$\nu_+ = (a/2) + \nu_n$
III	+1/2	$\nu_- = (a/2) + \nu_n$
		$\nu_+ = (a/2) + \nu_n - 2Q$
IV	+3/2	$\nu_- = (a/2) + \nu_n - 2Q$

从图 12-9 和表 12-4 可以看出，对于 II、III 来说，有一条公共的谱线 $\nu_n + a/2$，只要知道 ν_n 就可以求出 a。如当 **H** 平行于 Z 轴时，$\nu_{ENDOR} = 28.10$ MHz，则

$$a_{zz} = 2(28.10 - 14.04) = 28.12 \quad (\text{MHz})$$

同样可以得出一组参数如 $a_{zz} = 28.12$、$a_{yy} = 22.58$、$a_{xx} = 22.50$、$a_{xy} = 0.14$、$a_{yz} = a_{zx} = 0$；$Q_{zz} = -0.340$、$Q_{yy} = 0.250$、$Q_{xx} = 0.065$、$Q_{xy} = -0.030$、$Q_{yz} = Q_{zx} = 0$。利用这一组参数，以及 $\nu_{Na} = 14.044$、$\nu_e = 35\ 000$（以上所有参数的单位都是 MHz）。输入计算机可以计算出磁场平行于不同晶面、各个角度的 ENDOR 跃迁频率，如图 12-10 和图 12-11 所示。从图上可以确定 Q 的符号：若 II 在上 III 在下，Q 为正号；若 III 在上 II 在下，Q 为负号。从图 12-10 和图 12-11 就可以判定 Q_{zz} 为负号，Q_{yy} 和 Q_{xx} 为正号。

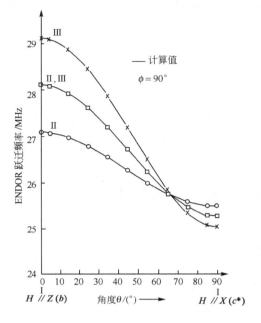

图 12-10　ENDOR 跃迁频率在 $\phi = 90°$、
$\theta = 0 \sim 90°$ 的观测值和计算值

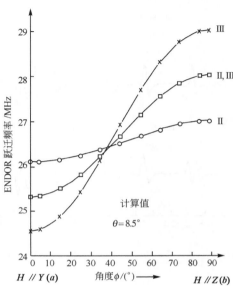

图 12-11　ENDOR 跃迁频率在 $\theta = 8.5°$、
$\phi = 0 \sim 90°$ 的观测值和计算值

图 12-10 和图 12-11 给出了各种取向时的高频 ENDOR 跃迁频率随角度的变化情况，由此可以确定 A 和 Q 张量。将这些张量对角化之后，就可以求出 g、A 和 Q 张量的主值和主轴方向，如表 12-5 所示。

表 12-5　g、A、Q 张量在 $a(y)$、$b(z)$、$c^*(x)$ 坐标系中的主值

张量	主值(77K)	方　向　余　弦		
		a	b	c^*
A	(28.12 ± 0.02) MHz	0	1	0
	22.69 MHz	0.798	0	0.602
	22.39 MHz	-0.602	0	0.798
Q	(-0.33 ± 0.01) MHz	0	1	0
	0.07 MHz	0.156	0	0.988
	0.26 MHz	0.988	0	-0.156
g	2.0019 ± 0.0001	0	1	0
	1.9980	0.968	0	0.250
	2.0034	-0.250	0	0.968

以上只讨论了 ^{23}Na 的 ENDOR 谱，同样，还可以讨论其质子的 ENDOR 谱，由于 $\nu_H = (\gamma_H / \gamma_e) \nu_e = 52.96$ MHz，故实验应在 $50 \sim 55$ MHz 频段进行。质子

ENDOR 跃迁的二级微分谱如图 12-12 所示。Na$^+$COO$^-$ 自由基在单晶中的取向如图 12-13 所示[12]。

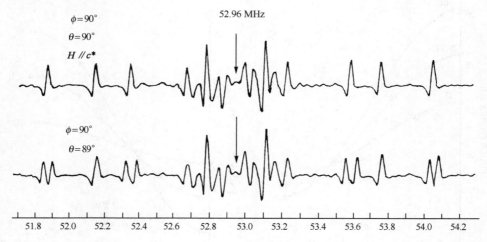

图 12-12 质子 ENDOR 跃迁的二次微分曲线

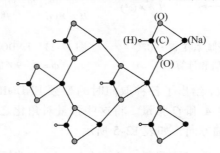

图 12-13 甲酸钠自由基在单晶中的取向

12.3 晶体中的 ENDOR 谱

从一开始，ENDOR 实验就是在单晶样品中进行的，后来也做了一些粉末样品和液态样品，并取得了重要进展。在固体中，超精细耦合参数 A 是一个张量，是强烈地依赖于样品在磁场中的取向的。由于 ν_{ENDOR} 是依赖于 A 的，因此 ν_{ENDOR} 也就必然随样品的取向而改变。设 A 的主轴坐标系为 X、Y、Z，磁场平行于 Z 方向，其方向余弦为 $(l, m, 0)$，对于 $S = I = 1/2$ 的体系，则

$$E = M_S \nu_e \pm \frac{1}{2} \left[l^2 (M_S A_{XX} - \nu_n)^2 + m^2 (M_S A_{YY} - \nu_n)^2 \right]^{1/2} \qquad (12.18)$$

按照 ENDOR 的选择定则，$\Delta M_S = 0$、$\Delta M_I = \pm 1$，即得

$$\nu_{ENDOR} = \left[l^2 (M_S A_{XX} - \nu_n)^2 + m^2 (M_S A_{YY} - \nu_n)^2 \right]^{1/2} \qquad (12.19)$$

由此可见，ν_{ENDOR} 明显依赖于 l、m 的值。当 $H /\!/ X$ 和 $H /\!/ Y$ 时

$$\nu_{ENDOR} = \nu_n \pm \frac{1}{2}A_{ii} \quad (\text{下标 } i = X, Y) \tag{12.20}$$

式中：A_{ii} 就是 $\boldsymbol{A}$ 张量的矩阵元。也就是说，可以利用 ν_{ENDOR} 求得 $\boldsymbol{A}$ 张量的矩阵元。但必须指出：对于 ENDOR 谱不能用上述一级近似处理，至少应精确到二级修正项，甚至还要考虑到高级近似，或利用计算机进行严格的数字对角化。在轴对称的情况下，可利用 Bleaney 公式，用二级微扰得到

$$E\left(\left|\frac{1}{2}, M_I\right\rangle\right) = \frac{1}{2}g\beta H + \frac{1}{2}KM_I - G_I M_I - \frac{AB^2}{4g\beta HK}M_I$$
$$+ \frac{B^2(A^2+K^2)}{8g\beta HK^2}\left[I(I+1) - M_I^2\right] + \frac{(A^2-B^2)^2}{4g\beta H}\left[\frac{g_{/\!/}g_\perp \sin 2\theta}{2g^2K}\right]^2 M_I^2 \tag{12.21}$$

$$E\left(\left|-\frac{1}{2}, M_I\right\rangle\right) = -\frac{1}{2}g\beta H - \frac{1}{2}KM_I - G_I M_I - \frac{AB^2}{4g\beta HK}M_I$$
$$- \frac{B^2(A^2+K^2)}{8g\beta HK^2}\left[I(I+1) - M_I^2\right] - \frac{(A^2-B^2)^2}{4g\beta H}\left[\frac{g_{/\!/}g_\perp \sin(2\theta)}{2g^2K}\right]^2 M_I^2 \tag{12.22}$$

如果饱和 $\left|\frac{1}{2}, M_I\right\rangle \leftrightarrow \left|-\frac{1}{2}, M_I\right\rangle$ 的 EMR 跃迁，则它就有 4 个 ENDOR 跃迁。

跃迁 a：$\left|\frac{1}{2}, M_I+1\right\rangle \leftrightarrow \left|\frac{1}{2}, M_I\right\rangle$

跃迁 b：$\left|\frac{1}{2}, M_I\right\rangle \leftrightarrow \left|\frac{1}{2}, M_I-1\right\rangle$

跃迁 c：$\left|-\frac{1}{2}, M_I+1\right\rangle \leftrightarrow \left|-\frac{1}{2}, M_I\right\rangle$

跃迁 d：$\left|-\frac{1}{2}, M_I\right\rangle \leftrightarrow \left|-\frac{1}{2}, M_I-1\right\rangle$

$$\nu_{ENDOR}^{a,b} = G_I - \frac{1}{2}K + \frac{AB^2}{4g\beta HK}$$
$$+ \left\{\frac{B^2(A^2+K^2)}{8g\beta HK} - \frac{(A^2-B^2)^2}{4g\beta HK}\left[\frac{g_{/\!/}g_\perp \sin(2\theta)}{2g^2K}\right]^2\right\}(2M_I \pm 1) \tag{12.23}$$

$$\nu_{ENDOR}^{c,d} = G_I + \frac{1}{2}K + \frac{AB^2}{4g\beta HK}$$
$$- \left\{\frac{B^2(A^2+K^2)}{8g\beta HK} - \frac{(A^2-B^2)^2}{4g\beta HK}\left[\frac{g_{/\!/}g_\perp \sin(2\theta)}{2g^2K}\right]^2\right\}(2M_I \pm 1) \tag{12.24}$$

以上两式中的 $(2M_I \pm 1)$，对于 ν_{ENDOR}^a 和 ν_{ENDOR}^c 取正号；对于 ν_{ENDOR}^b 和 ν_{ENDOR}^d 取负

号。下面举例说明至少必须考虑到二级近似。

Co^{2+} 在 MgO 中在 4.2 K 下的 ENDOR 谱[13]如图 12-14 所示。^{59}Co 核的 $I = 7/2$，实验饱和的 EMR 谱线是在 $\Delta M_S = \pm 1$、$M_I = +\dfrac{1}{2}$ 的 EMR 跃迁，$\nu = 9.563$ GHz，$g = 4.280$，$H = 156.1$ mT；图中有 4 条 ENDOR 谱线，1$^\#$线归属于 $\left| \dfrac{1}{2}, \dfrac{3}{2} \right\rangle \leftrightarrow \left| \dfrac{1}{2}, \dfrac{1}{2} \right\rangle$；2$^\#$线归属于 $\left| \dfrac{1}{2}, \dfrac{1}{2} \right\rangle \leftrightarrow \left| \dfrac{1}{2}, -\dfrac{1}{2} \right\rangle$；3$^\#$线归属于 $\left| -\dfrac{1}{2}, \dfrac{3}{2} \right\rangle \leftrightarrow \left| -\dfrac{1}{2}, \dfrac{1}{2} \right\rangle$；4$^\#$线归属于 $\left| -\dfrac{1}{2}, \dfrac{1}{2} \right\rangle \leftrightarrow \left| -\dfrac{1}{2}, -\dfrac{1}{2} \right\rangle$。实验证明这个体系的 **g** 和 **A** 基本上是各向同性的。对于各向同性的 **g** 和 **A**，有

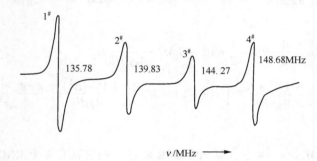

图 12-14　在 MgO 中 Co^{2+} 的 ENDOR 谱(4.2K)[13]

$$G_I = \nu_n; \quad K = A = B = a; \quad g\beta H = \nu_e$$

则式（12.23）和式（12.24）可还原为

$$\nu^a_{ENDOR} = \nu_n - \frac{1}{2}a + \frac{a^2}{4\nu_e}(2M_I + 2)$$

或

$$\nu^a_{ENDOR} = \frac{1}{2}a - \nu_n - \frac{a^2}{4\nu_e}(2M_I + 2) \tag{12.25a}$$

$$\nu^b_{ENDOR} = \nu_n - \frac{1}{2}a + \frac{a^2}{4\nu_e}(2M_I)$$

或

$$\nu^b_{ENDOR} = \frac{1}{2}a - \nu_n - \frac{a^2}{4\nu_e}(2M_I) \tag{12.25b}$$

$$\nu^c_{ENDOR} = \nu_n + \frac{1}{2}a - \frac{a^2}{4\nu_e}(2M_I) \tag{12.25c}$$

$$\nu^d_{ENDOR} = \nu_n + \frac{1}{2}a + \frac{a^2}{4\nu_e}(2 - 2M_I) \tag{12.25d}$$

从这里看出：ENDOR 的频率是依赖于 M_I 的，这就是说它是依赖于所饱和的那条 EMR 谱线的

$$\left| \frac{1}{2}, M_I \right\rangle \leftrightarrow \left| -\frac{1}{2}, M_I \right\rangle$$

在该实验中是 $\left| \frac{1}{2}, \frac{1}{2} \right\rangle \leftrightarrow \left| -\frac{1}{2}, \frac{1}{2} \right\rangle$，故将 $M_I = +\frac{1}{2}$ 代入式（12.18），得

$$\nu_{\text{ENDOR}}^{\text{a}} = \pm \left(\nu_{\text{n}} - \frac{1}{2}a + 3x \right) \qquad (12.26a)$$

$$\nu_{\text{ENDOR}}^{\text{b}} = \pm \left(\nu_{\text{n}} - \frac{1}{2}a + x \right) \qquad (12.26b)$$

$$\nu_{\text{ENDOR}}^{\text{c}} = \nu_{\text{n}} + \frac{1}{2}a - x \qquad (12.26c)$$

$$\nu_{\text{ENDOR}}^{\text{d}} = \nu_{\text{n}} + \frac{1}{2}a + x \qquad (12.26d)$$

其中

$$x = a^2 / 4\nu_{\text{e}}$$

这就是考虑到二级近似的结果。如果只考虑到一级近似，则

$$\nu_{\text{ENDOR}}^{\text{a}} = \nu_{\text{ENDOR}}^{\text{b}}; \quad \nu_{\text{ENDOR}}^{\text{c}} = \nu_{\text{ENDOR}}^{\text{d}}$$

这就是说只有两条 ENDOR 谱线，而实验结果是 4 条线，所以要正确解释实验结果，至少要考虑到二级近似。式（12.26a）和式（12.26b）两式中的" $\pm$ "号，当 $\frac{1}{2}a < \nu_{\text{n}}$ 时，应取" $+$ "号。反之当 $\frac{1}{2}a > \nu_{\text{n}}$ 时，应取" $-$ "号。

根据式（12.26），可以指定这 4 条 ENDOR 谱线的归属如图 12-14 所示。从式（12.26b）~ 式（12.26d）可以定出 ν_{n}、a、x，然后代入式（12.26a）计算出 $\nu_{\text{ENDOR}}^{\text{a}}$，其结果如表 12-6 所示。由表 12-6 可知，$\nu_{\text{ENDOR}}^{\text{a}}$ 的实验值与计算值符合得很好，超精细耦合参数 $a = 288.51$ MHz。

表 12-6　Co^{2+} 在 MgO 中 ENDOR 谱线的 $\nu_{\text{ENDOR}}^{\text{i}}$

编号	$\nu_{\text{ENDOR}}^{\text{i}}$	实验值/MHz	计算值[1]/MHz
1#	$\nu_{\text{ENDOR}}^{\text{a}}$	135.78	135.44
2#	$\nu_{\text{ENDOR}}^{\text{b}}$	139.83	139.84
3#	$\nu_{\text{ENDOR}}^{\text{c}}$	144.27	144.28
4#	$\nu_{\text{ENDOR}}^{\text{d}}$	148.68	148.68

1）二级近似的计算结果。

ENDOR 方法的最大成功，就是用来研究由于大量的超精细谱线重叠而使得 EMR 谱线产生非均匀增宽，变成一条大包络线的情况。例如，在 KBr 中的 F 中心，它的 EMR 谱线（Gauss 型）总线宽为 12.5 mT。其实，它的 6 个第一壳层相邻的离子是 ^{39}K（自然丰度 93.08%）和 ^{41}K（自然丰度 6.91%）。这些核也存在于第三、五和第九壳层中。第二、四、六和第八壳层中，还包含有 ^{85}Br（丰度

50. 57%）和 ^{87}Br（丰度 49.43%）核。所有这些核的核自旋都是 $I=3/2$。未偶电子与所有这些磁性核的超精细互作用，可以产生数不清的超精细结构线。假设忽略上述四种核的核磁矩的差别和超精细互作用的各向异性差别，只考虑第一壳层6 个磁性核，第二壳层 12 个磁性核的互作用，产生的超精细谱线的数目就有 $\prod_i (2n_i I + 1) = 19 \times 37 = 703$ 条。当然，其中有些线的强度是很低的，单就第一壳层引起的 19 条谱线，外侧最低的谱线只有中心最强谱线的 1/580，而实际情况要复杂得多。因此，KBr 的 F 中心的 EMR 波谱，只能是一条线宽为 12.5 mT 的大包络线，不能为我们提供任何有用的信息。

有了 ENDOR 方法，就能获得分辨良好的 ENDOR 谱线（图 12-15）[14,15]。从图 12-15 可以看出：在 0.5~28 MHz 范围内有丰富的 ENDOR 谱线。尽管它们的线宽有很大差别，但线宽很窄，特别是在 3~4 MHz 区间，最窄的只有 10 kHz。这样窄的线宽，就能把一对 $\nu_{ENDOR} = \nu_n \mp (a/2)$ 分辨开来。图 12-15 中，核下标的数字（Ⅰ~Ⅷ）表示该核所处的不同壳层。在 8~12 MHz 范围内

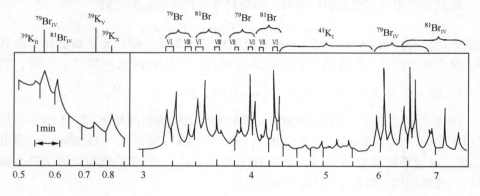

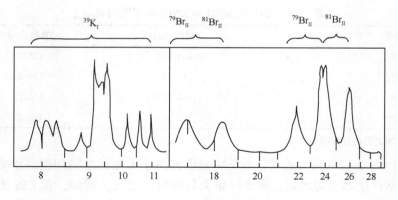

ν_{rf} /MHz

图 12-15　KBr 中的 F 中心在 90K, $\boldsymbol{H}$∥[100] 的 ENDOR 谱[14,15]

的三重线，表示核四极矩互作用：$Q = 0.054$（^{39}K）$\times 10^{-28}$ m^2，0.060（^{41}K）$\times 10^{-28}$ m^2，0.29（^{79}Br）$\times 10^{-28}$ m^2，0.27（^{81}Br）$\times 10^{-28}$ m^2。图 12-15 的磁场方向是平行于 [100]，同样对于其他方向，也可以得到一组 ENDOR 谱线，从而就可以得到超精细耦合参数随角度变化的依赖关系。

含四极矩互作用项的自旋 Hamiltonian[16,17] 为

$$\hat{\mathscr{H}}_Q = \hat{\boldsymbol{I}} \cdot \boldsymbol{Q} \cdot \hat{\boldsymbol{I}} \tag{12.27}$$

该式只对 $I \geqslant 1$ 是正确的，式中的 $\boldsymbol{Q}$ 矩阵为

$$\boldsymbol{Q} = Q \begin{pmatrix} \eta - 1 & 0 & 0 \\ 0 & -\eta - 1 & 0 \\ 0 & 0 & 2 \end{pmatrix} \tag{12.28}$$

在轴对称的情况下（$\eta = 0$）可写成

$$\hat{\mathscr{H}}_Q = Q[3\hat{I}_z^2 - I(I+1)] \tag{12.29}$$

如果 g 和 A 都非常接近各向同性，在适当的外磁场中，用一级微扰理论处理得出

$$h\nu_Q = 3 \left| Q(3\cos^2\theta - 1)(M_I - 1/2) \right| \tag{12.30}$$

式中：θ 是外磁场 H 与 Z 轴的夹角，$\Delta M_I = \pm 1$，包含核的 Zeeman 项和超精细互作用项，给出 ENDOR 频率如下：

$$\nu_{n_1} = \left| +\frac{1}{2}[A_{/\!/} + A_{\perp}(3\cos^2\theta - 1)] - g_n\beta_n H + 3Q(3\cos^2\theta - 1)\left(M_I - \frac{1}{2}\right) \right| / h \tag{12.31a}$$

$$\nu_{n_2} = \left| -\frac{1}{2}[A_{/\!/} + A_{\perp}(3\cos^2\theta - 1)] - g_n\beta_n H + 3Q(3\cos^2\theta - 1)\left(M_I - \frac{1}{2}\right) \right| / h \tag{12.31b}$$

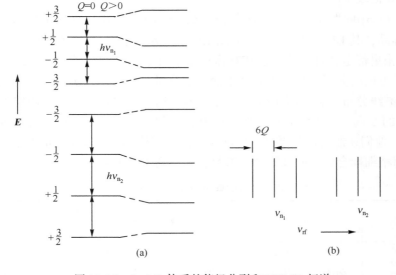

图 12-16　$I = 3/2$ 体系的能级分裂和 ENDOR 杆谱

这里的 A 和 Q 取共轴，对于 $I = 3/2$ 的能级和 ENDOR 谱如图 12-16 所示。KBr 各壳层的超精细耦合参数和某些核四极矩耦合参数列于表 12-7。

表 12-7   KBr 在 90 K 由 ENDOR 测得的超精细和四极矩耦合参数（单位：MHz）

壳层	核	$A_{//}/h$	$A_{\perp}/h$	Q/h
1	^{39}K	18.33	0.77	0.067
2	^{81}Br	42.85	2.81	0.077
3	^{39}K	0.27	0.022	
4	^{81}Br	5.70	0.41	0.035
5	^{39}K	0.16	0.021	
6	^{81}Br	0.84	0.086	
8	^{81}Br	0.54	0.07	

12.4   无规取向固态和粉末样品的 ENDOR 谱

众所周知，单晶样品是不太容易得到的，在现实的环境中绝大多数的固体样品是无规取向的（多晶或粉末）。在某些情况下，从粉末样品得到的 ENDOR 谱，有可能非常相似于从单晶样品中得到的"单晶型 ENDOR 谱"。这是因为在 ENDOR 操作中，固定某一共振磁场，加大微波功率使之饱和，然后进行核磁扫频，使之发生电子 – 核双共振。如果粉末样品中的每一个小部分，相当于顺磁分子的单一取向，这样就有可能得到与单晶样品一样的 ENDOR 谱。方法就是如何选择 EMR 谱线中的饱和转折点。

Rist 和 Hyde[18] 用共沉淀方法制备出在 $Zn(Pic)_2 \cdot 4H_2O$ 基质中掺入 $Cu(Pic)_2$ 的粉末样品，其 EMR 二次微分谱如图 12-17 所示。它是 d^9 平面分子，它的 g 和 Cu 的 A 张量都是轴对称的，且其对称轴都垂直于配合物分子平面。g 和 A 张量沿对称轴方向的分量，比在配合物平面上的分量要大很多，所以，它在低场部分的 EMR 谱线分布很宽，而在高场处$(g_{\perp})$的波谱压缩得很密。如果固定磁场在图 12-17 中的 a 点，加大微波功率使之饱和，则得图 12-18 所示的"单晶型"EN-DOR 谱。他们还制备出同系列平面配合物的粉末样品，并用 ENDOR 方法测定了 N 核的超精细耦合以及四极矩耦合参数，结果列于表 12-8。

表 12-8   氮核的耦合参数[1)]（单位：MHz）

配合物	基质	超精细耦合参数	四极矩耦合参数	
			测定值	估计值[2)]
$Cu(Ox)_2$	苯邻二甲酰亚胺	30.3	0.98	2.6
	$Zn(Ox)_2 \cdot 2H_2O$	27.5	1.34	3.6

续表

配合物	基质	超精细耦合参数	四极矩耦合参数	
			测定值	估计值[2)]
Cu(Pic)$_2$	苯二甲酸	36.9	0.75	2.0
	Zn(Pic)$_2$·4H$_2$O	29.7	1.35	3.6
Cu(Qn)$_2$	Zn(Qn)$_2$·xH$_2$O	29.0	0.95	2.5
CuMe(Pic)$_2$	ZnMe(Pic)$_2$	35.1	0.87	2.3
Cu(Sal)$_2$	Pd(Sal)$_2$	43.8	0.2	
Cu(Dim)$_2$	Ni(Dim)$_2$	47.2	0.57	
Ag(Pic)$_2$	Zn(Pic)$_2$·4H$_2$O	50.1	1.2	
	苯二甲酸	~51		

1）磁场垂直于配合物平面。

2）假设是轴对称的。

注：（Ox)表示 8-羟基喹啉；（Pic)表示吡考啉；（Qn)表示喹啉；Me（Pic)表示 α-甲基吡啶；（Dim)表示丁二酮肟；（Sal)表示水杨醛肟。

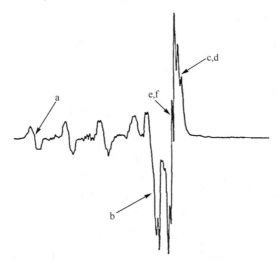

图 12-17　Cu(Pic)$_2$ 在 Zn(Pic)$_2$·4H$_2$O 中的 EMR 二次微分粉末谱

^{14}N 核（$I=1$) 的典型单晶 ENDOR 谱应该是四条线，其一级近似为

$$\nu_{\mathrm{ENDOR}} = \left| \frac{A^{\mathrm{N}}}{2} \pm \nu_n \pm Q^{\mathrm{N}} \right| \qquad (12.32)$$

式中：A^{N} 是 ^{14}N 核的各向异性超精细耦合参数；ν_n 是 ^{14}N 核的 Zeeman 跃迁频率；Q^{N} 是 ^{14}N 核的四极矩耦合参数。从图 12-18 得出自由质子共振频率是 11.2 MHz，故

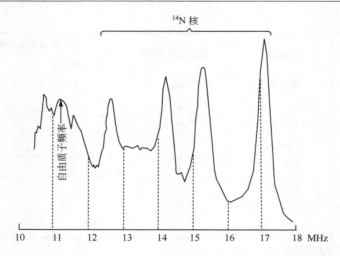

图 12-18   Cu(Pic)$_2$ 在 Zn(Pic)$_2$·4H$_2$O 中的单晶型 ENDOR 谱

$$\nu_n \approx (\gamma_n/\gamma_H)\ \nu_H = \frac{0.193}{2.675}\frac{24}{10} \times 11.2 = 0.81\ (MHz)$$

我们从表 12-8 中可查得 Cu(Pic)$_2$ 在 Zn(Pic)$_2$·4H$_2$O 基质中的 $A^N = 29.7$ MHz、$Q^N = 1.35$ MHz，将其代入式（12.32），计算出 ^{14}N 核的四条 $\nu_{ENDOR} = \frac{1}{2}(29.7) \pm 1.35 \pm 0.81 = 17.01$ MHz、15.39 MHz、14.31 MHz、12.69 MHz。与实验结果（图 12-18）吻合得相当好。

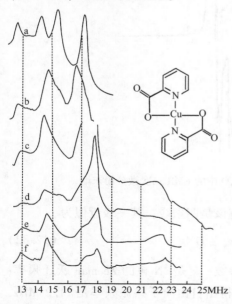

图 12-19   不同磁场位置的 ENDOR 谱

我们再来看图 12-17，现在把磁场分别固定在 b、c、d、e 和 f，加大微波功率分别使之饱和，得出一组 ENDOR 谱线，如图 12-19 所示。从 b~f 都是许多不同取向分子的 ENDOR 谱的叠加，就是"粉末型"的 ENDOR 谱。与粉末 EMR 谱相比，它仍有以下优点：

（1）粉末 ENDOR 谱仍包含核四极矩耦合的信息，这在一级近似的 EMR 谱中是不可能得到的。

（2）很容易区别不同种类核的耦合，如质子共振和氮核共振出现在 ENDOR 谱图的不同频率区间。

（3）在 ENDOR 谱中不存在超精细谱线的和、差以及线性组合，即使是粉末型的 ENDOR 谱解析也容易得多。

另一种固态无规取向样品的 ENDOR 谱，如二 (2-羟基苯乙酮肟)^{63}Cu 配合物（以下简称^{63}Cu-HAP）溶于 DMSO/EtOH（5/1）溶剂中冷冻到 20 K，主要研究它的^{14}N、^{15}N 核的 ENDOR 谱[19~21]，并用来测定^{14}N、^{15}N 核引起的超超精细耦合参数及^{14}N 核电四极矩耦合参数。根据选择定则：$\Delta M_S = 0$，$\Delta M_I = \pm 1$，其一级近似 ENDOR 谱将由两组跃迁构成。由于受到^{14}N 核电四极矩的互作用产生再分裂，如图 12-20 所示。在典型的 $I = 1$ 的 ENDOR 谱上应呈现出四条线，它的中心位置应在超超精细耦合参数的一半处，如图 12-21 所示。其跃迁频率的一级近似表达式可简化为[22]

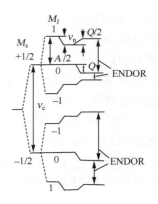

图 12-20　$\Delta M_S = 0$，$\Delta M_I = \pm 1$
一级近似 ENDOR 谱能级
分裂示意图

$$\nu_{ENDOR} = \left| (A_i/2) \pm (3Q_i/2) \pm \nu_n \right| \tag{12.33}$$

式中：A_i、Q_i 是 A 和 Q 张量沿 i 轴（$i = x$、y、z）的主值；ν_n 是配位原子核的 Zeeman 跃迁频率。当 $(3Q/2) \approx \nu_n$ 时，中间的两个峰可能会重叠，从而只能观测到 3 个峰，如图 12-21(b) 所示。而且在某些测定中，由于谱线的变宽，将使得整个信号图像呈现不对称的线形。

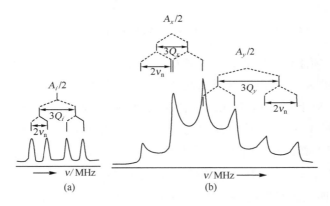

图 12-21　典型的 ENDOR 谱
（a）单晶型谱；（b）粉末型谱

对于 $I = 1/2$ 的核，有

$$\nu_{ENDOR} = \left| (A_i/2) \pm \nu_n \right| \tag{12.34}$$

如质子的 ENDOR 谱就是如此，且由于 $(A_i/2) \ll \nu_n$，质子的 ENDOR 峰在谱图上往往对自由质子峰呈对称配置。作者[19]采用定向选择测定的改进方法[18]，当在

EMR 谱对应的 $g_{//}$ 处测量 ENDOR 谱时，只有平行于外磁场 H 方向的与 $g_{//}$ 取向相对应的分子对 ENDOR 谱才会有贡献，这时测得的为"单晶型" ENDOR 谱，如图 12-21 (a) 所示；当在 EMR 谱对应的 $g_{\perp}$ 处测量 ENDOR 谱时，则只有垂直于外磁场 H 方向的与 $g_{\perp}$ 取向相对应的分子，即在 x、y 平面上所包围的分子对 ENDOR 谱都有贡献，这时测得的为"粉末型" ENDOR 谱，如图 12-21 (b) 所示。

^{14}N-^{63}Cu-HAP 在 DMSO/EtOH (5:1) 溶剂中，在 20 K 下测得的 EMR 谱图如图 12-22 所示。图中的箭头为测定 ENDOR 谱时固定磁场的位置：a—257.6 mT；b—276.4 mT；c—304.8 mT；d—311.1 mT；e—315.2 mT；f—319.5 mT。与其相对应的 ENDOR 谱如图 12-23 所示。

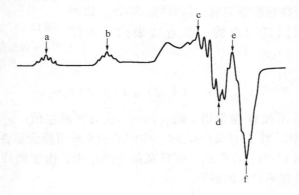

图 12-22　^{14}N-^{63}Cu-HAP 在冷冻溶液中在 20 K 的 EMR 谱

在这里必须注意坐标的概念：当外磁场 H 平行于 z 轴时，对于 Cu 核的超精细耦合参数为 $^{Cu}A_{//}$，而对于 N 核的超超精细耦合参数则应为 $^{N}A_{\perp}$；当外磁场 H 平行于 y 轴时，对于 Cu 核的超精细耦合参数为 $^{Cu}A_{\perp}$，而对于 N 核的超超精细耦合参数则也应为 $^{N}A_{\perp}$；当外磁场 H 平行于 x 轴时，对于 Cu 核的超精细耦合参数为 $^{Cu}A_{\perp}$，而对于 N 核的超超精细耦合参数则应为 $^{N}A_{//}$。通过计算机模拟求得：$^{Cu}A_{//} = -588$ MHz；$^{Cu}A_{\perp} = -74$ MHz。利用图 12-23 求出 $^{N}A_{//} = 51$ MHz；$^{N}A_{\perp} = 44.8$ MHz。

^{14}N 核的四极矩互作用的自旋 Hamiltonian 为

$$\hat{\mathscr{H}}_Q = \frac{e^2 qQ}{4I(I+1)h}\left[\,(3I_z^2 - I^2) + \eta(I_x^2 - I_y^2)\,\right] \tag{12.35}$$

式中：$eq = V_{zz}$，为核所在处的电场梯度张量；η 为不对称参数，$\eta = (V_{xx} - V_{yy})/V_{zz}$，通常 $0 < \eta < 1$。在分子中 ^{14}N 核上的电场梯度（EFG）定义如下：

$$eq = -e\sum_j \left\langle \psi_j \left| \frac{3\cos^2\theta - 1}{r^3} \right| \psi_j \right\rangle n_j + e\sum_{K \neq N} Z_K\left(\frac{3\cos^2\theta_K - 1}{R_K^3}\right) \tag{12.36}$$

式中：第一项表示电子对电场梯度张量的贡献，ψ_j 为被占据的分子轨道，n_j 是第

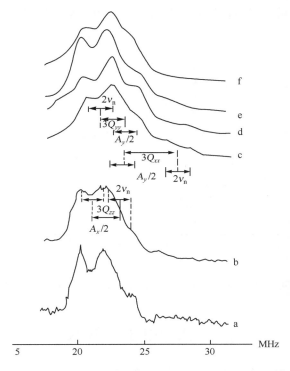

图 12-23 ^{14}N-^{63}Cu-HAP 在冷冻溶液中在 20 K 的 ENDOR 谱

j 轨道上的电子数；第二项表示带电荷 Z_K 的 K 核对电场梯度张量的贡献。R_K 表示电子与 K 核中心的距离，K≠N 表示除 ^{14}N 核之外的其他核。

用核四极矩的互作用来衡量电场梯度对邻近核立方对称性的偏离程度，它与所有电子（包括价电子和原子实电子）的分布有关。通常用四极矩耦合参数，而不是用超超精细耦合参数来直接表示 Cu—N 键的强度[18]。

取 ^{14}N 核的四极矩张量的主轴与其超超精细耦合张量的主轴方向一致。核四极矩是无迹张量，即 $Q_{xx} + Q_{yy} + Q_{zz} = 0$。由图 12-23 求得：$^N Q_{xx} = -1.38$ MHz；$^N Q_{yy} = 0.62$ MHz；$^N Q_{zz} = 0.76$ MHz。可以看出：^{14}N 核的四极矩张量的最大主值方向是指向 Cu—N 键的，表明其电场梯度主轴是由 N 的孤对电子轨道决定的，但其符号与超超精细耦合参数相反。根据四极矩张量对轴对称的偏离程度估算[23]出 $\eta \approx 0.1$。

^{14}N-^{63}Cu-HAP 配合物的质子 ENDOR 谱如图 12-24 所示。从图中求得自由质子频率 $\nu_H = 12.8$ MHz。在低频区，围绕自由质子峰呈对称配置的有三组峰，它们的频率分别是 2.7 MHz、5.8 MHz、8.0 MHz。这就是说，在 ^{14}N-^{63}Cu-HAP 配合物中存在三组不同的等价质子。其实应该有四组不同的等价质子，还有一组峰

与^{14}N核的耦合峰重叠而没有分辨出来, 这在^{15}N-^{63}Cu-HAP配合物中得到了证实[20]。

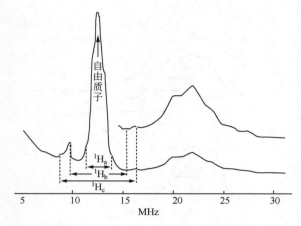

图 12-24 ^{14}N-^{63}Cu-HAP 在冷冻溶液中在 20 K 下^{1}H 和^{14}N 的 ENDOR 谱

12.5   脉冲电子 – 核双共振

与 CW-ENDOR 不同的是, 所加的射频场是脉冲的而不是连续波。脉冲ENDOR谱仪的出现, 使得时间分辨 (time-resolved) 波谱所有的优势, 都有可能在 ENDOR 中得以应用。现代的 ENDOR 技术能够应用各种各样的射频脉冲序列, 把对含有未偶电子的粒子的结构、弛豫性能的了解和认识提高到一个新的水平。这些技术包括: 极化 – 调制 (polarization-modulated) 的 ENDOR; 两种射频频率的 "double ENDOR"; 随机的 (stochastic) ENDOR; 多量子的 ENDOR 以及ENDOR诱导的电子磁共振等。本书不可能一一加以叙述, 请参阅文献和专著[22,24~31]。

12.6   ENDOR 技术的扩展[32]

脉冲电子 – 核双共振 (pulse-ENDOR) 只是相对于 CW-ENDOR 而言的。此外, 还有双核 – ENDOR (double-ENDOR)、电子 – 核双共振诱导的电子磁共振 (ENDOR-induced-EMR, EI-EMR)、环形极化 (circularly polarized) -ENDOR (CP-ENDOR)、极化调制 (polarization-modulated) -ENDOR (PM-ENDOR)。现简介如下。

12.6.1　双核-ENDOR

含有两个等价磁性核的顺磁体系如 $S=1/2$、$I_1=I_2=1/2$，这是此类体系中最简单的一种，要想同时测得其超精细耦合常数 A_1 和 A_2，就必须在垂直于外磁场方向加两束相互垂直的射频场[33]。用前面讲过的方法可以得到两组各两条线的 ENDOR 谱。这就是所谓的双核-ENDOR（double-ENDOR）谱。

体系的 Hamilton 算符描述如下：

$$\mathcal{H} = g\beta HS - g_n\beta_n HI + A_1 I_1 S + A_2 I_2 S \tag{12.37}$$

这里的 $I=I_1+I_2$，根据选律，有四条 ENDOR 谱线：

$$\Delta M_{I_2}=1，\quad h\nu_{n_1}=g_n\beta_n H - A_2/2$$
$$\Delta M_{I_1}=1，\quad h\nu_{n_2}=g_n\beta_n H - A_2/2$$
$$\Delta M_{I_1}=1，\quad h\nu_{n_3}=g_n\beta_n H + A_2/2$$
$$\Delta M_{I_2}=1，\quad h\nu_{n_4}=g_n\beta_n H + A_2/2$$

12.6.2　ENDOR 诱导的电子磁共振

由 ENDOR 诱导的 EMR 谱是 ENDOR 谱的补充。从它能观测到整个 EMR 谱附加的特殊的 ENDOR 跃迁部分。Schweiger 评论[34] EI-EMR 是单一的 ENDOR 跃迁，表现为外磁场的函数而不是射频场的函数。因而，它是一种剥离重叠谱线很好的方法。图 12-25（a）是 Cu(acacen)掺杂在 Ni(acacen)单晶中的 EMR 谱[35]。其中(acacen)为乙二胺二乙酰丙酮。垂直和平行各有四组，每组都有 5 条超超精细结构，但垂直的四组与平行的第三组完全重叠而难以分辨。图 12-25（b）是垂直部分的 EI-EPR 四组谱[34]，每组 5 条超超精细结构分得很清楚。图12-26[35]是 $V(bz)_2$ 稀释在二茂铁粉末中的 EMR 粉末谱（a）以及该粉末样品的类单晶 EI-EPR谱［(b)~(e)］。$\Delta\nu$ 的值接近于 $^H A_{max}/2$。（b）$\Delta\nu = 8.50$ Mz；（c）$\Delta\nu = 8.70$ Mz；（d）$\Delta\nu = 8.75$ Mz；

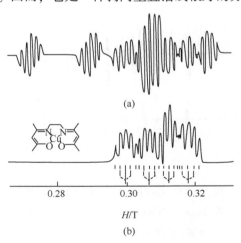

图 12-25　Cu(acacen)掺杂在 Ni(acacen)单晶中的 EPR 谱(a)和 IE-EPR 谱(b)[34]

（e）$\Delta\nu = 8.80$ Mz。从图 12-26（c）就可以看出，^{51}V 核($I=7/2$)的 8 条超精细结构谱线清晰可辨。这说明不仅单晶样品可用 EI-EMR 谱剥离重叠的谱线，粉末谱同样也可用 EI-EMR 谱来剥离谱线的重叠[35]。

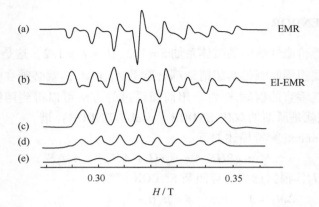

图 12-26 V(bz)$_2$ 粉末样品稀释在二茂铁中的 EMR 谱（a）

和类单晶 EI-EMR 谱（b ~ e）[35]

12.6.3 环形极化 ENDOR

环形极化（circularly polarized）ENDOR（CP-ENDOR）的射频场，可由两个线性极化射频场的矢量

$$H_x(t) = iH_{x0}\cos\omega t \qquad (12.38a)$$

$$H_y(t) = iH_{y0}\cos(\omega t + \phi) \qquad (12.38b)$$

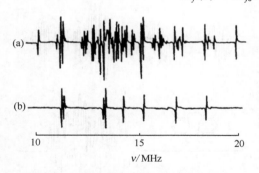

图 12-27 Cu(biyam)$_2$(ClO$_4$)$_2$ 掺杂在 Zn(biyam)$_2$(ClO$_4$)$_2$ 单晶中常规的 ENDOR 谱（a）和 CP-ENDOR 谱（b）[36]

之和得到。$H_{x0} = H_{y0} = H_2$，对应于左极化 $\phi = 90°$，对应于右极化 $\phi = -90°$。这两个线性极化场是由射频电流通过两对平行于外磁场 **H** 的线圈产生的，两对线圈形成两个半环形相互垂直。采用 TE$_{112}$ 型圆柱谐振腔。图12-27(a) 是 Cu(biyam)$_2$(ClO$_4$)$_2$ 掺杂在 Zn(biyam)$_2$(ClO$_4$)$_2$ 单晶中（样品是任意取向、在 20 K 下），用常规线性极化射频场测定的 ENDOR 谱；图 12-27(b) 是在同样条件下的 CP-ENDOR 谱。可以看出后者比前者大大简化了[36]。

12.6.4 极化调制 ENDOR

在极化调制（polarization-modulated）ENDOR（PM-ENDOR）谱仪上，线性极化射频场 H_2 在实验坐标系的 xy 平面上以 $\nu_r \ll \nu_m$ 旋转。这里的 ν_m 为调制频率。PM-ENDOR 要求较小的调制频率。

12.7　电子 – 电子双共振

电子 – 电子双共振（ELDOR）与电子 – 核双共振（ENDOR）不同的是，在垂直于外磁场方向上不是加一个微波场和一个射频场，而是加两个频率不同的微波场；另一个不同的是，对于 ENDOR，"观察跃迁"和"抽运跃迁"有一个能级是共享的，而在 ELDOR 中是没有共享能级的。当第二个超精细跃迁被饱和的同时，就可以观测到第一个超精细跃迁强度被减弱[37]。在相同的磁场强度的作用下（即磁场强度保持不变），要使两个不同的跃迁频率同时产生电子自旋共振，就必须同时用两个不同频率的微波照射。这就要求一个"双模"的谐振腔来调谐与两个不同频率的微波匹配，使多重超精细耦合的吸收谱线得以分别实现。最简单的情况就是一个自旋为 1/2 的单核，如图 12-28 所示。虽然这两个跃迁没有共同的能级，它们还是可以通过以下两种机理耦合的。

（1）电子与核的偶极耦合诱导快速核弛豫。电子自旋的翻滚在适当的条件下能够引起耦合的核自旋翻滚。这种机理在低温和低浓度情况下占优势。

（2）在高浓度或足够高的温度条件下，自旋交换或化学交换趋向于补平所有自旋能级的布居。

ELDOR 技术对不同的弛豫机理是非常敏感的。例如，它能够利用不同位置的相同核的弛豫时间不同，来区别 DPPH 中两个相邻的、超精细分裂大小相同的氮原子。这个研究可以得到 ^{14}N 核超精细耦合参数的准确值[38]。脉冲 ELDOR 用来研究（辐照丙二酸生成的）CH 碎片（$S = I = 1/2$）时得到自旋弛豫时间和在 $M_I = \pm 1/2$ 之间的交叉弛豫时间[39]。

二维 ELDOR 能够给出关于在氮氧自由基之间的磁化转移速率有价值的信息[39]，以及将运动的影响无限扩展到在这些体系中受到严格限制的范围内[40]。关于二维 ELDOR 技术请参阅文献[41]。

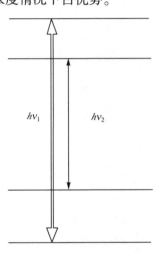

图 12-28　电子 – 电子双共振能级跃迁示意图

12.8　光检测磁共振

电子磁共振跃迁的强度是正比于两个跃迁的 $|M_S\rangle$ 态上布居数之差值 ΔN，也就是说，正比于自旋极化。任何其他影响 ΔN 的过程，都会影响 EMR 的谱线强度。反之亦然，除非自旋 – 晶格弛豫也是非常有效的。在合适的环境下被极

化，光诱导的跃迁强度也正比于 ΔN，因此，电子的跃迁与 EMR 跃迁存在着某种联系。这种效应的检测不太容易，一般要求很低的温度以达到最大的 ΔN 值。实现这种光检测磁共振（ODMR）实验的可能性来自某些具有以宽光带为特征的特殊未偶电子的物种。关于 ODMR 的评论请参阅文献 [42~47]。

选择（萘）$^+$/（萘）$^-$ 在室温的稀溶液中（$\geqslant 0.01$ mol·L^{-1}）作为 ODMR 的一个例子[48]。从由电子照射产生的自由基对，检测出磁场（**H**）依赖的荧光，为观测短寿命自由基三重态的 EMR 波谱提供一个非常灵敏的技术。

12.9 荧光检测磁共振

在某些环境下，光技术检测比通常的（CW）EMR 具有更高的灵敏度和时间分辨能力。它主要是利用在液态或固态溶液中的短寿命自由基重合产生的荧光，检测并展现 EMR 波谱。例如，荧光检测磁共振（FDMR）能够用来观测由离子辐射或光离子辐射（脉冲持续时间 5~15 ns）产生的原始自由基阳离子[49]。

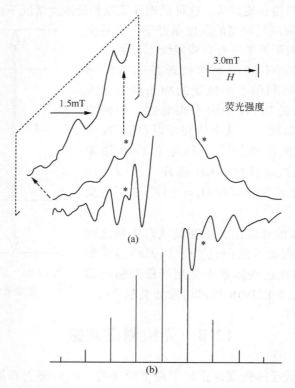

图 12-29　在环戊烷溶剂中含 10^{-3} mol·L^{-1} 的（立方烷）$^+$ 和 10^{-4} mol·L^{-1} 的（全氘代蒽）$^-$ 在 190 K 下的 FDMR 谱（a）及其微分谱（b）

例如，自旋相关的（立方烷）$^+$和（全氟代蒽）$^-$自由基对，在 3 MeV 电子束脉冲离子化后的几个皮秒（picosecond）间，重合产生激发单态的闪烁分子[50]。在 190 K 下观测到的 X 波段 FDMR 谱，展现出预期的（立方烷）$^+$质子超精细七重峰（1∶6∶15∶20∶15∶6∶1，裂距 1.61 mT）结构，如图 12-29 所示[45]。

参 考 文 献

[1] Poole Jr. C P. *Electron Spin Resonance, A Comprehensive Treatise on Experimental Techniques*, 2nd ed., New York: Wiley, 1983.

[2] Feher G. *Phys. Rev.* 1956, **103**: 834.

[3] Feher G. *Phys. Rev.* 1959, **114**: 1219.

[4] Hyde J S. *J. Chem. Phys.* 1965, **43**: 1806.

[5] Abragam A, Bleaney B. *Electron Paramagnetic Resonance of Transition Ions*. London: Oxford University Press, 1970: 244.

[6] Davis E R, Reddy T Rs. *Phys. Lett.* 1970, **31A**: 398.

[7] Geschwind S. Special Topics in Hyperfine Structure in EPR // Freeman A J, Frankel R B. *Hyperfine Interactions*. New York: Academic, 1967: 225.

[8] Hyde J S. *J. Chem. Phys.* 1965, **43**: 221.

[9] Hyde J S, Maki A H. *J. Chem. Phys.* 1964, **40**: 3117.

[10] Coppinger G M. *J. Am. Chem. Soc.* 1957, **79**: 501.

[11] Steelink C, Fitzpatrick J D, Kispert L D, Hyde J S. *J. Am. Chem. Soc.* 1968, **90**: 4354.

[12] Cook R J, Whiffen D H. *J. Phys. Chem.* 1967, **71**: 93.

[13] Fry D J I, Llewellyn P M. *Proc. Roy. Soc.* (*London*). 1962, **A266**: 84.

[14] Seidel H. *Z. Phys.* 1961, **165**: 218, 239.

[15] Kevan L, Kispert L D. *Electron Spin Double Resonance Spectroscopy*. New York: Wiley, 1976: Sect. 4.2.3.

[16] Drago R S. *Physical Methods in Chemistry*. Philadephia: Saunders, 1977: Chap. 14.

[17] Slichter C P. *Principles of Magnetic Resonance*, 3rd ed., New York: Springer, 1990: Chap. 10.

[18] Rist G H, Hyde J S. *J. Chem. Phys.* 1970, **52**: 4633.

[19] 徐元植, 陈德余, 程朝荣等. *中国科学*(*B*). 1992, **35** (4): 337; *Science in China*. 1992, 35 (9): 1052.

[20] 陈德余, 徐元植等. *化学学报*. 1992, **50** (8): 691.

[21] Xu Yuanzhi, Chen Deyu. *Appl. Magn. Reson.* 1996, **10**: 103.

[22] Schweiger A. *Structure & Bonding*. 1982, **51**: 1.

[23] Rist G H, Hyde J S. *J. Chem. Phys.* 1969, **50**: 4532.

[24] Schweiger A. *Angew. Chem. Int. Ed. Engl.* 1991, **30**: 265.

[25] Gemperle C, Schweiger A. *Chem. Rev.* 1991, **91**: 1481.

[26] Grupp A, Mehring M. Pulsed ENDOR Spectroscopy in Solids // Kevan L, Bowman M K. *Modern Pulsed & Continuous-Wave Electron Spin Resonance*. New York: Wiley, 1990: Chap. 4, 195ff.

[27] Thomann H, Bernardo M. *Spectrosc. Int. J.* 1990, **8**: 119.

[28] Thomann H, Mims W B. Pulsed Electron-Nuclear Spectroscopy and the Study of Metalloprotein Active Sites // Bagguley D M S. *Pulsed Magnetic Resonance: NMR, ESR and Optics*. Oxford: Oxford University Press, 1992.

[29] Dinse K P. Pulsed ENDOR // Hoff A J. *Advanced EPR-Applications in Biology & Biochemistry*. Amsterdam:

Elsevier, 1989: Chap. 17, 615 - 631.

[30] Hoffman B M, Gurbiel R J, Werst M M, Sivaraja M. Electron Nuclear Double Resonance (ENDOR) of Metalloenzymes // Hoff A J. *Advanced EPR-Applications in Biology and Biochemistry*. Amsterdam: Elsevier, 1989: Chap. 15, 541 - 591.

[31] Hoffman B M. *Acc. Chem. Res.* 1991, **24**: 164.

[32] Pilbrow J R. *Transition Ion Electron Paramagnetic Resonance*. Oxford: Clarendon Press, 1990: 410 - 418.

[33] Forrer J, Schweiger A, Berchten N, Gunthard Hs H. *J. Phys.* 1981, **E14**: 565.

[34] Schweiger A. *Struct. Bond.* 1982, **51**: 1.

[35] Schweiger A, Rudin M, Forrer J. *Chem. Phys. Lett.* 1981, **80**: 376.

[36] Schweiger A, Gunthard Hs H. *Molec. Phys.* 1981, **42**: 283.

[37] Hyde J S, Chien J C W, Freed J H. *J. Chem. Phys.* 1968, **48**: 4211.

[38] Hyde J S, Sneed Jr. R C, Rist G H. *J. Chem. Phys.* 1969, **51**: 1404.

[39] Nechtschein M, Hyde J S. *Phys. Rev. Lett.* 1970, **24**: 672.

[40] Patyal B R, Crepeau R H, Gamliel D, Freed J H. *Chem. Phys. Lett.* 1990, **175**: 445 ~ 453.

[41] Goreester J, Millhauser G L, Freed J H. Two-dimensional Electron Spin Resonance // Kevan L, Bowman M H. *Modern Pulsed and Continuous-wave Electron Spin Resonance*. New York: Wiley, 1990.

[42] Geschwind S. , Optical Techniques in EPR in Solids // Geschwind S. *Electron Paramagnetic Resonance*. New York: Plenum, 1972: Chap. 5.

[43] Cavenett B C. *Adv. Phys.* 1981, **30**: 475.

[44] Clarke R H. *Triplet-State ODMR Spectroscopy*. New York: Wiley, 1982.

[45] Spaeth J M. Application of Magnetic Multiple Resonance Techniques to the Study of Point Defects in Solids // Weil J A. *Electron Magnetic Resonance of the Solid State*. Ottawa: Canadian Society for Chemistry, 1987: Chap. 34.

[46] Hoff A J. Optically Detected Magnetic Resonance of Triplet States // Hoff A J. *Advanced EPR: Applications in Biology and Biochemistry*. Amsterdam: Elsevier, 1989: Chap. 18.

[47] Spaeth J M, Lohse F. *J. Phys. Chem. Solids*. 1990, **51**: 861.

[48] Molin Yu N, Anisimov O A, Grigoryants V M, Molchanov V K, Salikhov K M. *J. Phys. Chem.* 1980, **84**: 1853.

[49] Werst D W, Trifunac A D. *J. Phys. Chem.* 1991, **95**: 3466.

[50] Qin X Z, Trifunac A D, Eaton P E, Xiong Y. *J. Am. Chem. Soc.* 1991, **113**: 669.

更进一步的参考读物

1. Kevan L, Kispert L D. *Elec. Spin Double Res. Spect.* New York: Plenum Press, 1976.

2. Dorio M M, Freed J H. *Mult. Elec. Res. Spect.* , New York: Plenum Press, 1979.

3. Box H C. *Radiation Effects: ESR and ENDOR Analysis*. New York: Academic Press, 1977.

4. Deal R M, Ingram D J E, Srinivasan R. Elec. Mag. Reson. & Solid Dielectrics. Proc. Colloq. AMPERE. 12th 239 1963.

5. Feher G. *Phys. Rev.* 1957, **105**: 1122.

6. Blumberg W E, Feher G. *Bull. Am. Phys. Soc.* 1960, **5**: 183.

7. Holton W C, Blum H, Slichter C P. *Phys. Rev. Lett.* 1960, **5**: 197.

8. Holton W C, Blum H. *Phys. Rev.* 1962, **125**: 89.

9. Rist G H, Hyde J S. *J. Chem. Phys.* 1968, **49**: 2449.

10. Pake G E, Estle T L. *The Physical Principles of Electron Paramagnetic Resonance*. Reading：Benjamin, 1973：Chap. 11.

11. Mobius K, Plato M, Lubitz W. *Phys. Rep.* 1982, **87**：171.

12. Gemperle C, Schweiger A. *Chem. Rev.* 1991, **91**：1481.

13. Spaeth J M, Niklas J R, Bartram R H. *Structural Analysis of point Defects in Solids-An Introduction to Multiple Magnetic Resonance Spectroscopy*. Berlin：Springer, 1982.

第 13 章　脉冲激发的电子磁共振波谱

前面我们讨论的 EMR，其微波激发的功率基本上是恒定的、不随时间改变的连续波。本章我们将要讨论，激发电子磁共振跃迁的微波振幅是时间的函数 $[H_1(t)]$，也就是说微波激发场 H_1 是脉冲的。W. B. Mims 从 1961 年开始就做了大量的前期研发工作，许多 EMR 研究工作者在这一领域的开发迄今已有 40 余年。尽管脉冲 EMR 的发展历程是缓慢的，却是稳步有序的。缓慢的主要原因之一，就是脉冲的微波技术在 20 世纪七八十年代之前主要是用于军事技术，将其移植到民用，除受到国安考量的限制外，谱仪的造价也很高。从 90 年代到现在，市场上虽然已有脉冲 EMR 谱仪销售，但其价格还是非常昂贵的，一般是 CW-EMR 谱仪的 3 ~ 4 倍。

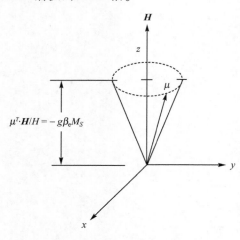

图 13-1　自旋磁矩在静磁场中的进动模型

与每一个质点的自旋磁矩相关的 Larmor 进动频率 $\nu_H = g\beta H/h$，对于 $S = 1/2$ 的自旋体系 $\nu_{\alpha\beta} = (E_\alpha - E_\beta)/h = \nu_H$，在量子力学中，作用于角动量的进动运动是与 Heisenberg 原理相关的；垂直于外磁场 H 的自旋分量，用"不确定的锥体"来描述（图 13-1），只有锥的轴向分量是可以测量的。

其实，$H_1(t)$ 函数形式的选择，至少在原理上可以适应实验者的要求。H_1 的方向相对于外磁场 H 以及样品（假如样品是各向异性的单晶）的取向必须是特定的。如果有几个频率不同的微波场，必须在它们相应的正弦曲线之间的相位关系中做出合理的选择。$H_1(t)$ 的振幅对于观测效果是至关重要的。当然，每当 H_1 发生变化时，自旋 Hamiltonian 中的 $-\hat{\mu} \cdot H_1$ 项就会随之改变。

现在，我们选择的 $H_1(t)$ 必须是单色的正弦波，在整个时间周期内的振幅，必须保持不变，要能够在极短时间内接通，微波振幅从零立即到达其阈值 (H_1)，或者在极短时间内断开，微波振幅立即从阈值 (H_1) 降到零。这样的微波激发磁场就构成一个方波脉冲。这里必须注意到：微波磁场 H_1 的快速变化，从 0 到 H_1 以及从 H_1 到 0 的每一个步区都存在着微波磁场 H_1 基频 ν 附近的"频率层"（frequencies superimposed）分布区，这就是几个正弦波的 Fourier 系列[1,2]。

13.1 射频场 H_1 的理想接通

自旋磁矩 $\hat{\boldsymbol{\mu}} = \alpha g\beta \hat{\boldsymbol{J}}$ 在频率为 ν 的正弦微波激发场 H_1 中被线性极化，这个微波场 H_1 与静态 Zeeman 磁场 $\boldsymbol{H}/\!/z$ 的方向呈 90°角。假设这两个磁场都是均匀的，我们采用矢量模型来描述：当 $H_1 = 0$ 时，自旋矢量 $\hat{\boldsymbol{J}}$ 的动作是以自然频率 ν_H 绕外磁场 $\boldsymbol{H}$ 做进动运动，对于 $M_J = +1/2$ 和 $-1/2$ 两个状态有相同的旋转理念。当 $H_1 \neq 0$ 时，就有两个进动运动同时进行，一个绕外磁场 $\boldsymbol{H}$ 做进动运动，另一个通常以低于 ν_H 的频率绕微波磁场 H_1 做进动运动（一般 $H \gg H_1$）。当 H_1 的基频 $\nu = \nu_H$ 时，也就是产生磁共振时，H_1 的一个组分的频率和旋转方向正好与自旋磁矩的频率和旋转方向相匹配。可以设想把 H_1 的这个分量，看成作用于磁矩上的偏振转矩使磁矩达到均值 $\langle \boldsymbol{\mu} \rangle$，在 $\boldsymbol{H}$ 与 H_1 垂直时，达到最大值。于是，自旋磁矩矢量在它的 J_z 本征态之间被 H_1 来回驱动。在自旋磁矩与有效微波场 H_1 之间以 $\nu_1 = g\beta H_1/h$ 振荡频率进行适当的能量交换。

对于自旋状态 M，磁矩的"均值" $\langle \boldsymbol{\mu} \rangle = \langle M | \hat{\boldsymbol{\mu}} | M \rangle$ 服从微分方程

$$\frac{\mathrm{d}\langle \boldsymbol{\mu} \rangle}{\mathrm{d}t} = \gamma \langle \boldsymbol{\mu} \rangle \wedge \hat{\boldsymbol{H}} \tag{13.1}$$

外磁场 $\boldsymbol{H}$ 在实验室（以 $\boldsymbol{x}$, $\boldsymbol{y}$, $\boldsymbol{z}$ 为单位矢量）的直角坐标系中，可表达为由静磁场 $\boldsymbol{H}_0$ 和绕 $\boldsymbol{H}_0$ 旋转的 $\boldsymbol{H}_1$ 组成

$$\boldsymbol{H} = \boldsymbol{x} \, H_1 \cos\omega t + \boldsymbol{y} H_1 \sin\omega t + \boldsymbol{z} H_0 \tag{13.2}$$

$\boldsymbol{H}_1 \perp \boldsymbol{H}_0$ 且 $H_1 \ll H_0$，在共振的情况下，$\omega = \omega_H = |\gamma| H_0$ 变换到旋转坐标系：

$$\boldsymbol{x}_\phi = \boldsymbol{x}\cos\omega t + \boldsymbol{y}\sin\omega t \tag{13.3}$$

$$\boldsymbol{y}_\phi = -\boldsymbol{x}\sin\omega t + \boldsymbol{y}\cos\omega t \tag{13.4}$$

上述情况从所谓 Rabi 问题，即为上述现象提供概率幅度的量子力学动力学方程的解看得更加清楚[3,4]。例如，对于孤立的自旋体系 $S = 1/2$，在时间为 t_0 时，从它的基态 $M_J = -1/2$ 向上能态 $M_J = +1/2$ 跃迁的概率[5~7] P 为

$$P = \left(\frac{\nu_1}{\nu_r}\right)^2 \sin^2[\pi\nu_r(t - t_0)] \tag{13.5}$$

式中：$\nu_r = [\nu_1^2 + (\nu - \nu_H)^2]^{1/2}$ 叫做 Rabi 频率，ν_1 为 H_1 的频率。在 $t - t_0 = l/2\nu_r$，l 为奇数整数时概率 P 最大。在发生共振时，$\nu = \nu_H$，l 为偶数，体系基态的概率为 1。在这些时间点之间，对于 $M_J = \pm 1/2$ 的每一个态发生的概率都不是零。磁矩绕外磁场进动运动的"锥轴"在球的上端 $+z$ $(\boldsymbol{H}/\!/z)$ 和球的下端 $-z$ 之间像螺钉一样来回运动，如图 13-2 所示。当 $H \gg H_1$ 时自旋翻滚（spin flipping）的速率比旋转频率 ν_H 慢。这种翻滚相当于光子 $h\nu$ 在自旋和微波激发场体系之间转移。当

然，这里是忽略了自旋－晶格和自旋－自旋的影响。这种观点在前几章中都已经叙述过了。

另一种观点是：磁偶极子（磁矩矢量的"进动"）运动在持有自旋体系的谐振腔中，产生可检测到的瞬时能量转移（加上频率移动），如在信号接收线圈中检测到电压。

当 $\nu \neq \nu_H$ 时，在频率 ν_r 高于 ν_1 时，概率幅度发生 Rabi 振荡，上能态的概率不会达到 1。跃迁概率随 ν 从共振开始（粗略地以 $\nu_1 / |\nu - \nu_{Larmor}|$ 十分尖锐地）下滑，且与自旋相关的微波场 H_1 很快地变成无效。但是，我们将要看到的 $\nu \sim \nu_H$ 的情况是很重要的。还要记住，当微波场 H_1 移开外磁场 H 的法线时，概率就会急剧下降。

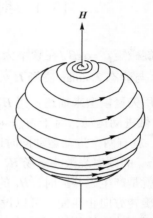

图 13-2　磁矩绕外磁场做进动运动示意图

很清楚，假如没有不可逆的能量从整个体系（自旋＋微波场）中传出或传入，整个振荡周期的平均定数就没有任何形态的净变化。除 H 和 H_1 之外的某些有效的电磁场外，为了能够观测到 EMR 功率的净吸收，所必须提供的就是自旋－晶格弛豫（就是把能量耦合到其他蓄能池的一种机制）。

其次，我们考虑一集在均匀磁场 H 中（$H \perp H_1$）的独立的自旋粒子，有大小相同的磁矩，它们可以用密度矩阵逼近或 Bloch 理论统计处理。最好将单位体积的净磁化强度 M 作为描述空间的平均宏观量的预期值。一个含时的矢量，不服从量子力学测不准原理。各个单独自旋矢量的相位（沿 z 轴绕磁场 H 的轨道位置），取向是无规的，并且保持到微波激发场 H_1 接通之后。因此，在各向同性的物质中，垂直于外磁场 H 的磁化强度 M，它的任何分量的时间平均值，在实验室坐标中都是零。

如果在 $M_J = -1/2$ 态和 $+1/2$ 态的独立自旋粒子的数目是严格相等的，则向上跃迁和向下跃迁的净效应保持磁化强度 M 不变。但是，在通常的热平衡情况下，弛豫的自旋体系则不相等，下能态的布居数比上能态多 ΔN。这些过量的自旋数就会调整磁化强度 M，因此，H_1 就会驱动自旋粒子在 $\pm 1/2$ 能态之间和谐地来回跃迁，而 M_z 在平行于和反平行于外磁场 H 之间振荡[8]。振荡的磁偶极子与振荡的射频场联系在一起，诱导出一个交变的电压。假如 H_1 在实验中不被断开，这就是在前几章中所叙述的连续波的磁共振（CW-EMR）波谱。正如前面所讨论的，假如某些自旋体系的能量流向原子运动而不是回到 H_1，那么就会继续维持

ΔN，要想净吸收的信号还能被观测到，除非有足够的自旋－晶格弛豫使得 ΔN 趋向于零，以至于最终不发生能量吸收，自旋体系变成功率饱和。注意，当 $\tau_1 \to \infty$ 时，磁化强度 M 趋向于零（请参阅 8.2.2 小节）。

根据自旋磁矩与外磁场的以及自相的物理互作用原理，去理解磁化强度 M 的含时行为是很重要的。这项任务用选择最合适的坐标系（CS）加以简化。最通常的做法是运用"旋转坐标"（参阅 8.2.3 小节）。这里的 $z_\phi(=z)$ 是沿着外磁场 H 方向，x_ϕ 是沿着被称为 H_1 在 xy 平面上的有效旋转分量的，因为在表面上看起来 H_1 的旋转和 Larmor 进动（当 $\nu = \nu_H$）是无关的[9]。

用 Bloch 方程［式（8.30）］的瞬时解[10]能够更加完整地分析脉冲的情况。正如在实验室坐标中，磁化强度 M 以频率为 ν 绕外磁场 H（$//z$）进动，这种运动是分层次（superimposed）地以 Rabi 频率 ν_r 随着 H_1 进行非常缓慢的（改变 M 和 H 之间的角度）章动。当微波激发场 H_1（$\perp z$）被接通时，这种瞬时章动（nutation）由于磁化强度 M 的存在，和频率 ν 接近共振而有一个初始的振幅。这是由自旋－晶格和自旋－自旋互作用的阻尼造成的，因为在绕 z 轴以频率 ν 的旋转坐标中，有一个磁化强度为 M、以 Rabi 频率 ν_r 绕 H_1 在 $+z(H - h\nu/g\beta_e)$ 方向缓慢进动。脉冲谱仪用对磁化强度很敏感的检测器，在 xy 平面上可检测到吸收（或散射）的调制[1,10]。这种瞬时信号依赖于在平面上磁化强度垂直分量 $M_\perp$ 的存在，随着 $2(\tau_1^{-1} + \tau_2^{-1})$ 给出的章动弛豫时间而衰减。

13.2　单脉冲的射频场 H_1

当射频场 H_1 断开的一刹那，仍然可以见到一个随时间变化的章动（nutation）信号。用方波作为激发脉冲，当脉冲截止时就开始出现一个长度为 τ 的颤颤，如图 13-3 所示。在脉冲的末端所观察到的磁化强度 M 随时间变化的（行为）现象，被称为"无感应衰减"（free induction decay，FID）。与上述的由 H_1 所驱动的自旋跃迁情况相反，这里的"free"是没有射频场 H_1 存在的意思。而这时的外磁场 H 仍然保持接通。脉冲的 EMR（NMR）所关注的就是 FID 产生的（时间域）信号。经过 Fourier 变换又可得到我们所要的频率域的信号，如图 13-3 所示[11]。

假如激发场 H_1 在接通之后经过时间 $\tau = l/4\nu_r$ 后瞬即断开，那么瞬时的 M 是平行于或是反平行于 H 取决于 l 是偶整数还是奇整数［如 π 脉冲（$l=2$）M 从它的起始方向转 180°］。M 转 Ω 角（单位：弧度）给出 $2\pi\tau\nu_r$。我们注意到 π 脉冲会使自旋布居反转，高能态的布居数大于低能态的布居数，也就是说用发生负自旋温度来描述自旋体系的布居。随着时间的发展，自旋体系恢复，并通过无辐射弛豫和光子 $h\nu$ 发射，向正常的（正自旋温度）Boltzmann 布居移动。在 H_1 处于断开时，光子能量密度 ρ_p 本质上是零，因此没有进行诱导跃迁。然而，当自旋磁矩感知到 FID 的超辐射体系时，就会增强光子的自发发射。[在 CW-EMR 中是没有自旋相关的，因为绝大部分的能量在从自旋体系流向原子的"晶格"过程中损失掉了，只有很少一点点（几乎可以忽略）经过不连续的自发发射回到 H_1]。矢量 M 的轨迹保持纵向（沿 H 方向）的反演复原显示出来，也就是沿 $-z$ 方向收缩到零，然后再沿 $+z$ 恢复到原来的大小。速率是具有典型的弛豫时间 τ_1 呈指数型的衰减（请参阅第 8 章）。自旋行为在许多现实情况中，对于含时的磁化强度 M 都能够用 Bloch 方程来描述（请参阅 8.2 节）。

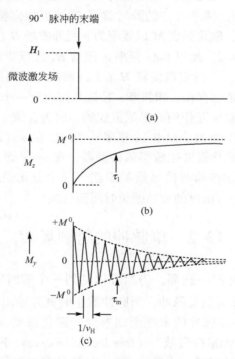

图 13-3　磁化强度在经过 H_1 的 90°脉冲之后的行为

现在我们来讨论一个方程式相似但非常重要的 90°($\pi/2$) 脉冲（$\tau^{-1}=4\nu_r$）。在 H_1 被停止之后，M 保持大小不变并立即被转向垂直于 H（假如 $\nu=\nu_H$）和与 H 呈 90°的 H_1（这时的 H_1 处于停止状态）。注意，这与发生 $M_z=0$ 的情况有着本质上的不同。$M_z=0$ 的情况是自旋矢量被连续地横撒在磁场 H 上（即在 xy 平面上），并且在极化磁场 H_1 被接通之前或完全被饱和时，是无序取向的。在 π 脉冲的情况下，开始随自旋－晶格弛豫时间 τ_1 呈指数地向它的平衡值增长回去，同时这些自旋粒子开始失去相位的一致性，以至于横向磁化强度 $M_\perp$ 以弛豫时间 τ_m 趋向于 0。这种时间行为如图 13-3 所示。移相可以通过以下两种形式来实现：一种是可逆的，另一种是不可逆的（随机的）。前者是用 τ_2 测量，后者则是用 τ_m 来测量。

y_ϕ 方向的横向磁化强度 $M_\perp$ 在频率 $\nu = \nu_H$ 时继续绕磁场 H 进动。用适当的设备在与外磁场 H 垂直平面上能够检测到 M_y 的时间行为，能够测量被检测到的与 H_1 有关的信号"相"的相干性，因为供给 H_1 电压的正弦曲线性（频率 ν）一直保持到 H_1 断开。检测到的信号是一幅"干涉图"，它是各个自旋粒子每一个即时的从正向和反向时对总信号（诱导电压）贡献的叠加，它是随时间快速变化的。实际上，FID 信号必须足够长，才能够被准确地记录下来。

最后，我们考虑更加现实的自旋体系。在这里，各种互作用都在起作用，因此，对观测到的 FID 信号进行解析，就能得到重要的化学和结构信息。换言之，在影响 FID 的范围内讨论所有自旋 Hamilton 参量，原则上都是可以测量的，但主要还是用来测量弛豫时间。H_1 单脉冲的用途，以及下面我们将要看到的脉冲序列的巧妙设计，使得这些测量目的都能够达到。上述考虑对于电子和核都是一样的，但本书只讨论 EMR 的脉冲。

13.3　无感应衰减曲线的分析和 Fourier 变换的 EMR 谱

在脉冲之后检测出两个分立而复杂的时间函数，也就是以频率 ν 的信号作为参考的、连续的"相内"和"相外"信号（这时 H_1 已经断开，但是在自旋体系中还存在原来接通延迟的记忆）。它们能够保持"相"的连续性被反复地、分别地进行测量，并储存到电脑中去。这些（从脉冲结束之后开始的）信号随时间演变的后续分析，就通过被称为 Fourier 变换[11] 的数学技巧，并借助于现代计算机技术（已经有非常好的程序）进行处理。从本质上讲，就是把数字化的时间域数据转换为数字化的频率域数据，包括谱线的位置（ν_i 或 H_i）和吸收峰的相对强度等，与 CW-EMR 波谱一样[12]（图 13-4）。图 13-4（a）表明在 FT-EMR 实验时，磁化强度 M 的演化过程，图 13-4（b）表示 FID 和相应的 FT-EMR 波谱。尽可能使 FID 的时间拓展得更长更完全，对于得到频率域最好的分辨率是至关重要的。

在任何现实的具有未偶电子的化学体系中，由于各种局部磁场（如核的超精细效应；电子–电子互作用以及磁场 H 的不均匀性）的存在，而产生对电子自旋"进动"频率 ν_H 的修正。因此，给定的微波激发场频率 ν 很少能够与实际的频率 ν_H 保持一致。所以，在没有共振的情况下，参考过去的频率，这是惯例而不是例外。结果是要求检测 EMR 波谱的全部时间 τ 必须尽可能短。同时，$H_1\tau$ 的积受到 90°脉冲条件的控制。这就要求 H_1 尽可能大。实际上，能够被 FT-EMR 激发的波谱区也就是在约 2mT 处，且一般 τ 也是非常短的，短到与 τ_1 和 τ_m 差不多。

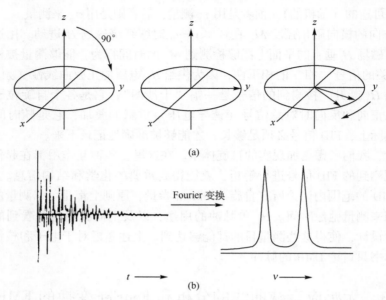

图 13-4　在 FT-EMR 实验中磁化强度 **M** 的演化过程（a）
及其 FID 经过 Fourier 变换得到的 FT-EMR 谱（b）[12]

与 CW-EMR 相比较，FT-EMR 的主要优点是：

1）高效率的数据收集

所有的谱线可以同时检测，而所需要的扫描时间并不依赖于扫描覆盖的范围。不像 CW-EMR 谱在峰 – 峰之间扫描必须慢慢地扫。这也就意味着你可以重复地使用脉冲，经过多次（n）扫描和计算机储存。因为，噪声是无序的多次叠加或抵消，所以信噪比随着叠加次数（n）的增加而提高（粗略估计可提高 $n^{1/2}$倍）。累加 $n = 10^5$ 次是很容易的。

2）时间分辨

一个单 FT-EMR 谱在约 $1\,\mu s$ 内就能被记录。一个自旋体系展开能够很容易被及时采样。因此，一个给定 H_1 的脉冲，能够被锁定为化学能的源头，如激光脉冲，在这第一个脉冲之后的每一个微秒，其反应产物都能被采样。许多其他形式的动力学（如扩散、相变、分子间的能量传递等）都已经被开展了研究[13]。可见时间分辨的 EMR 已成为动力学研究中的强有力的工具。

3）高效率的弛豫时间测量

τ_1 和 τ_m 能够直接从脉冲响应测得，远比经过线型的反卷积，或者通过 CW 饱和行为的分析测得要好得多。

FT-EMR 可能存在的缺点是：目前扫描谱宽还不能超过 2 mT，以及受到弛豫时间不能太快的限制。

下面我们以芴酮负离子自由基的波谱为例。芴
酮在四氢呋喃溶剂中用金属钾在真空中还原，制得
芴酮负离子自由基（结构式Ⅰ）。两个相位正交通道
在 220 K 下测得的 FID 累加谱[14] 如图 13-5 所示。从
时间域经过 Fourier 变换得到频率域的 EMR 谱，谱的
中心位置在 25 MHz，相当于谱仪的频率 9.271 GHz，
如图 13-6（a）所示。从芴酮负离子自由基的结构式

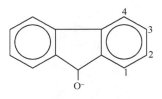

Ⅰ　芴酮负离子自由基

可见，它有 4 组不同的等价质子，分别以 $a_1 = -5.77\text{MHz}$、$a_2 = +0.27\text{MHz}$、$a_3 = -8.80\text{MHz}$、$a_4 = +1.84\text{MHz}$ 重新建立起来的理论杆谱如图 13-6（b）所示。

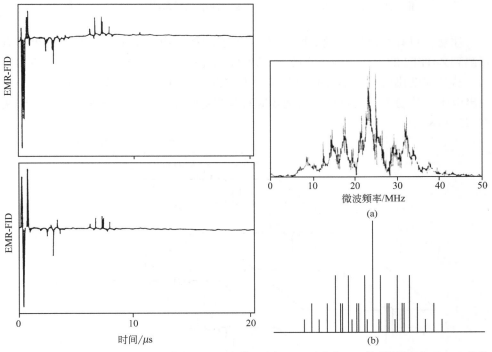

微波频率/MHz

(a)

(b)

时间/μs

图 13-5　芴酮负离子自由基的两个相 - 正交检　　图 13-6　用图 13-5 的数据经过 Fourier 变换
　　　　　测通道得出的 FID 谱　　　　　　　　　　　　得出的积分谱（a）和理论杆谱（b）

我们再来选择一个在光诱导下的可逆电子转移反应产生的短寿命有机自由基
作为应用 FT-EMR 的第二个例子。用一个脉冲的染料激光激发稀释在液态乙醇中
的四苯基卟啉锌（ZnTPP，结构式Ⅱ）和四甲基对苯醌（即杜醌 DQ，结构式Ⅲ）
之间的电子转移，生成相应的正负离子自由基[15~18]。杜醌（DQ）原来的 EMR 波
谱，是由 4 个甲基上的 12 个等价质子贡献的几乎等距离（0.19 mT）的 13 条窄线
组成。它们的强度比是 1 : 12 : 66 : 220 : 495 : 792 : 924 : 792 : 495 : 220 : 66 : 12 : 1。

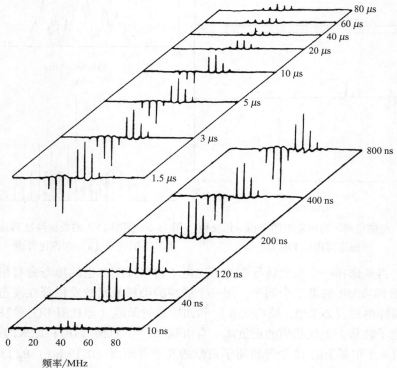

Ⅱ　四苯基卟啉锌　　　　　　Ⅲ　四甲基对苯醌（DQ）（即"杜醌"）

注意：只有在提供 90°脉冲的条件下才能测得自由基的 FID 信号。这里没有观测到 ZnTPP⁺的信号是因为它的 τ_m 的时间太短。DQ⁻的 FT-EMR 谱如图 13-7 所示。从其强度比可知，不可能全部显示出它的 13 条谱线。谱线强度的变化，展现出电子转移动力学如自旋 – 极化效应对其相对强度的影响。详细讨论请参阅文献［15～18］。

图 13-7　杜醌（DQ）在乙醇溶液中 245K 时的 FT-EMR 随时间变化的积分谱

13.4　多重脉冲

应用适当的脉冲序列使观测者能够清晰而快速地得出所选择的波谱参数，排除存在于单脉冲的 FID 中和 CW-EMR 波谱中的复杂性。因此，多线的波谱常常能够被简化，波谱和弛豫效应能够在同一个实验中检测。

现在我们考虑有 n 个（标记为 i、j =1，2，3，…，n）持续时间为 τ_i，时间间隔为 Δ_{ij}（$j > i$）的方波 H_1 脉冲系列。目前的 EMR 通常工作在 $n < 4$；外磁场 H 保持不变。

考虑二脉冲序列：π-Δ-π/2-Δ。第一个脉冲使磁化强度 M 倒置。在经过一个时间间隔之后的第二个脉冲使 M_z 置于 xy 平面上 FID 的方向。经过适当的时间间隔之后（以一个不同的 Δ）又重复这个序列。显然，这种序列的选择为测量 τ_1 提供了一个很好的方法。其他的选择也可以这样做。

反之，我们考虑下一个序列：π/2-Δ-π-Δ。我们看到，第一个脉冲使 M 从 z（$=z_\phi$）倒向 y_ϕ。在经过时间间隔 Δ 之后，各个自旋磁矩都经历了一个移相的过程。当 τ_1 相对比较长时，使 | M_z | 在此期间保持比较小，π 脉冲使 M_y 从 $+y_\phi$ 转到 $-y_\phi$。在这点上连续的相移突然全都被倒过来了，表面上看起来，这些自旋粒子奇迹般地都朝着等相位移动（最大值在 $M_\perp$）。射频场 H_1 以 90°脉冲加上去经过一个时间间隔 Δ 之后，紧接着再以 180°脉冲加上去，再经过一个时间间隔 Δ 就建立起一个信号，然后衰减下去，就像产生"回波"（echo）一样。从第二个脉冲关掉到再经过时间间隔 Δ 时这一点，回波振幅有一个最大值。可以把它看成是紧相毗邻的两个 FID [19]。整个序列如图 13-8 所示，这个序列有时候也称之为"Hahn"序列[20]。这第一个脉冲通常被称为"激发脉冲"，第二个被称为"再聚焦脉冲"。

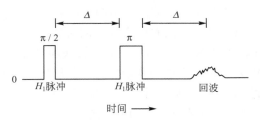

图 13-8　Hahn H_1 脉冲序列：π/2-Δ-π-Δ-回波

13.5 电子自旋回波包络调制谱

自旋回波信号的振幅是脉冲时间间隔 Δ 的函数。任何一点回波信号振幅高度的递减，作为 Δ 增长的函数，产生"相记忆"弛豫时间 τ_m，可以被测出并储存在电脑中。而且，在被选定的体系中，回波的振幅对时间间隔 Δ 作图，展现出周期性的重复，如图 13-9(a) 所示。这就像在一条衰减曲线上加上一集 τ_m "调制"。回波的信号是时间的函数，经过 Fourier 变换，就可得到频率域的信号，如图 13-9(b) 所示。这就是所谓的电子自旋回波包络调制（electron spin echo envelop modulation，ESEEM）谱[21]。

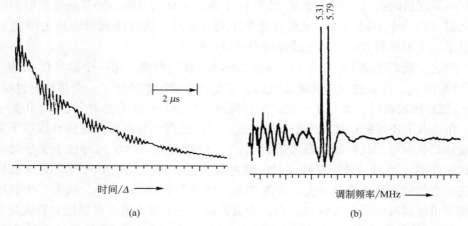

图 13-9　在一个脉冲序列为 $\pi/2$-Δ-π-Δ-ε 的实验中回波的振幅 ε 与间隔时间 Δ 的函数关系（a）和经过 Fourier 变换之后的 ESEEM 谱（b）

回波的大小是在一个脉冲序列中的第二和第三个脉冲之间的时间函数记录下来的、组成一个时间域的波谱。该波谱是由两个函数组成的：一个是从头到尾衰减的包络线；另一个则是骑在衰减的包络线上的含有结构信息的"调制"花纹。"包络调制"一词可能就来源于此。由于我们的兴趣在于含有结构信息的"调制"花纹，在实验中处理该包络线的背景之后，分离出一个多项式的函数，保持时间域的数据，经过 Fourier 变换，得到一个频率域的波谱。给出频率格式的数据，类似于 ENDOR 谱，但又不同于 ENDOR 谱，ESEEM 谱的强度能直接代表与其相互作用核的数目[22]。

值得一提的是，你可以在各个不同的固定磁场 $\boldsymbol{H}$（或者缓慢扫描磁场）测量回波的振幅，然后把它集合组装成"回波 – 调制"EMR 谱[23]。

图 13-10 是从 $\pi/2$-Δ-π-Δ-ε 实验中得出的 ESEEM 谱经过 Fourier 变换之后得出类似于 ENDOR 信号峰的一个实例[24]。这些信号来自 α-石英单晶中，由挤在取

代 Si^{4+} 位置的顺磁性的 Ti^{3+} （S =1/2）旁边的 Li^+ （I =3/2）与 Ti^{3+} 上的未偶电子互作用所致。^{7}Li 核的 CW-EMR 超精细谱的能级标志和理论杆谱如图 13-11 所示[24]。旋转晶体测得不同角度的 ESEEM 谱得出的 **g** 矩阵、**A**（^{7}Li）矩阵和 **Q**（^{7}Li）矩阵，尤其是后两者比从 CW-EMR 谱得到的更为精确。从不同角度测得的 ESSEM 谱，表示成调制频率与角度的依赖关系的立体图，如图 13-12 所示。

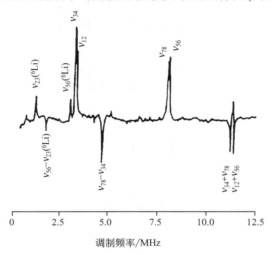

图 13-10　石英中［TiO/Li］中心 ESEEM 信号的 FT 谱

下一个实例是：在几个不同频率下测得的具有特色的 ESEEM 谱。稳定自由基 DPPH 在被冷冻的溶液中展现的由硝基上的 ^{14}N 核（I =1）贡献的包络调制波谱，根据在 C 波段（4～7 GHz）用 loop-gap 谐振腔与 X 波段（9～10 GHz）联合测得的数据，求出邻位硝基上 ^{14}N 核的超精细耦合参数的各向同性部分［A_{iso}/h = －1. 12（8）MHz］，以及精确的核四极矩参数［Q/h =0. 280（2）MHz；η = 0. 37（3）MHz］。对位硝基上 ^{14}N 核因自旋密度的源头区域太远而没有被观测到。肼基上的氮核没有给出调制是因为它们耦合得太强；核的 Zeeman 能和四极矩能比超精细互作用能都要小。

最后一个 ESEEM 技术的例子，是用全氘代苯作溶剂培养出来的全氘代吡啶单晶，研究其最低三重态的结构[25]。这个分子在基态时是平面形的，但从 1. 2 K 下用 ESE 测得 EMR 的 ^{14}N 核超精细耦合数据推定：这个分子的三重态畸变为"船形"。ESEEM 谱给出 **A**（^{2}H）矩阵和 **Q**（^{2}H）矩阵，并由此得出自旋密度分布。

文献［26］已经讨论了在 S 波段（1. 5～3. 9 GHz）比在 X 波段（9～10 GHz）测量 ESEEM 谱的相对优势在于，前者提供了由于相对较弱的核 Zeeman 互作用和核四极矩耦合的贡献而增加了调制的深度。

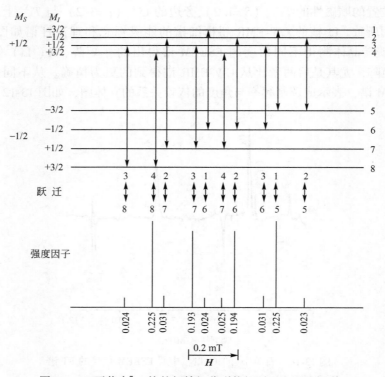

图 13-11 石英中^{7}Li 核的超精细分裂能级跃迁和理论杆谱

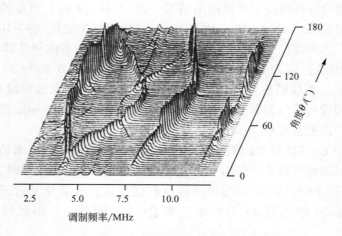

图 13-12 不同角度测得的 ESEEM 谱的立体图

13.6　脉冲 EMR 技术的发展

由于各种脉冲技术的引入，激发了 EMR 高级技术的发展。正如 NMR 波谱一样，在 EMR 波谱中也已经有了二维相关谱（COSY 和 HETEROCOSY）和它的自旋回波变异（SECSY）以及交换谱（EXSY）[27~29]。还有一种叫做"孔烧蚀"（hole-burning）的 FID 检测的脉冲 EMR 实验，可以得到优异的灵敏度和分辨率[30]。

同时应用连续的和脉冲的微波，产生连贯的 Raman 频差（即振荡吸收和散射的信号），能够获得详细的超精细信息[31,32]。

各种脉冲的 ENDOR 和 ELDOR 技术也日益受到重视，整个脉冲 EMR 技术已成为与 CW-EMR 对等的合作伙伴。

参 考 文 献

[1] Farrar T C, Beeker E D. *Pulse and Fourier Transform NMR*. New York：Academic, 1971.

[2] Starzak M E. *Mathematical Methods in Physics and Chemistry*. New York：Plenum, 1941.

[3] Allen L, Eberly J H. *Optical Resonance and Two-Level Atoms*. New York：Dover, 1987.

[4] Louisell W H. *Quantum Statistical Properties of Radiation*. New York：Wiley, 1973.

[5] Rabi I I. *Phys. Rev.* 1937, **51**：652.

[6] Weil J A. On the Intensity of Magnetic Resonance Absorption by Anisotropic Spin Systems // Weil J A. *Electronic Magnetic Resonance of the Solid State*. Ottawa：Canadian Society for Chemistry, 1987：Chap. 1.

[7] Archibald W J. *Am. J. Phys.* 1952, **20**：368.

[8] Harris R K. *Nuclear Magnetic Resonance Spectroscopy*. London：Pitman, 1983.

[9] Pake G E, Estle T L. *The Physical Principles of Electron Paramagnetic Resonance*, 2nd ed. , New York：Benjamin, 1973：Chap. 2.

[10] Torrey H C. *Phys. Rev.* 1949, **76**：1059.

[11] Slichter C P. *Principles of Magnetic Resonance*, 3rd ed. , Berlin：Springer, 1990：Chap. 5.

[12] Schweiger A. *Angew. Chem. Int. Ed. Engl.* 1991, **30**：265.

[13] Bowman M K. Fourier Transform Electron Spin Resonance // Kevan L, Bowman M K, *Modern Pulsed and Continuous-Wave Electron Resonance*. New York：Wiley, 1990：Chap. 1.

[14] Dobbert O, Prisner T, Dinse K P. *J. Magn. Reson.* 1986, **70**：173.

[15] Prisner T, Dobbert O, Dinse K P, van Willigen H. *J. Am. Chem. Soc.* 1988, **110**：1622.

[16] Angerhofer A, Toporowicz M, Bowman M K, Norris R, Levanon H. *J. Phys. Chem.* 1988, **92**：7164.

[17] van Willigen H, Vuolle M, Dinse K P. *J. Phys. Chem.* 1989, **93**：2441.

[18] Pluschau M, Zahl A, Dinse K P, van Willigen. *J. Chem. Phys.* 1989, **90**：3153.

[19] Slichter C P. *Principles of Magnetic Resonance*, 3rd ed. , Berlin：Springer, 1990：42－43.

[20] Hahn E L. *Phys. Rev.* 1950, **77**：297.

[21] Mims W B. Electron Spin Echo // Geschwind S. *Electron Paramagnetic Resonance*. New York：Plenum, 1972：Chap. 4.

［22］ Snetsinger P A, Comelius J B, Clarkson R B, et al. *J. Phys. Chem.* 1988, **92**: 3696.

［23］ Kevan L, Bowman M K. *Modern Pulsed and Continuous-Wave Electron Resonance*. New York: Wiley, 1990.

［24］ Isoya J, Bowman M K, Norris J R, Weil J A. *J. Chem. Phys.* 1983, **78**: 1735.

［25］ Buma W J, Groenen E J J, Schmidt J, de Beer R. *J. Chem. Phys.* 1989, **91**: 6549.

［26］ Clarkson R B, Brown D R, Cornelius J B, Crookham H C, Shi W J, Belford R L. *Pure Appl. Chem.* 1992, **64**: 893.

［27］ Gorcester J, Millhauser G L, Freed J H. Two-Dimentional and Fourier-transform EPR // Hoff A J. *Advanced EPR-Application in Biology and Biochemistry*. Amsterdam: Elsevier, 1989: Chap. 5.

［28］ Angerhofer A, Massoth R J, Bowman M K. *Isr. J. Chem.* 1988, **28**: 227.

［29］ Fauth J-M, Kababya S, Goldfarb D. *J. Mag. Reson.* 1991, **92**: 203.

［30］ Wacker T, Sierra G A, Schweiger A. *Isr. J. Chem.* 1992, **32**: 305.

［31］ Bowman M K, Massoth R J, Yannoni C S. Coherent Raman Beats in Electron Paramagnetic Resonance // Bagguley D M S. *Pulsed Magnetic Resonance: NMR, ESR and Optics*. Oxford: Clarendon, 1992: 423 – 445.

［32］ Bowman M K. *Isr. J. Chem.* 1992, **32**: 339.

更进一步的参考读物

1. Champeney D C. *Fourier Transforms in Physics*. Bristol: Hilger, 1983.

2. Brigham E O. *The Fast Fourier Transform*. Engiewood Cliffs: Prentice-Hall, 1974.

3. Kevan L, Schwartz R N. *Time-Domain Electron Spin Resonance*. New York: Wiley, 1979.

4. Mims W B. ENDOR Spectroscopy by Fourier Transformation of the Electron Spin Echo Envelope // Marshall A G. *Fourier Hadamard and Hilbert Tronsforms in Chemistry*. New York: Plenum, 1982: 307 – 322.

5. Lin T-S. Electron Spin Echo Spectroscopy of Organic Triplets. *Chem. Rev.* 1984, **84**: 1.

6. Weissbluth M. *Photon-Atom Interactions*. Boston: Acdemic, 1989: Chap. 3.

7. Macomber J D. *The Dynamics of Spectroscopic Transitions*. New York: Wiley, 1976.

8. Keijzers C P, Reijerse E J, Schmidt J. *Pulsed EPR: A New Field of Applications*. Amsterdam: North Holland, 1989.

9. Bagguley D M S. *Pulsed Magnetic Resonance: NMR, EMR and Optics*. Oxford: Oxford University Press, 1992.

第 14 章　电子磁共振成像

在核磁共振成像（NMRI）的推动下，电子磁共振成像（EMRI）于 20 世纪 80 年代也很快地发展起来了，并在材料、催化剂、考古、生物和医学领域的应用研究都已有所报道。由于自由基与某些疾病（如肿瘤）有关联，其在生物学和医学上的潜在应用引起人们的特别关注。然而，在生物学和医学领域的样品，多半是水溶液，因此，EMRI 采用的波长大多在 L 波段（1~2 GHz）乃至几百兆赫。它在临床医学上的应用仍未走出实验室，是因为在生物体内的顺磁性物质的浓度极稀。如果使用自旋标记物把顺磁性物质注入到体内，必须要考虑可能会产生不利于健康甚至危害人身安全的后果。这些因素都延缓了 EMRI 的发展。1996年，G. R. Eaton 和 S. S. Eaton 做了一个相当全面的调查，并将结果发表在 ESR 手册上[1]。

14.1　电子磁共振成像原理

通常电子磁共振波谱都采用均匀磁场进行扫场，且对磁场的均匀度有很高的要求。这时得到的谱图，是样品管中的全部样品 EMR 信号的统计平均结果，而得不到顺磁粒子在空间分布状况的信息。如果我们需要获取顺磁粒子（一种或多种）在空间分布的信息，就需要采用不均匀的磁场（梯度场）进行扫场，实现一维乃至多维的空间谱图成像[2]。

14.1.1　梯度磁场成像

梯度磁场成像法（EMR-CT）是在普通的均匀磁场中，加上一个特殊的线性梯度磁场，以测定不同空间位置上顺磁物质的浓度差异。在均匀磁场 H 中，是无法区别 z_1 和 z_2 两点在谱图上自旋粒子的 EMR 信号的 [图 14-1(a)]。当在均匀磁场上叠加 "反 Helmholtz" 线圈（箭头表示电流的方向）产生的附加磁场时，使整个固定磁场形成一个梯度场，扫场得到的 EMR 谱图是分立的 [图 14-1(b)]，分立的距离与自旋粒子的空间距离以及与磁场梯度强度成正比。这就可以得到在 Z 方向上的一维成像。如果在 X 方向或 Y 方向再加上 "8" 字形的线圈对 [图 14-1(c)]，则可以得到 XZ 或 YZ 平面上的二维成像图。如果同时具有这三种线圈，则可得到三维成像图。

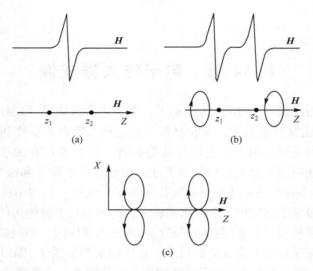

图 14-1　产生磁场梯度的示意图

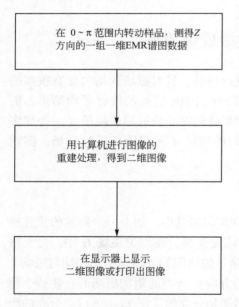

图 14-2　用反 Helmholtz 线圈产生的一维
梯度磁场进行二维 EMR 成像的方框图

磁场梯度越大，空间分辨率就越高。通常这些线圈是安装在谐振腔之外的，由于相距较远，磁场梯度受到很大限制（一般只能到 $0.1 \sim 0.5 T \cdot m^{-1}$），分辨率一般也不优于 0.1 mm。如果把线圈放入谐振腔内，则可大大提高磁场梯度。Smirnov 等[3] 采用超导（5T）和超高频（150 GHz）技术，磁场梯度高达 78 $T \cdot m^{-1}$，分辨率可达到 1 μm。但由于频率太高，谐振腔体积太小，可容纳的样品体积小于 1 mm^3。

另外，也可用一维技术多次旋转样品的角度，收集一组一维成像的数据，再经计算机处理得到重建的二维图像[4]（图 14-2 和图 14-3）。这种方法在不破坏样品的情况下，检测出样品中顺磁物质的分布图。但受谐振腔体积的限制，样品体积不能超过谐振腔体积所能容许的大小。此外，也只能适用于单一种类的顺磁物质，信号的线宽较大的，分辨率也较差。

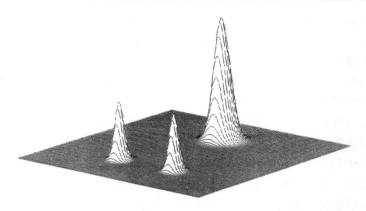

图 14-3　在二维空间存在三个自旋信号的模拟 EMR 成像图

为了能适用于生物和医学方面样品的成像，已经在开发研究 L 波段和射频（约 300 MHz）频率的成像，使用 loop 或 loop-gap 谐振腔。降低频率是为了降低由生物或医学样品中水分的非共振吸收引起的微波能量损耗。但由于射频场的频率降低也降低了信号检测的灵敏度。再加上生物体内的顺磁粒子含量（浓度）很低，目前基本上仍停留在采用自旋标记物（自旋造影剂）进行动物成像试验。Alecci 等[5] 报道了一种三维成像技术，频率为 283 MHz，样品直径可达 50 mm、长度达 100 mm，可以对小动物进行成像。但氮氧自由基的浓度不能大于 $10^{-4} mol \cdot L^{-1}$，分辨率约为 1 mm^3。当采用 300 MHz 和 loop-gap 谐振腔时，样品直径可达 100 mm，长度达 150 mm，但信噪比要比 X 波段低 10 倍。如果采用陶瓷材料制造的 L 波段凹形谐振腔，在 1.2 GHz 对 TEMPO 水溶液（浓度为 1 $\mu mol \cdot L^{-1}$）进行实际测定的灵敏度，与 X 波段 TE_{011} 型谐振腔的灵敏度相当（差不多）。这种谐振腔更有利于生物体的原位（*in vivo*）成像。

14.1.2　线性梯度磁场的谱图 – 空间成像[6]

当样品中存在多种不同的自旋物种时，就不能采用简单的 EMR-CT 方法成像，但可用谱图 – 空间成像法。在一维梯度磁场作用下得到的谱图是与 Z 轴相交 θ 角方向上的信号积分。磁场梯度越大，θ 角也就越大。采用多个梯度磁场成像，就可得到不同 θ 角的谱图信号积分。经计算机处理后，可得到一维空间分布和一维谱图重建的成像图。经改进后，一个由 64×64 点采样数据构成的谱图 – 空间成像的测定速度，可缩短至 1min 左右[7]。这种方法不仅可以得到不同自旋物在一维空间分布的信息，而且还能从成像图上区别出自旋物的种类。

14.1.3　局部调制磁场扫描型 EMR 显微镜[8]

通常的 EMR 谱仪是把 100 kHz 调制磁场作用于整个样品空间。而局部调制磁场扫描技术，是改用一个贴近样品表面的微型调制线圈进行调制的。由于调制磁场仅作用于一个微小的空间，所以测得的仅为此微小空间内的顺磁信号。只要对样品表面进行扫描，即可得到样品表面的二维自旋物的分布图。

这种局部磁场调制法，可用于含不同顺磁粒子试样的表面成像，也可同时测定多种顺磁粒子在表面的分布情况，且图像的分辨率与谱图的形状无关。因此，含有超精细结构的信号、与角度有依赖关系的信号以及线宽很宽而难以区别的信号，都可以分辨出来。

这种方法是采用普通 EMR 谱仪，加一个由计算机控制的步进马达来扫描样品。结构简单，空间分辨率约为 0.2 mm。这种方法只能测定样品表面的自旋浓度分布。如果想要知道自旋粒子深入表面的纵深分布情况，就得切开样品，把断面作为表面进行扫描。由于测定的仅是样品表面顺磁粒子分布的信息，与普通的显微镜很相似，故也被称为"局部调制磁场扫描型 EMR 显微镜"。这种方法可用于测定丙氨酸射线计量片接受射线辐照的剂量分布情况。丙氨酸射线计量片上产生的丙氨酸自由基的分布图，与 X 射线在空间照射的位置分布是一致的。

14.1.4　微线阵扫场 EMR 显微镜[9]

微线阵扫场 EMR 显微镜是采用半导体工艺的，由极细的平行导线构成的微线阵技术，或计算机扁平电缆的微线阵。每次在相邻的两条平行导线中通过相反的电流时，就会在此两导线间产生一局部磁场，以驱动电路来顺次切换通电导线的位置，使微线阵产生的局部磁场的空间位置移动。当此微线阵处于均匀磁场中，且样品的表面紧贴微线阵时，就可以对样品表面进行成像。采用不同的线阵，可实现一维或二维的成像。这种方法的结构非常简单，但只能对样品表面的单种顺磁信号进行成像。由于受微线阵的线径的限制，分辨率不可能很高。

这种方法被用来测定鲨鱼牙齿化石的一维自旋浓度的分布。其结果表明，鲨鱼牙齿的珐琅质部分和牙髓部分，由天然射线引起的自由基浓度有显著差别。一种现已灭绝的头足纲古代动物箭石体内具有甲骨，从这些甲骨化石剖面的成像，可以看到 Mn^{2+} 的分布是从中间到边缘逐渐减少的。据推测，这可能与其每年的生长情况有关，也许表示气候的变化。

14.1.5　微波扫描型显微镜[10]

微波扫描型 EMR 显微镜是采用一种在谐振腔（TE_{102}）（图 14-4）壁上开个小孔的方法，微波在谐振腔内聚焦之后，从小孔射出，样品表面紧贴在针孔口上（距离为 d），微波投射到样品的一个极微小的区域，然后通过计算机控制 XY 二维的步进马达移动进行扫描，来测定样品表面的信号强度（自旋浓度），测定的结果用二维图像表示出来。这种 EMR 显微镜的装置结构简单（图 14-5），虽然只能测定平面上的自旋浓度分布图像，但由于样品放在谐振腔之外，不受谐振腔体积的限制。另外，对于 X 波段（波长 3 cm）小孔直径 L 约为 1 mm，但实验数据经过反卷积处理之后，实际重现图像的分辨率仅为孔径的 $1/10 \sim 1/5$。信号的强度与针孔的直径 L，以及样品表面与针孔的距离 d 之间的关系如图 14-6 所示。

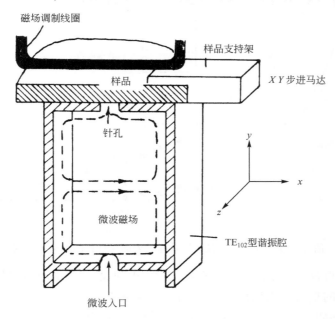

图 14-4 TE$_{102}$型针孔谐振腔示意图

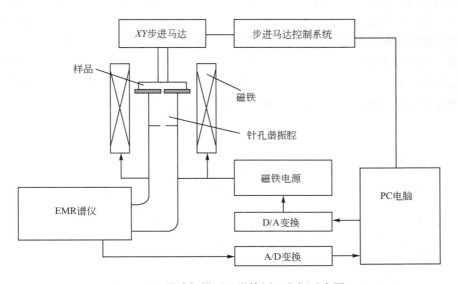

图 14-5 微波扫描型显微镜原理方框示意图

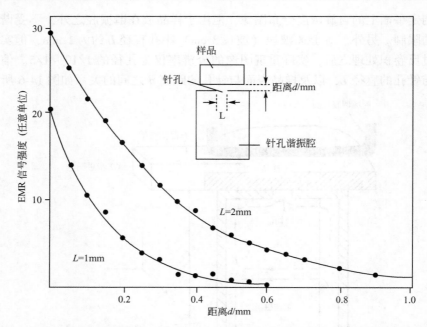

图 14-6　信号强度与针孔的直径 L 以及样品表面与针孔的距离 d 之间的关系

在测定海百合化石茎剖面和菊石化石时，得到 Mn^{2+} 的 EMR 信号，以及放射损伤造成缺陷的信号。由碳酸钙构成的海百合化石中，顺磁 Mn^{2+} 的含量很高。它的 EMR 谱图如图 14-7（a）所示；Mn^{2+} 的浓度分布图像如图 14-7（b）所示，这种浓度分布不同于结晶过程引起的，据认为，Mn^{2+} 是从外部向内扩散进去的[11]。由于射线产生的自由基的浓度分布如图 14-7（c）所示。菊石也是在距今 4 亿年前的侏罗纪时代大量生长的软体动物头足类化石，其杂质 Mn^{2+} 的含量也很高。菊石化石中的 Mn^{2+} 的浓度分布如图 14-7（d）所示。有意思的是，贝壳部分已铁质（FeS_2）化，而中间充满了碳酸钙（$CaCO_3$）。与海百合一样，用 EMR 成像装置测其剖面时，在 $CaCO_3$ 部分也能观测到高含量的 Mn^{2+}。

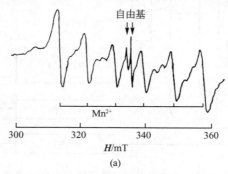

(a)

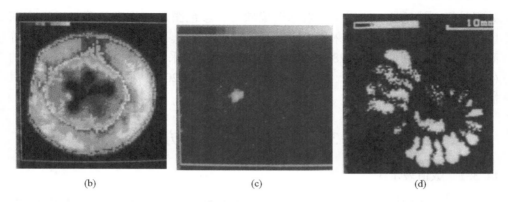

(b)　　　　　　　　　　(c)　　　　　　　　　　(d)

图 14-7　海百合和菊石化石中的 Mn^{2+} EMR 成像图

14.2　EMR 成像的图形显示方式

一维图像显示一维空间及相应位置的信号强度，因此，与普通的 EMR 测定的图像一样，只是其横坐标表示的是空间位置而不是磁场强度。所以，一维成像的图形处理很简单，实际上是用二维图像来表示，一维是空间位置，另一维则是信号强度。

二维图像显示二维空间（平面）上的 EMR 信号，需要同时表示二维空间和一维信号强度。目前多半是采用地图的等高线法、灰度或彩色图像法以及俯视图像法。在等高线法中，高度（即信号的振幅）相等的点连成线，以相邻线的多少来表示信号的强度。等高线越密集，表示信号越强；反之，等高线越稀疏的地方，表示信号越弱。等高线的视觉效果不如其他方法。在计算机图形显示中用得比较多的是灰度法和彩色图像法。这种方法以图像平面表示二维空间，以强度不同的黑白灰度或彩色或不同彩色表示信号的幅度。彩色图像法特别适合彩色计算机屏幕的显示，而灰度法尽管不如彩色图像显示法，但在许多打印及印刷受到各种条件限制的情况下，仍被广泛采用，以得到黑白图像。其实在电脑屏幕上显示彩色图像，而在打印时可以打出黑白灰度的图像。另外一种称为俯视图像法，看起来很直观，也经常被采用。其缺点是在大信号后面的小信号，会被掩盖而显示不出来。

三维图像显示在 EMR 成像中很少见。由于需要同时显示三维空间和一维信号强度，用通常的三维图形表示就很勉强。但可用剖面，即用二维彩色图像表示三维图像的局部空间的方法，来实现三维图像的显示。

目前 EMR 成像的图像面积，由于受仪器空间分辨率的限制，一般都不是很大。如二维图像，多半是在 128 × 128 以内。显然，数据越大，采样时间和数据处理时间也就越长。所以，一般的图像软件，彩色图形（用于屏幕显示）和灰度图形（用于打印）分别采用 10 种颜色和 10 种灰度。数据均为 128 × 128；等高线图形显示也是采用 128 × 128；俯视图形显示采用 200 × 200。在一般的 (586/133 兼容机) 电脑上，计算加图形显示需时约 20 s，对于 100 × 100 则只需 8 s。

14.3　图像处理的基本方法

14.3.1　数值表示法

为了便于用计算机处理图像，首先必须把图像由模拟数据转换成数字数据。在用数字表示的图像中，某一微小空间稍有变化的信号值，只能用离散值来表示，这种离散的取样点叫做"像素"（pixel）。这种灰度值的近似操作叫做"数字化"，所取值的范围叫做"灰度范围"。如果用 x、y 坐标的连续函数 $f(x, y)$ 表示二维图像的灰度，则离散的坐标点 (i, j) 取样得到的数据图像，就成了离散浓度值 f_{ij} 的集合。即

$$F = \{f_{ij}\} \tag{14.1}$$

式中：$i = 1, 2, 3, \cdots, M$；$j = 1, 2, 3, \cdots, N$。

这个图像是第 i 行第 j 列矩阵元的 f_{ij} 的二元行列式，可以用计算机处理。采样点 $(M \times N)$ 的值越大，f_{ij} 的数字化范围越大，就越能真实地表现原图像。要想得到空间高分辨率的图像，必须提高像素和增大灰度范围。随着数据点的增多，数据处理的时间也要大大增长。实际操作时总是采取折中的办法。用数字图像来表现人物照片时，有 512 × 512 像素点就能充分表现细微的阴影部分。通常的 EMR 图像，采用 128 × 128 点时的图像就可以了。

14.3.2　坐标变换法

图像处理时，经常会用到图像的放大、缩小、旋转、平移等各种几何变换处理。如原坐标为 (x, y)，变换后的坐标为 (u, ν)，则

$$u = h_1(x, y); \qquad \nu = h_2(x, y) \tag{14.2}$$

变换式有一次变换、二次变换和投影变换等[12]。然而，最常用的是仿射变换（affine transformation），变换前后坐标的关系如下：

$$u = x\,T_{11} + yT_{12} + T_{13} \tag{14.3}$$

$$\nu = xT_{21} + yT_{22} + T_{23} \tag{14.4}$$

T_{ij} 与具体变换操作的关系如表 14-1 所示。

表 14-1　T_{ij} 与具体变换操作的关系

类型	T_{11}	T_{12}	T_{13}	T_{21}	T_{22}	T_{23}
放大或缩小	T_{11}	0	0	0	T_{22}	0
旋转（θ）	$\cos\theta$	$-\sin\theta$	0	$\sin\theta$	$\cos\theta$	0
平移	0	0	T_{13}	0	0	T_{23}

14.3.3　代数重建法

用 CT（computer-assisted tomography）法对被测物从多个方向进行投影，最后必须把所得到的许多投影图像还原成被测无剖面的浓度分布图像。这种由投影图来重建原图的方法有代数重建法[13]（algebraic reconstruction technique，ART）、同时迭代重建法[14]（simultaneous iterative reconstruction technique，SIRT）以及最小二乘迭代法[15]（iterative least square technique，ILST），这里我们只介绍代数重建法。另外，还有 Fourier 变换法、滤波修正逆投影法等，后面将另做介绍。

代数重建法是以各种角度（$0 \leqslant \theta \leqslant \pi$；$\theta = \theta_0$，$\theta_1$，$\theta_2$，$\cdots$，$\theta_m$）进行投影，得到一组二维的图像数据 $f(i, j)$，把得到的投影数据定为 $P(k, \theta)$。先赋予假设的初值 $f_0(i, j)$，然后求 $f_0(i, j)$ 在 θ_1 方向上的投影数据 $R_0(k, \theta_1)$，并与其实际投影数据 $P(k, \theta_1)$ 进行比较并修正，使之差值减小。接着从修正后的数据 $f_1(i, j)$ 出发，反复进行上述迭代操作，直到 $f^n(k, \theta)$ 与 $f^{n-1}(k, \theta)$ 的差值达到足够小为止，然后用差值最小时的像素值 $f^n(i, j)$ 重建图像。尽管这种方法可以得到精确度很高的重建图，但由于反复迭代的计算量非常庞大，因此，在实际操作中多半采用 Fourier 变换法和滤波修正逆投影法。

14.3.4　Fourier 变换法[12]

对于函数 $f(x)$，当实数 x 的积分是一个连续函数时，它的一维 Fourier 变换为

$$F(\omega) = \mathscr{F}[f(x)] = \int_{-\infty}^{\infty} f(x)\exp(-2\pi i\omega x)\mathrm{d}x \tag{14.5}$$

它的逆变换就是 $f(x)$：

$$f(x) = \mathscr{F}^{-1}[F(\omega)] = \int_{-\infty}^{\infty} F(\omega)\exp(2\pi i\omega x)\mathrm{d}\omega \tag{14.6}$$

对于连续函数 $f(x, y)$ 的二维 Fourier 变换：

$$F(\omega_1, \omega_2) = \mathscr{F}[f(x, y)] = \iint_{-\infty}^{\infty} f(x, y)\exp[-2\pi i(\omega_1 x + \omega_2 y)]\mathrm{d}x\mathrm{d}y \tag{14.7}$$

同样，它的逆变换为

$$f(x, y) = \mathscr{F}^{-1}[F(\omega_1, \omega_2)] = \iint_{-\infty}^{\infty} F(\omega_1, \omega_2)\exp[2\pi i(\omega_1 x + \omega_2 y)]\mathrm{d}\omega_1\mathrm{d}\omega_2 \tag{14.8}$$

对于离散性的函数，应采取离散型 Fourier 变换（discrete Fourier transform，

DFT)，一维 DFT 定义如下：

$$F(m) = \frac{1}{N} \sum_{k=0}^{N-1} f(k) \exp[-2\pi i(mk/N)] \qquad (14.9)$$

$$m = 0, 1, 2, \cdots, N-1$$

对于二维 DFT，有

$$F(m_1, m_2) = \frac{1}{MN} \sum_{k_1=0}^{M-1} \sum_{k_2=0}^{N-1} f(k_1, k_2) \exp[-2\pi i(m_1 k_1/M + m_2 k_2/N)] \qquad (14.10)$$

$$m_1 = 0, 1, 2, \cdots, M-1$$

$$m_2 = 0, 1, 2, \cdots, N-1$$

它的逆变换为

$$f(k_1, k_2) = \frac{1}{MN} \sum_{m_1=0}^{M-1} \sum_{m_2=0}^{N-1} F(m_1, m_2) \exp[2\pi i(m_1 k_1/M + m_2 k_2/N)] \qquad (14.11)$$

$$k_1 = 0, 1, 2, \cdots, M-1$$

$$k_2 = 0, 1, 2, \cdots, N-1$$

设有图像 $f(x, y)$，把 (x, y) 坐标系转动角度 θ 之后，体系自旋浓度的分布函数为 $f(x', y')$，其二维 Fourier 变换为 $F(u', \nu')$，两者的关系如下：

$$F(u', \nu') = \iint_{-\infty}^{+\infty} f(x', y') \exp[-2\pi i(x'u' + y'\nu')] \mathrm{d}x' \mathrm{d}y' \qquad (14.12)$$

当 $\nu' = 0$ 时

$$F(u', 0) = \int_{-\infty}^{+\infty} \left[\int_{-\infty}^{+\infty} f(x', y') \mathrm{d}y' \right] \exp(2\pi i x'u') \mathrm{d}x' \qquad (14.13)$$

代入

$$P(x', \theta) = \int_{-\infty}^{+\infty} f(x', y') \mathrm{d}y' \qquad (14.14)$$

得

$$F(u', 0) = \int_{-\infty}^{+\infty} P(x', \theta) \exp(-2\pi i x'u') \mathrm{d}x' \qquad (14.15)$$

式（14.15）表明原图像从某个 θ 角方向投影图像的一维 Fourier 变换后，与原图像二维 Fourier 变换对应角度切开的中心剖面是相等的。这样通过对从多个方向测定得到的一维投影图进行 Fourier 变换，就能得到通过原图像的二维 Fourier 变换面原点的多个放射状剖面，最后还原为原图像。

14.3.5 滤波修正逆投影法[16]

最简单的一种重建原图像的方法，是把投影数据通过逆投影组合而得到图像，被称为"逆投影法"（back projection）。简单的逆投影会在图像的周围产生暗点，并且与高浓度点状自旋物的距离成反比。为了在实际应用 CT 时除去逆投影图像中的暗点，采用"滤波修正逆投影法"。即先对投影数据进行滤波修正，然后再进行逆投影。如果在实数空间以反卷积表示，再用 Fourier 变换在 Fourier 空间进行滤波操作后，以 Fourier 逆变换，返回到实数空间，这样的滤波处理效果也很好。投影图像多时，能够得到与原图像几乎一样的图像，而投影图像少时，会出现假象。

14.4 EMR 成像的模拟

把设计好的 EMR 成像模拟程序安装在 EMR 谱仪上，就可以在谱仪上直接显示出测定的图像。在 EMR 成像的研究中，经常采用人造的样品进行成像。图 14-8 显示两个浓度不同的顺磁斑点的平面样品的二维空间等高线模拟图。图 14-9 为其灰度模拟图。图 14-10 为其俯视模拟图。

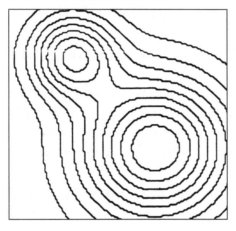

图 14-8 二维空间等高线模拟图

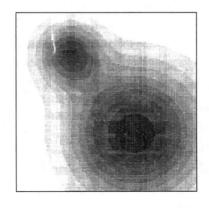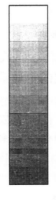

图 14-9 二维空间灰度模拟图

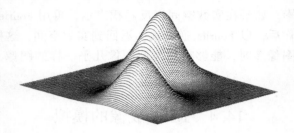

图 14-10　二维空间俯视模拟图

一维空间的二维图谱，不仅能区别不同顺磁物质的种类，而且能同时区别其在一维空间的分布情况。图 14-3 的模拟谱图表示该样品从磁场 **H** 坐标轴可以看出两种顺磁物质的 g 值是不同的，而且一种是两个等强度的峰，另一种是一个单峰。从 X 方向上看去，两种顺磁物质集中在两个不同点上。

14.5　EMR 成像技术的应用举例

EMR 成像最初是测定氮自由基在两颗金刚石中的浓度分布。大多数物质受到射线辐照都会产生电子、空穴俘获中心、自由基，通过 EMR 成像，可以得知这些"中心"或自由基在物体内部的分布图。如石英玻璃、磷酸钙、氯化钠、高分子抗氧化稳定剂 HALS、丙氨酸等，在受到射线辐照之后都会产生色心或自由基。

在非均相催化体系中，分子在多孔催化剂中的扩散和传质过程非常重要，它决定催化剂的活性和反应速率。Yakimchenko 等[17]采用 EMR 造影剂（自旋标记物）对在不同孔径和不同比表面的氧化铝载体上的扩散过程进行了研究。比较了（极性的和非极性的）两种自由基从溶液向用溶剂（CCl_4）饱和的氧化铝载体扩散的过程，在不同时间进行了 EMR 成像。图 14-11（a）是极性自由基 2，2，6，6-四甲基-4-羟基哌啶-1（2，2，6，6-tetramethyl-hydroxylpiperidine-1-oxyl）的 CCl_4 溶液在 $\alpha\text{-}Al_2O_3$ 载体上扩散之后的空间分布俯视图。图 14-11（b）是相应的等高线图。从实际测定的扩散系数可以看出，极性自由基比非极性自由基如全氯代三苯基甲基（perchlorotriphenylmethyl）的扩散速度要慢几十倍。前者的分子扩散系数远大于 Knudsen 扩散系数，而后者正好倒过来。因此，这种方法可以得到有机分子在多孔介质中传质的多种信息，并可以作为一种验证传质理论的实验手段。

过渡金属/载体催化剂需要经过还原才会有活性。颗粒（片状、圆球或圆柱形）催化剂往往只有表面浅层的过渡金属氧化物被还原，深层（体相）部分得不到还原。徐元植等[18]考察了 $H_3PMo_{12}O_{40}$ 浸渍在硅胶上压成片状，用丙烷在 450 ℃下还原。圆片的底部和周边都是均匀的 Mo^{5+} 的 EMR 信号（$g = 1.904$），如图 14-12（a）所示。圆片的上面中间部分由于接触不到丙烷气体，几乎都还是 Mo^{6+}（没有 EMR 信号），而边缘部分具有很强的 Mo^{5+} 的 EMR 信号，其成像如图 14-12（b）所示。$A\text{-}A'$ 剖面的成像如图 14-12（c）所示。

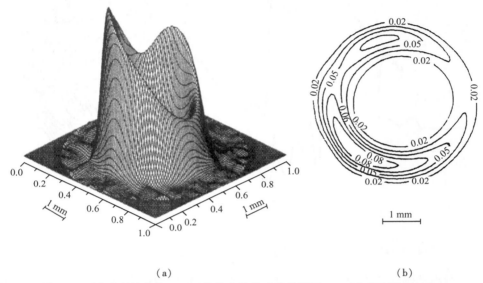

（a）　　　　　　　　　　　　　　　　　　（b）

图 14-11　自由基溶液在 Al_2O_3 载体上扩散成像俯视图（a）和等高线图（b）

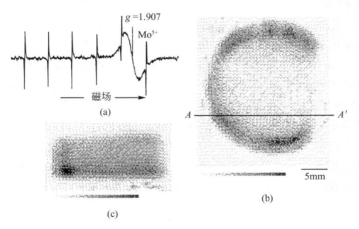

图 14-12　$H_3PMo_{12}O_{40}$ 在 SiO_2 上用丙烷在 450 ℃下还原生成 Mo^{5+} EMR 成像图

同时还考察了 $H_4PVMo_{11}O_{40}$ 浸渍在 Y-型分子筛上压成片状，用丙烷气体在 450 ℃下还原得到的 EMR 波谱，如图 14-13（a）所示。它是由 VO^{2+} 的超精细结构和一条 $g=2.0036$ 的很强的自由基信号组成。图 14-13（b）是 $g=2.0036$ 的自由基在催化剂表面上浓度分布的等高线图。

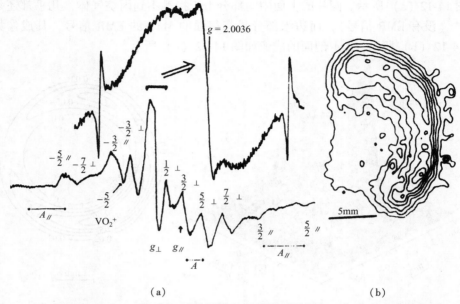

（a）　　　　　　　　　　　　　　　　　　　　（b）

图 14-13　　$H_4PVMo_{11}O_{40}$ 在 Y-型分子筛上用丙烷还原生成 VO^{2+} 和自由基成像图

　　对小动物（大白鼠）的头部进行 L 波段 EMR 成像已有很多研究[19]。通过向体内反复注入含氮氧自由基的生理食盐水，随着脑下部浓度的增高，自由基进入脑内，经过 EMR 成像，可以清楚地看到大白鼠头部的断面图像。由于通常的自旋造影剂有一定的毒性，因此，在活体内的应用受到很大的限制。直接测定小动物体表自由基的例子还有：用 L 波段谐振腔观察植入黑色素瘤的大白鼠尾部的 EMR 成像；也有用 X 波段进行动物皮肤的测定，把自旋标记物注入皮肤中，研究药物在皮肤中的扩散动力学性质[20]。Colacicchi 等[21]在注射氮氧自由基标记物后，用 EMR 成像技术评估氮氧化物的减少和消除，来了解它在体内的分布和代谢过程。并测定了在大白鼠头部或全身，药物的动态分布数据。用 280 MHz 成像仪，得到注入自由基标记物后药物在大白鼠全身的分布图像。目前已采用一种含一氧化氮的铁配合物注入大白鼠，进行活体头部的 L 波段 EMR 成像。用这种被允许使用的成像试剂可得到大白鼠头部造影的清晰图像[22]。

参 考 文 献

［1］ Eaton G R, Eaton S S. *Handb. Electron Spin Reson.* 1999, **2**: 327 – 343.

［2］ 向智敏, 徐端钧, 徐元植. 化学通报. 1997, (11): 48 – 53.

［3］ Smirnov A I, Poluectov O G, Lebedev Y S. *J. Magn. Reson.* 1992, **97**: 1 – 12.

［4］ 郑莹光, 沈尔中. 高等学校化学学报. 1992, **13** (7): 981 – 984.

［5］ Alecci M, Della P S, Sotgiu A. et al. *Rev. Sci. Instrum.* 1992, **63** (10 Pt. 1): 4263 – 4270.

［6］ Eaton G R, Eaton S S, Maltempo M M. *Appl. Radiat. Isot.* 1989, **40** (10 – 12): 1227 – 1231.

［7］ Herring T, Thiessenhusen K, Ewert U. *J. Magn. Reson.* 1992, **100**: 123 – 131.

［8］ Miki T. *Appl. Radiat. Isot.* 1989, **40** (10 – 12): 1243 – 1246.

［9］ Ikeya M, Ishii H. *J. Magn. Reson.* 1990, **82**: 130 – 134.

［10］ Furusawa M, Ikeya M. *Jpn. J. Appl. Phys.* 1990, **29**: 270 – 275.

［11］ Furusawa M, Ikeya M. *Anal. Sci.* 1988, **4**: 649 – 651.

［12］ Gonzalez R C, Wintz P. *Digital Image Processing.* 1977, Addison-Wesley.

［13］ Gordon R, Bender R, Herman G T. *J. Theor. Boil.* 1970, **29**: 471 – 481.

［14］ Gilbert P F C. *J. Theor. Boil.* 1972, **36**: 105 – 117.

［15］ Goitein M. *Nucl. Instum. Methods.* 1972, **101**: 509 – 518.

［16］ Shepp L A, Logan B F. *IEEE Trans. Nucl. Sci.* 1974, **NS-21**: 21 – 43.

［17］ Yakimchenko O E, Degtyarev E N, Parmon V N. et al. *J. Phys. Chem.* 1995, **99**: 2038.

［18］ Xu Y Z, Furusawa M, Ikeya M. et al. *Chem. Lett.* 1991, 293.

［19］ Ogata T, Kassei S. *Furi. Rajikaru.* 1992, **3**: 702.

［20］ Fuchs J, Groth N, Herring T. et al. *J. Invest. Dermatol.* 1992, **98**: 713.

［21］ Colacicchi S, Alecci M, Gualtieri G. *J. Chem. Soc. , Perkin Trans.* 1993, **2**: 2077.

［22］ Yoshimura T, Fujii Yokohama H, Kamada H. *Chem. Lett.* 1995, 309.

更进一步的参考读物

1. 池谷元伺, 三木俊克. *ESR 显微镜.* Tokyo: Springer — Verlag, 1992.

2. 大野桂一. *ESR 成像.* 東京: アイピーシー, 1990

3. 三木俊克. *高分解能 ESR-CT · ESR 应用计测.* 1990, **6**: 53.

4. Ohno K. *Jpn. J. Appl. Phys.* 1984, **23**: L224.

5. Ohno K. *J. Magn. Reson.* 1985, **64**: 109.

6. Eaton G R, Eaton S S. *J. Magn. Reson.* 1986, **67**: 73.

7. Eaton G R, Eaton S S. *J. Magn. Reson.* 1986, **67**: 561.

8. Janzen E G, Kotake Y. *J. Magn. Reson.* 1986, **69**: 567.

9. Kotake Y, Oehler U M, Janzen E G. *J. Chem. Soc. Faraday Trans.* 1988, **184**: 3275.

第15章　固体催化剂及其催化体系中的电子磁共振波谱

早在 20 世纪 60 年代初就有 EMR 应用于固体催化剂的研究报道[1~5]。固体催化剂本身提供的 EMR 信号，主要是来自过渡金属离子，只有极少数是来自固体自身的缺损。在工业生产过程中所用的催化剂几乎没有单晶的，绝大多数是无定形、粉末或多晶的。固体催化剂受到强射线辐照生成的缺损，也能给出 EMR 信号。此外，催化剂表面吸附的反应物、化学吸附生成的反应中间体等，使得原本没有任何 EMR 信号的催化剂变成了顺磁体系，也可能由于吸附和（或）化学反应，使原本有 EMR 信号（如含过渡金属离子）的催化剂发生信号变化。甚至可以研究它的机理和动力学过程。实际上，在大多数情况下，得到的只是一条大包络线，有时几乎得不到任何有价值的信息。如何使 EMR 在固体催化剂及其催化体系中发挥应有的、尽可能大的作用是本章的主要目的。

15.1　固体催化剂 EMR 波谱的特征

在 EMR 谱中，决定波谱的主要参数 Landé 因子 **g**、超精细耦合系数 **A**、零场分裂系数 **D** 等都是二级张量。也就是说，它们都强烈地依赖于未偶电子磁矩在磁场空间中的取向，是各向异性的。在液体中，由于粒子的自由翻滚，未偶电子的磁矩在磁场中的取向，是随着粒子的快速翻滚而不断变化的，其统计结果是趋向于各向同性的。以上诸参量也随之都变成标量，即

$$g_{xx} = g_{yy} = g_{zz} = g_{iso}$$

因此，液态的谱图就比较简单。然而在固态物质中就不同了，固体催化剂绝大多数是无定形或是多晶和粉末型的，未偶电子在磁场中的取向是无序的。测得固体催化剂的 EMR 谱，即便是只有一种未偶电子，其谱线也是在相当宽的磁场范围（10 ~ 100 mT）内统计分布的，即呈一条大包络线，很难从中提取有用的信息。如果伴随着核自旋的超精细分裂，或有两个以上未偶电子间存在强相互作用而产生精细分裂，其谱线就更复杂了。具有轴对称的分子，其 **g** 张量如下：

$$g_{xx} = g_{yy} = g_{\perp}; \qquad g_{zz} = g_{//}$$

最简单的体系就是 $S = 1/2$，$I = 0$，即没有磁性核，也就没有超精细互作用。其固体粉末样品的 EMR 谱如图 15-1（a）所示。如果是 $S = 1/2$、$I = 1/2$ 的粉末样品，其 EMR 谱如图 15-1（b）所示。在 $g_{//}$ 处明显分裂成两个等强度的峰。在

$g_\perp$ 处也可以看到分辨不太好的两个峰。对于 $S=1/2$、$I=1$、$\Delta A_\perp \leqslant 0.35$ mT 的情况下的粉末样品，其 EMR 谱如图 15-1 (c) 所示。在 $g_{//}$ 处明显分裂成三个等强度的峰；在 $g_\perp$ 处也可以看到分辨不太好的三个峰。当粉末样品的 $S=1/2$、$I=1$、$\Delta A_\perp \geqslant 0.45$ mT 的情况，其 EMR 谱如图 15-1 (d) 所示。在 $g_{//}$ 处明显分裂成三个等强度的峰，但在 $g_\perp$ 处就看不出有三个峰，都重叠成一个较宽的峰了。图15-1 (e) 就是在 $S=1/2$、$I=3/2$、$\Delta A_\perp \leqslant 0.35$ mT 的情况下，在 $g_{//}$ 处明显分裂成四个等强度的峰，而在 $g_\perp$ 处也可以看出分辨不太好的四个峰。

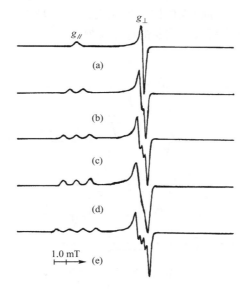

图 15-1　具有轴对称的固态 EMR 理论谱

(a) $I=0$；(b) $I=1/2$；(c) $I=1$，$\Delta A_\perp \leqslant 0.35$ mT；(d) $I=1$，$\Delta A_\perp \geqslant 0.45$ mT；

(e) $I=3/2$，$\Delta A_\perp \leqslant 0.35$ mT

　　下面我们再来看具有非轴对称的固态粉末样品典型的 EMR 谱。其 ***g*** 张量具有如下的特征：

$$g_x \neq g_y \neq g_z$$

或

$$g_1 \neq g_2 \neq g_3$$

其最简单的情况就是 $S=1/2$、$I=0$，对应于每一个 g 值都有一个谱峰，如图 15-2 (a) 所示。对于 $S=1/2$、$I=1/2$ 的体系，由于超精细分裂，对应于每一个 g 值都有两个谱峰，在 A_2 和 A_3 的右侧（画圈的地方）有两个峰重叠为一个强峰，如图 15-2 (b) 所示。对于 $S=1/2$、$I=1$ 的体系，由于超精细分裂，对应于每一个 g 值都应有三个谱峰，在 A_1 和 A_2 的左侧（画圈的地方）有两个峰重叠成为一个强峰，如图 15-2 (c) 所示。对于 $S=1/2$、$I=3/2$ 的体系，由于超精细分裂，对

应于每一个 g 值都应有四个谱峰,在 A_1 和 A_2 的左侧(画圈的地方)有两个峰重叠;在 A_2 和 A_3 的右侧(画圈的地方)有两个峰重叠成为一个强峰,如图 15-2(d)所示[6]。它本来应该有 12 条谱峰,由于有两处重叠,只展现出 10 条谱峰。其实,这 10 条谱峰只代表一个未偶电子与一种 I = 3/2 核的相互作用,由于各向异性产生的复杂谱。也就是说,10 个或 12 个峰只代表一种情况(状态)。如果把其中的某一个峰指认出来,两次实验结果有所差异,就说它起了某种物理的或化学的变化,于是就大做文章,杜撰一通,那是毫无意义的,甚至是荒谬的。实验测得的固体催化剂 EMR 谱,远比上述情况要复杂得多。如何正确地去解析它们是 EMR 在催化领域中重要的应用课题。

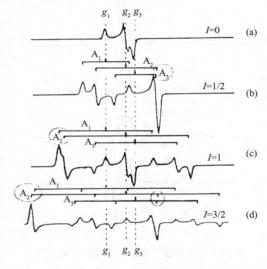

图 15-2   具有非轴对称的典型的固态粉末样品的 EPR 谱[6]

15.2   改进固体催化剂 EMR 波谱可解析性的方法

15.2.1   物理方法

15.2.1.1   在不同微波功率或(和)不同温度下录谱

这种方法就是把复杂的 EMR 谱解离为若干个信号组分。由于弛豫时间长的顺磁粒子如有机自由基和固体缺陷中心等,容易被微波功率饱和。随着微波功率的增加而观测不到 EMR 信号。另外,过渡金属离子的弛豫时间通常(在77~300 K)是足够短的,足以避开微波功率饱和。然而,含过渡金属离子的顺磁粒子,在它们的弛豫时间内信号的强度与温度有一定的依赖关系。因此,在不同微波功率或(和)不同温度下录谱,可以得到波谱的各个不同组分,有利于对一张复杂谱图的解析。

15.2.1.2　用三级微分录谱

通常 CW-EMR 谱仪都是用一级微分录谱的。然而，对于信号有重叠而变宽了的复杂谱，三级微分有助于分辨解析。图 15-3 表示 ^{13}C 富集的 CO 在 400 torr 压力下吸附在 Ni^+/SiO_2 催化剂上（77 K，X 波段）的 EMR 谱。图 15-3（a）为一级微分谱，图 15-3（b）为三级微分谱[7]。显然，三级微分的谱比一级微分谱分辨要好得多，解析起来也就容易得多了。

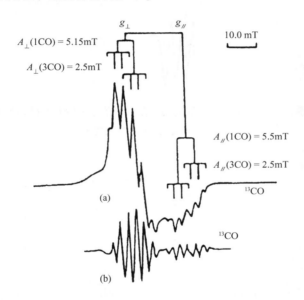

图 15-3　^{13}C 富集的 CO 在 400 torr 压力下吸附在 Ni^+/SiO_2

催化剂上的 EMR 谱（77 K，X 波段）[7]

（a）一级微分；（b）三级微分

再来看图 15-4，浸渍法制得的 Mo/SiO_2 催化剂，在氢气还原之后升温得到 EMR 谱线相当于 SiO_2 存在三种不同的 Mo^{5+}：Mo_{4c}^{5+}、Mo_{5c}^{5+}、Mo_{6c}^{5+}。这在一级微分谱［图 15-3（a）］中是很难辨认的，而在三级微分谱［图 15-3（b）］中就好得多了[9]。

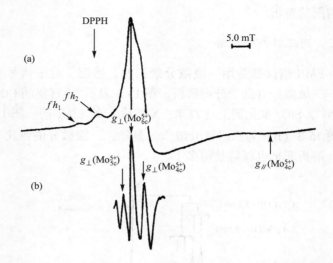

图 15-4　浸渍法制得的 Mo/SiO₂ 催化剂，在氢气还原之后升温得到的 EMR 谱线[8]

（a）一级微分；（b）三级微分

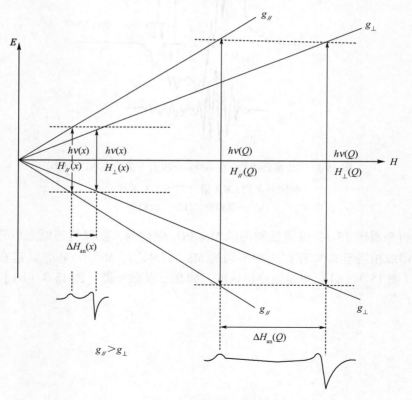

图 15-5　X 波段与 Q 波段的 ｜ΔH_{an}｜之差[9]

15.2.1.3　用多种频率录谱

固体催化剂中，有些过渡金属的 EMR 谱，对应于 $g_{/\!/}$ 和 $g_{\perp}$ 的磁场 $H_{/\!/}$ 和 $H_{\perp}$ 间隔很小。如果再有核的超精细分裂，就会堆在一起难以分辨，甚至变成一条宽的大包络线。从式（15.1）得知

$$|H_{/\!/} - H_{\perp}| = |\Delta H| = (h\nu/\beta)|(1/g_{/\!/}) - (1/g_{\perp})| \qquad (15.1)$$

可见，微波频率 ν 越大，两磁场之差 $|\Delta H|$ 也就越大。从图 15-5 可以看出[9]同一个样品在 X 波段和 Q 波段谱仪中测得的谱图的差异。举一个具体实例来看，图 15-6 是 $[Co(CH_3CN)_6]^{2+}$ 的实验谱（实线）和模拟谱（虚线）。（a）是 X 波段，（b）是 Q 波段的结果[10]。

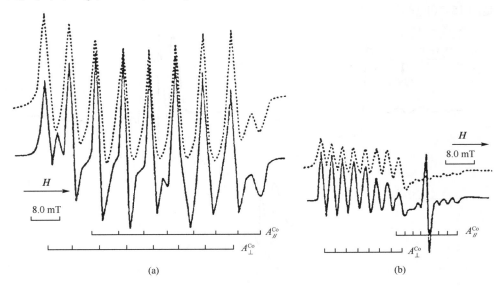

图 15-6　$[Co(CH_3CN)_6]^{2+}$ 的实验谱（实线）和模拟谱（虚线）[10]
（a）X 波段；（b）Q 波段

15.2.2　化学方法

15.2.2.1　用探测分子处理氧化物表面

探测分子与氧化物表面的顺磁中心相互作用的形式和强度，使得 EMR 谱线的线形、线宽和 g 值发生变化[6]。物理的相互作用，即探测分子如 O_2 与氧化物表面的顺磁中心磁偶极-偶极相互作用，通常会引起氧化物表面的顺磁中心的 EMR 信号（在吸排气的情况下）可逆地变宽。这种方法通常是用来鉴别顺磁中心是处在氧化物表面还是体相。

15.2.2.2 同位素标记

这种方法通常是用来产生超精细或超超精细结构的。当被研究的样品中不含 $I \neq 0$ 的核，或 $I \neq 0$ 的核同位素自然丰度很低，而自然丰度高的同位素其核自旋 $I = 0$，即不产生超精细分裂。如 Mo/SiO$_2$ 催化剂中，^{95}Mo、^{97}Mo 的核自旋 $I = 5/2$（相同），其自然丰度分别为 15.72% 和 9.46%，加在一起也仅 25.18%，而 $I = 0$ 的 ^{96}Mo 核的自然丰度却占 74.82%。Mo/SiO$_2$ 催化剂的 Mo^{5+} EMR 谱[11]如图 15-7(a)所示。$g_{//} = 1.882$、$g_{\perp} = 1.940$ 的强信号就是 ^{96}Mo 的特征谱。而具有超精细结构的 ^{95}Mo、^{97}Mo 的谱很弱，大部分被 ^{96}Mo 的特征谱所掩盖，只露出边上的两小峰。图 15-7(b)是把 ^{95}Mo 富集到 97% 时的 EMR 谱。图15-7(c)是图 15-7(b)的模拟谱。

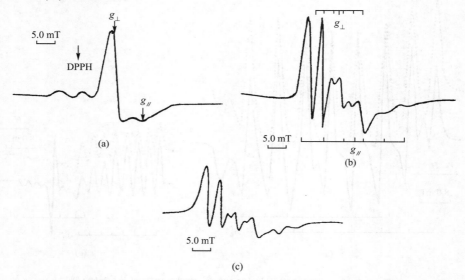

图 15-7　Mo/SiO$_2$ 催化剂在 500 ℃ 下氢还原的 EMR 谱（X 波段，300 K）[11]

(a) 自然丰度（^{95}Mo，^{97}Mo 约 25%，$I = 5/2$）；(b)^{95}Mo 富集到 97% 时；(c)是(b)的模拟谱

15.2.2.3 化学处理

化学处理就是在不同的温度、压力下用氧化或还原催化剂，除去那些可能产生复杂谱图的粒子，增强另一些能产生有用信号的粒子。这种方法已成功地用来鉴别在还原 MoO$_3$ 时生成的各种不同价态的 Mo[12]。

15.3　经典 CW-EMR 在固体催化剂研究中应用的新进展

20 世纪 90 年代发表的经典 CW-EMR 在固体催化剂研究中应用的综述性论文[6, 13~17]中，最值得一读的是 K. Dyrek 和 M. Che 的综合评述[16]。他们把反应物与固体催化剂表面的过渡金属离子相互作用，与过渡金属配合物的 EMR 研究关联起来。把反应物分子与固体催化剂表面的过渡金属离子（活性中心）的相互作用（化学吸附），看成是催化过程最本质的问题。把反应物分子与固体催化剂表面的过渡金属离子生成的过渡状态（中间化合物）看成是过渡金属配合物，用 EMR 来研究它，是从分子水平上深入到研究催化过程的本质问题。接着，Yahiro 和 Shiotani[17]也发表了一篇评论。他们认为：CW-EMR 在催化化学研究中应用的最新进展，就是用 EMR 研究固体催化剂表面的被吸附分子的旋转、扩散、化学结合以及固体催化剂表面的过渡金属离子的价态变化。他们主要列举了 NO 吸附在分子筛上[18~23]和 O_2^- 吸附在氧化铝上的情况[24]。还应该指出的是，20 世纪最后 10 年中 EMR 对沸石以及吸附在沸石上分子结构的研究增多了[25~36]。Rhodes 和 Hinds 写过一篇"沸石表面有机阳离子自由基的 EMR 研究"的综述性论文[36]。Kucherov 等[37]报道了在 ZrH-ZSM-5 上原位 EMR 研究。下面我们举几个例子来看一下。

15.3.1　在反应进行中的原位检测技术

原位检测可以使我们获得催化剂在吸附、反应进行的过程中所发生的一些有关结构、电子转移、活性中心及周围配位环境变化的有用信息，因此受到人们的广泛重视。原位检测的研究报道很多，在这里仅介绍几个例子。

15.3.1.1　NO_x 在 Cu-ZSM-5 催化剂上原位还原

Carl 等[38]研究了用溶液离子交换法制备的 Cu-ZSM-5 和 Cu-Beta 沸石催化剂在不同温度下对 NO_x 的原位还原。含水催化剂在室温下，由于交换到 ZSM-5 表面的 Cu^{2+} 属于被吸附性质，其周围被水分子所配位包围，可以较自由地运动，并在低场也没有表现出明显的超精细结构，只有一条不对称的宽线。这在过去已有报道[39~41]（王立等[42]早在 1989 年就已得到过各向同性的超精细结构谱图）。当该含水样品温度降至 120 K 时，在低场能分辨出很好的超精细结构。当催化剂在 He 气流中加热时，Cu^{2+} 表面的配位水分子被脱去。随着脱水温度的升高，逐渐呈现出可分辨的 Cu^{2+}（$I = 3/2$）的超精细结构。从谱图的对称性降低可知，随着脱水过程的进行或脱水温度的提高，Cu^{2+} 的可运动性下降，一直延续到673 K，其 EMR 信号不再发生明显的变化。通过对所得到的谱图进行计算机模拟，可以得到不同温度下脱水处理时同一样品的系列 EMR 参数。应该指出的是，同一个 Cu-ZSM-5 样品，未脱水在室温下测得的谱图积分强度，是该样品在 673 K 下脱水再冷至室温下测得谱图的积分强度的约 2.8 倍。然而，这对于 Cu-Beta 沸石是 4.0 倍。这种积分强度的变化当再水化脱水时是可逆的。Cu-ZSM-5 样品在 673 K 脱水后，在室温测得谱图的 $g_{//}$ 值和 $A_{//}$ 值与在 673 K 测得的值是不同的，并随温度可逆地变化。通过 EMR 参数之间的关联，推定水合催化剂的 EMR 信号由 $[Cu(H_2O)_5OH]^+$ 给出，而经高温处理的催化剂的 EMR 信号由平面正方形四配位的 Cu^{2+} 所给出。其他的研究表明，正是这平面正方形四配位的 Cu^{2+} 的配位环境，使得 NO_x 或有机烃类分子能够充分接近 Cu^{2+} 而发生反应。Cu-Beta 沸石和 Cu-ZSM-5 在 He 气流含 0.13% N_2O 的氛围中，在室温或 673 K 下测得的波谱与不含 N_2O 的 He 气流中测得的波谱没有变化。在 673 K 原位测得的反应结果，对于 Cu-Beta 沸石和对于 Cu-ZSM-5 分别有 10% 和 5% 的 N_2O 转化为 N_2。而在离位 (*ex situ*) 的情况下，则需要更高的温度才能达到相应的转化率。

15.3.1.2　CuH-ZSM-5 催化剂在混合气流中的原位监测

　　Cu-ZSM-5 被用来作为 NO_x 在过量氧存在下被有机化合物在低温选择性催化还原为元素 N_2 的模型催化剂。一些研究者[43~46]认为：在选择性催化还原过程中，Cu^+ 是 NO_x 分解还原为元素 N_2 的活性中心。Kucherov 等[47]用原位 EMR 方法监测 CuH-ZSM-5 催化剂在 C_3H_6、C_2H_5OH、NO、O_2 等以及它们的混合气中，在 300~500℃ 下，Cu^{2+} 被还原为 Cu^+ 的过程。将催化剂原位置于 $[O_2+He]$ 混合气流中，在 500 ℃ 下活化 1h 再冷却到 20 ℃，在此温度下以 5 cc·min^{-1} 的流速引入 $[0.39\% C_3H_6+He]$ 混合气，然后用原位方法测定 EMR 的信号随时间的变化。在未接触 $[0.39\% C_3H_6+He]$ 混合气之前，有两组 EMR 信号：$g_{//}=2.32$、$A_{//}=15.4$ mT 归属于四方锥配位的 Cu^{2+} 和 $g_{//}=2.27$、$A_{//}=17.5$ mT 归属于平面正方形配位的 Cu^{2+}[48]。在 20 ℃ 的还原气氛中，两组信号的强度都随反应时间的增加而下降，尤其是 $g_{//}=2.27$ 的平面正方形配位的 Cu^{2+} 的信号下降得更快。与此同时，在 $g=2.004$ 处出现了一个新的信号（$\Delta H\approx2.2$ mT），且此信号的强度随着反应的进行而不断增强。由于该 g 值与自由电子的 g 值非常接近，可归属于碳氢低聚物自由基（此前的工作[49,50]已证实有碳氢低聚物生成）。在还原混合气中处理 1.5h 后，在相同的温度下导入氧气，发现 $g_{//}=2.32$ 和 $g_{//}=2.27$ 的信号都没有得到明显的恢复。这说明 EMR 信号减弱并不是由催化剂活性点吸附了丙烯引起的。因为发生单电子转移的吸附时，活性中心可以在氧化中完全恢复。此外在 200 ℃ 时，即使在 $[20\% O_2+He]$ 的混合气流中加入少量的碳氢低聚物，也可以使 EMR 信号完全消失。因而可以判断催化剂中 Cu^{2+} 的 EMR 信号的消失，是由于生成的碳氢低聚物的积聚并堵塞了分子筛的通道所引起的。

催化剂在 [0.04% C_3H_6 + 0.37% O_2 + He] 混合气流中也存在类似情况。在 500 ℃时，若将催化剂预先用 [O_2 + NO] 进行处理，然后再通入上述还原气体时，则 Cu^{2+} 的 EMR 信号强度下降的速度要慢得多，这表明 NO 在这一催化剂上有很强的吸附能力。催化剂在化学计量比的 [C_3H_6 + O_2 + He] 气氛中时，仍可观察到 Cu^{2+} EMR 信号强度下降的现象。但当混合气中的氧大大过量时，则 Cu^{2+} 的 EMR 信号强度的下降几乎观察不到。

根据以上的原位检测结果分析可知，Cu^{2+} 在丙烯的氧化反应中，正常（氧大大地超过计量比）的情况下，$Cu^{2+} \rightleftharpoons Cu^+$ 的平衡大大地偏向左边，只有当氧量严重不足（接近或低于计量比）时，平衡才会偏向右边。由于分子筛孔道被碳氢低聚物堵塞后，低价的铜离子恢复氧化态极其困难，因此在催化剂的实际操作中，应尽量避免在低温下率先使丙烯与催化剂接触而使催化剂活性下降甚至失活。

15.3.1.3　催化剂中毒现象的原位检测

高大维等[51]用 EMR-GC-Computer 联机装置对 β-沸石的结焦失活进行了原位研究，发现催化剂的失活明显地体现在 EMR 信号的变化中。正己烷在 β-沸石上在 450 ℃下进行催化裂解时，其保留活性 A_E（$A_E = a_t/a_0$，其中 a_0 与 a_t 分别为催化剂的初活性和催化剂在时间为 t 时的活性）随着催化剂中 EMR 信号的强度增加而下降。该催化剂上 $g = 2.002$ 的信号是由表面积炭自由基所引起的，因此 EMR 信号的强度可反映出催化剂表面的积炭量。由于积炭量、EMR 信号强度以及催化剂保留活性三者的时间曲线上都存在着相应的拐点，且拐点几乎出现在相同的时间。从而可以推定催化剂的失活是由活性中心位置的积炭过程所引起的。

15.3.2　金属氧化物载体 Tammann 温度的测定

对于负载型的催化剂，其活性组分必须有效地分散在载体的表面上。但在较高的反应温度条件下，一般作为载体的金属氧化物都存在一个所谓的 Tammann 温度，即在一个反映晶格内，质点流变性的临界塑性温度。在 Tammann 温度之上，可以观察到晶格内部的质点扩散。金属氧化物的 Tammann 温度对于催化剂载体的选择是十分重要的。如果所选择的催化剂载体的 Tammann 温度低于或接近催化反应的操作温度时，分散在表面的活性组分由于向载体内部扩散而导致催化剂活性下降甚至失活。金属氧化物 Tammann 温度的 EMR 测定方法的原理如下。

选择与金属氧化物中的金属离子具有相同价态、相近离子半径，且有比较特征和比较简单的 EMR 信号的顺磁离子作为探针，以浸渍法或其他与实用催化剂相近的方法，负载在金属氧化物载体的表面。将制备的样品加热，观察不同温度下样品所给出的 EMR 信号的线型以及信号强度的变化，即可确定样品的 Tammann 温度[52~54]。

Davidson 等[55]用 V_2O_5 作探针研究了 TiO_2 和 SnO_2 的 Tammann 温度。样品用乙二酸氧钒溶液浸渍法制备，在空气中干燥后，制成的 V/TiO_2 样品在室温及升温过程中都可观察到具有清晰超精细分裂的 VO^{2+} 的典型信号，而 V/SnO_2 的分辨率则较差。当温度上升至 673 K 时，V/TiO_2 样品原有的 EMR 信号（标记为 1a）基本消失，由于升温过程是在空气中进行的，因此表面的 V(Ⅳ)离子已被空气中的氧所氧化。当温度上升至 870 K 时，检测到一个新的、具有清晰分辨率的 EMR 信号（标记为 1b），经计算机模拟，可以确定此信号可归属为 $V_xTi_{1-x}O_2$。这表明在 870 K 时，已经发生表面钒向体相扩散而在晶格内生成混晶的现象。V/TiO_2 样品的 1b 信号强度与热处理温度之间的关系。当温度低于 800 K 时，基本上观察不到 1b 信号，而温度高于 840 K 时，1b 信号的强度随温度的升高而急剧增加，在 800~840 K 存在着一个明显的拐点。拐点处的温度通过趋势线相交法得出为 810 K，此即 TiO_2 样品的 Tammann 温度。

由于 V/SnO_2 样品的 EMR 谱图的分辨率较差，不能得到 EMR 信号强度与热处理温度之间的定量关系，因此无法精确地测定 SnO_2 样品的 Tammann 温度。但在从不同热处理温度下 V/SnO_2 样品的 EMR 谱图可以看出，SnO_2 样品的 Tammann 温度大约为 650 K。

15.3.3　催化剂中金属离子间的电子转移

龚华等[56]研究了甲烷氧化偶联催化剂 Mn_2O_3-Na_2WO_4/SiO_2，发现催化剂中钨、锰间存在电子传递。Na_2WO_4/SiO_2 催化剂对甲烷的氧化偶联反应也有活性。并且一般都认为甲烷的选择性氧化发生在钨位上。当这一催化剂加入少量的 Mn_2O_3 就可以大大地提高其催化活性。Na_2WO_4/SiO_2 催化剂在高真空条件下（1.33 mPa）加热至 750 ℃，恒温 1 h 后立即用液氮冷却至 77 K 进行 EMR 测定，可在 g = 2.0046 处观察到信号，将催化剂暴露于 25 ℃的氧氛围中，此信号未消失，将温度上升到 100 ℃加热 20 min，信号消失。此信号可归属为 W 的 F 中心（即表面氧反应后留下的空位）。而 Mn_2O_3-Na_2WO_4/SiO_2 催化剂在高真空条件下（1.33 mPa），将其加热到 750 ℃处理 1 h 后用液氮冷却至 77 K 进行 EMR 测定，可在 g = 2.01 处观察到一个极强的信号，同时在 g = 2.002 处也可观察到一个极弱的信号。将此样品升温至 −10 ℃，在同样的氧气压力下，g = 2.002 处的信号就已消失，而 g = 2.01 处的信号在氧气氛中加热到 700 ℃才消失。结合 XPS 的考察，g = 2.01 处的信号归属为 Mn(Ⅱ)，而在 g = 2.002 处的信号仍归属为 W 的 F 中心。

　　根据上述结果可以得到以下的结论：在甲烷氧化偶联反应中，W 位的表面氧与甲烷反应后留下 W 位的 F 中心，在无 Mn_2O_3 存在时，W 位的 F 中心必须重新被气相 O_2 氧化后才能恢复活性。而当 Mn_2O_3 存在时，W-Mn 之间可以通过氧桥传递电子，使得在反应过程中甲烷的选择性氧化发生在 W 位，而气相氧转化为晶格氧的过程发生在 Mn 位上，从而大大提高了催化剂的活性。

　　在 V_2O_5-P_2O_5/SiO_2 催化剂上的苯氧化反应过程中，也可以观察到晶格中电子传递的现象[57]。当 P、V 原子比 ≤ 2.0 时，催化剂在苯的气相氧化反应中存在着一定时间的诱导期，且诱导期随催化剂中 V^{4+} 初始浓度的增加而缩短。在诱导过程中，催化剂的活性基本上不随时间变化，而催化剂的选择性则随反应时间的延长而提高，直到趋于稳定状态。催化剂中 V^{4+} 含量在诱导期内也随反应时间的延长而提高，但 V^{4+} 含量随时间增加的速度远远高于选择性提高的速度。由于 V^{4+} 浓度的增加，自旋 – 自旋相互作用使谱线的分辨率变差。P、V 原子比 ≤2.0 的各催化剂反应后 EMR 谱图的 g 值都有所变小（从反应前的 1.962 ~ 1.964 减小为反应后的 1.954 ~ 1.957）。以上结果表明，在诱导期内生成的部分 V^{4+} 中心与原有的 V^{4+} 中心具有完全不同的催化性质。在这一催化剂中，可能存在以下的电子传递过程

$$V^{5+} = O \; + V^{3+} \; \square \;\; = \!\!= \;\; V^{4+} = O + V^{4+} \; \square$$

$V^{4+} = O$ 对苯的气相催化氧化具有选择性，而 $V^{4+} \square$ 对反应不具有选择性[58]。

15.4　电子磁共振成像技术的应用

　　1996 年，G. R. Eaton 和 S. S. Eaton 做了一个相当全面的调查，结果发表在 ESR 手册[59]上。其中，在 X 波段成像应用于催化剂的只有一篇[60]。另外，研究氧化氮等气体在沸石等多孔材料中扩散的还有 5 篇[61~65]。这方面的工作报道不多的原因，可能是市场上还没有商品 EMI 仪器出售，而催化专家又难以自制 EMI 仪器。EMI 仪器专家的研发热点不在催化剂上，而在生命科学上。

　　众所周知，在催化反应过程中能起作用的，仅限于固体催化剂表面的活性中心，而体相中的活性中心是不起作用的。当然，固体催化剂的颗粒做得越小，活性中心的利用率就越高。但由于工程技术和工艺条件等的要求，限制了固体催化剂的颗粒形状和尺寸。对于具有一定形状和尺寸的固体催化剂颗粒，在不同反应条件下，催化剂表面的利用率有多大？徐元植等[60]把 V 和 Mo 载在 SiO_2 上压成片，然后用丙烷还原，并用 EMR 显微镜成像，测出 V^{4+} 和 Mo^{5+} 以及积炭在 SiO_2 表面的分布图。$H_3PMo_{12}O_{40}$/SiO_2 催化剂片的上表面在用丙烷气流还原后，Mo^{5+} 的 EMR 成像图如图 15-8 所示。何光龙等[66]利用芳烃、芳胺与 Lewis 酸生成正离子自由基的反应原理，用梯度场成像测得石油裂化催化剂 Al_2O_3-SiO_2 上 Lewis 酸

性中心的分布图。但从他们的实验过程来看，Al_2O_3-SiO_2 石油裂化催化剂很可能是微球。先将其装入样品管，然后将噻吩嗪、芴酮、二苯胺等的氯仿溶液分别滴入不同的样品管中，在催化剂微球表面生成正离子自由基，再进行成像[66]。这样得到的图像是正离子自由基在样品管的横截面上的分布，而不是在催化剂上的空间分布。

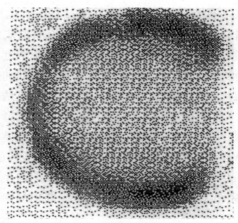

图 15-8　$H_3PMo_{12}O_{40}$ 催化剂片上表面 Mo^{5+} 的 EMR 成像图[62]

15.5　ENDOR 在固体催化剂研究中的应用

ENDOR 信号强度取决于未偶电子和周围磁性核间的距离，以及磁性核的种类和数量等因素。由于电子自旋与核的相互作用与它们之间的距离 r^{-6} 成正比，因此通过 ENDOR 信号可获得未偶电子周围相距 $5 \sim 6$ Å 的微环境内的结构信息[67]。对于催化剂来说，这样的厚度也处于催化剂活性表面的范围内，从而通过 ENDOR 技术可有效地获取催化剂表面的组成、结构等相关信息。

15.5.1　吸附在氧化铝和硅酸铝催化剂表面上的芘自由基

1961 年，Rooney 和 Pink[68]首先用 EMR 研究在活性氧化物表面生成芘自由基。从那时起，芘自由基的生成一直都被含糊地认为与氧化铝或硅酸铝表面的 Lewis 酸中心有关。Hall 和 Dollish[69]于 1967 年提出，芘自由基是由硅铝沸石的 Brönsted 酸中心脱水生成的。1968 年，他们又提出芘在氧化铝、硅铝沸石表面生成自由基时，氧是电子受体的证据[70]。然而，1969 年，Garret 等[71]报道：他们所观测到的 EMR 信号，是由于芘的一个电子被掺 0.8% 铝的氧化硅表面的 $^{27}Al^{3+}$ 中心夺取而产生的。可是，Muha[72,73]关于芘在氧化铝和硅酸铝表面运动和形态的信息以及其他信息，认为芘在氧化铝表面的给电子与受电子中心之间，以协同作用的方式生成负离子自由基而不是正离子自由基[74]。1980 年，Clarkson 等[75]曾用 ENDOR 技术提供了芘的 β-质子的超精细耦合常数与氧化物表面 O_2^- 的反键 π^* 轨道有关的证据，支持了表面氧是电子受体的看法。而 Flockhart 等提出：芘在氧化铝表面生成自由基是 Lewis 碱中毒所致[76]。后来他又提出在氧化铝表面有两种中心的假设：一种中心使芘被氧化为正离子自由基，同时与氧分子结合，给出一条毫无特征的 EMR 宽线；而另一种中心使芘生成自由基，但不与氧分子结合，给出具有超精细结构的 EMR 信号。其实，比他们早一年，即 1982 年，Wozniewski 等[77]已提出与他们不同的两种中心的论点：具有超精细结构的 EMR波谱是芘与硅酸铝表面的 Brönsted 酸中心生成自由基所贡献的；而那条毫无特征的 EMR 宽线应归属于 Lewis 酸中心与自由基之间建立起来的物理联系。至此，芘在固体酸催化剂（包括氧化铝、硅酸铝、硅铝沸石等）表面生成自由基的机理，争论了 20 多年，仍然未能得到统一认识的结论。

　　Rothenberger[78]等用 ENDOR 研究了 Al_2O_3 和 SiO_2-Al_2O_3 催化剂表面芘的吸附机理。发现在 120 K 时，活化的氧化铝从苯溶液中吸附了芘后，在 14.3 MHz 处出现一个很强的信号。此外，在 3.7 MHz 处出现一个弱信号。在进行 ENDOR 测定时的磁场强度为 338 mT，可计算出质子的 Larmor 频率 $\nu_H = 14.4$ MHz。因此，该信号应归属于质子的 Larmor 频率。同时也可算出 ^{27}Al 核的 Larmor 频率 $\nu_{Al} = 3.78$ MHz。可见，位于 3.7 MHz 的 ENDOR 谱线应归属于 ^{27}Al 核的 Larmor 频率。当活化氧化铝从六氘代苯溶液中吸附芘后，除了上述的两个信号外，还在 2.3 MHz 处又出现一条谱线。经计算，氘核的 Larmor 频率 $\nu_D = 2.21$ MHz。该样品在高真空下处理后，3.7 MHz 处的信号无明显变化，而 2.3 MHz 处的信号消失，参见表 15-1(3)。显然这与活性氧化铝对溶剂的物理吸附有关，故可以认为 2.3 MHz 处的 ENDOR 谱线应归属于溶剂 d_6-苯中氘核的 Larmor 频率。

表 15-1　在活化氧化铝或硅酸铝上吸附的 ENDOR 波谱[78]

序　号	催　化　剂	吸　附　质	溶　剂	14.3 MHz	3.7 MHz	2.3 MHz
(1)	Al_2O_3	Pery$^+$	C_6H_6	强	存在	—
(2)	Al_2O_3	Pery$^+$	C_6D_6	强	存在	存在
(3)	Al_2O_3	Pery$^+$	真空脱气	强	存在	—
(4)	Al_2O_3	d_{12}-Pery$^+$	C_6D_6	强	存在	存在
(5)	Houdry M-46	Pery$^+$	C_6H_6	中强	—	—
(6)	Houdry M-46	Pery$^+$	C_6D_6	很弱	—	存在
(7)	Houdry M-46	d_{12}-Pery$^+$	C_6D_6	很弱	—	存在

　　为了确定 14.3 MHz 和 3.7 MHz 处的信号的归属，用 d_{12}-Pery 的六氘代苯溶液吸附后进行 ENDOR 测定，结果如表 15-1（4）所示。从表 15-1（4）可以看

到，这两个信号和 2.3 MHz 处的信号均存在。由于此时被吸附的 d_{12}-Pery 和溶剂 d_6-苯中均无质子存在，因此可以推断这个信号是由催化剂表面存在的质子给出的。由于在活化氧化铝表面可同时存在 Lewis 酸中心和羟化 Lewis 酸中心，因此，该 14.3 MHz 处的 ENDOR 谱线很可能是羟化 Lewis 酸中心（Al—OH）上的质子。

3.7 MHz 处出现的信号可能属于 ^{27}Al（$\nu_n = 3.78$ MHz）或 ^{13}C（$\nu_n = 3.58$ MHz），由于 ^{13}C 的丰度仅为 1.1%，因而推定此信号属于 ^{27}Al。

为了确定 3.7 MHz 处信号的归属，并给出 14.3 MHz 处信号的质子的性质，用商品硅酸铝催化剂（Houdry M-46，组成约为 90% SiO_2 和 10% Al_2O_3）进行了类似的实验，结果如表 15-1 中（5）~（7）所示。由于硅酸铝催化剂中 Al_2O_3 含量很低，其给出的信号很弱（淹没在噪声中），3.7 MHz 处的 ENDOR 谱线均消失。表 15-1（5）中的 14.3 MHz 谱线可能是溶剂中苯环上的质子峰。奇怪的是，虽然硅酸铝催化剂中存在着大量的 Brönsted 酸中心，但却没有给出 Brönsted 酸质子的 ENDOR 信号。这一现象表明，当芘在活性氧化铝表面被吸附时，其吸附发生在羟化 Lewis 酸中心上，而在硅酸铝催化剂上被吸附时，其吸附位与 Brönsted 酸中心的距离较远。总之，通过 ENDOR 方法得知：芘吸附点的微环境在活性氧化铝表面与硅酸铝催化剂表面是有所不同的。

15.5.2 分子筛表面上的配合物

固体酸催化剂如三氯化铝、去阳离子型沸石等，存在着电子授受中心。在进行催化反应时导致稳定的顺磁碎片（正、负离子自由基配合物）的生成。这就有利于应用 EMR 波谱及其相关的技术通过分子指示剂[79]来研究催化剂的氧化–还原性能。

活性催化剂表面的氧化–还原性能，通常与各中心的性质有关。因此，选用合适的分子指示剂显得尤为重要。这在红外光谱研究催化剂的酸性中心已是常规的方法[80]。相似的研究在 EMR 波谱中也已经开展起来了。蒽醌、氮氧自由基、2，2，6，6-四甲基-1-哌啶氧都已被用来作为分析氧化铝表面受体性能的探针分子[81]。在某些情况下，受电子中心上的信息是从生成磁性分子的波谱中出现的表面探针分子磁性核的超精细结构中得到的[82]。

Samoilova 等[83]选择四氯邻苯二醌为探针分子。制备了三种样品：样品（A），四氯邻苯二醌溶在八氘代甲苯溶剂中，再被吸附在 $AlCl_3$ 上；样品（B），四氯邻苯二醌的蒸气被吸附在活化的 HY 沸石上；样品（C）四氯邻苯二醌溶在六氟代苯溶剂中再被吸附在活化的 HY 沸石上。样品（A）在室温、140 K 下，以及样品（B）在室温下测得的 EMR 波谱，分别如图 15-9（a）、（b）、（c）所示。图 15-9（a）呈现 6 条裂距为 2.5 G 超精细结构的波谱。波谱的超精细结构是由 ^{27}Al 核贡献的（^{27}Al 核的 $I = 5/2$）。这与邻苯半醌-Al^{3+} 配合物的波谱[84]吻合得很好。但当在 140 K 下录谱时，超精细结构消失了，只得到一条线宽为 1.3 ~ 1.4 mT的宽线［图 15-9（b）］。这与样品（B）在室温下测得的 EMR 波谱 ［图 15-9（c）］相似。这种相似性不能证明样品（B）四氯邻苯二醌在活化的 HY 沸石上也生成了 Al^{3+} 配合物。

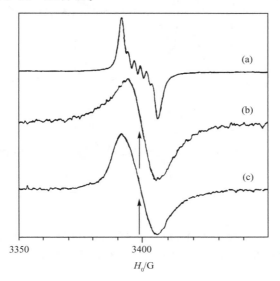

图 15-9　样品 A 在室温（a）、140 K（b）下测得的 EMR 谱和 样品 B 在室温下测得的 EMR 谱（c）
箭头所指的位置就是 ENDOR 谱测定的磁场位置

　　于是，对样品（A）、（B）、（C）进行了 ENDOR 谱的测定［图 15-10（a）、 （b）、（c）］。样品（A）和（B）的 ENDOR 谱基本相似［图 15-10（a）、（b）］， 都在 6.5 ~ 7 MHz 处有一条强的 ENDOR 峰，在 14.5 MHz 处有一条弱的质子 Lar-mor 频率峰（ν_H = 14.4MHz）。样品（C）的 ENDOR 谱除与样品（A）和（B） 的 ENDOR 谱基本相似外，还在 13.8 MHz 处由于未偶电子与溶剂中的 ^{19}F 核产生 偶极相互作用而多了一条外加的谱线（^{19}F 核的 Larmor 频率 ν_F = 13.6 MHz）。^{27}Al 核超精细分裂的 ENDOR 谱应该有两条线，对称分布在 ^{27}Al 核的 Larmor 频率线 ν_{Al} 的两边。但从图 15-10 中只看到一条谱线，找不到 ν_{Al}。如果四氯邻苯二醌-^{27}Al 配 合物上的未偶电子与 ^{27}Al 核的超精细耦合常数如图 15-9（a）给出的是 2.5 G （7.2 MHz），而图 15-10 中在 6.5 ~ 7 MHz 处的强 ENDOR 峰是两条线中处在高频 的那一条，则 ^{27}Al 核的 Larmor 频率线 ν_{Al} 应在 3.4 MHz 处。处在低频的那一条谱线 就无法检测到了。当然，这只是推测，要想从实验测得 ^{27}Al 核的 Larmor 频率和未 偶电子与 ^{27}Al 核的超精细耦合常数的值，还得采用 ESEEM 的方法。然而，通过 ENDOR谱的研究，可以确认：四氯邻苯二醌被吸附在 H 型沸石上，的确是与表 面的 Lewis 酸中心生成配合物。采用 ESEEM 的方法确定未偶电子与 ^{27}Al 核的超精细耦合常数的值为 6 MHz。

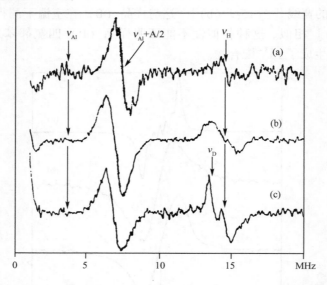

图 15-10　对样品（A）在 140 K 记录的 ENDOR 谱（a）、样品（B）的 ENDOR 谱（b）和对样品（C）在 200 K 记录的 ENDOR 谱（c）

15.5.3　苯自由基在硅胶和分子筛表面上的吸附状态

在烃类，尤其是芳香烃类的催化反应中，其活泼中间态可能是烃类自由基。这类自由基在一般情况下很不稳定，但却可以稳定地存在于分子筛或金属氧化物上。因此，采用 EMR 方法来研究各类自由基的吸附状态引起人们极大的兴趣。被吸附分子中的以及催化剂表面吸附中心上的磁性核，与未偶电子的磁矩产生的超精细分裂，能提供丰富的结构信息，但由于 EMR 波谱难以分辨而提取不出有用的信息，因此 ENDOR 方法就成为这一类研究的极其重要的工具[85~87]。

Erickson 等[85]研究了苯正离子自由基在硅胶和 HY 型分子筛上的吸附状态。苯先吸附在硅胶或 HY 型分子筛上，然后在 77 K 下用 X 射线（钨靶 70kV，20mA）照射 10 min 即产生苯正离子自由基。发现在 3~77K 的温度范围内，苯正离子自由基在硅胶或 HY 型分子筛上都给出非常相似的 EMR 谱（七重峰，$a = 0.45~0.5mT$）。这七重峰像是 6 个等价质子的各向同性超精细分裂，而实际上则肯定是各向异性的谱，只不过它们的 $g_{//} = 2.0023$ 和 $g_{\perp} = 2.0029$ 相差很小而已[88]。处在共振中心低场部分的 3 条超精细分裂谱线分辨得很好，而高场部分由于 g 和 A 张量的各向异性性使谱线变宽而分辨效果不好。若将苯中的一个氢用氘代，在 77 K 时，得到 6 条清晰可辨的超精细分裂谱峰，其裂距 $a_H = 0.44$ mT，同时还可以看到由于氘核引起分裂的（部分可分辨的）每个谱峰。氘的裂距 a_D

=0.07 ~0.08 mT，（$a_H/a_D \approx 6.3$）。当温度降低到 25 K 时，氘核的超精细结构因谱线变宽、重叠，基本无法分辨而聚集成为 6 重峰。当温度降为 3.5 K 时，谱线发生急剧变化，H 核的超精细结构也消失了，成为一条宽线。单从 EMR 给出的这些信息，还不足以使我们详细了解苯正离子自由基在硅胶或 HY 型分子筛表面吸附的状态，需要进一步借助 ENDOR 来研究。

早期的 EMR 工作[89] 已阐明：苯正离子在硅胶表面生成二聚体（dimer）和单体（monomer）的混合物。当检测温度上升到 77K 时，呈现可分辨出九重峰的 EMR 谱图。这九重峰就是苯正离子二聚体的特征谱图。在饱和此信号的条件下测定 ENDOR 时可使二聚体的信号增强。二聚体和单体的相对比例，取决于温度和两者在硅胶表面上的覆盖度。具有等量单体和二聚体的 $C_6H_6^+/SiO_2$ 样品，在 110 K 测得的 ENDOR 谱如图 15-11（a）所示。两边的两条对称谱线，其裂距为 14.14 MHz（5.05 G），应归属于单体。大约在 11 和 17 MHz 附近的这两条谱线，其裂距为 6.67 MHz（2.38 G），归属于二聚体。在质子的 Larmor 频率 ν_H 附近还有两条谱线，其裂距为 0.46 MHz（0.16 G）。这一对谱线如何归属，且看 $C_6D_6^+/SiO_2$ 的 ENDOR 谱，如图 15-11(b) 所示。对应于全氘代苯的单体和二聚体中氘核的分裂大约为 2.0 和 1.0 MHz（这是由于氘核的旋磁比比氢核大约小 7 倍）。然而，在质子的 Larmor 频率 ν_H 附近，仍然呈现两条裂距为 0.46 MHz（0.16 G）的谱线。因此，裂距为 0.46 MHz（0.16 G）的这一对谱线应归属于硅胶表面 OH 基上的质子。随着样品温度的升高，单体的 ENDOR 信号逐渐消失，而二聚体的 ENDOR 谱线则逐渐增强。

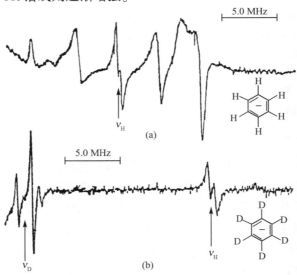

图 15-11　（a）$C_6H_6^+/SiO_2$ 和（b）$C_6D_6^+/SiO_2$ 在 110 K 下测得的 ENDOR 谱

与 SiO_2 相似，$C_6H_6^+$/HY 分子筛的 EMR 和 ENDOR 谱也都有归属于单体和二聚体的谱线。其 ENDOR 谱的质子 Larmor 频率 ν_H 附近，也有两条裂距为 0.30 MHz 的谱线，应归属于分子筛中的氢与未偶电子远程超精细互作用产生分裂的谱线。

15.6　ESEEM 在固体催化剂研究中的应用

15.6.1　过渡金属离子交换的分子筛（有序体系）的 ESEEM 谱

美国 Houston 大学的 Larry Kevan 教授，从 20 世纪 70 年代就开始电子自旋回波技术（ESE）在固体催化剂方面的应用研究，并取得突破。其中最为突出的是用电子自旋回波包络调制（ESEEM）技术在研究分子筛方面的工作[90~94]。

氘代分子被吸附到 Cu(Ⅱ) 离子交换的硅酸镓 K-Offretite 沸石上，用 ESEEM 谱测得在硅酸镓 K-Offretite 沸石上的 Cu(Ⅱ) 离子，与氘代分子相互作用的氘核数目(N)，Cu(Ⅱ) 与氘核的距离（R），以及各向同性超精细耦合系数（A_{iso}）列于表 15-2[90]。

表 15-2　某些氘代分子被吸附在 K-Offretite 沸石上，Cu(Ⅱ) 与氘核的距离以及各向同性超精细耦合参数

被吸附的氘代分子	N	R/nm	A_{iso}/MHz
D_2O	6	0.27	0.21
CD_3OH	6	0.37	0.18
CH_3OD	2	0.27	0.28
CH_3CH_2OD	2	0.29	0.28
$CH_3CH_2CH_2OD$	2	0.30	0.29
C_2D_4	4	0.35	0.12
$(D_3C)_2SO$	6	0.42	0.13
ND_3	6	0.27	0.34

通过 ESEEM 谱得知：Cu(Ⅱ) 离子在含水的硅酸镓 K-Offretite 沸石上是与三个 H_2O 分子配位的，并与三个沸石晶格氧配位而被锚接在沸石晶格上。当沸石完全脱水后 Cu(Ⅱ) 离子从主通道被定位在阳离子位置上。在脱水的过程中，Cu(Ⅱ) 离子有选择地经过 ε-笼移至六棱柱中。当苯和吡啶被吸附上去时，没有观测到与 Cu(Ⅱ) 离子的相互作用。当极性分子如水、乙醇、二甲亚砜和氨等被吸附上去时，会引起 Cu(Ⅱ) 离子向主通道迁徙，而非极性分子如乙烯就不会。Cu(Ⅱ) 离子能与两个甲醇、乙醇、丙醇分子，与一个二甲亚砜分子生成配合物。与两个氨分子在轴向及三个分子筛骨架上的氧在六元环的窗口生成三角双锥

配合物[90]。

　　用 EMR 谱和 ESEEM 谱研究了 Ni（Ⅱ）交换的磷酸硅铝 41-型分子筛（SAPO-41）在不同的还原条件下，Ni（Ⅱ）被还原为 Ni（Ⅰ）的还原度、Ni（Ⅰ）离子所在的位置以及 Ni（Ⅰ）离子与被吸附分子的相互作用[91]。用热、氢和 γ 射线辐照的还原方法都能把 NiH-SAPO-41 分子筛中的 Ni（Ⅱ）还原为 Ni（Ⅰ）离子。热还原只能生成单一的 Ni（Ⅰ）离子，而氢还原则能生成一个以上的 Ni（Ⅰ）离子。虽然 γ 辐射是最有效的还原方法，但也生成其他自由基碎片。ESEEM 谱研究表明：不同于在 NiH-SAPO-5 和在 NiH-SAPO-11 中的情况，在 NiH-SAPO-41 中生成的 Ni（Ⅰ）离子，是处在十元环主通道靠近六元环的窗上。吸附水后，观测到 Ni（Ⅰ）-（O_2）$_n$ 的生成，表明水被分解。氘代氨被吸附在 NiH-SAPO-41 上生成 Ni（Ⅰ）-（ND_3）$_n$，氘代甲醇被吸附在 NiH-SAPO-41 上生成 Ni（Ⅰ）-（CH_3OD）$_n$，这里的 $n=1$。乙烯被吸附在还原的 NiH-SAPO-41 上，与被吸附在 NiH-SAPO-5 和 NiH-SAPO-11 上相反，Ni（Ⅰ）离子被进一步还原为 Ni（0），而没有生成任何中间配合物。

15.6.2 ^{13}C 和 ^{27}Al 核在无序体系中的 ESEEM 谱

　　众所周知，煤是有未偶电子的。Snetsinger[86] 利用煤中 ^{13}C 的自然丰度进行 ESEEM 谱的测定。选定共振磁场为 349 mT，其相应的共振频率为 9.751 50 GHz。测得 ^{13}C 核（$g_n=1.4044$）的 Zeeman 频率为 3.62 MHz。与未偶电子"轨道"的距离 $r=3.05$Å。各向同性超精细互作用系数 $a_{iso}=0.4$ MHz；煤中质子（$g_n=5.585$）的 Zeeman 频率为 14.93 MHz。与未偶电子"轨道"（波函数）的距离 $r=7.60$Å。各向同性超精细互作用系数 $a_{iso}=0.03$ MHz。

　　Snetsinger[86] 还利用苊在工业催化剂 Houdry-46（含 10% Al_2O_3 的 Si-Al 催化剂）上生成自由基来研究催化剂表面 ^{27}Al 核和 ^{1}H 核的相互作用。选定共振磁场为 316 mT，其相应的共振频率为 8.886 GHz。测得 ^{27}Al 核（$g_n=1.4554$）的 Zeeman 频率为 3.41 MHz。与未偶电子"轨道"（波函数）的距离 $r=3.3$ Å。各向同性超精细耦合参数 $A_{iso}=0.1$ MHz；催化剂表面质子（$g_n=5.585$）的 Zeeman 频率为 13.54 MHz。与未偶电子"轨道"的距离 $r=7.0$ Å。各向同性超精细耦合参数 $A_{iso}=0.01$ MHz。可以看出：苊自由基在 Si-Al 催化剂表面上与 ^{27}Al 核的距离比与 ^{1}H 核的距离几乎小一倍。其各向同性超精细耦合参数几乎小十倍。

　　以上测得的结果都用计算机进行过模拟验证。

15.6.3 混合碱性硅酸盐玻璃的 ESEEM 谱

　　硅酸盐玻璃也属于无序体系，与固体催化剂或其载体有许多相似之处。经过 γ 射线辐照的玻璃具有顺磁信号（色心），由于 CW-EMR 谱非均匀变宽，掩埋了很弱的超精细分裂谱线。利用 ESEEM 谱就能为研究固体表面的顺磁中心微环境的详细情况提供有力的工具。Astrakas 和 Kordas[95] 用 ESEEM 谱研究了 Li_2O 和 Na_2O 的混合碱性硅酸盐玻璃。采用四脉冲二维超精细亚能级相关 ESEEM 谱 (2D-HYSCORE)[96~98]，测量温度为 20 K，脉冲序列为：$\pi/2$-τ-$\pi/2$-t_1-π-t_2-$\pi/2$-echo（这里每 $\pi/2$ 脉冲为 16 ns）。回波是以 t_1 和 t_2 为函数的记录。每一维都记录 256 个点；τ 值从 128~352 ns；t_1 和 t_2 从初始值起，均以每步 16 ns 递增。在激发－回波之间，适当地借用相循环（phase-cycling）和（2D-HYSCORE）是为了清除不需要的回波[99,100]。测得的结果如下：各碱金属核的 Larmor 频率分别为 2.16 MHz(^6Li)、5.72 MHz(^7Li)、3.89 MHz(^{23}Na)；各向同性超精细分裂系数分别为 $A_{iso}(^7Li)=(0.5\pm0.1)$ MHz、$A_{iso}(^6Li)=(0.2\pm0.05)$ MHz、$A_{iso}(^{23}Na)=(1.0\pm0.1)$ MHz。g_z 和 A_z 张量与主轴的夹角 β 三者都是（60 ± 20）°。如果未偶电子在 ^7Li 的 2s 轨道上出现的概率密度为 100%，则 $A_{iso}=364.9$ MHz。不难算出该玻璃色心的未偶电子在 ^7Li 的 2s 轨道上出现的概率密度为：0.5／364.9 = 0.13%。同理，该玻璃色心的未偶电子在 ^{23}Na 的 3s 轨道上出现的概率密度为：1.0／927.1 = 0.11%（以未偶电子在 ^{23}Na 的 3s 轨道上出现的概率密度为 100%，则 $A_{iso}=927.1$ MHz）。

作者[95] 曾采用三脉冲的 ESEEM 谱，但未能得到分辨如此好的谱图。四脉冲 2D-HYSCORE 谱是 ESEEM 谱的发展。

电子磁共振（EMR）在固体催化剂研究中的应用，经过 40 多年的努力有了很大的发展。其发展的思路，主要是借助磁性核的超精细互作用来提供更多、更丰富的信息。利用 ENDOR 研究固体催化剂的论文报道在近十年来增长很快。然而，美中不足的是 CW-ENDOR 的能量还是不够，于是在固体催化剂的研究中，正朝着 Pulse-ENDOR 的方向发展。脉冲技术和 Fourier 变换的引入，电子自旋回波（ESE）由二脉冲发展到三脉冲、四脉冲二维相关谱，显示出 ESEEM 谱在固体催化剂研究中的巨大潜力。遗憾的是，尽管我国在 EMR 应用于固体催化剂的研究起步很早（与日本差不多），但至今仍停留在 CW-EMR 的技术上，我国虽有 CW-ENDOR 谱仪，但发表论文很少，更没有一篇报道是用于固体催化剂研究的。至今我国还没有一台 Pulse-EMR 谱仪。希望在不久的将来，我们也能有自己的 Pulse-EMR 谱仪在国内开展 ESEEM 应用于固体催化剂的研究。

参 考 文 献

[1] O'Reilly D E. *Advances in Catalysis XII*. New York：Academic Press Inc. 1960：31–116.

[2] Rooney J J, Pink R C. *Proc. Chem. Soc.* 1961, 70.

[3] Kazansky V B, et al. *Discuss Faraday Society*. 1961, **31**：203.

[4] Matsunaga Y. *Bull. Chem. Soc. Japan*. 1961, **34**：1291.

[5] 李文钊，徐元植，萧光琰. *燃料化学学报*. 1965, **6**(3)：202.

［6］ Che M, Giamello E. In Fierro J L. Ed. , *Spectroscopic Characterization of Heterogeneous Catalysts.* Amsterdam：Elsevier Press Inc. 1993, **57b**：265B.

［7］ (a) Bonneviot L, Olivier D, Che M. *J. Mol. Catal.* 1983, **21**：415； (b) Bonneviot L. *Thesis.* Universite P. Et M Curie. Paris：1983.

［8］ Louis C, Che M. *J. Phys. Chem.* 1987, **91**：2875.

［9］ Che M, Giamello E. Physical Techniques for Solid Materials. // Imelik B, Vedrine J C. *Catalyst Characterization.* New York：Plenum Press, 1994：131 – 179.

［10］ Lunsford J H, Vansnt E F. *J. Chem. Soc. Faraday Trans.* 2. 1973, **69**：1028.

［11］ Che M, McAteer J C, Tench A J. *J. Chem. Soc. Faraday Trans.* 1. 1978, **74**：2378.

［12］ Dyrek K, Labanowska M. *J. Chem. Soc. Faraday Trans.* 1. 1991, **87**：1003.

［13］ Mizuno Jiro. *Toyota Chuo Kenkyusho R & D Rebyu.* 1991, **26** (3)：15.

［14］ Louis C, Che M, Sojka Z. *1st ESR Appl. Org. Biorg. Mater. Proc. Eur. Meet.* 1992, 189.

［15］ Mabbs F E. *Chem. Soc. Rev.* 1993, **22** (5)：313 – 324.

［16］ Dyrek K, Che M. *Chem. Rev.* 1997, **97** (1)：305 – 331.

［17］ Yahiro H, Shiotani M. *Shokubai.* 1999, **41**(7)：531 – 536.

［18］ Giamello E, Murphy D, Magnacca G, et al. *J. Catal.* 1992, **136**：510.

［19］ Anpo M, Matsuoka M, Shioya Y, et al. *J. Phys. Chem.* 1994, **98**：5744.

［20］ Sojka Z, Che M, Giamello E. *J. Phys. Chem.* 1997, **101**：4831.

［21］ Iwamoto M, Yahiro H. *Catal. Today.* 1994, **22**：5.

［22］ Iwamoto M, Yahiro H, Mizuno N, et al. *J. Phys. Chem.* 1992, **96**：9360.

［23］ Lunina E V. *Appl. Spectr.* 1996, **50**(11)：1413.

［24］ Hong S B, Kim S J, Choi Y S, et al. *Stud. Surf. Sci. Catal.* 1997, **105A**：779.

［25］ Hubner G, Roduner E. *Magn. Reson. Chem.* 1999, **37** (Spec. Issue) S23 – S26.

［26］ Lin Kuen-Song, Wang H P. *Langmuir.* 2000, **16**(6)：2627 – 2631.

［27］ Deshpande S, srinivas D, Ratnasamy P. *J. Catal.* 1999, **188**(2)：261 – 269.

［28］ Du H, Roduner E, Fan W, et al. *12th Proc. Int. Zeolite Conf.* 1999, **2**：863 – 868.

［29］ Du H, Klemt R, Schell F, et al. *12th Proc. Int. Zeolite Conf.* 1999, **4**：2665 – 2672.

［30］ Khulbe K C, Mann R S. *React. Kinet. Catal. Lett.* 1998, **65**(1)：87 – 91.

［31］ Wang L, Zhang J. *Shiyou Huagong.* 1998, **27**(10)：713 – 715.

［32］ Chen F R, Fripiat J J. *9th Proc. Int. Zeolite Conf.* 1993, **4**：603 – 610.

［33］ Witzel F, Karge H G, Gutaze A. *9th Proc. Int. Zeolite Conf.* 1993, **2**：283 – 292.

［34］ Strugaru D, Trit E, Christea V, et al. *Radiat. Phys. Chem.* 1995, **21**(7)：510.

［35］ Lindgren M, Lund A. *Stud. Surf. Sci. Catal.* 1995, **94**：673.

［36］ Rhodes C J, Hinds C S. *Mol. Eng.* 1994, **4**(1 – 3)：119 – 145.

［37］ Kucherov A V, Hubbard C P, Shelef M. *Catal. Lett.* 1995, **33** (1, 2)：91 – 103.

［38］ Carl P J, Larsen S C. *J. Catal.* 1999, **182**：208 – 218.

［39］ Anderson M W, Kevan L. *J. Phys. Chem.* 1987, **91**：4174.

［40］ Larsen S C, Aylor A, Bell A T, Reimer J A. *J. Phys. Chem.* 1994, **98**：11533.

［41］ Kucherov A V, Slinkin A A. *J. Phys. Chem.* 1989, **93**：864.

［42］ 王立, 徐元植. *化学学报.* 1989, **47**：1187 – 1190.

［43］ Iwamoto M, Hamada H. *Catal. Today.* 1991, **10**：57.

［44］ Hall W K, Valyon J. *Catal. Lett.* 1992, **15**：311.

[45] Sepulveda-Escrivano A, Marquez-Alvarez C, Rodriguez-Ramos I, et al. *Catal. Today*. 1993, **17**: 167.

[46] Burch R, Millington P J. *Appl. Catal*. 1993, **B2**: 101.

[47] Kucherov A V, Gerlock J L, Jen Hung-Wen, Shelef M. *J. Catal*. 1995, **152**: 63 – 69.

[48] Kucherov A V, Gerlock J L, Jen H-W, Shelef M J. *J. Phys. Chem*. 1994, **98**: 4892.

[49] Kucherov A V, Slinkin A A, Kondrat'ev D A, et al. *J. Mol. Catal*. 1986, **35**: 97.

[50] Slinkin A A, Kucherov A V, Kharson M S, et al. *J. Mol. Catal*. 1989, **53**: 293.

[51] 高大维, 沈建平, 杨胥微, 裘式纶. 催化学报. 1992, **13** (4): 274.

[52] Bond G C, Tahir S F. *Appl. Catal*. 1991, **47**: 91.

[53] Busen G, Tarchetti L, Centi G, Trifiro F. *J. Chem. Soc. Faraday Trans*. 1988, **81** (1): 1003.

[54] Boseh H, Janssen F. *Catal. Today*. 1988, **2**: 369.

[55] Davidson A, Morin B, Che M. *Colloid & Surf*. 1993, **A72**: 245.

[56] 龚 华, 蒋致诚, 褚衍来, 李树本. 催化学报. 1997, **18** (5): 378.

[57] 刘加庚, 马福泰, 徐元植. 高等学校化学学报. 1990, **11** (6): 628.

[58] 刘加庚, 楼 辉, 徐端钧, 马福泰, 徐元植. 催化学报. 2000, **21** (1): 35.

[59] Eaton G R, Eaton S S. *Handb. Electron Spin Reson*. 1999, **2**: 327-343 .

[60] Xu Y Z, Furusawa M, Ikeya M, Kera Y, Kuwata K. *Chem. Lett*. 1991, 293 – 296; 徐元植, 古泽昌宏, 池谷元伺, 桑田敬治. 催化学报. 1991, **12** (2): 151 – 155.

[61] Ebert B, Hanke T, Klimes N. *Studia Biophysica*. 1984, **103**: 161.

[62] Sukhoroslov A A, Samoilova R I, Milov A D. *Appl. Magn. Reson*. 1991, **2**: 577.

[63] Ulbricht K, Herrling T, Ewert U, Ebert B. *Colloids & Surfaces*. 1984, **11**: 19.

[64] Eaton G R, Eaton S S, Ohno K. *EDS*. Boca Raton: CRC Press, 1991: Chap. 22.

[65] Yakimchenko O E, Degtyarev E N, Parmon V N, Lebedev Ya S. *J. Phys. Chem*. 1995, **99**: 2038 ( ) .

[66] 何光龙, 付乐虞, 徐广智. 波谱学杂志. 1996, **13** (4): 383 – 387.

[67] Kevan L, Kispert L D. *Electron Spin Double Resonance Spectroscopy*. New York: John Wiley, 1976.

[68] Rooney J J, Pink R C. *Proc. Chem. Soc*. **1961**: 70.

[69] Dollish F R, Hall W K. *J. Phys. Chem*. 1967, **71**: 1005.

[70] Hall W K, Dollish F R. *J. Colloid Interface Sci*. 1968, **26**: 261.

[71] Garret B R T, Leith I R, Rooney J J. *Chem. Commun*. 1969: 222.

[72] Muha G M. *J. Phys. Chem*. 1967, **71**: 633.

[73] Muha G M. *J. Chem. Phys*. 1977, **67**: 4840.

[74] Muha G M. *J. Catal*. 1979, **58**: 470.

[75] Clarkson R B. *Magn. Reson. Colloid Interface Sci*. , 1980: 425.

[76] Flockhart B D, Sesay I M, Pink R C. *J. Chem. Soc. Faraday Trans*. 1983, **79**: 1009.

[77] Wozniewski T, Fedorynska E, Malinowski S. *J. Colloid Interface Sci*. 1982, **87**: 1.

[78] Rothenberger K S, Crockham H C, Belford R L, Clarkson R B. *J. Catal*. 1989, **115**: 430 – 440.

[79] Martini G. *Colloids & Surfaces*. 1990, **45**: 83.

[80] Fierro J L G. *IR Spectroscopy, Studies in Surf. Sci. & Catal*. 57(B) . , Amsterdam: Elsevier, 1990: B67 – 138.

[81] Lunina E V. *Catalysis. Thorough & Applied Researchers*. Moscow: Moscow State University, 1987: 262.

[82] Chen F R, Sheng B, Zhang W, Guo X. *J. Chem. Soc. Faraday Trans*. 1992, **88**: 887.

[83] Samoilova R I, Astashkin A V, Dikanov S A, et al. *Colloids & Surfaces*. 1993, A, **72**: 29 – 35.

[84] Felix C C, Sealy R C. *J. Am. Chem. Soc*. 1982, **104**: 1555.

[85] Erickson R, Lindgren M, Lund A, et al. *Colloid & Surface*. 1993, A, **72**, 207 – 216.

［86］Snetsinger P A, Cornelius J B, Clarkson R B, et al. *J. Phys. Chem.* 1988, **92**, 3696 – 3698.

［87］Dikanov S A, Astashkin A V, Tsvetkov Y D. *Phys. Lett.* 1988, **26**, 251.

［88］Iwasaki M, Toriyama K, Nunome K. *J. Chem. Soc. Chem. Commun.* 1983, 320.

［89］Komatus T, Lund A. *J. Phys. Chem.* 1972, **76**: 1721, 1727.

［90］Yu J S, Ryoo J W, Kim S J, Hong S B, Kevan L. *J. Phys. Chem.* 1996, **100** (30): 12624 – 12630.

［91］Prakash A M, Wasowicz T, Kevan L. *J. Phys. Chem.* 1996, **100**(39): 15947 – 15953.

［92］Wasowicz T, Kim S J, Hong S B, Kevan L. *J. Phys. Chem.* 1996, **100**(39): 15954 – 15960.

［93］Djieugoue M A, Prakash A M, Kevan L. *J. Phys. Chem.* 1999, B, **103**(5): 804.

［94］Choo H S, Prakash A M, Park S K, Kevan L. *J. Phys. Chem.* 1999, B, **103**(30): 6193 – 6199.

［95］Astrakas L, Kordas G. *J. Chem. Phys.* 1999, **110** (14): 6871 – 6875.

［96］Dikanov S A, Smoilova R I, Smieja J A, Bowman M K. *J. Am. Chem.* Soc. 1995, **117**: 10579.

［97］Kofman V, Shane J J, Dikanov S A, et al. *J. Am. Chem. Soc.* 1995, **117**: 12771.

［98］Deligiannakis Y, Rutherford A W. *J. Am. Chem. Soc.* 1997, **119**: 4471.

［99］Fauth J M, Schweiger A, Braunschwiler L, Forrer J, Ernst R. *J. Magn. Reson.* 1986, **66**: 64.

［100］Gemperle G, Aebli G, Schweiger A, Ernst R. *J. Magn. Reson.* 1990, **88**: 241.

更进一步的参考读物

1. 小山俊树，白井汪芳，"触媒"，大矢博昭，山内 淳., *素材のESR 評価法*. 東京：ァィピーシー，1992, 126 – 141.

2. 徐元植，刘嘉庚. 顺磁共振方法. 辛勤主编，*固体催化剂研究方法（下册）*. 北京：化学工业出版社，2002：465 – 496.

第 16 章　电子磁共振在医学和生物学中的应用①

电子磁共振 1945 年被发现，几年之后就应用于生物体系了。起初只是用于模型物，后来逐渐拓展到越来越复杂的生物体系，而现在已经能够应用在完整的功能体系上，包括完整的动物，乃至人的肢体。因为最有兴趣的和最重要、最流行的是在活体上直接使用。本章中，我们将集中介绍电子磁共振在活体研究中的初步应用。我们也会提供 EMR 在模型物和生物体系中应用的简单描述。

16.1　EMR 在生物体系中应用的概述

16.1.1　在生物体系中产生的顺磁物种

在大多数生物物质中，自然产生未偶电子的物种为数甚少。主要是原生的自由基和某些具有奇数电子价态的金属离子。自由基往往十分活泼且寿命短，因此需要采用特殊技术去检测和表征它们。自然界存在某些稳定的自由基，最著名的就是黑色素和抗坏血酸自由基。正因为自然界原生的自由基为数甚少，引入外原性自由基，尤其是氮氧自由基（它能够成为环境的记录者）就变得非常有用和切实可行了。

16.1.1.1　自由基

1）生物过程的中间产物

许多生物化学过程，特别是包含氧化还原反应或者氧利用的过程，有自由基作为中间物或产物产生。抗坏血酸在抗氧化损伤的防御体系中起着关键作用。抗坏血酸自由基在生物样品 [如血浆[1,2]、关节滑液（synovial fluid）[3] 和皮肤[4,5]] 中，在低稳定态能级上，能够用 EMR 自然地检测到。抗坏血酸自由基，可作为在许多生物体系中研究自由基氧化过程 [包括老鼠的皮肤[4~6]、肝细胞[7]（hep-

---

① 本章特邀美国 Dartmouth 医学院活体电子磁共振研究中心主任、放射医学和生理学教授、国际电子磁共振学会的首任主席 H Swartz 博士组织 Huagang Hou 和 Nadeem Khan 两位博士共同撰写。编著者只是将其翻译成中文，限于编著者并非生物医学专业，翻译不当之处在所难免，拟将原文选择适当杂志发表，以供参阅对照。

本工作得到美国"国家卫生研究所"（NIH）和"国家生物医学成像和生物工程学会"（NIBIB）的基金资助。基金号：PO1 EB002180 "Measurement of pO_2 in Tissues *in Vivo* and *in Vitro*" 和 P41 EB002032 "EPR Center for the Study of Viable Systems"。

atocyte）和心脏局部缺血再灌注（ischemia reperfusion of heart）[8~10]等］氧化通量的标记物。人类的血清和老鼠的血浆被百草枯（paraquat）、杀草快（diquat）以及已知的超氧化物发生剂侵入后，抗坏血酸自由基的含量就会增加[11]。在动物试验中，脓毒病（sepsis）也曾表现出 Asc⁻ 自由基的增加，这就表明在脓毒病中包含氧化的负荷[12]。Sasaki 等曾研究过用人类血浆中 Asc⁻ 自由基信号的强弱，结合 AscH⁻ 和 DHA 的测量，作为人类健康问题［即从细胞老化到异型生物质（xenobiotic）代谢变异（metabolism）的氧化负荷］的指标[13,14]。这些研究验证了：抗坏血酸自由基的含量在生物体系中可用来监控活体中自由基的氧化，特别是当产生的自由基浓度还很低的时候，或用其他方法检测不灵敏的情况下尤为重要。

2）与药物和（或）辐射有关的自由基

某些药物在代谢过程中变异产生自由基，尤其是在适当的实验条件下，达到足以被 EMR 检测到的浓度，重要的例子包括药物代谢的中间体如氯丙嗪（chlorpromazine）、亚得里亚霉素（adriamycin）及细胞毒素药物（doxorubincin）[15~17]。活体 EMR 的应用并不仅限于药物的代谢变异，还可用于对药物互作用的监控。Mader 等[18]在治疗学相关的条件下，在裸露老鼠的皮肤中，观测到了蒽素啉（anthralin）衍生自由基的生成。他们指出抗氧化剂（如维生素 E）和自旋捕捉剂 PBN 在活体中能够将这种自由基降低约 40%（可被观测到的）。

EMR 有可能用来表征毒物在活体中和在死体（vitro）中非侵入式、连续式的传输过程。γ 射线辐照常常被用来消毒那些生物能够分解的毒物传输体系，因为这些毒物传输体系不能用热或蒸汽消毒。γ 射线辐照诱发的自由基在适当的（高结晶性和高熔点的）"晶格"（matrice）中是十分稳定的。这些辐照诱发的自由基已经被用来表征并被植入到毒物传输体系中[19~21]。

辐照诱发的稳定自由基也可以应用到计量学和年代测定学上。被研究的体系必须是固态的，因为自由基在流体中会急剧衰减。EMR 已经有效地用于：①药物和食品辐照杀菌的质量控制[22,23]；②辐射治疗的剂量控制；③辐射意外事故的剂量测定[24]。某些计量学体系需要添加物质，如结晶的丙氨酸[25]。此外，材料本身就能被用作放射剂量测定剂。在高聚物或药物中辐射诱发的 EMR 信号，在无水的情况下，可以保持稳定几个月或更长的时间。

辐射事故发生之后，辐射诱发的 EMR 信号用来测量人类受到辐射的剂量已成为一个非常重要的研究领域，这将在 16.4 节 "受到辐射损伤的评估" 中进行广泛深入的讨论。这种类型的计量学用来检测生物组织结构（如牙齿、骨头和指甲等）受到自然辐照产生的自由基。

3）稳定自由基

黑色素（melanin）是由一种儿茶酚氧化衍生出的色素（pigment），经过自然的和人工的聚合而形成的独特的基团。因为这些色素独特地含有一种稳定布居的有机自由基，EMR 波谱是研究它们特别有效的方法[26,27]。黑色素既能与超氧化物反应（超氧化物是 H_2O_2 的前身），也能与 H_2O_2 自身反应[28,29]。因为色素也是经氧化–还原反应得到的活泼金属离子（如 Fe^{3+} 和 Cu^{2+}）的螯合物，黑色素能够调节 $\dot{O}H$ 的生成，并且（或者）限制它们进一步变成色素。个别研究表明黑色素能够阻抑过氧化反应。据推测黑色素是直接与烷氧自由基（$RO\dot{}$）和过氧自由基（$ROO\dot{}$）反应[30,31]。黑色素与活性氮化物（RNS）相互作用生成氮氧自由基（$\dot{}NO$）和（$\dot{}NO_2$）也是有文献可查的。Reszka 等[32]用 EMR 研究了 DOPA 黑色素（DM）与乳酸过氧化酶（lactoperoxidase，LPO）、H_2O_2、NO_2^- 的反应。他们的结果指出：黑色素具有作为 $\dot{}NO$ 天然清除剂的潜在功能，这可能与这种色素在活体中所起的生物作用有关。

16.1.1.2　顺磁性的金属离子

尽管在活体中有许多顺磁性的金属离子，但只有少数在功能性生物体系中、在测量所需的条件下，才能得到可解析的 EMR 波谱。大多数金属离子在 37 ℃ 都是一条难以观测到的宽线，但有趣的是铬（Cr）和锰（Mn）却是例外，这种例外具有潜在的重要意义。当这些元素具有顺磁态并能够在活体中被 EMR 检测到时，就有可能得到用其他技术不容易观测到的信息，因为 EMR 能够对元素特有的氧化价态做出应答。相关的发现简述如下：

Liu 等[33]用具有圆柱形 loop-gap 谐振腔的 1.2 GHz（L 波段）EMR 谱仪，直接从小鼠活体上检测到 Cr(V)离子，如图 16-1 所示。静脉注射 Cr(Ⅵ)到老鼠体内，产生的 Cr(V)离子，主要存在于肝脏与少量的血液中[34]。其结果表明：Cr(V) 是以 Cr(V)‑NAD(P)H［烟酰胺腺嘌呤二核苷酸辅酶磷酸 Cr(V)盐，nicotinamide adenine dinucleotide phosphate］配合物的形式存在于活动物的全身的，而 NAD(P)H/黄柚酶（flavoenzyme）则是把 Cr(Ⅵ)还原为 Cr(V)的主要单电子还原剂。再者，皮肤可能是 Cr 进入职业患者体内并使其致癌的主要途径[35]。Liu 等[36]用具有表面线圈谐振腔 1.1 GHz 的 EMR 谱仪，研究了铬酸盐在活的大鼠皮肤上的还原过程。局部涂敷 Cr(V) 产生短寿命的 Cr(Ⅵ)。这些发现表明：活体 EMR 技术在研究大、小动物乃至人类的皮肤上（内）发生的化学的和生物化学的反应导致的顺磁性反应物种的代谢变异时，具有重要的潜在价值。Sakurai 等[37]用 EMR 对活体血浆循环监控的方法，研究了 Cr 在动物体内实时的行为。当 $K_2Cr_2O_7$ 或 $Na_2Cr_2O_7$ 的食盐水溶液通过静脉注射到大鼠体内时，在大鼠的血液中检测到 Cr(V)给出的两个 EMR 信号。这两个信号被分别确认为 $CrO(O_4)$ 和 $CrO(S_2O_2)$ 两种配位模型。通过信号强度的变化，用药物动力学（pharmaco-kinetic）的分析和曲线拟合方法确定其动力学参数，发现有别于在死体（*in vitro*）中的研究结果。这就非常类似于在循环血浆中生成的 Cr(V) 物种，分布到几个器官中，它们中的某些被融合进去或者被排泄出去。关于 Cr(V) 物种在器官中的分布的研究是很重要的，这将更加便于切断它的毒效。本研究采用的是 X 波段（9.2 GHz）EMR 谱仪，它比低频的 EMR 谱仪灵敏度高，但只能用于血液循环系统。另外，这种优点也只能是在没有来自其他器官信号干扰的血液循环体系中才能得以体现。

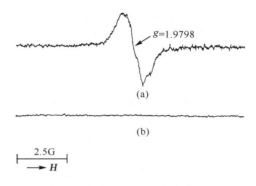

图 16-1　直接从小鼠活体上检测到的 Cr(V) 的 EMR 图

过渡金属，包括 Cr(VI)，也已经显示出诱导脂质过氧化作用[38~40]。Yonaha 等[40]证明：三价和六价的 Cr 在低浓度时对大鼠肝脏微粒体的脂质过氧化有抑制作用，而高浓度的六价 Cr 则有正的氧化作用。注入 Cr(VI) 24~48 h 之后，小鼠肝脏的脂质过氧化显著增强[41]。近年来，Kadiiska 等[42]研究了在 Cr(VI) 中毒大鼠的胆汁中自由基的生成。结果表明：Cr(VI) 急性中毒与活体中 F2-isoprostanes 的增生有关，并且初步确认自由基物种是 α-4-吡啶基-1-氧化物 N-叔丁基硝酮-戊烷基自由基加合物 [(alpha- 4-pyridyl-1-oxide *N*-tert-butylnitrone)-pentyl radical adduct，POBN]。

16.1.2　稳定自由基尤其是氮氧自由基在生物体系研究中的用途

16.1.2.1　氮氧化合物的结构——化学的多功能性

由于 EMR 对顺磁分子（具有未偶电子的分子）的敏感性和选择性，活体 EMR 对"示踪"实验的推广有着重要意义。在某些情况下，这些"示踪者"也能报告局部环境的条件，如 pH 和 pO_2 等，所以，这种方法的潜在价值正在不断地扩大。

在 N—O 键上具有稳定的未偶电子的氮氧化物分子，已经在生物物理研究中得到广泛应用。它们可作为自旋标记并具有化学多功能性，已经合成出大量不同的氮氧化物（图 16-2）。正当活体 EMR 发展起来之时，用 EMR 对氮氧化物进行非侵入式药物代谢动力学的研究，为了解在活体中氮氧化物的代谢作用和分布情况的基本概貌，提供了一种有效的方法。

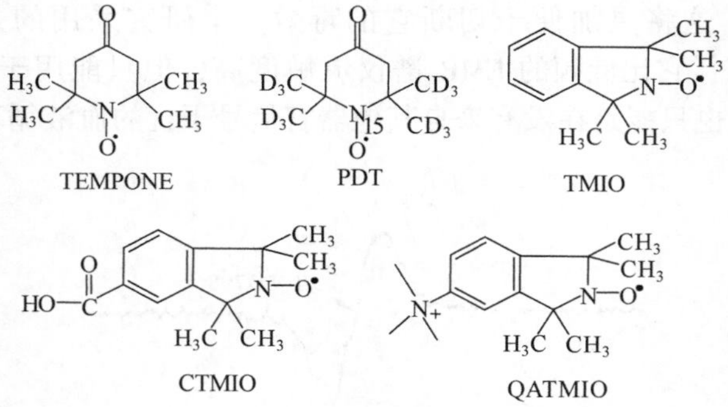

图 16-2　一些氮氧化物的结构

16.1.2.2　死体和活体中氧化还原态的测量

EMR 的应用势头是与氮氧化物密切相关的，包括生物物理和生物化学的研究，如氧气计量、膜流动性的分析和极性、自由基的检测以及对抗氧化剂和氧化剂的氧化还原互作用的测量。发现氮氧化物的还原依赖于氧的浓度，这就为用来测量与氧化还原代谢作用有关的氧浓度提供了可能性。氮氧化物能够作为电子的受主，生成羟胺，也可以作为电子的施主，给出含氧铵阳离子。在更加复杂的互作用下，氮氧化物可与其他自由基反应，生成自由基加合物，或在强酸的条件下进行歧化反应，生成羟胺和含氧的铵盐。当氧的浓度相对较低时（氧的表观 K_m 趋近于 1 $\mu mol \cdot L^{-1}$）[43]，氮氧化物的还原反应速率随氧的浓度的变化而变化。对氮氧化物的某些潜在用途已经做过总结[44]。

为了了解在人类皮肤上氮氧化物还原的复杂机理，Fuchs 等[45]研究了能渗透皮肤的氮氧化物 Tempo（2,2,5,5-tetramethyl-4-piperidine-1-oxyl）在溶液中、在抗氧化剂和起反作用的氧化剂存在下的反应。Tempo 在皮肤表面是容易被还原的。用丁基过氧化氢对人工培养的皮肤进行预处理，减少了细胞内的抗坏血酸盐和谷胱甘肽，也降低了还原反应的速率。从这些结果得出：Tempo 在皮肤和皮肤细胞的主要还原位置上进行细胞液（cytosol）抗坏血酸盐/谷胱甘肽的氧化还原循环。

用氮氧化物测量氧浓度有很大的潜力，因为在重要的病理学中，如在经历局部缺血的组织和肿瘤中，氮氧化物都是与低浓度氧相关的。已经发现：在 pO_2 中的肿瘤有很大的变异性，而组织缺氧的部位可能是治疗的关键[46~52]。氧对 5-doxyl硬脂酸盐（5-doxylstearate）还原速率的影响，就是用 5-doxylstearate 代谢作用的微分速率，来获得死体的 H 与氧相关的 EMR 波谱[53]。依赖于氧的氮氧化物的代谢作用，能够与 NMR 一起提供反映这些过程的图像[54]。利用氮氧化物的不同溶解度也能开发出一种与 NMR 对照的方法[43]。

活体中氮氧化物的 EMR 波谱，还提供了一种非侵入式的方法：用活性氧自由基对氮氧化物浓度的影响去测量它们的存在[55~59]。这可能是对氮氧化物进行直接的化学攻击，也可能是把氮氧化物还原为羟胺。只有后者才能得出用温和的氧化剂（如铁氰化物）进行可逆反应的结果。Miura 等[60]用活体 EMR 考察了 X 射线辐照对氮氧化物浓度有可观测的影响。在小鼠的腹部辐照 1 h 后观测到，辐射所引起的对 carbamoyl-proxyl 的衰减速率呈两段式的剂量依存关系。在剂量 ≤ 15 Gy 时，衰减速率随着剂量增加而增加，大于这个剂量反而降低了。这种方法在 Valgimigli 等[61]进行的肝炎发病过程的病理学模型研究中起到重要作用。发现在不同的病理学条件之间是有显著差别的。影响生物体系氧化状态的过程，如 X 射线辐照，也会影响活体中氮氧化物的寿命[62]。速率增加的详细机理还不清楚，但从氮氧化物的摄入或排出的变化机理可以得到启示。所以，必须谨慎对待从这些研究结果得出的解释。

16.1.2.3　氮氧化物在测量各种生物物理参数中的作用

1）生物物理参数

生物物理参数包括电荷、大分子运动、膜流动性、黏度和膜电势等。

许多年来，在模型体系中用氮氧化物对这些参数的 EMR 测定已经取得富有成效的结果。这些应用是根据氮氧化物对各种不同环境参数，包括氮氧化物自身运动产生 EMR 波谱的敏感程度[63]来进行的。这些应用，通常是根据运动对氮氧化物的超精细波谱的各向异性组分的影响，根据它们的物理 – 化学性质（溶解度，电荷以及特殊的反应基团如 SH）对谱线变化、谱线间的分裂以及（或者）氮氧化物的选择位置的影响来进行的。

在模型体系和细胞中，要想正确地直接得到氮氧化物的浓度、定位以及稳定性等，还需要研究开发。如果想把这种方法用于活体就更富有挑战性，因为在活体中存在诸多不同的微环境，以及代谢作用对氮氧化物的影响。尽管如此，这种方法在活体中还是有了某些应用，并且还将有潜在的更加广泛的用途。这些潜在的用途更具魅力，因为它所要测定的参数通常用其他技术测定是非常困难的。

在活体中进行生物物理参数测定的潜在可能性已被 Halpern 等[64]所证实。他们用低频活体 EMR（260 MHz），比较了鼠类的纤维肉瘤与小鼠腿部的正常组织的总水分（total aqueous compartment）的平均微黏度，如图 16-3 所示。黏度是用 Stokes-Einstein 模型测得的，该模型把溶质的旋转扩散常数与溶剂的黏度关联起来。结果指出，肿瘤组织比相应的正常组织的总水分（total aqueous compartment）的微黏度平均低 38% ± 7%。这些微黏度差异的影响可能是肿瘤与正常组织之间的某些生理学上差异的基础，它可能提供一种对肿瘤组织生长速率有利的因素。

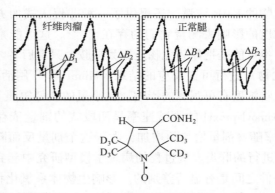

图 16-3　小鼠的纤维肉瘤与腿部正常组织水分的平均微黏度的比较

2）pH

pH 是许多生理学和病理生理学过程中的一个临界参数。通常测量 pH 的实验采用传统的电化学方法，即玻璃电极或与之相关的具有碳纤维或光纤微电极的传感器[65~68]。这些方法虽然简单且可靠，但是是侵入式的。近年来，已经发展出非侵入式的方法，如 NMR、吸收光谱、荧光光谱[69~72]，但它们的应用由于灵敏度低，或者对样品的透光度的要求而受到限制。

顺磁性的 pH 敏感的氮氧化物的开发，已经使得用 EMR 波谱来精确测定 pH 成为可能，而且，pH 的高灵敏度 EMR 测定方法已经实际应用了[73,74]。探测物的波谱面貌，特别是超精细耦合常数和 g 值，对氮氧化物的第 3 位置上氮原子的质子化是很敏感的。质子化和非质子化之间的比率，依赖于氮氧化物的化学结构、pH，在某种程度上还依赖于局部环境的一般物理化学性质[73,74]。对于咪唑衍生的氮氧化物，第 3 位氮原子的质子化会导致第 1 位氮原子自旋密度的降低，这已经在 EMR 波谱中被超精细耦合常数的降低和 g 因子的升高所证实。具有不同 pK_a 的自旋探针覆盖 pH 0~9 的宽范围。这种非破坏性的方法，可以在不透明的水和油的体系中进行测量而无需经过任何预处理[75]。

这种方法现在已经被用来作为非侵入式地估计活体动物的 pH[75]。用 1.1 GHz 的 EMR 测定了活体小鼠内脏的 pH，如图 16-4 所示[75]。这些实验表明：活体 EMR 是用来评价不同的处理方法调节生物溶媒酸度的有价值的工具。这种方法的优点包括非侵入式、连续测量以及实时应答。其他技术似乎也能提供非侵入式的 pH 测定，但是 1.1 GHz 的 EMR 波谱的方法是灵敏度最高的。Sotgiu 等[76]用频率降到 280 MHz 的 EMR 验证了 pH 对溶液中的氮氧化物的影响。Khramtsov 等[77]用纵向检测的 EMR（LODEPR）[78]和场循环动态核极化（FC-DNP）[79]的双共振技术，与 EMR 在频率低至 120 MHz 的质子 – 电子双共振成像（FC-PEDRI）[80,81]，对活的大鼠做过 pH 测量。低 pK 的 pH 敏感的自旋探针，通过插管到活的大鼠胃中，可以观测到由于人为原因导致的胃液 pH 的改变。在胃液中亲水性的探针比疏水性的探针产生的信号更强。

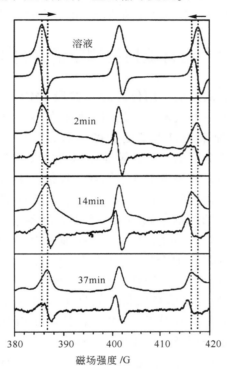

图 16-4　用 L 波段 EMR 测定小鼠内脏的 pH 的波谱

3）硫醇

在生物化学和生物学的应答排列中，硫醇起着关键作用[82]。光谱和色谱的方法已经用来定量测定巯基[82~84]，然而这些方法受到样品透光性的要求以及色谱法特别是高压液相色谱（HPLC）的操作手续繁琐、工时长的限制。另外，采用 NMR 技术测定巯基[85]，在许多应用场合缺乏足够的灵敏度。利用咪唑啉、双基、二硫化物、氮氧化物、R_1S-SR_1 等则克服了 EMR 方法[86,87]某些潜在的缺陷。当 EMR 波谱中存在硫醇 – 二硫化物交换时，这些氮氧化物表现出戏剧性的变化。这种方法能够测定浓度只有 $0.1 \sim 1\mu mol \cdot L^{-1}$ 的硫醇及其反应性，甚至是在有色的和具有高吸收性的样品中也能测定[86]。这种方法已被用来测定细胞内的谷胱甘肽[86~90]，包括在模型物体系[91,92]、隔离（单独）的器官[93]、动物和人类的血浆[94]以及对蛋白质巯基[95,96]可逆修饰等中的氧化压力研究。

从生理学角度看，这种方法的不利因素之一就是，在研究的情况下，由于硫醇的消耗引起体系不可逆的损伤[93]。Khramtsov 等[97]报道了一种新的咪唑啉双基二硫化物试剂，能够保持上述方法的优点，但与硫醇反应的速率很慢。这使得它有可能用作在生理学的 pH 条件下测定硫醇的动力学方法，这种方法可以在功能性的生物体系中对硫醇进行非侵入式的测定，即适合在活体中使用。

16.2　用自旋捕捉测定活性自由基

随着自旋捕捉方法的发展，用传统的 X 波段 EMR 谱仪检测短寿命自由基成为可能。自旋捕捉是一种技术，它是用一种能与活性自由基反应的硝酮或亚硝基化合物，生成比原来的自由基更加稳定的氮氧化物[98~101]。最终的 EMR 波谱通常展示出超精细分裂的、具有被捕捉到的自由基特征的图纹。然而，在从事自旋捕捉的研究时，需要考虑许多因素，包括：①原始和次级自由基生成的速率；②自旋捕捉剂捕捉各种自由基的速率；③生成的自旋加合物分解的速率。使用最普遍的自旋捕捉剂是硝酮类化合物，如苯基-*N*-叔丁基硝酮（phenyl-*N*-tert-butylnitrone，PBN）和 5，5-二甲基-1-吡咯啉-*N*-氧化物[102~104]（5，5-dimethyl-1-pyrroline-*N*-oxide，DMPO）。近年来，一种新的自旋捕捉剂——5-二乙氧基磷-磷酰-5-甲基-1-吡咯啉-*N*-氧化物（5-diethoxyphos-phoryl-5-methyl-1-pyrroline-*N*-oxide，DEPMPO）显示对检测超氧化物自由基有改进作用[105~108]。现在有几个实验室已经在积极从事开发稳定性与 DEPMPO 相似的自旋捕捉剂[109~111]的研究。这是一项极其重要的开发研究，因为如今在活的生物体系中进行自旋捕捉的许多研究，都对灵敏度有一定的要求，而过去已有的自旋捕捉剂还不能满足这一要求。为了使灵敏度进一步提高，还可以用同位素取代氢和氮。氘的磁矩几乎只有氢的 1/7，但是它的超精细分裂谱线的数目比氢多，总的线宽减小了 4 倍，线幅还是增强了。用 ^{15}N 取代 ^{14}N，超精细分裂谱线数目从 3 条变为 2 条，灵敏度提高 1.5 倍。迄今为止，已经有许多有同位素标记的自旋捕捉剂被合成出来[112]。

在功能生物体系中测定自旋加合物产生自由基的时间和位置，是一项既困难又艰巨的任务。除灵敏度本身之外，主要还有自旋加合物在这种体系中的稳定性问题。Samuni 等[113]清楚地阐明了 DMPO 的自旋加合物在细胞中是很不稳定的。新的自旋捕捉剂（如 DEPMPO），已经在很大程度上克服了这些局限性。除了对自旋捕捉剂和自旋加合物的稳定性要有所了解外，还应该比较熟悉它们的生物学的相互作用[114, 115]。

把自旋捕捉技术拓展到在活体中原位检测，开发具有足够高的灵敏度的低频 EMR（≤1 GHz）谱仪已成为可能[106,107,116~121]。这对于了解自由基在生物学和医学中所起的生理学的和（或）病理学的作用，有着潜在的重要贡献。必须指出：自旋捕捉剂在活体中的稳定性不是一个限制因素，但是生成的自由基加合物的稳定性，在活体原位检测自由基加合物时，起着至关重要的作用。自旋捕捉技术联合高压液相色谱（HPLC）或色质联用（GC/MS）方法与电化学检测，用自旋加合物及其还原形式的检测，能够增强对活体外的研究[122, 123]。相关的技术，如 NMR 自旋捕捉、用二硫代氨基甲酸酯的 EMR 对 NO 的检测以及 MRI 自旋捕捉，Berliner 等[101]已有综述评论。这些方法为定量提供了某些便利，但在特异性和（或）灵敏度方面也会受到某些制约。

16.2.1　活性氧物种

许多病理学条件已经被假定与活性氧物种（ROS）相关[124,125]。虽然与所有这些过程 ROS 相关的数据有时候有争议，但是 ROS 与许多病理学的和生理学的过程相关是没有疑问的。而以前的研究曾经集中在机理方面，即 ROS 引起病变的原理和直接原因，近来这已经变得很清晰了，许多影响通过细胞发出的信息被调和解决了。这就进一步提高了这些方法在测定反应物种时的灵敏度和定量能力。

ROS 的直接生物化学效应是损害细胞，包括脂质过氧化、蛋白质的氧化修饰以及 DNA 改变。活性氧物种如超氧化物和羟自由基，在推动信号变换中也起着很重要的作用[126~136]。虽然，从 EMR 波谱学原理上能够直接鉴别出自由基物种，认为与氧化损害相关的是超氧自由基和羟自由基，但是，由于这些物种在水溶液中的半衰期很短，通常只有那些半衰期比较长的自由基物种才能被直接检测出来。

常常把缺血后再灌注损伤归因于自由基，特别是氧反应代谢物，然而大多数证据证明是自由基残留物的间接作用。在再灌注器官中，ROS 的产生有几种机理，包括黄嘌呤氧化酶（XOD）、线粒体和微粒体的电子传输体系以及环氧化酶（cyclooxygenase）[137~139]。用体外技术在活体内缺血时产生自由基的某些数据已经发表出来了。在 Rao 等[140]和 Arroyo 等[141]两个不太确定的报道之后，Bolli 等[142]毫不含糊地对此进行了验证。他将自旋捕捉剂 PBN 注入到健康的狗体内，使它遭受心肌梗死，然后再灌注产生自由基，在血液中检测到了氧和碳集中的自由基。用同样的方法，Pincemail 等[143]验证了在健康兔子的肾遭到缺血之后再灌注，在活体中产生了自由基。已经证明，某些损伤发生在组织缺血再灌注的时候[144]。Togashi 等[145]用 X 波段 EMR 证明了隔离的被灌注的大鼠的肝脏遭受到球形缺血再灌注之后产生 ROS。Janzen 等[146]结合 EMR 和色质联用（GC/MS）的方法使从死体和活体体系中捕捉到的自由基的鉴定技术得到改善。由于加合物在生物体系中很快被还原而不能被 EMR 检测到，而 GC/MS 要求组织样品提纯和均质化，这两种方法的结合有助于鉴别加合物。

氧化反应是脑外伤之后次级神经元和脑血管损伤的重要机理[147~151]。氧化损伤是造成对 CNS 组织各种损伤的证据，已经通过多种技术证明。例如，脂质过氧化的证据，已经在分解聚不饱和脂肪酸（polyunsaturated fatty acid）和硫代巴比土酸（thiobarbituric acid）过氧化反应的产物中得到[152,153]。超氧化物自由基已经通过硝基蓝四唑（nitroblue tetrazolium）离子还原为其不溶性蓝的形式[154,155]得到。活体外（ex vivo）技术已经证明了在脑、脾脏、肝脏以及肺脏受到损伤之后自由基的自旋捕捉[156]。另外，羟自由基也已经在大鼠的脑闭合模型（brain occlusion model）中用 POBN 自旋捕捉剂捕捉到了[157]。Capani 等[158]用 X 波段 EMR 和 PBN 自旋捕捉剂研究了新生的大鼠的新纹状体（neostriatum）遭受急性围产期窒息（perinatal asphyxia，PA），再吸氧的不同时期 ROS 的释放。ROS 的有意义释放是在围产期窒息 20 min，再吸氧 5 min 之后被检测到的。在缺血再灌注时，直接在活体中检测 ROS，将有助于加深对由于损伤产生 ROS 的机理和作用的理解，并促进更加有效的处理方法的发展。如果能够在活的动物体内显示器官产生的自由基的空间分布图像，将提供自由基在体内的病理学作用的非常有用的信息。

16.2.2　碳中心自由基

用辐射作为氧化源，从乙醇中产生碳中心自由基，已经直接从活体中观测到了[120]。羟乙基自由基（HER）在进一步激发自由基反应中的作用，或者 HER 与在活体内酒精中毒时产生的还无法阐明的其他氧化剂，两者共同激发自由基反应的作用，是进一步研究的重要课题。迄今为止，碳中心自由基的自旋捕捉的大部分进展，是用活体外技术完成的。酒精中毒的自由基机理的重要性，正成为愈来愈广泛的共识。许多用活体外检测的研究，已经用来研究在活体内产生的自由基[159~175]，但是，没有进行过活体的直接研究。许多研究都是用 POBN 自旋捕捉剂进行的。POBN 的碳中心自由基相对比较稳定，不易被还原或转化为没有 EMR 信号的产物。POBN 对肝细胞的健全没有明显的影响，甚至在浓度达到 25 mmol·L^{-1}时，也没有引起阻抑氨基吡啶（aminopyrine）和乙氧基香豆素（ethoxycoumarin）的微粒体代谢作用[176]。然而在解析捕获的自由基时，必须注意到：许多碳中心自由基的 POBN 加合物表现出相似的超精细分裂。

酒精的重要代谢物是乙醛，强亲电子性试剂很容易与蛋白质、磷脂以及核酸中的亲核试剂反应生成加合物，其中某些已经在酗酒患者活体外检测到[177~179]。尽管在活体中从乙醛产生加合物的详细机理和其他处理方法[180~187]尚待确定，但是它们的生成是毋庸置疑的。活体内自旋捕捉的研究，能够提高对有毒化合物的生物效应的理解。然而，至今未曾提供关于在活体内代谢乙醛变成自由基酶的明确信息，或者关于机理的相关信息。

甲醇的毒性也是与碳中心自由基（甲酸盐）[188] 的积聚直接关联的。在人类和非人类的灵长类中，已经证明[189]：甲醇被醇脱氢酶代谢为有毒代谢物。但是，还没有关于在活体内甲醇衍生出自由基代谢物的报道。近来，Kadiiska 等[182] 在甲醇中毒 2 h 后的大鼠的胆汁和尿样中都检测出碳中心自由基（$\cdot CH_2OH$）。然而，甲醇中毒的详细机理是非常复杂的，其他因素如叶酸决定的（folate-dependent）酶的活性[188] 以及抗氧化剂的状况[190] 都必须考虑到。

四氯化碳（CCl_4）被广泛用作模拟肝脏受到损伤的模型物，因为 CCl_4 损伤被认为与肝脏在人体内受到各种肝毒素引起的损伤很相似。用自旋捕捉技术，在活体内[191~196] 和活体外[191~193, 197~200] 都曾经从大鼠的肝脏和胆汁的氯仿萃取物中检测到 $-PBN/\cdot CCl_3$、$-PBN/\cdot CO_2$ 以及脂质衍生出的自由基。Sentjurc 等[201] 对萃取的程序做了进一步修饰，得到信噪比相对较好的信号。但是，用不同的氧化剂来检测不同的加合物，其再氧化程序潜在的缺点就是，在自旋捕捉剂的存在下，存在着发生阻抑或催化自由基化学反应的可能性，导致人工合成物的生成。近来曾有报道指出，一氧化氮与 CCl_4 引起急性肝炎[202] 和引起慢性肝炎[203] 是有关系的。

16. 2. 3　硫中心自由基

直接的活体 EMR 已经成功地应用到用自旋捕捉研究硫自由基的情况[106,204]。硫自由基的活体研究的有利条件之一就是其加合物相对比较稳定。硫自由基的检测是很重要的，因为这种自由基归属于亚硫酸盐和二氧化硫的毒性。尽管亚硫酸盐毒性的详细机理还不清楚，但是在亚硫酸盐氧化时生成的三氧化硫阴离子自由基被认为是很重要的。这些结果表明：亚硫酸盐自由基能够在活体中与氧化的金属离子产生反应。虽然亚硫酸盐自由基本身是中等强度的氧化剂，但它能生成高氧化性能的亚硫酸盐过氧基和硫酸盐自由基，这两者都能够引发脂质过氧化[205,206]。

含硫自由基能够由反应物种（如次氯酸盐）氧化生成[207]。苯肼是一种人类熟悉的溶血剂，它能够诱发红细胞非原生（non-indigenous）的氧化还原过程。生成的活性中间体之一就是 Hb 的含硫自由基[208~210]，它在大鼠体内与 DMPO 生成比较稳定的自由基加合物[211]。用 X 波段 EMR 已经从大鼠的血液中检测到 DMPO-thiyl 自旋加合物[208~210]，并用 L 波段 EMR 从大鼠活体的尾巴中检测到[212~214]。活体外研究检测到的物种，现在已经被在活体内生成的 DMPO-hemoglobin thiyl 自旋加合物的证据所证实[120]。

在细胞中起着氧化还原缓冲剂（redox-buffer）作用的谷胱甘肽（GSH）以 mmol/L 的浓度存在于细胞中，并在第一线对活性氧物种（ROS）起着防御解毒作用。尽管尚未得到在氧化条件下活性硫（RSS）局部浓度的可靠估计，Li

等[215]提供了在细胞间产生二硫化物-*S*-氧化物（disulfide-*S*-oxide）的引人注目的证据，在生理学上为氧化作用（oxidative stress）的逻辑推理做出了重要贡献。在相应情况下，能够生成这些物种，说明 RSS 在活体内的重要作用。

在氧化作用条件下，细胞过氧化物和超氧化物的局部浓度，足以生成过氧亚硝酸盐（peroxynitrite）[216]，也足以生成 RSS。另外，在各种活性氧物种 ROS（如过氧化物、亚硝基谷胱甘肽和过氧亚硝酸盐等）[215,217,218]的存在下，RSS 也能够被 GSH 或 GSSG 氧化生成。空气被工业废气和植物腐败污染，特别是二氧化氮、臭氧、颗粒物以及二氧化硫的释放，对人类健康造成严重威胁。后者（指二氧化硫）是对人体有高度危害的物种，它在太阳光的作用下被氧化为亚硫酸盐自由基阴离子，它与湿润的眼膜和肺接触生成硫酸，引起组织的严重损伤。EMR 波谱学在测定和鉴别由于辐照产生的活性自由基物种方面已经扮演了重要角色。Langley-Evans 等[219]研究了当大鼠暴露在各种毒性不同的气体中，二氧化硫引起大鼠的组织中 GSH 的浓度和与 GSH 相关酶的活性的改变。他们得出的结论是：当暴露在二氧化硫中时，在活体内发生 GSSG 与亚硫酸盐的复分解（sulfitolysis），即使没有造成对肺部的损害，二氧化硫也是谷胱甘肽有效的消耗剂。

用 DMPO 和 DEPMPO 自旋捕捉剂，Chamulitrat[220]研究了 TNBS 与组织中氨基酸的脱磺酸基反应，并从 TNBS 与赖氨酸、黄嘌呤氧化酶、红细胞、结肠黏膜或黏膜下肌肉组织等的混合物中，检测到亚硫酸盐自由基加合物。

16. 2. 4　一氧化氮

研究发现 NOS 催化 L-精氨酸生成的一氧化氮（NO），是造成内皮诱导松弛因子（endothelium-derived relaxation factor）的生理学作用的原因，开创了自由基生物学的新纪元。一氧化氮有许多重要的潜在的生理学功能，如作为免疫系统中细胞毒素的调控者、作为在心血管系统中血收缩神经的调节者以及在中枢神经系统中作为神经传递素[221~225]。为了了解 NO 作为短寿命、可扩散的自由基，在各种生物过程中起调节作用的机理，要求用精确的方法对它进行测量。

为准确测定 NO 的浓度，已经开发出几种方法[226,227]，如化学发光方法[221]、高铁血红蛋白的生成[228,229]以及亚硝酰基的金属配合物[230,231]的电子磁共振波谱学方法。也可以用测量亚硝酸盐、一氧化氮发生 Griess 反应的氧化产物，间接地来评估 NO 的产生。活体内 EMR 自旋捕捉和成像已经被广泛采用，尤其是对 NO 的连续监测[232~256]，但是这些方法在灵敏度方面都有一定的局限性，大多数是用来监测含量高的 NO。

曾经试过某些改善灵敏度的方法，如加入还原剂和白蛋白以增加配合物的有效性和稳定性[250]，以及用有机溶剂萃取组织中含亲脂性 NO 的配合物并加以浓缩[251]。但是，这些方法都不适用于活的动物。Kotake 等[252]在 X 波段的 EMR 谱仪的谐振腔中放置一个流动的样品池，利用外部连续流动胆汁经过样品池，可以连续监控活体中 NO 的生成。将稀释的 MGD-Fe 配合物与生理食盐水连续注入静脉，有助于维持捕捉剂的浓度以延长观测时间，也能延长动物的存活时间。这种方法适合于实时监控用药物或其他方法调节 NO 的含量。但在胆汁中 NO 配合物的绝对含量必须考虑是半定量的。连续使用 MGD-Fe 是能够影响 NO 的产生的。

　　Komarov 等[236]和 Lai 等[253]用带有 4mm loop-gap 谐振腔的 S 波段 EMR 谱仪，用 MGD 和 Fe（II）在因内毒素休克的小鼠体内直接检测到 NO。虽然这是一个非常重要的进展，但是采用 S 波段的 EMR，4 mm 的谐振腔只能做小鼠的尾巴，而且体内含水部分对微波功率的非共振吸收[253]也限制了它的使用。Fujii 等[254]用 L 波段 EMR 实时检测小鼠活体的肝脏、肾脏、血液（尾巴）、尿液中 NO 的含量。结果表明：NO 大部分产生于肝脏附近的上腹部，这已经进一步被个别器官体外 EMR 检测所确认。James 等[255]直接从患败血病的小鼠活体中同时测量 NO 和 pO_2，并做了论证。用一个具有双桥联裂口的 loop-gap 谐振腔的 L 波段（1.1 GHz）EMR 谱仪，检测到信噪比很好的 EMR 信号。Jackson 等[256]把这种方法拓展到在遭受 PR-39（脯氨酸，一种富抗菌肽）作用之后的小鼠肝脏的两个不同部位，检测 pO_2 的同时测量一氧化氮。用具有 3.4 cm 直径的鸟笼式谐振腔的 1 GHz 的 EMR 谱仪，对因内毒素休克的小鼠体内的 pO_2 和 NO 进行活体 EMR 检测。通过 EMR 探针的选择性设置，可以得到一氧化氮和氧在肝脏的成像图。这种为活体 EMR 提供附加的能力，正如光谱和空间的信息一样，改进了人们对这类疾病的病理生理学的了解。用 EMR 检测活体组织中的 pO_2 和 NO，并结合循环的血液动力学监控，就能显示出强大的威力。

　　显然，了解"铁-DTC-NO"捕捉剂是如何起作用的很有必要，根据 DTC 体系或其他金属基体系的修饰，需要改善 NO 捕捉剂在活体中和临床上的应用。开发定义明确的金属配合物，即具有一种生物分布外形、稳定而缓慢的金属交换能力并对 NO 有高度的选择性和适当的亲和力，又没有毒副作用的捕捉剂是很有必要的。大多数的研究为在活体中一氧化氮的产生提供了非常有用的数据，但是对机理的解释仍然是极其有限的。

16.3　氧分压的测量

　　在生理学、病理生理学以及治疗学，尤其是与活性中间物有关联的许多过程中，pO_2 是极其重要的变量之一[257]。尽管它是这么的重要，迄今为止要做到 pO_2 的精确、灵敏、可再生、非侵入式的测量，在方法学上仍然存在着极大的困难。现有测量 pO_2 的方法，即极谱电极、荧光淬灭、带氧的肌血球素、化学发光、磷光淬灭以及自旋标记的氧测量法等都是有用的，但是，都存在一定的局限性，尤其是在活体中使用时。其他方法（即核医学或磁共振成像）不提供组织中 pO_2 的直接测量，也是非常有用的，尤其是与直接测量相结合时。各种方法近来已有综述报道[258]。

EMR 氧计量的基础是分子氧的顺磁性，因此，其他的顺磁性物种也可通过改变弛豫速率，或通过其他的机理来影响 EMR 波谱。同时，这些影响能够用氧在顺磁性物质存在的环境中的数量来校准（图 16-5）。用于 EMR 氧计量器的两类重要的氧敏感的顺磁性物质是颗粒物和可溶性物种（不包括氮氧化物）。颗粒物是具有未偶电子分布、在整个原子中错综排列的含碳物质，和具有未偶电子池的晶体材料（特别是锂的酞菁配合物 LiPc）。颗粒物种对于 EMR 氧计量器特别有用的性质是，它们的稳定性和它们的 EMR 波谱对于氧存在很强的响应能力。它们的稳定性使得相隔时间很长甚至在几年以上在相同的位置测定，都能够取得很好的重复性。

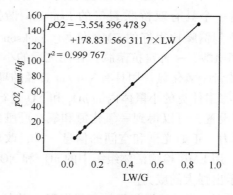

图 16-5　顺磁性物质环境中氧分压的校准

EMR 氧计量器对组织中的氧能够提供直接准确的测量，且重复性好。这些信息对于试图了解活性物种在生物体系中的作用是极其重要的。EMR 氧计量器是根据分子氧对氧敏感的顺磁性物质的（连续波或时间域的）EMR 波谱的影响。测量的物理原理是 EMR 波谱的强度与氧敏感的顺磁性物质接触的平均 pO_2 的关系。这种方法在适当的条件下，能够在很宽的范围［从小于 0.1%（即小于 1 torr 或 10^{-6}mol/L）到 100%］测量 pO_2 的值。关于 EMR 氧计量器的原理和方法学的更广泛的信息，近来有系统性的评论和总结[257,259]。Grucker[260]对在组织中氧测量的各种磁共振方法（EMR、NMR 以及动态核极化）的用途做过综述。

具有颗粒物的 EMR 氧计量器有以下特色：①能够重复进行非侵入式的测量；②高灵敏度和高精确度；③测量不受外界因素如 pH、温度、渗透力等的干扰；④能够进行快速测量；⑤高度稳定性和惰性；⑥氧敏感顺磁性物质的外形适应性很广，从非常小颗粒的泥浆到大颗粒的单晶；⑦测量的高度特异性。因为不存在足以影响测量的其他有 EMR 响应的物质。被直接测量的样品区是被顺磁性物质紧紧包围的。假如顺磁性物质是宏观的颗粒，它反映出组织中的 pO_2，因为它是与颗粒表面接触的；假如顺磁性物质是细微颗粒的泥浆，反映出的测量结果是与泥浆的各个组分接触的表面 pO_2 的总和平均值。为了确定 EMR 氧计量器的精确性，Goda 等[261]比较了用其他方法[262~265]测定肿瘤中 pO_2 的文献值。其结果之差在方法允许的实验误差之内。

　　EMR 氧计量器是能够提供更大空间信息的好方法，如 Eppendorf 组织学（Eppendorf histograph）和成像的方法。NMR 也是被广泛应用的好方法，但它不能提供实际 pO_2 的精确信息。EMR 氧计量器的一个重要的新发展，就是能够同时测量几个点（多点 EMR 氧计量器）[266,267]。用 EMR 氧计量器已经精确地、灵敏地测量了许多生物组织（包括复杂体系如大鼠的心脏[268]）中的氧。

16.3.1　动物试验

　　Nakashima 等[269]用 EMR 氧计量器（具有 loop-gap 谐振腔的 1.2 GHz EMR）和印度墨汁（india ink）研究了小鼠活体肝脏中的 pO_2。正常的肝脏中测得的 pO_2 为 14 torr，该值在试验期间保持两周不变。当用肝毒素（CCl_4）处理后的第 1、2 和 6 天测量该值是递降的，两周后又恢复到初始值。这些结果表明，印度墨汁对于测量活体中 pO_2 是有用的，而且当肝脏受到 CCl_4 损伤时，Kupffer 细胞中的 pO_2 降低了。Jiang 等[270]用两种探针（LiPc 和印度墨汁）研究了小鼠活体肝脏中的 pO_2。这种方法从肝脏的两个不同部位同时测量 pO_2。用印度墨汁测的是肝脏的 Kupffer 细胞在噬菌细胞的囊中 pO_2 的平均值，而用 LiPc 测得的是整个肝脏的 pO_2 的平均值。在 Kupffer 细胞中测出 pO_2 的平均值为（15.3 ± 4.4）torr，而用 LiPc 测得的 pO_2 的平均值为（23.4 ± 4.4）torr。这一结果表明：在正常的和受到麻醉或缺血的干扰条件下，从肝脏不同部位测得的 pO_2 是有显著差别的。这一研究也证明：EMR 氧计量器能够在各种不同条件下，灵敏地测量肝脏活体中的 pO_2。James 等[271]用 EMR 氧计量器结合磁共振成像，同时测量小鼠活体的肾脏皮层（kidney cortex）和外部骨髓（outer medulla）中的 pO_2。结果发现皮层区的 pO_2 高于外部骨髓中的 pO_2，而内毒素（endotoxin）静脉注射，使得皮层的 pO_2 急剧下跌，而在骨髓区反而增高了。利用具有 3.4 cm 鸟笼型谐振腔的 L 波段（1 GHz）的 EMR 谱仪，Jackson 等[256]研究了遭受 LPS-诱导败血病休克（septic shock）的小鼠肝脏的一氧化氮和 pO_2。一氧化氮是作为 Fe-DETC 的 NO 配合物进行测量的，而 pO_2 是用氧敏感的煤材料"Gloxy"进行测量的。其结果指出：LPS-诱导败血病使得肝脏中的 NO 瞬时性增高，而用氧气处理肝脏后 NO 又明显回落。为了检测肝脏小叶（lobule）中 pO_2 的平均值，为了有选择性地从选用正

弦曲线上测量 pO_2，把 Gloxy 制成很细的泥浆直接灌注入肝脏。这种方法对于测量不同部位的 pO_2 是非常有用的，而且大大拓展了 EMR 氧计量器潜在的用途。近来，Hou 等[272]用多点活体 EMR 氧计量器测量了大鼠可逆性集中缺血（focal ischemia）处的 pO_2。在大脑组织缺血再灌注之后，在几个时间点，对大脑组织缺血一边的两个部位和正常一侧，同时并连续地进行 pO_2 的测量（图 16-6）。结果表明：氧计量器能够同时测量几个部位的 pO_2，并提供了重要的额外的信息，以区别 pO_2 的改变是由全局还是局部造成的机理。

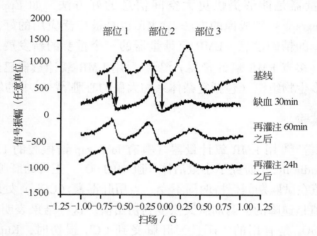

图 16-6　大脑组织缺血再灌注在不同时间点几个不同部位的 EMR 氧分压图

现有的 EMR 氧计量技术，对于研究小动物已经是非常有用的了，测量的深度并非最重要的问题。对于大动物和潜在的应用于人类的课题，非侵入式技术似乎是可以立即用来研究非常接近表面（在 10 mm 之内）的现象的。而侵入式的技术有某些非常有希望的用途。用可植入的微谐振腔植入到兔子体内测量 pO_2 的研究正在进行中。迄今为止，实验已经表现出有希望的结果，预期这种方法可以拓展到临床试验。EMR 氧计量器的临床应用，似乎特别有希望，并且很有可能在不久的将来用于对症状的长期监控，以及应对外围血管疾病的处理，用可能对测量肿瘤中 pO_2 的基本方法加以修饰来优化癌症的治疗。在人类临床安装使用中，进行 EMR 氧计量器基本原理的研究，以及发展趋势和特殊措施需要进行可行性研究等，都已经有了综述报告[257]。

16.3.2　临床应用

正如前面所提到的，基于微颗粒氧敏感的顺磁材料建立起来的 EMR 氧计量器，有着很大的潜在临床市场（clinical niche）。它能够对同一个部位重复进行 pO_2 测量，其时间间隔从几秒、几个月到几年[244]。依据谐振腔的形式决定采用

EMR 谱仪的频率，进行完全非插入式的测量，深度范围从 10 mm（采用表面式的谐振腔，谱仪的频率为 1200 MHz）到 80 mm 以上（采用很低频率的谱仪，频率范围在 300~600 MHz 或者采用插入式的谐振腔，频率为 1200 MHz）。

对于缺血再灌注损伤、炎症、肿瘤等，pO_2 都是重要指标，尽管 EMR 氧计量器对于临床条件都还只有潜在的实用性，但是有三个领域正在开展 EMR 的临床应用。

16.3.2.1　增强肿瘤的治疗

氧的浓度或分压是影响肿瘤辐照和其他细胞毒素处理的一个至关重要的因素。在过去的十年中，用氧微电极进行的临床研究已经证明，通过测量肿瘤中 pO_2 的值来确定传统的放射治疗肿瘤的可能性。几个研究已经表明：对于头部和颈部的癌症患者，他们的肿瘤有较低的缺氧因子（hypoxic fraction），治疗有改善的效果[273~275]。肿瘤缺氧的临床表现相似的负面效应，在宫颈癌患者身上已经看到，较低缺氧因子的肿瘤表现出改善的效果[276~279]。同样，软组织肉瘤患者[280~282]和前列腺癌患者[283~285]的临床表现都与肿瘤的缺氧水平有关。某些研究提出，组织缺氧在乳腺癌的治疗中[286,287]也能起作用。这些研究也表明，在临床上用氧电极测量 pO_2 也存在局限性，如这些电极在操作上有困难，包括插入程度有限、灵敏度有限以及不能重复测量等。正如在动物试验中所证明的那样，EMR 氧计量器能够完全克服这些局限性，因此，它可能是目前在临床上测量氧分压工具的最佳选择。

用 EMR 测量的特殊优势在于，它能够从肿瘤的同一个部位，长时间提供有关 pO_2 的详细信息，能够在放射治疗的全疗程中进行重复测量。在放射治疗的全疗程进行肿瘤上 pO_2 水平的时间间隔对比，将在人类肿瘤治疗过程中提供氧状况变更的、新的、详细的临床信息。用这种方法测量应对治疗及时进行调整，如对化疗的试剂或 anti-angiogenic 和血管目标通路（vascular targeting approach）[288,289]以及导致在放疗和化疗之前氧的瞬时增加等是特别有用的[290~292]。活体 EMR 氧计量器的其他重要的应用包括：化疗对肿瘤中氧在范围和时间域的影响；临床利用呼吸作用改变氧对肿瘤和组织的影响，这是为了当治疗转移时使组织的变更减到最小；高压氧治疗对肿瘤及其周围正常组织氧化作用的影响；变更剂量/馏分（dose/fraction）对肿瘤中氧的影响；在短程放射治疗中改变剂量速率的影响；用高强灌输进行高剂量治疗的影响；免疫疗法和（或）变更细胞信号的影响等。

近来用 EMR 氧计量器在动物中的研究已经表明，在放疗进程中对肿瘤中 pO_2 的重复测量的可行性结果，可用来指导治疗的日程安排[50,51,293~297]。在治疗的进程中，辐照和氧的消耗与维管联结（vascular supply）肿瘤之间关系的改变，将会引起肿瘤中 pO_2 的改变。EMR 氧计量器对肿瘤中氧的监控，能够增强治疗的比率（therapeutic ratio），用这些信息来决定次数，当肿瘤中的 pO_2 比较高时，必须控制辐照。通常，在正常组织中氧的改变不至于增加辐射损伤，因为它们已经处在一个好的水平之上，pO_2 在预期的范围内改变能够对辐射做出敏锐的反应。EMR 氧计量器的这种应用，有可能与常规的临床放疗结合起来。关于放疗日程的合理安排，就像放射生物学中的事一样重要，可能对日程的分段和总的治疗次数都有影响，需要对这些想法，做出进一步的安排。EMR 氧计量器的潜在应用可能还包括：①对放疗的各个分段日程的安排；②肿瘤在外科手术后，作为辅助放疗的起始日程的安排；③在患者的放疗计划全过程中插入一个短程治疗阶段的日程安排。

16.3.2.2   体表的血管病

腿部血液循环不畅是重要而普遍的问题，尤其是糖尿病患者。有许多不同的外科和内科治疗涉及这个问题，然而没有可靠的方法来判断患者的病况或治疗是否成功。在病变区域的各个不同部位直接检测氧的分压（pO_2），用 EMR 氧计量器测得的数据能够为临床提供非常有用的信息，以便选择治疗方案及调整后续治疗措施。例如，高压供氧已经来治疗糖尿病患者的脚溃烂，假如随着时间流逝，组织内的氧过多，会促使血管再生并增加组织内氧的含量。但是，假如组织内的氧的含量能够被精确测量，临床医生就能精确判断治疗是否有效。

已经发起志愿者用全身临床 EMR 谱仪进行这项技术的研究[298]。研究确认：用印度墨汁注入人脚的浅表组织，在同一个部位周期性地测量氧，通过为期两年的测量，结果（图 16-7）表明：在剧烈扰动的情况下测得的动态数据与静态测得的数据是一致的。有两种不同的扰动情况：一是压在腿的灌注点之上测量局部 pO_2 的下降速率和范围，并在压力解除之后恢复；二是使其呼吸，改变气体混合物并观测局部 pO_2 的下降速率和范围，在压力解除之后恢复。研究的结果表明，图 16-8 所示方法是十分可行的。

我们现在正在建立一种临床实用性很强的、用在脚上的、配以准确度和精确度都很高的、重复性很好的数据处理系统的 EMR 氧计量器（包括与经过皮肤测量和近红外氧计量器做比较，这将考验用 EMR 观测到的重复性，这对于表征和治疗体表血管病是非常有用的）、适用于人体测试的舒适而又安全的 EMR 设备（图 16-9），已经在志愿者身上试用。

这些数据被认为可直接用来评估、处理 EMR 氧计量器，并开发对糖尿病患者的脚有溃疡风险的新的治疗方案。假如这些技术完全成功，根据基础病理生理学的监控，临床医生就有了治疗体表血管病的强有力的工具。

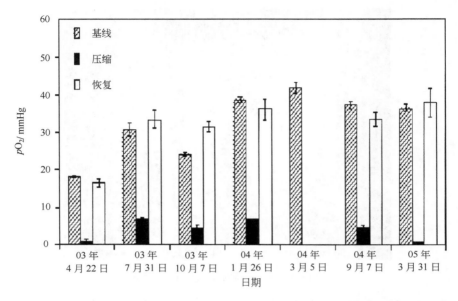

图 16-7　用墨汁注入人脚的浅表组织，在同一部位周期性测量氧分压的结果

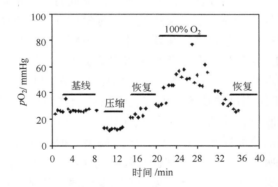

图 16-8　压在腿的灌注点之上测量局部 pO_2 的下降速率和范围

16.3.2.3　在正在愈合的伤口上监控氧

正如患者的经验和众多特定的动物模型所显示的，在伤口愈合过程中，氧或许是最重要的因素。以适当的方法建立起来的动物模型，能够用来从基础分子生物学和病理学角度了解影响伤口愈合的机理。我们已经用 EMR 氧计量器，重复地检测伤口的氧含量来了解伤口愈合的基本现象。已经很清楚，该技术除了对研究模型动物的伤口很有用之外，作为临床应用的技术也是十分可行的。后者将有可能使临床医生监控伤口愈合的状况，因此，当尚未达到最佳疗效时，这种研究可能是最及时的了。

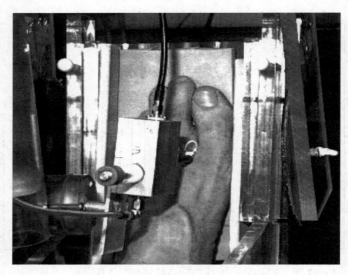

图 16-9　适用于人体测试的 EMR 设备

　　把这种方法应用到临床的计划是要完成 EMR 氧计量技术的开发，使得这种技术和酞菁锂（LiPc）材料在伤口的几个点上能够同时重复测量。LiPc 既能安全地与进入伤口的器件结合在一起，又能被附在透气性好、没有生物排异性的小被膜上，这种小被膜在伤口愈合之后是要去掉的。被膜的位置可用成像（可能是磁共振成像 MRI）的方法确定。我们将用标准的多点技术[270]测得伤口的各个部位以及几个不同深度点的 pO_2。临床测试将采用已经开发的并被加州大学旧金山分校（UCSF）研究组使用过的技术，即在正在愈合的伤口中放置一根细小的、不会引起排异的硅橡胶管，使研究者能够从血管中层（media）取得样品。LiPc 将在管壁内各个不同部位取样测 pO_2，从特异点提供数据，这些点通常希望收集修改程序（即改变呼吸气的内容、管理血管张缩的药物等）时的动态数据。

　　自旋捕捉用来探索在伤口愈合的某些方面氧化损伤的基本原理，并据此提出应对治疗的方案[299,300]。例如，供氧过度对伤口愈合也会有负面作用，即能通过直接的损伤，或者对细胞发出需要有效修补的信息。活体内的自旋捕捉，可能是逼近解决某些相关的实验问题的有效方法。特别有趣的是，伤口内部氧压的影响，通常被用来作为加速伤口愈合的标志性考量。

　　EMR 氧计量器能够从局部位置做重复测量，它有一个很重要的功能，就是监控对伤口愈合进展研究的概貌。有人对这种方法的价值和可行性做出了评价：该方法是一种用在伤口愈合的临床测试方面很有价值的工具，确定临床应该采取的措施，并得出对高费用治疗的最优化处理。

16.4　受到辐射损伤的评估

在生命体系中存在着由于受到长期辐照会引起 EMR 信号，这在 1965 年就已经被确认了[301]。此后不久就提出用 EMR 来测定在活体中接受辐射剂量的建议[24]。这已经被广泛用来对核事故（如切尔诺贝利）中，个别人的个别牙齿遭受辐射剂量的测量[302~304]。随着活体 EMR 的发展，我们已经探讨了是否能够在活着的目的物上实现这种测试，以避免等待牙齿的脱落或为了测试剂量而摘取牙齿。这种性能将大大地拓展它的潜在用途，特别是在发生恐怖袭击或核战争之后。活体检测的目的就是为了确定某个人是否接受辐射剂量达到一定的强度，足以引起急性的症状并有死亡的危险。这对于处理发生辐射事故后，把众多可能遭受辐射的人群急速而准确地加以分类，鉴别出哪些人需要立即救治以及他们的危险程度如何是非常有用的。做这种活体测试的可行性，近来在大鼠的试验中得到验证[305]。

在人类牙齿所能承受的辐射剂量范围（从 100cGy 到大于 1000 cGy）内，用类似于曾经在活体研究中使用过的 1.2 GHz EMR 谱仪进行测试[306]，很显然在给定的条件下，在扣除背景之后，检测剂量不大于 100 cGy 是十分可行的，如图 16-10 所示。在现阶段，活体 EMR 辐射剂量测定仪，在 100~41 000 cGy 测量范围内，能够提供吸收剂量为 725 cGy 的评估。预期谐振腔、剂量的运算方法以及磁场的均匀度等还需要改进。发展到现阶段，足以提供与恐怖主义或核战争有关的信息，并且能够判定遭受辐射的个人应该采取怎样适当的措施。

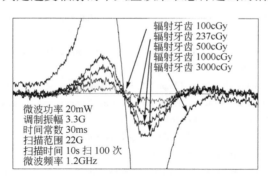

图 16-10　人体牙齿受到不同剂量辐射之后的 EMR 图谱

在口腔内进行测量遇到了巨大的挑战，因为几何空间的障碍和组织如舌头和嘴唇的存在使测量时引起微波的非共振损失，但是，我们已经有了很大的进展[307]。我们在这里报道的是在志愿者的口腔内，放置被辐照过的牙齿专用支架、用 1200 MHz EMR 谱仪进行测试，得到了用上述方法测得的 EMR 信号，与同一个样品在口腔外测得的信号信噪比在 50% 之内（图 16-11）。在口腔内进行检测的信噪比还能改善，还能够进一步优化操作条件，采用更加特殊的设计，使用最优化的谐振腔，可以探测口腔内 1~4 个牙齿，对门牙或臼齿都能测试。

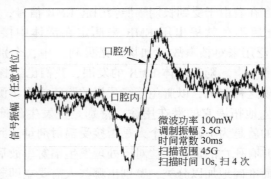

图 16-11　受射线幅照的牙齿在口腔内外进行测定的 EMR 波谱

汞齐填充物的存在不太影响对这些或邻近的牙齿测量的准确度。

这些初步的结果很乐观，牙齿在口腔内的测试对于准确判断全身遭受辐射的剂量是可行的，把它用作临床快速反应是可能的。

参 考 文 献

[1] Minetti M, Forte T, Soriani M, Quaresima V, Menditto A, Ferrari M. Iron-induced ascorbate oxidation in plasma as monitored by ascorbate free radical formation. No spin-trapping evidence for the hydroxyl radical in iron-overloaded plasma. *Biochem J.* 1992, **282**: 459 – 465.

[2] Miller D M, Aust S D. Studies of ascorbate-dependent, iron-catalyzed lipid peroxidation. *Arch. Biochem. Biophys.* 1989, **271**: 113 – 119.

[3] Buettner G R, Chamulitrat W. The catalytic activity of iron in synovial fluid as monitored by the ascorbate free radical. *Free Rad. Bio. Med.* 1990, **8**: 55 – 56.

[4] Buettner G R, Motten A G, Hall R D, Chignell C F. ESR detection of endogenous ascorbate free radical in mouse skin: Enhancement of radical production during UV irradiation following topical application of chlorpromazine. *Photochem. Photobiol.* 1987, **46**: 161 – 164.

[5] Jurkiewicz B A, Buettner G R. Ultraviolet light-induced free radical formation in skin: An electron paramagnetic resonance study. *Photochem. Photobiol.* 1994, **59**: 1 – 4.

[6] Timmins G S, Davies M J. Free radical formation in murine skin treated with tumour promoting organic peroxides. *Carcinogenesis.* 1993, **4**: 1499 – 1503.

[7] Tomasi A, Albano E, Bini A, Iannone A C, Vannini V. Ascorbyl radical is detected in rat isolated hepatocytes suspensions undergoing oxidative stress: And early index of oxidative damage in cells. *Adv in the Biosciences.* 1989, **76**: 325 – 334.

[8] Arroyo C M, Kramer J H, Dickens B F, Weglicki W B. Identification of free radicals in myocardial ischemia/reperfusion by spin trapping with nitrone DMPO. *FEBS Lett.* 1987, **221**: 101 – 104.

[9] Nohl H, Stolze K, Napetschnig S, Ishikawa T. Is oxidative stress primarily involved in reperfusion injury of the

ischemic heart? *Free Radic. Biol. Med.* 1991, **11**: 581 – 588.

[10] Sharma M K, Buettner G R, Spencer K T, Kerber R E. Ascorbyl free radical as a real-time marker of free radical generation in briefly ischemic and reperfused hearts. An electron paramagnetic resonance study. *Circ. Res.* 1994, **74**: 650 – 658.

[11] Minakata K, Suzuki O, Saito S, Harada N. Ascorbate radical levels in human sera and rat plasma intoxicated with paraquat and diquat. *Arch. Toxicol.* 1993, **67**: 126 – 130.

[12] Stark J M, Jackson S K, Rowlands C C, Evans J C. Increases in ascorbate free radical concentration after endotoxin in mice // Rice-Evans C and Halliwell B. Free Radicals: Methodology and Concepts. London: Richelieu, 1988: 201 – 209.

[13] Sasaki R, Kurokawa T, Tero-Kubota S. Ascorbate radical and ascorbic acid level in human serum and age. *J. Gerontol.* 1983, **38**: 26 – 30.

[14] Ohara T, Sasaki R, Shibuya D, Asaki S, Toyota T. Effect of omeprazole on ascorbate free radical formation. *Tohoku J. Exp. Med.* 1992, **167**: 185 – 188.

[15] Zweier J L. Iron-mediated formation of an oxidized adriamycin free radical. *Biochim. Biophys. Acta.* 1985, **839**: 209 – 213.

[16] Buettner G R, Motten A G, Hall R D, Chignell C F. Free radical production by chlorpromazine sulfoxide, an ESR spin-trapping and flash photolysis study. *Photochem. Photobiol.* 1986, **44**: 5 – 10.

[17] Voest E E, van Faassen E, Neijt J P, Marx J J, Van Asbeck B S. Doxorubicin-mediated free radical generation in intact human tumor cells enhances nitroxide electron paramagnetic resonance absorption intensity decay. *Magn. Reson. Med.* 1993, **30**: 283 – 288.

[18] Mader K, Bacic G, Swartz H M. *In vivo* detection of anthralin derived free radical in the skin of hairless mice by low frequency electron paramagnetic resonance spectroscopy. *J. Invest. Dermatol.* 1995, **104**: 514 – 517.

[19] Mader K, Swartz H M, Stösser R, Borchert H H. The Application of EPR Spectroscopy in the Field of Pharmacy. *Pharmazie.* 1994, **49**: 97 – 101.

[20] Mader K, Gallez B, Liu K J, Swartz H M. Noninvasive *in vivo* Characterization of Release Processes in Biodegradable Polymers by Low Frequency Electron Paramagnetic Resonance Spectroscopy. *Biomaterials.* 1996, **17**: 457 – 461.

[21] Mader K, Domb A, Swartz H M. Gamma Sterilization Induced Radicals in Biodegradable Drug Delivery Systems. *Appl. Radiat. Isotopes.* 1996, **47**: 1669 – 1674.

[22] Nakajima T. Possibility of retrospective dosimetry for persons accidentally exposed to ionizing radiation using electron spin resonance of sugar and mother-of-pearl. *Br. J. Radiol.* 1989, **62**: 148 – 153.

[23] Pilbrow J R. Troub G J, Hutton D R, Rosengarten G, Zhong Y C, Hunter C R. Radiation induced EPR centers in foodstuffs and inorganic materials. *Appl. Radiat. Isot.* 1993, **44**: 413 – 417.

[24] Brady J M, Aarestad N O, Swartz H M. *In vivo* dosimetry by electron spin resonance spectroscopy. *Health Physics.* 1968, **15**: 43 – 47.

[25] Schaeken B, Scalliet P. One year experience with alanine dosimetry in radiotherapy. *Appl. Radiat. Isot.* 1996, **47**: 1177 – 1182.

[26] Sealy R C, Felix C C, Hyde J S, Swartz H M. Structure and reactivity of melanins: Influence of free radicals and metal ions // Free radicals in Biology. Vol. IV, Prior W A ed. New York: Academic Press, 1980: 209 – 259; Boca Raton: CRC Press, 1991.

[27] Sarna T, Pilas B, Land E J, Truscott T G. Interaction of radicals from water radiolysis with melanin. *Biochim. Biophys. Acta.* 1986, **833**: 162 – 167.

[28] Korytowski W, Kalyanaraman B, Menon I A, Sarna T, Sealy R C. Reaction of superoxide anions with mela-nins: Electron spin resonance and spin trapping studies. *Biochim. Biophys. Acta.* 1986, **882**: 145 – 153.

[29] Pilas B, Sarna T, Kalyanaraman B, Swartz H M. The effect of melanin on iron associated decomposition of hydrogen peroxide. *Free Radic. Biol. Med.* 1988, **4**: 285 – 293.

[30] Bustamante J, Bredeston L, Malanga G, Mordoh J. Role of melanin as a scavenger of active oxygen species. *Pigment Cell Res.* 1993, **6**: 348 – 353.

[31] Korytowski W, Sarna T, Zareba M. Antioxidant action of neuromelanin: The mechanism of inhibitory effect on lipid peroxidation. *Arch. Biochem. Biophys.* 1995, **319**: 142 – 148.

[32] Reszka K J, Matuszak Z, Chignell C F. Lactoperoxidase-catalyzed oxidation of melanin by reactive nitrogen species derived from nitrite (NO_2^-): An EPR study. *Free Radic Biol Med.* 1998, **25**: 208 – 216.

[33] Liu K J, Jiang J, Swartz H M, Shi X. Low-frequency EPR detection of chromium (V) formation by chromi-um (VI) reduction in whole live mice. *Arch. Biochem. Biophys.* 1994, **313**: 248 – 252.

[34] Liu K J, Shi X, Jiang J, Goda F, Dalal N, Swartz H M. Low frequency electron paramagnetic resonance in-vestigation on metabolism of chromium (VI) by whole live mice. *Ann. Clin. Lab. Sci.* 1996, **26**: 176 – 184.

[35] Baranowska-Dutkiewicz B. Absorption of hexavalent chromium by skin in man. *Arch. Toxicol.* 1981, **47**: 47 – 50.

[36] Liu K J, Mader K, Shi X, Swartz H M. Reduction of carcinogenic chromium (VI) on the skin of living rats. *Mag. Res. Med.* 1997, **38**: 524 – 526.

[37] Sakurai H, Takechi K, Tsuboi H, Yasui H. ESR characterization and metallo kinetic analysis of Cr(V)in the blood of rats given carcinogen chromate (VI) compounds. *J. Inorg. Biochem.* 1999, **76**: 71 – 80.

[38] Dillard C J, Tappel A L. Lipid peroxidation and copper toxicity in rats. *Drug. Chem. Toxicol.* 1984, **7**: 477 – 487.

[39] Hasan M, Ali S F. Effects of thallium, nickel, and cobalt administration of the lipid peroxidation in different regions of the rat brain. *Toxicol. Appl. Pharmacol.* 1981, **57**: 8 – 13.

[40] Yonaha M, Ohbayashi Y, Noto N, Itoh E, Uchiyama M. Effects of trivalent and hexavalent chromium on lipid peroxidation in rat liver microsomes. *Chem. Pharm. Bull.* (*Tokyo*) . 1980, **28**: 893 – 899.

[41] Susa N, Ueno S, Furukawa Y, Michiba N, Minoura S. Induction of lipid peroxidation in mice by hexavalent chromium and its relation to the toxicity. *Nippon Juigaku Zasshi.* 1989, **51**: 1103 – 1110.

[42] Kadiiska M B, Morrow J D, Awad J A, Roberts L J II, Mason R P. Identification of free radical formation and F2-isoprostanes *in vivo* by acute Cr(VI)poisoning. *Chem. Res. Toxicol.* 1998, **11**: 1516 – 1520.

[43] Chen K, Glockner J F, Morse P D 2nd, Swartz H M. Effects of oxygen on the metabolism of nitroxide spin labels in cells. *Biochemistry.* 1989, **28**: 2496 – 2501.

[44] Kocherginsky N, Swartz H M. Nitroxide Spin Labels, Reactions in Biology and Chemistry. Boca Raton: CRC Press, 1995.

[45] Fuchs J, Groth N, Herrling T, Zimmer G. Electron paramagnetic resonance studies on nitroxide radical 2, 2, 5, 5-tetramethyl-4-piperidin-1-oxyl (TEMPO) redox reactions in human skin. *Free Radic. Biol. Med.* 1997, **22**: 967 – 976.

[46] Hockel M, Schlenger K, Mitze M, Schaffer U, Vaupel P. Hypoxia and radiation response in human tumors. *Semin. Radiat. Oncol.* 1996, **6**: 3 – 9.

[47] Hockel M, Schlenger K, Aral B, Mitze M, Schaffer U, Vaupel P. Association between tumor hypoxia and malignant progression in advanced cancer of the uterine cervix. *Cancer Res.* 1996, **56**: 4509 – 4515.

[48] Thews O, Vaupel P. Relevant parameters for describing the oxygenation status of solid tumors. *Strahlenther*

Onkol. 1996, **172**: 239 – 243.

[49] James P E, O'Hara J A, Grinberg S, Panz T, Swartz H M. Impact of the antimetastatic drug Batimastat on tumor growth and pO_2 measured by EPR oximetry in a murine mammary adenocarcinoma. *Adv. Exp. Med. Biol.* 1999, **471**: 487 – 496.

[50] O'Hara J A, Goda F, Liu K J, Bacic G, Hoopes P J, Swartz H M. The pO_2 in a murine tumor after irradiation: An *in vivo* electron paramagnetic resonance oximetry study. *Radiat. Res.* 1995, **144**: 222 – 229.

[51] O'Hara J A, Goda F, Demidenko E, Swartz H M. Effect on regrowth delay in a murine tumor of scheduling split-dose irradiation based on direct pO_2 measurements by electron paramagnetic resonance oximetry. *Radiat. Res.* 1998, **150**: 549 – 556.

[52] O'Hara J A, Blumenthal R D, Grinberg O Y, Demidenko E, Grinberg S, Wilmot C M, Taylor A M, Goldenberg D M, Swartz H M. Response to radioimmunotherapy correlates with tumor pO_2 measured by EPR oximetry in human tumor xenografts. *Radiat. Res.* 2001, **155**: 466 – 473.

[53] Chen K, Swartz H M. The products of the reduction of doxyl stearates in cells are hydroxylamines as shown by oxidation by[15]N-perdeuterated tempone. *Biochim. Biophys. Acta.* 1989, **992**: 131 – 133.

[54] Swartz H M, Chen K, Pals M, Sentjurc M, Morse P D II. Hypoxia-sensitive NMR contrast agents. *Mag. Res. Med.* 1986, **3**: 169 – 174.

[55] Chen K, Lutz N W, Wehrle J P, Glickson J D, Swartz H M. Selective suppression of lipid resonance's by lipid-soluble nitroxides in NMR spectroscopy. *Mag. Res. Med.* 1992, **25**: 120 – 127.

[56] Miura Y, Utsumi H, Hamada A. Effects of inspired oxygen concentration on *in vivo* redox reaction of nitroxide radicals in whole mice. Biochem. Biophys. Res. Commun. 1992, **182**: 1108 – 1114.

[57] Gomi F, Utsumi H, Hamada A, Matsuo M. Aging retards spin clearance from mouse brain and food restriction prevents its age-depend-ent retardation. *Life Sci.* 1993, **52**: 2027 – 2033.

[58] Utsumi H, Takeshita K, Miura Y, Masuda S, Hamada A. *In vivo* EPR measurement of radical reaction in whole mice: Influence of inspired oxygen and ischemia-reperfusion injury on nitroxide reduction. *Free Radic. Res. Commun.* 1993, **19**: S219 – S225.

[59] Paolini M, Pozzetti L, Pedulli G F, Cipollone M, Mesirca R, Cantelli-Forti G. Paramagnetic resonance in detecting carcinogenic risk from cytochrome P450 overexpression. *J. Invest. Med.* 1996, **44**: 470 – 473.

[60] Miura Y, Anzai K, Urano S, Ozawa T. *In vivo* electron paramagnetic resonance studies on oxidative stress caused by X-irradiation in whole mice. *Free Radic. Biol. Med.* 1997, **23**: 533 – 540.

[61] Valgimigli L, Valgimigli M, Gaiani S, Pedulli G F, Bolondi L. Measurement of oxidative stress in human liver by EPR spin-probe technique. *Free Radic. Res.* 2000, **33**: 167 – 178.

[62] Miura Y, Ozawa T. Noninvasive study of radiation-induced oxidative damage using *in vivo* electron spin resonance. *Free Radic. Biol. Med.* 2000, **28**: 854 – 859.

[63] Cafiso D S. Electron paramagnetic resonance methods for measuring pH gradients, transmembrane potentials, and membrane dynamics, Methods. *Enzymol.* 1989, **172**: 331 – 345.

[64] Halpern H J, Chandramouli G V, Barth E D, Yu C, Peric M, Drdina D J, Teicher B A. Diminished squeous microviscosity of tumors in murine models measured with *in vivo* radio frequency electron paramagnetic resonance. *Cancer Res.* 1999, **59**: 5836 – 5841.

[65] Galster H. pH Measurements. Fundamentals, Methods, Applications, Instrumentation. *Weinhein*: VCH, 1991.

[66] Mignano A G, Baldini F. Biomedical sensors using optical fibres. *Rep. Prog. Phys.* 1996, **59**: 1 – 28.

[67] Runnels P L, Joseph J D, Logman M J, Wightman R M. Effect of pH and surface functionality's on the cyclic

voltammetric responses of carbon-fiber microelectrodes. *Anal. Chem.* 1999, **71**: 2782 – 2789.

[68] Willoughby D, Thomas R C, Schwiening C J. A role for Na^+/H^+ exchange in pH regulation in helix neurones. *Pflügers Arch.* 1999, **438**: 741 – 749.

[69] Kotyk J J, Rust R S, Ackerman J J, Deuel R K. Simultaneous *in vivo* monitoring of cerebral deoxyglucose and deoxyglucose-6-phosphate by 13C [1H] nuclear magnetic resonances spectroscopy. *J. Neurochem.* 1989, **53**: 1620 – 1628.

[70] Zhou H Z, Malhotra D, Doers J, Shapiro J I. Hypoxia and metabolic acidosis in the isolated heart: Evidence for synergistic injury. *Mag. Res. Med.* 1993, **29**: 94 – 98.

[71] Braun F J, Hegemann P. Direct measurement of cytosolic calcium and pH in living Chlamydomonas reinhardtii cells. *Eur. J. Cell. Biol.* 1999, **78**: 199 – 208.

[72] Manning T J Jr, Sontheimer H. Recording of intracellular Ca^{2+}, Cl^-, pH and membrane potential in cultured astrocytes using a fluorescence plate reader. *J. Neurosci. Meth.* 1999, **91**: 73 – 81.

[73] Khramtsov V V, Marsh D, Weiner L, Grigoriev I A, Volodarsky L B. Proton exchange in stable nitroxyl radicals. EPR study of the pH of aqueous solutions. *Chem. Phys. Lett.* 1982, **91**: 69 – 72.

[74] Khramtsov V V, Weiner L M. Proton Exchange in Stable Nitroxyl Radicals: pH-Sensitive Spin Probes, Imidazoline Nitroxides, vol. II. Boca Raton: CRC Press, 1988: 37 – 80.

[75] Gallez B, Mader K, Swartz H M. Noninvasive measurement of the pH inside the gut by using pH-sensitive nitroxides. An *in vivo* EPR study. *Mag. Res. Med.* 1996, **36**: 694 – 697.

[76] Sotgiu A, Mader K, Placidi G, Colacicchi S, Ursini C L, Alecci M. pH-sensitive imaging by low-frequency EPR: A model study for biological applications. *Phys. Med. Biol.* 1998, **43**: 1921 – 1930.

[77] Khramtsov V V, Grigor'ev I A, Foster M A, Lurie D J, Nicholson I. Biological applications of spin pH probes. *Cell Mol Biol (Noisy-le-grand)*. 2000, **46**: 1361 – 1374.

[78] Nicholson I, Robb F J L, Lurie D J. Imaging paramagnetic species using radiofrequency longitudinally detected ESR. *J. Mag. Res. Series B.* 1994, **104**: 284 – 288.

[79] Lurie D J, Nicholson I, Mallard J R. Low Field EPR measurements by field-cycled dynamic nuclear polarization. *J. Mag. Res.* 1991, **95**: 405 – 409.

[80] Foster M A, Seimenis I, Lurie D J. The application of PEDRI to the study of free radicals *in vivo*. *Phys. Med. Biol.* 1998, **43**: 1893 – 1897.

[81] Lurie D J. Proton-electron double-resonance imaging (PEDRI) //Biological Magnetic Resonance. New York: Plenum, 2000.

[82] Packer L. Biothiols. *Meth. Enzymol.* 1995, **251**: 529.

[83] Boyne A F, Ellman G L. A methodology for analysis of tissue sulfhydryl components. *Anal. Biochem.* 1972, **46**: 639 – 653.

[84] Kosower E M, Kosower N S. Bromobimane probes for thiols. *Meth. Enzymol.* 1995, **251**: 133 – 148.

[85] Rabenstein D L, Arnold A P, Guy R D. ^{1}H-NMR study of the removal of methylmercury from intact erythrocytes by sulfhydryl compounds. *J. Inorg. Biochem.* 1986, **28**: 279 – 287.

[86] Khramtsov V V, Yelinova V I, Weiner L M, Berezina T A, Martin V V, Volodarsky L B. Quantitative determination of SH groups in low- and high-molecular weight compounds by an electron spin resonance method. *Anal. Biochem.* 1989, **182**: 58 – 63.

[87] Weiner L M. Quantitative determination of thiol groups in low and high molecular weight compounds by electron paramagnetic resonance. *Meth. Enzymol.* 1995, **251**: 87 – 105.

[88] Weiner L M, Hu H, Swartz H M. EPR method for the measurement of cellular sulfhydryl groups. *FEBS Lett.*

1991, **290**: 243 – 246.

[89] Busse E, Zimmer G, Schopohl B, Kornhuber B. Influence of α-lipoic acid on intracellular glutathione in vitro and *in vivo*. *Arzneimittelforschung*. 1992, **42**: 829 – 831.

[90] Busse E, Zimmer G, Kornhuber B. Intracellular changes of HeLa cells after single or repeated treatment with cytostatics. *Arzneimittelforschung*. 1993, **43**: 378 – 381.

[91] Dikalov S, Kirilyuk I, Grigor' ev I. Spin trapping of O-, C-, and S-centered radicals and peroxynitrite by ^{2}H-imidazole-1- oxides. *Biochem. Biophys. Res. Commun.* 1996, **218**: 616 – 622.

[92] Dikalov S, Khramtsov V, Zimmer G. Determination of rate constants of the reactions of thiols with superoxide radical by electron paramag netic resonance: Critical remarks on spectrophotometric approaches. *Arch. Biochem. Biophys.* 1996, **326**: 207 – 218.

[93] Nohl H, Stolze K, Weiner L M. Noninvasive measurement of thiol levels in cells and isolated organs. *Meth. Enzymol.* 1995, **251**: 191 – 203.

[94] Yelinova V, Glazachev Y, Khramtsov V, Kudryashova L, Rykova V, Salganik R. Studies of human and rat blood under oxidative stress: Changes in plasma thiol level, antioxidant enzyme activity, protein carbonyl content, and fluidity of erythrocyte membrane. *Biochem. Biophys. Res. Commun.* 1996, **221**: 300 – 303.

[95] Khramtsov V V, Elinova V I, Goriunova T E, Vainer L M. Quantitative determination and reversible modification of sulfhydryl groups in low and high molecular weight compounds using a biradical spin marker. *Biokhimiia.* 1991, **56**: 1567 – 1577.

[96] Yel. inova V I, Weiner L M, Slepneva I A, Levina A S. Reversible modification of cysteine residues of NAD-PH- cytochrome P-450 reductase. *Biochem. Biophys. Res. Commun.* 1993, **193**: 1044 – 1048.

[97] Khramtsov V V, Yelinova V I, Glazachev Yu I, Reznikov V A, Zimmer G. Quantitative determination and reversible modification of thiols using imidazolidine biradical disulfide label. *J. Biochem. Biophys. Meth.* 1997, **35**: 115 – 128.

[98] Janzen E G. Spin trapping. *Meth. Enzymol.* 1984, **105**: 188 – 198.

[99] Britigan B E, Cohen M S, Rosen G M. Detection of the production of oxygen-centered free radicals by human neutrophils using spin trapping techniques: A critical perspective. *J. Leukoc. Biol.* 1987, **41**: 349 – 362.

[100] Buettner G R, Mason R P. Spin-trapping methods for detecting superoxide and hydroxyl free radicals *in vitro* and *in vivo*. *Meth. Enzymol.* 1990, **186**: 127 – 133.

[101] Berliner L J, Khramtsov V, Fujii H, Clanton T L. Unique *in vivo* applications of spin traps. *Free Radic. Biol. Med.* 2001, **30**: 489 – 499.

[102] Finkelstein E, Rosen G M, Rauckman E J. Spin trapping of superoxide and hydroxyl radical: Practical aspects. *Arch. Biochem. Biophys.* 1980, **200**: 1 – 16.

[103] Mason R P, Knecht K T. *In vivo* detection of radical adducts by electron spin resonance. *Meth. Enzymol.* 1994, **233**: 112 – 117.

[104] Hojo Y, Okado A, Kawazoe S, Mizutani T. Direct evidence for *in vivo* hydroxyl radical generation in blood of mice after acute chromium (Ⅵ) intake: Electron spin resonance spin-trapping investigation. *Biol. Trace Elem. Res.* 2000, **76**: 75 – 84.

[105] Roubaud V, Sankarapandi S, Kuppusamy P, Tordo P, Zweier J L. Quantitative measurement of superoxide generation using the spin trap 5-(diethoxyphosphoryl)-5-methyl-1-pyrroline-*N*-oxide. *Anal. Biochem.* 1997, **247**: 404 – 411.

[106] Liu K J, Miyake M, Panz T, Swartz H. Evaluation of DEPMPO as a spin trapping agent in biological systems. *Free Radic. Biol. Med.* 1999, **26**: 714 – 721.

[107] Timmins G S, Liu K J, Bechara E J, Kotake Y, Swartz H M. Trapping of free radicals with direct *in vivo* EPR detection: A comparison of 5, 5-dimethyl-1-pyrroline-*N*-oxide and 5-diethoxyphosphoryl-5-methyl-1-pyrroline-*N*-oxide as spin traps for HO˙ and SO₄˙⁻. *Free Radic. Biol. Med.* 1999, **27**: 329 – 333.

[108] Stolze K, Udilova N, Nohl H. Spin trapping of lipid radicals with DEPMPO-derived spin traps: Detection of superoxide, alkyl and alkoxyl radicals in aqueous and lipid phase. *Free Radic. Biol. Med.* 2000, **29**: 1005 – 1014.

[109] Olive G, Mercier A, Le Moigne F, Rockenbauer A, Tordo P. 2-ethoxy-carbonyl-2-methyl-3, 4-dihydro-2H-pyrrole-1- oxide: Evaluation of the spin trapping properties. *Free Radic. Biol. Med.* 2000, **28**: 403 – 408.

[110] Zhang H, Joseph J, Vasquez-Vivar J, Karoui H, Nsanzumuhire C, Martasek P, Tordo P, Kalyanaraman B. Detection of superoxide anion using an isotopically labeled nitrone spin trap: Potential biological applications. *FEBS Lett.* 2000, **473**: 58 – 62.

[111] Zhao H, Joseph J, Zhang H, Karoui H, Kalyanaraman B. Synthesis and biochemical applications of a solid cyclic nitrone spin trap: A relatively superior trap for detecting superoxide anions and glutathiyl radicals. *Free Radic. Biol. Med.* 2001, **31**: 599 – 606.

[112] Tordo P. Spin-trapping: Recent developments and applications. *Electron Paramag. Res.* 1998, **16**: 116 – 144.

[113] Samuni A, Samuni A, Swartz H M. The cellular-induced decay of DMPO spin adducts of ˙OH and ˙O₂. *Free Radic. Biol. Med.* 1989, **6**: 179 – 183.

[114] Khan N, Grinberg O, Wilmot C, Kiefer H, Swartz H M. "Distant spin trapping": A method for expanding the availability of spin trapping measurements. *J. Biochem. Biophys. Methods.* 2005, **62**: 125 – 130.

[115] Rohr-Udilova N, Stolze K, Marian B, Nohl H. Cytotoxicity of novel derivatives of the spin trap EMPO. *Bioorg. Med. Chem. Lett.* 2006, **16**: 541 – 546.

[116] Eaton G R. A new EPR methodology for the study of biological systems. *Biophys. J.* 1993, **64**: 1373 – 1374.

[117] Ishida S, Matsumoto S, Yokoyama H, Mori N, Kumashiro H, Tsuchihashi N, Ogata T, Yamada M, Ono M, Kitajima T. An ESR-CT imaging of the head of a living rat receiving an administration of a nitroxide radical. *Mag. Res. Imaging.* 1992, **10**: 109 – 114.

[118] Swartz H M, Walczak T. Developing *in vivo* EPR oximetry for clinical use. *Adv. Exp. Med. Biol.* 1998, **454**: 243 – 252.

[119] Liu K J, Shi X, Jiang J J, Goda F, Dalal N, Swartz H M. Chromate-in-duced chromium (V) formation in live mice and its control by cellular antioxidants: An L-band electron paramagnetic resonance study. *Arch. Biochem. Biophys.* 1995, **323**: 33 – 39.

[120] Jiang J J, Liu K J, Jordan S J, Swartz H M, Mason R P. Detection of free radical metabolite formation using *in vivo* EPR spectroscopy: Evidence of rat hemoglobin thiyl radical formation following administration of phe-nylhydrazine. *Arch. Biochem. Biophys.* 1996, **330**: 266 – 270.

[121] Liu K J, Shi X, Jiang J, Goda F, Dalal N, Swartz H M. Low frequency electron paramagnetic resonance investigation on metabolism of chromium (Ⅵ) by whole live mice. *Ann. Clin. Lab. Sci.* 1996, **26**: 176 – 184.

[122] Sen S, Goldman H, Morehead M, Murphy S, Phillis J W. α-Phenyl-tert-butyl-nitrone inhibits free radical release in brain concussion. *Free Radic. Biol. Med.* 1994, **16**: 685 – 691.

[123] Stoyanovsky D A, Cederbaum A I. ESR and HPLC-EC analysis of ethanol oxidation to 1-hydroxyethyl radical: Rapid reduction and quan-tification of POBN and PBN nitroxides. *Free Radic. Biol. Med.* 1998, **25**: 536 – 545.

[124] Gutteridge J M. Free radicals in disease processes. A compilation of cause and consequence. *Free Radic.*

Res. Commun. 1993, **19**: 141 –158.

[125] Knight J A. Diseases related to oxygen-derived free radicals. *Ann. Clin. Lab. Sci.* 1995, **25**: 111 –121.

[126] Satriano J A, Shuldiner M, Hora K, Xing Y, Shan Z, Schlondorff D. Oxygen radicals as second messengers for expression of the monocyte chemoattractant protein, JE/MCP-1, and the monocyte colony-stimu-lating factor, CSF-1, in response to tumor necrosis factor-alpha and immunoglobulin G. Evidence for involvement of reduced nicotinamide adenine dinucleotide phosphate (NADPH) -dependent oxidase. *J. Clin. Invest.* 1993, **92**: 1564 –1571.

[127] Joseph J A, Cutler R C. The role of oxidative stress in signal transduction changes and cell loss in senescence. *Ann. NY Acad. Sci.* 1994, **738**: 37 – 43.

[128] Remick D G, Villarete L. Regulation of cytokine gene expression by reactive oxygen and reactive nitrogen intermediates. *J. Leukoc. Biol.* 1996, **59**: 471 –475.

[129] Hancock J T. Superoxide, hydrogen peroxide and nitric oxide as signaling molecules: Their production and role in disease. *Br J. Biomed. Sci.* 1997, **54**: 38 – 46.

[130] Flescher E, Tripoli H, Salnikow K, Burns F J. Oxidative stress suppresses transcription factor activities in stimulated lymphocytes. *Clin. Exp. Immunol.* 1998, **112**: 242 –247.

[131] Poderoso J J, Boveris A, Cadenas E. Mitochondrial oxidative stress: A self-propagating process with implications for signaling cascades. *Biofactors.* 2000, **11**: 43 – 45.

[132] Griendling K K, Sorescu D, Lassegue B, Ushio-Fukai M. Modulation of protein kinase activity and gene expression by reactive oxygen species and their role in vascular physiology and pathophysiology. *Arterioscler. Thromb. Vasc. Biol.* 2000, **20**: 2175 –2183.

[133] Bauer G. Reactive oxygen and nitrogen species. Efficient, selective, and interactive signals during intercellular induction of apoptosis. *Anticancer. Res.* 2000, **20**: 4115 –4139.

[134] Camougrand N, Rigoulet M. Aging and oxidative stress: Studies of some genes involved both in aging and in response to oxidative stress. *Resp. Physiol.* 2001, **128**: 393 –401.

[135] Sauer H, Wartenberg M, Hescheler J. Reactive oxygen species as intracellular messengers during cell growth and differentiation. *Cell Physiol. Biochem.* 2001, **11**: 173 – 186.

[136] Carmody R J, Cotter T G. Signaling apoptosis. A radical approach. *Redox. Rep.* 2001, **6**: 77 –90.

[137] Kontos H A. George E. Brown memorial lecture. Oxygen radicals in cerebral vascular injury. *Circ. Res.* 1985, **57**: 508 –516.

[138] Ambrosio G, Zweier J L, Duilio C, Kuppusamy P, Santoro G, Elia P P, Tritto I, Cirillo P, Condorelli M, Chiariello M. Evidence that mitochondrial respiration is a source of potentially toxic oxygen free radicals in intact rabbit hearts subjected to ischemia and reflow. *J. Biol. Chem.* 1993, **268**: 18532 – 18541.

[139] Paller M S, Jacob H S. Cytochrome P-450 mediates tissue-damaging hydroxyl radical formation during reoxygenation of the kidney. *Proc. Natl. Acad. Sci. USA.* 1994, **91**: 7002 –7006.

[140] Rao P S, Cohen M V, Mueller H S. Production of free radicals and lipid peroxides in early experimental myocardial ischemia. *J. Mol. Cell Cardiol.* 1983, **15**: 713 –716.

[141] Arroyo C M, Kramer J H, Dickens B F, Weglicki W B. Identification of free radicals in myocardial ischemia/reperfusion by spin trapping with nitrone DMPO. *FEBS Lett.* 1987, **221**: 101 – 104.

[142] Bolli R, Patel B S, Jeroudi M O, Lai E K, McCay P B. Demonstration of free radical generation in "stunned" myocardium of intact dogs with the use of the spin trap α-phenyl *N*-tert-butyl nitrone. *J. Clin. Invest.* 1988, **82**: 476 –485.

[143] Pincemail J, Defraigne J O, Franssen C, Defechereux T, Canivet J L, Philippart C, Meurisse M. Evidence

of *in vivo* free radical generation by spin trapping with α-phenyl N-tert-butyl nitrone during ischemia/ reperfusion in rabbit kidneys. *Free Radic. Res. Commun.* 1990, **9**: 181 – 186.

[144] McCord J M. Oxygen-derived free radicals in post-ischemic tissue injury N. *Eng. J. Med.* 1985, **312**: 159 – 163.

[145] Togashi H, Shinzawa H, Yong H, Takahashi T, Noda H, Oikawa K, Kamada H. Ascorbic acid radical, superoxide, and hydroxyl radical are detected in reperfusion injury of rat liver using electron spin resonance spectroscopy. *Arch. Biochem. Biophys.* 1994, **308**: 1 – 7.

[146] Janzen E G, Towner R A, Krygsman P H, Haire D L, Poyer J L. Structure identification of free radicals by ESR and GC/MS of PBN spin adducts from the *in vitro* and *in vivo* rat liver metabolism of halothane. *Free Radic. Res. Commun.* 1990, **9**: 343 – 351.

[147] Pappius H M, Wolfe L S. Functional disturbances in brain following injury: Search for underlying mechanisms. *Neurochem. Res.* 1983, **8**: 63 – 72.

[148] Tauber A I, Wright J, Higson F K, Edelman S A, Waxman D J. Purification and characterization of the human neutrophil NADH-cytochrome b5 reductase. *Blood.* 1985, **66**: 673 – 678.

[149] Halliwell B. Oxidants and human disease. Some new concepts. *FASEB J.* 1987, **1**: 358 – 364.

[150] Ikeda Y, Long D M. The molecular basis of brain injury and brain edema: The role of oxygen free radicals. *Neurosurgery.* 1990, **27**: 1 – 11.

[151] Sen S, Goldman H, Morehead M, Murphy S, Phillis J W. α-Phenyl-tert-butyl-nitrone inhibits free radical release in brain concussion. *Free Radic. Biol. Med.* 1994, **16**: 685 – 691.

[152] Anderson D K, Means E D. Iron-induced lipid peroxidation in spinal cord. Protection with mannitol and methylprednisolone. *J. Free Radic. Biol. Med.* 1985, **1**: 59 – 64.

[153] Demediuk P, Saunders R D, Clendenon N R, Means E D, Anderson D K, Horrocks L A. Changes in lipid metabolism in traumatized spinal cord. *Prog. Brain. Res.* 1985, **63**: 211 – 226.

[154] Kontos H A, Wei E P. Superoxide production in experimental brain injury. *J. Neurosurg.* 1986, **64**: 803 – 807.

[155] Kontos H A, Povlishock J T. Oxygen radicals in brain injury. *Cent. Nerv. Syst. Trauma.* 1986, **3**: 257 – 263.

[156] Lai E K, Crossley C, Sridhar R, Misra H P, Janzen E G, McCay P B. *In vivo* spin trapping of free radicals generated in brain, spleen, and liver during gamma radiation of mice. *Arch. Biochem. Biophys.* 1986, **244**: 156 – 160.

[157] Phillis J W, Sen S. Oxypurinol attenuates hydroxyl radical production during ischemia/reperfusion injury of the rat cerebral cortex: An ESR study. *Brain. Res.* 1993, **628**: 309 – 312.

[158] Capani F, Loidl C F, Aguirre F, Piehl L, Facorro G, Hager A, De Paoli T, Farach H, Pecci-Saavedra J. Changes in reactive oxygen species production in rat brain during global perinatal asphyxia: An ESR study. *Brain. Res.* 2001, **914**: 204 – 207.

[159] Reinke L A, Lai E K, DuBose C M, McCay P B. Reactive free radical generation *in vivo* in heart and liver of ethanol-fed rats: Correlation with radical formation *in vitro*. *Proc. Natl. Acad. Sci. USA.* 1987, **84**: 9223 – 9227.

[160] Reinke L A, Lai E K, McCay P B. Ethanol feeding stimulates trichloromethyl radical formation from carbon tetrachloride in liver. *Xenobiotica.* 1988, **18**: 1311 – 1318.

[161] Albano E, Tomasi A, Goria-Gatti L, Dianzani M U. Spin trapping of free radical species produced during the microsomal metabolism of ethanol. *Chem. Biol. Interact.* 1988, **65**: 223 – 234.

[162] Knecht K T, Bradford B U, Mason R P, Thurman R G. *In vivo* formation of a free radical metabolite of etha-nol. *Mol. Pharmacol.* 1990, **38**: 26 – 30.

[163] Reinke L A, Kotake Y, McCay P B, Janzen E G. Spin-trapping studies of hepatic free radicals formed following the acute administration of ethanol to rats: *In vivo* detection of 1-hydroxyethyl radicals with PBN. *Free Radic. Biol. Med.* 1991, **11**: 31 – 39.

[164] Bondy S C. Ethanol toxicity and oxidative stress. *Toxicol. Lett.* 1992, **63**: 231 – 241.

[165] Rashba-Step J, Turro N J, Cederbaum A I. Increased NADPH- and NADH-dependent production of superox-ide and hydroxyl radical by microsomes after chronic ethanol treatment. *Arch. Biochem. Biophys.* 1933, **300**: 401 – 408.

[166] Knecht K T, Thurman R G, Mason R P. Role of superoxide and trace transition metals in the production of alpha- hydroxyethyl radical from ethanol by microsomes from alcohol dehydrogenase-deficient deermice. *Arch. Biochem. Biophys.* 1993, **303**: 339 – 348.

[167] Knecht K T, Adachi Y, Bradford B U, Iimuro Y, Kadiiska M, Xuang Q H, Thurman R G. Free radical ad-ducts in the bile of rats treated chroni-cally with intragastric alcohol: Inhibition by destruction of Kupffer cells. *Mol. Pharmacol.* 1995, **47**: 1028 – 1034.

[168] Thurman R G, Gao W, Connor H D, Adachi Y, Stachlewitz R F, Zhong Z, Knecht K T, Bradford B U, Mason R P, Lemasters J J. Role of Kupffer cells in failure of fatty livers following liver transplantation and al-coholic liver injury. *J. Gastroenterol. Hepatol.* 1995, **10**: S24 – S30.

[169] Moore D R, Reinke L A, McCay P B. Metabolism of ethanol to 1-hydroxyethyl radicals *in vivo*: Detection with intravenous adminis-tration of α- (4-pyridyl-1-oxide) -*N*-*t*-butylnitrone. *Mol. Pharmacol.* 1995, **47**: 1224 – 1230.

[170] Ishii H, Kurose I, Kato S. Pathogenesis of alcoholic liver disease with particular emphasis on oxidative stress. *J. Gastroenterol. Hepatol.* 1997, **12**: S272 – S282.

[171] Reinke L A, McCay P B. Spin trapping studies of alcohol-initiated radicals in rat liver: Influence of dietary fat. *J. Nutr.* 1997, **127**: 899S – 902S.

[172] Thurman R G, Bradford B U, Iimuro Y, Knecht K T, Arteel G E, Yin M, Connor H D, Wall C, Raleigh J A, Frankenberg M V, Adachi Y, Forman D T, Brenner D, Kadiiska M, Mason R P. The role of gut-derived bacterial toxins and free radicals in alcohol-induced liver injury. *J. Gastroenterol. Hepatol.* 1998, **13**: S39 – S50.

[173] Thurman R G, Bradford B U, Iimuro Y, Frankenberg M V, Knecht K T, Connor H D, Adachi Y, Wall C, Arteel G E, Raleigh J A, Forman D T, Mason R P. Mechanisms of alcohol-induced hepatotoxicity: Studies in rats. *Front. Biosci.* 1999, **4**: E42 – E46.

[174] Albano E, French S W, Ingelman-Sundberg M. Hydroxyethyl radicals in ethanol hepatotoxicity. *Front. Bios-ci.* 1999, **4**: D533 – D540.

[175] Jokelainen K, Reinke L A, Nanji A A. Nf-kappab activation is associated with free radical generation and endotoxemia and precedes pathological liver injury in experimental alcoholic liver disease. *Cytokine.* 2001, **16**: 36 – 39.

[176] Albano E, Cheeseman K H, Tomasi A, Carini R, Dianzani M U, Slater T F. Effect of spin traps in isolated rat hepatocytes and liver micro-somes. *Biochem. Pharmacol.* 1986, **35**: 3955 – 3960.

[177] Niemela O, Klajner F, Orrego H, Vidins E, Blendis L, Israel Y. Antibodies against acetaldehyde-modified protein epitopes in human alcoholics. *Hepatology.* 1967, **7**: 1210 – 1214.

[178] Fang J L, Vaca C E. Detection of DNA adducts of acetaldehyde in peripheral white blood cells of alcohol

abusers. *Carcinogenesis.* 1997, **18**: 627 – 632.

[179] Nakao L S, Kadiiska M B, Mason R P, Grijalba M T, Augusto O. Metabolism of acetaldehyde to methyl and acetyl radicals: *In vitro* and *in vivo* electron paramagnetic resonance spin-trapping studies. *Free Radic Biol Med.* 2000, **29**: 721 – 729.

[180] Kadiiska M B, Xiang Q H, Mason R P. *In vivo* free radical generation by chromium (VI): An electron spin resonance spin-trapping investi-gation. *Chem. Res. Toxicol.* 1994, **7**: 800 – 805.

[181] Kadiiska M B, Morrow J D, Awad J A, Roberts L J II, Mason R P. Identification of free radical formation and F2-isoprostanes *in vivo* by acute Cr (VI) poisoning. *Chem. Res. Toxicol.* 1998, **11**: 1516 – 1520.

[182] Kadiiska M B, Mason R P. Acute methanol intoxication generates free radicals in rats: An ESR spin trapping investigation. *Free Radic. Biol. Med.* 2000, **28**: 1106 – 1114.

[183] Kadiiska M B, Mason R P. Ethylene glycol generates free radical metabolites in rats: An ESR *in vivo* spin trapping investigation. *Chem. Res. Toxicol.* 2000, **13**: 1187 – 1191.

[184] Kadiiska M B, De Costa K S, Mason R P, Mathews J M. Reduction of 1, 3-diphenyl-1-triazene by rat hepatic microsomes, by cecal microflora, and in rats generates the phenyl radical metabolite: An ESR spin-trapping investigation. *Chem. Res. Toxicol.* 2000, **13**: 1082 – 1086.

[185] Hix S, Kadiiska M B, Mason R P, Augusto O. *In vivo* metabolism of tert-butyl hydroperoxide to methyl radicals. EPR spin trapping and DNA methylation studies. *Chem. Res. Toxicol.* 2000, **13**: 1056 – 1064.

[186] Dikalova A E, Kadiiska M B, Mason R P. An *in vivo* ESR spin-trapping study: Free radical generation in rats from formate intoxication: Role of the Fenton reaction. *Proc. Natl. Acad. Sci. USA.* 2001, **98**: 13549 – 13553.

[187] Lanigan S. Final report on the safety assessment of methyl alcohol. *Int. J. Toxicol.* 2001, **20**: 57 – 85.

[188] Johlin F C, Swain E, Smith C, Tephly T R. Studies on the mechanism of methanol poisoning: Purification and comparison of rat and human liver 10-formyltetrahydrofolate dehydrogenase. *Mol. Pharmacol.* 1989, **35**: 745 – 750.

[189] Jacobsen D, McMartin K E. Methanol and ethylene glycol poisonings. Mechanism of toxicity, clinical course, diagnosis and treatment. *Med. Toxicol.* 1986, **1**: 309 – 334.

[190] Skrzydlewska E, Farbiszewski R. Decreased antioxidant defense mechanisms in rat liver after methanol intoxication. *Free Radic. Res.* 1997, **27**: 369 – 375.

[191] Poyer J L, McCay P B, Lai E K, Janzen E G, Davis E R. Confirmation of assignment of the trichloromethyl radical spin adduct detected by spin trapping during ^{13}C-carbon tetrachloride metabolism *in vitro* and *in vivo*. *Biochem. Biophys. Res. Commun.* 1980, **94**: 1154 – 1160.

[192] Albano E, Lott K A, Slater T F, Stier A, Symons M C, Tomasi A. Spin-trapping studies on the free-radical products formed by metabolic activation of carbon tetrachloride in rat liver microsomal fractions isolated hepatocytes and *in vivo* in the rat. *Biochem. J.* 1982, **204**: 593 – 603.

[193] McCay P B, Lai E K, Poyer J L, DuBose C M, Janzen E G. Oxygen- and carbon-centered free radical formation during carbon tetrachloride metabolism. Observation of lipid radicals *in vivo* and *in vitro*. *J. Biol. Chem.* 1984, **259**: 2135 – 2143.

[194] Janzen E G, Towner R A, Haire D L. Detection of free radicals generated from the in vitro metabolism of carbon tetrachloride using improved ESR spin trapping techniques. *Free Radic. Res. Commun.* 1987, **3**: 357 – 364.

[195] Janzen E G, Towner R A, Brauer M. Factors influencing the formation of the carbon dioxide radical anion ($\cdot CO_2$) spin adduct of PBN in the rat liver metabolism of halocarbons. *Free Radic. Res. Commun.* 1988,

4: 359 – 369.

[196] Connor H D, Lacagnin L B, Knecht K T, Thurman R G, Mason R P. Reaction of glutathione with a free radical metabolite of carbon tet-rachloride. *Mol. Pharmacol.* 1990, **37**: 443 – 451.

[197] Knecht K T, Mason R P. *In vivo* radical trapping and biliary secretion of radical adducts of carbon tetrachloride-derived free radical metabolites. *Drug. Metab. Dispos.* 1988, **16**: 813 – 817.

[198] Connor H D, Thurman R G, Galizi M D, Mason R P. The formation of a novel free radical metabolite from CCl_4 in the perfused rat liver and *in vivo*. *J. Biol. Chem.* 1986, **261**: 4542 – 4548.

[199] Knecht K T, Mason R P. The detection of halocarbon-derived radical adducts in bile and liver of rats. *Drug. Metab. Dispos.* 1991, **19**: 325 – 331.

[200] Reinke L A, Towner R A, Janzen E G. Spin trapping of free radical metabolites of carbon tetrachloride *in vitro* and *in vivo*: Effect of acute ethanol administration. *Toxicol. Appl. Pharmacol.* 1992, **112**: 17 – 23.

[201] Sentjurc M, Mason R P. Inhibition of radical adduct reduction and reoxidation of the corresponding hydroxylamines in *in vivo* spin trapping of carbon tetrachloride-derived radicals. *Free Radic. Biol. Med.* 1992, **13**: 151 – 160.

[202] Tanaka N, Tanaka K, Nagashima Y, Kondo M, Sekihara H. Nitric oxide increases hepatic arterial blood flow in rats with carbon tetra-chloride-induced acute hepatic injury. *Gastroenterology.* 1999, **117**: 173 – 180.

[203] Muriel P. Nitric oxide protection of rat liver from lipid peroxidation, collagen accumulation, and liver damage induced by carbon tetrachloride. *Biochem. Pharmacol.* 1998, **56**: 773 – 779.

[204] Jiang J, Liu K J, Shi X, Swartz H M. Detection of short-lived free radicals by low frequency ESR spin trapping in whole living animals: Evidence of sulfur trioxide anion free radical generation *in vivo*. *Arch. Biochem. Biophys.* 1995, **319**: 570 – 573. .

[205] Huie R E, Neta P. Chemical behavior of sulfur trioxide and sulfur penta-oxide radical anion in aqueous solutions. *J. Phys. Chem.* 1984, **88**: 5665 – 5669.

[206] Stanbury D M. Reduction potentials involving inorganic free radicals in aqueous solution. *Adv. Inorg. Chem.* 1989, **33**: 69 – 138.

[207] Abedinzadeh Z. Sulfur-centered reactive intermediates derived from the oxidation of sulfur compounds of biological interest. *Can. J. Physiol. Pharmacol.* 2001, **79**: 166 – 170.

[208] Maples K R, Jordan S J, Mason R P. *In vivo* rat hemoglobin thiyl free radical formation following administration of phenylhydrazine and hydrazine-based drugs. *Drug. Metab. Dispos.* 1988, **16**: 799 – 803.

[209] Maples K R, Jordan S J, Mason R P. *In vivo* rat hemoglobin thiyl free radical formation following phenylhydrazine administration. *Mol. Pharmacol.* 1988, **33**: 344 – 350.

[210] Maples K R, Kennedy C H, Jordan S J, Mason R P. *In vivo* thiyl free radical formation from hemoglobin following administration of hydroperoxides. *Arch. Biochem. Biophys.* 1990, **277**: 402 – 409.

[211] Maples K R, Eyer P, Mason R P. Aniline-, phenylhydroxylamine-, nitrosobenzene-, and nitrobenzene-induced hemoglobin thiyl free radical formation *in vivo* and *in vitro*. *Mol. Pharmacol.* 1990, **37**: 311 – 318.

[212] Berliner L J. *Physica Medica.* 1989, **5**: 63 – 75.

[213] Berliner L J. EPR Imaging and *In vivo* ESR. Boca Raton: CRC Press, 1991: 291 – 305.

[214] Berliner L J, Fujii H. *In-vivo* spectroscopy. // Biological Magnetic Resonance. New York: Plenum, 1992: 307 – 319.

[215] Li J, Huang F L, Huang K P. Glutathiolation of proteins by glutathione disulfide-*S*-oxide derived from *S*-nitrosoglutathione. *J. Biol. Chem.* 2000, **276**: 3098 – 3105.

[216] Radi R, Beckman J S, Bush K M, Freeman B A. Peroxynitrite oxidation of sulfhydryls. *J. Biol. Chem.*

1991, **266**: 4244 – 4250.

[217] Finley J W, Wheeler E L, Witt S C. Oxidation of glutathione by hydrogen peroxide and other oxidizing agents. *J. Agric. Food Chem.* 1981, **29**: 404 – 407.

[218] Bonini M G, Augusto O. Carbon dioxide stimulates the production of thiyl, sulfinyl, and disulfide radical anion from thiol oxidation by peroxynitrite. *J. Biol. Chem.* 2000, **276**: 9749 – 9754.

[219] Langley-Evans S C, Phillips G J, Jackson A A. Sulphur dioxide: A potent glutathione depleting agent. *Comp. Biochem. Physiol. C Pharmacol. Toxicol. Endocrinol.* 1996, **114**: 89 – 98.

[220] Chamulitrat W. Desulfonation of a colitis inducer 2, 4, 6-trinitrobenzene sulfonic acid produces sulfite radical. *Biochim. Biophys. Acta.* 1999, **1472**: 368 – 375.

[221] Palmer R M, Ferrige A G, Moncada S. Nitric oxide release accounts for the biological activity of endothelium-derived relaxing factor. *Nature.* 1987, **327**: 524 – 526.

[222] Collier J, Vallance P. Second messenger role for NO widens to nervous and immune systems. *Trends Pharmacol. Sci.* 1989, **10**: 427 – 431.

[223] Shoji H, Takahashi S, Okabe E. Intracellular effects of nitric oxide on force production and Ca^{2+} sensitivity of cardiac myofilaments. *Antiox. Redox. Signal.* 1999, **1**: 509 – 521.

[224] Remer K A, Jungi T W, Fatzer R, Tauber M G, Leib S L. Nitric oxide is protective in listeric meningoencephalitis of rats. *Infect. Immun.* 2001, **69**: 4086 – 4093.

[225] Zweier J L, Fertmann J, Wei G. Nitric oxide and peroxynitrite in postischemic myocardium. *Antiox. Redox. Signal.* 2001, **3**: 11 – 22.

[226] Archer S. Measurement of nitric oxide in biological models. *FASEB J.* 1993, **7**: 349 – 360.

[227] Michelakis E D, Archer S L. The measurement of NO in biological systems using chemiluminescence. *Meth. Mol. Biol.* 1998, **100**: 111 – 127.

[228] Ignarro L J, Byrns R E, Buga G M, Wood K S. Endothelium-derived relaxing factor from pulmonary artery and vein possesses pharmacologic and chemical properties identical to those of nitric oxide radical. *Circ. Res.* 1987, **61**: 866 – 879.

[229] Ignarro L J, Buga G M, Wood K S, Byrns R E, Chaudhuri G. En-dothelium-derived relaxing factor produced and released from artery and vein is nitric oxide. *Proc. Natl. Acad. Sci. USA.* 1987, **84**: 9265 – 9269.

[230] Greenberg S S, Wilcox D E, Rubanyi G M. Endothelium-derived relaxing factor released from canine femoral artery by acetylcholine cannot be identified as free nitric oxide by electron paramagnetic resonance spectroscopy. *Circ. Res.* 1990, **67**: 1446 – 1452.

[231] Charlier N, Preat V, Gallez B. Evaluation of lipid-based carrier systems and inclusion complexes of diethyldithiocarbamate-iron to trap nitric oxide in biological systems. *Magn. Reson. Med.* 2006, **55**: 215 – 2158.

[232] Arroyo C M, Forray C. Activation of cyclic GMP formation in mouse neuroblastoma cells by a labile nitroxyl radical. An electron paramagnetic resonance/spin trapping study. *Eur. J. Pharmacol.* 1991, **208**: 157 – 161.

[233] Arroyo C M, Kohno M. Difficulties encountered in the detection of nitric oxide by spin trapping techniques. A cautionary note. *Free Radic. Res. Commun.* 1991, **14**: 145 – 155.

[234] Mordvintcev P, Mulsch A, Busse R, Vanin A. On-line detection of nitric oxide formation in liquid aqueous phase by electron paramagnetic resonance spectroscopy. *Anal. Biochem.* 1991, **199**: 142 – 146.

[235] Akaike T, Yoshida M, Miyamoto Y, Sato K, Kohno M, Sasamoto K, Miyazaki K, Ueda S, Maeda H. Antagonistic action of imidazolineoxyl N-oxides against endothelium-derived relaxing factor · NO through a radical reaction. *Biochemistry.* 1993, **32**: 827 – 832.

[236] Komarov A, Mattson D, Jones M M, Singh P K, Lai C S. *In vivo* spin trapping of nitric oxide in mice. *Biochem. Biophys. Res. Commun.* 1993, **195**: 1191 – 1198.

[237] Korth H G, Sustmann R, Thater C, Butler A R, Ingold K U. On the mechanism of the nitric oxide synthase-catalyzed conversion of N-omega-hydroxyl-L-arginine to citrulline and nitric oxide. *J. Biol. Chem.* 1994, **269**: 17776 – 17779.

[238] Woldman Y Y U, Khramtsov V V, Grigor' ev I A, Kiriljuk I A, Utepbergenov D I. Spin trapping of nitric oxide by nitronylnitroxides: Measurement of the activity of NO synthase from rat cerebellum. *Biochem. Biophys. Res. Commun.* 1994, **202**: 195 – 203.

[239] Obolenskaya M Yu, Vanin A F, Mordvintcev P I, Mulsch A, Decker K. EPR evidence of nitric oxide production by the regenerating rat liver. *Biochem. Biophys. Res. Commun.* 1994, **202**: 571 – 576.

[240] Vanin A F, Huisman A, Stroes E S, de Ruijter-Heijstek F C, Rabelink T J, van Faassen E E. Antioxidant capacity of mononitrosyl-iron-dithiocarbamate complexes: Implications for NO trapping. *Free Radic. Biol. Med.* 2001, **30**: 813 – 824.

[241] Fujii S, Yoshimura T. Detection and imaging of endogenously produced nitric oxide with electron paramagnetic resonance spectroscopy. *Antiox. Redox. Signal.* 2000, **2**: 879 – 901.

[242] Xia Y, Cardounel A J, Vanin A F, Zweier J L. Electron paramagnetic resonance spectroscopy with N-methyl-D- glucamine dithiocarbamate iron complexes distinguishes nitric oxide and nitroxyl anion in a re-dox-dependent manner: Applications in identifying nitrogen monoxide products from nitric oxide synthase. *Free Radic. Biol. Med.* 2000, **29**: 793 – 797.

[243] Kleschyov A L, Mollnau H, Oelze M, Meinertz T, Huang Y, Harrison D G, Munzel T. Spin trapping of vascular nitric oxide using colloid Fe(Ⅱ)-diethyldithiocarbamate. *Biochem. Biophys. Res. Commun.* 2000, **275**: 672 – 677.

[244] Komarov A M, Mak I T, Weglicki W B. Iron potentiates nitric oxide scavenging by dithiocarbamates in tissue of septic shock mice. *Biochim. Biophys. Acta.* 1997, **1361**: 229 – 234.

[245] Chamulitrat W. EPR studies of nitric oxide interactions of alkoxyl and peroxyl radicals in *in vitro* and *ex vivo* model systems. *Antiox. Redox. Signal.* 2001, **3**: 177 – 187.

[246] Vladimirov Y, Borisenko G, Boriskina N, Kazarinov K, Osipov A. NO-hemoglobin may be a light-sensitive source of nitric oxide both in solution and in red blood cells. *J. Photochem. Photobiol. B.* 2000, **59**: 115 – 122.

[247] Weber H. Spin trapping in the determination of nitric oxide (NO) . *Pharm. Unserer. Zeit.* 1999, **28**: 138 – 146.

[248] Vanin A F. Iron diethyldithiocarbamate as spin trap for nitric oxide detection. *Meth. Enzymol.* 1999, **301**: 269 – 279.

[249] Galleano M, Aimo L, Virginia Borroni M, Puntarulo S. Nitric oxide and iron overload. Limitations of ESR detection by DETC. *Toxicology.* 2001, **167**: 199 – 205.

[250] Tsuchiya K, Takasugi M, Minakuchi K, Fukuzawa K. Sensitive quantitation of nitric oxide by EPR spectros-copy. *Free Radic. Biol. Med.* 1996, **21**: 733 – 737.

[251] Wallis G, Brackett D, Lerner M, Kotake Y, Bolli R, McCay P B. *In vivo* spin trapping of nitric oxide generated in the small intestine, liver, and kidney during the development of endotoxemia: A time-course study. *Shock.* 1996, **6**: 274 – 278.

[252] Kotake Y, Moore D R, Sang H, Reinke L A. Continuous monitoring of *in vivo* nitric oxide formation using EPR analysis in biliary flow. *Nitric Oxide.* 1999, **3**: 114 – 122.

[253] Lai C S, Komarov A M. Spin trapping of nitric oxide produced *in vivo* in septic-shock mice. *FEBS Lett.* 1994, **345**: 120 – 124.

[254] Fujii H, Koscielniak J, Berliner L J. Determination and characterization of nitric oxide generation in mice by *in vivo* L-Band EPR spectroscopy. *Mag. Res. Med.* 1997, **38**: 565 – 568.

[255] James P E, Miyake M, Swartz H M. Simultaneous measurement of NO $\cdot$ and pO_2 from tissue by *in vivo* EPR. *Nitric Oxide.* 1999, **3**: 292 – 301.

[256] Jackson S K, Madhani M, Thomas M, Timmins G S, James P E. Applications of *in vivo* electron paramagnetic resonance (EPR) spectroscopy: Measurements of pO_2 and NO in endotoxin shock. *Toxicol. Lett.* 2001, **120**: 253 – 257.

[257] Swartz H M, Baci G, Friedman B, God F, Grinberg O Y, Hoopes P J, Jiang J, Liu K J, Nakashima T, O'Hara J, Walczak T. Measurement of pO_2 *in vivo*, including human subjects by electron paramagnetic resonance. *Adv. Exp. Med. Biol.* 1995, **361**: 119 – 128.

[258] Swartz H M, Dunn J F. *Measurements of Oxygen in Tissues: Overview and Perspectives on Methods to Make the Measurements. Oxygen Transport to Tissue XXII.* Lengerich: Pabst Science Publishers, 2002.

[259] Swartz H M, Clarkson R B. The measurement of oxygen *in vivo* using EPR techniques. *Phys. Med. Biol.* 1998, **43**: 1957 – 1975.

[260] Grucker D. Oxymetry by magnetic resonance: Applications to animal biology and medicine. *Prog. Nuclear Mag. Res. Spectroscopy.* 2000, **36**: 241 – 270.

[261] Goda F, O'Hara J A, Liu K J, Rhodes E S, Dunn J F, Swartz H M. Comparisons of measurements of pO_2 in tissue *in vivo* by EPR oximetry and microelectrodes. *Adv. Exp. Med. Biol.* 1997, **411**: 543 – 549.

[262] Lin J C, Song C W. Effects of hydralazine on the blood flow in RIF-1 tumors and normal tissues of mice. *Radiat. Res.* 1990, **124**: 171 – 177.

[263] Hees P S, Sotak C H. Assessment of changes in murine tumor oxygenation in response to nicotinamide using ^{19}F-NMR relaxometry of a perfluorocarbon emulsion. *Mag. Res. Med.* 1993, **29**: 303 – 310.

[264] Kim I H, Lemmon M J, Brown J M. The influence of irradiation of the tumor bed on tumor hypoxia: Measurements by radiation response, oxygen electrodes, and nitroimidazole binding. *Radiat. Res.* 1993, **135**: 411 – 417.

[265] Horsman M R, Khalil A A, Siemann D W, Grau C, Hill S A, Lynch E M, Chaplin D J, Overgaard J. Relationship between radiobiological hypoxia in tumors and electrode measurements of tumor oxygenation. *Int. J. Radiat. Oncol. Biol. Phys.* 1994, **29**: 439 – 442.

[266] Smirnov A I, Norby S W, Clarkson R B, Walczak T, Swartz H M. Simultaneous multi-site EPR spectroscopy *in vivo*. *Mag. Res. Med.* 1993, **30**: 213 – 220.

[267] Grinberg O Y, Smirnov A I, Swartz H M. High spatial resolution multi-site EPR oximetry. *J. Magn. Reson.* 2001, **152**: 247 – 258.

[268] Swartz H M, Boyer S, Brown D, Chang K, Gast P, Glockner J F, Hu H, Liu K J, Moussavi M, Nilges M. The use of EPR for the measurement of the concentration of oxygen *in vivo* in tissues under physiologically pertinent conditions and concentrations. *Adv. Exp. Med. Biol.* 1992, **317**: 221 – 228.

[269] Nakashima T, Goda F, Jiang J, Shima T, Swartz H M. Use of EPR oximetry with India ink to measure the pO_2 in the liver *in vivo* in mice. *Mag. Res. Med.* 1995, **34**: 888 – 892.

[270] Jiang J, Nakashima T, Liu K J, Goda F, Shima T, Swartz H M. Measurement of pO_2 in liver using EPR oximetry. *J. Appl. Physiol.* 1996, **80**: 552 – 558.

[271] James P E, Bacic G, Grinberg O Y, Goda F, Dunn J F, Jackson S K, Swartz H M. Endotoxin-induced

changes in intrarenal pO_2, measured by *in vivo* electron paramagnetic resonance oximetry and magnetic resonance imaging. *Free Radic. Biol. Med.* 1996, **21**: 25 – 34.

[272] Hou H, Grinberg O Y, Grinberg S, Demidenko E, Swartz H M. Cerebral tissue oxygenation in reversible focal ischemia in rats: Multi-site EPR oximetry measurements. *Physiol. Meas.* 2005, **26**: 131 – 141.

[273] Rudat V, Stadler P, Becker A, Vanselow B, Dietz A, Wannenmacher M, Molls M, Dunst J, Feldmann H J. Predictive value of the tumor oxygenation by means of pO_2 histography in patients with advanced head and neck cancer. *Strahlentherapie Onkologie.* 2001, **177**: 462 – 468.

[274] Brizel D M, Sibley G S, Prosnitz L R, Scher R L, Dewhirst M W. Tumor hypoxia adversely affects the prognosis of carcinoma of the head and neck. *Int. J. Radiat. Oncol. Biol. Phys.* 1997, **38**: 285 – 289.

[275] Nordsmark M, Overgaard M, Overgaard J. Pretreatment oxygenation predicts radiation response in advanced squamous cell carcinoma of the head and neck. *Radiother. Oncol.* 1996, **41** : 31 – 39.

[276] Hockel M, Knoop C, Schlenger K, Vorndran B, Baussmann E, Mitze M, Knapstein P G, Vaupel P. Intratumoral pO_2 predicts survival in advanced cancer of the uterine cervix. *Radiother. Oncol.* 1993, **26**: 45 – 50.

[277] Rofstad E K, Sundfor K, Lyng H, Trope C G. Hypoxia-induced treatment failure in advanced squamous cell carcinoma of the uterine cervix is primarily due to hypoxia-induced radiation resistance rather than hypoxia-induced metastasis. *Br. J. Cancer.* 2000, **83**: 354 – 359.

[278] Knocke T H, Weitmann H D, Feldmann H J, Selzer E, Potter R. Intratumoral pO_2-measurements as predictive assay in the treatment of carcinoma of the uterine cervix. *Radiother. Oncol.* 1999, **53**: 99 – 104.

[279] Fyles A W, Milosevic M, Wong R, Kavanagh M C, Pintilie M, Sun A, Chapman W, Levin W, Manchul L, Keane T J, Hill R P. Oxygenation predicts radiation response and survival in patients with cervix cancer. *Radiother. Oncol.* 1998, **48**: 149 – 156.

[280] Nordsmark M, Alsner J, Keller J, Nielsen O S, Jensen O M, Horsman M R, Overgaard J. Hypoxia in human soft tissue sarcomas: Adverse impact on survival and no association with p53 mutations. *Br. J. Cancer.* 2001, **84**: 1070 – 1075.

[281] Brizel D M, Scully S P, Harrelson J M, Layfield L J, Bean J M, Prosnitz L R, Dewhirst M W. Tumor oxygenation predicts for the likelihood of distant metastases in human soft tissue sarcoma. *Cancer. Res.* 1996, **56**: 941 – 943.

[282] Brizel D M, Scully S P, Harrelson J M, Layfield L J, Dodge R K, Charles H C, Samulski T V, Prosnitz L R, Dewhirst M W. Radiation therapy and hyperthermia improve the oxygenation of human soft tissue sarcomas. *Cancer. Res.* 1996, **56**: 5347 – 5350.

[283] Nahum A E, Movsas B, Horwitz E M, Stobbe C C, Chapman J D. Incorporating clinical measurements of hypoxia into tumor local control modeling of prostate cancer: Implications for the alpha/beta ratio. *Int. J. Radiat. Oncol. Biol. Phys.* 2003, **57**: 391 – 401.

[284] Movsas B, Chapman J D, Greenberg R E, Hanlon A L, Horwitz E M, Pinover W H, Stobbe C, Hanks G E. Increasing levels of hypoxia in prostate carcinoma correlate significantly with increasing clinical stage and patient age: An Eppendorf pO_2 study. *Cancer.* 2000, **89**: 2018 – 2024.

[285] Movsas B, Chapman J D, Hanlon A L, Horwitz E M, Greenberg R E, Stobbe C, Hanks G E, Pollack A. Hypoxic prostate/muscle pO_2 ratio Predicts for biochemical failure in patients with prostate cancer: Preliminary findings. *Urology.* 2002, **60**: 634 – 639.

[286] Vujaskovic Z, Rosen E L, Blackwell K L, Jones E L, Brizel D M, Prosnitz L R, Samulski T V, Dewhirst M W. Ultrasound guided pO_2 measurement of breast cancer reoxygenation after neoadjuvant chemotherapy and hyperthermia treatment. *Int. J. Hyperthermia.* 2003, **19**: 498 – 506.

[287] Vaupel P, Hockel M. Blood supply, oxygenation status and metabolic micromilieu of breast cancers: Characterization and therapeutic relevance. *Int. J. of Oncol.* 2000, **17**: 869 – 879.

[288] Sersa G, Krzic M, Sentjurc M, Ivanusa T, Beravs K, Cemazar M, Auersperg M, Swartz H M. Reduced tumor oxygenation by treatment with Vinblastine. *Cancer Res.* 2001, **6**: 4266 – 4271.

[289] Sersa G, Krzic M, Sentjurc M, Ivanusa T, Beravs K, Kotnik V, Coer A, Swartz H, Cemazar M. Reduced blood flow and oxygenation in SA-1 tumors after electrochemotherapy with cisplatin. *Br. J. Cancer.* 2002, **87**: 1047 – 1054.

[290] Jordan B F, Gregoire V, Demeure R J, Sonveaux P, Feron O, O'Hara J, Vanhulle V, Delzenne N, Gallez B. Insulin Increases the sensitivity of tumors to irradiation: Involvement of an increase in tumor oxygenation mediated by a nitric oxide dependent decrease of the tumor cells oxygen consumption. *Cancer Res.* 2002, **62**: 3555 – 3561.

[291] Jordan B F, Beghein N, Aubry M, Gregoire V, Gallez B. Potentiation of radiation-induced regrowth delay by isosorbide dinitratge in FSa II murine tumors. *Int. J. Cancer.* 2003, **103**: 138 – 141.

[292] Jordan BF, Sonveaux P, Feron O, Gregoire V, Beghein N, Gallez B. Nitric oxide mediated increase in tumor blood flow and oxygenation of tumors implanted in muscles stimulated by electric pulses. *Int. J. Radiat. Oncol. Biol. Phys.* 2003, **55**: 1066 – 1073.

[293] Goda F, O'Hara J A, Rhodes E S, Liu K J, Dunn J F, Bacic G, Swartz H M. Changes of oxygen tension in experimental tumors after a single dose of X-ray irradiation. *Canc. Res.* 1995, **55**: 2249 – 2252.

[294] O'Hara J A, Goda F, Dunn J F, Swartz H M. Potential for EPR oximetry to guide treatment planning for tumors. *Adv. Exp. Med. Biol.* 1997, **428**: 233 – 242.

[295] Pogue B W, Paulsen K D, O'Hara J A, Wilmot C M, Swartz H M. Estimation of oxygen distribution in RIF-1 tumors by diffusion model-based interpretation of pimonidazole hypoxia and Eppendorf measurements. *Radia. Res.* 2001, **155** (**1 Pt 1**): 15 – 25.

[296] Pogue B W, O'Hara J A, Goodwin I A, Wilmot C J, Fournier G P, Akay A R, Swartz H. Tumor pO_2 changes during photodynamic therapy depend upon photosensitizer type and time after injection. *Comp. Biochem. Physiol. A Mol. Integr. Physiol.* 2002, **132**: 177 – 184.

[297] Hou H, Khan N, O'Hara J A, Grinberg O Y, Dunn J F, Abajian M A, Wilmot C M, Makki M, Demidenko E, Lu S, Steffen R P, Swartz H M. Effect of the allosteric hemoglobin modifier RSR-13 on oxygenation in murine tumors: An *in vivo* EPR oximetry and BOLD MRI study. *Int. J. of Radiat. Onc. Biol. Phys.* 2004, **59**: 834 – 843.

[298] Khan N, Hou H, Hein P, Comi R J, Buckey J C, Grinberg O, Salikhov I, Lu S Y, Wallach H, Swartz H M. Black magic and EPR oximetry: From lab to initial clinical trials. // Okunieff, P., *Oxygen Transport to Tissue.* New York: Plenum Publishers, In Press, 2004.

[299] Rizk M, Witte M B, Barbul A. Nitric oxide and wound healing. *World J. Surg.* 2004, **28**: 301 – 306.

[300] Schwentker A, Billiar T R. Nitric oxide and wound repair. *Surg. Clin. North. Am.* 2003, **83**: 521 – 530.

[301] Swartz H M. Long-lived electron spin resonances in rats irradiated at room temperature. *Radiat Res.* 1965, **24**: 579 – 586.

[302] Chumak V, Likhtarev I, Sholom S, Meckbach R, Krjuchkov V C. Chernobyl experience in field of retrospective dosimetry: Reconstruction of doses to the population and liquidators involved in the accident. *Radia. Protec. Dosimetry.* 1998, **77**: 91 – 95.

[303] Ivannikov A, Zhumadilov Zh, Gusev B, Miyazawa C, Liao L, Skvortsov V G, Stepanenko V F, Takada J, Hoshi M. Individual dose reconstruction among residents living in the vicinity of the Semipalatinsk Nuclear

Test Site using EPR spectroscopy of tooth enamel. *Health Physics.* 2002, **83**: 183 – 196.

[304] Schauer D A, Coursey B M, Dick C E, McLaughlin W L, Puhl J M, Desrosiers M F, Jacobson A D. A radiation accident at an industrial accelerator facility. *Health Physics.* 1993, **65**: 131 – 140.

[305] Miyake M, Liu K J, Walczak T, Swartz H M. *In vivo* EPR dosimetry of accidental Exposures to radiation: Experimental results indicating the feasibility of practical use in human subjects. *Appl. Radiat. & Isotopes.* 2000, **52**: 1031 – 1038.

[306] Swartz H M, Iwasaki A, Walczak T, Demidenko E, Salikov I, Lesniewski P, Starewicz P, Schauer D, Romanyukha A. Measurements of clinically significant doses of ionizing radiation using non-invasive *in vivo* EPR spectroscopy of teeth *in situ*. *Appl. Radiat. Isot.* 2005, **62**: 293 – 299.

[307] Iwasaki A, Grinberg O, Walczak T, Swartz H M. *In vivo* measurements of EPR signals in whole human teeth. *Appl. Radiat. Isot.* 2005, **62**: 187 – 190.

第 17 章　电子磁共振在相关领域中的应用简介

尽管 EMR 存在诸多的局限性，但是从它问世的半个多世纪以来，在科学家们的努力下，它的应用领域已相当广阔。1992 年，日本京都大学的大矢博昭和山内淳邀请了 32 位各个领域中使用 EMR 研究的专家共同编撰了一本书[1]，书名为"素材のESR 评价法"。这本书几乎囊括了当时 EMR 应用涉及的所有领域。他们把"素材"分成无机材料、有机材料、生物材料三大类。所谓"评价法"就是检测的实验方法。所以在每一个专题开始，先介绍针对该专题的 EMR 实验方法。本章将对电子磁共振在相关领域中的应用做简要的介绍。

17.1　生物学和医学领域（含中草药）

把 EMR 应用到生物学和医学领域，在 20 世纪 50 年代就已经引起人们极大的兴趣。60 年代就有许多这方面的文献发表。这里只是把第 16 章中尚未涉及的部分做些补充。

1954 年之前，就有人测试过一些正常组织的 EMR 波谱[2]。从那以后，关于细胞和组织的 EMR 研究引起生物学界和医学界的极大兴趣。到 20 世纪 60 年代中期，开始对一些器官组织（如肝、肾、心、脾、肺、肌肉等）用 EMR 做自由基的测试[3]。在癌变过程中自由基可能起到重要作用的理论[4,5]，激发了人们对 EMR 在癌症研究中应用的极大兴趣。最早的发现之一是肿瘤组织的自由基含量与正常同样组织不同[6,7]。另一个相当一致的发现是肿瘤组织中顺磁微量元素的量和类型的变化[8,9]。还有自由基与衰老的关系[10,11] 等，这些研究一直延续到现在。20 世纪 70年代就已经用 EMR 检测到与生物组织活动有着密切相关的活性氧[12~19]。随后，白细胞的活性氧生成[20~22] 和脊髓过氧化物酶（myeloperoxidase）的杀菌机理[23~25] 等的研究就活跃起来了。1999 年，Swartz[26] 在第二届亚太地区 EPR/ESR 学术研讨会上做了题为"活体中的 EPR：机遇和挑战"的大会报告，反映了 20 世纪末的最新成就和对未来的展望。应编著者之邀，Swartz 教授等专为本书撰写了第 16 章。

1969 年，McCord 等[27] 在哺乳动物的血液中发现 Cu/Zn-SOD（超氧化物歧化酶）。1970 年，在大肠杆菌中发现含锰的 Mn-SOD[28]；1973 年，又在大肠杆菌中发现含铁的 Fe-SOD[29]，同时报道出了它的 EMR 谱图。1982 年，Marklund 等[30] 在细胞以外发现了与 Cu/Zn-SOD 类似的第 4 种 SOD（EC-SOD）。迄今为止，对EC-SOD 的性质了解还不多。1983 年，Tainer 等[31] 在 *Nature* 上发表了 Cu/Zn-SOD

活性部位的晶体结构；1988 年，Carlioz 等[32]报道了 Mn-SOD 和 Fe-SOD 活性部位的晶体结构。起初，Keele 等发现 Mn-SOD 中的 Mn 是三价态的，没有检测到 EMR 信号。用盐酸处理后变成 Mn^{2+}，并用 EMR 确认了 Mn 的存在。Fee 等[33]在 1976 年测定了原始状态的 Mn-SOD 的磁化率和 EMR 波谱。这时的 $Mn(III)3d^4$ 是处于高自旋状态 ($S=2$) 的。到了 1982 年 Fee 等[34]才测定了在冷冻状态下的 Cu/Zn-SOD 的 EMR 波谱。

维生素 C (L-ascorbic acid，又称 L-抗坏血酸) 是近 20 多年来生命科学研究中的热门课题。L-抗坏血酸是不存在未偶电子的，也没有 EMR 信号。但在代谢过程中，它很容易被氧化而脱掉一个 H 变成自由基，它的 EMR 谱图在 1959 年[35]就被检测出来了。这样，EMR 在维生素 C 的抗氧化和过氧化作用的研究中起到了重要作用。

在维生素 E 的抗氧化作用及其抗癌作用的机理研究中，EMR 也发挥了极其重要的作用[36,37]。基于这一原理，用 EMR 研究了许多具有清除自由基功能的中药，如板蓝根[38]、小柴胡汤[39]、贝加因 [英文名叫 baicalein，学名叫 5，6，7-三羟基黄酮 (5，6，7-trihydroxyflavone)，是黄芩中的药效成分][40]、丹柠[41]、灵芝[42]、龟龄集[43]以及其他中药，如黄连解毒汤 (丸)、六味解毒丸 (即六味地黄丸)、钩藤散等[44]，并在活体中进行过中药对脂质过氧化的抑制作用的研究[45]。

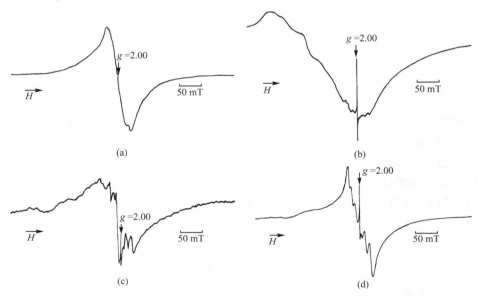

图 17-1　某些药用植物的 EMR 波谱图

(a) 莪莸根茎；(b) 葛根；(c) 杏仁；(d) 桂皮；(e) 香附子；(f) 牛膝；

(g) 茱萸；(h) 丁香；(i) 大黄

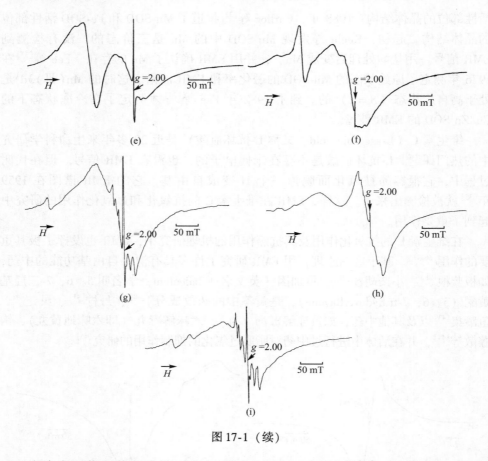

图 17-1 （续）

在许多生药（药用植物）中都可以观测到 EMR 波谱[46]，如图 17-1 所示，（a）是莪莸（zedoary）根茎的 EMR 谱；（b）是葛根（pueraria root）的 EMR 谱；（c）是杏仁（apricot kermel）的 EMR 谱；（d）是桂皮（cinnamon bark）的 EMR 谱；（e）是香附子（cyperus rhizome）的 EMR 谱；（f）是牛膝（achyranthes root）的 EMR 谱；（g）是茱萸（evodia fruit）的 EMR 谱；（h）是丁香（clove）的 EMR 谱；（i）是大黄（rhubarb）的 EMR 谱。

17.2 无机材料领域

17.2.1 玻璃

1955 年，Sands[47] 在 *Physical Review* 上报道出关于玻璃的 EMR 研究。1956 年 Weeks[48] 在 *Journal of Applied Physics* 上报道了用中子射线照射硅玻璃产生顺磁性的 E′ 中心缺陷。20 世纪 80 年代初期有人就用 EMR 研究玻璃被射线照射生成的色心，用过渡金属离子作为探针，测定玻璃中的路易斯碱性。有文献报道，用 EMR 研究光致变色，如 As 掺杂的玻璃在紫外线照射下变色[49]；射线损伤造成的缺陷，如用紫外激光[50]、红外激光[51]照射 SiO_2 玻璃，使其离子化造成缺陷；离子束的损伤，如将 Cr^+ 注入 SiO_2 玻璃中[52]；感光玻璃的机构[53,54]；玻璃的固有缺陷[55]；高压引起玻璃的结构变化[56]；玻璃中不混熔物的检出[57]；玻璃中路易斯碱性的测定[58]等。关于玻璃的 EMR 研究的综述可参阅文献 [59]。

17.2.2　半导体材料

EMR 可以研究无定形半导体表面和体相存在的缺陷[60]，是研究太阳能电池光劣化的重要手段[61]。用 EMR 还可以研究多晶硅生成的最佳温度[62,63]、多晶硅氮化膜生成的最佳条件[64]、检测 P-SiO 膜的质量[65]等。

17.2.3　石墨和碳纤维材料

由于石墨和碳纤维中存在未偶电子，EMR 是用来评价它们的重要手段之一[66]。Castle[67] 和 Henning[68] 报道了石墨和碳纤维的 EMR 波谱。用 EMR 研究了糖类随着温度升高而炭化，直到石墨化的过程[69,70]。

17.2.4　陶瓷材料

陶瓷材料是经高温烧结的多晶无机材料。近年来，在高科技上使用的陶瓷材料对原料的纯度要求很高。用 EMR 可检测出原料中含有的微量过渡金属离子，如 MgO 中的 Mn^{2+} [71]。用 EMR 不仅知道 Mn^{2+} 的含量，对比烧结前后的 EMR 谱图，还可以知道经过烧结后，Mn^{2+} 在晶格中的配位方向。EMR 的研究还可以了解到，在 $12CaO \cdot 7Al_2O_3$ 晶体中的超氧化物离子[72]；Al_2O_3/Fe^{3+} 晶粒大小与 EMR 谱线吸收强度的关系[73]；β-Al_2O_3 的电化学疲劳变色[74]；以 Gd^{3+} 作为自旋探测器，用 EMR 研究 $BaTiO_3$ 的相转移[75]；沸石中 Na_6^{5+} 的 EMR[76]等。

17.2.5　氧化物高温超导材料

Sugawara 等报道了在表面涂上 DPPH 的 YBaCuO 系高温超导材料，其 EMR 线宽（ΔH_{pp}）与测试温度的关系[77]，以及用 MPMG（melt-powder-melt-growth）法制作出来的 YBaCuO 系材料的 211 相的 EMR 线宽（ΔH_{pp}）和纯 Y_2BaCuO_5 的 EMR 线宽（ΔH_{pp}）与测试温度的关系[78]。高温超导体 $Gd_{1-x}Y_xBa_2Cu_3O_y$（$0 \leqslant x \leqslant 1$）中 Gd^{3+} 在 90～300 K 的 EMR 线宽（ΔH_{pp}）与温度有一定的关系[79]。Zhou 等[80] 报道了 $YBa_2Cu_3O_y$ 在含水汽的氛围（22℃）中，EMR 谱线的强度与时间的关系。丸山等[81] 报道了 $Bi_2Pb_{0.1}SrCaCuO_y$ 单晶（$T_c = 65$ K）的 EMR 研究，认为

EMR 信号是材料中的 Cu^{2+} 所贡献的。石田等[82]报道了 $Bi_2Sr_2CaCu_2O_8$（粉末）在 77 K 至室温范围内的 EMR 信号强度与温度的关系，并证明了 EMR 信号并非杂质，而是材料内部的 Cu^{2+} 所贡献的。

17.2.6 核反应堆燃料

商用轻水反应堆通常是用 UO_2 做燃料。为了合理控制燃烧进行的速度，必须添加中子俘获截面大的 Gd 作为慢化剂。Gd 在 UO_2 燃料中添加的量以及分布的均匀程度对于反应堆平稳有效的运行很重要。U^{5+} 的 EMR 信号比 Gd^{3+} 要弱很多，所以，检测到的 EMR 信号主要是 Gd^{3+} 贡献的。Miyake 等[83,84]用 EMR 对轻水反应堆的燃料品质做过评价。

17.2.7 人工合成金刚石材料

由于金刚石的硬度、耐磨性、化学和热稳定性等优点，所以在工业上有很高的应用价值。人工合成的金刚石工业发展很快，EMR 也就成了检测人工合成金刚石中杂质和晶体内部缺陷的重要手段。Loubser 等[85]用 EMR 检测过金刚石中的氮不纯物、色心的性质[86]；Isoya 等[87]用 EMR 研究过金刚石中的过渡金属离子。

17.2.8 天然矿物和化石

大多数天然矿物和化石都可以检测到 EMR 信号。池谷[88,89]在天然矿物和化石的地质年代测定方面做了大量的工作。他还发明了便携式的 EMR-CT 显微镜[90]，供地质工作者野外使用。

17.2.9 无机催化剂

在无机催化剂研究领域中，EMR 的应用已较为普遍。笔者曾做过综述[91]，并被编入《固体催化剂研究方法》一书[92]，本书的第 15 章已做专题论述，在此不再重复。

17.2.10 处于气态的材料

20 世纪以来，伴随着科学技术的发展，不仅实现了高度工业化，同时也带来了大气污染和生态与环境的破坏。新世纪不得不特别重视对大气环境的监测。由于气相中顺磁物质的浓度很低，必须采用特殊的 EMR 样品腔[93,94]。燃烧反应过程的 EMR 评价成为关注的焦点。20 世纪 80 年代，吉田等[95~102]用 EMR 对甲烷、甲醇在空气中燃烧进行了一系列的研究。甲醇燃烧按以下顺序进行[101]：$CH_3OH \rightarrow CH_2OH \rightarrow CH_2O \rightarrow CHO \rightarrow CO \rightarrow O_2$，然后再进行 $CH_2OH + O_2 \longrightarrow CH_2O +$

HO_2 反应。氨的氧化历程与燃烧条件有关，吉田等是最早用 EMR 观测到在氨燃烧的火焰中存在 N 原子的学者[99]。

17.3　有机材料领域

17.3.1　在高分子合成及使用过程中的应用

众所周知，高分子合成是自由基反应过程，EMR 在研究聚合过程的机理方面是大有作为的。王立等用 EMR 研究了 Cp_2VCl_2 催化剂体系的乙烯聚合反应[103]的机理。他们还用 BF_3 作探针研究了乙丙共聚反应[104]的机理。高聚物在使用过程中受到射线辐照[105]而产生自由基，从而引起高分子材质的劣化[106]。或由于机械损伤生成自由基[107]而引起高分子材料的破坏。

17.3.2　磁性有机高分子材料

无机磁性材料都很硬而脆，不易加工成异型的器件，而通常的有机高聚物又没有磁性。20 世纪 80 年代以来，对磁性有机高分子材料的研究有了很大的进展[108,109]。它们通常都含有未偶电子，岩村秀[109,110]用 EMR 研究了聚卡宾（poly-carbene）类的磁性有机高分子材料。田畑[111]报道了聚炔烃（polyacetylene）类的磁性有机高分子材料。蒲池幹治等[112,113]用 EMR 研究了顺磁性金属离子配合物的有机高分子材料。

17.3.3　导电有机高分子材料

在研究聚炔烃类高分子和掺杂高分子导电材料方面，EMR 是一个重要的研究手段。测定导电高分子材料的方法与一般测定固体试样的方法相同。如对样品管进行必要的加工，可以用 EMR 在线原位检测掺杂过程中发生的变化。用 EMR 测定高分子导电材料时，要注意 O_2 的存在，在真空中测定和在空气中测定，对吸收强度、谱线宽度甚至线型都有很大的差异。

在导电高分子中，聚乙炔（PA）是研究得最多的一个。聚乙炔有顺式（*cis-*）和反式（*trans-*）两种构型。实验发现，纯粹 *trans*-PA 的谱线宽度（所得的 EMR 谱图中谱峰与谱谷的距离 ΔH_{pp}）约为 1.25G[114]，而纯粹 *cis*-PA 的谱线宽度约为 6.5G。聚合物中两种构型的组成与谱线宽度之间存在良好的线性关系[115]。Chien 等[116]研究了不同分子量的 PA 式样的 ESR 谱图。Francois 等[117]研究了 *cis*-PA 在室温下掺杂金属 Na（n 型掺杂物）后的 ESR 谱图的变化情况。Goldberg 等[118]采用原位的 EMR 研究，发现了 PA 在掺杂 p 型杂质时，EMR 信号随掺杂量的增加而持续增强的现象。

17.3.4 离子交联聚合物

离子交联聚合物是通过聚合物链上的离子型基团（如—COO⁻）与金属离子结成的离子对，形成簇而进行交联的一类聚合物。EMR 对广义离子交联聚合物的研究始于离子交换树脂。当离子交换树脂与顺磁性金属离子结合时，就能给出 EMR 信号。用于 EMR 测定的样品一般为粉末、薄膜或薄片等，也可以用适当的溶剂溶解离子交联聚合物，然后再成膜。与自旋探针或自旋标记物结合都可用于 EMR 测定，样品管一般使用石英管，在液氮温度下进行测定。由于 O_2 对测定有影响，故需要在真空或惰性气体下测定。

离子交联聚合物中离子簇的形成、离子间的相互交换作用，都可以引起 EMR 波谱超精细结构的消失或变化。文献［119～121］研究了乙烯-羧基烯烃共聚物用 Mn^{2+} 交联的 EMR 谱图，发现当 Mn^{2+}-Mn^{2+} 之间的平均距离小于 6Å 时，就可以通过离子簇形成离子交联聚合物。Pineri 等[122]用 EMR 方法检测到 Cu^{2+} 与 $HOOC\left(CH_2CH=CHCH_2\right)_{88}COOH$ 的离子交联聚合物中存在二聚体。Yamauchi 等[123,124]在苯乙烯–甲基丙烯酸共聚物中也观察到了与上述结构不同的二聚体。

17.3.5 LB 膜

LB 膜具有类单晶的性质，适宜于 EMR 测定。LB 膜的测定方法与一般固态晶体的测定方法类似。对于膜面内各向异性的试样的测定，应当注意在制备、固定试样时，试样应可绕垂直于膜平面的轴旋转。固定试样的基板材质可以是石英、玻璃等。LB 膜试样的具体制备方法请参阅文献［125～127］。

Su 等[128]报道了由 2-正辛氧基-5，6，11，12-四巯基四苯（A）与十二烷基磺酸盐（B）组成（1:1）的电荷转移配合物 LB 膜的 EMR 研究，结果发现 A 以正离子自由基的形式存在。Nagamura 等[129]研究了由四［3，5-二（三氟甲基）苯基］硼酸酯（TFPB）、N,N'-二（十六烷基)-4,4'-联吡啶鎓盐和花生酸组成的 LB 膜，发现当用波长大于 365nm 的汞光线照射单层膜时，膜的颜色由黄色变为绿色。EMR 检测结果表明，电子从 TFPB 向联吡啶鎓盐转移，产生了联吡啶鎓盐正离子自由基。Suga[130]、Ikegami 等[131]和 Vandevyer 等[132]也用 EMR 方法对其他电荷转移配合物 LB 膜进行了深层次的研究。

17.3.6 涂料

涂料在汽车、建材、电器产品的制造工业中是必不可少的材料。涂料有一定的使用寿命，即在使用过程中，涂层会发生光泽度下降、褪色或变色等劣化现象。发生劣化的速度与使用环境如光照强度、波长、温度、湿度及氧含量等之间有密切的关系。一般认为，涂层劣化的机理是由于在涂层中发生了由光引发的一系列自由基反应所致，因此，应用 EMR 方法可以有效地检测涂料的性质以及劣化过程。

　　通常将涂料涂敷在低温测定用的 Q 波段样品管外侧，硬化成膜后插入到 X 波段样品管内，在低温（如 –196℃）、紫外光照射下进行测定。可以使用能够延缓自由基衰亡的方法捕捉自由基[133]，或使用自由基捕捉剂（radical trapping）将不稳定的自由基转变成稳定的自由基，然后再进行测定[134]。

　　Gerlock 等[135]用氮氧化物分子自由基（自由基捕捉剂）为探针测定了不同分子量的 7 种用密胺固化和 4 种用异氰酸酯固化的环氧树脂涂料的劣化速度，探讨了涂料光泽度变化和氮氧化物分子自由基浓度之间的关系。冈本等[136]通过 EMR 信号强度的增加与紫外线照射时间之间的关系，进行了代表性的涂料耐候性评价。这一方法还可以用于紫外线吸收剂[137]、二氧化钛[138]和烃类单体原料的耐候性评价。

　　Völz 等[139]将有机颜料与二氧化钛组合，通过在室外曝露放置使其褪色（变色）并引起光泽度下降的实验，研究了含二氧化钛的颜料的劣化机理。Okamoto 和 Ohya[140]研究了不溶性偶氮颜料（pigment red 170）与二氧化钛（1:9，质量比）组成的颜料，确定颜料中产生了 O^- 自由基和 TiO_2^+ 顺磁性物质。

17.4　石　　油

　　石油和煤炭中含有各种有机自由基和微量顺磁性的金属离子，成为 EMR 的研究对象。在 20 世纪 50 年代就已经出现了 EMR 对石油和煤炭的研究报道[141~143]。

　　石油经过常减压蒸馏之后的重油或渣油中的沥青、稠环化合物以及重金属离子的浓度大大增加了。重金属中主要是钒，在重油中的含量高达 0.5%（质量分数）以上。这对重油的深度加工过程的催化剂有严重的中毒作用，因此，对重油中的钒离子及其化合物加以清除[144~147]和回收就显得非常重要[148,149]。

　　重油中的正庚烷不溶物被定义为沥青（asphaltene），发现在沥青中含有大量的钒化合物。由于沥青中含有 N、S、O 等杂原子有机物[150,151]，与钒离子生成配合物[152]。钒在沥青中是以 VO^{2+} 正四价（$3d^1$）状态存在的，因此，很容易用 EMR 检测到。由于配体的分子体积很大，重油的黏度又很大，沥青在重油中难以自由翻滚，故它的 EMR 谱表现出各向异性（请参阅文献 [146]）。在重油中还存在有机自由基，在钒配合物的各向异性 EMR 超精细谱线中夹杂一条归属于有机自由基（$g = 2.002$）的谱线，从这一条谱线计算出有机自由基的浓度大约相当于 10^{18} spin · g^{-1} 量级。Asaoka 等[146]还做过把沥青溶于二苯基甲烷中的 EMR 波谱，检测温度为 20~210℃，210℃的 EMR 波谱表现出各向同性的 8 条超精细结构谱线，其中仍夹杂一条 $g = 2.002$ 的归属于有机自由基的 EMR 谱线。

17.5 煤炭及其产品

1954 年，Uebersfeld[141,142] 和 Ingram 等[143] 分别独立发现煤炭中有电子自旋的存在。此后，关于煤炭的 EMR 的研究报道就有很多[153~157]，基本上都是在 X 波段测定的，为了分辨相隔很近的 g 值，还有人做过 Q 波段的 EMR 测定[158]、饱和移动[159~161] 的 EMR 以及高磁场（8.837~15.715T）的 EMR 研究[162]。从 X 波段的测定中，得到了煤炭中存在"化石"自由基的信息。

利用 EMR 研究煤炭的液化，从自由基反应来解析煤液化的机理，Petrakis 等[163] 和前河等[164] 都做了阐述。另外，煤炭中的顺磁性金属离子[165] 以及锰离子[166] 的存在状态都可以用 EMR 进行分析。

活性炭中未偶电子的浓度在 $10^{18} \sim 10^{21} \text{spin} \cdot \text{g}^{-1}$ 范围内，EMR 信号的强度与热处理的温度密切相关[167]。活性炭的表面自由基有吸附氢和氧的功能，在吸附了氢或氧之后，表面自由基浓度会降低。氢是解离吸附，而氧的吸附则是生成过氧自由基 $X—O_2^{\cdot}$ 吸附在表面[168,169]。

煤、石油在高温高压下的 EMR 研究[170]。横野等用耐高温（873K）高压（10MPa）的谐振腔，研究了煤的液化反应[171]、催化反应[172]、石油残渣的焦化反应[173]，可以原位观测到反应过程中自由基的行为，并用 EMR 来评价煤液化反应的催化剂[174,175]。

17.6 食 品

17.6.1 食品中的顺磁性物种

干燥的食品可以检测到的自由基，有分子状态的氧和过渡金属离子以及有机化合物中的稳定自由基[176]。一般油脂氧化以自由基链反应进行，含有蛋白质、氨基酸、油脂的干燥食品与空气中的氧结合很容易生成自由基，并可以直接用 EMR 检测出来，随着时间的延长，自由基的数量持续增加。蛋白质如果没有油脂存在，就观测不到自由基[177]。但是在液态的油脂中，由于生成的自由基不稳定，而且分子在液态的流动性很大，在自由基浓度低于 EMR 仪器的灵敏度时是检测不到的[178]。

奶粉中含有一定量的脂肪和水分，与空气接触之后，空气中的氧会把奶粉中脂肪氧化生成自由基而使奶粉变质。因此，在奶粉中需要加入一定量的抗氧化剂，以防止（延缓）奶粉变质。各个国家对食品安全都制定了自己的标准，长谷川[179] 通过实验把自由基的相对浓度与过氧化物价（POV）之间建立起线性关系。用 EMR 检测出奶粉中自由基的相对浓度，就可以知道该奶粉的 POV 值（毫克当量①每千克）。负责食品安全的部门规定 POV 超过某一定值即为不合格奶粉。

17.6.2　顺磁性物种在食品中的分布

以螃蟹为例，在干燥冷冻的条件下，取其各个部位磨成粉进行 EMR 检测，得到一组波谱如图 17-2 所示[180]。根据这些谱图指认其各个信号的归属还是有困难的。图 17-2（a）为螃蟹的钳子的活动关节部位的 EMR 谱图；（b）为甲壳背部的 EMR 谱图；（c）为甲壳腹部的 EMR 谱图。这三张谱图都展示出锰的超精细特征谱线。从图 17-2（d）蟹毛、（e）内脏、（f）鳃以及（g）蟹肉部分都没有发现锰的 EMR 特征信号。

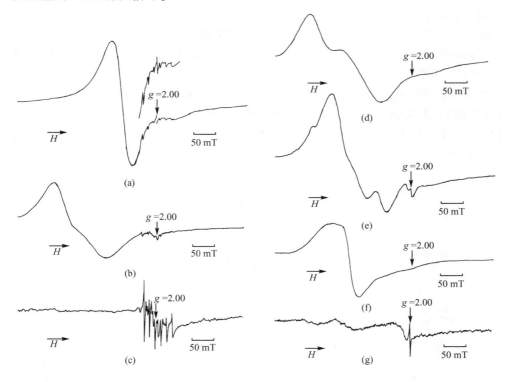

图 17-2　螃蟹各个部位的 EMR 谱图[180]

（a）钳子的活动部位；（b）甲壳背部；（c）甲壳腹部；（d）蟹毛；

（e）内脏；（f）鳃；（g）蟹肉

① 当量是非法定单位。根据国家规定，当量应改用物质的量表示。本书仍保留当量一词的使用，在此特做说明。

17.7 法医学（从遗体的皮肤或血迹的 EMR 信号判断死亡时间）

根据遗体皮肤中产生的自由基 EMR 信号强度的变化，可用来推测死亡时间。但是，即使采样条件类似，场所不同、取样引起的氧化条件的略微差异，都会使测定年代值（dating value）产生误差。在 1~2 个月的范围内可能有几天的误差，因为化学反应受周围温度的影响。特别是过氧化脂肪等自由基不稳定，得到的年代值误差大。

血液中血色素（hemoglobin）的铁是二价的（Fe^{2+}），在空气中被氧化成三价铁（Fe^{3+}），在 EMR 波谱中的 $g=6$；而在血液中还有非血色素的 Fe^{3+}，在 EMR 波谱中的 $g=4.3$。另外，血迹在空气中凝固产生的有机自由基 $g=2.0054$。利用血迹中血色素的 Fe^{2+} 在空气中被氧化为 $g=6$ 的 Fe^{3+} EMR 信号强度，随血迹在空气中曝露时间的延长而呈线性增长的特性，通过测定时间与信号强度增大的线性关系，用外推法求得信号强度为零的时间。如果能精确求得血迹经历的时间（年代值），就能给出在法医学中有用的信息。但是，除温度外，强光也会对氧化反应有影响。图 17-3（a）为血液的 EMR 图谱，（b）为 EMR 信号强度与时间的关系图[181]。

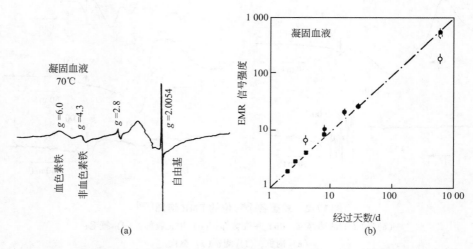

图 17-3 血迹的 EMR 谱图（a）和 EMR 信号的强度与经过天数的关系图（b）[181]

17.8　核爆炸（事故）现场辐射伤害剂量的测定

17.8.1　原子弹爆炸现场辐射剂量的再评价

曾经用 EMR 对广岛、长崎原子弹爆炸受害者的人体所受辐射剂量进行再评价。受害者衣服上的贝壳纽扣、牙病治疗时拔掉的牙齿，是用 EMR 直接评价人体受辐射剂量的宝贵样品。

在距离原子弹爆炸中心 691 米的长崎大学医学院附属医院的 T65D（tentative 65 dose 的缩写，1965 年公布的暂定原子弹爆炸中心的距离与剂量关系的计算方法）约为 32.5Gy。根据医院中受辐射医生拔掉的牙齿和贝壳纽扣的 EMR 信号，求得受辐射剂量分别为（2.10 ± 0.5）Gy、（1.90 ± 0.20）Gy。可见有建筑物遮挡能够大大降低辐射剂量[88]。目前正在通过长崎和广岛原子弹爆炸幸存者拔掉的牙齿，调查研究他们所受的辐射量。另外，通过天然岩石，例如，从广岛元安桥的花岗岩表面的石英（SiO_2）粒子的晶格缺陷（Ge 中心），也可以了解原子弹爆炸中心附近的辐射剂量。

17.8.2　核爆炸（事故）现场受害人所受到辐射剂量的测定

用人的牙齿进行 EMR 辐射剂量测定研究，不需要研究原子弹爆炸中心的辐射剂量，而是直接测定评价核爆炸时，处在核爆现场不同位置的受辐射者所受到的辐射剂量。事实表明，即使是在同一个房间内，处在不同位置的人所受到的辐射剂量也有可能是不同的，甚至相差很大。这就展现出用 EMR 研究核爆现场不同位置的受害者所受到的辐射剂量大小的独特优越性。它可以在最短的时间内，区分出轻、重伤员，并把重伤员分拣出来，及时地把他们送去救治。

在美国内华达州核试验基地的居民，英国、澳大利亚在马绍尔群岛上的士兵，以及核试验场附近的居民都会遭受辐射。对前苏联切尔诺贝利核电站事故现场受害者受辐射剂量的评价，也都受到强烈关注。除此之外，医用（包括牙科的 X 射线）放射线对接受检查的患者受辐射剂量的测定也很重要。

用 EMR 显微镜测定过受放射线照射的牙齿剖面中自由基分布显示：经^{60}Co 的 γ 射线照射过的牙齿，在珐琅质中得到均匀的自由基分布，而与此相比，因 X 射线穿透力弱，只能在被照射处检测到有高浓度的自由基。因此，从牙齿的 EMR 检测结果就可以判断出受伤者是受高能量的 γ 射线照射还是受 X 射线照射伤害的。

为了评价原子弹爆炸时，受害者所受的放射线剂量，除了需要详细的爆炸情况（距爆炸中心的距离，受建筑物的遮挡情况，受牙科 X 射线检查的次数）等信息外，还需要向受辐射者和牙科医生呼吁：一定要保存并提供受害者拔掉的牙齿。显然，受核爆炸损伤的实际状态的珍贵试样，正在一年年地消失。希望为了将来，人们对试样进行正确记录、保存以及建立症状调查档案并加以妥善保管。

用牙齿的 EMR 检测来评价核事故幸存者所受的辐射剂量时，最好是在不拔掉牙齿的情况下能够测定人体受辐射的剂量。在受辐射初期，需要有活体原位测定用的 EMR 仪器。使用与"微波扫描 EMR 显微镜"相同的"小孔谐振腔"，大阪大学池谷教授等[182]制作了专供牙齿原位检测用的 EMR 仪器，如图 17-4 所示。遗憾的是，1 号样机的最小检出量为 20Gy 以上（人的致死量约为 5Gy），改进后的灵敏度也只能达到 1 ~ 2Gy，所以必须进一步提高灵敏度，争取研制出灵敏度能够达到 0.01 ~ 0.1Gy 的"EMR 人体受辐射剂量测定仪"。

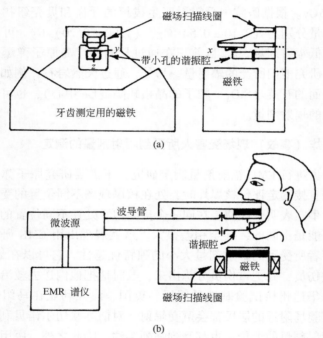

图 17-4　EMR 人体（牙齿）受辐射剂量测定仪示意图[182]

17.9　结　束　语

电子磁共振问世至今已有 60 多年了，曾经尝试过的应用领域很广，以上提到的也只是挂一漏万。它之所以不如 NMR 发展速度之快、应用范围之广，是因为 EMR 波谱的指纹性差、解析难度高、学科跨度大。例如，在中草药（药用植物）领域中的研究是很有意思的，日本的 EMR 同行已经做了许多工作，相信有朝一日 EMR 会在中草药的研究中发挥重要作用。又如在食品的安全检验工作中，

EMR 也将会发挥独特的作用。

参 考 文 献

［1］ 大矢博昭，山内 淳. *素材のESR 評価法*. 東京：アイピーシー，1992.

［2］ Commoner B, Townsend J, Pake G. *Nature*. 1954, **174**：689.

［3］ Mallard J, Kent M. *Nature*. 1966, **210**：588.

［4］ Brues A, Barron E. *Ann. Rev. Biochem*. 1951, **20**：350.

［5］ Fitzhugh A. *Science*. 1953, **118**：783.

［6］ Commoner B, Ternberg J. *Proc. Natl, Acad. Sci*. 1961, **46**：405.

［7］ Kolomitseva I, L'Vov K, Kayushin L. *Biofisika*. 1960, **5**：636.

［8］ Nebert D, Mason H. *Cancer Res*. 1963, **23**, 833.

［9］ Nebert D, Mason H. *Biochim. Biophis. Acta*. 1964, **86**：415.

［10］ Forbes W, Robinson L, Wright G. *Can. J. Biochem*. 1967, **45**：1087.

［11］ Harman D. *Red. Res*. 1962, **16**：753.

［12］ Maillard P, Massot J R, Giannotti C. *J. Organometal Chem*. 1978, **159**：219.

［13］ Harbour J R, Bolton J R. *Biochem. Biophys. Res. Commun*. 1975, **64**：803.

［14］ Janzen E G. , Nutter D E, Davis E R, et al. *Can. J. Chem*. 1978, **56**：2237.

［15］ Ledwith A, Russell P J, Sutcliffe L H. *Proc. Royal Soc*. 1973, **A332**：151.

［16］ Janzen E G, Liu J I-P. *J. Mag. Reson*. 1973, **9**：510.

［17］ Mottley C, Conner H D, Mason R P. *Biochem. Biophys. Res. Commun*. 1975, **141**：622.

［18］ Otto N, Niki E, Kamiya Y. *J. Chem. Soc, Perkins Trans*. Ⅱ. 1977, 1770.

［19］ Merritt M V, Johnson R A. *J. Am. Chem. Soc*. 1977, **99**：3713.

［20］ Harbour J R, Chow V, Bolton J R. *Can. J. Chem*. 1974, **52**：3549.

［21］ Fujii H, Kakanuma K. *J. Biochem*. 1990, **108**：983.

［22］ Fujii H, Kakanuma K. *J. Biochem*. 1990, **108**：292.

［23］ Ikeda-Saito M, Prince R C. *J. Biol. Chem*. 1985, **260**：8301.

［24］ Yamazaki I. Free Rradicals in Enzyme-sustrate Reactions. // Pryor W A. *Free Radicals & Biology*, vol. 3. New York：Academic Press, 1977：183 – 218.

［25］ Harrison J E, Schultz J. *J. Biol. Chem*. 1976, **251**, 1371.

［26］ Swartz H M. *Proceedings of 2nd Asia-Pasific EPR/ESR Symposium*, Hangzhou：1999, 1.

［27］ McCord J, Friedvich I. *J. Biol. Chem*. 1969, **244**：6069.

［28］ Keele B B, McCord J, Friedvich I. *J. Biol. Chem*. 1970, **245**：6176.

［29］ Yost F, Friedvich I. *J. Biol. Chem*. 1973, **248**：4905.

［30］ Marklund S L, Hellner L. *Clin. Chim. Acta*. 1982, **126**：41.

［31］ Tainer J A, Getzoff E D, Richardson J S, Richardson D S. *Nature*. 1983, **306**：284.

［32］ Carlioz A, et al. *J. Biol. Chem*. 1988, **263**：1555.

［33］ Fee J A, Shapiro E R, Moss T H. *J. Biol. Chem*. 1976, **251**：6157.

［34］ Rieberman R A, Sands R H, Fee J A. *J. Biol. Chem*. 1982, **257**：336.

［35］ Yamazaki I, Mason H S. *Biochem. Biophys. Res. Commun*. 1959, **1**：336.

［36］ Liu Z L, et al. *Proceedings of 2nd Asia-Pasific EPR/ESR Symposium*. Hangzhou：1999, 8.

［37］ Jia Z S, Zhou B, Yang L, Wu L M, Liu Z L. *J. Chem. Soc. Peikin Trans*. 1998, **2**：911.

［38］ Liu J, Edamatsu R, Mori A. *J. Active Oxygens & Free Radicals*. 1991, **2**：68.

［39］ Hiramatsu M, Edamatsu R, Kohno M, Mori A. *Recent Advances in the Pharmacology of KAMPO（Japaneses Herbal）MEDICINES*, Hosoya E, & Yamamura Y. （Excerpta Media, 1988）p. 120, 128.

［40］ 濱田 一, 枝松 礼, 河野雅弘 等. 磁气共鳴と医学. 1991, **2**：223.

［41］ Uchida S, Edamatsu R, Hiramatsu M, et al. *Med. Sci.* 1987, **15**：831.

［42］ 刘健康, 平松 绿, 森 昭胤. 基础と临床. 1991, **25**：1.

［43］ Liu J, Edamatsu R, Hiramatsu M, et al. *Neurosciences.* 1990, **16**：623.

［44］ 吉川敏一, 高桥周史. フリーラジカルと和漢薬（奥田拓男, 吉川敏一 编）东京：国际医书出版社. 115.

［45］ Mori A, Hiramatsu M, Yokoi I, et al. *Pavlov. J. Biol. Sci.* 1990, **25**：54.

［46］ 长谷川 秀夫. 食品. 大矢博昭, 山内 淳合编. 素材のESR 评价法. 东京：アイピーシー, 1992：399 – 416.

［47］ Sands R H. *Phys. Rev.* 1955, **99**：1222.

［48］ Weeks R A. *J. Appl. Phys.* 1956, **27**：1376.

［49］ Hosono H, Abe Y. *J. Non-Cryst. Sol.* 1990, **125**：98.

［50］ Stathis J H, Kastner M A. *Phys. Rev.* 1987, B**35**：2972.

［51］ Weeks R A. *J. Non-Cryst. Sol.* 1985, **71**：435.

［52］ Hosono H, Weeks R A. *Phys. Rev.* 1989, B**40**：10543.

［53］ Marquardt C L. *Appl. Phys. Lett.* 1976, **28**：209.

［54］ Hosono H, Asada N, Abe Y. *J. Appl. Phys.* 1990, **67**：2840.

［55］ Bishop S G, Taylor P C, Storom U. *Phys Rev. Lett.* 1976, **36**：543.

［56］ Hosono H, Kawazoe H, Kanazawa T. *Solid State Commun.* 1982, **43**：769.

［57］ Hosono H, Kawazoe H, Nishii J, Kanazawa T. *J. Non-Cryst. Sol.* 1982, **51**：217.

［58］ Imagawa H. *Phys. Stat. Sol.* 1968, **30**：468.

［59］ Griscom D L. Electron Spin Resonance, *in GLASS: Science and Technology*, 4B: New York: Academic Press, 1990.

［60］ Shimizu T, Xu X, Kidoh H, Morimoto A, Kumeda M. *J. Appl. Phys.* 1988, **64**：5045.

［61］ Shimizu T. *J. Non-Cryst. Solids.* 1983, **59/60**：117.

［62］ Ballutaud D, Aucouturier M, Babonneau F. *Appl. Phys. Lett.* 1986, **49**：1620.

［63］ Hasegawa S, Kishi K, Kurata Y. *J. Appl. Phys.* 1984, **55**：542.

［64］ Kamigaki Y, Minami S, Katoh H. *J. Appl. Phys.* 1990, **65**：2211.

［65］ Yoshida S, Okuyama K, Kanai F, et al. *IDEM Tech. Digest.* **1988**：23.

［66］ Kelly B T. *Physcs of Graphite.* London ：Applied Science Publishers, 1981.

［67］ Castle J. *Phys. Rev.* 1953, **92**：1063; *ibid.* 1954, **95**：864.

［68］ Henning G, Smaller B. *Proc. 1st & 2nd Carbon Conf.* Baltimore: Waverley Press, 1956: 113.

［69］ Mrozowski S. *J. Low Temp. Phys.* 1979, **35**：231.

［70］ Jons J B, Singer L S. *Carbon.* 1982, **20**：379.

［71］ Boatner L A, Bolduo J L, Abraham M M. *J. Am. Ceram. Soc.* 1990, **73**：2333.

［72］ Hosono H, Abe Y. *Inorg. Chem.* 1987, **26**：1192.

［73］ Debiasi R S, Rodrigues D C S. *J. Mater. , Sci.* 1983, **2**：210.

［74］ Gourier D, Barret J P, Vivien D. *Solid State Ionics.* 1989, **31**：301.

［75］ Rimai L, Demars G A. *Phys. Rev.* 1962, **127**：702.

［76］ Martens L R M, Grobet P J, Jacobs P A. *Nature.* 1985, **315**：568.

［77］ Sugawara K, Baar D J, Shiohara Y, Tanaka S. *Modern Phys. Lett.* 1991, **B4**: 779.

［78］ Sugawara K, Baar D J, Murakami M, et al. *Modern Phys. Lett.* 1991, **B5**: 1001.

［79］ Sugawara K, Kita R, Akagi Y, et al. *Jap. J. Appl. Phys.* 1987, *Supplement* 26 – 3: 2119.

［80］ Zhou Z, Shields H, Williams R T, et al. *Solid State Communs.* 1990, **76**: 517.

［81］ Maruyama H, Shiozaki I. *Jap. J. Appl. Phys.* 1991, **30**: L694.

［82］ Ishida T, Koga K, Kanoda K, Takahashi T. 第三回超伝導国際会議（*M2S-HTSC III*）金沢: 1991, July, 5B – 25.

［83］ Miyake C, Kanamaru M, Imoto S, Taniguchi K. *J. Nucl. Mater.* 1986, **138**: 36.

［84］ Miyake C, Anada H, Imoto S. *J. Nucl. Sci. Technol.* 1986, **23**: 326.

［85］ Loubser JHN. Du Preez L, Brit. *J. Appl. Phys.* 1965, **16**: 457.

［86］ Loubser JHN, Van Wyk J A. *Diamond Research.* 1977, 11 – 14.

［87］ Isoya J, et al. *Phys. Rev.* 1990, **B41**: 3905.

［88］ 池谷元伺. *ESR 年代測定*. 東京: アイオニクス, 1987.

［89］ Ikeya M. *Application of ESR-Dating, Dosimetry and Microscopy.* Singapore: World Sci. , 1992.

［90］ 池谷元伺, 三木俊克. *ESR 顕微鏡 – ESR 応用計測新展開法*. 東京: シュプリン, 1991.

［91］ 徐元植, 刘嘉庚. *石油化工*. 2002, **31**（4）: 316 –321; 2002, **31**（5）: 401 –410.

［92］ 徐元植, 刘嘉庚. *固体催化剂研究方法*, 辛勤主编. 北京: 科学出版社, 2004: 465 –496.

［93］ Carrington A. *Microwave Spectroscopy of Free Radicals.* New York: Academic Press, 1974: 57.

［94］ Noda S, Demise H, Claesson O, Yosida H. *J. Phys. Chem.* 1984, **88**: 2552.

［95］ Noda S, Miura M, Yoshida H. *Bull. Chem. Soc. Jpn.* 1980, **53**: 841.

［96］ Noda S, Miura M, Yoshida H. *J. Phys. Chem.* 1980, **84**: 3143.

［97］ Claesson O, Noda S, Yoshida H. *Bull. Chem. Soc. Jpn.* 1983, **56**: 2559.

［98］ Noda S, Fujimoto S, Claesson O, Yoshida H. *Bull. Chem. Soc. Jpn.* 1983, **56**: 2562.

［99］ Taniguchi M, Noda S, Yoshida H. *Bull. Chem. Soc. Jpn.* 1987, **60**: 785.

［100］ Taniguchi M, Yoshida H. *Bull. Chem. Soc. Jpn.* 1987, **60**: 1249.

［101］ Taniguchi M, Yoshioka T, Yoshida H. *Bull. Chem. Soc. Jpn.* 1987, **60**: 1617.

［102］ Taniguchi M, Hirasawa N, Yoshida H. *Bull. Chem. Soc. Jpn.* 1987, **60**: 2349.

［103］ Wang L, Zhang P Y, Feng L X, et al. *J. Appl. Polym. Sci.* 2001, **79**: 1188.

［104］ Wang L. , Yuan Y. L. , Ge C. X. , et al. *J. Appl. Polym. Sci.* 2000, **76**: 1583.

［105］ Hama Y, Ooi T, Shiotsubo M, Shinohara K. *Polymer.* 1974, **15**: 787.

［106］ Ooi T, Shiotsubo M, Hama Y, Shinohara K. *Polymer.* 1975, **16**: 510.

［107］ Sohma J. , *Prog. Polym. Sci.* 1989 **14**: 451.

［108］ 末木芳男, 伊藤公一. *固体物理*. 1985, **20**: 347.

［109］ 岩村　秀. *日本化学会志*. 1987, 595.

［110］ Iwamura M. *Adv. Phys. Org. Chem.* 1990, **26**: 179.

［111］ 田畑昌祥. *化学*. 1991, **46**: 753.

［112］ 蒲池幹治. *化学と工業*. 1988, **41**: 1025.

［113］ Kamachi M, Cheng X S, Aota H, et al. *Chem. Lett.* 1987, 2332.

［114］ Bernier P, Rolland M, Lynaya C, et al. *Polym. J.* 1981, **13**: 201.

［115］ Shirakawa H, Ito T, Ikeda S. *Makromol. Chem.* 1978, **179**: 1565.

［116］ Chien J C W, Schen M A. *Macromolecules.* 1986, **19**: 1042.

［117］ Francois B, Bernard M, Andre J J. *J. Chem. Phys.* 1981, **75**: 4142.

［118］Goldberg I B, Crowe H R, Newman P R, et al. *J. Chem. Phys.* 1979, **70**: 1132.

［119］Yamauchi J, Yano S. *Macromolecules.* 1982, **15**: 210.

［120］Yano S, Yamashita M, Matsushita M, Aoki K, Yamauchi J. *Colloid & Polym. Sci.* 1981, **259**: 514.

［121］Westra S W T, Leyte J C. *J. Magn. Reson.* 1979, **34**: 475.

［122］Pineri M, Meyer C, Levelut A M, Lambert M. *J. Polym. Sci., Polym. Phys. Ed.* 1974, **12**: 115.

［123］Yamauchi J, Yano S. *Makromol. Chem.* 1978, **179**: 2799.

［124］Yamauchi J, Yano S. *Makromol. Chem.* 1988, **189**: 939.

［125］Roberts G. *Langmuir-Blodgett Film.* New York: Plenum, 1990.

［126］入山启治. 表面・簿膜分子设计シリ－ズ, 1－LB膜の分子デザイン, 日本表面科学会编（共立出版, 1988）.

［127］石井淑夫. 表面・簿膜分子设计シリ－ズ, 9－よいLB膜をつくる实践的技術, 日本表面科学会编（共立出版, 1989）.

［128］Su H, Tieke B, Rytz G, et al. *Thin Solid Films.* 1990, **189**: 369.

［129］Nagamura T, Sakai K, Ogawa T. *Thin Solid Films.* 1989, **179**: 375.

［130］Suga K, Yoneyama H, Fujita S, Fujihira M. *Thin Solid Films.* 1989, **179**: 251.

［131］Ikegami K, Kuroda S, Saito K, et al. *Synthetic Metals.* 1988, **27**: B 587.

［132］Vandevyer M, Richard J, Barraud A, et al. *J. Chem. Phys.* 1987, **87**: 6754.

［133］疋田 淳, 冈本信吾, 大矢博昭. 色材. 1985, **58**（6）: 323.

［134］Ceresa E M, Burlamacchi L, Visca M. *J. Mater. Sci.* 1983, **18**: 289.

［135］Gerlock J L, Bauer D R, Briggs L M, Dickie R A. *J. Coatings Tech.* 1985, **57**（722）: 37.

［136］疋田 淳, 冈本信吾, 大矢博昭. 铁と钢. 1986, **72**（11）: 132.

［137］Okamoto S, Ohya-Nishiguchi H. *17th FATIPEC Congress*, 1986, （4）: 239－255; Polymers Paint Colour Journal. 1987, **177**（4200）: 683.

［138］疋田 淳, 冈本信吾, 大矢博昭. 色材恊会誌. 1984, **57**（2）: 49.

［139］Volz H G, Kampf G, Fitzky H G. *Progress in Org. Coatings.* 1973/74, **2**: 223.

［140］Okamoto S, Ohya-Nishiguchi H. *Bull. Chem. Soc. Jpn.* 1990, **63**: 2346.

［141］Uebersfeld J, Etienne A, Combrisson J. *Nature.* 1954, **174**: 614.

［142］Uebersfeld J. *J. Phys. Rad.* 1954, **15**: 126.

［143］Ingram D J E, Tapley J G, Jackson R, Bond R L, Marnaghan A R. *Nature.* 1954, **174**: 797.

［144］中村宗和, 白户義美, 高橋弘光. 日化. **1980**, 1037.

［145］Takeuchi C, Fukui Y, Nakamura M, Shiroto Y. *Ind. Eng. Chem. Process Des. Dev.* 1983, **22**: 236.

［146］Asaoka S, Nakata S, Shiroto Y, Takeuchi C. *Ind. Eng. Chem. Process Des. Dev.* 1983, **22**: 242.

［147］Shiroto Y, Nakata S, Fukui Y, Takeuchi C. *Ind. Eng. Chem. Process Des. Dev.* 1983, **22**: 248.

［148］白户義美, 浅冈佐知夫, 中田真一, 竹内干郷. 第15回石油化学讨论会公演予稿集（金沢, 1985年）, p. 16.

［149］Asaoka S, Nakata S, Shiroto Y, Takeuchi C. *Am. Chem. Soc, Symp. Ser.* 1987, **344**: 275.

［150］Pfeiffer J P, Saal R N. *J. Phys Chem.* 1939, **43**: 139.

［151］Dickie J P, Yen T F. *Anal. Chem.* 1967, **39**: 1847.

［152］Bridge A G, Green D C. *Prep. Div. Petrol. Chem., Am. Chem. Soc.* 1979, **24**: 791.

［153］Retkofsky H L. // Gorbaty M L, Larsen J W, Wender I. Coal Science. New York: Academic Press, 1982.

［154］Petrakis L, Gandy D W. *Free Radicals in Coals and Synthetic Fuels.* Amsterdam: Elsevier, 1983.

［155］Kulbe K C, Manoogian A, Chan B W, Man R S, Macphee J. *Fuel.* 1983, **62**: 973.

［156］ Evans J C, Rowlands C C, Baker-Read G, Cross R M, Rigby N. *Fuel*. 1985, **64**: 1172.

［157］ Wind R A, Duijvestijin M J, Van der Lugt C, Smidt J, Vriend H. *Fuel*. 1987, **66**: 876.

［158］ Schlick S, Kevan L. Petrakis L, Fraissard J, D. Magnetic Resonance, Introduction, Advanced Topics and Applications to Fossil Energy Riedel Pub. Co. , 1984.

［159］ Schlick S, Nakayama M, Kevan L. *Fuel*. 1983, **62**: 1250.

［160］ Doetschman D C, Mustafi D. *Fuel*. 1986, **65**: 684.

［161］ Jeunet A, Nickel B, Rassat A. *Fuel*. 1989, **68**: 883.

［162］ Bresgunov A Yu, Poluektov O G, Lebedev Ya S, et al. *Chem. Phys. Lett.* 1990, **175**: 621.

［163］ Petrakis L, Gandy D W, Jones G L. *Chemtech*. 1984, **14**: 52.

［164］ 前河涌典. *化学と工業*. 1981, **34**: 175.

［165］ Dack S W, Hobday M D, Smith T D, Pilbrow J R. *Fuel*. 1985, **64**: 222.

［166］ 志田惇一, 伊東 護, 尾形健明, 鎌田 仁. *分析化学*. 1985, **34**: 243.

［167］ Austen D E, Ingram D J, Tapely J G. *Trans. Faraday Soc*. 1958, **54**: 400.

［168］ 藤元 薫, 浜田博和, 功刀泰碩. *石油学会誌*. 1972, **15**: 1022.

［169］ Shiedlenski J. *Intern. J. Chem. Eng*. 1965, **5**: 608.

［170］ 中田真一. *分析*. 1986, 108.

［171］ Yokono T, Iyama S, Sanada Y, Makino K. *Fuel*. 1985, **64**: 1014.

［172］ Kohno T, Yokono T, Sanada Y, Yamashita K, Hattori H, Makino K. *J. Appl. Catal*. 1986, **22**: 201.

［173］ Yokono T, Iyama S, Sanada Y. Makino K. *Carbon*. 1984, **22**: 624.

［174］ 横野哲明. *燃料協会誌*. 1985, **64**: 885.

［175］ 横野哲明. *石油学会誌*. 1987, **30**: 277.

［176］ 長谷川秀夫. *化学と生物*. 1982, **20**: 132.

［177］ Schaich K M, Karel M. , *Lipid*. 1976, **11**: 392.

［178］ Schaich K M. Free Radical Formation in Proteins Exposed to Peroxidizing Lipids. Sc. D. Thesis of MIT, Cambridge MA: 1974.

［179］ 長谷川秀夫. 食品工業における非破壊檢測法, 日本食品工業学会, *講演要旨集*(東京, 1985).

［180］ 長谷川秀夫. 食品//大矢博昭, 山内 淳. 素材の*ESR*評価法第四章4.13节. 東京: アイピーシー, 1992: 399 – 408.

［181］ Miki T, Kai A, Ikeya M. Electron Spin Resonance of Bloodstrains and its Application to the Estimation of Time after Bleeding. *Foren. Sci. Intern*. 1987, **35**: 149 – 158.

［182］ Ikeya M, Ishii H. *Appl. Radiat*. 1989, **40**: 1021 – 1027.

更进一步的参考读物

1. 绝缘体

［1］ Seidel H, Wolf H C. *Phys. Status Solidi*. 1965, **11**: 3 (in German) .

［2］ Markham J J. F-Centers in Alkali Halides // Seitz F, Turnbull D. *Solid State Physics*, Suppl. 8. New York: Academic, 1966: Chap. 6 – 8.

［3］ Crawford J H Jr. , Slikin L M. *Point Defects in Solids*, Vol. 1. New York: Plenum, 1972.

［4］ Stoneham A M, *Theory of Defects in Solids*. Oxford: Clarendon, 1975.

［5］ Henderson B, Wertz J E. *Adv. Phys*. 1968, **17**: 749; *Defects in the Alkaline-earth Oxides*. New York: Halsted-Wiley, 1977.

[6] Weil J A. *Phys. Chem. Miner.* 1984, **10**: 149.

2. 半导体

[7] Ludwig G W, Woodburg H H. Electron Spin Resonance in Semiconductors // Seitz F, Turnbull D. *Solid State Physics*, Vol. 13. New York: Academic, 1962: 223 – 304.

[8] Feher G. Review of Electron Spin Resonance Experiments in Semiconductor // Low W. *Paramagnetic Resonance*. New York: Academic, 1963: 715.

[9] Landeaster G. *ESR in Semiconductors.* London: Hilger & Watts, 1972: Chap. 5.

[10] Henderson B. *Defects in Crystalline Solids.* London: Arnold, 1972: Chap. 5.

3. 聚合物

[11] Kinell P O, Rändby B G, Runnström-Reio V. *ESR Applications to Polymer Research.* New York: Halsted-Wiley, 1973.

[12] Rändby B G, Rabek J F. *ESR Spectroscopy in Polymer Research.* Berlin: Springer, 1977.

4. 扑获的原子和分子

[13] Weltner Jr. W. *Magnetic Atoms and Molecules.* New York: Van Nostrand Reinhold, 1983.

5. 原子簇

[14] Mile B, Howard J A, Histed M, Morris H, Hampson C A. *Faraday Discuss.* 1991, **92**: 129.

6. 胶体

[15] Fraissad J P, Resing H A. *Magnetic Resonance in Colloid and Interface Science.* Hingham: Reidel, 1980.

7. 煤炭

[16] Petrakis L, Fraissard J P. Magnetic Resonance: *Introduction, Advanced Topics and Applications to Fossil Energy*, NATO ASI Series C124. Dordrecht: Reidel, 1984.

[17] Botto R, Sanada Y. *Magnetic Resonance in Carbonaceous Solids*, ACS Advances in Chemistry Series, #229. Washington DC: American Chemical Society, 1992.

8. 铁磁体

[18] Chikazumi S, Charap S H. *Physics of Magnetism.* Malibar, FL: Krieger, 1978.

[19] Soohoo R F. *Microwave Magnetics.* New York: Harper & Row, 1985.

[20] Smit J. *Magnetic Properties of Materials.* New York: McGraw-Hill, 1971.

9. 玻璃

[21] Griscom D L. Electron Spin Resonance in Glasses. *J. Non-Cryst. Solids.* 1980, **40**: 211.

[22] Griscom D L. Electron Spin Resonance. *Glass. Sci. Technol.* 1990, **4B**: 151.

10. 电化学

[23] Goldberg I B, McKinney T M. Principles and Techniques of Electrochemical Electron Spin Resonance Experiments // Kissinger P T, Heineman W R. *Laboratory Techniques in Electroanalytical Chemistry.* New York: Marcel Dekker, 1984: Chap. 24.

[24] Waller A M, Compton R G. *In-situ* Electrochemical ESR // Compton R G, Hamnet A. *Comprehensive Chemical Kinetics*, Vol. 29. Amsterdam: Elsevier, 1989: Chap. 7.

11. 自旋标记

[25] Berliner L J. *Spin Labeling I-Theory and Applications.* New York: Academic, 1976.

[26] Berliner L J. *Spin Labeling II-Theory and Applications.* New York: Academic, 1979.

[27] Likhtenshtein G I. *Spin Labeling Methods in Molecular Biology.* Ann Arbor, MI: Books Demand UMI, 1976.

[28] Holtzman J L. *Spin Labeling in Pharmacology.* New York: Academic, 1984.

12. 自旋扑获

[29] Rehorek D. *Chem. Soc. Rev.* 1991, **20**: 341.

[30] Janzen E G, Haire D L. Two Decades of Spin Trapping // Tanner D D. *Advances in Free Radical Chemistry*, Vol. 1, Greenwich, CT: JAI Press, 1990: 253 – 295.

[31] Buettner G R. *Free Radical Biol. Med.* 1987, **3**: 259.

13. EMR 成像

[32] Eaton G R, Eaton S S, Ohno K. *EPR Imaging and in Vivo EPR*. Boca Raton, FL: CRC Press, 1991.

[33] Ohno K. *Magn, Reson. Rev.* 1987, **11**: 275.

14. 生物体系

[34] Cohen J S. *Magnetic Resonance in Biology*, Vols. 1 & 2., New York: Wiley-Interscience, 1980, 1982.

[35] Dalton L R. *EPR and Advanced EPR Studies of Biological Systems*. Boca Raton, FL: CRC Press, 1985.

[36] Feher G. *Electron Paramagnetic Resonance with Applications to Selected Problems in Biology*, New York: Gordon & Breach, 1970.

[37] Foster M A. *Magnetic Resonance in Medicine and Biology.*, Oxford: Pergamon, 1984.

[38] Shulman R G. *Biological Applications of Magnetic Resonance*. New York: Academic, 1979.

[39] Bertini I, Drago R S. *ESR & NMR of Paramagnetic Species in Biological & Related Systems*, Norwell, MA: Kluwer, 1980.

[40] 赵保路. *氧自由基和天然抗氧化剂*. 北京: 科学出版社, 1999.

15. 地质/矿物体系

[41] Marfunin A S. *Spectroscopy, Luminescene and Radiation Centers in Minerals*. Berlin: Springer, 1979.

[42] Cubitt J M, Burek C V. *A Bibliography of Electron Spin Resonance Applications in the Earth Sciences*. Norwich: Geo Abstracts, 1980.

[43] Vassilikou-Dova A B, Lehmann G. *Fortschr. Mineral.* 1987, **65**: 173.

[44] Poole Jr. C P, Farach H A, Bishop T P. *Magn. Reson. Rev.* 1977, **4**: 137; 1978, **5**: 225.

[45] Calas G. *Rev. Mineral.* 1988, **18**: (Spectrosc. Methods Mineral. Geol.) 513.

[46] Weil J A. A Review of the EPR Spectroscopy of the Defects in α-Quartz: The Decade 1982 – 1992 // Helms C R, Deal B E. *The Physics and Chemistry of SiO_2 and Si/SiO_2 Interface*. 2. New York: Plenum, 1993: 131 – 144.

16. 辐射计量学与年代学

[47] Ikeya M. Use of Electron Spin Resonance Spectrometry in Microscopy, Dating and Dosimetry. *Anal. Sci.* 1989, **5**: 5.

[48] Grun R. Electron Spin Resonance (ESR) Dating. *Quat. Int.* 1989, **1**: 65.

第18章 便携式专用型 EMR 谱仪的开发与应用

谱仪技术的发展促进应用领域的拓宽和深入，反之，由于在应用领域的拓宽和深入，又对谱仪技术的开发提出新的要求。电子磁共振从 1945 年问世以来，经过了大约 45 年，到了 20 世纪 80 年代末 90 年代初，CW-EMR 谱仪的灵敏度和分辨率，几乎已经走到了尽头，可以挖掘的潜在空间不大了。在此期间，谱仪的发展正处在三岔路口，出现了两个不同方向：一是吸收脉冲技术发展 pulse-EMR 谱仪（已在第 13 章中讨论），另一个是走出象牙之塔，紧密贴近生产实践中的应用，发展便携式专用型的 EMR 谱仪。现在看来这两个方面都得到了发展。读了本书的第 17 章就很容易会联想到，在某些领域中的应用，并不要求灵敏度很高，功能很齐全，而只是需要单一用途（专用型）、造价低廉的便携式谱仪。本章就来专门讨论后者的技术开发和应用。

大阪大学池谷元伺教授曾预言[1]："21 世纪的梦想是用火箭把小型 EMR 谱仪送上月球表面或火星进行宇宙资源探索，实现无人的研究和测定。地质学家若能用简易型便携式的 EMR 谱仪，进行 EMR 年代测定或资源考察可能就会更为方便普及。为了能用小型便携式 EMR 显微镜进行生物学研究，实现宇宙飞行员在月球表面进行 EMR 年代测定的梦想……"，"开发研制简易型便携式 EMR 谱仪，还有其他几个理由。其中之一，就是东欧和亚洲的研究者认为 EMR 年代测定很好，但是仪器价格太高，最好能有廉价的 EMR 装置。与热发光（TL）装置相比，EMR 装置的确价格太高。脉冲 EMR 谱仪比热发光（TL）装置的价格差不多高出一个数量级"。如果作为"简易型 EMR 放射线计量仪"或"简易型 EMR 显微镜"等专用仪器，就不需要有大型 EMR 仪器那么高的精度。假如与计算机相比拟，大型 EMR 仪器就像"大型计算机主机"，而小型 EMR 谱仪则就像"个人电脑"（PC 机）。随着卫星发射的微波宇宙通信的普及，我们也能得到廉价的微波元器件。另外，使用永久磁铁来代替大型通用 EMR 谱仪中的电磁铁，能使造价大幅下降，体积更趋小型化。

18.1 简易型 EMR 谱仪的结构与原理

1989 年 12 月，在日本京都举行的第二届中日双边电子磁共振学术研讨会上，池谷元伺教授展现了由他的科研团队研发的、日本住友特殊金属株式会社制造的、"超小型"的简易 EMR 谱仪[2~4]（SPIN-X），主要是供教学实验用的。其体积之所以能做到如此之小是因为采用了新的磁性材料 Nd-B-Fe（钕铁硼）制造的永久磁铁取代了电磁铁，并对微波源以及检波放大系统采取了简化措施。

18.1.1　简易型 EMR 谱仪结构的总体描述

简易型 EMR 谱仪（SPIN-X）的平面布置及照片如图 18-1 所示。左边的电路板是为微波发生器耿氏管提供 8V 的直流电源；在波导管内由耿氏管发射的微波，直接导入谐振腔；谐振腔位于永久磁铁的磁极之间，在谐振腔内插入样品，调节磁场使其满足电子磁共振条件：$h\nu = g\beta H$，微波被样品共振吸收之后，反射回来的微波能量发生改变，并被安装在耿氏管附近的检波二极管检测到。于是，检波二极管的电流也随之改变，尽管这一电流的变化很小，还是可以用磁场调制把它检测出来的，就是在永久磁铁的磁极上固定的线圈中，通入 50Hz（市电）的交变电流，使之产生磁场调制，在检波二极管中产生 50Hz 的微波吸收调制出分电流。然后用示波器直接显示检波二极管输出的电流信号，即 EMR 共振吸收信号。

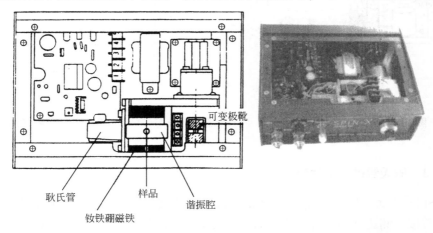

图 18-1　学生实验用的简易型 EMR 谱仪（SPIN-X：住友特殊金属）的平面布置和照片[1]

18.1.2　永久磁铁与磁场扫描线圈

X 波段 EMR 谱仪所用的永久磁铁，中心磁场强度约为（340±10）mT，在磁铁的中心磁场安装可产生 ±10 mT 的可变磁场的扫描线圈，磁场扫描采用商用小型直流电源，电流变动 ±1A 时，磁场扫描可达 ±10 mT。当然也可以使用运算放大器积分电路，能发生与时间成比例的电压（三角波电压），控制磁铁线圈的电流进行磁场扫描。磁铁的最重要的性能就是磁场的均匀度，要求磁场的均匀度（极面上磁场强度之差）小于 0.1 mT·mm^{-1}。信号大时，也可以超过这一数值。不同试样对磁场均匀性的精度要求也不同。与大型商用的 EMR 装置的电磁铁的

磁场均匀度 $10^{-7} \sim 10^{-6}$（340 mT 时 1 μT 以下）相比，虽然简易型谱仪所用的永久磁铁的磁场均匀度只有 $10^{-5} \sim 10^{-4}$，但足以满足应用的需求。超小型教学用 EMR 谱仪 SPIN-X 的磁铁如图 18-2 所示：（a）为由永久磁铁 Nd-B-Fe、极靴、螺栓等组成的磁场可变的磁铁结构图；（b）为调节磁路与磁场强度变化的关系图。小磁铁的质量仅为 2.0 kg，可放在手掌上。EMR 显微镜实验用的永久磁铁，均匀度为 0.01 mT·mm^{-1}，当间距为 70mm 时，质量为 18 kg。

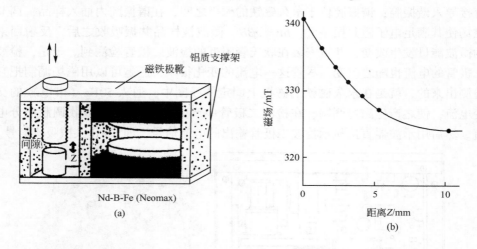

图 18-2　磁场可变的磁铁结构图（a）和调节磁路与磁场强度变化的关系图（b）

18.1.3　耿氏管微波发生器

SPIN-X 简易型 EMR 谱仪所用的耿氏管微波发生器，是采用市售的自动门或防盗警报、测速计等装置上使用的多普勒雷达微波发生器。图 18-3（a）上图为微波发生器的电子线路图，下图为封闭的波导管谐振器内安装的 GaAs 微波发射二极管和检波二极管实物示意图；图 18-3（b）为改进的耿氏管的频率变化特性曲线。用机械微调增加介电物质的插入程度，能够大幅度改变微波频率。如果封闭的波导管谐振器内的微波波长为 λ_g，则耿氏管的位置应置于离谐振器终端 $\lambda_g/4$ 的地方。这样的微波器件，在日本的电子市场上售价约为 7000 日元（1992 年时大阪的市场价）。

采用微波频率和输出功率可调的"变容二极管"的船用雷达发生器也有商品。这些发生器的频率可遥控，可用 FM 调制，能用于 EMR 装置。变容二极管为阻抗特别是电容可变的 PN 结半导体二极管，结合电容随电压指数变化，就能用电调节微波频率。教学用的简易型 EMR 谱仪是通过机械微调介电物质棒来调节微波频率。在耿氏管上加电压约 8V，能得到 15 ～ 20mW 的输出功率。

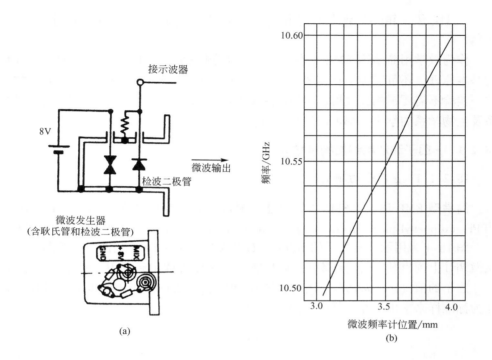

图 18-3　微波发生器的电子线路图以及封闭的波导管谐振器
实物示意图（a）和改进的耿氏管的频率变化特性曲线（b）

18.1.4　谐振腔与微波回路

最简单的 TE_{102} 型谐振腔是用 3 cm 波段的波导管做成的。对于 TE_{10n} 的谐振腔的长度，应该是 n 个 $\lambda_g/2$。TE_{102} 型的谐振腔，$n=2$，所以其长度约为 $2\,\lambda_g/2 = \lambda_g$。然后，在两端封上铜板，一端开一个 5 mm 的小孔，直接与如前所说的微波发生器兼检波器的多普勒谐振器联结。

18.1.5　磁场调制和相敏检波

大型商用 EMR 谱仪为了大幅度提高 EMR 信号检测灵敏度、信噪比，通常都要采用 100kHz 磁场与锁相放大器，进行相敏检波和放大。然而这种锁相放大器的制作费用昂贵，售价为 30 万~60 万日元，但如使用相敏放大集成电路可使价格大幅度降低。作为简易型便携式的谱仪（如 SPIN-X），可以牺牲一点灵敏度，甚至省去相敏检波，只用 50Hz 的市电调制磁场也能工作。

18.2 简易型 EMR 谱仪在学生实验教学中的应用

作为教学用简易型 EMR 谱仪，可用来观测 DPPH 的 EMR 信号，理解 EMR 的基本原理。还可以加上梯度磁场，进行电子磁共振成像（MRI）原理的教学。这一实验不需要锁相放大器。学习磁共振的物理系、化学系、地球科学系、医学系及生物学系的学生，都可以进行实验。

18.2.1 g 因子和超精细结构常数 A_o

18.2.1.1 g 因子的测定

简易型 EMR 谱仪（SPIN-X）只能检测自旋浓度高的样品，如煤、TEMPOL、DPPH（diphenyl-picryl-hydrazyl，$g = 2.0036$ 的有机自由基）、某些化石、石油等。

图 18-4 为用示波器显示的 DPPH、TEMPOL 和煤的 EMR 谱图。对照图 18-3，从微调计上读出耿氏管的频率 ν，再从螺杆的刻度上读出磁场 H，就能计算出信号 g 因子的值（$g = h\nu/\beta H$）。因为已知 DPPH 的 $g = 2.0036$，因此也可以用 DPPH 作为标准样来求出未知样品的 g 因子数值。

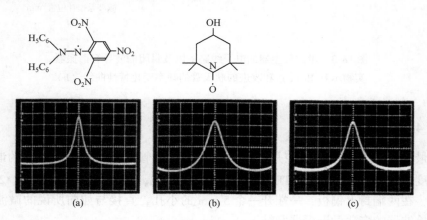

图 18-4　用简易型的 SPIN-X 谱仪进行的学生实验结果
（a）DPPH 粉末；（b）TEMPOL；（c）煤

18.2.1.2 超精细结构常数 A_o 的测定：半醌离子自由基

半醌离子自由基就是用灵敏度很低的 SPIN-X 谱仪观测到最简单的 EMR 波谱超精细结构的一个很好的例子。半醌的寿命只有半小时，因此必须在使用前把氢醌在碱溶液中氧化。把 0.05g 氢醌溶于 5mL 乙醇中，滴加 5 滴 1mol·L^{-1} 的 NaOH 溶液。通入空气至溶液变为橙色。如图 18-5 所示，在示波器上可观察到半醌离子自由基上的未偶电子与 4 个质子相互作用给出的 EMR 超精细结构的波谱（强度比为 1:4:6:4:1）。如果灵敏度要求更高，磁场可用其他直流电源，加上 50Hz 的磁场调制，用锁相放大器检测就可增大 EMR 的波谱信号。这样，DPPH 溶在苯中的超精细结构也能容易地观测到。

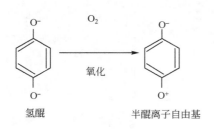 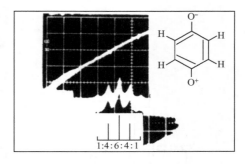

图 18-5　用 SPIN-X 小谱仪检测到的半醌离子自由基的超精细结构[5]

18.2.2　用 SPIN-X 进行 EMR 显微镜实验

18.2.2.1　ESR-CT 实验

在本书的第 14 章中，曾介绍过 EMR-CT 成像技术，即在其谐振腔中放置微型磁场梯度线圈。使样品支架和 DPPH 标准试样置于微型线圈之间，就可进行磁共振成像的原理试验[6,7]。如图 18-6（a）所示，把样品放入到产生梯度磁场的线圈之间。当电流通过线圈时，因产生梯度磁场使 EMR 信号分裂，如图 18-6（b）所示。电流加大，即磁场的梯度增大，EMR 信号分裂的裂距也加大。这就可以向学生展示一维成像的 EMR 显微镜实验的原理[5,8]。

18.2.2.2　微线阵 EMR 成像实验

图 18-7 为采用 SPIN-X 进行的"微线阵自旋分布测定"的实验。当在样品（DPPH）位置间并列的 4 根 0.1 mm 的导线（漆包线）中通过电流时，EMR 信号产生分裂并发生位移。因为当电流流过邻近的线圈时，产生弱的反向磁场，EMR 信号的共振磁场略朝反向移动，如图 18-7（a）所示。图 18-7（b）表示样品架和试样放置的位置。图 18-7（c）为（b）的中部放大，并标出导线、样品与磁场方向的关系。

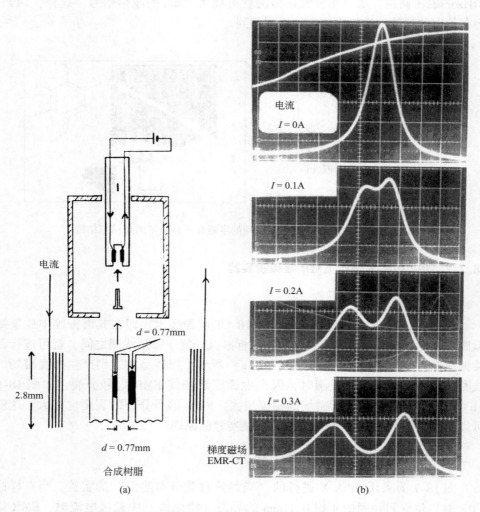

图 18-6　磁共振成像实验原理装置图（a）和在示波器上
显示出 EMR 波谱信号（b）[5]

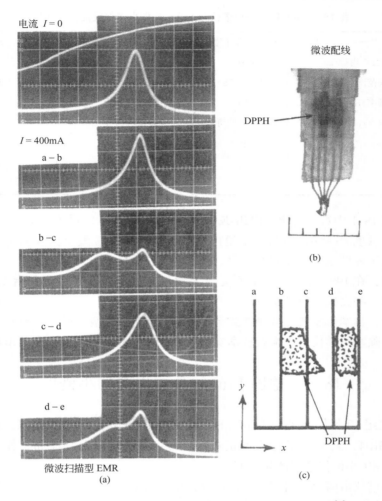

图 18-7　用 SPIN-X 进行"微线阵自旋分布"测定的实验[5]
（a）示波器上看到的 EMR 信号；（b）样品架和试样放置的位置；
（c）为（b）的中部放大，并标出导线、样品与磁场（z）方向的关系

18.3　国内研发的简易型 EMR 谱仪概况

1993 年，浙江大学徐元植、向智敏等[9]与温州精密电子仪器厂合作开发便携式 EMR 谱仪。原理与日本的 SPIN-X 谱仪基本相似，但元器件和材料都是国内生产的。微波发生器和谐振腔是委托当时的电子工业部第 14 研究所制造的，钕铁硼材料也是国产的，总共研制了 3 台，定名为 EMR-E 型小顺磁谱仪。性能与日本的 SPIN-X 谱仪比较如表 18-1 所示。

表 18-1　EMR-E 型小谱仪与 SPIN-X 型小谱仪性能指标比较

指标＼仪器	EMR-E 型 1#机	EMR-E 型 2#机	EMR-E 型 3#机	SPIN-X 机
试样（DPPH）用量/mg	0.08	0.08	0.08	>0.1
静磁场可调范围/mT	348～378	366～378	365～379	375～385
交变磁场频率/Hz	50	50	50	60
磁场调制幅度/mT	±1.5 连续可调	±1.5 连续可调	±1.5 连续可调	分三挡
灵敏度/[spin·（0.1mT）$^{-1}$]	$<10^{14}$	$<10^{14}$	$<10^{14}$	约 10^{15}
信噪比	>2	5	>2	
质量/kg	9	9	9	2

从表 18-1 中数据看出，EMR-E 型小仪器比 SPIN-X 的灵敏度高一个数量级，体积和质量也大一些，但仍属于便携式小仪器。EMR-E 型小谱仪通过技术鉴定之后，由于种种原因并没有产业化。

据悉，在 1995 年以后，上海复旦大学仪器厂也生产了少量几台 EMR 小谱仪，卖给一些高校供教学示范用。

其实，日本住友特殊金属株式会社制造的 SPIN-X 型小谱仪，也只生产了少数几台，除卖给学校供学生做教学实验用之外，也并没有形成一定的市场规模。

18.4　德国 Bruker 公司生产的小谱仪

20 世纪 80 年代末 90 年代初，Bruker 公司也开发出 EMR 小谱仪，最初型号定为 EMS104，到 90 年代中后期正式定名为 e-scan，并把"e-scan"作为该公司生产的 EMR 小谱仪系列产品的商标。

该小谱仪由两部分组成：磁铁部分，重 42 kg，外形尺寸 31 cm×30 cm×30 cm；电子器件部分，重 15 kg，外形尺寸 35 cm×50 cm×16 cm。耗电功率为 100～250A·V。在其产品介绍（catalogue）中，没有提供更多的技术参数，我们只能粗略地估计如下：

（1）从耗电功率和外形尺寸、质量、没有水冷等推断，他们采用的是"永久磁铁"。从电子器件部分的质量和外形尺寸来推断："麻雀虽小，五脏俱全"。

（2）从提供的谱图来推断：其灵敏度应该优于 10^{13} spin·（0.1 mT）$^{-1}$。

另外，针对不同的用途，提供专用的附加配件和操作软件。

他们在应用开发方面做了大量的工作。目前 e-scan 家族成员，按照不同的用途分为：

（1）丙氨酸辐射剂量读数仪（alanine dosimeter reader）；

（2）食品安全质量控制分析仪（food control analyzer）；

（3）啤酒保质期分析仪（beer analyzer）；

（4）桌面上 EMR 分析仪（table-top EMR analyzer）。

下面分别加以介绍。

18.4.1　丙氨酸辐射剂量读数仪[10]

随着人们对蔬菜瓜果保鲜存储需求的日趋普及，对食品的安全也更加关注。为了保鲜储藏需用 γ 射线（通常是 ^{60}Co）辐照，辐照的剂量不足，达不到保鲜储藏的效果，超过标准剂量，又会危及人们的健康甚至安全。最早想到的就是用辐射剂量检测计（dosimeter）去监控，然而在大规模（大面积）生产实践中，使用大量的辐射剂量检测计进行监控是不现实的。

其实，早在 20 世纪 60 年代末，就有人用 EMR 研究过丙氨酸（L-alanine）受 γ 射线辐照后生成的自由基[11]。到了 80 年代初，发现丙氨酸（结合 EMR）可以用来测定辐射剂量[12]（dosimetry）以替代辐射剂量检测计。由于丙氨酸 H_2N—$CH(CH_3)$—$COOH$（固态）受到 γ 射线辐照，总是 N—C 键发生均裂，生成 CH_3—$\overset{\cdot}{C}H$—$COOH$ 自由基，被俘获在固态丙氨酸的晶格中，而且非常稳定（它的 EMR 信号经过一周大约只衰减 ±1%），其 EMR 波谱的图纹是唯一的、很有特征性的。

最初，是把丙氨酸固体粉末压成片状或圆柱状，经过辐照后收集起来拿到大型的 EMR 谱仪上去测定。经过一段时间后，发现辐射剂量检测的工作量越来越大，买一台通用的价钱昂贵的大型 EMR 谱仪专做辐射剂量检测工作用似乎太浪费了。于是在 20 世纪 80 年代末，Bruker 公司就研发出 EMS 104 型小谱仪。虽然该谱仪可以替代大型的 EMR 谱仪做许多工作，但从市场需求来看，客户买去的小谱仪，大都是做辐射剂量检测用的。另外，公司为了满足市场需求，开发出专门作为丙氨酸辐射剂量检测用的配件和软件。到 1994 年，第一版"EMR/丙氨酸"辐射剂量检测方法，经美国国家标准局正式批准为 ASTM 方法，至此 E-1607-94 宣告诞生。到 2003 年，"EMR/丙氨酸"法被国际上定为标准 ISO/ASTM 51607。这个标准方法所用的仪器，就是现在的 e-scan 丙氨酸辐射剂量读数仪，它能够直接读出食品接受辐射的剂量。

18.4.2　食品安全质量控制分析仪[13]

如今全世界每年经过辐照处理的食品和副食品（其中以调味品和蔬菜为主）估计超过 24 万 t。然而，与每年生产的食物总量相比，这仍然是一个很小的数目。以德国为例，按人口平均每年消耗的食物约为 $1.4t$[14]。然而，无论是为了保护消费者利益，还是为了满足食品生产过程透明度的需要，都要求建立一套合格食品控制的对策。

欧盟明令指出：经过辐照的食品以及含有辐射成分的食品（不管含量多少）都应贴上"国际食品辐射"标记（international food irradiation symbol）。而且，国家的主管部门负责制定并发布受辐照的食品（某些国家还包括包装材料）的放行清单。

辐照食品是用来降低由于食品遭受病原体如沙门氏菌（*Salmonella*）的侵害而对健康带来的风险，以延长食品的保质期。事实上，电离辐射能够阻抑微生物的分裂并产生自由基之类的所谓射解产物。在干燥的环境中，这些自由基是相对稳定的。例如，辐照过的家禽骨头或者干燥的香料中，都含有一定数量的自由基，很容易被 EMR 检测出来。

在 1990 年后期，经过广泛的磋商和反复的试验，在欧洲国家内建立起几套用 EMR 鉴定辐照食品的标准。目前已有如下 3 个用 EMR 鉴定辐照食品的欧洲标准：

EN 1786：1996——用 EMR 方法检测含骨头的辐照食品的标准。

EN 1787：2000——用 EMR 方法检测含纤维素的辐照食品的标准。

EN 13708：2001——用 EMR 方法检测含结晶糖的辐照食品的标准。

含骨头的辐照食品的 EMR 检测：动物的骨头是以羟磷灰石 $Ca_{10}(PO_4)_6(OH)_2$ 为主，当羟磷灰石暴露在离子辐射场中时，就会生成稳定自由基（主要是 CO_2^- 自由基），表现出具有特征的 EMR 波谱[15]。因此，当骨头被辐照之后，就会得到一个具有轴对称的 $g_1 = 2.002$（1）和 $g_2 = 1.998$（1）的 EMR 特征谱，如图 18-8 所示。另外，未曾辐照过的骨头给出一条 $g = 2.005$（1）的各向同性的 EMR 波谱。由于辐照产生的"轴对称"EMR 信号能够稳定 12 个月或者更长，甚至经受得起热处理，所以这个信号可以作为辐照带骨食品（如家禽、兔子、猪和鱼类等）的鉴定基础。安装在 e-scan 食品分析仪上的软件，使用户能够直接读出辐射的剂量。

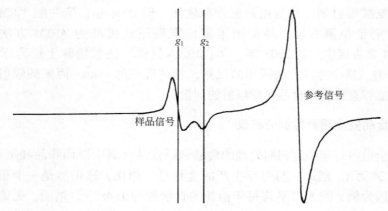

图 18-8　辐照过的鸡骨头在 e-scan 食品分析仪上得出的 EMR 谱

18.4.3 啤酒保质期分析仪[16]

啤酒变味被认为是由"自由基"引起啤酒中各种组分的氧化所致。产生自由基过程中的分解产物发出特殊的气味，使得啤酒的口感变差。其实，相似的过程在其他许多食物中也有发生，但在啤酒中这种"变味"的产物，哪怕浓度很低，也能被消费者的口感"检测"出来。

啤酒储存的环境对自由基氧化过程有很大影响。如果储存在低温下，氧化过程进行得很慢。当然，升高温度就会加快氧化的速度。于是，适当加大储存容器分布的距离，小心控制储存环境的条件，对于啤酒都是需要考虑的。因此，检测方法和控制啤酒的氧化稳定性就变得至关重要了。

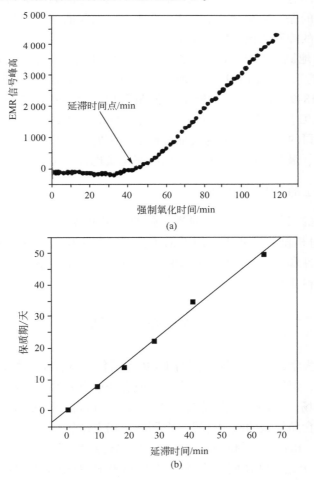

图 18-9 从 EMR 信号强度与"强制氧化"时间的关系图中找出"延滞时间"（a）和"延滞时间"与保质期的关系（b）

有研究报告[17~22]指出：自旋捕捉为检测阻滞啤酒自由基氧化提供了一种很有效的方法。所有的啤酒都含有一定量原生的抗氧化剂，来保护它们的香味免遭最终的氧化自由基反应的破坏。因此，啤酒是具有较高的"自身抗氧化活性的"，能在较长时间内不被氧化，而有较好的保质期稳定性。

温度升高，啤酒中的自由基氧化速度加速。这个过程被认为是啤酒加热过程中，与微量的过渡金属如铁或铜反应生成的过氧化氢在积聚[23]。但在较低的温度下，这个过程是很慢的。在延滞时间（lag time）内，啤酒生成的自由基很快就被啤酒中"原生的抗氧化剂"所"淬灭"。当这些"原生的抗氧化剂"消耗殆尽时，我们就会在 EMR 波谱中检测到被自旋捕捉剂捕捉到的内生自由基的信号。因此，延滞时间愈长，原生的抗氧化活性就愈高，啤酒的保质期也就愈长。

通常啤酒的保质期能有几十天或一两个月，而我们需要在几个小时之内就能决定生产出来的啤酒的保质期。于是必须采用"强制氧化"结合 EMR 自旋捕捉的方法，有效地测量出啤酒的"原生抗氧化活性"，确定所谓的"延滞时间"（是以分钟计的），如图 18-9（a）所示。然后再换算成啤酒的保质期（是以天数计的），如图 18-9（b）所示。所谓"强制氧化"就是把啤酒样品置于空气中，温度保持在 60℃，经过一定时间（10min，20min，30min…）后，进行 EMR 测定。Bruker 公司的 e-scan 啤酒保质期分析仪附带的配件和软件，从进样、检测一直到数据采集、最终给出延滞时间，已经完全实现自动化。

18.4.4　桌面上的 EMR 分析仪

以上谈到的三种 e-scan 是针对性很强的专用小型 EMR 谱仪。而这里所谓的桌面上 EMR 分析仪就是属于通用型的小谱仪。其主机都是 e-scan，不同的用途配上不同的附件和软件就变成专用型的了。这种通用型的小谱仪目前主要是用在生物医学上的检测和研究。

18.5　总　　结

日本大阪大学的池谷元伺教授对 EMR 小谱仪，从技术开发到应用开发都做了大量的工作，但缺乏生产企业的介入，或者企业介入的力度不够，最终没能形成商品打开市场。E-scan 小谱仪是德国 Bruker 公司自己研发的，经过将近 20 年的努力建立起食品检验的欧盟标准，在国际市场上站住脚了。另外，英国的"共振仪器公司"（Resonance Instruments Inc.）也曾经生产过 EMR 小谱仪，最近在 *EPR Newsletter* 上还看到他们生产的型号为 8400 ESR/EPR 谱仪的广告[24]。可见他们在国际市场上还都能生存下去。然而，这些 EMR 小谱仪都没能进入中国市场，原因是多方面的。表面上看起来，好像是价格太昂贵，实质上还是用途需求不迫切。相信随着我国对食品和药品安全的日益重视和国际标准的统一要求，在不久的将来，EMR 小谱仪必将会在中国市场上出现。

参 考 文 献

［1］池谷元伺，三木俊克. *ESR 顯微镜 – スピン電子共鳴應用计测の新たな展開*. 東京：Springer-Verlag，1992：239 – 259.

［2］池谷元伺，古沢昌宏，石井 博. 走查型 ESR 顯微镜と简易型 ESR，*固体物理*. 1989，**24**：534 – 540.

［3］Ikeya M，Furusawa M. *Appl. Radiat. Isot.* 1989，**40**：849 – 850.

［4］住友特殊金属编 "小型 ESR SPIN – X 取扱說明書カタログ" 1989.

［5］Ikeya M，Meguro H，Ishii H，Miyamaru H. *Appl. Magn. Reson.* 1991，**3**.

［6］Ikeya M，Ishii H. *J. Magn. Reson.* 1990，**88**：130 – 134.

［7］Miki T，Ikeya M. *Jpn. J. Appl. Phys.* 1987，**26**：L1495 – L1498.

［8］Ikeya M，Miki T. *Jpn. J. Appl. Phys.* 1987，**26**：L929 – L933.

［9］向智敏. EPR 谱图的解析和模拟软件的设计研究. 浙江大学化学系博士论文，1997，杭州.

［10］Kamlowski A，Maier D C，Barr D，Heiss A H. *Bruker Spin Report*. 2003，**152/153**：33 – 36.

［11］Sinclair J W，Hanna M W. *J. Phys. Chem.* 1967，**71**：84 – 88.

［12］Regulla D F，Deffiner U. *Appl. Radiat. Isot.* 1982，**33**：1101 – 1114.

［13］Kamlowski A，Maier D C. *Bruker Spin Report*. 2004，**154**：32 – 34.

［14］http：//www. bfa-ernaehrung-de/Bfe-Deutsch/institute/IOES/Poster/Wieviel. pdf（in German）. Federal Research Center for Nutrition，Institute of Nutritional Economics and Sociology，Karlsruhe，Germany.

［15］Ikeya M. *New Applications of Electron Spin Resonance，Dating，Dosimetry and Microscopy*. London：World Scientific，1993.

［16］Barr D，Kamlowski A，Erstling J. Shelf Life Analysis of Beer Using the Bruker Automated Lagtime EPR System. *Bruker Application Note*. 2004.

［17］Uchida M，Ono M. *J. Am. Soc. Brew. Chem.* 1996，**54**：198 – 204.

［18］Andersen M L，Skibstead L F. *J. Agric. Food Chem.* 1998，**46**：1272 – 1275.

［19］Takaoka S，Kondo H，Uchida M，Kawasaki Y. *Tech. Q. Master Brew. Assoc. Amer.* 1998，**35**：157 – 161.

［20］Forster C，Schweiger J，Narziss L，Back W，Uchida M，Ono M. *Monatsschrift Fuer Brauwirtschaft*. 1999，**5/6**：86 – 93.

［21］Uchida M，Ono M. *J. Am. Soc. Brew. Chem.* 2000，**58**：8 – 13.

［22］Uchida M，Ono M. *J. Am. Soc. Brew. Chem.* 2000，**58**：30 – 37.

［23］Uchida M，Ono M. *J. Am. Soc. Brew. Chem.* 1999，**57**：145 – 150.

［24］Model 8400 ESR/EPR Spectrometer. ，*EPR Newsletter*. 2006，**16**（1）：20.

附　　录

附录1　数　学　准　备

在阅读本书时定会遇到许多数学符号和运算的问题，对于数学物理基础比较好的读者，自然不成问题。本附录仅为非物理专业出身的读者能够顺利阅读本书提供最基本的数学准备知识。

F1.1　复数

一个复数可表示如下：

$$u = x + iy = re^{+i\phi} \tag{F1.1}$$

式中：x、y、r 和 ϕ 都是实数，$e^{i\phi} = \cos\phi + i\sin\phi$，$i^2 = -1$，$x$ 是复数 u 的实部，y 是复数 u 的虚部，r 是复数 u 的绝对值，即 $r = |u|$，ϕ 被称为相角。u^* 是 u 的共轭复数，$u^* = x - iy$。对于一个复函数，它的共轭复函数就是在它的 i 前面变一个符号。复数和它的共轭之间的关系，用复平面（图 F1-1）来表示就很清楚，如图 F1-1 所示。选择横坐标为实轴（x），纵坐标为虚轴（y）。注意 $re(u)$ 是 u 与 u^* 两者之和的一半；两者之积等于 r^2，即

$$u^*u = uu^* = |u|^2 = re^{-i\phi}\, re^{i\phi} = r^2 \tag{F1.2}$$

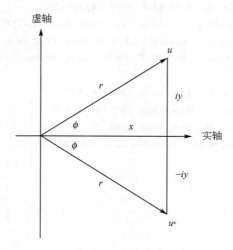

图 F1-1　Argand 图

F1.2　算符的性质及其运算规则

算符 $\hat{A}$ 是一个符号的指令，对某个函数（运算对象）进行规定的数学操作。一般算符都要冠以符号 (^)，除非本身就是有明确的算符含义的。最简单的算符就是常数乘积，例如，$\hat{k}\alpha = k\alpha$。

算符 $\hat{\Omega}$ 是一个线性算符，作用到一个函数，若这个函数是由几个函数相加而成，则等于分别作用到每个函数之后再相加。假如 $\hat{\Omega}\alpha = \beta$，则

$$\hat{\Omega}(\alpha_1 + \alpha_2) = \hat{\Omega}\alpha_1 + \hat{\Omega}\alpha_2 = \beta_1 + \beta_2 \qquad (F1.3)$$

假如 c 是一个常数，则

$$\hat{\Omega}(c\,\alpha) = c\,\hat{\Omega}\alpha = c\,\beta \qquad (F1.4)$$

对于某一个连续变数 q_i，假如 $\alpha_i = f(q_i)$，则 $\partial/\partial q_i$ 就是一个线性算符的例子。而 $\sqrt{}$ 就是一个非线性算符的例子。

读者一定熟悉作为求和的算符 $\sum$，意味着

$$\sum_{i=1}^{n} a_i = a_1 + a_2 + a_3 + \cdots + a_n \qquad (F1.5a)$$

同样，对于求积算符 $\prod$，代表一个简单的系列函数

$$\prod_{i=1}^{n} a_i = a_1 a_2 a_3 \cdots a_n \qquad (F1.5b)$$

经常需要对一系列含常系数的方程求和，如

$$\psi_1 = c_{11}\phi_1 + c_{12}\phi_2 + c_{13}\phi_3 + \cdots + c_{1n}\phi_n \qquad (F1.6a)$$

$$\psi_2 = c_{21}\phi_1 + c_{22}\phi_2 + c_{23}\phi_3 + \cdots + c_{2n}\phi_n \qquad (F1.6b)$$

$$\psi_3 = c_{31}\phi_1 + c_{32}\phi_2 + c_{33}\phi_3 + \cdots + c_{3n}\phi_n \qquad (F1.6c)$$

$$\cdots \qquad\qquad \cdots \qquad\qquad \cdots$$

对函数 ψ_j 的求和，可以看成是对函数 ϕ_k 的连续作用，可用双求和号表示，即

$$\sum_j \psi_j = \sum_j \sum_k c_{jk}\phi_k \qquad (F1.7)$$

在这里会遇到并列的两个算符如 $\hat{A}\,\hat{B}$，应该理解为右边的算符 $\hat{B}$ 先作用上去得到一个结果，然后再让左边的算符 $\hat{A}$ 作用到前面得到的结果上，这才是正确的运算方法，如果交换两个算符的次序，就有可能给出不同的结果，如

$$\hat{x}\,\frac{\mathrm{d}}{\mathrm{d}x}(x^2) = 2x^2$$

但是

$$\frac{\mathrm{d}}{\mathrm{d}x}\hat{x}(x^2) = 3x^2$$

如果 $\hat{A}\hat{B} = \hat{B}\hat{A}$，则算符 $\hat{A}$ 与算符 $\hat{B}$ 是两个可对易的算符。如果是不可对易的算符，则 $\hat{A}\hat{B} - \hat{B}\hat{A}$ 称为对易因子（commutator），用符号 $[\hat{A}, \hat{B}]$ 表示。两个算符的对易因子，在量子力学体系中是有极其重要意义的。我们将在附录二中讨论角动量算符的对易因子。

假如空间算符 $\hat{\Omega}$ 服从如下关系：

$$\int_\tau \psi_j^* \hat{\Omega} \psi_k d\tau = \int_\tau (\hat{\Omega}^* \psi_j^*) \psi_k d\tau \tag{F1.8}$$

算符 $\hat{\Omega}$ 为厄米共轭算符（Hermitian）。这里的 ψ_j 和 ψ_k 都是行为表现好的 τ 的连续函数。这里的 τ 代表任何位置的变量（长度或角度）或多重变量（即 $d\tau = dxdydz$），因此，$\int$ 就代表一个多重积分。厄米共轭算符的一个优点就是这个算符可以"反向"操作，也就是当这个算符处在两个共轭函数之间时，它也可以向左边函数作用，如式（F1.8）所示。厄米共轭算符有一个很重要的性质就是，假如算符作用到一个函数的结果是函数的自身乘上一个常数，则这个常数必定是一个实数。

量子力学中的某些重要的算符都是与物理体系中的这些特殊的性质相联系的。一些重要的线性算符列于表 F1-1 中。

表 F1-1 经典力学和量子力学中的一些主要变量

变　　量	经典力学	量子力学
质量	m	m
位置	$q(=x, y, z)$	q
时间	t	t
线动量	$p_q = m\dfrac{\partial q}{\partial t}$	$\hat{p}_q = -i\hbar\dfrac{\hat{\partial}}{\partial t}$
角动量（围绕 z 轴）[1]	$\ell_z = xp_y - yp_x$	$\hat{\ell}_z = -i\hbar\left(x\dfrac{\hat{\partial}}{\partial y} - y\dfrac{\hat{\partial}}{\partial x}\right) = -i\hbar\dfrac{\hat{\partial}}{\partial \phi}$ [2]
动能（与坐标 q 相关）	$T = \dfrac{p_q^2}{2m}$	$\hat{H} = \dfrac{\hat{p}_q^2}{2m} = -\dfrac{\hbar^2}{2m}\dfrac{\hat{\partial}^2}{\partial q^2}$ [3]
势能[4]	$V(r)$	$V(r)$

1) 见式（2.5）~式（2.7）。

2) 角 ϕ 绕 z 轴旋转。

3) 动能的 Hamiltonian 只对 Cartesian 坐标有效。

4) 这里的 $r = xi + yj + zk$ [在极坐标中，等于 $r(\sin\theta\cos\phi i + \sin\theta\sin\phi j + \cos\theta k)$]，见 F1.4 小节。

F1.3　行列式

行列式是一个标量，它代表一些乘积项的线性组合，可以用正方形的排列表

示，如

$$\det|A^{(2)}| = \begin{vmatrix} A_{11} & A_{12} \\ A_{21} & A_{22} \end{vmatrix} = A_{11}A_{22} - A_{21}A_{12} \tag{F1.9a}$$

一般的通式写成 $\det|A^{(\zeta)}|$，这里的 $\zeta \geqslant 2$，对于 k 级行列式的通式：

$$\det|A^{(k)}| = \begin{vmatrix} A_{11} & A_{12} & \cdots & A_{1k} \\ A_{21} & A_{22} & \cdots & A_{2k} \\ \vdots & \cdots & \cdots & \vdots \\ A_{k1} & A_{k2} & \cdots & A_{kk} \end{vmatrix} \tag{F1.9b}$$

一个行列式也可以用次级（minor）子行列式表示，如

$$\begin{vmatrix} A_{11} & A_{12} & A_{13} \\ A_{21} & A_{22} & A_{23} \\ A_{31} & A_{32} & A_{33} \end{vmatrix} = A_{11}\begin{vmatrix} A_{22} & A_{23} \\ A_{32} & A_{33} \end{vmatrix} - A_{12}\begin{vmatrix} A_{21} & A_{23} \\ A_{31} & A_{33} \end{vmatrix} + A_{13}\begin{vmatrix} A_{21} & A_{22} \\ A_{31} & A_{32} \end{vmatrix}$$

$$\begin{aligned} &= A_{11}A_{22}A_{33} - A_{11}A_{23}A_{32} - A_{12}A_{21}A_{33} \\ &\quad + A_{12}A_{23}A_{31} + A_{13}A_{21}A_{32} - A_{13}A_{22}A_{31} \end{aligned} \tag{F1.10}$$

写成展开式通式：

$$\det[A^{(k)}] = \sum_{i \vec{\text{或}} j}(-1)^{(i+j)}A_{ij}\{\det[A^{(k-1)}]\} \tag{F1.11}$$

这种方法很有用，它可以把一个高阶的行列式简化为几个次阶的行列式之和，最后简化为许多个二阶的行列式之和。例如，原本是一个 4 阶的行列式，可以先简化为四个 3 阶行列式的线性组合，然后再把每一个 3 阶的行列式简化为三个 2 阶行列式的线性组合，最后化简为一个多项式。

行列式有以下重要性质：

（1）行列式中若有两行（或两列）元素相等，则此行列式为零。

（2）行列式若交换两行（或两列）元素，则行列式的值变号。

（3）行列式中若有一行（或一列）元素乘上一个常数 λ，则整个行列式的值乘常数 λ。

行列式常用来解联立方程，如

$$y_1 = c_{11}x_1 + c_{12}x_2 + c_{13}x_3 \tag{F1.12a}$$

$$y_2 = c_{21}x_1 + c_{22}x_2 + c_{23}x_3 \tag{F1.12b}$$

$$y_3 = c_{31}x_1 + c_{32}x_2 + c_{33}x_3 \tag{F1.12c}$$

该联立方程的解是

$$x_1 = \frac{|\Delta_1|}{|\Delta|}; \qquad x_2 = \frac{|\Delta_2|}{|\Delta|}; \qquad x_3 = \frac{|\Delta_3|}{|\Delta|} \tag{F1.13}$$

其中

$$
|\Delta| = \begin{vmatrix} c_{11} & c_{12} & c_{13} \\ c_{21} & c_{22} & c_{23} \\ c_{31} & c_{32} & c_{33} \end{vmatrix}; \quad
|\Delta_1| = \begin{vmatrix} y_1 & c_{12} & c_{13} \\ y_2 & c_{22} & c_{23} \\ y_3 & c_{32} & c_{33} \end{vmatrix};
$$

$$
|\Delta_2| = \begin{vmatrix} c_{11} & y_1 & c_{13} \\ c_{12} & y_2 & c_{23} \\ c_{13} & y_3 & c_{33} \end{vmatrix}; \quad
|\Delta_3| = \begin{vmatrix} c_{11} & c_{12} & y_1 \\ c_{21} & c_{22} & y_2 \\ c_{31} & c_{23} & y_3 \end{vmatrix}
$$

(F1.14)

行列式常用来表示反对称波函数，因为交换两个电子相当于交换行列式的两个行，按照性质（2）应改变符号，这正是 Pauli 原理所要求的。如两个电子波函数为

$$
\Psi = \frac{1}{\sqrt{2!}} \begin{vmatrix} \psi(1)\alpha(1) & \psi(1)\beta(1) \\ \psi(2)\alpha(2) & \psi(2)\beta(2) \end{vmatrix}
$$

$$
= \psi(1)\psi(2)\frac{1}{\sqrt{2}}[\alpha(1)\beta(2) - \alpha(2)\beta(1)] \qquad (F1.15a)
$$

或表示为

$$
\psi = \frac{1}{\sqrt{2!}} \| \psi\bar{\psi} \| \qquad (F1.15b)
$$

式中：ψ 自旋为 α；$\bar{\psi}$ 自旋为 β。

F1.4 矢量代数——标量、矢量和代数运算

矢量的数学定义是把一组标量排成单行或单列。定义矢量的标量称为矢量的元素。矢量 r 在正交三维空间中有三个元素 r_x、r_y 和 r_z。定义 i、j 和 k 为 x、y 和 z 正方向的单位矢，则标量 r 代表矢量 r 的大小

$$
r = (r_x^2 + r_y^2 + r_z^2)^{1/2} \qquad (F1.16)
$$

设矢量在三维空间某一点的坐标 x、y、z 为 7、-3、4，则

$$
r = 7i - 3j + 4k \qquad (F1.17)
$$

于是这个矢量可表示为

$$
r = \begin{bmatrix} 7 \\ -3 \\ 4 \end{bmatrix} \qquad (F1.18a)
$$

或

$$
r^T = \begin{bmatrix} 7 & -3 & 4 \end{bmatrix} \qquad (F1.18b)
$$

式中：r 代表列矢量，r^T 代表行矢量，上标 T 表示转置，把列矢量转置为行矢量。

1）矢量的加减

现有矢量 A 和 B

$$A = a_x \mathbf{i} + a_y \mathbf{j} + a_z \mathbf{k} \tag{F1.19a}$$

$$B = b_x \mathbf{i} + b_y \mathbf{j} + b_z \mathbf{k} \tag{F1.19b}$$

矢量的加减运算如下：

$$A \pm B = (a_x \pm b_x)\mathbf{i} + (a_y \pm b_y)\mathbf{j} + (a_z \pm b_z)\mathbf{k} \tag{F1.20}$$

2）矢量的乘法

矢量的乘法有三种。

（1）标积。也称内积或点积，其定义为

$$A \cdot B = Ab\cos\theta_{AB} \tag{F1.21}$$

因此

$$\mathbf{i} \cdot \mathbf{i} = \mathbf{j} \cdot \mathbf{j} = \mathbf{k} \cdot \mathbf{k} = 1 \tag{F1.22a}$$

$$\mathbf{i} \cdot \mathbf{j} = \mathbf{j} \cdot \mathbf{k} = \mathbf{k} \cdot \mathbf{i} = 0 \tag{F1.22b}$$

$$A \cdot B = a_x b_x + a_y b_y + a_z b_z \tag{F1.23}$$

如果 A 和 B 是复数，则标积的定义应为 $(A^*)^T \cdot B$

（2）矢量积。也称叉乘积，其定义为

$$C = A \times B$$

或

$$C = A \wedge B \tag{F1.24}$$

C 也是一个矢量，它的方向按右手定则确定，其大小为 $Ab\sin\theta_{AB}$。由此即可知

$$\mathbf{i} \times \mathbf{i} = \mathbf{j} \times \mathbf{j} = \mathbf{k} \times \mathbf{k} = 0 \tag{F1.25a}$$

$$\mathbf{i} \times \mathbf{j} = \mathbf{k}; \qquad \mathbf{j} \times \mathbf{k} = \mathbf{i}; \qquad \mathbf{k} \times \mathbf{i} = \mathbf{j} \tag{F1.25b}$$

$$\mathbf{j} \times \mathbf{i} = -\mathbf{k}; \qquad \mathbf{k} \times \mathbf{j} = -\mathbf{i}; \qquad \mathbf{i} \times \mathbf{k} = -\mathbf{j} \tag{F1.25c}$$

$$
\begin{aligned}
C = A \times B &= (a_x \mathbf{i} + a_y \mathbf{j} + a_z \mathbf{k}) \times (b_x \mathbf{i} + b_y \mathbf{j} + b_z \mathbf{k}) \\
&= (a_y b_z - a_z b_y)\mathbf{i} + (a_z b_x - a_x b_z)\mathbf{j} + (a_x b_y - a_y b_x)\mathbf{k} \\
&= \begin{vmatrix} \mathbf{i} & \mathbf{j} & \mathbf{k} \\ a_x & a_y & a_z \\ b_x & b_y & b_z \end{vmatrix}
\end{aligned}
\tag{F1.26}
$$

（3）外积。其定义为

$$AB = C \tag{F1.27a}$$

$$
\begin{bmatrix} A_1 & A_2 & A_3 \end{bmatrix} \begin{bmatrix} B_1 & B_2 & B_3 \end{bmatrix} = \begin{bmatrix} c_{11} & c_{12} & c_{13} \\ c_{21} & c_{22} & c_{23} \\ c_{31} & c_{32} & c_{33} \end{bmatrix} \tag{F1.27b}
$$

$$C_{ij} = A_i B_j$$

F1.5　矩　　阵

F1.5.1　矩阵的定义及其运算规则

把 $n \times m$ 个数（和/或算符）排列成 n 行 m 列的矩形数阵。如果只有一集数

字而没有算符，就是矩阵 A 的行列式 det (A)。假如 $n = m = 1$，这个矩阵就是一个标量。假如 $n = 1$；$m > 1$，称之为行矩阵，用 R 表示。如果 $n > 1$；$m = 1$，称之为列矩阵，用 C 表示。

$$C = c = \begin{bmatrix} c_1 \\ c_2 \\ \vdots \\ c_n \end{bmatrix}$$

$$R = r^T = [r_1 \ r_2 \cdots \cdots r_n] \tag{F1.28}$$

当 $n = m \geq 2$，称之为方阵，或 n 阶或 n 维矩阵，如

$$B = \begin{bmatrix} b_{11} & b_{12} & \cdots & b_{1n} \\ b_{21} & b_{22} & \cdots & b_{2n} \\ \vdots & \vdots & \ddots & \vdots \\ b_{n1} & b_{n2} & \cdots & b_{nn} \end{bmatrix} \tag{F1.29}$$

许多书和文献中常以黑体字 A 或 a_{ij} 表示。对于具有相同维数的矩阵，其加减法则如下：

$$D = A \pm B \tag{F1.30a}$$

或

$$d_{ij} = a_{ij} \pm b_{ij} \tag{F1.30b}$$

例如

$$\begin{bmatrix} 3 & -2 & 7 \\ -2 & 5 & -4 \\ 7 & -4 & 8 \end{bmatrix} + \begin{bmatrix} 6 & 4 & -2 \\ 4 & 2 & 3 \\ -2 & 3 & -5 \end{bmatrix} = \begin{bmatrix} 9 & 2 & 5 \\ 2 & 7 & -1 \\ 5 & -1 & 3 \end{bmatrix}$$

$$\begin{bmatrix} 3 & -2 & 7 \\ -2 & 5 & -4 \\ 7 & -4 & 8 \end{bmatrix} - \begin{bmatrix} 6 & 4 & -2 \\ 4 & 2 & 3 \\ -2 & 3 & -5 \end{bmatrix} = \begin{bmatrix} -3 & -6 & 9 \\ -6 & 3 & -7 \\ 9 & -7 & 13 \end{bmatrix}$$

如果有两个矩阵 A、B，其中 A 的行数等于 B 的列数，则可以定义矩阵 B 和 A 的乘积为：

$$C = BA \tag{F1.31a}$$

即

$$C_{ij} = \sum_{k=1}^{n} B_{ik} A_{kj} \tag{F1.31b}$$

一个行矩阵点乘一个列矩阵等于两个矢量的标积，其结果是一个标量。

例如，$B^T \cdot \hat{S}$ 为

$$\begin{bmatrix} B_x & B_y & B_z \end{bmatrix} \cdot \begin{bmatrix} \hat{S}_x \\ \hat{S}_y \\ \hat{S}_z \end{bmatrix} = B_x\hat{S}_x + B_y\hat{S}_y + B_z\hat{S}_z \qquad (\text{F1.32a})$$

又如

$$\begin{bmatrix} 3 & 5 & -4 \end{bmatrix} \cdot \begin{bmatrix} 2 \\ -1 \\ 1 \end{bmatrix} = 6 + (-5) + (-4) = -3 \qquad (\text{F1.32b})$$

一个 1×3 的矩阵点乘一个 3×3 的矩阵的结果是一个行矩阵：

$$\begin{bmatrix} 3 & 5 & -4 \end{bmatrix} \cdot \begin{bmatrix} 3 & -2 & 7 \\ -2 & 5 & -4 \\ 7 & -4 & 8 \end{bmatrix} = \begin{bmatrix} -29 & 35 & -31 \end{bmatrix} \qquad (\text{F1.33a})$$

一个 3×3 的矩阵点乘一个 3×1 的矩阵的结果是一个列矩阵：

$$\begin{bmatrix} 3 & -2 & 7 \\ -2 & 5 & -4 \\ 7 & -4 & 8 \end{bmatrix} \cdot \begin{bmatrix} -1 \\ -2 \\ 1 \end{bmatrix} = \begin{bmatrix} 8 \\ -12 \\ 9 \end{bmatrix} \qquad (\text{F1.33b})$$

矩阵的乘法满足结合律，一般说来，不满足交换律，即

$$(AB)C = A(BC) \qquad (\text{F1.34})$$

但

$$AB \neq BA \qquad (\text{F1.35})$$

如果

$$AB = BA \qquad (\text{F1.36})$$

称矩阵 A 和 B 是"可对易的"（或"可交换的"）。

一个 1×3 的矩阵点乘一个 3×3 的矩阵再点乘一个 3×1 的矩阵的结果是什么？即

$$\begin{bmatrix} a_1 a_2 a_3 \end{bmatrix} \cdot \begin{bmatrix} g_{11} & g_{12} & g_{13} \\ g_{21} & g_{22} & g_{23} \\ g_{31} & g_{32} & g_{33} \end{bmatrix} \cdot \begin{bmatrix} b_1 \\ b_2 \\ b_3 \end{bmatrix} = ? \qquad (\text{F1.37})$$

答案请读者自己去完成。无论你怎么结合，其结果总是一样的，且看

$$\begin{bmatrix} 3 & 5 & -4 \end{bmatrix} \cdot \begin{bmatrix} 3 & -2 & 7 \\ -2 & 5 & -4 \\ 7 & -4 & 8 \end{bmatrix} \cdot \begin{bmatrix} -1 \\ -2 \\ 1 \end{bmatrix} = 29 - 70 - 31 = -72 \qquad (\text{F1.38})$$

又如一个 3×3 的矩阵点乘一个 3×3 的矩阵：

$$\begin{bmatrix} 3 & -2 & 7 \\ -2 & 5 & -4 \\ 7 & -4 & 8 \end{bmatrix} \cdot \begin{bmatrix} 6 & 4 & -2 \\ 4 & 2 & 3 \\ -2 & 3 & -5 \end{bmatrix} = \begin{bmatrix} -4 & 29 & -47 \\ 16 & -10 & 39 \\ 10 & 44 & -66 \end{bmatrix} \qquad (F1.39)$$

再举一个矩阵乘法的例子，就是在 xy 平面上一点 p（x_1，y_1），当坐标轴 x 和 y 绕 z 轴逆时针方向转动一个 ϕ 角，这时在新坐标系中 p（x_2，y_2）与旧坐标系中 p（x_1，y_1）的关系为

$$x_2 = +x_1\cos\phi + y_1\sin\phi \qquad (F1.40a)$$
$$y_2 = -x_1\sin\phi + y_1\cos\phi \qquad (F1.40b)$$

用矩阵表示如下：

$$\begin{bmatrix} x_2 \\ y_2 \end{bmatrix} = \begin{bmatrix} \cos\phi & \sin\phi \\ -\sin\phi & \cos\phi \end{bmatrix} \cdot \begin{bmatrix} x_1 \\ y_1 \end{bmatrix} = \begin{bmatrix} x_1\cos\phi + y_1\sin\phi \\ -x_1\sin\phi + y_1\cos\phi \end{bmatrix} \qquad (F1.41)$$

式（F1.54）中的方阵称为坐标旋转矩阵。

F1.5.2　与矩阵 A 有关的一些矩阵

有些矩阵是从矩阵派生出来的，它们的定义和名称列于表 F1-2。

表 F1-2　与矩阵 A 有关的一些矩阵

矩阵符号	矩阵元	实　例
A	a_{ij}	$\begin{bmatrix} 2 & 3+i \\ 4i & 5 \end{bmatrix}$
转置矩阵 A^T	$(A^T)_{ij} = a_{ji}$	$\begin{bmatrix} 2 & 4i \\ 3+i & 5 \end{bmatrix}$
复共轭矩阵 A^*	$(A^*)_{ij} = a_{ij}^*$	$\begin{bmatrix} 2 & 3-i \\ -4i & 5 \end{bmatrix}$
转置共轭矩阵 $A^\dagger$	$(A^\dagger)_{ij} = a_{ji}^*$	$\begin{bmatrix} 2 & -4i \\ 3-i & 5 \end{bmatrix}$
逆矩阵 A^{-1}	$(A^{-1})_{ij} = \dfrac{1}{|A|}\dfrac{\partial|A|}{\partial a_{ji}}$	$\dfrac{14+12i}{340}\begin{bmatrix} 5 & -3-i \\ -4i & 2 \end{bmatrix}$

需要说明的是逆矩阵只有方阵才能存在，并且它的行列式不能等于零，以 2×2 行列式为例，关于符号 $\partial|A|/\partial a_{ji}$ 的意义如下：

$$|A| = \begin{vmatrix} a_{11} & a_{12} \\ a_{21} & a_{22} \end{vmatrix} = a_{11}a_{22} - a_{12}a_{21} \qquad (F1.42)$$

则

$$\frac{\partial|A|}{\partial a_{21}} = -a_{12} \qquad (F1.43)$$

关于这些矩阵的一些简单定理：

定理1　$(AB)^T = (B)^T (A)^T$　　　　　　　　　　　　　　　（F1.44）

证明：$(AB)_{ij}^T = (AB)_{ji} = \sum_k A_{jk} B_{ki} = \sum_k (B)_{ik}^T (A)_{kj}^T = [(B)^T (A)^T]_{ij}$

定理2　$(AB)^* = (A^*)(B^*)$　　　　　　　　　　　　　　　（F1.45）

证明：$(AB)_{ij}^* = \sum_k A_{ik}^* B_{kj}^* = (A^* B^*)_{ij} = (A^*)_{ij} (B^*)_{ij}$

定理3　$(AB)^\dagger = B^\dagger A^\dagger$　　　　　　　　　　　　　　　（F1.46）

证明：$(AB)^\dagger = [(AB)^T]^* = [(B)^T (A)^T]^* = B^\dagger A^\dagger$

定理4　$(AB)^{-1} = B^{-1} A^{-1}$　　　　　　　　　　　　　（F1.47）

证明：$(B^{-1} A^{-1})(AB) = B^{-1}(A^{-1} A)B = B^{-1} B = E$

F1.5.3　一些重要的特殊矩阵

有些矩阵具有一些特殊性质，其名称和定义如表 F1-3 所示。

表 F1-3　一些重要的特殊矩阵及其性质

矩阵名称	符号和定义	注　释
单位矩阵	E	$i \neq j$, $a_{ij} = 0$, $a_{ij} = 1$
对角矩阵	$^d A$	$i \neq j$, $a_{ij} = 0$
对称矩阵	$A^T = A$	$a_{ij} = a_{ji}$
反对称矩阵	$A^T = -A$	$a_{ij} = -a_{ji}$
实矩阵	$A^* = A$	$a_{ij}^* = a_{ij}$
正交矩阵	$A^{-1} = A$	
厄米矩阵	$A^\dagger = A$	$a_{ji}^* = a_{ij}$
幺正矩阵	$A^{-1} = A^\dagger$	

这里也列出几条定理：

定理5　厄米矩阵的和（或差）仍然是厄米矩阵。

证明：　$H_1 \pm H_2 = H_1^\dagger \pm H_2^\dagger = (H_1 \pm H_2)^\dagger$

定理6　如果 H_1 和 H_2 两个厄米矩阵的乘法满足对易关系 $H_1 H_2 = H_2 H_1$，则 $H_1 H_2$ 矩阵也是厄米矩阵。

证明：　$(H_1 H_2)^\dagger = H_2^\dagger H_1^\dagger = H_2 H_1 = H_1 H_2$

定理7　如果一个厄米矩阵 H 在其左右依次乘上幺正矩阵 U^{-1} 和 U 之后，则所得之 $U^{-1} H U$ 矩阵也是厄米矩阵。

证明：　$(U^{-1} H U)^\dagger = U^\dagger H^\dagger (U^{-1})^\dagger = U^{-1} H U$

定理8　如果 H_1 和 H_2 两个都是厄米矩阵，则 $(H_1 H_2 + H_2 H_1)$ 和 $i(H_1 H_2 - H_2 H_1)$ 也都是厄米矩阵。

证明：　$(H_1H_2 + H_2H_1)^\dagger = (H_2^\dagger H_1^\dagger + H_1^\dagger H_2^\dagger) = H_2H_1 + H_1H_2 = H_1H_2 + H_2H_1$

同理：　$[i(H_1H_2 + H_2H_1)]^\dagger = (-i)(H_2^\dagger H_1^\dagger - H_1^\dagger H_2^\dagger) = i(H_1H_2 + H_2H_1)$

F1.5.4　n 维线性空间和 n 维矢量

在三维空间的三维矢量有单位矢量 i、j、k。现在把它拓展到 n 维空间，就有 n 维的基矢量 $(e_1, e_2, \cdots, e_n)$，于是，任何一个矢量都可以表示为它的线性组合

$$X = \sum x_i e_i$$
$$Y = \sum y_i e_i \tag{F1.48}$$

n 维矢量有如下运算规则：

$$X \pm Y = \sum_i (x_i \pm y_i) e_i \tag{F1.49}$$

$$\lambda X = \sum_i (\lambda x_i) e_i \tag{F1.50}$$

式中：λ 是一常数。

关于乘法：内积，在基矢 $(e_1, e_2, \cdots, e_n)$ 中，X 的坐标为 $(x_1, x_2, \cdots, x_n)$，Y 的坐标为 $(y_1, y_2, \cdots, y_n)$，则内积的定义为

$$(X, Y) = x_1^* y_1 + x_2^* y_2 + \cdots + x_n^* y_n \equiv \sum_i x_i^* y_i$$

内积有下列性质

$$(X, Y) = (Y, X)^* \tag{F1.51}$$

$$(Y, \lambda X) = \lambda(Y, X) \tag{F1.52}$$

$$(\lambda Y, X) = \lambda^*(Y, X) \tag{F1.53}$$

$$(Y, X + Z) = (Y, X) + (Y, Z) \tag{F1.54}$$

$$(X, X) \geqslant 0 \quad (\text{只有当 } X \text{ 为零矢量时才是零}) \tag{F1.55}$$

基矢的正交归一化定义为

$$(e_i, e_j) = \delta_{kj} \tag{F1.56}$$

几条重要定理如下：

定理 9　正交归一化基矢之间的变换，使其变换的这个矩阵一定是幺正矩阵。

证明：现有一集正交归一的基矢 $(e_1, e_2, \cdots, e_n)$ 变换到另一集正交归一的基矢 $(e_1', e_2', \cdots, e_n')$。我们可以新的基矢表示成为原基矢的线性组合，即

$$e_k' = \sum_i a_{ik} e_i \tag{F1.57}$$

因此

$$(e_k', e_j') = \left(\sum_i a_{ik} e_i, \sum_m a_{mj} e_m\right) = \sum_i \sum_m a_{ik}^* a_{mj}(e_i, e_m)$$

$$= \sum_i \sum_m a_{ik}^* a_{mj} \delta_{im} = \sum_i a_{ik}^* a_{ij} \tag{F1.58}$$

因为 e_i' 是一集正交归一的基矢，所以 $(e_k', e_j') = \delta_{kj}$，这就说明

$$\sum_i a_{ik}^* a_{ij} = \delta_{kj} \tag{F1.59}$$

式（F1.59）用矩阵表示，则

$$
\begin{bmatrix}
a_{11}^* & a_{21}^* & \cdots & a_{n1}^* \\
a_{12}^* & a_{22}^* & \cdots & a_{n2}^* \\
\vdots & \vdots & \ddots & \vdots \\
a_{1n}^* & a_{2n}^* & \cdots & a_{nn}^*
\end{bmatrix}
\begin{bmatrix}
a_{11} & a_{12} & \cdots & a_{1n} \\
a_{21} & a_{22} & \cdots & a_{2n} \\
\vdots & \vdots & \ddots & \vdots \\
a_{n1} & a_{n2} & \cdots & a_{nn}
\end{bmatrix}
=
\begin{bmatrix}
1 & 0 & \cdots & 0 \\
0 & 1 & \cdots & 0 \\
\vdots & \vdots & \ddots & \vdots \\
0 & 0 & \cdots & 1
\end{bmatrix} \tag{F1.60}
$$

即 $A^{\dagger} A = E$；因为 $A^{-1} A = E$，所以 $A^{\dagger} = A^{-1}$，故 A 是一个幺正矩阵。

定理 10　如果基矢按 $(e_1', e_2', \cdots, e_n') = (e_1', e_2', \cdots, e_n') A$ 形式变换，则矢量 X 的坐标有如下变换：

$$
\begin{bmatrix}
x_1 \\
x_2 \\
\vdots \\
x_n
\end{bmatrix}
= A
\begin{bmatrix}
x_1' \\
x_2' \\
\vdots \\
x_n'
\end{bmatrix} \tag{F1.61}
$$

证明：因为 $X = \sum_i x_i e_i = \sum_i x_i' e_i'$，即

$$
(e_1, e_2, \cdots, e_n)
\begin{bmatrix}
x_1 \\
x_2 \\
\vdots \\
x_n
\end{bmatrix}
= (e_1', e_2', \cdots, e_n')
\begin{bmatrix}
x_1' \\
x_2' \\
\vdots \\
x_n'
\end{bmatrix}
= (e_1, e_2, \cdots, e_n) A
\begin{bmatrix}
x_1' \\
x_2' \\
\vdots \\
x_n'
\end{bmatrix}
$$

故

$$
\begin{bmatrix}
x_1 \\
x_2 \\
\vdots \\
x_n
\end{bmatrix}
= A
\begin{bmatrix}
x_1' \\
x_2' \\
\vdots \\
x_n'
\end{bmatrix}
$$

F1.5.5　线性变换

当一个矩阵 A 作用到矢量 X 之后，就变换成一个新的矢量 Y，即

$$Y = AX \tag{F1.62}$$

如果这个变换能够满足以下两个条件

$$A(X_1 + X_2) = AX_1 + AX_2 \tag{F1.63}$$

$$A(\lambda X) = \lambda AX \tag{F1.64}$$

则这个变换就称为线性变换。它可以用矩阵表示：

$$
\begin{bmatrix} y_1 \\ y_2 \\ \vdots \\ y_n \end{bmatrix} = \begin{bmatrix} a_{11} & a_{12} & \cdots & a_{1n} \\ a_{21} & a_{22} & \cdots & a_{2n} \\ \vdots & \vdots & \ddots & \vdots \\ a_{n1} & a_{n2} & \cdots & a_{nn} \end{bmatrix} \begin{bmatrix} x_1 \\ x_2 \\ \vdots \\ x_n \end{bmatrix} \tag{F1.65}
$$

应当指出：线性变换的矩阵表象依赖于基矢的选择，基矢改变了，矩阵的形式也随之改变。有下列两条定理：

定理11 若线性变换 T 在基矢 $(e_1, e_2, \cdots, e_n)$ 中的矩阵表象为 (a_{ik})，在基矢 $(e_1', e_2', \cdots, e_n')$ 中的矩阵表象为 (b_{ik})。而 $(e_1', e_2', \cdots, e_n') = (e_1, e_2, \cdots, e_n)C$，则 $B = C^{-1}AC$

证明：因为 $Y = TX$，在基矢 $(e_1, e_2, \cdots, e_n)$ 中的矩阵表象为

$$
\begin{bmatrix} y_1 \\ y_2 \\ \vdots \\ y_n \end{bmatrix} = \begin{bmatrix} a_{11} & a_{12} & \cdots & a_{1n} \\ a_{21} & a_{22} & \cdots & a_{2n} \\ \vdots & \vdots & \ddots & \vdots \\ a_{n1} & a_{n2} & \cdots & a_{nn} \end{bmatrix} \begin{bmatrix} x_1 \\ x_2 \\ \vdots \\ x_n \end{bmatrix} \tag{F1.66}
$$

而在基矢 $(e_1', e_2', \cdots, e_n')$ 中的矩阵表象为

$$
\begin{bmatrix} y_1' \\ y_2' \\ \vdots \\ y_n' \end{bmatrix} = \begin{bmatrix} b_{11} & b_{12} & \cdots & b_{1n} \\ b_{21} & b_{22} & \cdots & b_{2n} \\ \vdots & \vdots & \ddots & \vdots \\ b_{n1} & b_{n2} & \cdots & b_{nn} \end{bmatrix} \begin{bmatrix} x_1' \\ x_2' \\ \vdots \\ x_n' \end{bmatrix} \tag{F1.67}
$$

由于 $(e_1', e_2', \cdots, e_n') = (e_1, e_2, \cdots, e_n)C$，式（F1.79）就变成

$$
C \begin{bmatrix} y_1' \\ y_2' \\ \vdots \\ y_n' \end{bmatrix} = AC \begin{bmatrix} x_1' \\ x_2' \\ \vdots \\ x_n' \end{bmatrix} \tag{F1.68}
$$

与式（F1.67）比较，则 $B = C^{-1}AC$

定理12 若 $(e_1, e_2, \cdots, e_n)$ 和 $(e_1', e_2', \cdots, e_n')$ 都是正交归一基矢，则

$$
B = U^{\dagger}AU
$$

证明：在这种情况下 C 幺正矩阵，以 U 代表 C，则

$$
U^{-1} = U^{\dagger}
$$

F1.5.6 本征矢量和本征值

若有线性变换矩阵 T 及矢量 X 满足 $TX = \lambda X$，则 X 为 T 的本征矢量，λ 为属于本征矢量 X 的本征值，当选定基矢 $(e_1, e_2, \cdots, e_n)$ 之后，则根据式（F1.66）就有

$$\begin{bmatrix} a_{11} & a_{12} & \cdots & a_{1n} \\ a_{21} & a_{22} & \cdots & a_{2n} \\ \vdots & \vdots & \ddots & \vdots \\ a_{n1} & a_{n2} & \cdots & a_{nn} \end{bmatrix} \begin{bmatrix} x_1 \\ x_2 \\ \vdots \\ x_n \end{bmatrix} = \lambda \begin{bmatrix} x_1 \\ x_2 \\ \vdots \\ x_n \end{bmatrix} \tag{F1.69}$$

这是一组联立方程

$$\begin{cases} a_{11}x_1 + a_{12}x_2 + \cdots + a_{1n}x_n = \lambda x_1 \\ a_{21}x_1 + a_{22}x_2 + \cdots + a_{2n}x_n = \lambda x_2 \\ \quad\cdots \qquad\qquad \cdots \qquad\qquad \cdots \\ a_{n1}x_1 + a_{n2}x_2 + \cdots + a_{nn}x_n = \lambda x_n \end{cases} \tag{F1.70}$$

要使这组联立方程有非零解的必要条件是

$$\begin{vmatrix} a_{11}-\lambda & a_{12} & \cdots & a_{1n} \\ a_{21} & a_{22}-\lambda & \cdots & a_{2n} \\ \vdots & \vdots & \ddots & \vdots \\ a_{n1} & a_{n2} & \cdots & a_{nn}-\lambda \end{vmatrix} = 0 \tag{F1.71}$$

这就是我们所熟知的久期行列式。

假如算符 $\hat{\boldsymbol{\Lambda}}$ 作用到函数 ψ_k 的结果是

$$\hat{\boldsymbol{\Lambda}}\psi_k = \lambda \psi_k \tag{F1.72}$$

且 λ 是一个常数，则 ψ_k 是算符 $\hat{\boldsymbol{\Lambda}}$ 的本征函数，λ 就是属于本征函数 ψ_k 的本征值。注意：假如 c 是任何一个非零的标量，则 $c\psi_k$ 也是算符 $\hat{\boldsymbol{\Lambda}}$ 的一个本征函数。如果 ψ_k 是一个空间函数，它也被称为波函数。当 ψ_k 只涉及自旋变量，没有函数依赖关系，则"本征态"与"本征函数"两个术语可互换。即 ψ_k 这个"本征函数"也可以称为"本征态"。

所有本征函数的集合 ψ_k 常被称为"基本集合"。我们在第 3 章中令 $\alpha(e) = \psi_{\alpha(e)}$，$\beta(e) = \psi_{\beta(e)}$，它们都是电子自旋函数，都是算符 $\hat{S}_z$ 的本征函数；

$$\hat{S}_z\alpha(e) = +\frac{1}{2}\alpha(e) \tag{F1.73a}$$

$$\hat{S}_z\beta(e) = -\frac{1}{2}\beta(e) \tag{F1.73b}$$

给定的一集本征函数，可以同时是几个算符的本征函数；几个不同的算符可以有一集完全相同的本征函数，那么这几个算符必须是可以对易的。这个性质非常重要，也非常有用。如一个质量为 m 的质点，在以半径为 r 的轨道上做圆周运动时，波函数 ψ 是角动量算符 $\hat{\ell}_z$ 和总的能量算符 $\hat{H}$ 的共同本征函数。其本征方程为

$$\hat{\ell}_z\psi = P\psi \tag{F1.74}$$

和

$$\hat{H}\psi = E\psi \tag{F1.75}$$

表 1-1 中的 $\hat{\ell}_z = -ih\dfrac{\mathrm{d}}{\mathrm{d}\phi}$，这里的 ϕ 就是该质点所处的角度位置。具有角动量 P、转动惯量 I_0 的经典质点的动能是

$$E = \frac{P^2}{2I_0} \tag{F1.76}$$

对于势能 $V = 0$ 的体系，Hamiltonian 算符是

$$\hat{H} = \frac{\hat{\ell}^2}{2I_0} = \frac{(-i\hbar)^2}{2I_0}\frac{\hat{\mathrm{d}}^2}{\mathrm{d}\phi^2} = \frac{-\hbar^2}{2I_0}\frac{\hat{\mathrm{d}}^2}{\mathrm{d}\phi^2} \tag{F1.77}$$

把式（F1.77）的 Hamiltonian 算符代入式（F1.75），得

$$\frac{-\hbar^2}{2I_0}\frac{\hat{\mathrm{d}}^2\psi}{\mathrm{d}\phi^2} = E\psi \tag{F1.78}$$

把式（F1.78）进行重排，得

$$\frac{\hat{\mathrm{d}}^2\psi}{\mathrm{d}\phi^2} = -\frac{2I_0 E}{\hbar^2}\psi = -M^2\psi \tag{F1.79}$$

这里令 $M^2 = 2I_0 E/\hbar^2$，方程（F1.79）有两个解：

$$\psi_1 = A\mathrm{e}^{+iM\phi} \tag{F1.80a}$$

$$\psi_2 = A\mathrm{e}^{-iM\phi} \tag{F1.80b}$$

结合函数 ψ 是归一化的性质，

$$\int_0^{2\pi} \psi^*\psi\,\mathrm{d}\phi = 1 \tag{F1.81}$$

就会发现 $A = (2\pi)^{-1/2}$，于是

$$\psi_1 = (2\pi)^{-1/2}\mathrm{e}^{+iM\phi} \tag{F1.82a}$$

$$\psi_2 = (2\pi)^{-1/2}\mathrm{e}^{-iM\phi} \tag{F1.82b}$$

令 ψ_1 代入式（F1.78），得

$$\frac{-\hbar^2}{2I_0}\frac{\hat{\mathrm{d}}^2}{\mathrm{d}\phi}\big[(2\pi)^{-1/2}\mathrm{e}^{+iM\phi}\big] = \frac{M^2\hbar^2}{2I_0}\big[(2\pi)^{-1/2}\mathrm{e}^{+iM\phi}\big] \tag{F1.83}$$

Hamiltonian 算符 $\hat{H}$ 的本征值 E 相对于 ψ_1 就是 $\dfrac{M^2\hbar^2}{2I_0}$，对于 ψ_2 同样也是 $\dfrac{M^2\hbar^2}{2I_0}$。

用算符 $\hat{\ell}_z$ 作用到 ψ_1 和 ψ_2 上的结果如下：

$$-i\hbar\frac{\hat{\mathrm{d}}}{\mathrm{d}\phi}\big[(2\pi)^{-1/2}\mathrm{e}^{+iM\phi}\big] = +M\hbar\big[(2\pi)^{-1/2}\mathrm{e}^{+iM\phi}\big] \tag{F1.84a}$$

$$-i\hbar\frac{\hat{\mathrm{d}}}{\mathrm{d}\phi}\big[(2\pi)^{-1/2}\mathrm{e}^{-iM\phi}\big] = -M\hbar\big[(2\pi)^{-1/2}\mathrm{e}^{-iM\phi}\big] \tag{F1.84b}$$

相当于本征函数 ψ_1 和 ψ_2，算符 $\hat{\ell}_z$ 的本征值分别为 $+M\hbar$ 和 $-M\hbar$，相当于两个不同旋转方向绕 z 轴旋转。

下面介绍几条定理：

定理 13　本征值与基矢的选择无关。

证明：假设 $\hat{\Lambda}$ 在 $(e_1, e_2, \cdots, e_n)$ 基矢中的矩阵表象为 A，在 $(e_1', e_2', \cdots, e_n')$ 基矢中的矩阵表象为 $B = C^{-1}AC$，在 $(e_1, e_2, \cdots, e_n)$ 基矢中的本征值 $\{\lambda_1, \lambda_2, \cdots, \lambda_n\}$ 应从

$$|A - \lambda I| = 0 \tag{F1.85a}$$

中解出，而在 $(e_1', e_2', \cdots, e_n')$ 基矢中的本征值应从

$$|B - \lambda I| = 0 \tag{F1.85b}$$

中解出，而

$$|B - \lambda I| = |C^{-1}AC - \lambda I| = |C^{-1}(A - \lambda I)C| =$$
$$|C^{-1}|\,|A - \lambda I|\,|C| = |A - \lambda I|$$

所以与基矢选择无关。

定理 14　厄米矩阵的本征值是实数。

证明：厄米矩阵 H 的本征值为 λ，$(X, HX) = (X, \lambda X) = \lambda(X, X)$

$$\tag{F1.86a}$$

另外

$$(X, HX) = (H^\dagger X, X) = (HX, X) = (\lambda X, X) = \lambda^*(X, X) \tag{F1.86b}$$

式 (F1.86a) 减去式 (F1.86b) 得

$$(\lambda - \lambda^*)(X, X) = 0 \tag{F1.87}$$

由于 $(X, X) > 0$，故 $\lambda - \lambda^* = 0$，$\lambda = \lambda^*$，即 λ 为实数。

定理 15　对于厄米矩阵 H，属于不同本征值的本征矢量彼此正交。

证明：设　　　　　$HX = \lambda X;$　　　　$HY = \lambda' Y$

则

$$(Y, HX) = (Y, \lambda X) = \lambda(Y, X) \tag{F1.88}$$

另外

$$(Y, HX) = (H^\dagger Y, X) = (HY, X)$$
$$= \lambda'^*(Y, X) = \lambda'(Y, X) \tag{F1.89}$$

比较式 (F1.88) 和式 (F1.89)，有

$$(\lambda - \lambda')(Y, X) = 0 \tag{F1.90}$$

由于 $\lambda \neq \lambda'$，所以 $(Y, X) = 0$。

定理 16　若列矢量 $u_1, u_2, \cdots, u_n$ 为厄米矩阵 H 的 n 个归一化的本征矢量，相应的本征值是 $\lambda_1, \lambda_2, \cdots, \lambda_n$，则 $U^{-1}HU = \Lambda$，其中 U 是幺正矩阵，Λ 为对角

矩阵，即

$$U=(u_1,u_2,\cdots,u_n)=\begin{bmatrix} u_{11} & u_{12} & \cdots & u_{1n} \\ u_{21} & u_{22} & \cdots & u_{2n} \\ \vdots & \vdots & \ddots & \vdots \\ u_{n1} & u_{n2} & \cdots & u_{nn} \end{bmatrix}; \quad \Lambda=\begin{bmatrix} \lambda_1 & 0 & \cdots & 0 \\ 0 & \lambda_2 & \cdots & 0 \\ \vdots & \vdots & \ddots & \vdots \\ 0 & 0 & \cdots & \lambda_n \end{bmatrix} \quad \text{(F1.91)}$$

证明：因为 $\quad H u_i = \lambda u_i$

故

$$H\begin{bmatrix} u_{11} & u_{12} & \cdots & u_{1n} \\ u_{21} & u_{22} & \cdots & u_{2n} \\ \vdots & \vdots & \ddots & \vdots \\ u_{n1} & u_{n2} & \cdots & u_{nn} \end{bmatrix} = \begin{bmatrix} \lambda_1 u_{11} & \lambda_2 u_{12} & \cdots & \lambda_n u_{1n} \\ \lambda_1 u_{21} & \lambda_2 u_{22} & \cdots & \lambda_n u_{2n} \\ \vdots & \vdots & \ddots & \vdots \\ \lambda_1 u_{n1} & \lambda_2 u_{n2} & \cdots & \lambda_n u_{nn} \end{bmatrix}$$

$$= \begin{bmatrix} u_{11} & u_{12} & \cdots & u_{1n} \\ u_{21} & u_{22} & \cdots & u_{2n} \\ \vdots & \vdots & \ddots & \vdots \\ u_{n1} & u_{n2} & \cdots & u_{nn} \end{bmatrix}\begin{bmatrix} \lambda_1 & 0 & \cdots & 0 \\ 0 & \lambda_2 & \cdots & 0 \\ \vdots & \vdots & \ddots & \vdots \\ 0 & 0 & \cdots & \lambda_n \end{bmatrix}$$

已知 u_1，u_2，$\cdots$，u_n 均为彼此正交的归一化矢量，故矩阵 U 是幺正矩阵。

定理 17   两个幺正矩阵的和（或差）就不再是幺正矩阵，然而两个幺正矩阵的积仍是幺正矩阵.

证明：$(U_1+U_2)^\dagger = U_1^\dagger + U_2^\dagger = U_1^{-1} + U_2^{-1} \neq (U_1+U_2)^{-1}$

$(U_1 U_2)^\dagger = U_2^\dagger U_1^\dagger = U_2^{-1} U_1^{-1} = (U_1 U_2)^{-1}$

定理 18   幺正矩阵的本征值具有 $e^{i\theta}$ 的形式。

证明：设 λ 和 X 是幺正矩阵 U 的本征值和本征矢量，即 $UX=\lambda X$，则

$$(UX,UX)=(\lambda X,\lambda X)=\lambda^* \lambda(X,X) \quad \text{(F1.92)}$$

另外

$$(UX,UX)=(U^\dagger UX,X)=(U^{-1}UX,X)=(X,X) \quad \text{(F1.93)}$$

比较式（F1.92）和式（F1.93），则得 $\lambda^* \lambda=1$，即

$$\lambda=e^{i\theta}$$

定理 19   对于任一幺正矩阵 U，存在另一个幺正矩阵 V，令 $V^{-1}UV=\Lambda$，则 Λ 定必是对角矩阵。

这条定理留给读者自己证明。

更进一步的参考读物

1. Anderson J M. *Mathematics for Quantum Chemistry*. New York：Benjamin, 1966.

2. Atkins P W. *Molecular Quantum Mechanics*, 2nd ed. , Oxford：Oxford University Press, 1983.

3. Bak T, Lichtenberg J. *Mathematics for Scientists*, 3 Vols. , New York: Benjamin, 1966.

4. Hamilton A G. *Linear Algebra*. Cambridge: Cambridge University Press, 1989.

5. Nye J F. *Physical Properties of Crystals*, 2nd ed. , Oxford: Oxford University Press, 1985.

6. Wooster W A. *Tensors and Group Theory for the Physical Properties of Crystals*. Oxford: Clarendon, 1972.

7. Yariv A. *An Introduction to Theory and Application of Quantum Mechanics*. New York: Wiley, 1982.

附录2　量子力学中的角动量理论

F2.1　角动量算符

在经典力学，角动量 L 由式（F2.1）给出：

$$L = r \times p = \begin{bmatrix} i & j & k \\ x & y & z \\ p_x & p_y & p_z \end{bmatrix} \tag{F2.1}$$

于是

$$L_x = yp_z - zp_y \tag{F2.2a}$$
$$L_y = zp_x - xp_z \tag{F2.2b}$$
$$L_z = xp_y - yp_x \tag{F2.2c}$$

根据对应原理，在量子力学中，轨道角动量的定义和经典力学有相同的形式，两者的区别仅在于把式（F2.2）中的各个物理量都用相应的算符代替，即

$$\hat{L}_x = y\hat{p}_z - z\hat{p}_y = -i\hbar\left(y\frac{\partial}{\partial z} - z\frac{\partial}{\partial y}\right) \tag{F2.3a}$$

$$\hat{L}_y = z\hat{p}_x - x\hat{p}_z = -i\hbar\left(z\frac{\partial}{\partial x} - x\frac{\partial}{\partial z}\right) \tag{F2.3b}$$

$$\hat{L}_z = x\hat{p}_y - y\hat{p}_x = -i\hbar\left(x\frac{\partial}{\partial y} - y\frac{\partial}{\partial x}\right) \tag{F2.3c}$$

角动量平方的算符是

$$\hat{L}^2 = \hat{L}_x^2 + \hat{L}_y^2 + \hat{L}_z^2 \tag{F2.4}$$

以上是在直角坐标中的情况。在球坐标中，根据直角坐标与球坐标的关系：

$$x = r\sin\theta\cos\phi; \quad y = r\sin\theta\sin\phi; \quad z = r\cos\theta \tag{F2.5a}$$

$$r^2 = x^2 + y^2 + z^2; \quad \cos\theta = \frac{z}{r}; \quad \tan\phi = \frac{y}{x} \tag{F2.5b}$$

$$\frac{\partial}{\partial x} = \frac{\partial r}{\partial x}\frac{\partial}{\partial r} + \frac{\partial\theta}{\partial x}\frac{\partial}{\partial\theta} + \frac{\partial\phi}{\partial x}\frac{\partial}{\partial\phi} = \sin\theta\cos\phi\frac{\partial}{\partial r}$$

$$+ \frac{1}{r}\cos\theta\cos\phi\frac{\partial}{\partial\theta} + \frac{1}{r}\frac{\sin\phi}{\sin\theta}\frac{\partial}{\partial\phi} \tag{F2.6a}$$

$$\frac{\partial}{\partial y} = \frac{\partial r}{\partial y}\frac{\partial}{\partial r} + \frac{\partial\theta}{\partial y}\frac{\partial}{\partial\theta} + \frac{\partial\phi}{\partial y}\frac{\partial}{\partial\phi} = \sin\theta\sin\phi\frac{\partial}{\partial r}$$

$$+ \frac{1}{r}\cos\theta\sin\phi\frac{\partial}{\partial\theta} + \frac{1}{r}\frac{\cos\phi}{\sin\theta}\frac{\partial}{\partial\phi} \tag{F2.6b}$$

$$\frac{\partial}{\partial z} = \frac{\partial r}{\partial z}\frac{\partial}{\partial r} + \frac{\partial\theta}{\partial z}\frac{\partial}{\partial\theta} + \frac{\partial\phi}{\partial z}\frac{\partial}{\partial\phi} = \cos\theta\frac{\partial}{\partial r} - \frac{1}{r}\sin\theta\frac{\theta}{\partial\theta} \tag{F2.6c}$$

把这些关系式代入式(F2.3)和式(F2.4)，即可得到以球坐标表示的算符：

$$\hat{L}_x = i\hbar\left(\sin\phi\,\frac{\partial}{\partial\theta} + \cot\theta\,\cos\phi\,\frac{\partial}{\partial\phi}\right) \tag{F2.7a}$$

$$\hat{L}_y = -i\hbar\left(\cos\phi\,\frac{\partial}{\partial\theta} - \cot\theta\,\sin\phi\,\frac{\partial}{\partial\phi}\right) \tag{F2.7b}$$

$$\hat{L}_z = -i\hbar\,\frac{\partial}{\partial\phi} \tag{F2.7c}$$

$$\hat{L}^2 = -\hbar^2\left[\frac{1}{\sin\theta}\,\frac{\partial}{\partial\theta}\left(\sin\theta\,\frac{\partial}{\partial\theta}\right) + \frac{1}{\sin^2\theta}\,\frac{\partial^2}{\partial\phi^2}\right] \tag{F2.7d}$$

F2.2　角动量算符的对易关系

在量子力学中，角动量算符之间有下列对易关系：

令符号 $[\hat{A},\hat{B}] = \hat{A}\hat{B} - \hat{B}\hat{A}$，则

$$[\hat{L}_x,\hat{L}_y] = i\hbar\hat{L}_z;\quad [\hat{L}_y,\hat{L}_z] = i\hbar\hat{L}_x;\quad [\hat{L}_z,\hat{L}_x] = i\hbar\hat{L}_y \tag{F2.8}$$

$$[\hat{L}^2,\hat{L}_x] = [\hat{L}^2,\hat{L}_y] = [\hat{L}^2,\hat{L}_z] = 0 \tag{F2.9a}$$

$$[\hat{L}^2,\hat{B}] = [\hat{L}^2,\hat{L}_-] = 0 \tag{F2.9b}$$

$$[\hat{L}_z,\hat{L}_-] = -\hbar\hat{L}_-;\qquad\qquad [\hat{L}_z,\hat{L}_+] = \hbar\hat{L}_+ \tag{F2.10a}$$

$$[\hat{L}_+,\hat{L}_-] = 2\hbar\hat{L}_z \tag{F2.10b}$$

为了证明以上的公式，先证明下列三种基本对易关系式：

$$[q_i,q_j] = 0 \quad (\text{其中的 } q_i,q_j = x,y,z) \tag{F2.11}$$

$$[p_i,p_j] = 0 \tag{F2.12}$$

$$[q_i,p_j] = i\hbar\delta_{ij} \tag{F2.13}$$

这里只需证明一个式子就够了，如

$$[x,\hat{p}_x]\psi = (x\hat{p}_x - \hat{p}_x x)\psi = -i\hbar\left(x\frac{\partial}{\partial x} - \frac{\partial}{\partial x}x\right)\psi$$

$$= -i\hbar\left[x\frac{\partial}{\partial x} - \frac{\partial}{\partial x}(x\psi)\right] = -i\hbar\left(x\frac{\partial\psi}{\partial x} - \psi\frac{\partial x}{\partial x}x\frac{\partial\psi}{\partial x}\right) = i\hbar\psi$$

这就证明了式（F2.13），即 $[x,\hat{p}_x] = i\hbar$。

根据基本对易关系式就容易证明式（F2.8）~式（F2.10）：

$$[\hat{L}_x,\hat{L}_y] = [y\hat{p}_z - z\hat{p}_y,\ z\hat{p}_x - x\hat{p}_z]$$

$$= [y\hat{p}_z,\ z\hat{p}_x] - [z\hat{p}_y,\ z\hat{p}_x] - [y\hat{p}_z,\ x\hat{p}_z] + [z\hat{p}_y,\ x\hat{p}_z]$$

$$= y[\hat{p}_z,\ z]\hat{p}_x + x[z,\ \hat{p}_z]\hat{p}_y = -i\hbar y\hat{p}_x + i\hbar x\hat{p}_y = i\hbar(x\hat{p}_y - y\hat{p}_x) = i\hbar\hat{L}_z$$

这就是式（F2.8）的证明。其他各式留给读者自己证明。

应当指出：

（1）在经典力学中，角动量的大小和方向都是完全确定的，但在量子力学中，只有总角动量和其中的一个分量可以同时有确定值，而其他两个分量的大小不能同时有确定值。原因是在算符 $\hat{L}^2$、$\hat{L}_x$、$\hat{L}_y$、$\hat{L}_z$ 中 $\hat{L}_x$、$\hat{L}_y$、$\hat{L}_z$ 三者之间是不可对易的。

（2）角动量算符的对易关系具有更深层次的涵义，以后我们不再用 $\boldsymbol{L} = \boldsymbol{r} \times \boldsymbol{p}$ 来定义角动量，因为它只适用于轨道角动量。为了适用于一般角动量（包括自旋角动量），我们就用角动量分量之间的对易关系作为角动量的定义。也就是说，凡力学量算符 $\hat{J}$ 满足对易关系 $\hat{J} \times \hat{J} = i\hbar\hat{J}$ 者，我们就称 $\hat{J}$ 为角动量算符。如自旋算符 $\hat{S}$，它就满足对易关系 $\hat{S} \times \hat{S} = i\hbar\hat{S}$。

F2.3　$\hat{J}^2$ 和 $\hat{J}_z$ 的本征值

由于 $\hat{J}^2$ 和 $\hat{J}_z$ 是可对易的，因此它们必然存在共同的本征函数，记作 $|j, m\rangle$，则

$$\hat{J}^2 |j,m\rangle = \lambda_j |j,m\rangle \tag{F2.14}$$

$$\hat{J}_z |j,m\rangle = \lambda_m |j,m\rangle \tag{F2.15}$$

这里的 λ_j 和 λ_m 是它们相应的本征值，现在就是要证明

$$\lambda_j = j(j+1)$$

$$\lambda_m = m$$

首先，对于固定的 λ_j 和 λ_m 有一个上限和下限，它应满足

$$\lambda_j - \lambda_m^2 \geqslant 0 \tag{F2.16}$$

这是因为

$$\langle j,m|\hat{J}_x^2 + \hat{J}_y^2 |j,m\rangle = \langle j,m|\hat{J}^2 - \hat{J}_z^2 |j,m\rangle = \lambda_j - \lambda_m^2$$

而

$$\langle j,m|\hat{J}_x^2 |j,m\rangle = (\hat{J}_x |j,m\rangle, \hat{J}_x |j,m\rangle) \geqslant 0$$

同理

$$\langle j,m|\hat{J}_y^2 |j,m\rangle \geqslant 0$$

故 $\lambda_j - \lambda_m^2 \geqslant 0$。

其次，在 λ_m 值之间只能差一个整数，因为 $\hat{J}_+ = \hat{J}_x + i\hat{J}_y$，$\hat{J}_- = \hat{J}_x - i\hat{J}_y$

$$[\hat{J}^2, \hat{J}_+]_- = [\hat{J}^2, \hat{J}_-]_- = 0$$

$$[\hat{J}_z, \hat{J}_+]_- = \hat{J}_+$$

$$[\hat{J}_z, \hat{J}_-]_- = -\hat{J}_-$$

$$[\hat{J}_+, \hat{J}_-]_- = 2\hat{J}_z$$

所以

$$\langle j,m'|\hat{J}_z\hat{J}_+ -\hat{J}_+\hat{J}_z|j,m\rangle=\langle j,m'|\hat{J}_+|j,m\rangle \tag{F2.17}$$

该式的左边矩阵元可分解成两个矩阵元

$$\langle j,m'|\hat{J}_z\hat{J}_+ -\hat{J}_+\hat{J}_z|j,m\rangle=\langle j,m'|\hat{J}_z\hat{J}_+|j,m\rangle-\langle j,m'|\hat{J}_+\hat{J}_z|j,m\rangle$$

后者可利用式（F2.15）得出

$$\langle j,m'|\hat{J}_+\hat{J}_z|j,m\rangle=\lambda_m\langle j,m'|\hat{J}_+|j,m\rangle \tag{F2.18a}$$

前者可化成

$$\langle j,m'|\hat{J}_z\hat{J}_+|j,m\rangle=\lambda_{m'}^*\langle j,m'|\hat{J}_+|j,m\rangle \tag{F2.18b}$$

将式（F2.18a）和式（F2.18b）代入式（F2.17），得

$$\langle j,m'|\hat{J}_+|j,m\rangle=(\lambda_{m'}^*-\lambda_m)\langle j,m'|\hat{J}_+|j,m\rangle \tag{F2.19}$$

因为 $\hat{J}_z$ 是一个厄米算符，故 $\lambda_{m'}^*=\lambda_{m'}$，代入式（F2.19）加以整理，得

$$(\lambda_{m'}-\lambda_m-1)\langle j,m'|\hat{J}_+|j,m\rangle=0 \tag{F2.20}$$

由式（F2.20）可知：如果 $(\lambda_{m'}-\lambda_m-1)\neq0$，则必有 $\langle j,\ m'|\hat{J}_+|j,\ m\rangle=0$，反之，$\langle j,\ m'|\hat{J}_+|j,\ m\rangle\neq0$，则 $(\lambda_{m'}-\lambda_m-1)$ 必等于 0，因此，$\lambda_{m'}$ 必须等于 λ_m+1，这就说明

$$\hat{J}_+|j,m\rangle = x_m|j,m+1\rangle \tag{F2.21}$$

$$\hat{J}_-|j,m\rangle = y_m|j,m-1\rangle \tag{F2.22}$$

这里的 x_m 和 y_m 可以是复数，因为它们可以包含一个相因子 $e^{i\phi}$。从式（F2.21）和式（F2.22）看出，$\hat{J}_+$ 作用到 $|j,\ m\rangle$ 上去是把它提升为 $|j,\ m+1\rangle$，故称为升算符。$\hat{J}_-$ 作用到 $|j,\ m\rangle$ 上去是把它递降为 $|j,\ m-1\rangle$，故称为降算符。这就说明 $|j,\ m\rangle$ 的本征值应为

$$\cdots,\cdots,\lambda_{m-2},\lambda_{m-1},\lambda_m,\lambda_{m+1},\lambda_{m+2},\cdots,\cdots$$

这个序列两端必须都是有限的，因为它们必须满足 $\lambda_m^2\leqslant\lambda_j$，由于 λ_m 值之间只能差一个整数，而对于给定的 j 值，量子数 m 就是按整数递增（或递减）的。因此，就可令 $\lambda_m=m$。m 有一个最大值（记作 $\overline{m}$），也有一个最小值（记作 $\underline{m}$），于是

$$\hat{J}_+|j,\overline{m}\rangle=0 \tag{F2.23}$$

$$\hat{J}_-|j,\underline{m}\rangle=0 \tag{F2.24}$$

由于

$$\hat{J}_-\hat{J}_+ = (\hat{J}_x-i\hat{J}_y)(\hat{J}_x+i\hat{J}_y) = \hat{J}_x^2+\hat{J}_y^2+i(\hat{J}_x\hat{J}_y-\hat{J}_y\hat{J}_x)$$

$$= \hat{J}_x^2+\hat{J}_y^2-\hat{J}_z = \hat{J}^2-\hat{J}_z^2-\hat{J}_z$$

$$\hat{J}_-\hat{J}_+ = \hat{J}^2-\hat{J}_z^2-\hat{J}_z$$

所以

$$\hat{J}_- \hat{J}_+ |j,\overline{m}\rangle = (\hat{J}^2 - \hat{J}_z^2 - \hat{J}_z)\,|j,\overline{m}\rangle = (\lambda_j - \overline{m}^2 - \overline{m})\,|j,\overline{m}\rangle \tag{F2.25}$$

另外

$$\hat{J}_- \hat{J}_+ |j,\overline{m}\rangle = 0$$

所以

$$\lambda_j = \overline{m}(\overline{m}+1) \tag{F2.26}$$

同理，由于

$$\hat{J}_+ \hat{J}_- |j,\underline{m}\rangle = (\hat{J}^2 - \hat{J}_z^2 + \hat{J}_z)\,|j,\underline{m}\rangle = (\lambda_j - \underline{m}^2 - \underline{m})\,|j,\underline{m}\rangle = 0$$

所以

$$\lambda_j = \underline{m}(\underline{m}+1) \tag{F2.27}$$

要使式（F2.26）与式（F2.27）同时成立，只有 $\overline{m} = -\underline{m}$。令 m 的最大值 $\overline{m}$ 为 j，则 m 的序列就是

$$j, j-1, j-2, \cdots, \cdots, -j+2, -j+1, -j$$

即

$$\lambda_j = j(j+1) \tag{F2.28}$$

这就得到

$$\hat{J}^2 |j,m\rangle = j(j+1)\,|j,m\rangle \tag{F2.29}$$

$$\hat{J}_z |j,m\rangle = m\,|j,m\rangle \tag{F2.30}$$

再看

$$\langle j,m|\hat{J}_- \hat{J}_+ |j,m\rangle = x_m \langle j,m|\hat{J}_- |j,m+1\rangle = x_m \langle j,m+1|\hat{J}_+ |j,m+1\rangle^*$$
$$= x_m x_m^* \langle j,m+1|j,m+1\rangle = x_m x_m^* \tag{F2.31}$$

另外

$$\langle j,m|\hat{J}_- \hat{J}_+ |j,m\rangle = \langle j,m|\hat{J}^2 - \hat{J}_z^2 + \hat{J}_z|j,m\rangle = j(j+1) - m^2 - m$$
$$= (j-m)(j+m+1) \tag{F2.32}$$

所以

$$x_m = \sqrt{(j-m)(j+m+1)} \tag{F2.33}$$

同理，可证

$$y_m = \sqrt{(j+m)(j-m+1)} \tag{F2.34}$$

因此，得出

$$\hat{J}_+ |j,m\rangle = \sqrt{(j-m)(j+m+1)}\,|j,m+1\rangle \tag{F2.35}$$

$$\hat{J}_- |j,m\rangle = \sqrt{(j+m)(j-m+1)}\,|j,m-1\rangle \tag{F2.36}$$

F2. 4 角动量算符的矩阵表象

如果我们选择 $\hat{J}^2$ 和 $\hat{J}_z$ 的共同本征函数 $|j, m\rangle$ 作为基函数，则 $\hat{J}^2$ 和 $\hat{J}_z$ 的矩阵表象为对角矩阵，其对角线上的矩阵元为

$$\langle j,m|\hat{J}^2|j,m\rangle = j(j+1) \qquad (\text{F2.37})$$

$$\langle j,m|\hat{J}_z|j,m\rangle = m \qquad (\text{F2.38})$$

对于 $\hat{J}_+$ 和 $\hat{J}_-$ 或 $\hat{J}_x$，$\hat{J}_y$ 没有对角矩阵元，它们的非零矩阵元为

$$\langle j,m+1|\hat{J}_+|j,m\rangle = \sqrt{(j-m)(j+m+1)} \qquad (\text{F2.39})$$

$$\langle j,m-1|\hat{J}_-|j,m\rangle = \sqrt{(j+m)(j-m+1)} \qquad (\text{F2.40})$$

$$\langle j,m+1|\hat{J}_x|j,m\rangle = \frac{1}{2}\sqrt{(j-m)(j+m+1)} \qquad (\text{F2.41})$$

$$\langle j,m-1|\hat{J}_x|j,m\rangle = \frac{1}{2}\sqrt{(j+m)(j-m+1)} \qquad (\text{F2.42})$$

$$\langle j,m+1|\hat{J}_y|j,m\rangle = -\frac{i}{2}\sqrt{(j-m)(j+m+1)} \qquad (\text{F2.43})$$

$$\langle j,m-1|\hat{J}_y|j,m\rangle = \frac{i}{2}\sqrt{(j+m)(j-m+1)} \qquad (\text{F2.44})$$

下面是几个常用的矩阵，对于 $j=\dfrac{1}{2}$，基函数只有 $\alpha = \left|\dfrac{1}{2},\ \dfrac{1}{2}\right\rangle$，$\beta = \left|\dfrac{1}{2},\ -\dfrac{1}{2}\right\rangle$ 两个，其矩阵为

$$\boldsymbol{J}_i = \frac{1}{2}\boldsymbol{\sigma}_i \quad (i=x,y,z) \qquad (\text{F2.45})$$

式中：$\boldsymbol{\sigma}_i$ 是 Pauli 矩阵，其定义为

$$\boldsymbol{\sigma}_x = \begin{bmatrix} 0 & 1 \\ 1 & 0 \end{bmatrix}; \qquad \boldsymbol{\sigma}_y = \begin{bmatrix} 0 & -i \\ i & 0 \end{bmatrix}; \qquad \boldsymbol{\sigma}_z = \begin{bmatrix} 1 & 0 \\ 0 & -1 \end{bmatrix} \qquad (\text{F2.46})$$

它们的乘法满足下列对易关系：

$$[\boldsymbol{\sigma}_x, \boldsymbol{\sigma}_y] = 2i\boldsymbol{\sigma}_z \qquad (\text{F2.47a})$$

$$[\boldsymbol{\sigma}_y, \boldsymbol{\sigma}_z] = 2i\boldsymbol{\sigma}_x \qquad (\text{F2.47b})$$

$$[\boldsymbol{\sigma}_z, \boldsymbol{\sigma}_x] = 2i\boldsymbol{\sigma}_y \qquad (\text{F2.47c})$$

$$\boldsymbol{\sigma}_x\boldsymbol{\sigma}_y + \boldsymbol{\sigma}_y\boldsymbol{\sigma}_x = 0 \qquad (\text{F2.48a})$$

$$\boldsymbol{\sigma}_y\boldsymbol{\sigma}_z + \boldsymbol{\sigma}_z\boldsymbol{\sigma}_y = 0 \qquad (\text{F2.48b})$$

$$\boldsymbol{\sigma}_z\boldsymbol{\sigma}_x + \boldsymbol{\sigma}_x\boldsymbol{\sigma}_z = 0 \qquad (\text{F2.48c})$$

$$\boldsymbol{\sigma}_x\boldsymbol{\sigma}_y\boldsymbol{\sigma}_z = i \qquad (\text{F2.49})$$

$$\boldsymbol{\sigma}_x^2 = \boldsymbol{\sigma}_y^2 = \boldsymbol{\sigma}_z^2 = 1 \qquad (\text{F2.50})$$

在三重态中用到 $j=1$，其基函数为 $|1,\ 1\rangle$，$|1,\ 0\rangle$，$|1,\ -1\rangle$，按照式（F2.41）~式

（F2.44）得出

$$J_x = \frac{1}{\sqrt{2}}\begin{bmatrix} 0 & 1 & 0 \\ 1 & 0 & 1 \\ 0 & 1 & 0 \end{bmatrix}; \quad J_y = \frac{1}{\sqrt{2}}\begin{bmatrix} 0 & -i & 0 \\ i & 0 & -i \\ 0 & i & 0 \end{bmatrix}; \quad J_z = \begin{bmatrix} 1 & 0 & 0 \\ 0 & 0 & 0 \\ 0 & 0 & -1 \end{bmatrix} \quad \text{(F2.51)}$$

F2.5　两个角动量相加

经常会遇到两个角动量耦合的问题，两个角动量可以是同一个粒子（电子）的轨道角动量与自旋角动量耦合，也可以是两个不同粒子（电子与核）的角动量耦合。一般考虑的方法是，设体系的两个角动量算符 $\hat{J}_1$、$\hat{J}_2$ 满足对易关系：

$$\hat{J}_1 \times \hat{J}_1 = i\hat{J}_1 \quad \text{(F2.52a)}$$

$$\hat{J}_2 \times \hat{J}_2 = i\hat{J}_2 \quad \text{(F2.52b)}$$

$\hat{J}_1$ 和 $\hat{J}_2$ 是可对易的，这一点对于不同粒子的角动量来说，当然不成问题，但对于同一粒子（如电子）来说，由于 $\hat{J}_1$ 代表轨道运动，$\hat{J}_2$ 代表自旋运动，它们分别代表两类不同的运动，所以也是可以对易的。

定义 $\hat{J}_1$，$\hat{J}_2$ 之和为 $\hat{J}$，即

$$\hat{J} = \hat{J}_1 + \hat{J}_2 \quad \text{(F2.53)}$$

这里应首先证明 $\hat{J}$ 也是一个角动量，它必须满足 $\hat{J} \times \hat{J} = i\hat{J}$ 对易关系：

$$[\hat{J}_x, \hat{J}_y] = [\hat{J}_{1x} + \hat{J}_{2x}, \hat{J}_{1y} + \hat{J}_{2y}] = [\hat{J}_{1x}, \hat{J}_{1y}] + [\hat{J}_{2x}, \hat{J}_{1y}]$$
$$+ [\hat{J}_{1x}, \hat{J}_{2y}] + [\hat{J}_{2x}, \hat{J}_{2y}] = i\hat{J}_{1z} + i\hat{J}_{2z} = i\hat{J}_z \quad \text{(F2.54)}$$

由于 $\hat{J}$ 是角动量，所以 $\hat{J}^2$ 与 $\hat{J}_x$、$\hat{J}_y$、$\hat{J}_z$ 中的任一个都可对易。

需要说明，$\hat{J}^2$ 与 $\hat{J}_1^2$、$\hat{J}_2^2$ 也是可对易的，但与 $\hat{J}_{1x}$、$\hat{J}_{1y}$、$\hat{J}_{1z}$ 以及 $\hat{J}_{2x}$、$\hat{J}_{2y}$、$\hat{J}_{2z}$ 都是不可对易的，因为

$$\hat{J}^2 = (\hat{J}_1 + \hat{J}_2)^2 = \hat{J}_1^2 + \hat{J}_2^2 + 2\hat{J}_1 \cdot \hat{J}_2 \quad \text{(F2.55)}$$

故

$$[\hat{J}^2, \hat{J}_1^2] = [\hat{J}_1^2, \hat{J}_1^2] + [\hat{J}_2^2, \hat{J}_1^2] + 2\{[\hat{J}_{1x}, \hat{J}_1^2]\hat{J}_{2x}$$
$$+ [\hat{J}_{1y}, \hat{J}_1^2]\hat{J}_{2y} + [\hat{J}_{1z}, \hat{J}_1^2]\hat{J}_{2z}\} = 0 \quad \text{(F2.56)}$$

这 12 个算符中可以选出 4 个互相可对易的算符。有两种选法：一种是 $(\hat{J}^2, \hat{J}_1^2, \hat{J}_2^2, \hat{J}_z)$；另一种是 $(\hat{J}_1^2, \hat{J}_{1z}, \hat{J}_2^2, \hat{J}_{2z})$。对于后者，它们有一组共同的本征函数：

$$|j_1, m_1\rangle |j_2, m_2\rangle \equiv |j_1, j_2, m_1, m_2\rangle$$

并且它们组成完全正交归一的集合，用这些函数作为基函数的表象，称之为"无耦表象"。

$$\hat{J}_1^2 |j_1,j_2,m_1,m_2\rangle = j_1(j_1+1)|j_1,j_2,m_1,m_2\rangle \tag{F2.57a}$$

$$\hat{J}_2^2 |j_1,j_2,m_1,m_2\rangle = j_2(j_2+1)|j_1,j_2,m_1,m_2\rangle \tag{F2.57b}$$

$$\hat{J}_{1z} |j_1,j_2,m_1,m_2\rangle = m_1 |j_1,j_2,m_1,m_2\rangle \tag{F2.57c}$$

$$\hat{J}_{2z} |j_1,j_2,m_1,m_2\rangle = m_2 |j_1,j_2,m_1,m_2\rangle \tag{F2.57d}$$

这里

$$m_1 = j_1, j_1-1, j_1-2, \cdots, -j_1+1, -j_1 \tag{F2.58a}$$

$$m_2 = j_2, j_2-1, j_2-2, \cdots, -j_2+1, -j_2 \tag{F2.58b}$$

对于固定的 j_1、j_2，基函数 $|j_1, j_2, m_1, m_2\rangle$ 共有 $2j_1+1$、$2j_2+1$ 个。

对于 $\hat{J}^2$、$\hat{J}_1^2$、$\hat{J}_2^2$、$\hat{J}_z$ 这一组相互可对易的算符，它们必定也存在一组共同的本征函数 $|j, m, j_1, j_2\rangle$，称为"耦合表象"基函数。

$$\hat{J}^2 |j,m,j_1,j_2\rangle = j(j+1)|j,m,j_1,j_2\rangle \tag{F2.59a}$$

$$\hat{J}_z |j,m,j_1,j_2\rangle = m |j,m,j_1,j_2\rangle \tag{F2.59b}$$

$$\hat{J}_1^2 |j,m,j_1,j_2\rangle = j_1(j_1+1)|j,m,j_1,j_2\rangle \tag{F2.59c}$$

$$\hat{J}_2^2 |j,m,j_1,j_2\rangle = j_2(j_2+1)|j,m,j_1,j_2\rangle \tag{F2.59d}$$

这里 m 的值可以是下列 $2j+1$ 个值中的任一个：

$$j, j-1, j-2, \cdots, -j+1, -j \tag{F2.60}$$

而 j 可取的值有

$$j_1+j_2, j_1+j_2-1, \cdots, |j_1-j_2| \tag{F2.61}$$

现在我们来证明。令 j 的最大值和最小值依次为 $\bar{j}$ 和 $\underline{j}$，由于线性无关的基函数数目不应当因基矢量之间变换而改变，故

$$\sum_{j=\underline{j}}^{\bar{j}} (2j+1) = (2j_1+1)(2j_2+1) \tag{F2.62}$$

而

$$\sum_{j=\underline{j}}^{\bar{j}} (2j+1) = 2\sum_{j=\underline{j}}^{\bar{j}} j + \sum_{j=\underline{j}}^{\bar{j}} 1 = 2(\bar{j}-\underline{j}+1)\left[\frac{1}{2}(\bar{j}+\underline{j})\right] + (\bar{j}-\underline{j}+1)$$

$$= (\bar{j}-\underline{j}+1)(\bar{j}+\underline{j}+1) \tag{F2.63}$$

要使式（F2.62）和式（F2.63）都能成立，必须是 $\bar{j}=j_1+j_2$；$\underline{j}=j_1-j_2$ 或 j_2-j_1，即 $\underline{j}=|j_1-j_2|$。这就证明了式（F2.61）。

我们有两种选择基函数的方法，在确定一种基函数后（如选 $|j_1, m_1, j_2, m_2\rangle$ 为基矢），另一种基函数就可对它展开，即

$$|j_1,j_2,j,m\rangle = \sum_{m_1,m_2} \langle j_1,m_1,j_2,m_2|j_1,j_2,j,m\rangle |j_1,m_1,j_2,m_2\rangle \tag{F2.64}$$

这里展开的系数称为"矢量耦合系数"或称 Clebsch-Gordon 系数，或 Wigner 系

数。这个系数有一个解析的封闭表达式，但很复杂，这里就不推导了。式（F2.64）常写成更简洁的形式：

$$|j,m\rangle = \sum_{m_1,m_2} C(j_1 j_2 j; m_1 m_2 m) |m_1,m_2\rangle \tag{F2.65}$$

它有如下两条重要性质：

（1）若 $m \neq m_1 + m_2$，则

$$C(j_1 j_2 j; m_1 m_2 m) = 0 \tag{F2.66}$$

证明：将 $\hat{J}_z = \hat{J}_{1z} + \hat{J}_{2z}$ 作用到式（F2.65）的两边，即得

$$m|j,m\rangle = \sum_{m_1,m_2} (m_1 + m_2) C(j_1 j_2 j; m_1 m_2 m) |m_1,m_2\rangle$$

故

$$\sum_{m_1,m_2} (m - m_1 - m_2) C(j_1 j_2 j; m_1 m_2 m) |m_1,m_2\rangle = 0 \tag{F2.67}$$

由于 $|m_1, m_2\rangle$ 是线性无关的，要使式（F2.67）成立，系数必须等于零，即

$$(m - m_1 - m_2) C(j_1 j_2 j; m_1 m_2 m) = 0$$

所以如果 $m \neq m_1 + m_2$，则必须 $C(j_1 j_2 j; m_1 m_2 m) = 0$。

根据这条性质，式（F2.65）可写成

$$|j,m\rangle = \sum_{m_1} C(j_1 j_2 j; m_1, m - m_1) |j_1, j_2, m_1, m - m_1\rangle \tag{F2.68}$$

这里只需对 m_1 求和即可。

（2）对于 $m_1 = j_1$，$m_2 = j_2$，则有

$$|j_1 j_2, j_1 + j_2, j_1 + j_2\rangle = |j_1 j_2, j_1 j_2\rangle \tag{F2.69a}$$

同理有

$$|j_1 j_2, j_1 + j_2, -j_1 - j_2\rangle = |j_1 j_2 -j_1 -j_2\rangle \tag{F2.69b}$$

关于耦合表象函数与无耦合表象函数之间的关系，也可以用升、降算符一步一步求得。这种方法比较繁琐，但并不难。如 $j_1 = 1$，$j_2 = 2$，则从性质（2）可知

$$|3,3\rangle = |2,1\rangle \tag{F2.70}$$

用 J_- 作用于式（F2.70）两边，则左边

$$J_-|3,3\rangle = \sqrt{(3+3)(3-3+1)}\,|3,2\rangle = \sqrt{6}\,|3,2\rangle \tag{F2.71}$$

而右边

$$J_-|2,1\rangle = (J_{1-} + J_{2-}) |2,1\rangle = \sqrt{(2+2)(2-2+1)}\,|1,1\rangle$$
$$+ \sqrt{(1+1)(1-1+1)}\,|2,0\rangle = 2|1,1\rangle + \sqrt{2}\,|2,0\rangle \tag{F2.72}$$

因此

$$|3,2\rangle = \frac{1}{\sqrt{6}} \left(2|1,1\rangle + \sqrt{2}\,|2,0\rangle\right) \tag{F2.73}$$

再用 J_- 作用到式（F2.73）的两边，则

$$J_-|3,2\rangle = \sqrt{(3+2)(3-2+1)}|3,1\rangle = \sqrt{10}|3,1\rangle \qquad (\text{F2.74})$$

$$(J_{1-}+J_{2-})\left\{\frac{2}{\sqrt{6}}|1,1\rangle + \frac{\sqrt{2}}{\sqrt{6}}|2,0\rangle\right\} = \frac{2}{\sqrt{6}}\left\{\sqrt{(2+1)(2-1+1)}|0,1\rangle\right.$$

$$+\left.\sqrt{(1+1)(1-1+1)}|1,0\rangle\right\} + \frac{2}{\sqrt{6}}\left\{\sqrt{(2+2)(2-2+1)}|1,0\rangle\right.$$

$$+\left.\sqrt{(1+0)(1-0+1)}|2,-1\rangle\right\} \qquad (\text{F2.75})$$

整理后即得

$$|3,1\rangle = \frac{1}{\sqrt{30}}\{2\sqrt{3}|0,1\rangle + 4|1,0\rangle + \sqrt{2}|2,-1\rangle\} \qquad (\text{F2.76})$$

这样依次做下去，可得到全部 $|3,m\rangle$ 函数，列于表 F2-1。

表 F2-1　$|3,m\rangle$ 函数表

耦合表象 $|j,m\rangle$	无耦合表象 $|m_1,m_2\rangle$
$|3,\pm3\rangle$	$|\pm2,\pm1\rangle$
$|3,\pm2\rangle$	$\dfrac{1}{\sqrt{6}}\{2|\pm1,\pm1\rangle + \sqrt{2}|\pm2,0\rangle\}$
$|3,\pm1\rangle$	$\dfrac{1}{\sqrt{30}}\{2\sqrt{3}|0,\pm1\rangle + 4|\pm1,0\rangle + \sqrt{2}|\pm2,\mp1\rangle\}$
$|3,0\rangle$	$\dfrac{1}{\sqrt{15}}\{\sqrt{3}|1,-1\rangle + 3|0,0\rangle + \sqrt{3}|-1,+1\rangle\}$
$|2,\pm2\rangle$	$\dfrac{1}{\sqrt{6}}\{\sqrt{2}|\pm1,\pm1\rangle - 2|\pm2,0\rangle\}$
$|2,\pm1\rangle$	$\dfrac{1}{\sqrt{6}}\{\sqrt{3}|0,\pm1\rangle - |\pm1,0\rangle - \sqrt{2}|\pm2,\mp1\rangle\}$
$|2,0\rangle$	$\dfrac{1}{\sqrt{2}}\{|-1,1\rangle - |1,-1\rangle\}$
$|1,\pm1\rangle$	$\dfrac{1}{\sqrt{10}}\{|10,\pm1\rangle - \sqrt{3}|\pm1,0\rangle + \sqrt{6}|\pm2,\mp1\rangle\}$
$|1,0\rangle$	$\dfrac{1}{\sqrt{10}}\{\sqrt{3}|1,-1\rangle - 2|0,0\rangle + \sqrt{3}|-1,1\rangle\}$

关于 $|2,2\rangle$ 的求法如下，令

$$|2,2\rangle = c_1|1,1\rangle + c_2|2,0\rangle \qquad (\text{F2.77})$$

用 $\hat{J}_z$ 作用两边，就可证明该式两边都是 $\hat{J}_z$ 的本征函数，其本征值为 2。根据函数的正交归一化性质可知

$$0 = \langle 3,2|2,2\rangle = c_1\frac{2}{\sqrt{6}} + c_2\sqrt{\frac{2}{6}} \qquad (\text{F2.78a})$$

$$1 = \langle 2,2 | 2,2 \rangle = c_1^2 + c_2^2 \qquad (\text{F2.78b})$$

解此联立方程，即得

$$c_1 = \sqrt{\frac{1}{3}}, \quad c_2 = -\sqrt{\frac{2}{3}}$$

因此

$$|2,2\rangle = \frac{1}{\sqrt{6}}(\sqrt{2}|1,1\rangle - 2|2,0\rangle) \qquad (\text{F2.79})$$

有了 $|2,2\rangle$ 之后，用 $\hat{J}_-$ 作用于两边，即得全部 $|2, m\rangle$ 函数，最后只需函数 $|1, 1\rangle$，令

$$|1,1\rangle = c_1 |0,1\rangle + c_2 |1,0\rangle + c_3 |2,-1\rangle \qquad (\text{F2.80})$$

则

$$\langle 3,1 | 1,1 \rangle = \frac{1}{\sqrt{30}}(2\sqrt{3}c_1 + 4c_2 + \sqrt{2}c_3) = 0 \qquad (\text{F2.81a})$$

$$\langle 2,1 | 1,1 \rangle = \frac{1}{\sqrt{6}}(\sqrt{3}c_1 - c_2 - \sqrt{2}c_3) = 0 \qquad (\text{F2.81b})$$

$$\langle 1,1 | 1,1 \rangle = c_1^2 + c_2^2 + c_3^2 = 1 \qquad (\text{F2.81c})$$

解此方程组，得

$$c_1 = \frac{1}{\sqrt{10}}; \qquad c_2 = \frac{-\sqrt{3}}{\sqrt{10}}; \qquad c_3 = \sqrt{\frac{3}{5}} \qquad (\text{F2.82})$$

有了 $|1, 1\rangle$ 即可求得 $|1, 0\rangle$、$|1, -1\rangle$，这就可以得到表 F2-1 的全部结果。

F2.6   几个有用的表格

令 $\hat{l}^2$，$\hat{l}_z$ 代表轨道角动量算符，其共同的本征函数记作 $|l, m\rangle$，则 p 和 d 的轨道函数为

$$p_x = \left(-\frac{1}{\sqrt{2}}\right)\{|1,1\rangle - |1,-1\rangle\}$$

$$p_y = \frac{i}{\sqrt{2}}\{|1,1\rangle + |1,-1\rangle\}$$

$$p_z = |1,0\rangle$$

$$d_{x^2-y^2} = \frac{1}{\sqrt{2}}\{|2,2\rangle + |2,-2\rangle\}$$

$$d_{xy} = -\frac{i}{\sqrt{2}}\{|2,2\rangle - |2,-2\rangle\}$$

$$d_{xz} = -\frac{1}{\sqrt{2}}\big\{\,|2,1\rangle - |2,-1\rangle\,\big\}$$

$$d_{yz} = \frac{i}{\sqrt{2}}\big\{\,|2,1\rangle + |2,-1\rangle\,\big\}$$

$$d_{z^2} = |2,0\rangle$$

例如，$\hat{l}_x$ 作用到 $|yz\rangle$，

$$\hat{l}_x|yz\rangle = \frac{i}{\sqrt{2}}\frac{1}{2}\big\{\sqrt{(2-1)(2+1+1)}\,|2,2\rangle$$

$$+ 2\sqrt{(2+1)(2-1+1)}\,|2,0\rangle + \sqrt{(2-1)(2+1+1)}\,|2,-2\rangle\big\}$$

$$= \frac{i}{\sqrt{2}}\big\{\,|2,2\rangle + |2,-2\rangle + \sqrt{3}i\,|2,0\rangle\,\big\} = i\,|x^2-y^2\rangle + i\sqrt{3}\,|z^2\rangle$$

角动量算符 $\hat{l}_x$、$\hat{l}_y$、$\hat{l}_z$ 作用到 p、d 轨道之后得到的新函数列于表 F2-2，以 p 轨道为基函数时 $\hat{l}\cdot\hat{s}$ 的矩阵表象如表 F2-3 所示，以 d 轨道为基函数时 $\hat{l}\cdot\hat{s}$ 的矩阵表象如表 F2-4 所示。

表 F2-2　算符 $\hat{l}_x$、$\hat{l}_y$、$\hat{l}_z$ 作用到 p、d 轨道之后得到的新函数

函数符号	$\hat{l}_x$	$\hat{l}_y$	$\hat{l}_z$
$|p_x\rangle \equiv |x\rangle$	0	$-i\,|z\rangle$	$i\,|y\rangle$
$|p_y\rangle \equiv |y\rangle$	$i\,|z\rangle$	0	$-i\,|x\rangle$
$|p_z\rangle \equiv |z\rangle$	$-i\,|y\rangle$	$i\,|x\rangle$	0
$|d_{x^2-y^2}\rangle \equiv |x^2-y^2\rangle$	$-i\,|yz\rangle$	$-i\,|xz\rangle$	$2i\,|xy\rangle$
$|d_{xy}\rangle \equiv |xy\rangle$	$i\,|xz\rangle$	$-i\,|yz\rangle$	$-2i\,|x^2-y^2\rangle$
$|d_{yz}\rangle \equiv |yz\rangle$	$i\,|x^2-y^2\rangle + \sqrt{3}i\,|z^2\rangle$	$i\,|xy\rangle$	$-i\,|xz\rangle$
$|d_{zx}\rangle \equiv |zx\rangle$	$-i\,|xy\rangle$	$i\,|x^2-y^2\rangle - \sqrt{3}i\,|z^2\rangle$	$i\,|yz\rangle$
$|d_{z^2}\rangle \equiv |z^2\rangle$	$-\sqrt{3}i\,|yz\rangle$	$\sqrt{3}i\,|xz\rangle$	0

再举一个矩阵元的例子。

$$\langle x,\alpha|\hat{l}\cdot\hat{s}|z,\beta\rangle = \langle x,\alpha|\frac{1}{2}(\hat{l}_+\hat{s}_- + \hat{l}_-\hat{s}_+) + \hat{l}_z\hat{s}_z|z,\beta\rangle = \frac{1}{2}\langle x|\hat{l}_-|z\rangle$$

$$= \frac{1}{2}\big\{\langle x|\hat{l}_x|z\rangle - i\langle x|\hat{l}_y|z\rangle\big\} = \frac{1}{2}\big\{0 - i^2\big\} = \frac{1}{2}$$

表 F2-3   以 p 轨道为基函数时 $\hat{l} \cdot \hat{s}$ 的矩阵表象

	$\lvert x,\alpha\rangle$	$\lvert y,\alpha\rangle$	$\lvert z,\alpha\rangle$	$\lvert x,\beta\rangle$	$\lvert y,\beta\rangle$	$\lvert z,\beta\rangle$
$\langle x,\alpha\rvert$	0	$-\dfrac{i}{2}$	0	0	0	$\dfrac{1}{2}$
$\langle y,\alpha\rvert$	$\dfrac{i}{2}$	0	0	0	0	$-\dfrac{i}{2}$
$\langle z,\alpha\rvert$	0	0	0	$-\dfrac{1}{2}$	$\dfrac{i}{2}$	0
$\langle x,\beta\rvert$	0	0	$-\dfrac{1}{2}$	0	$\dfrac{i}{2}$	0
$\langle y,\beta\rvert$	0	0	$-\dfrac{i}{2}$	$-\dfrac{i}{2}$	0	0
$\langle z,\beta\rvert$	$\dfrac{1}{2}$	$\dfrac{i}{2}$	0	0	0	0

表 F2-4   以 d 轨道为基函数时 $\hat{l} \cdot \hat{s}$ 的矩阵表象

	$\lvert x^2-y^2,\alpha\rangle$	$\lvert xy,\alpha\rangle$	$\lvert yz,\alpha\rangle$	$\lvert xz,\alpha\rangle$	$\lvert z^2,\alpha\rangle$
$\langle x^2-y^2,\alpha\rvert$	0	$-i$	0	0	0
$\langle xy,\alpha\rvert$	i	0	0	0	0
$\langle yz,\alpha\rvert$	0	0	0	$\dfrac{i}{2}$	0
$\langle xz,\alpha\rvert$	0	0	$-\dfrac{i}{2}$	0	0
$\langle z^2,\alpha\rvert$	0	0	0	0	0
$\langle x^2-y^2,\beta\rvert$	0	0	$\dfrac{i}{2}$	$-\dfrac{1}{2}$	0
$\langle xy,\beta\rvert$	0	0	$-\dfrac{1}{2}$	$-\dfrac{i}{2}$	0
$\langle yz,\beta\rvert$	$-\dfrac{i}{2}$	$\dfrac{1}{2}$	0	0	$-\dfrac{i\sqrt{3}}{2}$
$\langle xz,\beta\rvert$	$\dfrac{1}{2}$	$-\dfrac{i}{2}$	0	0	$-\dfrac{\sqrt{3}}{2}$
$\langle z^2,\beta\rvert$	0	0	$\dfrac{i\sqrt{3}}{2}$	$\dfrac{\sqrt{3}}{2}$	0

	$\lvert x^2-y^2,\beta\rangle$	$\lvert xy,\beta\rangle$	$\lvert yz,\beta\rangle$	$\lvert xz,\beta\rangle$	$\lvert z^2,\beta\rangle$
$\langle x^2-y^2,\alpha\rvert$	0	0	$\dfrac{i}{2}$	$\dfrac{1}{2}$	0
$\langle xy,\alpha\rvert$	0	0	$\dfrac{1}{2}$	$-\dfrac{i}{2}$	0
$\langle yz,\alpha\rvert$	$-\dfrac{i}{2}$	$-\dfrac{1}{2}$	0	0	$-\dfrac{i\sqrt{3}}{2}$
$\langle xz,\alpha\rvert$	$-\dfrac{1}{2}$	$\dfrac{i}{2}$	0	0	$\dfrac{\sqrt{3}}{2}$

	$\mid x^2-y^2,\beta\rangle$	$\mid xy,\beta\rangle$	$\mid yz,\beta\rangle$	$\mid xz,\beta\rangle$	$\mid z^2,\beta\rangle$
$\langle z^2,\alpha\mid$	0	0	$\dfrac{i\sqrt{3}}{2}$	$-\dfrac{\sqrt{3}}{2}$	0
$\langle x^2-y^2,\beta\mid$	0	i	0	0	0
$\langle xy,\beta\mid$	$-i$	0	0	0	0
$\langle yz,\beta\mid$	0	0	0	$-\dfrac{i}{2}$	0
$\langle xz,\beta\mid$	0	0	$\dfrac{i}{2}$	0	0
$\langle z^2,\beta\mid$	0	0	0	0	0

更进一步的参考读物

1. Edmonds A R. *Angular Momentum in Quantum Mechanics*, 2nd ed. , Princeton：Princeton University Press，1960.

2. Rose M E. *Elementary Theory of Angular Momentum.* New York：Wiley，1974.

3. Yariv A. *An Introduction to Theory and Application of Quantum Mechanics.* New York：Wiley，1982.

4. Zare R N. *Angular Momentum.* New York：Wiley，1988.

5. Condon E U, Odabasi H. *Atomic Structure.* Cambridge：Cambridge University Press，1980.

附录 3   量子力学中的定态微扰理论

用量子力学来解具体的物理学问题时，常需要求解 Hamiltonian 算符的本征值和本征函数，但由于 Hamiltonian 算符一般都比较复杂，不能严格求解，只有一些很简单的物理体系才能严格求解。在多数情况下，只能采用近似方法。对于定态问题，即 Hamiltonian 算符不是时间的显函数，定态微扰理论就是常用的一种近似方法。

我们需要求解的是式（F3.1）的本征值问题：

$$(\hat{H}_0 + \hat{H}')\Psi = E\Psi \tag{F3.1}$$

式中：$\hat{H}_0 + \hat{H}' = \hat{H}$ 都不明显包含时间 t，所以体系有确定的能量。$\hat{H}_0$ 表示体系在未受到外界微扰影响时的 Hamiltonian 算符，它的本征函数 $|n,\alpha\rangle$ 和本征值 E_n^0 是可以严格求解的，即

$$\hat{H}_0|n,\alpha\rangle = E_n^0|n,\alpha\rangle \tag{F3.2}$$

算符 $\hat{H}'$ 是一个微扰项，与 $\hat{H}_0$ 相比，它对体系的影响只不过是一个小的微扰。

如前所述，式（F3.1）是不可能严格求解的，它只能近似求解。式（F3.1）可改写成

$$\hat{H}'\Psi = (E - \hat{H}_0)\Psi \tag{F3.3}$$

$$(E - \hat{H}_0)^{-1}\hat{H}'\Psi = \Psi \tag{F3.4}$$

假如 $\hat{H}_0$ 的本征函数 $\{|n,\alpha\rangle\}$ 已经是完整的正交归一化集合，则 Ψ 就可以对它展开：

$$\Psi = \sum_{m,\beta}\langle m,\beta|\Psi\rangle|m,\beta\rangle \tag{F3.5}$$

同理，函数 $\hat{H}'\Psi$ 和 $(E - \hat{H}_0)^{-1}\hat{H}'\Psi$ 也可以展开如下：

$$\begin{aligned}
\hat{H}'\Psi &= \sum_{m,\beta}\langle m,\beta|\Psi\rangle\hat{H}'|m,\beta\rangle \\
&= \sum_{m,\beta}\sum_{n,\alpha}\langle m,\beta|\Psi\rangle\langle n,\alpha|\hat{H}'|m,\beta\rangle|n,\alpha\rangle
\end{aligned} \tag{F3.6}$$

$$\begin{aligned}
(E - \hat{H}_0)^{-1}\hat{H}'\Psi &= \sum_{m,\beta}\sum_{n,\alpha}\langle m,\beta|\Psi\rangle\langle n,\alpha|\hat{H}'|m,\beta\rangle(E - \hat{H}_0)^{-1}|n,\alpha\rangle \\
&= \sum_{m,\beta}\sum_{n,\alpha}\langle m,\beta|\Psi\rangle\langle n,\alpha|\hat{H}'|m,\beta\rangle(E - E_n^0)^{-1}|n,\alpha\rangle
\end{aligned}$$

$$\tag{F3.7}$$

将式（F3.7）和式（F3.5）代入式（F3.4），得

$$\sum_{n,\alpha}\left\{\langle n,\alpha|\Psi\rangle(E - E_n^0) - \sum_{m,\beta}\langle n,\alpha|\hat{H}'|m,\beta\rangle\langle m,\beta|\Psi\rangle\right\}|n,\alpha\rangle = 0 \tag{F3.8}$$

由于已知 $\{|n,\alpha\rangle\}$ 是完整的正交归一化集合，它们之间必定是线性无关的，因此，要使式（F3.8）成立，其系数必须都等于零，即

$$\sum_{m,\beta}\langle n,\alpha|\hat{H}'|m,\beta\rangle\langle m,\beta|\Psi\rangle=\langle n,\alpha|\Psi\rangle(E-E_n^0) \qquad (F3.9)$$

现在我们分别讨论以下两种情况：第一，非简并情况下的定态微扰理论；第二，简并情况下的定态微扰理论。

F3.1　非简并情况下的定态微扰理论

由于 $\hat{H}_0$ 的所有能级都是非简并的，因此，本征函数只需用一个标记即可。式（F3.9）可写成

$$\sum_{m}\langle n|\hat{H}'|m\rangle\langle n|\Psi\rangle=\langle m|\Psi\rangle(E-E_n^0) \qquad (F3.10)$$

现在我们考虑一级近似的情况，作为第 l 个能级 E_l，在没有微扰项 $\hat{H}'$ 存在时，它的能级为 E_l^0，相应的本征函数为 $|l\rangle$。当存在微扰项 $\hat{H}'$ 时，它的能级为 E_l，相应的本征函数为 Ψ_l。但由于 $\hat{H}'$ 是一个很小的微扰项，可以理解为 E_l 必定很接近 E_l^0，Ψ_l 也必定接近 $|l\rangle$。将 Ψ_l 对 $\{|n\rangle\}$ 展开，得

$$\Psi_l=\sum_{n}\langle n|\Psi_l|n\rangle=\langle l|\Psi_l|l\rangle+\sum_{n\neq l}\langle n|\Psi_l\rangle|n\rangle \qquad (F3.11)$$

作为一级近似，令

$$\langle l|\Psi_l\rangle\approx1;\quad \text{当 } n\neq l \text{ 时}, \langle n|\Psi_l\rangle\approx0 \qquad (F3.12)$$

因此

$$\Psi_l\approx|l\rangle \qquad (F3.13)$$

从式（F3.10）可知

$$(E_l-E_l^0)\langle l|\Psi_l\rangle=\sum_{m}\langle l|\hat{H}'|m\rangle\langle m|\Psi_l\rangle$$

$$=\langle l|\hat{H}'|l\rangle\langle l|\Psi_l\rangle+\sum_{m\neq l}\langle l|\hat{H}'|m\rangle\langle m|\Psi_l\rangle \qquad (F3.14)$$

在这里 $\langle l|\hat{H}'|m\rangle$ 是一个微扰的小项，$\langle m|\Psi_l\rangle$ 也是一个微扰的小项，它们的乘积是一个二级的微小项，可以忽略，故式（F3.13）可写成

$$(E_l-E_l^0)\langle l|\Psi_l\rangle\approx\langle l|\hat{H}'|l\rangle\langle l|\Psi_l\rangle$$

或

$$E_l\approx E_l^0+\langle l|\hat{H}'|l\rangle=\langle l|\hat{H}_0|l\rangle+\langle l|\hat{H}'|l\rangle=\langle l|\hat{H}|l\rangle \qquad (F3.15)$$

式（F3.15）和式（F3.13）就是一级近似下的能级和波函数的表达式。

现在考虑二级近似，从式（F3.10）出发，对于 $n\neq l$，有

$$\langle n \,|\, \Psi_l \rangle (E - E_l^0) = \sum_m \langle n \,|\, \hat{H}' \,|\, m \rangle \langle m \,|\, \Psi_l \rangle$$

$$= \langle n \,|\, \hat{H}' \,|\, l \rangle \langle l \,|\, \Psi_l \rangle + \sum_{m \neq l} \langle n \,|\, \hat{H}' \,|\, m \rangle \langle m \,|\, \Psi_l \rangle$$

这里的 $\langle l \,|\, \Psi_l \rangle \approx 1$；$\sum_{m \neq l} \langle n \,|\, \hat{H}' \,|\, m \rangle \langle m \,|\, \Psi_l \rangle$ 是二级微小的项，可以忽略，此外，$E \approx E_n^0$。因此对于 $n \neq l$

$$\langle n \,|\, \Psi_l \rangle \approx (E_n^0 - E_l^0)^{-1} \langle n \,|\, \hat{H}' \,|\, l \rangle \langle l \,|\, \Psi_l \rangle \approx (E_n^0 - E_l^0)^{-1} \langle n \,|\, \hat{H}' \,|\, l \rangle \tag{F3.16}$$

代入式（F3.11），得

$$\Psi_l = \langle l \,|\, \Psi_l \,|\, l \rangle + \sum_{n \neq l} \langle n \,|\, \Psi_l \,|\, n \rangle \approx |l\rangle + \sum_{n \neq l} \frac{1}{(E_n^0 - E_l^0)} \langle n \,|\, \hat{H}' \,|\, l \rangle \,|\, n \rangle \tag{F3.17}$$

将式（F3.16）代入式（F3.14）得

$$(E_l - E_l^0) \langle l \,|\, \Psi_l \rangle = \langle l \,|\, \hat{H}' \,|\, l \rangle \langle l \,|\, \Psi_l \rangle + \sum_{m \neq l} \langle l \,|\, \hat{H}' \,|\, m \rangle \langle m \,|\, \Psi_l \rangle$$

$$(E_l - E_l^0) = \langle l \,|\, \hat{H}' \,|\, l \rangle + \sum_{m \neq l} \frac{\langle l \,|\, \hat{H}' \,|\, m \rangle \langle m \,|\, \hat{H}' \,|\, l \rangle}{E_m^0 - E_l^0} \tag{F3.18}$$

这就是非简并情况下的结果，值得指出的是，在一级近似的情况下，能量加上一级修正项，而波函数还是零级波函数。在二级近似情况下，能量加上二级修正项，而波函数加上一级修正项。这就是说，波函数的近似程度要比能级的近似程度低一级。

F3.2　简并情况下的定态微扰理论

从式（F3.9）出发

$$\sum_{m, \beta} \langle n, \alpha \,|\, \hat{H}' \,|\, m, \beta \rangle \langle m, \beta \,|\, \Psi \rangle = \langle n, \alpha \,|\, \Psi \rangle (E - E_n^0)$$

考虑第 l 个能级，则

$$(E - E_l^0) \langle l, \alpha \,|\, \Psi_l \rangle = \sum_{\beta} \langle l, \alpha \,|\, \hat{H}' \,|\, l, \beta \rangle \langle l, \beta \,|\, \Psi_l \rangle$$

$$+ \sum_{\substack{m, \beta \\ m \neq l}} \langle l, \alpha \,|\, \hat{H}' \,|\, m, \beta \rangle \langle m, \beta \,|\, \Psi_l \rangle \tag{F3.19}$$

后一项是二级的微小项，可以忽略，因此，式（F3.19）可写成

$$\sum_{\beta} \left\{ \langle l, \alpha \,|\, \hat{H}' \,|\, l, \beta \rangle - (E - E_l^0) \delta_{\alpha\beta} \right\} \langle l, \beta \,|\, \Psi_l \rangle = 0 \tag{F3.20}$$

由于 $\langle l, \beta \,|\, \Psi_l \rangle$ 一定不能全等于零，所以，要使式（F3.20）成立，其系数必须等于零。式（F3.20）所代表的是一组能级简并的式子，设 l 能级的简并度为 s_l，则指标 α 和 β 可以是 1，2，$\cdots$，s_l。因此，式（F3.20）代表的是一组线性代数方程组。要使 $\langle l, \beta \,|\, \Psi_l \rangle$ 有不全等于零的解，其系数所组成的行列式必须等于零，即

$$|\langle l,\alpha|\hat{H'}|l,\beta\rangle-(E-E_l^0)\delta_{\alpha\beta}|=0 \qquad (\alpha,\beta=1,2,\cdots,s_l) \qquad (F3.21)$$

这是一个 s 维的久期行列式，展开这个行列式，就可以得出 $\Delta E_l\equiv(E-E_l^0)$ 的 s_l 次的代数方程，因而可以得到 ΔE_l 的 s_l 个根，也就是得到微扰后的 s_l 个能级：

$$E_l^{(k)}=E_l^0+\Delta E_l^{(k)} \qquad (k=1,2,\cdots,s_l) \qquad (F3.22)$$

如果这 s_l 个根中没有重根，那么原来的第 l 个能级 E_l^0 就是 s_l 重简并的。由于受到 $\hat{H'}$ 的微扰作用，这 s_l 重简并度被全部解除。如果这 s_l 个根中还有部分重根，那么，$\hat{H'}$ 的微扰作用只是部分地解除了第 l 个能级的简并度。

再来看波函数，在没有微扰时，能级 E_l^0 有 s 个波函数 $|l,1\rangle$、$|l,2\rangle$、$\cdots$、$|l,s_l\rangle$。在受到 $\hat{H'}$ 的微扰作用后，它就变成 $\Psi_l^{(1)}$、$\Psi_l^{(2)}$、$\cdots$、$\Psi_l^{(s_l)}$，这些波函数应该是原来这 s_l 个波函数的线性组合：

$$\Psi_l^{(k)}=\sum_{\alpha=1}^{s_l}\langle l,\alpha|\Psi_l\rangle^{(k)}|l,\alpha\rangle \qquad (k=1,2,\cdots,s_l) \qquad (F3.23)$$

将 ΔE_l 的第 k 个根代入式（F3.20），加上归一化条件，即可求得一组系数：

$$\langle l,1|\Psi_l\rangle^{(k)},\langle l,2|\Psi_l\rangle^{(k)},\cdots,\langle l,s_l|\Psi_l\rangle^{(k)}$$

将这些系数代入式（F3.23），即可得到 $\Psi_l^{(k)}$，这就是简并情况下的一级近似的结果。

关于二级近似，从式（F3.9）出发，若 $n\neq l$，则

$$\langle n,\alpha|\Psi_l\rangle(E-E_n^0)=\sum_\beta\langle n,\alpha|\hat{H'}|l,\beta\rangle\langle l,\beta|\Psi_l\rangle$$
$$+\sum_{m\neq l}\langle n,\alpha|\hat{H'}|m,\beta\rangle\langle m,\beta|\Psi_l\rangle$$

最后一项可以忽略，而 $E\approx E_l^0$，因此

$$\langle n,\alpha|\Psi_l\rangle\cong(E-E_n^0)^{-1}\sum_\beta\langle n,\alpha|\hat{H'}|l,\beta\rangle\langle l,\beta|\Psi_l\rangle \qquad (F3.24)$$

对于 $n=l$，则有

$$\langle l,\alpha|\Psi\rangle(E_1-E_l^0)=\sum_\beta\langle l,\alpha|\hat{H'}|l,\beta\rangle\langle l,\beta|\Psi_l\rangle$$
$$+\sum_{\substack{m,\beta\\m\neq l}}\langle l,\alpha|\hat{H'}|m,\beta\rangle\langle m,\beta|\Psi_l\rangle \qquad (F3.25)$$

将式（F3.24）代入式（F3.25），得

$$(E_l-E_l^0)\langle l,\alpha|\Psi\rangle=\sum_\beta\langle l,\alpha|\hat{H'}|l,\beta\rangle\langle l,\beta|\Psi_l\rangle$$
$$+\sum_{\substack{m,\beta\\m\neq l}}\sum_\gamma\frac{\langle l,\alpha|\hat{H'}|m,\beta\rangle\langle m,\beta|\hat{H'}|l,\gamma\rangle}{E_l^0-E_m^0}\langle l,\gamma|\Psi_l\rangle \qquad (F3.26)$$

式（F3.26）可以改写成

$$\sum_{\beta} \left\{ \langle l,\alpha | \hat{H}' | l,\beta \rangle + \sum_{\substack{m,\gamma \\ m \neq l}} \frac{\langle l,\alpha | \hat{H}' | m,\gamma \rangle \langle m,\gamma | \hat{H}' | l,\beta \rangle}{E_l^0 - E_m^0} (\Delta E_l) \delta_{\alpha\beta} \right\} \langle l,\beta | \Psi_l \rangle = 0$$

$$(F3.27)$$

要使式（F3.27）有不全为零的解，其系数组成的行列式必须等于零，则

$$\left| \langle l,\alpha | \hat{H}' | l,\beta \rangle + \sum_{\substack{m,\gamma \\ m \neq l}} \frac{\langle l,\alpha | \hat{H}' | m,\gamma \rangle \langle m,\gamma | \hat{H}' | l,\beta \rangle}{E_l^0 - E_m^0} (\Delta E_l) \delta_{\alpha\beta} \right| = 0$$

$$(F3.28)$$

同样，这是 s_l 维的久期行列式，可以解出 ΔE_l 的 s_l 个根，而对应于每一个根可以得出一套系数，因此

$$\Psi_l^k = \sum_{n,\alpha} \langle n,\alpha | \Psi_l \rangle | n,\alpha \rangle = \sum_{\alpha} \langle l,\alpha | \Psi_l \rangle^k | l,\alpha \rangle + \sum_{\substack{n,\alpha \\ n \neq l}} \langle n,\alpha | \Psi_l \rangle^k | n,\alpha \rangle$$

$$(F3.29)$$

将式（F3.28）代入式（F3.29），则得

$$\Psi_l^k = \sum_{\alpha} \langle l,\alpha | \Psi_l \rangle^k | l,\alpha \rangle + \sum_{\substack{n,\alpha \\ n \neq l}} \frac{1}{(E_l^0 - E_n^0)} \left(\sum_{\beta} \langle n,\alpha | \hat{H}' | l,\beta \rangle \langle l,\beta | \Psi_l \rangle^k \right) | n,\alpha \rangle$$

$$(F3.30)$$

这就是波函数的近似表达式。

附录4　常用的基本常数[①②]

（1）在真空中的光速：

$$c = 2.997\ 924\ 58 \times 10^8\ \text{m} \cdot \text{s}^{-1}$$

（2）在真空中的磁导率：

$$\mu_0 = 4\pi \times 10^{-7}\ \text{J} \cdot \text{C}^{-2} \cdot \text{s}^2 \cdot \text{m}^{-1}(= \text{T}^2 \cdot \text{J}^{-1} \cdot \text{m}^3)$$

（3）在真空中的介电常数：

$$\varepsilon_0 = \mu_0^{-1} c^{-2} = 8.854\ 187\ 817 \times 10^{-12}\ \text{J}^{-1} \cdot \text{C}^2 \cdot \text{m}^{-1}$$

（4）Planck 常量：

$$h = 6.626\ 075\ 5(40) \times 10^{-34}\ \text{J} \cdot \text{s}$$
$$\hbar = h/2\pi = 1.054\ 572\ 66(63) \times 10^{-34}\ \text{J} \cdot \text{s}$$

（5）电子电荷：

$$|e| = 1.602\ 177\ 33(49) \times 10^{-19}\ \text{C}$$
$$e = (4.803\ 250 \pm 0.000\ 021) \times 10^{-10}\ \text{esu}$$

（6）电子的静止质量：

$$m_e = 9.109\ 389\ 7(54) \times 10^{-31}\ \text{kg}$$

（7）质子的静止质量：

$$m_p = 1.672\ 623\ 1(10) \times 10^{27}\ \text{kg}$$

（8）Bohr 磁子：

$$\beta_e = \frac{|e|\hbar}{2m_e} = 9.274\ 015\ 4(31) \times 10^{-24}\ \text{J} \cdot \text{T}^{-1}$$

（9）自由电子的 g 因子：

$$g_e = 2.002\ 319\ 304\ 386(20)$$

（10）电子的磁矩：

$$\mu_e = -g_e \beta_e S = -9.284\ 770\ 1(31) \times 10^{-24}\ \text{J} \cdot \text{T}^{-1} \qquad (S = 1/2)$$

（11）自由电子的旋磁比：

$$\gamma_e = \mu_e / S\hbar = -1.760\ 859\ 2(18) \times 10^{11}\ \text{s}^{-1} \cdot \text{T}^{-1}$$

（12）核磁子：

$$\beta_n = \frac{|e|\hbar}{2m_p} = 5.050\ 786\ 6(17) \times 10^{-27}\ \text{J} \cdot \text{T}^{-1}$$

（13）质子的 g 因子：

---

① 以上数据来源于：Cohen E R, Taylor B N. *J. Phys. Chem. Ref. Data*, 1988, **17**：1795。

② 以上所用的单位：C 代表库仑；esu 代表静电单位；J 代表焦耳；kg 代表千克；K 代表热力学温度；m 代表米；s 代表秒；T 代表特斯拉。

$$g_p = 5.585\ 694\ 77(13)$$

（14）质子的 g 因子（在 298K，在球形水样品中经过逆磁性校正）：

$$g_p' = 5.585\ 551\ 28(13)$$

（15）质子的磁矩：

$$\mu_p = g_p \beta_n I = 1.410\ 607\ 61(47) \times 10^{26}\ \text{J} \cdot \text{T}^{-1} \qquad (I = 1/2)$$

（16）质子的旋磁比：

$$\gamma_p = \mu_p / I\hbar = 2.675\ 221\ 28(81) \times 10^8\ \text{s}^{-1} \cdot \text{T}^{-1}$$

（17）质子的旋磁比（在 298K，在球形水样品中经过逆磁性校正）：

$$\gamma_p' = 2.675\ 152\ 55(81) \times 10^8\ \text{s}^{-1} \cdot \text{T}^{-1}$$

（18）Bohr 半径：

$$r_b = \frac{4\pi\varepsilon_0 \hbar^2}{m_e e^2} = 5.291\ 772\ 49(24) \times 10^{-11}\ \text{m}$$

（19）Boltzmann 常量：

$$k_b = 1.380\ 658(12) \times 10^{-23}\ \text{J} \cdot \text{K}^{-1}$$

附录 5　常用的换算因子

（1）磁场 H［mT］与电子共振频率 ν_e［MHz］和 $\tilde{\nu}_e$［cm^{-1}］之间的换算：

$$\nu_e[\mathrm{MHz}]=\frac{g_e\beta_e H}{h}\frac{g}{g_e}=28.024\ 94\ \frac{g}{g_e}H[\mathrm{mT}]$$

$$H[\mathrm{mT}]=0.035\ 682\ 50\ \frac{g_e}{g}\nu_e[\mathrm{MHz}]$$

$$\nu_e[\mathrm{MHz}]=c[\mathrm{m\cdot s^{-1}}]\times10^{-4}\ \tilde{\nu}_e[\mathrm{cm^{-1}}]=2.997\ 924\ 58\times10^{-4}\ \tilde{\nu}_e[\mathrm{cm^{-1}}]$$

$$\tilde{\nu}_e[\mathrm{cm^{-1}}]=0.333\ 564\ 10\times10^{-4}\nu_e[\mathrm{MHz}]$$

（2）磁场 H［mT］与质子磁共振频率 ν_p［MHz］的关系：

$\nu_p[\mathrm{MHz}]=0.042\ 577\ 47\ H[\mathrm{mT}]$；　$0.042\ 576\ 38\ H[\mathrm{mT}]$（在纯水中）

$H[\mathrm{mT}]=23.486\ 60\ \nu_p[\mathrm{MHz}]$；　$23.487\ 20\ \nu_p[\mathrm{MHz}]$（在纯水中）

（3）质子的共振频率与电子的共振频率之比：

$$\frac{\nu_p}{\nu_e}=1.519\ 271\times10^{-3}\frac{g_e}{g};\quad 1.519\ 232\times10^{-3}\frac{g_e}{g}(在纯水中的质子)$$

（4）g 因子的计算：

$$g=\frac{h}{\beta_e}\frac{\nu_e}{H}=0.071\ 447\ 75\ \frac{\nu_e}{H}\frac{[\mathrm{MHz}]}{[\mathrm{mT}]}=\frac{g_n\beta_n}{\beta_e}\frac{\nu_e}{\nu_p}=3.042\ 064\times10^{-3}\frac{\nu_e}{\nu_p};$$

$$3.041\ 987\times10^{-3}\frac{\nu_e}{\nu_p}(在纯水中的质子)$$

（5）超精细耦合与超精细分裂参数：

$$\frac{A}{h}[\mathrm{MHz}]=28.0249\ a[\mathrm{mT}]$$

$$a[\mathrm{mT}]=0.035\ 682\ 6\ \frac{A}{h}[\mathrm{MHz}]$$

$$\frac{A}{hc}[\mathrm{cm^{-1}}]=0.333\ 564\ 10\times10^{-4}\frac{A}{h}[\mathrm{MHz}]$$

$$=9.348\ 115\ 3\times10^{-4}\frac{A}{g_e\beta_e}[\mathrm{mT}]$$

附录6 常见磁性核的自然丰度、核自旋、核旋磁比和超精细耦合常数

原子序数	核名称	自然丰度[1]/%	核自旋	g_n[2]	$\dfrac{g_n\beta_n}{g_e\beta_e}\times10^5$	各向同性超精细耦合常数[3] a_0/mT	各向异性超精细耦合参数[4] b_0/mT	ENDOR 频率（在磁场为350 mT时）/MHz	核四极矩 $Q\lvert e\rvert\times10^{-24}$/cm²
1	¹H	99.9850	1/2	5.585 694 8	151.927 04	50.685 0 (50.683 77)		14.902 18	
	²H	0.0148	1	0.857 438 8	23.321 74	7.780 27		2.287 575	0.002 875
2	³He	0.000 138	1/2	−4.255 280	−115.7407	226.83		11.352 66	
3	⁶Li	7.5	1	0.822 057 5	22.359 40	59.049 08		2.193 167	−0.000 644
	⁷Li	92.5	3/2	2.170 977	59.049 08	14.34 (13.02)		5.791 950	−0.040
4	⁹Be	100	3/2	−0.7850	−21.352	−16.11		2.094	0.053
5	¹⁰B	19.8	3	0.600 220	16.325 57	30.43	0.760	1.601 33	0.086 08
	¹¹B	80.2	3/2	1.792 437	48.753 06	90.88	2.271	4.782 043	0.040
6	¹³C	1.11	1/2	1.404 83	38.2104	134.77	3.832	3.747 95	
7	¹⁴N	99.63	1	0.403 763 7	10.982 09	64.62	1.981	1.077 201	0.0193
	¹⁵N	0.366	1/2	−0.566 382 6	−15.405 22	−90.65	−2.779	1.511 052	
8	¹⁷O	0.038	5/2	−0.757 522	−20.604 06	−187.80	−6.009	2.020 99	−0.026
9	¹⁹F	100	1/2	5.257 771	143.007 7	1886.53	62.82	14.027 21	
10	²¹Ne	0.27	3/2	−0.441 200	−12.000 34	−221.02	−7.536	1.177 08	0.1029
11	²³Na	100	3/2	1.478 402	40.211 51	31.61(33.08)		3.944 228	0.108
12	²⁵Mg	10.00	5/2	−0.342 18	−9.307 13	17.338		0.912 91	0.22
13	²⁷Al	100	5/2	1.456 612	39.618 83	139.55	2.965	3.886 094	0.150

续表

原子序数	核名称	自然丰度[1] /%	核自旋	g_n[2]	$\dfrac{g_n\beta_n}{g_e\beta_e}\times10^5$	各向同性超精细耦合常数[3] a_0/mT	各向异性超精细耦合参数[4] b_0/mT	ENDOR 频率(在磁场为350 mT时)/MHz	核四极矩 $Q|e|\times10^{-24}$ /cm²
14	^{29}Si	4.67	1/2	-1.1106	-30.207 78	-163.93	-4.075	2.963 00	
15	^{31}P	100	1/2	2.263 22	61.557 93	474.79	13.088	6.038 04	
16	^{33}S	0.75	3/2	0.429 11	11.671 58	123.57	3.587	1.1448	-0.064
17	^{35}Cl	75.77	3/2	0.547 919 8	14.903 04	204.21	6.266	1.461 795	-0.082 49
17	^{37}Cl	24.23	3/2	0.456 085 4	12.405 21	169.98	5.216	1.216 790	-0.064 93
19	^{39}K	93.26	3/2	0.260 992 8	7.098 82	8.238 (8.152)		0.696 303 0	0.054
	^{41}K	6.73	3/2	0.143 255 3	3.89 644	4.525		0.382 191	0.060
20	^{43}Ca	0.135	7/2	-0.376 417	-10.238 28	-22.862		1.004 24	0.23
21	^{45}Sc	100	7/2	1.359 62	36.9807	100.73	3.430	3.625 86	-0.22
22	^{47}Ti	7.4	5/2	-0.315 39	-8.5784	-27.904	-1.051	0.841 44	0.29
	^{49}Ti	5.4	7/2	-0.315 468	-8.580 51	-27.910	-1.051	0.841 667	0.24
23	^{50}V	0.250	6	0.556 597	15.139 06	56.335	2.368	1.484 95	0.209
	^{51}V	99.750	7/2	1.468 37	39.9387	148.62	6.246	3.917 47	-0.0515
24	^{53}Cr	9.50	3/2	-0.3147	-8.560	-26.698	-1.470	0.8396	-0.0285 +0.022
25	^{55}Mn	100	5/2	1.3819	37.587	179.70	-8.879	3.6868	0.33
26	^{57}Fe	2.15	1/2	0.1806	4.912	26.662	1.395	0.4818	
27	^{59}Co	100	7/2	1.318	35.849	212.20	12.065	3.516	0.42
28	^{61}Ni	1.13	3/2	-0.500 01	-13.6000	-89.171	-5.360	1.3340	0.162
29	^{63}Cu	69.2	3/2	1.484	40.36	213.92	17.058	3.959	-0.222

续表

原子序数	核名称	自然丰度[1] /%	核自旋	g_n [2]	$\dfrac{g_n\beta_n}{g_e\beta_e}\times10^5$	各向同性超精细耦合常数[3] a_0/mT	各向异性超精细耦合参数[4] b_0/mT	ENDOR频率（在磁场为350 mT时）/MHz	核四极矩 $Q|e|\times10^{-24}$ /cm²
	^{65}Cu	30.8	3/2	1.588	43.19	228.92	18.283	4.237	−0.195
30	^{67}Zn	4.10	5/2	0.350 315	9.528 31	74.470	5.021	0.934 604	0.150
31	^{69}Ga	60.1	3/2	1.344 40	36.5668	435.68	7.274	3.586 73	0.168
	^{71}Ga	39.9	3/2	1.708 19	46.4616	553.58	9.242	4.557 29	0.106
32	^{73}Ge	7.8	9/2	−0.195 437 1	−5.315 654	−84.32	−1.716	0.521 410 0	−0.19
33	^{75}As	100	3/2	0.959 654	26.101 93	523.11	11.905	2.560 26	0.29
34	^{77}Se	7.6	1/2	1.0693	29.084	717.93	17.542	2.8528	
35	^{79}Br	50.69	3/2	1.404 276	38.195 35	1144.34	29.174	3.746 469	0.293
	^{81}Br	49.31	3/2	1.513 717	41.172 06	1233.52	31.448	4.038 446	0.27
36	^{83}Kr	11.5	9/2	−0.215 706	−5.867 04	−211.85	−5.515	0.575 481	0.260
37	^{85}Rb	72.17	5/2	0.541 257	14.721 82	36.11 (37.00)		1.444 02	0.273
	^{87}Rb	27.83	3/2	1.834 28	49.8913	122.38		4.893 69	0.130
38	^{87}Sr	7.0	9/2	−0.242 91	−6.6070	−30.46		0.648 06	0.15
39	^{89}Y	100	1/2	0.274 838 1	−7.475 408	−44.60	−0.888	0.733 241 0	
40	^{91}Zr	11.2	5/2	−0.521 452	−14.183 13	−98.23	−2.221	1.391 18	
41	^{93}Nb	100	9/2	1.3712	37.296	235.15	6.527	1.6583	−0.28
42	^{95}Mo	15.9	5/2	−0.3656	−9.944	−70.79	−2.151	0.9754	−0.019
	^{97}Mo	9.6	5/2	−0.3734	−10.56	−72.30	−2.197	0.9962	0.2
44	^{99}Ru	12.7	5/2	−0.249	−6.77	−62.94	−2.279	0.644	0.076
	^{101}Ru	17.0	5/2	−0.279	−7.59	−70.52	−2.554	0.744	0.44

续表

原子序数	核名称	自然丰度[1]/%	核自旋	g_n [2]	$\dfrac{g_n\beta_n}{g_e\beta_e}\times10^5$	各向同性超精细耦合常数[3] a_0/mT	各向异性超精细耦合参数[4] b_0/mT	ENDOR频率(在磁场为350 mT时)/MHz	核四极矩 $Q|e|\times10^{-24}$ /cm^2
45	^{103}Rh	100	1/2	-0.1768	-4.809	-43.85	-1.728	0.4717	
46	^{105}Pd	22.2	5/2	-0.256	-6.96		-2.683	0.683	0.66
47	^{107}Ag	51.83	1/2	-0.227 251	-6.181 06	-65.33	-2.924	0.606 282	
	^{109}Ag	48.17	1/2	-0.261 745	-7.119 28	-75.25	-3.368	0.698 309	
48	^{111}Cd	12.8	1/2	-1.190 44	-32.3791	-487.07	-18.41	3.175 97	
49	^{115}In	95.7	9/2	1.231 30	33.4905	720.07	10.147	3.284 98	0.861
50	^{117}Sn	7.75	1/2	-2.002 09	-54.555	-1497.98	-24.98	5.341 39	
	^{119}Sn	8.6	1/2	-2.094 58	-56.971	-1567.18	-26.13	5.588 12	0.33
51	^{121}Sb	57.3	5/2	1.3455	36.597	1252.4	22.44	5.5897	
	^{123}Sb	42.7	7/2	0.728 77	19.8220	678.38	12.15	1.9443	0.68
52	^{125}Te	7.0	1/2	-1.7766	-48.322	-1983.6	-37.42	4.7398	
53	^{127}I	100	5/2	1.125 31	30.6076	1484.40	28.989	3.002 21	-0.789
54	^{129}Xe	26.4	1/2	-1.555 95	-42.3211	-2418.92	-47.815	4.151 15	
	^{131}Xe	21.2	3/2	0.461 243	12.545 50	717.06	14.143	1.230 55	-0.120
55	^{133}Cs	100	7/2	0.737 853 2	20.069 10	82.00 (88.03)		1.968 518	-0.003
56	^{135}Ba	6.59	3/2	0.558 84	15.2001	126.67	1.4909	1.4909	0.20
	^{137}Ba	11.2	3/2	0.625 15	17.0036	141.70	1.6679	1.6679	0.34
57	^{139}La	99.911	7/2	0.795 21	21.6292	214.35	3.384	2.1215	0.20
59	^{141}Pr	100	5/2	1.6	43.5	445.7	12.62	4.3	-0.041
60	^{143}Nd	12.2	7/2	-0.3076	-8.367	-84.82	-2.268	0.8207	0.56

续表

原子序数	核名称	自然丰度[1] /%	核自旋	g_n [2]	$\dfrac{g_n\beta_n}{g_e\beta_e}\times10^5$	各向同性超精细耦合常数[3] a_0/mT	各向异性超精细耦合参数[4] b_0/mT	ENDOR 频率(在磁场为350 mT时)/MHz	核四极矩 $Q|e|\times10^{-24}$ /cm^2
	^{145}Nd	8.3	7/2	-0.190	-5.17	-52.39	-1.401	0.507	0.29
62	^{147}Sm	15.1	7/2	-0.2322	-6.316	-71.86	-2.389	0.6195	-0.18
	^{149}Sm	13.9	7/2	0.1915	5.209	59.26	1.970	0.5109	0.056
63	^{151}Eu	47.9	5/2	1.389	37.78	462.33	15.606	3.607	1.53
	^{153}Eu	52.1	5/2	0.6134	16.684	204.17	6.892	1.637	3.92
64	^{155}Gd	14.8	3/2	-0.1723	-4.686	-69.48	-0.940	0.4597	1.30
	^{157}Gd	15.7	3/2	-0.2253	-6.128	-90.85	-1.229	0.6011	1.34
65	^{159}Tb	100	3/2	3.580	97.37	486.35	17.86	3.580	1.34
66	^{161}Dy	19.0	5/2	-0.189	-5.14	-75.12	-3.775	0.504	2.47
	^{163}Dy	24.9	5/2	0.266	7.24	105.73	3.905	0.710	2.51
67	^{165}Ho	100	7/2	1.192	32.42	483.86	18.340	3.180	2.73
68	^{167}Er	22.9	7/2	-0.1618	-4.401	-69.01	-2.705	0.4317	2.827
69	^{169}Tm	100	1/2	-0.466	-12.67	-208.21	-8.355	1.24	
70	^{171}Yb	14.4	1/2	0.9885	26.887	476.02	19.065	2.637	
	^{173}Yb	16.2	5/2	-0.271 95	-7.3968	-130.96	-5.245	0.725 54	2.8
71	^{175}Lu	97.39	7/2	0.639 43	17.3921	379.31	3.985	1.7059	5.68
72	^{177}Hf	18.6	7/2	0.2267	6.166	157.36	1.771	0.6048	4.5
	^{179}Hf	13.7	9/2	-0.1424	-3.873	-98.84	-1.112	0.3799	5.1
73	^{181}Ta	99.9877	7/2	0.677 30	18.4221	535.95	6.357	1.8070	3.44
74	^{183}W	14.3	1/2	0.235 571 1	6.407 372	206.14	2.605	0.628 480 0	

续表

原子序数	核名称	自然丰度[1] /%	核自旋	g_n[2]	$\dfrac{g_n\beta_n}{g_e\beta_e}\times 10^5$	各向同性超精细耦合常数[3] a_0/mT	各向异性超精细耦合参数[4] b_0/mT	ENDOR 频率（在磁场为350 mT时）/MHz	核四极矩 $Q\lvert e\rvert\times 10^{-24}$ /cm²
75	^{185}Re	37.40	5/2	1.2748	34.674	1253.60	16.347	3.4011	2.33
	^{187}Re	62.60	5/2	1.2878	35.027	1266.38	16.514	3.4357	2.22
76	^{189}Os	16.1	3/2	0.488	13.27	471.0	6.637	1.30	0.8
77	^{191}Ir	37.3	3/2	0.097	2.64	112.96	0.907	0.295	0.78
	^{193}Ir	62.7	3/2	0.107	2.91	124.60	1.754	0.285	0.70
78	^{195}Pt	33.8	1/2	1.2190	33.156	1127.84	21.038	3.2522	
79	^{197}Au	100	3/2	0.097 969	2.664 69	102.62	1.884	0.261 371	0.598
80	^{199}Hg	16.8	1/2	1.011 778	27.519 66	1494.4	22.99	2.688 321	
	^{201}Hg	13.2	3/2	-0.373 486	-10.158 56	-551.6	-8.49	0.996 423	0.42
81	^{203}Tl	29.5	1/2	3.244 538	88.249 19	6496.7	44.54	8.656 103	
	^{205}Tl	70.5	1/2	3.2754	89.089	6558.5	44.96	8.7385	
82	^{207}Pb	22.1	1/2	1.1748	31.954	2908.49	23.208	3.1343	
83	^{209}Bi	100	9/2	0.938	25.51	2766.5	23.68	2.50	-0.46

1) 本表数据取自 J. A. Weil 和 P. S. Rao 1985 为 Bruker 仪器公司编制的数据表（与 2006 年的数据核对过，没有出现新的变化）。

2) 该数据是经过 1986 年的 Bohr 磁子和核磁子的数据校正过的。

3) 各向同性超精细耦合参数，除氢原子和碱金属原子是计算出来外，都是从实验中得到的：

$$a_0 = \frac{2\mu_0}{3}\, g_n\beta_n\, |\psi(0)|^2$$

4) 各向异性超精细耦合参数，是一个未偶电子在 p 轨道上，表达式如下：

$$b_0 = \frac{2}{5}\cdot\frac{\mu_0}{4\pi}\, g_n\beta_n \langle r^{-3}\rangle_{\mathrm{p}}$$

式中的括弧表示对整个 p 轨道进行积分。

附录 7   符 号 说 明

符号	说　明	出现章节
A	电子做轨道运动所包围的面积	2.3
A	原子的质量数	2.3
$\boldsymbol{A}$	超精细耦合张量	6.1
A	超精细耦合常数	6.1
$\boldsymbol{A}^{T}$	$\boldsymbol{A}$ 矩阵的转置矩阵	6.2
$^{d}\boldsymbol{A}$	$\boldsymbol{A}$ 矩阵的对角矩阵	6.3
A_{ul}	自发发射的 Einstein 系数	8.1
A_{x}	对于 x 轴是反对称的符号	4.1
$A(t)$	无规力	8.4
A_{o}	各向同性超精细耦合参数	3.3
a_{o}	用磁场单位表示的超精细分裂常数，$a_{o}=A_{o}/g_{e}\beta_{e}$	3.1，3.3
a_{i}	第 i 个核的超精细分裂常数	4.1
a'	以频率单位表示的超精细分裂常数	12.1
B	磁感应密度	2.5
B_{o}	旋转常数	9.2
B_{lu}	受激吸收的 Einstein 系数	8.1
B_{ul}	受激发射的 Einstein 系数	8.1
b	微波检测系统的总带宽	11.5
$\boldsymbol{C}$	自旋 – 旋转耦合张量（矩阵）	8.4
C	库仑	2.5
C	库仑积分	7.3
$\mathscr{C}$	包括仪器因素在内的比例系数	8.3
c	光速	2.3
c_{i}	原子轨道系数	4.1
D	平行于外磁场方向的零场分裂常数	7.3
$\boldsymbol{D}$	电子自旋 – 自旋耦合张量（矩阵）	7.3
$^{d}\boldsymbol{D}$	$\boldsymbol{D}$ 矩阵的对角矩阵	7.3

R_0	当谐振腔中没样品时的电阻	8.3
r	半径，中心到某一点的距离	3.1
r_b	第一 Bohr 半径	3.2
S	电子的自旋角动量矢量	3.3
S_z	电子的自旋角动量矢量在 z 方向的分量	3.3
$\hat{S}$	电子的自旋角动量算符	3.3
S_y	对于 y 轴是对称的符号	4.1
S_{jk}	重叠积分	4.1
s	电子的自旋量子数	2.3
s	秒	2.5
T	热力学温度	2.3
T	时间 周期	2.3
T	tesla，特斯拉	2.5
mT	mili-tesla，毫特斯拉	2.5
μT	micro-tesla，微特斯拉	11.1
T_d	微波检测器的温度	11.5
T_s	样品的温度	11.5
T_s	自旋温度	8.1
T_{ij}	坐标变换的操作符号	14.3
V	体积	2.5
V_c	谐振腔的体积	11.5
V_s	样品的体积	11.5
V	势能	10.3
$V_{crystal}$	晶体场的势能	10.3
V_{Octah}	八面体场的势能	10.4
V_{Tetrag}	四方对称场的势能	10.4
v	电子在做圆周运动时的切线速度	2.3
W	单位时间粒子的跃迁概率	8.1
$W_\uparrow$	单位时间粒子从下能级向上能级跃迁的概率	8.1
$W_\downarrow$	单位时间粒子从上能级向下能级跃迁的概率	8.1

ε_i	过剩电荷	4.2
ε_o	真空中的介电系数	11.0
ε'	介电散射系数	11.0
ε''	介电损耗系数	11.0
ε_e	电子在各能态之间的布居数之差	12.1
ε_n	核在各能态之间的布居数之差	12.1
ζ	摩擦阻力系数	8.4
η	黏度系数	8.4
η	谐振腔的填充因子	11.5
η	不对称参数	12.4
ϕ	方位角	2.3，8.2
ϕ_e	电子的波函数	3.3
ϕ_i	原子轨道波函数	4.1
κ_m	相对磁导率	2.6
Λ	轨道角动量 L 在核间轴上的分量	9.2
λ	旋轨耦合系数	10.6
μ_o	真空中的磁导率	2.3
μ_m	介质中的磁导率	2.5
$\boldsymbol{\mu}_l$	电子做轨道运动产生的磁矩	2.3
$\boldsymbol{\mu}_{N_z}$	核磁矩在 z 方向的分量	2.3
$\boldsymbol{\mu}_{s_z}$	电子的自旋磁矩在 z 方向的分量	2.3
ν	射频线频率	2.2
ν_e	激发电子跃迁的频率	3.3
ν_n	激发核跃迁的频率	3.3
ν_m	调制频率	11.5
ρ_ν	频率为 ν 的微波对体系的照射密度	8.1
ρ_i	第 i 个核上的电子云密度	4.1
Σ	自旋角动量 S 在核间轴上的分量	9.2
τ_1	自旋－晶格弛豫时间，或纵向弛豫时间	8.1；8.2
τ_2	自旋－自旋弛豫时间，或横向弛豫时间	8.2

后　　记

本书自 2005 年 9 月开撰到 2006 年 10 月底脱稿历时 14 个月。虽有过去的讲义和多年积累起来的讲稿垫底，但科学发展毕竟是日新月异的，需要尽可能地搜集最新的资料进行更新和补充以飨读者。然而，限于作者的能力和水平，仍有诸多不尽如人意之处，书中各章采用的符号尚有不够规范和统一之处，恳请读者和专家不吝批评指正，以便在再版时加以弥补。

在本书的第 17 和 18 章的部分资料的搜集、翻译等工作中，得到了向智敏博士、刘嘉庚博士、苏建荣硕士等诚挚的帮助。另外，德国布鲁克仪器公司上海代表处的李国杰先生和邱富荣硕士为本书的第 11 和 18 章提供了部分资料。在此一并致以衷心的感谢。

徐元植

2006 年 10 月于浙江大学求是村